植物保护行业标准汇编

（2025）

中国农业出版社　编

中国农业出版社

农村读物出版社

北　京

出 版 说 明

　　近年来，我们陆续出版了多部中国农业标准汇编，已将 2004—2022 年由我社出版的 5 000 多项标准单行本汇编成册，得到了广大读者的一致好评。无论从阅读方式还是从参考使用上，都给读者带来了很大方便。

　　为了加大农业标准的宣贯力度，扩大标准汇编本的影响，满足和方便读者的需要，我们在总结以往出版经验的基础上策划了《植物保护行业标准汇编（2025）》。本书收录了 2023 年发布的热带作物病虫害监测技术规程、农药产品、农药性能评价方法、植物病毒检测、农药产品中有效成分含量测定分析方法、蔬菜地防虫网应用技术规程、纳米农药产品质量标准编写规范等方面的农业标准 40 项，并在书后附有 2023 年发布的 3 个标准公告供参考。

　　特别声明：

　　1. 汇编本着尊重原著的原则，除明显差错外，对标准中所涉及的有关量、符号、单位和编写体例均未做统一改动。

　　2. 从印制工艺的角度考虑，原标准中的彩色部分在此只给出黑白图片。

　　本书可供农业生产人员、标准管理干部和科研人员使用，也可供有关农业院校师生参考。

中国农业出版社

2024 年 10 月

目　　录

附录

ICS 65.020
CCS B 16

中华人民共和国农业行业标准

NY/T 4301—2023

热带作物病虫害监测技术规程
橡胶树六点始叶螨

Technical code of practice for monitoring pests of tropical crops—
Eotetranychus sexmaculatus (Riley) of rubber trees

2023-02-17 发布　　　　　　　　　　　　2023-06-01 实施

中华人民共和国农业农村部 发布

前　言

本文件按照 GB/T 1.1—2020《标准化工作导则　第 1 部分：标准化文件的结构和起草规则》的规定起草。

请注意本文件的某些内容可能涉及专利。本文件的发布机构不承担识别专利的责任。

本文件由农业农村部农垦局提出。

本文件由农业农村部热带作物及制品标准化技术委员会归口。

本文件起草单位：中国热带农业科学院环境与植物保护研究所、中国热带农业科学院橡胶研究所。

本文件主要起草人：陈俊谕、孙亮、符悦冠、张方平、韩冬银、王建赟、李磊、叶政培。

热带作物病虫害监测技术规程 橡胶树六点始叶螨

1 范围

本文件界定了橡胶树六点始叶螨的术语和定义,确立了橡胶树六点始叶螨的监测程序,规定了监测站点的设置和管理、危害状识别、螨情调查监测与统计、档案保存等程序指示,描述了固定监测和踏查的螨情统计记录的追溯方法。

本文件适用于橡胶树上的六点始叶螨的调查和监测。

2 规范性引用文件

下列文件中的内容通过文中的规范性引用而构成本文件必不可少的条款。其中,注日期的引用文件,仅该日期对应的版本适用于本文件;不注日期的引用文件,其最新版本(包括所有的修改单)适用于本文件。

NY/T 1089—2015 橡胶树白粉病测报技术规程

NY/T 2263 橡胶树栽培学 术语

NY/T 3518 热带作物病虫害监测技术规程 橡胶树炭疽病

3 术语和定义

NY/T 2263 和 NY/T 3518 界定的以及下列术语和定义适用于本文件。

3.1

六点始叶螨 *Eotetranychus sexmaculatus*(Riley）

隶属蛛形纲 Arachnida 真螨目 Acariformes 叶螨科 Tetranychidae 始叶螨属 *Eotetranychus*,世代发育包括卵、幼螨、第一若螨、第二若螨、成螨 5 个螨态,卵为乳白色略透明,即将孵化时为淡黄色,其他螨态体黄色。

注:不同螨态见附录 A 中的图 A.1。

3.2

活动螨量 Number of active mites

橡胶树叶片上六点始叶螨(3.1)幼螨、第一若螨、第二若螨、成螨的总数量。

3.3

螨情指数 Mite damage index

六点始叶螨(3.1)危害的橡胶叶片数量与螨虫数量的综合指标。

3.4

螨叶率 Mite-infected leaf rate

有六点始叶螨(3.1)的橡胶叶片数量占总调查叶片数量的百分比。

3.5

螨害级数 Mite damage level

六点始叶螨(3.1)危害的橡胶叶片数量与受害程度的综合指标。

4 监测站点的设置与管理

4.1 监测站点的设置

4.1.1 监测站点的建设

监测站应设立在我国橡胶树主要种植区域,每个市(县)设立监测站1个,每个监测站设立固定监测点不少于3个,每个监测点设立不少于2个观察点。在监测站辖区内,选择所在区域主要种植的品种(系)、具有代表性立地环境和管理水平以及有六点始叶螨发生史的1个林段为1个固定观察点,每个观察点橡胶树不少于300株。

4.1.2 监测站的依托单位

监测站应有具体的依托单位。各省(自治区)的相关橡胶主管部门为监测站的业务主管部门,各市(县)的橡胶主管部门为监测站业务管理部门,各橡胶企业或科研单位为监测站依托单位。

4.1.3 监测站点的条件配置

监测站点应具备害虫监测设备和设施,如温度、湿度记录仪、网络通信设施、高枝剪和40倍以上放大镜等。

4.1.4 监测站点的人员配备与职责

每个监测站应配备具有植物保护或相近专业的站长1名,每个监测点应配备具有植物保护或相近专业的观察员1名~2名。站长全面负责监测站的管理工作,收集和汇总各监测点报送的监测数据,并报送至相关管理部门;观察员负责观察点具体监测工作及将数据上报至监测站。

4.2 监测站点的命名

4.2.1 监测站命名

监测站命名按照其所处的市(县)名称并后冠以"橡胶树六点始叶螨监测站"。如"××省××市(县)橡胶树六点始叶螨监测站"。

4.2.2 监测点的命名

监测点命名按照其所处的市(县)乡镇名称后冠以"橡胶树六点始叶螨固定监测点"。如"××省××市××乡橡胶树六点始叶螨固定监测点"。

4.2.3 观察点的命名

观察点命名按照其所处的监测点名称后冠以选定的林段名称,再加上"观察点"。如"××省××市××乡橡胶树六点始叶螨固定监测点×号林段观察点"。

5 危害状识别与螨情调查统计

5.1 六点始叶螨危害状

橡胶树六点始叶螨危害状识别见图A.2。

5.2 六点始叶螨活动螨量分级

橡胶树叶片上六点始叶螨活动螨量分级按表1的规定。

表1 橡胶树六点始叶螨活动螨量分级

螨情级别	叶活动螨量
0级	0
1级	1~5
3级	6~10
5级	11~25
7级	>25

5.3 螨情指数

六点始叶螨螨情指数(N)按公式(1)计算。

$$N = \frac{\sum_i (A_i \times B_i)}{7 \times T} \times 100 \quad\cdots\cdots\cdots\cdots\cdots\cdots\cdots (1)$$

式中:

i ——螨情级别,依次为0级、1级、3级、5级、7级;

A_i——不同螨情级别的级值,对应于螨情级别取值,依次为0、1、3、5、7;

B_i——不同螨情级别的叶片数;

T ——调查的总叶片数。

计算结果保留1位小数。

5.4 螨叶率

螨叶率(R)按公式(2)计算,单位为百分号(%)。

$$R = \frac{X}{T} \times 100 \quad \cdots\cdots\cdots\cdots\cdots\cdots\cdots\cdots\cdots\cdots\cdots\cdots\cdots\cdots\cdots (2)$$

式中:

X ——有螨的叶片总数;

T ——调查的总叶片数。

计算结果保留1位小数。

5.5 六点始叶螨危害程度分级

橡胶树六点始叶螨危害程度分级按表2的规定。

表 2 橡胶树六点始叶螨危害程度分级

危害程度	螨害叶片症状
0级	叶片无螨害症状
1级	叶片背面主脉两侧基部有零星螨害褪绿斑点,尚未出现黄斑或褐色坏死斑
3级	叶片出现少量螨害褪绿斑块或小面积黄色斑块或少量褐色坏死斑,黄叶面积或斑块占叶面1/3以下
5级	叶片出现较大面积螨害变黄或较大坏死斑,黄叶面积或斑块占叶面1/3~2/3
7级	叶片出现大面积螨害变黄或大量坏死斑,黄叶面积或斑块占叶面2/3以上

5.6 螨害级数

螨害级数(M)按公式(3)计算。

$$M = \frac{\sum_i (Q_i \times l_i)}{T} \quad \cdots\cdots\cdots\cdots\cdots\cdots\cdots\cdots\cdots\cdots\cdots\cdots\cdots\cdots (3)$$

式中:

i ——危害程度,依次为0级、1级、3级、5级、7级;

Q_i——不同危害程度的级值,对应于危害程度取值,依次为0、1、3、5、7;

l_i——不同危害程度的叶片数;

T ——调查的总叶片数。

计算结果保留1位小数。

6 监测方法

6.1 方法

6.1.1 固定监测

在观察点范围内,按附录B规定,采用隔行连株取样法选择20株橡胶树作为监测植株对象,对橡胶树逐一编号。在每株树中下层采用高枝剪剪取一蓬叶,每蓬叶随机取其中5个复叶的中间小叶,每株树共取5片叶,每个观察点共取100片叶。检查叶片活动螨量和危害程度,统计螨情指数、螨叶率和螨害级数。调查结果分别计入附录C的表C.1、表C.2和表C.3中。

6.1.2 踏查

在辖区橡胶园内,综合考虑橡胶树品种(系)、割龄、海拔等,选取有代表性的林段按照"Z"字形取样法目测观察植株是否出现六点始叶螨危害状,如发现橡胶树叶片有主脉基部褪绿、叶片黄化或疑似六点始叶螨危害状,则在植株中下层剪取2蓬叶,每蓬叶随机取其中5个复叶的中间小叶,观察鉴别其是否为六点始叶螨危害。检查六点始叶螨活动螨量,记录调查面积、发生面积、调查株数、调查叶片数等,统计螨情指数、螨叶率和螨害级数。调查结果分别计入附录C的表C.4和表C.5中。

6.2 监测频次

固定监测点每年于4月—6月每7 d调查1次,如遇连续高温干旱天气每3 d～5 d调查1次;7月—10月每半个月调查1次。如遇雨天、台风等恶劣天气则相应顺延。4月—10月进行踏查,每月调查1次。

7 档案保存

监测信息原始数据应做好保存,保存期3年以上。

附 录 A
（资料性）
橡胶树六点始叶螨的危害状识别

六点始叶螨是橡胶树最常见的害螨种类,俗称橡胶树黄蜘蛛。该螨幼螨、若螨、成螨均可造成危害(不同螨态见图 A.1),通常在橡胶叶片背面刺吸叶肉组织,危害初期表现为沿叶片背面主脉两侧基部危害造成褪绿斑,随着危害加重造成黄色甚至褐色斑块,进而继续扩展至侧脉间,甚至蔓延至整个叶片,使叶片褪绿、变黄,影响光合作用,严重则导致全园叶片枯黄脱落,甚至停割,影响胶乳产量。橡胶树六点始叶螨的危害状见图 A.2。

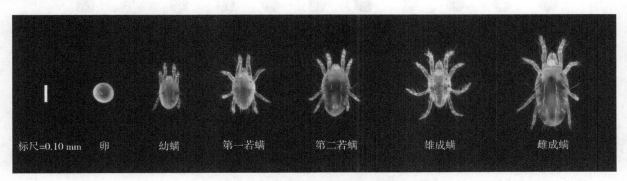

图 A.1 六点始叶螨的不同螨态

图 A.2 六点始叶螨的危害状

附 录 B

（规范性）

隔行连株取样法

隔行连株取样法按 NY/T 1089—2015 的附录 A 规定执行，示意图见图 B.1。

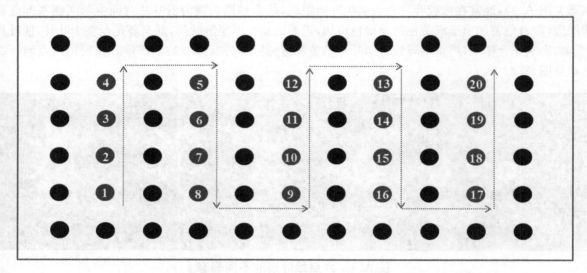

图 B.1 隔行连株取样法示意图

附 录 C
（资料性）
橡胶树六点始叶螨调查监测登记表

C.1 橡胶树六点始叶螨发生程度记录表

见表 C.1。

表 C.1 橡胶树六点始叶螨发生程度记录表

观察点名称：　　　　　　　　品种：　　　　　　　　割龄（年）：
物候期：　　　　　　　　　　海拔（m）：

螨情级别	叶片数
0 级	
1 级	
3 级	
5 级	
7 级	
调查总叶片数	
螨情指数	
螨叶率，%	

调查人：　　　　　　　　　　　　　　　日期：　　年　月　日

C.2 橡胶树叶片受六点始叶螨危害程度统计表

见表 C.2。

表 C.2 橡胶树叶片受六点始叶螨危害程度记录表

观察点名称：　　　　　　　　品种：　　　　　　　　割龄（年）：
物候期：　　　　　　　　　　海拔（m）：

危害程度	叶片数
0 级	
1 级	
3 级	
5 级	
7 级	
调查总叶片数	
螨害级数	

调查人：　　　　　　　　　　　　　　　日期：　　年　月　日

C.3 橡胶树六点始叶螨螨情监测统计表

见表 C.3。

表 C.3 橡胶树六点始叶螨螨情监测统计表

记录人：

监测站	监测点	观察点	日期	品种	割龄年	物候期	海拔m	螨情指数	螨叶率%	螨害级数

C.4 橡胶树六点始叶螨螨情踏查记录表

见表 C.4。

表 C.4 橡胶树六点始叶螨螨情踏查记录表

踏查点名称	
调查面积，hm²	
发生面积，hm²	
调查株数	
调查叶片数	
螨情指数	
螨叶率，%	
螨害级数	

调查人：　　　　　　　　　　　　　　日期：　年　月　日

C.5 橡胶树六点始叶螨螨情踏查统计表

见表 C.5。

表 C.5 橡胶树六点始叶螨螨情踏查统计表

记录人：

日期	踏查点	调查面积 hm²	发生面积 hm²	调查株数	调查叶片数	螨情指数	螨叶率 %	螨害级数	备注
……									

C.6 气象资料信息登记表

见表 C.6。

表 C.6 气象资料信息登记表

观察点名称：

日期	日最高温度 ℃	日最低温度 ℃	日均温度 ℃	空气相对湿度 %	日降水量 mm	风力风向
……						

ICS 65.100.20
CCS G 25

中华人民共和国农业行业标准

NY/T 4383—2023

氨氯吡啶酸原药

Picloram technical material

2023-12-22 发布

2024-05-01 实施

中华人民共和国农业农村部 发布

前　言

本文件按照 GB/T 1.1—2020《标准化工作导则　第 1 部分:标准化文件的结构和起草规则》的规定起草。

请注意本文件的某些内容可能涉及专利。本文件的发布机构不承担识别专利的责任。

本文件由农业农村部种植业管理司提出。

本文件由全国农药标准化技术委员会(SAC/TC 133)归口。

本文件起草单位:利尔化学股份有限公司、浙江埃森化学有限公司、山东潍坊润丰化工股份有限公司、山东维尤纳特生物科技有限公司、沈阳沈化院测试技术有限公司。

本文件主要起草人:牛永芳、刘丽红、李兰杰、王友信、袁欣、程柯、曹仲杰、秦丛生。

氨氯吡啶酸原药

1 范围

本文件规定了氨氯吡啶酸原药的技术要求、试验方法、检验规则、验收和质量保证期，以及标志、标签、包装、储运。

本文件适用于氨氯吡啶酸原药产品的质量控制。

注：氨氯吡啶酸和相关杂质六氯苯的其他名称、结构式和基本物化参数见附录 A。

2 规范性引用文件

下列文件中的内容通过文中的规范性引用而构成本文件必不可少的条款。其中，注日期的引用文件，仅该日期对应的版本适用于本文件；不注日期的引用文件，其最新版本（包括所有的修改单）适用于本文件。

GB/T 1600—2021 农药水分测定方法

GB/T 1601 农药 pH 值的测定方法

GB/T 1604 商品农药验收规则

GB/T 1605—2001 商品农药采样方法

GB 3796 农药包装通则

GB/T 8170—2008 数值修约规则与极限数值的表示和判定

3 术语和定义

本文件没有需要界定的术语和定义。

4 技术要求

4.1 外观

白色至浅黄色固体粉末，无可见外来杂质。

4.2 技术指标

氨氯吡啶酸原药应符合表 1 的要求。

表 1 氨氯吡啶酸原药技术指标

项　　目	指　　标
氨氯吡啶酸质量分数,%	≥95.0
六氯苯质量分数,%	≤0.005
水分,%	≤1.5
氢氧化钠不溶物,%	≤0.3
pH	2.0～4.0

5 试验方法

警示：使用本文件的人员应有实验室工作的实践经验。本文件并未指出所有的安全问题。使用者有责任采取适当的安全和健康措施。

5.1 一般规定

本文件所用试剂和水在没有注明其他要求时，均指分析纯试剂和蒸馏水。

5.2 取样

按 GB/T 1605—2001 中 5.3.1 进行。用随机数表法确定取样的包装件。最终取样量应不少于 100 g。

5.3 鉴别试验

5.3.1 红外光谱法

氨氯吡啶酸原药与氨氯吡啶酸标样在 4 000 cm⁻¹~400 cm⁻¹ 范围的红外吸收光谱图应没有明显区别。氨氯吡啶酸标样红外光谱图见图 1。

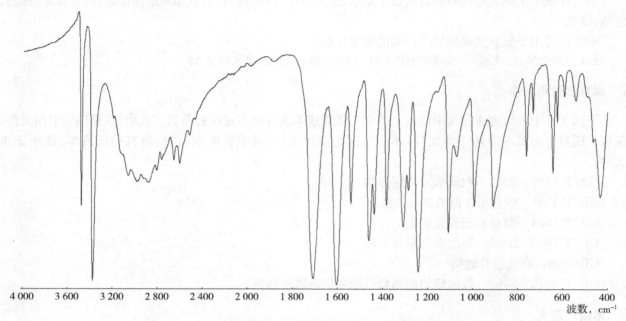

波数，cm⁻¹

图 1 氨氯吡啶酸标样的红外光谱图

5.3.2 液相色谱法

本鉴别试验可与氨氯吡啶酸质量分数的测定同时进行。在相同的色谱操作条件下,试样溶液中某色谱峰的保留时间与标样溶液中氨氯吡啶酸的色谱峰的保留时间,其相对差应在 1.5% 以内。

5.4 外观

采用目测法测定。

5.5 氨氯吡啶酸质量分数

5.5.1 方法提要

试样用乙腈和水溶解,以乙腈＋水＋冰乙酸为流动相,使用以 C_{18} 为填料的不锈钢柱和紫外检测器,在波长 240 nm 下对试样中的氨氯吡啶酸进行反相高效液相色谱分离,外标法定量。

5.5.2 试剂和溶液

5.5.2.1 乙腈:色谱级。

5.5.2.2 冰乙酸。

5.5.2.3 水:新蒸二次蒸馏水或超纯水。

5.5.2.4 溶样溶液:量取 200 mL 乙腈与 300 mL 水混合,摇匀。

5.5.2.5 氨氯吡啶酸标样:已知氨氯吡啶酸质量分数,$w \geqslant 98.0\%$。

5.5.3 仪器

5.5.3.1 高效液相色谱仪:具有可变波长紫外检测器。

5.5.3.2 色谱柱:150 mm×4.6 mm(内径)不锈钢柱,内装 C_{18}、5 μm 填充物(或具同等效果的色谱柱)。

5.5.3.3 过滤器:滤膜孔径约 0.45 μm。

5.5.3.4 超声波清洗器。

5.5.4 高效液相色谱操作条件

5.5.4.1 流动相：$\psi_{(乙腈：水：冰乙酸)} = 15：83：2$。

5.5.4.2 流速：1.0 mL/min。

5.5.4.3 柱温：室温（温度变化应不大于 2 ℃）。

5.5.4.4 检测波长：240 nm。

5.5.4.5 进样体积：5 μL。

5.5.4.6 保留时间：氨氯吡啶酸保留约 6.2 min。

5.5.4.7 上述操作参数是典型的，可根据不同仪器特点对给定的操作参数作适当调整，以期获得最佳效果。典型的氨氯吡啶酸原药高效液相色谱图见图 2。

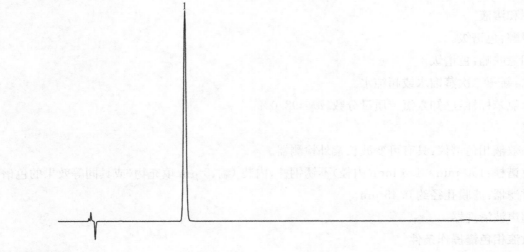

标引序号说明：

1——氨氯吡啶酸。

图 2　氨氯吡啶酸原药的高效液相色谱图

5.5.5 测定步骤

5.5.5.1 标样溶液的制备

称取 0.05 g（精确至 0.000 1 g）氨氯吡啶酸标样，置于 100 mL 容量瓶中，加入 90 mL 溶样溶液超声振荡 5 min 使之溶解，冷却至室温，用溶样溶液稀释至刻度，摇匀。

5.5.5.2 试样溶液的制备

称取 0.05 g（精确至 0.000 1 g）试样，置于 100 mL 容量瓶中，加入 90 mL 溶样溶液超声振荡 5 min 使之溶解，冷却至室温，用溶样溶液稀释至刻度，摇匀。

5.5.5.3 测定

在上述操作条件下，待仪器稳定后，连续注入数针标样溶液，直至相邻两针氨氯吡啶酸峰面积相对变化小于 1.5％后，按照标样溶液、试样溶液、试样溶液、标样溶液的顺序进行测定。

5.5.6 计算

将测得的两针试样溶液以及试样前后两针标样溶液中氨氯吡啶酸峰面积分别进行平均，试样中氨氯吡啶酸的质量分数按公式（1）计算。

$$w_1 = \frac{A_2 \times m_1 \times w_{b1}}{A_1 \times m_2} \quad\cdots\cdots\cdots\cdots\cdots\cdots\cdots\cdots\cdots\cdots\cdots\cdots\cdots\cdots \quad(1)$$

式中：

w_1——氨氯吡啶酸质量分数的数值，单位为百分号（％）；

A_2——试样溶液中，氨氯吡啶酸峰面积的平均值；

m_1——标样质量的数值，单位为克（g）；

w_{b1}——标样中氨氯吡啶酸质量分数的数值,单位为百分号(%);

A_1——标样溶液中,氨氯吡啶酸峰面积的平均值;

m_2——试样质量的数值,单位为克(g)。

5.5.7 允许差

氨氯吡啶酸质量分数两次平行测定结果之差应不大于1.2%,取其算术平均值作为测定结果。

5.6 六氯苯质量分数

5.6.1 方法提要

试样用乙腈和四氢呋喃溶解,以甲醇+四氢呋喃+水为流动相,使用以 C_{18} 为填料的不锈钢柱和紫外检测器,在波长216 nm下对试样中的六氯苯进行反相高效液相色谱分离,外标法定量。方法中六氯苯质量浓度的最低定量限为0.047 mg/L,样品中六氯苯质量分数的最低定量限为2.4 mg/kg。

5.6.2 试剂和溶液

5.6.2.1 甲醇:色谱级。

5.6.2.2 四氢呋喃:色谱级。

5.6.2.3 水:新蒸二次蒸馏水或超纯水。

5.6.2.4 六氯苯标样:已知六氯苯质量分数,$w \geqslant 98.0\%$。

5.6.3 仪器

5.6.3.1 高效液相色谱仪:具有可变波长紫外检测器。

5.6.3.2 色谱柱:150 mm×4.6 mm(内径)不锈钢柱,内装 C_{18}、5 μm 填充物(或具同等效果的色谱柱)。

5.6.3.3 过滤器:滤膜孔径约0.45 μm。

5.6.3.4 超声波清洗器。

5.6.4 高效液相色谱操作条件

5.6.4.1 流动相:$\psi_{(甲醇:水:四氢呋喃)} = 91:6:3$。

5.6.4.2 流速:1.0 mL/min。

5.6.4.3 柱温:室温(温度变化应不大于2 ℃)。

5.6.4.4 检测波长:216 nm。

5.6.4.5 进样体积:10 μL。

5.6.4.6 保留时间:六氯苯保留约7.0 min。

5.6.4.7 上述操作参数是典型的,可根据不同仪器特点对给定的操作参数作适当调整,以期获得最佳效果。典型的氨氯吡啶酸原药的高效液相色谱图(测定六氯苯)见图3。

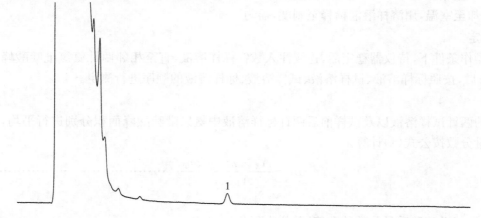

标引序号说明:

1——六氯苯。

图 3 氨氯吡啶酸原药的高效液相色谱图(测定六氯苯)

5.6.5 测定步骤

5.6.5.1 标样溶液的制备

称取 0.01 g(精确至 0.000 1 g)六氯苯标样于 100 mL 容量瓶中,加入 80 mL 乙腈超声振荡 5 min 使之溶解,冷却至室温,用乙腈稀释至刻度,摇匀,得标样母液 A。用移液管移取 1.0 mL 标样母液 A 于 50 mL 容量瓶中,用乙腈稀释至刻度,摇匀,得标样母液 B。用移液管移取 1.0 mL 标样母液 B 于 10 mL 容量瓶中,加入 4 mL 四氢呋喃后用乙腈稀释至刻度,摇匀。

5.6.5.2 试样溶液的制备

称取 0.2 g(精确至 0.000 1 g)试样于 10 mL 容量瓶中,加入 4 mL 四氢呋喃,然后加入 4 mL 乙腈,超声振荡 5 min 使之溶解,冷却至室温,用乙腈稀释至刻度,摇匀,过滤。

5.6.5.3 测定

在上述操作条件下,待仪器稳定后,连续注入数针标样溶液,直至相邻两针六氯苯峰面积相对变化小于 10%后,按照标样溶液、试样溶液、试样溶液、标样溶液的顺序进行测定。

5.6.6 计算

将测得的两针试样溶液以及试样前后两针标样溶液中六氯苯峰面积分别进行平均,试样中六氯苯的质量分数按公式(2)计算。

$$w_2 = \frac{A_4 \times m_3 \times w_{b2}}{A_3 \times m_4 \times n} \quad \text{·················(2)}$$

式中:

w_2——六氯苯质量分数的数值,单位为百分号(%);

A_4——试样溶液中,六氯苯峰面积的平均值;

m_3——标样质量的数值,单位为克(g);

w_{b2}——标样中六氯苯质量分数的数值,单位为百分号(%);

A_3——标样溶液中,六氯苯峰面积的平均值;

m_4——试样质量的数值,单位为克(g);

n——稀释因子,n=5 000。

5.6.7 允许差

六氯苯质量分数两次平行测定结果之相对差应不大于 15%,取其算术平均值作为测定结果。

5.7 水分

按 GB/T 1600—2021 中 4.2 的规定执行。

5.8 氢氧化钠不溶物

5.8.1 试剂和仪器

5.8.1.1 氢氧化钠。

5.8.1.2 氢氧化钠溶液:$\rho_{(NaOH)}$=30 g/L。

5.8.1.3 标准具塞磨口锥形烧瓶:250 mL。

5.8.1.4 玻璃砂芯坩埚漏斗 G_3 型。

5.8.1.5 锥形抽滤瓶:500 mL。

5.8.1.6 烘箱。

5.8.1.7 加热套。

5.8.1.8 玻璃干燥器。

5.8.2 实验步骤

将玻璃砂芯坩埚漏斗烘干(110 ℃约 2 h)至恒重(精确至 0.000 1 g),放入干燥器中冷却待用。称取 10 g(精确至 0.000 1 g)样品,置于锥形烧瓶中,加入 150 mL 氢氧化钠溶液振摇,尽量使样品溶解。装上回流冷凝器。在加热套中加热至沸腾,自沸腾后开始回流 5 min 后停止加热。装配玻璃砂芯坩埚抽滤装置,在减压条件下尽快使热溶液快速通过坩埚。用90 mL水分3次洗涤,抽干后取下玻璃砂芯坩埚,将其放入110 ℃烘箱中干燥2 h(使达到恒重)。然后取出放入干燥器中,冷却后称重(精确至0.000 1 g)。

5.8.3 计算

氢氧化钠不溶物按公式(3)计算。

$$w_3 = \frac{m_6 - m_5}{m_7} \times 100 \quad\cdots\cdots\cdots\cdots\cdots\cdots\cdots\cdots\cdots\cdots\cdots\cdots\cdots\cdots\cdots (3)$$

式中:

w_3——氢氧化钠不溶物质量分数的数值,单位为百分号(%);

m_6——不溶物与玻璃坩埚漏斗质量的数值,单位为克(g);

m_5——玻璃坩埚漏斗质量的数值,单位为克(g);

m_7——试样质量的数值,单位为克(g)。

5.8.4 允许差

两次平行测定结果之相对差应不大于20%,取其算术平均值作为测定结果。

5.9 pH的测定

按GB/T 1601的规定执行。

6 检验规则

6.1 出厂检验

每批产品均应做出厂检验,经检验合格签发合格证后,方可出厂。出厂检验项目为第4章技术要求中外观、氨氯吡啶酸质量分数、水分、pH。

6.2 型式检验

型式检验项目为第4章中的全部项目,在正常连续生产情况下,每3个月至少进行一次。有下述情况之一,应进行型式检验:

a) 原料有较大改变,可能影响产品质量时;

b) 生产地址、生产设备或生产工艺有较大改变,可能影响产品质量时;

c) 停产后又恢复生产时;

d) 国家质量监管机构提出型式检验要求时。

6.3 判定规则

按GB/T 8170—2008中4.3.3判定检验结果是否符合本文件要求。

按第5章的检验方法对产品进行出厂检验和型式检验,任一项目不符合第4章的技术要求判为该批次产品不合格。

7 验收和质量保证期

7.1 验收

应符合GB/T 1604的规定。

7.2 质量保证期

在8.2的储运条件下,从生产日期算起,氨氯吡啶酸原药的质量保证期为两年。质量保证期内,各项指标均应符合本文件要求。

8 标志、标签、包装、储运

8.1 标志、标签、包装

氨氯吡啶酸原药的标志、标签、包装应符合GB 3796的规定。

氨氯吡啶酸原药可采用内衬塑料袋的编织袋包装,也可根据用户要求或订货协议采用其他形式的包装,但应符合GB 3796的规定。

8.2 储运

氨氯吡啶酸原药包装件应储存在通风、干燥的库房中;储运时,严防潮湿和日晒,不得与食物、种子、饲料混放,避免与皮肤、眼睛接触,防止由口鼻吸入。

附 录 A

（资料性）

氨氯吡啶酸和六氯苯的其他名称、结构式和基本物化参数

A.1 氨氯吡啶酸的其他名称、结构式和基本物化参数如下：

——ISO 通用名称：Picloram。

——CAS 登录号：1918-02-1。

——CIPAC 数字代码：174。

——化学名称：4-氨基-3,5,6-三氯吡啶-2-羧酸。

——结构式：

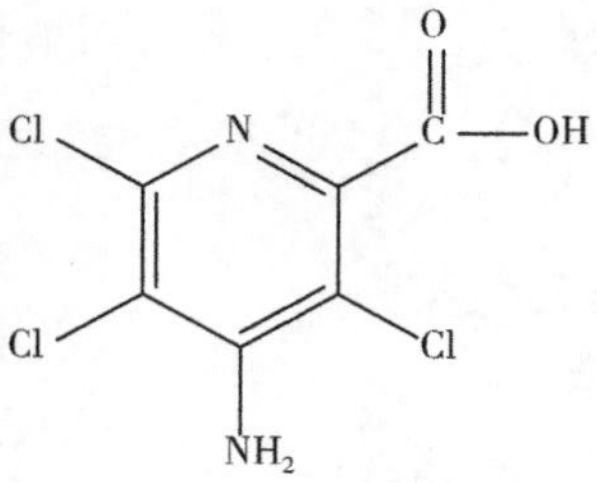

——分子式：$C_6H_3Cl_3N_2O_2$。

——相对分子质量：241.5。

——生物活性：除草。

——熔点：215 ℃（熔化前分解）。

——蒸气压（25 ℃）：0.084 mPa。

——溶解度（25 ℃）：在水中 430 mg/L，在丙酮中 19.8 g/L，在乙醇中 10.5 g/L，在异丙醇中 5.5 g/L，在乙腈中 1.6 g/L，在乙醚中 1.2 g/L，在二氯甲烷中 0.6 g/L，在二硫化碳中 0.05 g/L。

——稳定性：在酸性和碱性条件下稳定，在热的浓碱溶液中分解。可形成水溶性碱金属盐和胺盐。水溶液中，在紫外光照射下分解，DT_{50} 2.6 d（25 ℃）。

A.2 六氯苯的其他名称、结构式和基本物化参数如下：

——ISO 通用名称：Hexachlorobenzene；

——CAS 登录号：118-74-1；

——化学名称：六氯苯；

——结构式：

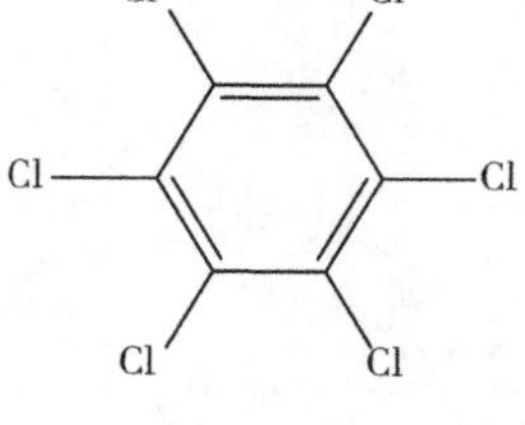

——实验式：C_6Cl_6；

——相对分子质量：284.8。

ICS 65.100.20
CCS G 25

中华人民共和国农业行业标准

NY/T 4384—2023

氨氯吡啶酸可溶液剂

Picloram soluble concentrate

2023-12-22 发布　　　　　　　　　　　　2024-05-01 实施

中华人民共和国农业农村部 发布

前　言

本文件按照 GB/T 1.1—2020《标准化工作导则　第 1 部分：标准化文件的结构和起草规则》的规定起草。

请注意本文件的某些内容可能涉及专利。本文件的发布机构不承担识别专利的责任。

本文件由农业农村部种植业管理司提出。

本文件由全国农药标准化技术委员会(SAC/TC 133)归口。

本文件起草单位：浙江埃森化学有限公司、四川利尔作物科学有限公司、沈阳沈化院测试技术有限公司、山东潍坊润丰化工股份有限公司。

本文件主要起草人：牛永芳、刘华、白珂珂、曹仲杰、王友信、秦丛生、罗小娟、王岱峰、程宏雪。

氨氯吡啶酸可溶液剂

1 范围

本文件规定了氨氯吡啶酸可溶液剂的技术要求、试验方法、检验规则、验收和质量保证期,以及标志、标签、包装、储运。

本文件适用于氨氯吡啶酸可溶液剂产品的质量控制。

注:氨氯吡啶酸和相关杂质六氯苯的其他名称、结构式和基本物化参数见附录 A。

2 规范性引用文件

下列文件中的内容通过文中的规范性引用而构成本文件必不可少的条款。其中,注日期的引用文件,仅该日期对应的版本适用于本文件;不注日期的引用文件,其最新版本(包括所有的修改单)适用于本文件。

GB/T 1601　农药 pH 值的测定方法

GB/T 1604　商品农药验收规则

GB/T 1605—2001　商品农药采样方法

GB 3796　农药包装通则

GB/T 8170—2008　数值修约规则与极限数值的表示和判定

GB/T 14825—2006　农药悬浮率测定方法

GB/T 19136—2021　农药热储稳定性测定方法

GB/T 19137—2003　农药低温稳定性测定方法

GB/T 28137　农药持久起泡性测定方法

GB/T 32776—2016　农药密度测定方法

3 术语和定义

本文件没有需要界定的术语和定义。

4 技术要求

4.1 外观

稳定的均相液体,无可见的悬浮物和沉淀。

4.2 技术指标

氨氯吡啶酸可溶液剂应符合表 1 的要求。

表 1 氨氯吡啶酸可溶液剂技术指标

项　目	指　标	
	240 g/L 规格	24%规格
氨氯吡啶酸质量分数,%	$20.8^{+1.2}_{-1.2}$	$24.0^{+1.4}_{-1.4}$
氨氯吡啶酸质量浓度[a](20 ℃),g/L	240^{+14}_{-14}	286^{+17}_{-17}
六氯苯质量分数,%	≤0.001	
pH	5.0～8.0	
稀释稳定性(稀释 20 倍)	稀释液均一,无析出物	

表1（续）

项　目	指　标	
	240 g/L规格	24%规格
持久起泡性(1 min后泡沫量),mL	≤60	
低温稳定性	冷储后,离心管底部离析物的体积不超过0.3 mL	
热储稳定性	热储后,氨氯吡啶酸质量分数应不低于热储前所测得值的95%,六氯苯质量分数、pH、稀释稳定性仍应符合本文件要求	

　　ᵃ 当以质量分数和以质量浓度表示的结果不能同时满足本文件要求时,按质量分数的结果判定产品是否合格。

5　试验方法

　　警示:使用本文件的人员应有实验室工作的实践经验。本文件并未指出所有的安全问题。使用者有责任采取适当的安全和健康措施。

5.1　一般规定

本文件所用试剂和水在没有注明其他要求时,均指分析纯试剂和蒸馏水。

5.2　取样

按 GB/T 1605—2001 中 5.3.2 的规定执行。用随机数表法确定取样的包装件。最终取样量应不少于200 g。

5.3　鉴别试验

本鉴别试验可与氨氯吡啶酸质量分数的测定同时进行。在相同的色谱操作条件下,试样溶液中某色谱峰的保留时间与标样溶液中氨氯吡啶酸色谱峰的保留时间,其相对差应在1.5%以内。

5.4　外观

采用目测法测定。

5.5　氨氯吡啶酸质量分数

5.5.1　方法提要

试样用乙腈和水溶解,以乙腈＋水＋冰乙酸为流动相,使用以 C_{18} 为填料的不锈钢柱和紫外检测器,在波长 240 nm 下对试样中的氨氯吡啶酸进行反相高效液相色谱分离,外标法定量。

5.5.2　试剂和溶液

5.5.2.1　乙腈:色谱级。

5.5.2.2　冰乙酸。

5.5.2.3　水:新蒸二次蒸馏水或超纯水。

5.5.2.4　溶样溶液:量取 200 mL 乙腈与 300 mL 水混合,摇匀。

5.5.2.5　氨氯吡啶酸标样:已知氨氯吡啶酸质量分数,$w \geqslant 98.0\%$。

5.5.3　仪器

5.5.3.1　高效液相色谱仪:具有可变波长紫外检测器。

5.5.3.2　色谱柱:150 mm×4.6 mm(内径)不锈钢柱,内装 C_{18}、5 μm 填充物(或具同等效果的色谱柱)。

5.5.3.3　过滤器:滤膜孔径约 0.45 μm。

5.5.3.4　超声波清洗器。

5.5.4　高效液相色谱操作条件

5.5.4.1　流动相:$\psi_{(乙腈:水:冰乙酸)} = 15:83:2$。

5.5.4.2　流速:1.0 mL/min。

5.5.4.3　柱温:室温(温度变化应不大于 2 ℃)。

5.5.4.4　检测波长:240 nm。

5.5.4.5 进样体积:5 μL。

5.5.4.6 保留时间:氨氯吡啶酸保留约 6.2 min。

5.5.4.7 上述操作参数是典型的,可根据不同仪器特点对给定的操作参数作适当调整,以期获得最佳效果。典型的氨氯吡啶酸可溶液剂的高效液相色谱图见图 1。

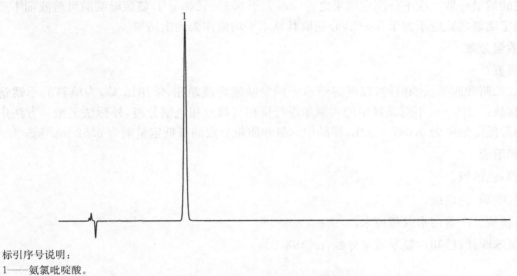

标引序号说明:

1——氨氯吡啶酸。

图 1　氨氯吡啶酸可溶液剂的高效液相色谱图

5.5.5　测定步骤

5.5.5.1　标样溶液的制备

称取 0.05 g(精确至 0.000 1 g)氨氯吡啶酸标样,置于 100 mL 容量瓶中,加入 90 mL 溶样溶液超声振荡 5 min 使之溶解,冷却至室温,用溶样溶液稀释至刻度,摇匀。

5.5.5.2　试样溶液的制备

称取含氨氯吡啶酸 0.05 g(精确至 0.000 1 g)的试样,置于 100 mL 容量瓶中,加入 90 mL 溶样溶液超声振荡 5 min 使之溶解,冷却至室温,用溶样溶液稀释至刻度,摇匀。

5.5.5.3　测定

在上述操作条件下,待仪器稳定后,连续注入数针标样溶液,直至相邻两针氨氯吡啶酸峰面积相对变化小于 1.5% 后,按照标样溶液、试样溶液、试样溶液、标样溶液的顺序进行测定。

5.5.6　计算

将测得的两针试样溶液及试样前后两针标样溶液中氨氯吡啶酸峰面积分别进行平均,试样中氨氯吡啶酸的质量分数按公式(1)计算,质量浓度按公式(2)计算。

$$w_1 = \frac{A_2 \times m_1 \times w_{b1}}{A_1 \times m_2} \qquad\qquad (1)$$

$$\rho_1 = \frac{A_2 \times m_1 \times w_{b1} \times \rho \times 10}{A_1 \times m_2} \qquad\qquad (2)$$

式中:

w_1——氨氯吡啶酸质量分数的数值,单位为百分号(%);

A_2——试样溶液中,氨氯吡啶酸峰面积的平均值;

m_1——标样质量的数值,单位为克(g);

w_{b1}——标样中氨氯吡啶酸质量分数的数值,单位为百分号(%);

A_1——标样溶液中,氨氯吡啶酸峰面积的平均值;

m_2——试样质量的数值,单位为克(g);

ρ_1 ——20 ℃时试样中氨氯吡啶酸质量浓度的数值,单位为克每升(g/L);

ρ ——20 ℃时试样密度的数值,单位为克每毫升(g/mL)(按 GB/T 32776—2016 中 3.1 或 3.2 进行测定)。

5.5.7 允许差

氨氯吡啶酸质量分数 2 次平行测定结果之差应不大于 0.5%,240 g/L 氨氯吡啶酸可溶液剂中质量浓度 2 次平行测定结果之差应不大于 5 g/L,分别取其算术平均值作为测定结果。

5.6 六氯苯质量分数

5.6.1 方法提要

试样用水、乙腈和四氢呋喃溶解,以甲醇+水+四氢呋喃为流动相,使用以 C_{18} 为填料的不锈钢柱和紫外检测器,在波长 216 nm 下对试样中的六氯苯进行反相高效液相色谱分离,外标法定量。方法中六氯苯质量浓度的最低定量限为 0.047 mg/L,样品中六氯苯质量分数的最低定量限为 0.52 mg/kg。

5.6.2 试剂和溶液

5.6.2.1 甲醇:色谱级。

5.6.2.2 四氢呋喃:色谱级。

5.6.2.3 水:新蒸二次蒸馏水或超纯水。

5.6.2.4 六氯苯标样:已知六氯苯质量分数,$w \geq 98.0\%$。

5.6.3 仪器

5.6.3.1 高效液相色谱仪:具有可变波长紫外检测器。

5.6.3.2 色谱柱:150 mm×4.6 mm(内径)不锈钢柱,内装 C_{18}、5 μm 填充物(或具同等效果的色谱柱)。

5.6.3.3 过滤器:滤膜孔径约 0.45 μm。

5.6.3.4 超声波清洗器。

5.6.4 高效液相色谱操作条件

5.6.4.1 流动相:$\psi_{(甲醇:水:四氢呋喃)}=91:6:3$。

5.6.4.2 流速:1.0 mL/min。

5.6.4.3 柱温:室温(温度变化应不大于 2 ℃)。

5.6.4.4 检测波长:216 nm。

5.6.4.5 进样体积:10 μL。

5.6.4.6 保留时间:六氯苯保留约 7.0 min。

5.6.4.7 上述操作参数是典型的,可根据不同仪器特点对给定的操作参数作适当调整,以期获得最佳效果。典型的氨氯吡啶酸可溶液剂的高效液相色谱图(测定六氯苯)见图 2。

5.6.5 测定步骤

5.6.5.1 标样溶液的制备

称取 0.01 g(精确至 0.000 1 g)六氯苯标样于 100 mL 容量瓶中,加入 80 mL 乙腈超声振荡 5 min 使之溶解,冷却至室温,用乙腈稀释至刻度,摇匀,得标样母液 A。用移液管移取 1.0 mL 标样母液 A 于 50 mL 容量瓶中,用乙腈稀释至刻度,摇匀,得标样母液 B。用移液管移取 1.0 mL 标样母液 B 于 10 mL 容量瓶中,加入 4 mL 四氢呋喃后用乙腈稀释至刻度,摇匀。

5.6.5.2 试样溶液的制备

称取 0.9 g(精确至 0.000 1 g)试样于 10 mL 容量瓶中,用胶头滴管加入 4 滴水,然后加入 4 mL 四氢呋喃,加入 4 mL 乙腈,超声振荡 5 min 使之溶解,冷却至室温,用乙腈稀释至刻度,摇匀,过滤。

5.6.5.3 测定

在上述操作条件下,待仪器稳定后,连续注入数针标样溶液,直至相邻两针六氯苯峰面积相对变化小于 10%后,按照标样溶液、试样溶液、试样溶液、标样溶液的顺序进行测定。

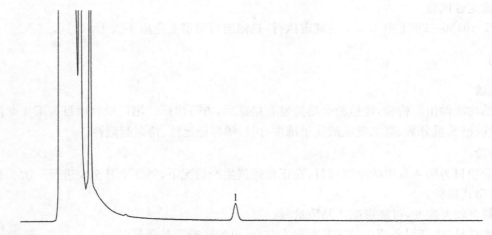

标引序号说明:
1——六氯苯。

图 2　氨氯吡啶酸可溶液剂的高效液相色谱图(测定六氯苯)

5.6.6　计算

将测得的两针试样溶液以及试样前后两针标样溶液中六氯苯峰面积分别进行平均,试样中六氯苯的质量分数按公式(3)计算。

$$w_2 = \frac{A_4 \times m_3 \times w_{b2}}{A_3 \times m_4 \times n} \quad\text{……………………………………(3)}$$

式中:

w_2 ——六氯苯质量分数的数值,单位为百分号(%);

A_4 ——试样溶液中,六氯苯峰面积的平均值;

m_3 ——标样质量的数值,单位为克(g);

w_{b2} ——标样中六氯苯质量分数的数值,单位为百分号(%);

A_3 ——标样溶液中,六氯苯峰面积的平均值;

m_4 ——试样质量的数值,单位为克(g);

n ——稀释因子,$n = 5\,000$。

5.6.7　允许差

六氯苯质量分数 2 次平行测定结果之相对差应不大于 15%,取其算术平均值作为测定结果。

5.7　pH

按 GB/T 1601 的规定执行。

5.8　稀释稳定性

5.8.1　试剂和仪器

5.8.1.1　标准硬水:$\rho_{(Ca^{2+}+Mg^{2+})} = 342$ mg/L(按 GB/T 14825—2006 配制)。

5.8.1.2　量筒:100 mL。

5.8.1.3　恒温水浴:(30±2)℃。

5.8.2　实验步骤

用移液管移取 5 mL 试样,置于 100 mL 量筒中,用标准硬水稀释至刻度,混匀。将此量筒放入(30±2)℃的恒温水浴中,静置 1 h。

5.9　持久起泡性

按 GB/T 28137 的规定执行。

5.10　低温稳定性试验

按 GB/T 19137—2003 中 2.1 的规定执行。

5.11 热储稳定性试验

按 GB/T 19136—2021 中 4.4.1 的规定执行,热储前后质量变化应不大于 1.0%。

6 检验规则

6.1 出厂检验

每批产品均应做出厂检验,经检验合格签发合格证后,方可出厂。出厂检验项目为第 4 章技术要求中外观、氨氯吡啶酸质量分数、氨氯吡啶酸质量浓度、pH、稀释稳定性、持久起泡性。

6.2 型式检验

型式检验项目为第 4 章中的全部项目,在正常连续生产情况下,每 3 个月至少进行一次。有下述情况之一,应进行型式检验:

   a) 原料有较大改变,可能影响产品质量时;
   b) 生产地址、生产设备或生产工艺有较大改变,可能影响产品质量时;
   c) 停产后又恢复生产时;
   d) 国家质量监管机构提出型式检验要求时。

6.3 判定规则

按 GB/T 8170—2008 中 4.3.3 判定检验结果是否符合本文件要求。

按第 5 章的检验方法对产品进行出厂检验和型式检验,任一项目不符合第 4 章的技术要求判为该批次产品不合格。

7 验收和质量保证期

7.1 验收

应符合 GB/T 1604 的规定。

7.2 质量保证期

在 8.2 的储运条件下,从生产日期算起,氨氯吡啶酸可溶液剂的质量保证期为两年。质量保证期内,各项指标均应符合本文件要求。

8 标志、标签、包装、储运

8.1 标志、标签、包装

氨氯吡啶酸可溶液剂的标志、标签、包装应符合 GB 3796 的规定。

氨氯吡啶酸可溶液剂可采用清洁、干燥的聚酯瓶包装,外用瓦楞纸箱包装;也可根据用户要求或订货协议采用其他形式的包装,但应符合 GB 3796 的规定。

8.2 储运

氨氯吡啶酸可溶液剂包装件应储存在通风、干燥的库房中;储运时,严防潮湿和日晒,不得与食物、种子、饲料混放,避免与皮肤、眼睛接触,防止由口鼻吸入。

附 录 A

（资料性）

氨氯吡啶酸和六氯苯的其他名称、结构式和基本物化参数

A.1 氨氯吡啶酸的其他名称、结构式和基本物化参数如下：

——ISO 通用名称：Picloram。

——CAS 登录号：1918-02-1。

——CIPAC 数字代码：174。

——化学名称：4-氨基-3,5,6-三氯吡啶-2-羧酸。

——结构式：

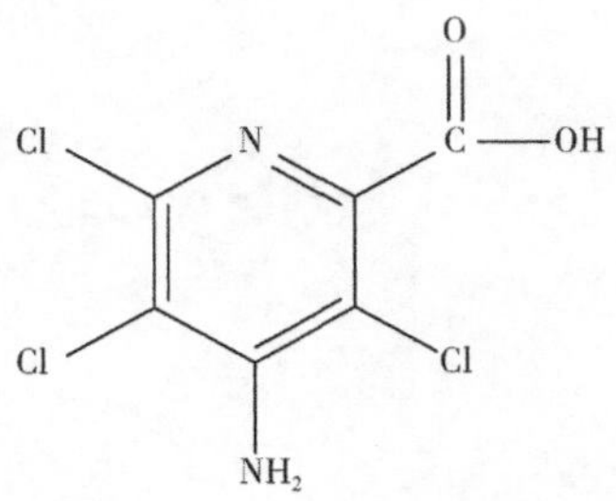

——分子式：$C_6H_3Cl_3N_2O_2$。

——相对分子质量：241.5。

——生物活性：除草。

——熔点：215 ℃（熔化前分解）。

——蒸气压（25 ℃）：0.084 mPa。

——溶解度（25 ℃）：在水中 430 mg/L，在丙酮中 19.8 g/L，在乙醇中 10.5 g/L，在异丙醇中 5.5 g/L，在乙腈中 1.6 g/L，在乙醚中 1.2 g/L，在二氯甲烷中 0.6 g/L，在二硫化碳中 0.05 g/L。

——稳定性：在酸性和碱性条件下稳定，在热的浓碱溶液中分解，可形成水溶性碱金属盐和胺盐。水溶液中，在紫外光照射下分解，DT_{50} 2.6 d（25 ℃）。

A.2 六氯苯的其他名称、结构式和基本物化参数如下：

——ISO 通用名称：Hexachlorobenzene；

——CAS 登录号：118-74-1；

——化学名称：六氯苯；

——结构式：

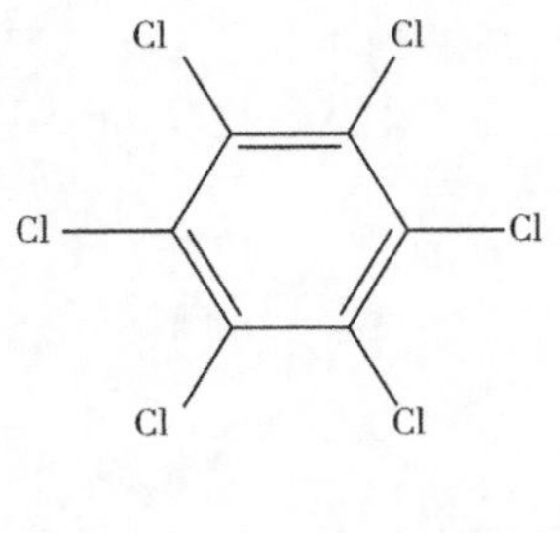

——实验式：C_6Cl_6；

——相对分子质量：284.8。

ICS 65.100.30
CCS G 25

中华人民共和国农业行业标准

NY/T 4385—2023

苯醚甲环唑原药

Difenoconazole technical material

2023-12-22 发布　　　　　　　　　　　　　　　2024-05-01 实施

中华人民共和国农业农村部 发布

前　言

本文件按照 GB/T 1.1—2020《标准化工作导则　第 1 部分：标准化文件的结构和起草规则》的规定起草。

本文件代替 HG/T 4460—2012《苯醚甲环唑原药》，与 HG/T 4460—2012 相比，除结构调整和编辑性改动外，主要技术变化如下：

——更改了苯醚甲环唑质量分数的测定方法（见 5.5，HG/T 4460—2012 的 4.4）；

——删除了验收期（见 HG/T 4460—2012 的 5.4）；

——增加了检验规则（见第 6 章）；

——增加了质量保证期（见 7.2）。

请注意本文件的某些内容可能涉及专利。本文件的发布机构不承担识别专利的责任。

本文件由农业农村部种植业管理司提出。

本文件由全国农药标准化技术委员会（SAC/TC 133）归口。

本文件起草单位：利民化学有限责任公司、浙江宇龙生物科技股份有限公司、沈阳沈化院测试技术有限公司、山西绿海农药科技有限公司、江苏优嘉植物保护有限公司、江苏七洲绿色化工股份有限公司、沈阳化工研究院有限公司。

本文件主要起草人：黎娜、许梅、张宝华、王改霞、姜友法、胡春红、沈浩、刘莹、赵晨灿。

本文件及其所代替文件的历次版本发布情况为：

——2012 年首次发布为 HG/T 4460—2012；

——本次为首次修订。

苯醚甲环唑原药

1 范围

本文件规定了苯醚甲环唑原药的技术要求、试验方法、检验规则、验收和质量保证期，以及标志、标签、包装、储运。

本文件适用于苯醚甲环唑原药产品的质量控制。

注：苯醚甲环唑的其他名称、结构式和基本物化参数见附录 A。

2 规范性引用文件

下列文件中的内容通过文中的规范性引用而构成本文件必不可少的条款。其中，注日期的引用文件，仅该日期对应的版本适用于本文件；不注日期的引用文件，其最新版本（包括所有的修改单）适用于本文件。

GB/T 1600—2021　农药水分测定方法

GB/T 1601　农药 pH 值的测定方法

GB/T 1604　商品农药验收规则

GB/T 1605—2001　商品农药采样方法

GB 3796　农药包装通则

GB/T 8170—2008　数值修约规则与极限数值的表示和判定

GB/T 19138　农药丙酮不溶物测定方法

3 术语和定义

本文件没有需要界定的术语和定义。

4 技术要求

4.1 外观

类白色至浅黄色粉末。

4.2 技术指标

苯醚甲环唑原药应符合表 1 的要求。

表 1　苯醚甲环唑原药技术指标

项　　目	指　　标
苯醚甲环唑质量分数，%	≥95.0
水分，%	≤0.5
pH	5.0～8.0
丙酮不溶物，%	≤0.2

5 试验方法

警示：使用本文件的人员应有实验室工作的实践经验。本文件并未指出所有的安全问题。使用者有责任采取适当的安全和健康措施。

5.1 一般规定

本文件所用试剂和水在没有注明其他要求时，均指分析纯试剂和蒸馏水。

5.2 取样

按 GB/T 1605—2001 中 5.3.1 的规定执行。用随机数表法确定取样的包装件;最终取样量应不少于 100 g。

5.3 鉴别试验

5.3.1 红外光谱法

苯醚甲环唑原药与苯醚甲环唑标样在 4 000 cm⁻¹~400 cm⁻¹ 范围的红外吸收光谱图应没有明显区别。苯醚甲环唑标样的红外光谱图见图 1。

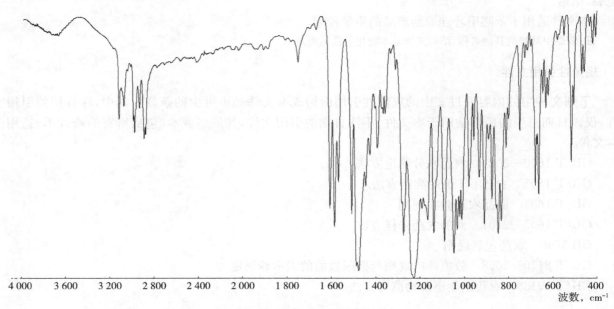

图 1 苯醚甲环唑标样的红外光谱图

5.3.2 气相色谱法

本鉴别试验可与苯醚甲环唑质量分数的测定同时进行。在相同的色谱操作条件下,试样溶液中某两个色谱峰的保留时间与苯醚甲环唑标样溶液中顺式和反式苯醚甲环唑色谱峰的保留时间,其相对差分别应在 1.5% 以内。

5.3.3 正相高效液相色谱法

本鉴别试验可与苯醚甲环唑质量分数的测定同时进行。在相同的色谱操作条件下,试样溶液中某两个色谱峰的保留时间与苯醚甲环唑标样溶液中顺式和反式苯醚甲环唑色谱峰的保留时间,其相对差分别应在 1.5% 以内。

5.4 外观

采用目测法测定。

5.5 苯醚甲环唑质量分数

5.5.1 气相色谱法(仲裁法)

5.5.1.1 方法提要

试样用丙酮溶解,以 1,3,5-三苯基苯为内标物,使用(5%苯基)甲基聚硅氧烷涂壁的石英毛细管柱和氢火焰离子化检测器,对试样中的苯醚甲环唑进行气相色谱分离,内标法定量。

5.5.1.2 试剂和溶液

5.5.1.2.1 丙酮。

5.5.1.2.2 苯醚甲环唑标样:已知苯醚甲环唑质量分数,$w \geqslant 99.0\%$。

5.5.1.2.3 内标物:1,3,5-三苯基苯,应没有干扰分析的杂质。

5.5.1.2.4 内标溶液:称取 1,3,5-三苯基苯 2.5 g,置于 1 000 mL 容量瓶中,加适量丙酮溶解并稀释至刻度,摇匀。

5.5.1.3 仪器

5.5.1.3.1 气相色谱仪:具有氢火焰离子化检测器。

5.5.1.3.2 色谱柱:30 m×0.32 mm(内径)毛细管柱,内壁涂(5%苯基)甲基聚硅氧烷,膜厚 0.25 μm(或具同等效果的色谱柱)。

5.5.1.3.3 超声波清洗器。

5.5.1.4 气相色谱操作条件

5.5.1.4.1 柱温:150 ℃保持 1 min,以 10 ℃/min 速率升至 280 ℃,保持 20 min。

5.5.1.4.2 气化室:250 ℃。

5.5.1.4.3 检测器室:300 ℃。

5.5.1.4.4 气体流量(mL/min):载气(N_2)1.5,氢气 40,空气 300。

5.5.1.4.5 分流比:50∶1。

5.5.1.4.6 进样体积:1.0 μL。

5.5.1.4.7 保留时间:内标物保留约 17.0 min,反式苯醚甲环唑保留约 17.9 min,顺式苯醚甲环唑保留约 18.1 min。

5.5.1.4.8 上述操作参数是典型的,可根据不同仪器特点,对给定的操作参数作适当调整,以期获得最佳效果。典型的苯醚甲环唑原药与内标物的气相色谱图见图 2。

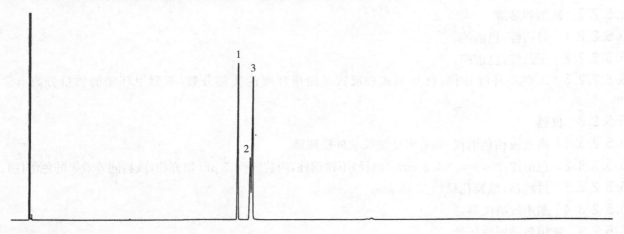

标引序号说明:
1——内标物;
2——反式苯醚甲环唑;
3——顺式苯醚甲环唑。

图 2 苯醚甲环唑原药与内标物的气相色谱图

5.5.1.5 测定步骤

5.5.1.5.1 标样溶液的制备

称取 0.1 g(精确至 0.000 1 g)苯醚甲环唑标样,置于一具塞玻璃瓶中,用移液管加入 10 mL 内标溶液,超声 3 min,摇匀。

5.5.1.5.2 试样溶液的制备

称取含苯醚甲环唑 0.1 g(精确至 0.000 1 g)的原药试样,置于一具塞玻璃瓶中,用 5.5.1.5.1 中的移液管加入 10 mL 内标溶液,超声 3 min,摇匀。

5.5.1.6 测定

在上述操作条件下,待仪器稳定后,连续注入数针标样溶液,直至相邻两针苯醚甲环唑与内标物峰面积比的相对变化小于 1.2%后,按照标样溶液、试样溶液、试样溶液、标样溶液的顺序进行测定。

5.5.1.7 计算

将测得的两针试样溶液及试样前后两针标样溶液中苯醚甲环唑与内标物的峰面积比分别进行平均。试样中苯醚甲环唑的质量分数按公式(1)计算。

$$w_1 = \frac{r_2 \times m_1 \times w_{b1}}{r_1 \times m_2} \quad \cdots\cdots\cdots\cdots\cdots\cdots\cdots\cdots\cdots\cdots\cdots\cdots\cdots\cdots \quad (1)$$

式中：

w_1 —— 苯醚甲环唑质量分数的数值,单位为百分号(%);

r_2 —— 试样溶液中,顺式苯醚甲环唑与反式苯醚甲环唑峰面积之和与内标物的峰面积比的平均值;

m_1 —— 苯醚甲环唑标样质量的数值,单位为克(g);

w_{b1} —— 标样中苯醚甲环唑质量分数的数值,单位为百分号(%);

r_1 —— 标样溶液中,顺式苯醚甲环唑与反式苯醚甲环唑峰面积之和与内标物的峰面积比的平均值;

m_2 —— 试样质量的数值,单位为克(g)。

5.5.1.8 允许差

2次平行测定结果之差应不大于1.2%,分别取其算术平均值作为测定结果。

5.5.2 正相高效液相色谱法

5.5.2.1 方法提要

试样用正己烷和异丙醇溶解,以正己烷+异丙醇为流动相,使用硅胶为填料的不锈钢柱和紫外检测器,在236 nm下对试样中的苯醚甲环唑进行正相高效液相色谱分离,外标法定量。

5.5.2.2 试剂和溶液

5.5.2.2.1 异丙醇:色谱纯。

5.5.2.2.2 正己烷:色谱纯。

5.5.2.2.3 苯醚甲环唑标样:已知顺式和反式苯醚甲环唑的质量分数,苯醚甲环唑的质量分数 $w \geqslant$ 99.0%。

5.5.2.3 仪器

5.5.2.3.1 高效液相色谱仪:具有可变波长紫外检测器。

5.5.2.3.2 色谱柱:250 mm×4.6 mm (内径)不锈钢柱,内装硅胶、5 μm 填充物(或具同等效果的色谱柱)。

5.5.2.3.3 过滤器:滤膜孔径约 0.45 μm。

5.5.2.3.4 超声波清洗器。

5.5.2.4 液相色谱操作条件

5.5.2.4.1 流动相:$\varphi_{(正己烷:异丙醇)}=90:10$。

5.5.2.4.2 流速:1.5 mL/min。

5.5.2.4.3 柱温:室温(温度变化应不大于2 ℃)。

5.5.2.4.4 检测波长:236 nm。

5.5.2.4.5 进样体积:5 μL。

5.5.2.4.6 保留时间:顺式苯醚甲环唑保留约8.9 min,反式苯醚甲环唑保留约11.8 min。

5.5.2.4.7 上述操作参数是典型的,可根据不同仪器特点,对给定的操作参数作适当调整,以期获得最佳效果。典型苯醚甲环唑原药的正相高效液相色谱图见图3。

5.5.2.5 测定步骤

5.5.2.5.1 标样溶液的制备

称取 0.05 g(精确至 0.000 1 g)苯醚甲环唑标样,置于 100 mL 容量瓶中,加入 10 mL 异丙醇,振摇使之溶解,用正己烷稀释至刻度,摇匀。

5.5.2.5.2 试样溶液的制备

称取含苯醚甲环唑 0.05 g(精确至 0.000 1 g)的原药试样,置于 100 mL 容量瓶中,加入 10 mL 异丙

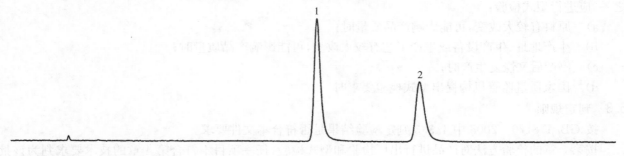

标引序号说明：
1——顺式苯醚甲环唑；
2——反式苯醚甲环唑。

图3 苯醚甲环唑原药的正相高效液相色谱图

醇，振摇使之溶解，用正己烷稀释至刻度，摇匀。

5.5.2.6 测定

在上述色谱操作条件下，待仪器稳定后，连续注入数针标样溶液，直至相邻两针顺式和反式苯醚甲环唑峰面积的相对变化均小于1.2%后，按照标样溶液、试样溶液、试样溶液、标样溶液的顺序进行测定。

5.5.2.7 计算

将测得的两针试样溶液及试样前后两针标样溶液中顺式和反式苯醚甲环唑的峰面积分别进行平均。试样中苯醚甲环唑的质量分数按公式（2）计算。

$$w_1 = \frac{A_2 \times m_3 \times w_{b2}}{A_1 \times m_4} + \frac{A_4 \times m_3 \times w_{b3}}{A_3 \times m_4} \quad\cdots\cdots\cdots\cdots\cdots\cdots\cdots\cdots\cdots (2)$$

式中：

A_2——两针试样溶液中，顺式苯醚甲环唑峰面积的平均值；

m_3——苯醚甲环唑标样质量的数值，单位为克（g）；

w_{b2}——标样中顺式苯醚甲环唑质量分数的数值，单位为百分号（%）；

A_1——两针标样溶液中，顺式苯醚甲环唑峰面积的平均值；

m_4——试样的质量的数值，单位为克（g）；

A_4——两针试样溶液中，反式苯醚甲环唑峰面积的平均值；

w_{b3}——标样中反式苯醚甲环唑的质量分数，单位为百分号（%）；

A_3——两针标样溶液中，反式苯醚甲环唑峰面积的平均值。

5.5.2.8 允许差

两次平行测定结果之差应不大于1.2%，取其算术平均值作为测定结果。

5.6 水分

按GB/T 1600—2021中4.2的规定执行。

5.7 pH

按GB/T 1601的规定执行。

5.8 丙酮不溶物

按GB/T 19138的规定执行。

6 检验规则

6.1 出厂检验

每批产品均应做出厂检验，经检验合格签发合格证后，方可出厂。出厂检验项目为第4章技术要求中外观、苯醚甲环唑质量分数、水分、pH。

6.2 型式检验

型式检验项目为第4章中的全部项目，在正常连续生产情况下，每3个月至少进行一次。有下述情况

之一,应进行型式检验:

    a) 原料有较大改变,可能影响产品质量时;

    b) 生产地址、生产设备或生产工艺有较大改变,可能影响产品质量时;

    c) 停产后又恢复生产时;

    d) 国家质量监管机构提出型式检验要求时。

6.3　判定规则

按 GB/T 8170—2008 中 4.3.3 判定检验结果是否符合本文件要求。

按第 5 章的检验方法对产品进行出厂检验和型式检验,任一项目不符合第 4 章的技术要求判为该批次产品不合格。

7　验收和质量保证期

7.1　验收

应符合 GB/T 1604 的规定。

7.2　质量保证期

在 8.2 的储运条件下,苯醚甲环唑原药的质量保证期从生产日期算起为 2 年。质量保证期内,各项指标均应符合文件要求。

8　标志、标签、包装、储运

8.1　标志、标签、包装

苯醚甲环唑原药的标志、标签、包装应符合 GB 3796 的规定。

苯醚甲环唑原药的包装可采用内衬塑料袋的编织袋包装;也可根据用户要求或订货协议采用其他形式的包装,但应符合 GB 3796 的规定。

8.2　储运

苯醚甲环唑原药包装件应储存在通风、干燥的库房中;储运时,严防潮湿和日晒,不得与食物、种子、饲料混放,避免与皮肤、眼睛接触,防止由口鼻吸入。

附 录 A

（资料性）

苯醚甲环唑的其他名称、结构式和基本物化参数

苯醚甲环唑的其他名称、结构式和基本物化参数如下：
——ISO 通用名称：Difenoconazole。
——CAS 登录号：119446-68-3。
——化学名称：（顺反）-3-氯-4-［4-甲基-2-（1H-1,2,4-三唑-1-基甲基）-1,3-二噁戊烷-2-基］苯基-4-氯苯基醚。
——结构式：

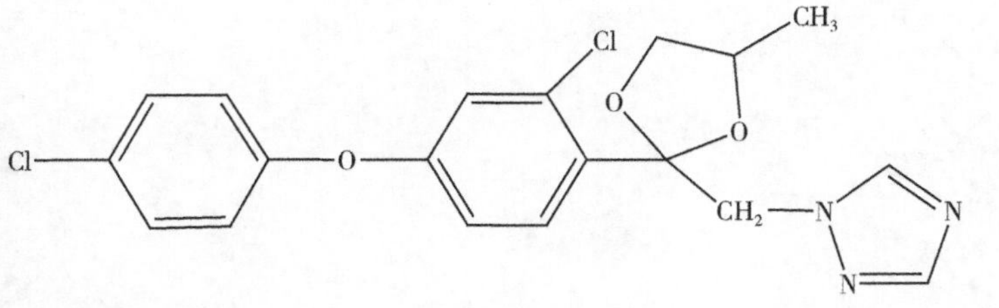

——分子式：$C_{19}H_{17}Cl_2N_3O_3$；
——相对分子质量：406.3。
——生物活性：杀菌。
——熔点：82 ℃～83 ℃。
——蒸气压（25 ℃）：3.3×10^{-5} mPa。
——溶解度（20 ℃～25 ℃）：在水中 15.0 mg/L。在丙酮、二氯甲烷、乙酸乙酯、甲醇、甲苯中大于 500 g/L，在正己烷中 3 g/L，在正辛醇中 110 g/L。
——稳定性：150 ℃以下稳定，不易水解。

ICS 65.100.30
CCS G 25

中华人民共和国农业行业标准

NY/T 4386—2023

苯醚甲环唑乳油

Difenoconazole emulsifiable concentrate

2023-12-22 发布

2024-05-01 实施

中华人民共和国农业农村部 发布

前　言

本文件按照 GB/T 1.1—2020《标准化工作导则　第 1 部分:标准化文件的结构和起草规则》的规定起草。

本文件代替 HG/T 4461—2012《苯醚甲环唑乳油》,与 HG/T 4461—2012 相比,除结构调整和编辑性改动外,主要技术变化如下:

——增加了 40%规格(见 4.2);

——更改了水分指标(见 4.2,HG/T 4461—2012 的 3.2);

——增加了持久起泡性控制项目和指标(见 4.2);

——更改了苯醚甲环唑质量分数的测定方法(见 5.5,HG/T 4461—2012 的 4.4);

——增加了检验规则(见第 6 章)。

请注意本文件的某些内容可能涉及专利。本文件的发布机构不承担识别专利的责任。

本文件由农业农村部种植业管理司提出。

本文件由全国农药标准化技术委员会(SAC/TC 133)归口。

本文件起草单位:先正达(苏州)作物保护有限公司、沈阳沈化院测试技术有限公司、沈阳化工研究院有限公司、利民化学有限责任公司、杭州宇龙化工有限公司。

本文件主要起草人:刘莹、王福君、许梅、潘丽英、赵晨灿、黎娜。

本文件及其所代替文件的历次版本发布情况为:

——2012 年首次发布为 HG/T 4461—2012;

——本次为首次修订。

苯醚甲环唑乳油

1 范围

本文件规定了苯醚甲环唑乳油的技术要求、试验方法、检验规则、验收和质量保证期,以及标志、标签、包装、储运。

本文件适用于苯醚甲环唑乳油产品的质量控制。

注:苯醚甲环唑的其他名称、结构式和基本物化参数见附录 A。

2 规范性引用文件

下列文件中的内容通过文中的规范性引用而构成本文件必不可少的条款。其中,注日期的引用文件,仅该日期对应的版本适用于本文件;不注日期的引用文件,其最新版本(包括所有的修改单)适用于本文件。

GB/T 1600—2021　农药水分测定方法

GB/T 1601　农药 pH 值测定方法

GB/T 1603　农药乳液稳定性测定方法

GB/T 1604　商品农药验收规则

GB/T 1605—2001　商品农药采样方法

GB 4838　农药乳油包装

GB/T 8170—2008　数值修约规则与极限数值的表示和判定

GB/T 19136—2021　农药热储稳定性测定方法

GB/T 19137—2003　农药低温稳定性测定方法

GB/T 28137　农药持久起泡性测定方法

GB/T 32776—2016　农药密度测定方法

3 术语和定义

本文件没有需要界定的术语和定义。

4 技术要求

4.1 外观

稳定的均相液体,无可见的悬浮物和沉淀物。

4.2 技术指标

苯醚甲环唑乳油应符合表 1 的要求。

表 1 苯醚甲环唑乳油技术指标

项 目	指 标		
	25%规格	30%规格	40%规格
苯醚甲环唑质量分数,%	$25.0^{+1.5}_{-1.5}$	$30.0^{+1.5}_{-1.5}$	$40.0^{+2.0}_{-2.0}$
苯醚甲环唑质量浓度[a](20 ℃),g/L	250^{+15}_{-15}	300^{+15}_{-15}	400^{+20}_{-20}
水分,%	≤1.0		
pH	5.0～8.0		
乳液稳定性(稀释 200 倍)	量筒中无浮油(膏)、沉油和沉淀析出		

表 1（续）

项　目	指　标		
	25%规格	30%规格	40%规格
持久起泡性(1 min 后泡沫量),mL	≤25		
低温稳定性	冷储后,离心管底部离析物体积不超过 0.3 mL		
热储稳定性	热储后,苯醚甲环唑质量分数应不低于热储前的 95%,pH 和乳液稳定性仍应符合本文件要求		
ª　当以质量分数和以质量浓度表示的结果不能同时满足本文件要求时,按质量分数的结果判定产品是否合格。			

5　试验方法

警示:使用本文件的人员应有实验室工作的实践经验。本文件并未指出所有的安全问题。使用者有责任采取适当的安全和健康措施。

5.1　一般规定

本文件所用试剂和水在没有注明其他要求时,均指分析纯试剂和蒸馏水。

5.2　取样

按 GB/T 1605—2001 中 5.3.2 的规定执行。用随机数表法确定取样的包装件,最终取样量应不少于 200 g。

5.3　鉴别试验

5.3.1　气相色谱法

本鉴别试验可与苯醚甲环唑质量分数的测定同时进行。在相同的色谱操作条件下,试样溶液中某两个色谱峰的保留时间与苯醚甲环唑标样溶液中顺式和反式苯醚甲环唑色谱峰的保留时间,其相对差分别应在 1.5% 以内。

5.3.2　正相高效液相色谱法

本鉴别试验可与苯醚甲环唑质量分数的测定同时进行。在相同的色谱操作条件下,试样溶液中某两个色谱峰的保留时间与苯醚甲环唑标样溶液中顺式和反式苯醚甲环唑色谱峰的保留时间,其相对差分别应在 1.5% 以内。

5.4　外观

采用目测法测定。

5.5　苯醚甲环唑质量分数

5.5.1　气相色谱法(仲裁法)

5.5.1.1　方法提要

试样用丙酮溶解,以 1,3,5-三苯基苯为内标物,使用(5%苯基)甲基聚硅氧烷涂壁的石英毛细管柱和氢火焰离子化检测器,对试样中的苯醚甲环唑进行气相色谱分离,内标法定量。

5.5.1.2　试剂和溶液

5.5.1.2.1　丙酮。

5.5.1.2.2　苯醚甲环唑标样:已知苯醚甲环唑质量分数,$w \geq 99.0\%$。

5.5.1.2.3　内标物:1,3,5-三苯基苯,应没有干扰分析的杂质。

5.5.1.2.4　内标溶液:称取 1,3,5-三苯基苯 2.5 g,置于 1 000 mL 容量瓶中,加适量丙酮溶解并稀释至刻度,摇匀。

5.5.1.3　仪器

5.5.1.3.1　气相色谱仪:具有氢火焰离子化检测器。

5.5.1.3.2　色谱柱:30 m×0.32 mm(内径)毛细管柱,内壁涂(5%苯基)甲基聚硅氧烷,膜厚 0.25 μm(或具有同等效果的色谱柱)。

5.5.1.3.3 超声波清洗器。

5.5.1.4 气相色谱操作条件

5.5.1.4.1 柱温:150 ℃保持 1 min,以 10 ℃/min 速率升至 280 ℃,保持 20 min。

5.5.1.4.2 气化室:250 ℃。

5.5.1.4.3 检测器室:300 ℃。

5.5.1.4.4 气体流量(mL/min):载气(N_2)1.5,氢气 40,空气 300。

5.5.1.4.5 分流比:50:1。

5.5.1.4.6 进样体积:1.0 μL。

5.5.1.4.7 保留时间:内标物保留约 17.0 min,反式苯醚甲环唑保留约 17.9 min,顺式苯醚甲环唑保留约 18.1 min。

5.5.1.4.8 上述操作参数是典型的,可根据不同仪器特点对给定的操作参数作适当调整,以期获得最佳效果。典型的苯醚甲环唑乳油与内标物的气相色谱图见图1。

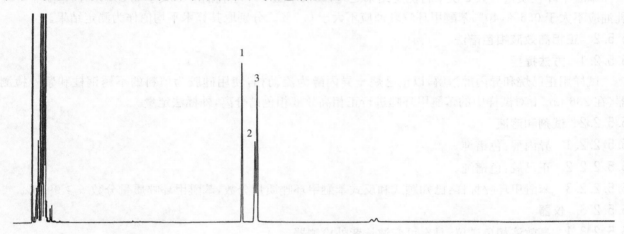

标引序号说明:
1——内标物;
2——反式苯醚甲环唑;
3——顺式苯醚甲环唑。

图 1 苯醚甲环唑乳油与内标物的气相色谱图

5.5.1.5 测定步骤

5.5.1.5.1 标样溶液的制备

称取 0.1 g(精确至 0.000 1 g)苯醚甲环唑标样,置于一具塞玻璃瓶中,用移液管加入 10 mL 内标溶液,超声 3 min,摇匀。

5.5.1.5.2 试样溶液的制备

称取含苯醚甲环唑 0.1 g(精确至 0.000 1 g)的乳油试样,置于一具塞玻璃瓶中,使用 5.5.1.5.1 中的移液管加入 10 mL 内标溶液,超声 3 min,摇匀。

5.5.1.6 测定

在上述操作条件下,待仪器稳定后,连续注入数针标样溶液,直至相邻两针苯醚甲环唑与内标物峰面积比的相对变化小于 1.2%后,按照标样溶液、试样溶液、试样溶液、标样溶液的顺序进行测定。

5.5.1.7 计算

将测得的两针试样溶液及试样前后两针标样溶液中苯醚甲环唑与内标物的峰面积比分别进行平均。试样中苯醚甲环唑的质量分数按公式(1)计算,质量浓度按公式(2)计算。

$$w_1 = \frac{r_2 \times m_1 \times w_{b1}}{r_1 \times m_2} \quad \cdots\cdots\cdots\cdots\cdots\cdots\cdots\cdots\cdots\cdots\cdots\cdots (1)$$

$$\rho_1 = \omega_1 \times \rho \times 10 \quad \cdots\cdots\cdots\cdots\cdots\cdots\cdots\cdots\cdots\cdots\cdots\cdots\cdots\cdots\cdots\cdots\cdots\cdots\cdots \quad (2)$$

式中：

ω_1 ——苯醚甲环唑质量分数的数值，单位为百分号（%）；

r_2 ——试样溶液中，顺式苯醚甲环唑与反式苯醚甲环唑峰面积之和与内标物的峰面积比的平均值；

m_1 ——苯醚甲环唑标样质量的数值，单位为克（g）；

ω_{b1} ——标样中苯醚甲环唑质量分数的数值，单位为百分号（%）；

r_1 ——标样溶液中，顺式苯醚甲环唑与反式苯醚甲环唑峰面积之和与内标物的峰面积比的平均值；

m_2 ——试样质量的数值，单位为克（g）；

ρ_1 ——20 ℃时试样中苯醚甲环唑质量浓度的数值，单位为克每升（g/L）；

ρ ——20 ℃时试样密度的数值，单位为克每毫升（g/mL）（按 GB/T 32776—2016 中 3.1 或 3.2 的规定执行）。

5.5.1.8 允许差

苯醚甲环唑质量分数 2 次平行测定结果之差，25%苯醚甲环唑乳油应不大于 0.5%，30%苯醚甲环唑乳油应不大于 0.6%，40%苯醚甲环唑乳油应不大于 0.7%。分别取其算术平均值作为测定结果。

5.5.2 正相高效液相色谱法

5.5.2.1 方法提要

试样用正己烷和异丙醇溶解，以正己烷＋异丙醇为流动相，使用硅胶为填料的不锈钢柱和紫外检测器，在 236 nm 下对试样中的苯醚甲环唑进行正相高效液相色谱分离，外标法定量。

5.5.2.2 试剂和溶液

5.5.2.2.1 异丙醇：色谱纯。

5.5.2.2.2 正己烷：色谱纯。

5.5.2.2.3 苯醚甲环唑标样：已知顺式和反式苯醚甲环唑质量分数，苯醚甲环唑质量分数 $w \geq 99.0\%$。

5.5.2.3 仪器

5.5.2.3.1 高效液相色谱仪：具有可变波长紫外检测器。

5.5.2.3.2 色谱柱：250 mm × 4.6 mm（内径）不锈钢柱，内装硅胶、5 μm 填充物（或具同等效果的色谱柱）。

5.5.2.3.3 过滤器：滤膜孔径约 0.45 μm。

5.5.2.3.4 超声波清洗器。

5.5.2.4 液相色谱操作条件

5.5.2.4.1 流动相：$\psi_{(正己烷：异丙醇)} = 90 : 10$。

5.5.2.4.2 流速：1.5 mL/min。

5.5.2.4.3 柱温：室温（温度变化应不大于 2 ℃）。

5.5.2.4.4 检测波长：236 nm。

5.5.2.4.5 进样体积：5 μL。

5.5.2.4.6 保留时间：顺式苯醚甲环唑保留约 8.9 min，反式苯醚甲环唑保留约 11.8 min。

5.5.2.4.7 上述操作参数是典型的，可根据不同仪器特点对给定的操作参数作适当调整，以期获得最佳效果。典型的苯醚甲环唑乳油的正相高效液相色谱图见图 2。

5.5.2.5 测定步骤

5.5.2.5.1 标样溶液的制备

称取 0.05 g（精确至 0.000 1 g）苯醚甲环唑标样，置于 100 mL 容量瓶中，加入 10 mL 异丙醇，振摇使之溶解，用正己烷稀释至刻度，摇匀。

5.5.2.5.2 试样溶液的制备

称取含苯醚甲环唑 0.05 g（精确至 0.000 1 g）的试样，置于 100 mL 容量瓶中，加入 10 mL 异丙醇，振摇使之溶解,用正己烷稀释至刻度,摇匀。

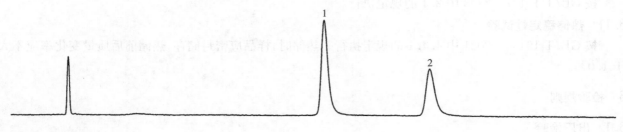

标引序号说明:
1——顺式苯醚甲环唑;
2——反式苯醚甲环唑。

图 2　苯醚甲环唑乳油的正相高效液相色谱图

5.5.2.6　测定

在上述色谱操作条件下,待仪器稳定后,连续注入数针标样溶液,直至相邻两针顺式和反式苯醚甲环唑峰面积的相对变化均小于1.2%后,按照标样溶液、试样溶液、试样溶液、标样溶液的顺序进行测定。

5.5.2.7　计算

将测得的两针试样溶液及试样前后两针标样溶液中顺式和反式苯醚甲环唑的峰面积分别进行平均。试样中苯醚甲环唑的质量分数按公式(3)计算,质量浓度按公式(4)计算。

$$w_1 = \frac{A_2 \times m_3 \times w_{b2}}{A_1 \times m_4} + \frac{A_4 \times m_3 \times w_{b3}}{A_3 \times m_4} \quad\cdots\cdots\cdots\cdots\cdots\cdots (3)$$

$$\rho_1 = w_1 \times \rho \times 10 \quad\cdots\cdots\cdots\cdots\cdots\cdots (4)$$

式中:

A_2 ——两针试样溶液中,顺式苯醚甲环唑峰面积的平均值;

m_3 ——苯醚甲环唑标样质量的数值,单位为克(g);

w_{b2}——标样中顺式苯醚甲环唑质量分数的数值,单位为百分号(%);

A_1 ——两针标样溶液中,顺式苯醚甲环唑峰面积的平均值;

m_4 ——试样质量的数值,单位为克(g);

A_4 ——两针试样溶液中,反式苯醚甲环唑峰面积的平均值;

w_{b3}——标样中反式苯醚甲环唑质量分数的数值,单位为百分号(%);

A_3 ——两针标样溶液中,反式苯醚甲环唑峰面积的平均值;

ρ_1 ——20 ℃时试样中苯醚甲环唑质量浓度的数值,单位为克每升(g/L);

ρ ——20 ℃时试样密度的数值,单位为克每毫升(g/mL)(按 GB/T 32776—2016 中3.1或3.2的规定执行)。

5.5.2.8　允许差

苯醚甲环唑质量分数2次平行测定结果之差,25%苯醚甲环唑乳油应不大于0.5%,30%苯醚甲环唑乳油应不大于0.6%,40%苯醚甲环唑乳油应不大于0.7%。分别取其算术平均值作为测定结果。

5.6　水分

按 GB/T 1600—2021 中4.2的规定执行。

5.7　pH

按 GB/T 1601 的规定执行。

5.8　乳液稳定性试验

按 GB/T 1603 的规定执行。

5.9　持久起泡性

按 GB/T 28137 的规定执行。

5.10 低温稳定性试验

按 GB/T 19137—2003 中 2.1 的规定执行。

5.11 热储稳定性试验

按 GB/T 19136—2021 中 4.4.1 的规定执行。热储时，样品应密封储存，热储前后质量变化率应不大于 1.0%。

6 检验规则

6.1 出厂检验

每批产品均应做出厂检验，经检验合格签发合格证后，方可出厂。出厂检验项目为第 4 章技术要求中外观、苯醚甲环唑质量分数、苯醚甲环唑质量浓度、水分、pH、乳液稳定性、持久起泡性。

6.2 型式检验

型式检验项目为第 4 章中的全部项目，在正常连续生产情况下，每 3 个月至少进行一次。有下述情况之一，应进行型式检验：

a) 原料有较大改变，可能影响产品质量时；

b) 生产地址、生产设备或生产工艺有较大改变，可能影响产品质量时；

c) 停产后又恢复生产时；

d) 国家质量监管机构提出型式检验要求时。

6.3 判定规则

按 GB/T 8170—2008 中 4.3.3 判定检验结果是否符合本文件要求。

按第 5 章的检验方法对产品进行出厂检验和型式检验，任一项目不符合第 4 章的技术要求判为该批次产品不合格。

7 验收和质量保证期

7.1 验收

应符合 GB/T 1604 的规定。

7.2 质量保证期

在 8.2 的储运条件下，苯醚甲环唑乳油的质量保证期从生产日期算起为 2 年。质量保证期内，各项指标均应符合本文件要求。

8 标志、标签、包装、储运

8.1 标志、标签、包装

苯醚甲环唑乳油的标志、标签和包装应符合 GB 4838 的规定。苯醚甲环唑乳油的包装可采用清洁、干燥的聚酯瓶包装，外用瓦楞纸箱包装；也可根据用户要求或订货协议采用其他形式的包装，但应符合 GB 4838 的规定。

8.2 储运

苯醚甲环唑乳油包装件应储存在通风、干燥的库房中；储运时，严防潮湿和日晒，不得与食物、种子、饲料混放，避免与皮肤、眼睛接触，防止由口鼻吸入。

附 录 A

（资料性）

苯醚甲环唑的其他名称、结构式和基本物化参数

苯醚甲环唑的其他名称、结构式和基本物化参数如下：
——ISO 通用名称：Difenoconazole。
——CAS 登录号：119446-68-3。
——化学名称：（顺反）-3-氯-4-[4-甲基-2-（1H-1,2,4-三唑-1-基甲基）-1,3-二噁戊烷-2-基]苯基-4-氯苯基醚。
——结构式：

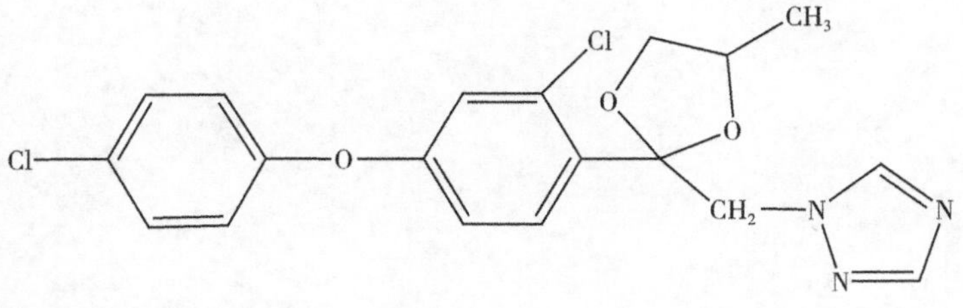

——分子式：$C_{19}H_{17}Cl_2N_3O_3$。
——相对分子质量：406.3。
——生物活性：杀菌。
——熔点：82 ℃～83 ℃。
——蒸气压（25 ℃）：3.3×10^{-5} mPa。
——溶解度（20 ℃～25 ℃）：在水中 15.0 mg/L。在丙酮、二氯甲烷、乙酸乙酯、甲醇、甲苯中大于 500 g/L，在正己烷中 3 g/L，在正辛醇中 110 g/L。
——稳定性：150 ℃以下稳定，不易水解。

ICS 65.100.30
CCS G 25

中华人民共和国农业行业标准

NY/T 4387—2023

苯醚甲环唑微乳剂

Difenoconazole micro-emulsion

2023-12-22 发布　　　　　　　　　　　　　　　　2024-05-01 实施

中华人民共和国农业农村部 发布

前　言

本文件按照 GB/T 1.1—2020《标准化工作导则　第 1 部分:标准化文件的结构和起草规则》的规定起草。

本文件代替 HG/T 4462—2012《苯醚甲环唑微乳剂》,与 HG/T 4462—2012 相比,除结构调整和编辑性改动外,主要技术变化如下:

——增加了 25% 和 30% 规格(见 4.2);

——删除了透明温度范围控制项目和指标(见 HG/T 4462—2012 的 3.2);

——更改了苯醚甲环唑质量分数的测定方法(见 5.5,HG/T 4462—2012 的 4.4);

——增加了检验规则(见第 6 章)。

请注意本文件的某些内容可能涉及专利。本文件的发布机构不承担识别专利的责任。

本文件由农业农村部种植业管理司提出。

本文件由全国农药标准化技术委员会(SAC/TC 133)归口。

本文件起草单位:沈阳沈化院测试技术有限公司、沈阳化工研究院有限公司、利民化学有限责任公司、杭州宇龙化工有限公司。

本文件主要起草人:刘莹、赵晨灿、黎娜、许梅、潘丽英。

本文件及其所代替文件的历次版本发布情况为:

——2012 年首次发布为 HG/T 4462—2012;

——本次为首次修订。

苯醚甲环唑微乳剂

1 范围

本文件规定了苯醚甲环唑微乳剂的技术要求、试验方法、检验规则、验收和质量保证期,以及标志、标签、包装、储运。

本文件适用于苯醚甲环唑微乳剂产品的质量控制。

注:苯醚甲环唑的其他名称、结构式和基本物化参数见附录A。

2 规范性引用文件

下列文件中的内容通过文中的规范性引用而构成本文件必不可少的条款。其中,注日期的引用文件,仅该日期对应的版本适用于本文件;不注日期的引用文件,其最新版本(包括所有的修改单)适用于本文件。

GB/T 1601 农药pH值测定方法

GB/T 1603 农药乳液稳定性测定方法

GB/T 1604 商品农药验收规则

GB/T 1605—2001 商品农药采样方法

GB 4838 农药乳油包装

GB/T 8170—2008 数值修约规则与极限数值的表示和判定

GB/T 19136—2021 农药热储稳定性测定方法

GB/T 19137—2003 农药低温稳定性测定方法

GB/T 28137 农药持久起泡性测定方法

GB/T 32776—2016 农药密度测定方法

3 术语和定义

本文件没有需要界定的术语和定义。

4 技术要求

4.1 外观

透明或半透明均相液体,无可见的悬浮物和沉淀。

4.2 技术指标

苯醚甲环唑微乳剂应分别符合表1的要求。

表1 苯醚甲环唑微乳剂技术指标

项　　目	指　标			
	10%规格	20%规格	25%规格	30%规格
苯醚甲环唑质量分数,%	$10.0^{+1.0}_{-1.0}$	$20.0^{+1.2}_{-1.2}$	$25.0^{+1.5}_{-1.5}$	$30.0^{+1.5}_{-1.5}$
苯醚甲环唑质量浓度ª(20 ℃),g/L	100^{+10}_{-10}	200^{+12}_{-12}	250^{+15}_{-15}	300^{+15}_{-15}
pH	4.0~7.0			
乳液稳定性(稀释200倍)	量筒中无浮油(膏)、沉油和沉淀析出			
持久起泡性(1 min后泡沫量),mL	≤30			

表1（续）

项 目	指 标			
	10%规格	20%规格	25%规格	30%规格
低温稳定性	冷储后，离心管底部离析物体积不大于0.3 mL			
热储稳定性	热储后，苯醚甲环唑质量分数应不低于热储前的95%，pH和乳液稳定性仍应符合本文件要求			

ª 当以质量分数和以质量浓度表示的结果不能同时满足本文件要求时，按质量分数的结果判定产品是否合格。

5 试验方法

警示：使用本文件的人员应有实验室工作的实践经验。本文件并未指出所有的安全问题。使用者有责任采取适当的安全和健康措施。

5.1 一般规定

本文件所用试剂和水在没有注明其他要求时，均指分析纯试剂和蒸馏水。

5.2 取样

按 GB/T 1605—2001 中 5.3.2 的规定执行。用随机数表法确定取样的包装件；最终取样量应不少于200 g。

5.3 鉴别试验

5.3.1 气相色谱法

本鉴别试验可与苯醚甲环唑质量分数的测定同时进行。在相同的色谱操作条件下，试样溶液中某两个色谱峰的保留时间与苯醚甲环唑标样溶液中顺式和反式苯醚甲环唑色谱峰的保留时间，其相对差分别应在1.5%以内。

5.3.2 正相高效液相色谱法

本鉴别试验可与苯醚甲环唑质量分数的测定同时进行。在相同的色谱操作条件下，试样溶液中某两个色谱峰的保留时间与苯醚甲环唑标样溶液中顺式和反式苯醚甲环唑色谱峰的保留时间，其相对差分别应在1.5%以内。

5.4 外观

采用目测法测定。

5.5 苯醚甲环唑质量分数

5.5.1 气相色谱法（仲裁法）

5.5.1.1 方法提要

试样用丙酮溶解，以 1,3,5-三苯基苯为内标物，使用（5%苯基）甲基聚硅氧烷涂壁的石英毛细管柱和氢火焰离子化检测器，对试样中的苯醚甲环唑进行气相色谱分离，内标法定量。

5.5.1.2 试剂和溶液

5.5.1.2.1 丙酮。

5.5.1.2.2 苯醚甲环唑标样：已知苯醚甲环唑质量分数，$w \geq 99.0\%$。

5.5.1.2.3 内标物：1,3,5-三苯基苯，应没有干扰分析的杂质。

5.5.1.2.4 内标溶液：称取 1,3,5-三苯基苯 2.5 g，置于 1 000 mL 容量瓶中，加适量丙酮溶解并稀释至刻度，摇匀。

5.5.1.3 仪器

5.5.1.3.1 气相色谱仪：具有氢火焰离子化检测器。

5.5.1.3.2 色谱柱：30 m×0.32 mm（内径）毛细管柱，内壁涂（5%苯基）甲基聚硅氧烷，膜厚 0.25 μm（或具同等效果的色谱柱）。

5.5.1.3.3 超声波清洗器。

5.5.1.4 气相色谱操作条件

5.5.1.4.1 柱温:150 ℃保持 1 min,以 10 ℃/min 速率升至 280 ℃,保持 20 min。

5.5.1.4.2 气化室:250 ℃。

5.5.1.4.3 检测器室:300 ℃。

5.5.1.4.4 气体流量(mL/min):载气(N₂)1.5,氢气 40,空气 300。

5.5.1.4.5 分流比:50∶1。

5.5.1.4.6 进样体积:1.0 μL。

5.5.1.4.7 保留时间:内标物保留约 17.0 min,反式苯醚甲环唑保留约 17.9 min,顺式苯醚甲环唑保留约 18.1 min。

5.5.1.4.8 上述操作参数是典型的,可根据不同仪器特点,对给定的操作参数作适当调整,以期获得最佳效果。典型的苯醚甲环唑微乳剂与内标物的气相色谱图见图 1。

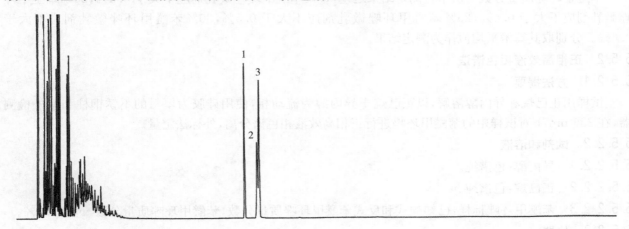

标引序号说明:
1——内标物;
2——反式苯醚甲环唑;
3——顺式苯醚甲环唑。

图 1 苯醚甲环唑微乳剂与内标物的气相色谱图

5.5.1.5 测定步骤

5.5.1.5.1 标样溶液的制备

称取 0.1 g(精确至 0.000 1 g)苯醚甲环唑标样,置于一具塞玻璃瓶中,用移液管加入 10 mL 内标溶液,超声 3 min,摇匀。

5.5.1.5.2 试样溶液的制备

称取含苯醚甲环唑 0.1 g(精确至 0.000 1 g)的微乳剂试样,置于一具塞玻璃瓶中,用 5.5.1.5.1 中的移液管加入 10 mL 内标溶液,超声 3 min,摇匀。

5.5.1.6 测定

在上述操作条件下,待仪器稳定后,连续注入数针标样溶液,直至相邻两针苯醚甲环唑与内标物峰面积比的相对变化小于 1.2% 后,按照标样溶液、试样溶液、试样溶液、标样溶液的顺序进行测定。

5.5.1.7 计算

将测得的两针试样溶液及试样前后两针标样溶液中苯醚甲环唑与内标物的峰面积比分别进行平均。试样中苯醚甲环唑的质量分数按公式(1)计算,质量浓度按公式(2)计算。

$$w_1 = \frac{r_2 \times m_1 \times w_{b1}}{r_1 \times m_2} \quad\text{...............................}(1)$$

$$\rho_1 = w_1 \times \rho \times 10 \quad \cdots\cdots\cdots\cdots\cdots\cdots\cdots\cdots\cdots\cdots\cdots\cdots\cdots\cdots\cdots\cdots\cdots \quad (2)$$

式中:

w_1 —— 苯醚甲环唑质量分数的数值,单位为百分号(%);

r_2 —— 试样溶液中,顺式苯醚甲环唑与反式苯醚甲环唑峰面积之和与内标物的峰面积比的平均值;

m_1 —— 苯醚甲环唑标样质量的数值,单位为克(g);

w_{b1} —— 标样中苯醚甲环唑质量分数的数值,单位为百分号(%);

r_1 —— 标样溶液中,顺式苯醚甲环唑与反式苯醚甲环唑峰面积之和与内标物的峰面积比的平均值;

m_2 —— 试样质量的数值,单位为克(g);

ρ_1 —— 20 ℃时试样中苯醚甲环唑质量浓度的数值,单位为克每升(g/L);

ρ —— 20 ℃时试样密度的数值,单位为克每毫升(g/mL)(按 GB/T 32776—2016 中3.1或3.2的规定执行)。

5.5.1.8 允许差

苯醚甲环唑质量分数2次平行测定结果之差,10%苯醚甲环唑微乳剂应不大于0.3%,20%苯醚甲环唑微乳剂应不大于0.4%,25%苯醚甲环唑微乳剂应不大于0.5%,30%苯醚甲环唑微乳剂应不大于0.6%。分别取其算术平均值作为测定结果。

5.5.2 正相高效液相色谱法

5.5.2.1 方法提要

试样用正己烷和异丙醇溶解,以正己烷+异丙醇为流动相,使用硅胶为填料的不锈钢柱和紫外检测器,在236 nm下对试样中的苯醚甲环唑进行正相高效液相色谱分离,外标法定量。

5.5.2.2 试剂和溶液

5.5.2.2.1 异丙醇:色谱纯。

5.5.2.2.2 正己烷:色谱纯。

5.5.2.2.3 苯醚甲环唑标样:已知顺式和反式苯醚甲环唑质量分数,苯醚甲环唑质量分数 $w \geqslant 99.0\%$。

5.5.2.3 仪器

5.5.2.3.1 高效液相色谱仪:具有可变波长紫外检测器。

5.5.2.3.2 色谱柱:250 mm×4.6 mm(内径)不锈钢柱,内装硅胶、5 μm 填充物(或具同等效果的色谱柱)。

5.5.2.3.3 超声波清洗器。

5.5.2.4 液相色谱操作条件

5.5.2.4.1 流动相:$\psi_{(正己烷:异丙醇)}=90:10$。

5.5.2.4.2 流速:1.5 mL/min。

5.5.2.4.3 柱温:室温(温度变化应不大于2 ℃)。

5.5.2.4.4 检测波长:236 nm。

5.5.2.4.5 进样体积:5 μL。

5.5.2.4.6 保留时间:顺式苯醚甲环唑保留约8.9 min,反式苯醚甲环唑保留约11.8 min。

5.5.2.4.7 上述操作参数是典型的,可根据不同仪器特点,对给定的操作参数作适当调整,以期获得最佳效果。典型的苯醚甲环唑微乳剂的正相高效液相色谱图见图2。

5.5.2.5 测定步骤

5.5.2.5.1 标样溶液的制备

称取0.05 g(精确至0.000 1 g)苯醚甲环唑标样,置于100 mL容量瓶中,加入10 mL异丙醇,振摇使之溶解,用正己烷稀释至刻度,摇匀。

5.5.2.5.2 试样溶液的制备

称取含苯醚甲环唑0.05 g(精确至0.000 1 g)的试样,置于100 mL容量瓶中,加入10 mL异丙醇,振

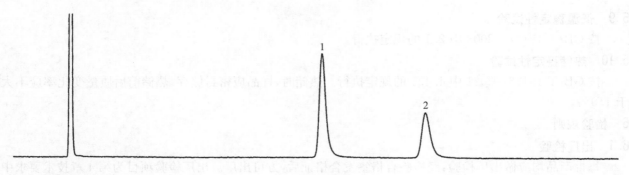

标引序号说明：
1——顺式苯醚甲环唑；
2——反式苯醚甲环唑。

图 2　苯醚甲环唑微乳剂的正相高效液相色谱图

摇使之溶解，用正己烷稀释至刻度，摇匀。

5.5.2.6　测定

在上述色谱操作条件下，待仪器稳定后，连续注入数针标样溶液，直至相邻两针顺式和反式苯醚甲环唑峰面积的相对变化均小于1.2%后，按照标样溶液、试样溶液、试样溶液、标样溶液的顺序进行测定。

5.5.2.7　计算

将测得的两针试样溶液及试样前后两针标样溶液中顺式和反式苯醚甲环唑的峰面积分别进行平均。试样中苯醚甲环唑的质量分数按公式（3）计算，质量浓度按公式（4）计算。

$$w_1 = \frac{A_2 \times m_3 \times w_{b2}}{A_1 \times m_4} + \frac{A_4 \times m_3 \times w_{b3}}{A_3 \times m_4} \quad \cdots\cdots\cdots\cdots\cdots\cdots\cdots\cdots\cdots \text{(3)}$$

$$\rho_1 = w_1 \times \rho \times 10 \quad \cdots\cdots\cdots\cdots\cdots\cdots\cdots\cdots\cdots \text{(4)}$$

式中：

A_2 ——两针试样溶液中，顺式苯醚甲环唑峰面积的平均值；

m_3 ——苯醚甲环唑标样质量的数值，单位为克（g）；

w_{b2} ——标样中顺式苯醚甲环唑质量分数的数值，单位为百分号（%）；

A_1 ——两针标样溶液中，顺式苯醚甲环唑峰面积的平均值；

m_4 ——试样质量的数值，单位为克（g）；

A_4 ——两针试样溶液中，反式苯醚甲环唑峰面积的平均值；

w_{b3} ——标样中反式苯醚甲环唑质量分数的数值，单位为百分号（%）；

A_3 ——两针标样溶液中，反式苯醚甲环唑峰面积的平均值；

ρ_1 ——20 ℃时试样中苯醚甲环唑质量浓度的数值，单位为克每升（g/L）；

ρ ——20 ℃时试样密度的数值，单位为克每毫升（g/mL）（按 GB/T 32776—2016 中3.1或3.2的规定执行）。

5.5.2.8　允许差

苯醚甲环唑质量分数2次平行测定结果之差，10%苯醚甲环唑微乳剂应不大于0.3%，20%苯醚甲环唑微乳剂应不大于0.4%，25%苯醚甲环唑微乳剂应不大于0.5%，30%苯醚甲环唑微乳剂应不大于0.6%。分别取其算术平均值作为测定结果。

5.6　pH

按 GB/T 1601 的规定执行。

5.7　乳液稳定性试验

按 GB/T 1603 的规定执行。

5.8　持久起泡性

按 GB/T 28137 的规定执行。

5.9 低温稳定性试验

按 GB/T 19137—2003 中 2.1 的规定执行。

5.10 热储稳定性试验

按 GB/T 19136—2021 中 4.4.1 的规定执行。热储时,样品应密封储存,热储前后质量变化率应不大于 1.0%。

6 检验规则

6.1 出厂检验

每批产品均应做出厂检验,经检验合格签发合格证后,方可出厂。出厂检验项目为第 4 章技术要求中外观、苯醚甲环唑质量分数、苯醚甲环唑质量浓度、pH、乳液稳定性、持久起泡性。

6.2 型式检验

型式检验项目为第 4 章中的全部项目,在正常连续生产情况下,每 3 个月至少进行一次。有下述情况之一,应进行型式检验:

a) 原料有较大改变,可能影响产品质量时;

b) 生产地址、生产设备或生产工艺有较大改变,可能影响产品质量时;

c) 停产后又恢复生产时;

d) 国家质量监管机构提出型式检验要求时。

6.3 判定规则

按 GB/T 8170—2008 中 4.3.3 判定检验结果是否符合本文件要求。

按第 5 章的检验方法对产品进行出厂检验和型式检验,任一项目不符合第 4 章的技术要求判为该批次产品不合格。

7 验收和质量保证期

7.1 验收

应符合 GB/T 1604 的规定。

7.2 质量保证期

在 8.2 的储运条件下,苯醚甲环唑微乳剂的质量保证期从生产日期算起为 2 年。质量保证期内,各项指标均应符合本文件要求。

8 标志、标签、包装、储运

8.1 标志、标签、包装

苯醚甲环唑微乳剂的标志、标签、包装应符合 GB 4838 的规定;苯醚甲环唑微乳剂的包装可采用清洁、干燥的聚酯瓶包装,外用瓦楞纸箱包装;也可根据用户要求或订货协议采用其他形式的包装,但应符合 GB 4838 的规定。

8.2 储运

苯醚甲环唑微乳剂包装件应储存在通风、干燥的库房中;储运时,严防潮湿和日晒,不得与食物、种子、饲料混放,避免与皮肤、眼睛接触,防止由口鼻吸入。

附 录 A
（资料性）
苯醚甲环唑的其他名称、结构式和基本物化参数

苯醚甲环唑的其他名称、结构式和基本物化参数如下：
——ISO 通用名称：Difenoconazole。
——CAS 登录号：119446-68-3。
——化学名称：（顺反)-3-氯-4-[4-甲基-2-(1H-1,2,4-三唑-1-基甲基)-1,3-二噁戊烷-2-基]苯基-4-氯
苯基醚。
——结构式：

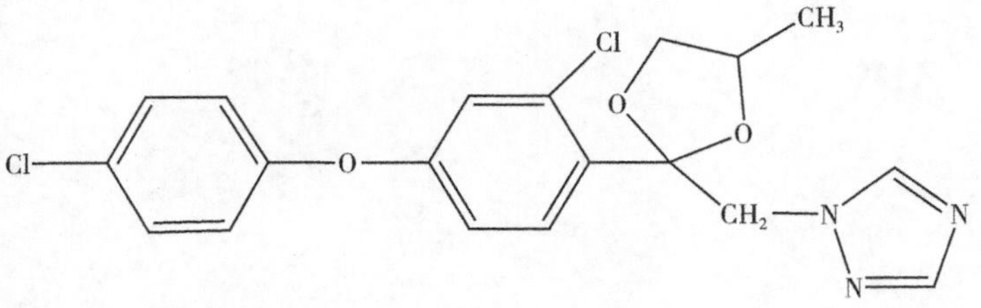

——分子式：$C_{19}H_{17}Cl_2N_3O_3$。
——相对分子质量：406.3。
——生物活性：杀菌。
——熔点：82 ℃～83 ℃。
——蒸气压(25 ℃)：$3.3×10^{-5}$ mPa。
——溶解度(20 ℃～25 ℃)：在水中 15.0 mg/L。在丙酮、二氯甲烷、乙酸乙酯、甲醇、甲苯中大于
500 g/L，在正己烷中 3 g/L，在正辛醇中 110 g/L。
——稳定性：150 ℃以下稳定，不易水解。

ICS 65.100.30
CCS G 25

中华人民共和国农业行业标准

NY/T 4388—2023

苯醚甲环唑水分散粒剂

Difenoconazole water dispersible granule

2023-12-22 发布 2024-05-01 实施

中华人民共和国农业农村部 发布

前　言

本文件按照 GB/T 1.1—2020《标准化工作导则　第 1 部分:标准化文件的结构和起草规则》的规定起草。

本文件代替 HG/T 4463—2012《苯醚甲环唑水分散粒剂》,与 HG/T 4463—2012 相比,除结构调整和编辑性改动外,主要技术变化如下:

——增加了 60%规格(见 4.2);

——更改了悬浮率指标(见 4.2,HG/T 4463—2012 的 3.2);

——增加了耐磨性控制项目和指标(见 4.2);

——更改了苯醚甲环唑质量分数的测定方法(见 5.5,HG/T 4463—2012 的 4.4);

——增加了检验规则(见第 6 章)。

请注意本文件的某些内容可能涉及专利。本文件的发布机构不承担识别专利的责任。

本文件由农业农村部种植业管理司提出。

本文件由全国农药标准化技术委员会(SAC/TC 133)归口。

本文件起草单位:沈阳沈化院测试技术有限公司、柳州市惠农化工有限公司、上海生农生化制品股份有限公司、利民化学有限责任公司、江苏七洲绿色化工股份有限公司、先正达(苏州)作物保护有限公司、沈阳化工研究院有限公司。

本文件主要起草人:侯春青、邓明娟、季福平、黎娜、刘莹、赵晨灿、许梅、胡春红、王福君。

本文件及其所代替文件的历次版本发布情况为:

——2012 年首次发布为 HG/T 4463—2012;

——本次为首次修订。

苯醚甲环唑水分散粒剂

1 范围

本文件规定了苯醚甲环唑水分散粒剂的技术要求、试验方法、检验规则、验收和质量保证期以及标志、标签、包装、储运。

本文件适用于苯醚甲环唑水分散粒剂产品的质量控制。

注：苯醚甲环唑的其他名称、结构式和基本物化参数见附录 A。

2 规范性引用文件

下列文件中的内容通过文中的规范性引用而构成本文件必不可少的条款。其中，注日期的引用文件，仅该日期对应的版本适用于本文件；不注日期的引用文件，其最新版本（包括所有的修改单）适用于本文件。

GB/T 1600—2021　农药水分测定方法

GB/T 1601　农药 pH 值的测定方法

GB/T 1604　商品农药验收规则

GB/T 1605—2001　商品农药采样方法

GB 3796　农药包装通则

GB/T 5451　农药可湿性粉剂润湿性测定方法

GB/T 8170—2008　数值修约规则与极限数值的表示和判定

GB/T 14825—2006　农药悬浮率测定方法

GB/T 16150—1995　农药粉剂、可湿性粉剂细度测定方法

GB/T 19136—2021　农药热储稳定性测定方法

GB/T 28137　农药持久起泡性测定方法

GB/T 30360　颗粒状农药粉尘测定方法

GB/T 32775　农药分散性测定方法

GB/T 33031　农药水分散粒剂耐磨性测定方法

3 术语和定义

本文件没有需要界定的术语和定义。

4 技术要求

4.1 外观

干燥的、能自由流动的固体颗粒。

4.2 技术指标

苯醚甲环唑水分散粒剂应符合表 1 的要求。

表 1　苯醚甲环唑水分散粒剂技术指标

项　　目	指　标					
	10%规格	15%规格	20%规格	30%规格	37%规格	60%规格
苯醚甲环唑质量分数，%	$10.0^{+1.0}_{-1.0}$	$15.0^{+0.9}_{-0.9}$	$20.0^{+1.2}_{-1.2}$	$30.0^{+1.5}_{-1.5}$	$37.0^{+1.8}_{-1.8}$	$60.0^{+2.5}_{-2.5}$
水分，%	≤3.0					

表 1（续）

项　目	指　标					
	10％规格	15％规格	20％规格	30％规格	37％规格	60％规格
pH	6.0～10.0					
湿筛试验（通过 75 μm 试验筛），％	≥98					
分散性，％	≥80					
悬浮率，％	≥80					
润湿时间，s	≤60					
持久起泡性（1 min 后泡沫量），mL	≤60					
耐磨性，％	≥90					
粉尘，mg	≤30					
热储稳定性	热储后，苯醚甲环唑质量分数应不低于热储前的 95％，悬浮率不低于 70％，pH、湿筛试验、分散性、粉尘和耐磨性仍应符合本文件的要求					

5　试验方法

警示：使用本文件的人员应有实验室工作的实践经验。本文件并未指出所有的安全问题。使用者有责任采取适当的安全和健康措施。

5.1　一般规定

本文件所用试剂和水在没有注明其他要求时，均指分析纯试剂和蒸馏水。

5.2　取样

按 GB/T 1605—2001 中 5.3.3 的规定执行。用随机数表法确定取样的包装件；最终取样量应不少于 600 g。

5.3　鉴别试验

5.3.1　气相色谱法

本鉴别试验可与苯醚甲环唑质量分数的测定同时进行。在相同的色谱操作条件下，试样溶液中某 2 个色谱峰的保留时间与苯醚甲环唑标样溶液中顺式和反式苯醚甲环唑色谱峰的保留时间，其相对差分别应在 1.5％以内。

5.3.2　正相高效液相色谱法

本鉴别试验可与苯醚甲环唑质量分数的测定同时进行。在相同的色谱操作条件下，试样溶液中某 2 个色谱峰的保留时间与苯醚甲环唑标样溶液中顺式和反式苯醚甲环唑色谱峰的保留时间，其相对差分别应在 1.5％以内。

5.4　外观

采用目测法测定。

5.5　苯醚甲环唑质量分数

5.5.1　气相色谱法（仲裁法）

5.5.1.1　方法提要

试样用丙酮溶解，以 1,3,5-三苯基苯为内标物，使用（5％苯基）甲基聚硅氧烷涂壁的石英毛细管柱和氢火焰离子化检测器，对试样中的苯醚甲环唑进行气相色谱分离，内标法定量。

5.5.1.2　试剂和溶液

5.5.1.2.1　丙酮：色谱纯。

5.5.1.2.2　苯醚甲环唑标样：已知苯醚甲环唑质量分数，w≥99.0％。

5.5.1.2.3　内标物：1,3,5-三苯基苯，应没有干扰分析的杂质。

5.5.1.2.4　内标溶液：称取 1,3,5-三苯基苯 2.5 g，置于 1 000 mL 容量瓶中，加适量丙酮溶解并稀释至刻度，摇匀。

5.5.1.3 仪器

5.5.1.3.1 气相色谱仪:具有氢火焰离子化检测器。

5.5.1.3.2 色谱柱:30 m×0.32 mm(内径)毛细管柱,内壁涂(5%苯基)甲基聚硅氧烷,膜厚 0.25 μm(或具同等效果的色谱柱)。

5.5.1.3.3 过滤器:滤膜孔径约 0.45 μm。

5.5.1.3.4 超声波清洗器。

5.5.1.4 气相色谱操作条件

5.5.1.4.1 柱温:150 ℃保持 1 min,以 10 ℃/min 速率升至 280 ℃,保持 20 min。

5.5.1.4.2 气化室:250 ℃。

5.5.1.4.3 检测器室:300 ℃。

5.5.1.4.4 气体流量(mL/min):载气(N₂)1.5,氢气 40,空气 300。

5.5.1.4.5 分流比:50∶1。

5.5.1.4.6 进样体积:1.0 μL。

5.5.1.4.7 保留时间:内标物约 17.0 min,反式苯醚甲环唑约 17.9 min,顺式苯醚甲环唑约 18.1 min。

5.5.1.4.8 上述操作参数是典型的,可根据不同仪器特点,对给定的操作参数作适当调整,以期获得最佳效果。典型的苯醚甲环唑水分散粒剂与内标物的气相色谱图见图 1。

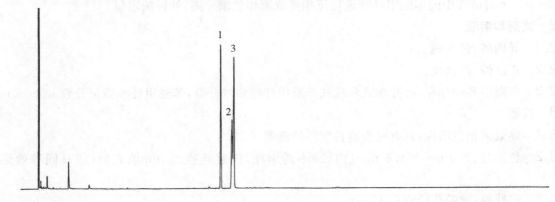

标引序号说明:
1——内标物;
2——反式苯醚甲环唑;
3——顺式苯醚甲环唑。

图 1 苯醚甲环唑水分散粒剂与内标物的气相色谱图

5.5.1.5 测定步骤

5.5.1.5.1 标样溶液的制备

称取 0.1 g(精确至 0.000 1 g)苯醚甲环唑标样,置于一具塞玻璃瓶中,用移液管加入 10 mL 内标溶液,超声 3 min,摇匀。

5.5.1.5.2 试样溶液的制备

将水分散粒剂试样研磨,混匀。称取含苯醚甲环唑 0.1 g(精确至 0.000 1 g)的试样,置于一具塞玻璃瓶中,用与 5.5.1.5.1 同一支移液管加入 10 mL 内标溶液,超声 5 min,摇匀,过滤。

5.5.1.6 测定

在上述操作条件下,待仪器稳定后,连续注入数针标样溶液,直至相邻两针苯醚甲环唑与内标物峰面积比的相对变化小于 1.2%后,按照标样溶液、试样溶液、试样溶液、标样溶液的顺序进行测定。

5.5.1.7 计算

将测得的两针试样溶液以及试样前后两针标样溶液中苯醚甲环唑与内标物的峰面积比分别进行平均。试样中苯醚甲环唑的质量分数按公式(1)计算。

$$w_1 = \frac{r_2 \times m_1 \times w_{b1}}{r_1 \times m_2} \quad \cdots\cdots\cdots\cdots\cdots\cdots\cdots\cdots\cdots\cdots\cdots\cdots\cdots\cdots\cdots\cdots\cdots\cdots\cdots\cdots \text{(1)}$$

式中:

w_1——苯醚甲环唑质量分数的数值,单位为百分号(%);

r_2——试样溶液中,顺式苯醚甲环唑与反式苯醚甲环唑峰面积之和与内标物的峰面积比的平均值;

m_1——苯醚甲环唑标样质量的数值,单位为克(g);

w_{b1}——标样中苯醚甲环唑质量分数的数值,单位为百分号(%);

r_1——标样溶液中,顺式苯醚甲环唑与反式苯醚甲环唑峰面积之和与内标物的峰面积比的平均值;

m_2——试样质量的数值,单位为克(g)。

5.5.1.8 允许差

苯醚甲环唑质量分数2次平行测定结果之差,10%苯醚甲环唑水分散粒剂应不大于0.3%,15%和20%苯醚甲环唑水分散粒剂应不大于0.4%,30%苯醚甲环唑水分散粒剂应不大于0.6%,37%苯醚甲环唑水分散粒剂应不大于0.7%,60%苯醚甲环唑水分散粒剂应不大于0.9%。分别取其算术平均值作为测定结果。

5.5.2 正相高效液相色谱法

5.5.2.1 方法提要

试样用正己烷和异丙醇溶解,以正己烷+异丙醇为流动相,使用硅胶为填料的不锈钢柱和紫外检测器,在236 nm下对试样中的苯醚甲环唑进行正相高效液相色谱分离,外标法定量。

5.5.2.2 试剂和溶液

5.5.2.2.1 异丙醇:色谱纯。

5.5.2.2.2 正己烷:色谱纯。

5.5.2.2.3 苯醚甲环唑标样:已知顺式和反式苯醚甲环唑质量分数,苯醚甲环唑质量分数$w \geqslant 99.0\%$。

5.5.2.3 仪器

5.5.2.3.1 高效液相色谱仪:具有可变波长紫外检测器。

5.5.2.3.2 色谱柱:250 mm×4.6 mm(内径)不锈钢柱,内装硅胶、5 μm填充物(或具同等效果的色谱柱)。

5.5.2.3.3 过滤器:滤膜孔径约0.45 μm。

5.5.2.3.4 超声波清洗器。

5.5.2.4 高效液相色谱操作条件

5.5.2.4.1 流动相:$\psi_{(正己烷:异丙醇)} = 90:10$。

5.5.2.4.2 流速:1.5 mL/min。

5.5.2.4.3 柱温:室温(温度变化应不大于2 ℃)。

5.5.2.4.4 检测波长:236 nm。

5.5.2.4.5 进样体积:5 μL。

5.5.2.4.6 保留时间:顺式苯醚甲环唑约8.9 min,反式苯醚甲环唑约11.8 min。

5.5.2.4.7 上述操作参数是典型的,可根据不同仪器特点,对给定的操作参数作适当调整,以期获得最佳效果。典型的苯醚甲环唑水分散粒剂的正相高效液相色谱图见图2。

5.5.2.5 测定步骤

5.5.2.5.1 标样溶液的制备

称取0.05 g(精确至0.000 1 g)苯醚甲环唑标样,置于100 mL容量瓶中,加入10 mL异丙醇振摇,使之溶解,用正己烷稀释至刻度,摇匀。

5.5.2.5.2 试样溶液的制备

将水分散粒剂试样研磨,混匀。称取含苯醚甲环唑0.05 g(精确至0.0001 g)的试样,置于100 mL容

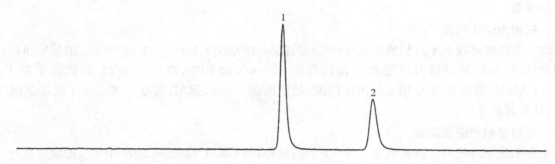

标引序号说明：
1——顺式苯醚甲环唑；
2——反式苯醚甲环唑。

图 2 苯醚甲环唑水分散粒剂的正相高效液相色谱图

量瓶中，加入 10 mL 异丙醇，超声 5 min，冷却至室温后，用正己烷稀释至刻度，摇匀，过滤。

5.5.2.6 测定

在上述色谱操作条件下，待仪器稳定后，连续注入数针标样溶液，直至相邻两针顺式和反式苯醚甲环唑峰面积的相对变化小于 1.2% 后，按照标样溶液、试样溶液、试样溶液、标样溶液的顺序进行测定。

5.5.2.7 计算

将测得的两针试样溶液以及试样前后两针标样溶液中顺式和反式苯醚甲环唑的峰面积分别进行平均。试样中苯醚甲环唑的质量分数按公式（2）计算。

$$w_1 = \frac{A_2 \times m_3 \times w_{b2}}{A_1 \times m_4} + \frac{A_4 \times m_3 \times w_{b3}}{A_3 \times m_4} \quad\cdots\cdots\cdots\cdots\cdots\cdots\cdots\cdots\cdots\cdots （2）$$

式中：

w_1 ——试样中苯醚甲环唑质量分数的数值，单位为百分号（%）；

A_2 ——两针试样溶液中，顺式苯醚甲环唑峰面积的平均值；

m_3 ——苯醚甲环唑标样质量的数值，单位为克（g）；

w_{b2} ——标样中顺式苯醚甲环唑质量分数的数值，单位为百分号（%）；

A_1 ——两针标样溶液中，顺式苯醚甲环唑峰面积的平均值；

m_4 ——试样质量的数值，单位为克（g）；

A_4 ——两针试样溶液中，反式苯醚甲环唑峰面积的平均值；

w_{b3} ——标样中反式苯醚甲环唑质量分数的数值，单位为百分号（%）；

A_3 ——两针标样溶液中，反式苯醚甲环唑峰面积的平均值。

5.5.2.8 允许差

苯醚甲环唑质量分数 2 次平行测定结果之差，10% 苯醚甲环唑水分散粒剂应不大于 0.3%，15% 和 20% 苯醚甲环唑水分散粒剂应不大于 0.4%，30% 苯醚甲环唑水分散粒剂应不大于 0.6%，37% 苯醚甲环唑水分散粒剂应不大于 0.7%，60% 苯醚甲环唑水分散粒剂应不大于 0.9%。分别取其算术平均值作为测定结果。

5.6 水分

按 GB/T 1600—2021 中 4.3 的规定执行。

5.7 pH

按 GB/T 1601 的规定执行。

5.8 湿筛试验

按 GB/T 16150—1995 中 2.2 的规定执行。

5.9 分散性

按 GB/T 32775 的规定执行。

5.10 悬浮率

5.10.1 气相色谱法测定

称取含苯醚甲环唑 0.1 g(精确至 0.000 1 g)的试样,按 GB/T 14825—2006 中 4.3 的规定执行。将量筒内剩余的 25 mL 悬浮液及沉淀物全部转移至 100 mL 烧杯中,在(105±2)℃烘箱中烘干,用与 5.5.1.5.1 相同的移液管加入 10 mL 内标溶液,超声振荡 5 min,摇匀,过滤。按 5.5.1 测定苯醚甲环唑的质量,计算其悬浮率。

5.10.2 正相液相色谱法测定

称取含苯醚甲环唑 0.1 g(精确至 0.000 1 g)的试样,按 GB/T 14825—2006 中 4.3 的规定执行。将量筒内剩余的 1/10 悬浮液及沉淀物转移至 100 mL 烧杯中,用 30 mL 异丙醇分 3 次将剩余物全部洗入 100 mL 烧杯中,放入(105±2)℃烘箱中烘干。烧杯中加入 10 mL 异丙醇,将试样转移至 100 mL 容量瓶中,加入正己烷定容至刻度,超声振荡 5 min,恢复至室温,摇匀,过滤。按 5.5.2 测定苯醚甲环唑的质量,计算其悬浮率。

5.11 润湿时间

按 GB/T 5451 的规定执行。

5.12 持久起泡性

按 GB/T 28137 的规定执行。

5.13 粉尘

按 GB/T 30360 的规定执行。

5.14 耐磨性

按 GB/T 33031 的规定执行。

5.15 热储稳定性试验

按 GB/T 19136—2021 中 4.4.1 的规定执行。热储时,样品应密封储存,热储前后质量变化率应不大于 1.0%。

6 检验规则

6.1 出厂检验

每批产品均应做出厂检验,经检验合格签发合格证后,方可出厂。出厂检验项目为第 4 章技术要求中外观、苯醚甲环唑质量分数、水分、pH、湿筛试验、分散性、悬浮率、润湿时间、持久起泡性、耐磨性、粉尘。

6.2 型式检验

型式检验项目为第 4 章中的全部项目,在正常连续生产情况下,每 3 个月至少进行 1 次。有下述情况之一,应进行型式检验:

    a) 原料有较大改变,可能影响产品质量时;

    b) 生产地址、生产设备或生产工艺有较大改变,可能影响产品质量时;

    c) 停产后又恢复生产时;

    d) 国家质量监管机构提出型式检验要求时。

6.3 判定规则

按 GB/T 8170—2008 中 4.3.3 判定检验结果是否符合本文件的要求。

按第 5 章的检验方法对产品进行出厂检验和型式检验,任一项目不符合第 4 章的技术要求判为该批次产品不合格。

7 验收和质量保证期

7.1 验收

应符合 GB/T 1604 的规定。

7.2 质量保证期

在 8.2 的储运条件下，苯醚甲环唑水分散粒剂的质量保证期从生产日期算起为 2 年。质量保证期内，各项指标均应符合本文件的要求。

8 标志、标签、包装、储运

8.1 标志、标签、包装

苯醚甲环唑水分散粒剂的标志、标签、包装应符合 GB 3796 的规定；苯醚甲环唑水分散粒剂的包装采用镀铝塑料袋或复合铝膜袋包装，每袋净含量一般为 50 g、100 g。也可根据用户要求或订货协议采用其他形式的包装，但需符合 GB 3796 的规定。

8.2 储运

苯醚甲环唑水分散粒剂包装件应储存在通风、干燥的库房中；储运时，严防潮湿和日晒；不得与食物、种子、饲料混放；避免与皮肤、眼睛接触，防止由口鼻吸入。

附 录 A

（资料性）

苯醚甲环唑的其他名称、结构式和基本物化参数

苯醚甲环唑的其他名称、结构式和基本物化参数如下：

——ISO 通用名称：Difenoconazole。

——CAS 登录号：119446-68-3。

——化学名称：（顺反）-3-氯-4-[4-甲基-2-(1H-1,2,4-三唑-1-基甲基)-1,3-二噁戊烷-2-基]苯基-4-氯苯基醚。

——结构式：

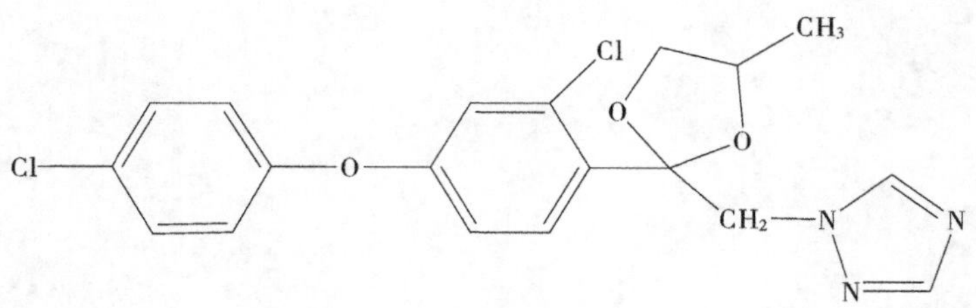

——分子式：$C_{19}H_{17}Cl_2N_3O_3$。

——相对分子质量：406.3。

——生物活性：杀菌。

——熔点：82 ℃～83 ℃。

——蒸气压（25 ℃）：3.3×10^{-5} mPa。

——溶解度（20 ℃～25 ℃）：水中 15.0 mg/L。丙酮、二氯甲烷、乙酸乙酯、甲醇、甲苯中大于 500 g/L，正已烷中 3 g/L，正辛醇中 110 g/L。

——稳定性：150 ℃以下稳定，不易水解。

ICS 65.100.20
CCS G 25

中华人民共和国农业行业标准

NY/T 4389—2023

丙炔氟草胺原药

Flumioxazin technical material

2023-12-22 发布
2024-05-01 实施

中华人民共和国农业农村部 发布

前　言

本文件按照 GB/T 1.1—2020《标准化工作导则　第 1 部分：标准化文件的结构和起草规则》的规定起草。

请注意本文件的某些内容可能涉及专利。本文件的发布机构不承担识别专利的责任。

本文件由农业农村部种植业管理司提出。

本文件由全国农药标准化技术委员会(SAC/TC 133)归口。

本文件起草单位：山东滨农科技有限公司、沈化测试技术(南通)有限公司、浙江南郊化学有限公司、浙江吉泰新材料股份有限公司、农业农村部农药检定所。

本文件主要起草人：石凯威、武鹏、魏民、段丽芳、孟令涛、尹凯、吴文良、柴华强、杨江宇。

丙炔氟草胺原药

1 范围

本文件规定了丙炔氟草胺原药的技术要求、试验方法、检验规则、验收和质量保证期以及标志、标签、包装、储运。

本文件适用于丙炔氟草胺原药产品的质量控制。

注:丙炔氟草胺的其他名称、结构式和基本物化参数见附录A。

2 规范性引用文件

下列文件中的内容通过文中的规范性引用而构成本文件必不可少的条款。其中,注日期的引用文件,仅该日期对应的版本适用于本文件;不注日期的引用文件,其最新版本(包括所有的修改单)适用于本文件。

GB/T 1600—2021 农药水分测定方法

GB/T 1601 农药pH值的测定方法

GB/T 1604 商品农药验收规则

GB/T 1605—2001 商品农药采样方法

GB 3796 农药包装通则

GB/T 8170—2008 数值修约规则与极限数值的表示和判定

GB/T 19138 农药丙酮不溶物测定方法

3 术语和定义

本文件没有需要界定的术语和定义。

4 技术要求

4.1 外观

白色至淡黄色固体粉末,无可见外来杂质。

4.2 技术指标

丙炔氟草胺原药应符合表1的要求。

表1 丙炔氟草胺原药技术指标

项 目	指 标
丙炔氟草胺质量分数,%	≥99.2
水分,%	≤0.3
丙酮不溶物,%	≤0.3
pH	5.0～8.0

5 试验方法

警示:使用本文件的人员应有实验室工作的实践经验。本文件并未指出所有的安全问题。使用者有责任采取适当的安全和健康措施。

5.1 一般规定

本文件所用试剂和水在没有注明其他要求时,均指分析纯试剂和蒸馏水。

5.2 取样

按 GB/T 1605—2001 中 5.3.1 的规定执行。用随机数表法确定取样的包装件;最终取样量应不少于 100 g。

5.3 鉴别试验

5.3.1 红外光谱法

试样与丙炔氟草胺标样在 4 000 cm⁻¹~650 cm⁻¹ 范围的红外吸收光谱图应没有明显区别。丙炔氟草胺标样的红外光谱图见图 1。

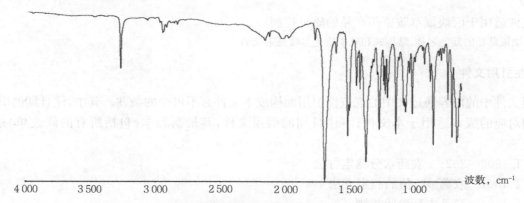

波数,cm⁻¹

图 1 丙炔氟草胺标样的红外光谱图

5.3.2 液相色谱法

本鉴别试验可与丙炔氟草胺质量分数的测定同时进行。在相同的色谱操作条件下,试样溶液中某色谱峰的保留时间与标样溶液中丙炔氟草胺色谱峰的保留时间,其相对差应在 1.5% 以内。

5.4 外观

采用目测法测定。

5.5 丙炔氟草胺质量分数

5.5.1 方法提要

试样用乙腈溶解,以乙腈+水为流动相,使用以 C_{18} 为填料的不锈钢柱和紫外检测器,在波长 288 nm 下对试样中的丙炔氟草胺进行高效液相色谱分离,外标法定量。

5.5.2 试剂和溶液

5.5.2.1 乙腈:色谱级。

5.5.2.2 水:新蒸二次蒸馏水或超纯水。

5.5.2.3 丙炔氟草胺标样:已知质量分数,$w \geqslant 98.0\%$。

5.5.3 仪器

5.5.3.1 高效液相色谱仪:具有可变波长紫外检测器。

5.5.3.2 色谱柱:250 mm×4.6 mm(内径)不锈钢柱,内装 C_{18}、5 μm 填充物(或具有同等效果的色谱柱)。

5.5.3.3 过滤器:滤膜孔径约 0.45 μm。

5.5.3.4 定量进样管:10 μL。

5.5.3.5 超声波清洗器。

5.5.4 高效液相色谱操作条件

5.5.4.1 流动相:$\psi_{(乙腈:水)}=50:50$。

5.5.4.2 流速:1.0 mL/min。

5.5.4.3 柱温:(40±2)℃。

5.5.4.4 检测波长:288 nm。

5.5.4.5 进样体积:10 μL。

5.5.4.6 保留时间:丙炔氟草胺约 8.0 min。

5.5.4.7 上述操作参数是典型的,可根据不同仪器特点对给定的操作参数作适当调整,以期获得最佳效果。典型的丙炔氟草胺原药的高效液相色谱图见图 2。

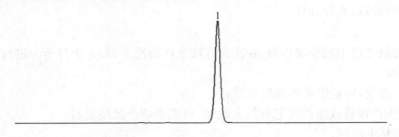

标引序号说明:
1——丙炔氟草胺。

图 2　丙炔氟草胺原药的高效液相色谱图

5.5.5　测定步骤

5.5.5.1　标样溶液的制备

称取 0.05 g(精确至 0.000 1 g)丙炔氟草胺标样,置于 100 mL 容量瓶中,加入 80 mL 乙腈,超声波振荡 10 min,冷却至室温,用乙腈稀释至刻度,摇匀。

5.5.5.2　试样溶液的制备

称取含 0.05 g(精确至 0.000 1 g)丙炔氟草胺的试样,置于 100 mL 容量瓶中,加入 80 mL 乙腈,超声波振荡 10 min,冷却至室温,用乙腈稀释至刻度,摇匀,过滤。

5.5.5.3　测定

在上述操作条件下,待仪器稳定后,连续注入数针标样溶液,直至相邻两针丙炔氟草胺峰面积相对变化小于 1.2%后,按照标样溶液、试样溶液、试样溶液、标样溶液的顺序进行测定。

5.5.6　计算

将测得的两针试样溶液以及试样前后两针标样溶液中丙炔氟草胺峰面积分别进行平均。试样中丙炔氟草胺的质量分数按公式(1)计算。

$$w_1 = \frac{A_2 \times m_1 \times w}{A_1 \times m_2} \quad\cdots\cdots\cdots\cdots\cdots\cdots\cdots (1)$$

式中:

w_1 ——试样中丙炔氟草胺质量分数的数值,单位为百分号(%);

A_2 ——试样溶液中丙炔氟草胺峰面积的平均值;

m_1 ——标样质量的数值,单位为克(g);

w　——标样中丙炔氟草胺质量分数的数值,单位为百分号(%);

A_1 ——标样溶液中丙炔氟草胺峰面积的平均值;

m_2 ——试样质量的数值,单位为克(g)。

5.5.7　允许差

丙炔氟草胺质量分数 2 次平行测定结果之差应不大于 1.2%,取其算术平均值作为测定结果。

5.6　水分

按 GB/T 1600—2021 中 4.2 的规定执行。

5.7　丙酮不溶物

按 GB/T 19138 的规定执行。

5.8　pH

按 GB/T 1601 的规定执行。

6 检验规则

6.1 出厂检验

每批产品均应做出厂检验,经检验合格签发合格证后,方可出厂。出厂检验项目为第 4 章技术要求中外观、丙炔氟草胺质量分数、水分、pH。

6.2 型式检验

型式检验项目为第 4 章中的全部项目,在正常连续生产情况下,每 3 个月至少进行 1 次。有下述情况之一,应进行型式检验:

a) 原料有较大改变,可能影响产品质量时;

b) 生产地址、生产设备或生产工艺有较大改变,可能影响产品质量时;

c) 停产后又恢复生产时;

d) 国家质量监管机构提出型式检验要求时。

6.3 判定规则

按 GB/T 8170—2008 中 4.3.3 判定检验结果是否符合本文件的要求。

按第 5 章的检验方法对产品进行出厂检验和型式检验,任一项目不符合第 4 章的技术要求判为该批次产品不合格。

7 验收和质量保证期

7.1 验收

应符合 GB/T 1604 的规定。

7.2 质量保证期

在 8.2 的储运条件下,丙炔氟草胺原药的质量保证期从生产日期算起为 2 年。质量保证期内,各项指标均应符合本文件的要求。

8 标志、标签、包装、储运

8.1 标志、标签、包装

丙炔氟草胺原药的标志、标签和包装,应符合 GB 3796 的规定;丙炔氟草胺原药可用清洁、干燥、内衬塑料袋的钢桶或纸板桶包装,每袋净含量一般为 25 kg。也可根据用户要求或订货协议,采用其他形式的包装,但应符合 GB 3796 的规定。

8.2 储运

丙炔氟草胺原药包装件应储存在通风、干燥的库房中;储运时,严防潮湿和日晒,避免渗入地面;不得与食物、种子、饲料混放;避免与皮肤、眼睛接触,防止由口鼻吸入。

附 录 A

（资料性）

丙炔氟草胺的其他名称、结构式和基本物化参数

丙炔氟草胺的其他名称、结构式和基本物化参数如下：

——ISO 通用名称：Flumioxazin；

——CAS 登录号：103361-09-7；

——CIPAC 数字代码：355；

——化学名称：N-(7-氟-3,4-二氢-3-氧代-4-丙炔-2-基-2H-1,4-苯并噁嗪-6-基)环己烯-1-基-1,2-二甲酰胺；

——结构式：

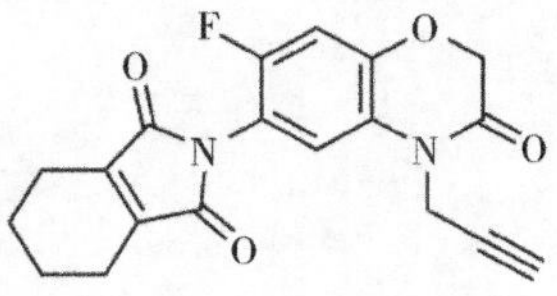

——分子式：$C_{19}H_{15}FN_2O_4$；

——相对分子质量：354.3；

——生物活性：除草；

——蒸气压：0.32 mPa(22 ℃)；

——溶解度(g/L,20 ℃～25 ℃)：水中 $7.86×10^{-4}$，丙酮中 17、乙腈中 32.3、二氯甲烷中 191、乙酸乙酯中 17.8、正己烷中 0.025、甲醇中 1.6、正辛醇中 0.16；

——稳定性：不易水解和光解。

ICS 65.100.20
CCS G 25

中华人民共和国农业行业标准

NY/T 4390—2023

丙炔氟草胺可湿性粉剂

Flumioxazin wettable powder

2023-12-22 发布
2024-05-01 实施

中华人民共和国农业农村部 发布

前　言

本文件按照 GB/T 1.1—2020《标准化工作导则　第 1 部分：标准化文件的结构和起草规则》的规定起草。

请注意本文件的某些内容可能涉及专利。本文件的发布机构不承担识别专利的责任。

本文件由农业农村部种植业管理司提出。

本文件由全国农药标准化技术委员会(SAC/TC 133)归口。

本文件起草单位：山东滨农科技有限公司、安徽美兰农业发展股份有限公司、济南天邦化工有限公司、沈化测试技术(南通)有限公司、农业农村部农药检定所。

本文件主要起草人：石凯威、刘莹、魏民、段丽芳、孟令涛、魏敬怀、张鹏、奚玲玉。

丙炔氟草胺可湿性粉剂

1 范围

本文件规定了丙炔氟草胺可湿性粉剂的技术要求、试验方法、检验规则、验收和质量保证期以及标志、标签、包装、储运。

本文件适用于丙炔氟草胺可湿性粉剂产品的质量控制。

注：丙炔氟草胺的其他名称、结构式和基本物化参数见附录 A。

2 规范性引用文件

下列文件中的内容通过文中的规范性引用而构成本文件必不可少的条款。其中，注日期的引用文件，仅该日期对应的版本适用于本文件；不注日期的引用文件，其最新版本（包括所有的修改单）适用于本文件。

GB/T 1600—2021 农药水分测定方法

GB/T 1601 农药 pH 值的测定方法

GB/T 1604 商品农药验收规则

GB/T 1605—2001 商品农药采样方法

GB 3796 农药包装通则

GB/T 5451 农药可湿性粉剂润湿性测定方法

GB/T 8170—2008 数值修约规则与极限数值的表示和判定

GB/T 14825—2006 农药悬浮率测定方法

GB/T 16150—1995 农药粉剂、可湿性粉剂细度测定方法

GB/T 19136—2021 农药热储稳定性测定方法

GB/T 28137 农药持久起泡性测定方法

3 术语和定义

本文件没有需要界定的术语和定义。

4 技术要求

4.1 外观

可自由流动的粉状物，无可见外来物质及硬块。

4.2 技术指标

丙炔氟草胺可湿性粉剂应符合表 1 的要求。

表 1 丙炔氟草胺可湿性粉剂技术指标

项　　目	指　　标
丙炔氟草胺质量分数，%	$50.0^{+2.5}_{-2.5}$
水分，%	≤3.0
pH	5.0～8.0
湿筛试验（通过 75 μm 试验筛），%	≥98
悬浮率，%	≥75
润湿时间，s	≤60
持久起泡性（1 min 后泡沫量），mL	≤60
热储稳定性	热储后，丙炔氟草胺质量分数应不低于热储前测得质量分数的 95%，pH、湿筛试验、悬浮率和润湿时间仍应符合本文件的要求

5 试验方法

警示：使用本文件的人员应有实验室工作的实践经验。本文件并未指出所有的安全问题。使用者有责任采取适当的安全和健康措施。

5.1 一般规定

本文件所用试剂和水在没有注明其他要求时，均指分析纯试剂和蒸馏水。

5.2 取样

按 GB/T 1605—2001 中 5.3.3 的规定执行。用随机数表法确定取样的包装件；最终取样量应不少于300 g。

5.3 鉴别试验

液相色谱法——本鉴别试验可与丙炔氟草胺质量分数的测定同时进行。在相同的色谱操作条件下，试样溶液中某色谱峰的保留时间与标样溶液中丙炔氟草胺色谱峰的保留时间，其相对差应在 1.5% 以内。

5.4 外观

采用目测法测定。

5.5 丙炔氟草胺质量分数

5.5.1 方法提要

试样用乙腈溶解，以乙腈＋水为流动相，使用以 C_{18} 为填料的不锈钢柱和紫外检测器，在波长 288 nm 下对试样中的丙炔氟草胺进行高效液相色谱分离，外标法定量。

5.5.2 试剂和溶液

5.5.2.1 乙腈：色谱级。

5.5.2.2 水：新蒸二次蒸馏水或超纯水。

5.5.2.3 丙炔氟草胺标样：已知质量分数，$w \geqslant 98.0\%$。

5.5.3 仪器

5.5.3.1 高效液相色谱仪：具有可变波长紫外检测器。

5.5.3.2 色谱柱：250 mm×4.6 mm（内径）不锈钢柱，内装 C_{18}、5 μm 填充物（或具有同等效果的色谱柱）。

5.5.3.3 过滤器：滤膜孔径约 0.45 μm。

5.5.3.4 定量进样管：10 μL。

5.5.3.5 超声波清洗器。

5.5.4 高效液相色谱操作条件

5.5.4.1 流动相：$\psi_{(乙腈：水)}$＝50：50。

5.5.4.2 流速：1.0 mL/min。

5.5.4.3 柱温：(40±2) ℃。

5.5.4.4 检测波长：288 nm。

5.5.4.5 进样体积：10 μL。

5.5.4.6 保留时间：丙炔氟草胺约 8.0 min。

5.5.4.7 上述液相色谱操作条件，系典型操作参数。可根据不同仪器特点，对给定的操作参数作适当调整，以期获得最佳效果。典型的丙炔氟草胺可湿性粉剂的高效液相色谱图见图 1。

5.5.5 测定步骤

5.5.5.1 标样溶液的制备

称取 0.05 g（精确至 0.000 1 g）丙炔氟草胺标样，置于 100 mL 容量瓶中，加入 80 mL 乙腈，超声波振荡 10 min，冷却至室温，用乙腈稀释至刻度线，摇匀。

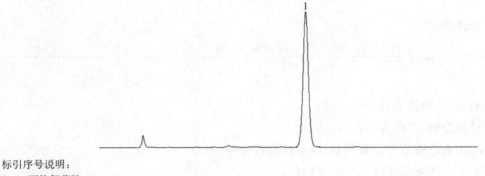

标引序号说明：
1——丙炔氟草胺。

图 1　丙炔氟草胺可湿性粉剂的高效液相色谱图

5.5.5.2　试样溶液的制备

称取含 0.05 g（精确至 0.000 1 g）丙炔氟草胺的试样，置于 100 mL 容量瓶中，加入 80 mL 乙腈，超声波振荡 10 min，冷却至室温，用乙腈稀释至刻度线，摇匀，过滤。

5.5.5.3　测定

在上述操作条件下，待仪器稳定后，连续注入数针标样溶液，直至相邻两针丙炔氟草胺峰面积相对变化小于 1.2% 后，按照标样溶液、试样溶液、试样溶液、标样溶液的顺序进行测定。

5.5.6　计算

将测得的两针试样溶液以及试样前后两针标样溶液中丙炔氟草胺峰面积分别进行平均。试样中丙炔氟草胺的质量分数按公式（1）计算。

$$w_1 = \frac{A_2 \times m_1 \times w}{A_1 \times m_2} \quad \text{……………………………………(1)}$$

式中：

w_1——试样中丙炔氟草胺质量分数的数值，单位为百分号（%）；

A_2——试样溶液中丙炔氟草胺峰面积的平均值；

m_1——标样质量的数值，单位为克（g）；

w——标样中丙炔氟草胺质量分数的数值，单位为百分号（%）；

A_1——标样溶液中丙炔氟草胺峰面积的平均值；

m_2——试样质量的数值，单位为克（g）。

5.5.7　允许差

丙炔氟草胺质量分数 2 次平行测定结果之差应不大于 0.9%，取其算术平均值作为测定结果。

5.6　水分

按 GB/T 1600—2021 中 4.3 的规定执行。

5.7　pH

按 GB/T 1601 的规定执行。

5.8　湿筛试验

按 GB/T 16150—1995 中 2.2 的规定执行。

5.9　悬浮率

5.9.1　测定

称取 0.5 g（精确至 0.000 1 g）试样，按 GB/T 14825—2006 中 4.1 的规定执行。将量筒底部剩余 1/10 悬浮液及沉淀物全部转移到 100 mL 容量瓶中，用 20 mL 乙腈分 3 次洗涤量筒底，洗涤液并入容量瓶，用乙腈稀释至刻度，超声波振荡 3 min，冷却至室温，摇匀，过滤。按 5.5 测定丙炔氟草胺的质量，并计算悬浮率。

5.9.2 计算

悬浮率按公式(2)计算。

$$w_2 = \frac{m_4 \times w_1 - A_4 \times m_3 \times w \div A_3}{m_4 \times w_1} \times \frac{10}{9} \times 100 \quad \cdots\cdots\cdots\cdots\cdots\cdots\cdots (2)$$

式中：

w_2 ——悬浮率的数值,单位为百分号(%);

m_4 ——试样质量的数值,单位为克(g);

w_1 ——试样中丙炔氟草胺质量分数的数值,单位为百分号(%);

A_4 ——试样溶液中丙炔氟草胺峰面积的平均值;

m_3 ——标样质量的数值,单位为克(g);

w ——标样中丙炔氟草胺质量分数的数值,单位为百分号(%);

A_3 ——标样溶液中丙炔氟草胺峰面积的平均值;

$\dfrac{10}{9}$ ——换算系数。

5.10 润湿时间

按 GB/T 5451 的规定执行。

5.11 持久起泡性

按 GB/T 28137 的规定执行。

5.12 热储稳定性试验

按 GB/T 19136—2021 中 4.4.1 的规定执行。热储前后试样的质量变化率应不大于1%。

6 检验规则

6.1 出厂检验

每批产品均应做出厂检验,经检验合格签发合格证后,方可出厂。出厂检验项目为第4章技术要求中外观、丙炔氟草胺质量分数、水分、pH、湿筛试验、悬浮率、润湿时间、持久起泡性。

6.2 型式检验

型式检验项目为第4章中的全部项目,在正常连续生产情况下,每3个月至少进行1次。有下述情况之一,应进行型式检验:

a) 原料有较大改变,可能影响产品质量时;

b) 生产地址、生产设备或生产工艺有较大改变,可能影响产品质量时;

c) 停产后又恢复生产时;

d) 国家质量监管机构提出型式检验要求时。

6.3 判定规则

按 GB/T 8170—2008 中 4.3.3 判定检验结果是否符合本文件的要求。

按第5章的检验方法对产品进行出厂检验和型式检验,任一项目不符合第4章的技术要求判为该批次产品不合格。

7 验收和质量保证期

7.1 验收

应符合 GB/T 1604 的规定。

7.2 质量保证期

在8.2的储运条件下,丙炔氟草胺可湿性粉剂的质量保证期从生产日期算起为2年。质量保证期内,各项指标均应符合本文件的要求。

8 标志、标签、包装、储运

8.1 标志、标签、包装

丙炔氟草胺可湿性粉剂的标志、标签和包装,应符合 GB 3796 的规定;丙炔氟草胺可湿性粉剂应用清洁、干燥的内衬塑料袋或铝箔袋包装,每袋净含量 80 g,外包装可用瓦楞纸板箱或钙塑箱,每箱净含量不超过 10 kg。也可以根据用户要求和订货协议,采用其他形式的包装,但应符合 GB 3796 中的有关规定。

8.2 储运

丙炔氟草胺可湿性粉剂包装件应储存在通风、干燥的库房中;储运时,严防潮湿和日晒,避免渗入地面;不得与食物、种子、饲料混放;避免与皮肤、眼睛接触,防止由口鼻吸入。

附　录　A
（资料性）
丙炔氟草胺的其他名称、结构式和基本物化参数

丙炔氟草胺的其他名称、结构式和基本物化参数如下：
——ISO 通用名称：Flumioxazin；
——CAS 登录号：103361-09-7；
——CIPAC 数字代码：355；
——化学名称：N-(7-氟-3,4-二氢-3-氧代-4-丙炔-2-基-2H-1,4-苯并噁嗪-6-基)环己烯-1-基-1,2-二甲酰胺；
——结构式：

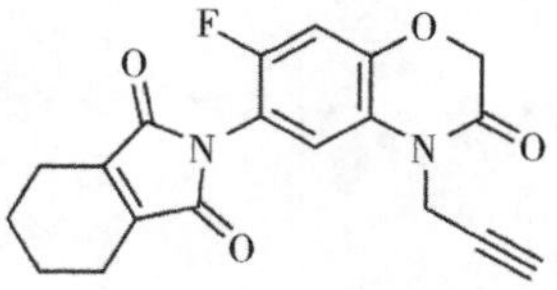

——分子式：$C_{19}H_{15}FN_2O_4$；
——相对分子质量：354.3；
——生物活性：除草；
——蒸气压：0.32 mPa(22 ℃)；
——溶解度(g/L,20 ℃～25 ℃)：水中 $7.86×10^{-4}$，丙酮中 17、乙腈中 32.3、二氯甲烷中 191、乙酸乙酯中 17.8、正己烷中 0.025、甲醇中 1.6、正辛醇中 0.16；
——稳定性：不易水解和光解。

ICS 65.100.30
CCS G 25

中华人民共和国农业行业标准

NY/T 4391—2023

代森联原药

Metriam technical material

2023-12-22 发布

2024-05-01 实施

中华人民共和国农业农村部 发布

前　言

　　本文件按照 GB/T 1.1—2020《标准化工作导则　第 1 部分:标准化文件的结构和起草规则》的规定起草。

　　请注意本文件的某些内容可能涉及专利。本文件的发布机构不承担识别专利的责任。

　　本文件由农业农村部种植业管理司提出。

　　本文件由全国农药标准化技术委员会(SAC/TC 133)归口。

　　本文件起草单位:河北双吉化工有限公司、安徽丰乐农化有限责任公司、沈阳沈化院测试技术有限公司、江苏优嘉植物保护有限公司。

　　本文件主要起草人:孙洪峰、郑晓成、吴燕、黄东进、吕建军、于亮、吴晓骏、黄亮。

代森联原药

1 范围

本文件规定了代森联原药的技术要求、试验方法、检验规则、验收和质量保证期以及标志、标签、包装、储运。

本文件适用于代森联原药产品的质量控制。

注：代森联和乙撑硫脲的其他名称、结构式和基本物化参数见附录 A。

2 规范性引用文件

下列文件中的内容通过文中的规范性引用而构成本文件必不可少的条款。其中，注日期的引用文件，仅该日期对应的版本适用于本文件；不注日期的引用文件，其最新版本（包括所有的修改单）适用于本文件。

GB/T 601　化学试剂　标准滴定溶液的制备

GB/T 603　化学试剂　试验方法中所用制剂及制品的制备

GB/T 1600—2021　农药水分测定方法

GB/T 1601　农药 pH 值的测定方法

GB/T 1604　商品农药验收规则

GB/T 1605—2001　商品农药采样方法

GB 3796　农药包装通则

GB/T 8170—2008　数值修约规则与极限数值的表示和判定

3 术语和定义

本文件没有需要界定的术语和定义。

4 技术要求

4.1 外观

类白色至淡黄色固体粉末。

4.2 技术指标

代森联原药应符合表 1 的要求。

表 1　代森联原药技术指标

项　　目	指　　标
代森联质量分数，%	≥85.0
锌质量分数，%	$17.0^{+3.0}_{-2.0}$
砷质量分数，(μg/g)	≤20
乙撑硫脲（ETU）质量分数，%	≤0.5
水分，%	≤2.5
pH	5.0～8.0

5 试验方法

警示：使用本文件的人员应有实验室工作的实践经验。本文件并未指出所有的安全问题。使用者有责任采取适当的安全和健康措施。

5.1 一般规定

本文件所用试剂和水在没有注明其他要求时,均指分析纯试剂和蒸馏水。

5.2 取样

按 GB/T 1605—2001 中 5.3.1 的规定执行。用随机数表法确定取样的包装件,最终取样量应不少于100 g。

5.3 鉴别试验

5.3.1 高效液相色谱法

本鉴别试验可与代森联质量分数的测定同时进行。在相同的色谱操作条件下,衍生化后的试样溶液中主色谱峰保留时间与标样溶液中代森联衍生物保留时间的相对差值应不大于1.5%。

5.3.2 双硫腙比色法

5.3.2.1 试剂与仪器

5.3.2.1.1 三氯甲烷。

5.3.2.1.2 冰乙酸。

5.3.2.1.3 双硫腙三氯甲烷溶液:$w_{(双硫腙)}=1$ g/kg。

5.3.2.1.4 氢氧化钠溶液:$\rho_{(NaOH)}=40$ g/L。

5.3.2.1.5 双硫腙冰乙酸溶液:取双硫腙三氯甲烷溶液 2 mL,加入冰乙酸 0.25 mL,用三氯甲烷稀释至10 mL,摇匀。

5.3.2.1.6 中速定性滤纸。

5.3.2.1.7 毛细管。

5.3.2.2 操作步骤

试验一:称取试样约 0.5 g,加入 2 mL~3 mL 蒸馏水,充分搅拌,使试样分散均匀。用毛细管将制备好的试样点滴到滤纸上,滴成粉点,放置使其自然晾干。

用毛细管吸取双硫腙冰乙酸溶液,滴至粉点上,粉点中心及外环皆应呈粉红色。

试验二:称取试样约 0.5 g,加入 2 mL~3 mL 三氯甲烷,充分搅拌,使试样分散均匀。用毛细管将制备好的试样点滴到滤纸上,滴成粉点,放置使其自然晾干。

用毛细管吸取双硫腙三氯甲烷溶液,滴至粉点上,粉点中心及外环皆应呈亮紫色。

试验三:称取试样约 0.5 g,加入 2 mL~3 mL 三氯甲烷,充分搅拌,使试样分散均匀。用毛细管将制备好的试样点滴到滤纸上,滴成粉点,放置使其自然晾干。

用毛细管吸取氢氧化钠溶液,滴至粉点上,粉点中心应呈白色,外环应无色。

代森联定性应同时满足以上 3 个试验。

5.4 外观

采用目测法测定。

5.5 代森联质量分数

5.5.1 化学法(仲裁法)

5.5.1.1 方法提要

试样于煮沸的氢碘酸-冰乙酸溶液中分解,生成乙二胺盐、二硫化碳及干扰分析的硫化氢气体。先用乙酸铅溶液吸收硫化氢,再用氢氧化钾-甲醇溶液吸收二硫化碳,并生成甲基磺原酸钾,吸收二硫化碳的氢氧化钾-甲醇溶液用乙酸中和后立即以碘标准滴定溶液滴定。

反应式如下:

5.5.1.2 试剂和溶液

5.5.1.2.1 甲醇。

5.5.1.2.2 冰乙酸溶液:$\Phi_{(冰乙酸)}=36\%$。

5.5.1.2.3 氢碘酸溶液:$\Phi_{(氢碘酸)}=45\%$。

5.5.1.2.4 氢氧化钾-甲醇溶液：$\rho_{(氢氧化钾)} = 110 \text{ g/L}$。

5.5.1.2.5 氢碘酸-冰乙酸溶液：$\psi_{(氢碘酸:冰乙酸)} = 13:87$（使用前配制）。

5.5.1.2.6 乙酸铅溶液：$\rho_{(乙酸铅)} = 100 \text{ g/L}$。

5.5.1.2.7 二乙基二硫代氨基甲酸钠三水合物，纯度按如下方法检查：溶解约 0.5 g 该物质于 100 mL 水中，以淀粉为指示剂，用碘标准滴定溶液滴定，1 mL 碘溶液 $[c_{(1/2I_2)} = 0.100\ 0 \text{ mol/L}]$ 相当于 0.022 53 g 二乙基二硫代氨基甲酸钠。

5.5.1.2.8 碘标准滴定溶液：$c_{(1/2I_2)} = 0.1 \text{ mol/L}$，按 GB/T 601 配制和标定。

5.5.1.2.9 酚酞乙醇溶液：$\rho_{(酚酞)} = 10 \text{ g/L}$，按 GB/T 603 配制。

5.5.1.2.10 淀粉溶液：$\rho_{(淀粉)} = 10 \text{ g/L}$，按 GB/T 603 配制。

5.5.1.3 代森联测定装置及装置回收率的测定

5.5.1.3.1 代森联测定装置

5.5.1.3.2 装置回收率的测定

操作步骤同 5.5.1.4，用二乙基二硫代氨基甲酸钠代替代森联样品，用来检查仪器及试剂。装置回收率应在 99%～101%。

5.5.1.4 测定步骤

称取约含代森联样品 0.2 g（精确至 0.000 1 g）的试样置于圆底烧瓶中，第一吸收管加 50 mL 乙酸铅溶液，第二吸收管加 50 mL 氢氧化钾-甲醇溶液。连接代森联测定装置，并检查装置的密封性。打开冷却水，开启抽气源，控制抽气速度（抽气速度控制在加酸管无返液现象，每秒 2 个～6 个气泡），使气泡均匀稳定地通过吸收管。

通过长颈漏斗向圆底烧瓶加 50 mL 氢碘酸-冰乙酸溶液，摇匀。同时立即加热烧瓶，小心控制防止反应液冲出，保持微沸 50 min。停止加热，拆开装置，取下第二吸收管，将内容物用 200 mL 水分 3 次洗入 500 mL 锥形瓶中。以酚酞指示液检查吸收管，洗至管内无内残物，用 36% 冰乙酸中和至酚酞退色，再过量 3 滴～4 滴，立即用碘标准滴定溶液滴定。同时不断摇动，近终点时加 3 mL 淀粉指示液，继续滴定至溶液呈浅灰紫色。同时作空白测定。

5.5.1.5 计算

试样中代森联的质量分数按公式（1）计算。

$$w_1 = \frac{c \times (V_1 - V_0) \times M_1}{m \times 1000 \times 8} \times 100 \quad\cdots\cdots\cdots\cdots\cdots\cdots\cdots\cdots (1)$$

式中：

w_1 —— 代森联质量分数的数值，单位为百分号（%）；

c —— 碘标准滴定溶液实际浓度的数值，单位为摩尔每升（mol/L）；

V_1 —— 滴定试样溶液消耗碘标准滴定溶液体积的数值，单位为毫升（mL）；

V_0 —— 滴定空白溶液消耗碘标准滴定溶液体积的数值，单位为毫升（mL）；

M_1 ——代森联摩尔质量的数值,单位为克每摩尔(g/mol),$M_1=1\,088.7\,\text{g/mol}$;

m ——试样质量的数值,单位为克(g);

1 000 ——单位换算系数;

8 ——换算系数。

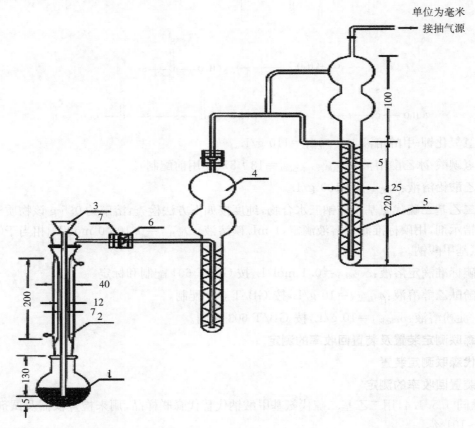

单位为毫米
接抽气源

标引序号说明:
1——150 mL 烧瓶;
2——直形冷凝管;
3——长颈漏斗(加酸管);
4——第一吸收管;
5——第二吸收管;
6——球磨;
7——夹子。

图 1 代森联测定装置

5.5.1.6 允许差

代森联质量分数 2 次平行测定结果之差应不大于 1.0%,取其算术平均值作为测定结果。

5.5.2 高效液相色谱法

5.5.2.1 方法提要

代森联中的锌离子与螯合剂乙二胺四乙酸二钠(EDTA-Na$_2$)在碱性条件下形成络合物和水溶性的乙撑双硫代氨基甲酸负离子(简称代森联衍生物)。以甲醇和缓冲液为流动相,使用 C$_{18}$ 为填料的不锈钢柱和紫外检测器,在波长 282 nm 下对试样中代森联衍生物进行液相色谱分离,外标法定量。

代森联衍生化过程反应方程式如下:

5.5.2.2 试剂和溶液

5.5.2.2.1 甲醇:色谱纯。

5.5.2.2.2 四丁基硫酸氢铵。

5.5.2.2.3 乙二胺四乙酸二钠。

5.5.2.2.4 磷酸氢二钠。

5.5.2.2.5 亚硫酸钠。

5.5.2.2.6 氢氧化钠。

5.5.2.2.7 氢氧化钠溶液:$\rho_{(NaOH)}=50$ g/L。

5.5.2.2.8 代森联标样:已知代森联质量分数,$w \geqslant 90.0\%$。

5.5.2.2.9 缓冲溶液 A:分别称取 3.40 g 四丁基硫酸氢铵、3.72 g 乙二胺四乙酸二钠、1.42 g 磷酸氢二钠溶于 1 000 mL 水中,用氢氧化钠溶液调 pH=10,超声混匀后用滤膜过滤,备用。

5.5.2.2.10 缓冲溶液 B:分别称取 7.44 g 乙二胺四乙酸二钠、1.42 g 磷酸氢二钠溶于 1 000 mL 水中,用氢氧化钠溶液调 pH=12.5,再加入 3 g 亚硫酸钠,溶解并混合均匀后放置冰箱中(至少 50 min),备用。

5.5.2.3 仪器

5.5.2.3.1 高效液相色谱仪:具有可变波长紫外检测器。

5.5.2.3.2 色谱柱:150 mm×4.6 mm(内径)不锈钢柱,内装 C_{18}、5 μm 填充物(或具同等效果的色谱柱)。

5.5.2.3.3 过滤器:滤膜孔径约 0.45 μm。

5.5.2.3.4 超声波清洗器。

5.5.2.4 高效液相色谱操作条件

5.5.2.4.1 流动相:$\psi_{(甲醇：缓冲溶液A)}=30：70$。

5.5.2.4.2 流速:1.0 mL/min。

5.5.2.4.3 柱温:室温(温度变化应不大于 2 ℃)。

5.5.2.4.4 进样体积:5 μL。

5.5.2.4.5 检测波长:282 nm。

5.5.2.4.6 保留时间:代森联衍生物约 7.0 min。

5.5.2.4.7 上述液相色谱操作条件,系典型操作参数。可根据不同仪器特点,对给定的操作参数作适当调整,以期获得最佳效果。典型的衍生化后的代森联原药的高效液相色谱图见图 2。

5.5.2.5 测定步骤

5.5.2.5.1 标样溶液的制备

称取含 0.04 g(精确至 0.000 1 g)代森联的标样,置于 100 mL 容量瓶中,振摇下加入 80 mL 缓冲溶液 B,在超声波中超声 10 min(超声波水浴中加冰块,使超声温度不高于 20 ℃),用缓冲溶液 B 稀释至刻度,摇匀。用移液管移取 5 mL 上述溶液于 50 mL 容量瓶中,用缓冲溶液 B 稀释至刻度,摇匀,用滤膜过滤备用。

5.5.2.5.2 试样溶液的制备

称取含 0.04 g(精确至 0.000 1 g)代森联的试样,置于 100 mL 容量瓶中,振摇下加入 80 mL 缓冲溶液 B,在超声波中超声 10 min(超声波水浴中加冰块,使超声温度不高于 20 ℃),用缓冲溶液 B 稀释至刻度,摇匀。用移液管移取 5 mL 上述溶液于 50 mL 容量瓶中,用缓冲溶液 B 稀释至刻度,摇匀,用滤膜过滤备用。

5.5.2.5.3 测定

在上述色谱操作条件下,待仪器稳定后,连续注入数针标样溶液,直至相邻两针代森联衍生物的峰面积相对变化小于 1.5% 后,按照标样溶液、试样溶液、试样溶液、标样溶液的顺序进行分析测定。

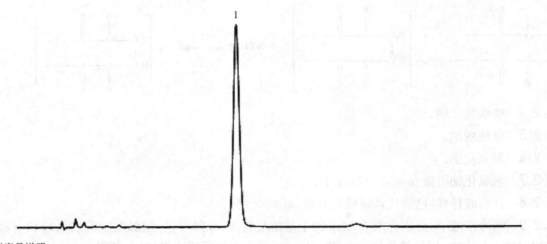

标引序号说明：
1——代森联衍生物。

图 2　衍生化后的代森联原药的高效液相色谱图

5.5.2.6　计算

将测得的两针试样溶液以及试样前后两针标样溶液中代森联衍生物的峰面积分别进行平均，试样中代森联的质量分数按公式（2）计算。

$$w_1 = \frac{A_2 \times m_1 \times w_{b1}}{A_1 \times m_2} \quad\cdots\cdots\cdots\cdots\cdots\cdots\cdots\cdots\cdots\cdots\cdots\cdots\cdots\cdots\cdots\cdots (2)$$

式中：

w_1 ——代森联质量分数的数值，单位为百分号（%）；

A_2 ——试样溶液中代森联衍生物峰面积的平均值；

m_1 ——标样质量的数值，单位为克（g）；

w_{b1} ——标样中代森联质量分数的数值，单位为百分号（%）；

A_1 ——标样溶液中代森联衍生物峰面积的平均值；

m_2 ——试样质量的数值，单位为克（g）。

5.5.2.7　允许差

代森联质量分数 2 次平行测定结果之差应不大于 1.0%，取其算术平均值作为测定结果。

5.6　锌质量分数

5.6.1　方法提要

试样经乙二胺四乙酸二钠溶液溶解，导入原子吸收光谱仪中，火焰原子化后，测定锌特征吸收光谱下的吸光度，用锌标准溶液测定的标准曲线定量。锌质量分数测定也可采用化学法，具体分析方法见附录 B 中的 B.1。

5.6.2　试剂和溶液

5.6.2.1　乙二胺四乙酸二钠。

5.6.2.2　乙二胺四乙酸二钠溶液：称取 7.44 g 乙二胺四乙酸二钠溶于 1 000 mL 水中。

5.6.2.3　锌标准溶液：$\rho_{(Zn)}=1\ 000\ \mu g/mL$。冷藏保存。

5.6.3　仪器

5.6.3.1　原子吸收光谱仪。

5.6.3.2　锌空心阴极灯。

5.6.4　测定步骤

5.6.4.1　试样溶液的制备

称取 0.05 g（精确至 0.000 1g）试样于 100 mL 容量瓶中，加入 80 mL 乙二胺四乙酸二钠溶液，超声波振荡 5 min,用乙二胺四乙酸二钠溶液定容至刻度,摇匀。用移液管移取上述溶液 0.5 mL 于 50 mL 容量瓶中,用乙二胺四乙酸二钠溶液稀释至刻度,摇匀。

同时按相同方法制备一不加代森联试样的空白溶液,测定时作为空白参比溶液。

5.6.4.2 标准曲线的测定

5.6.4.2.1 锌标准储备溶液的制备

锌标准储备溶液:$\rho_{(Zn)} = 10\ \mu g/mL$。吸取 0.5 mL 的锌标准溶液于 50 mL 容量瓶中,用水稀释至刻度,摇匀。

5.6.4.2.2 锌标准工作溶液的配制

分别移取 0 mL、0.5 mL、0.8 mL、1.5 mL、3.0 mL、5.0 mL 锌标准储备溶液于 6 个 50 mL 容量瓶中,用水稀释至刻度,摇匀,相应的锌标准溶液的质量浓度分别为 0 $\mu g/mL$、0.10 $\mu g/mL$、0.16 $\mu g/mL$、0.30 $\mu g/mL$、0.60 $\mu g/mL$、1.00 $\mu g/mL$。

5.6.4.2.3 标准曲线的测定

待仪器稳定并调节零点后,以不加锌的标准溶液为参比溶液,于波长 213.9 nm 下测定锌各标准工作溶液的吸光度。以质量浓度为横坐标、相应的吸光度为纵坐标,绘制标准曲线。

5.6.5 测定

在与标准曲线测定相同的条件下,测得试样溶液的吸光度,在标准曲线上查出相应的质量浓度。

5.6.6 计算

在标准曲线上查出锌的质量浓度,试样中锌的质量分数按公式(3)计算。

$$w_2 = \frac{V_2 \times \rho_1 \times n}{m_1 \times 10^6} \times 100 \quad\cdots\cdots\cdots\cdots\cdots\cdots\cdots\cdots\cdots\cdots\cdots\cdots\cdots (3)$$

式中:

w_2 ——试样中锌质量分数的数值,单位为百分号(%);

V_2 ——试样定容体积的数值,单位为毫升(mL),$V_2 = 100$ mL;

ρ_1 ——标准曲线上查出锌质量浓度的数值,单位为微克每毫升($\mu g/mL$);

m_1 ——试样质量的数值,单位为克(g);

n ——样品的稀释倍数,$n = 100$;

10^6 ——单位换算系数。

5.6.7 允许差

锌质量分数 2 次平行测定结果之相对差应不大于 5%,取其算术平均值作为测定结果。

5.7 砷质量分数

5.7.1 方法提要

试样用酸消解后制备成水溶液,用原子荧光光谱仪测定该溶液中砷元素的含量,其定量限为 0.01 $\mu g/g$。砷质量分数的测定也可采用化学法,具体操作见 B.2。

5.7.2 试剂和溶液

5.7.2.1 硝酸溶液:$c_{(HNO_3)} = 0.2$ mol/L。

5.7.2.2 高氯酸。

5.7.2.3 盐酸:$w_{(HCl)} = 36.0\% \sim 38.0\%$。

5.7.2.4 混酸:$\psi_{(HClO_4:HNO_3)} = 1:3$。

5.7.2.5 盐酸溶液:$\psi_{(HCl:H_2O)} = 1:9$。

5.7.2.6 双氧水。

5.7.2.7 抗坏血酸。

5.7.2.8 硫脲。

5.7.2.9 抗坏血酸-硫脲混合溶液:称取 10 g 抗坏血酸和 10 g 硫脲用 100 mL 水溶解。

5.7.2.10 砷标准溶液：$\rho_{(As)}=1.0$ mg/mL，密封冷藏。

5.7.2.11 硼氢化钾。

5.7.2.12 氢氧化钠。

5.7.2.13 高纯氩气。

5.7.3 仪器

5.7.3.1 原子荧光光谱仪。

5.7.3.2 砷空心阴极灯。

5.7.3.3 电热板。

5.7.4 原子荧光光谱操作条件

5.7.4.1 光电倍增管负高压：260 V。

5.7.4.2 灯电流：80 mA。

5.7.4.3 载气流量：600 mL/min。

5.7.4.4 辅气流量：800 mL/min。

5.7.4.5 泵转速：100 r/min。

5.7.4.6 积分时间：5 s。

5.7.5 测定步骤

5.7.5.1 标样溶液的制备

5.7.5.1.1 砷标准储备液的配制

用移液管吸取砷标准溶液 1 mL 于 1 000 mL 容量瓶中，用硝酸溶液定容。配成 1.0 mg/L 的标准储备液。可放冰箱冷藏保存，有效期一个月。

5.7.5.1.2 砷标准工作溶液的配制

在 0 μg/L～10 μg/L 的浓度范围内配制 6 档不同浓度的标准工作溶液。

分别吸取一定量的 1 mg/L 的砷标准储备液 0 mL、0.1 mL、0.2 mL、0.3 mL、0.4 mL、0.5 mL 于 6 个 50 mL 容量瓶中，分别加入盐酸溶液 25 mL，再加入抗坏血酸-硫脲混合液 5 mL，用水定容至 50 mL。室温放置 2 h 以上，相应的砷标准工作溶液的质量浓度分别为 0 μg/L、2.0 μg/L、4.0 μg/L、6.0 μg/L、8.0 μg/L、10.0 μg/L。

5.7.5.2 试样溶液的制备

5.7.5.2.1 试样溶液的消解

称取试样 0.5 g（精确至 0.000 1 g），置于 150 mL 锥形瓶中，加入 10 mL 硝酸，将锥形瓶放在电热板上缓慢加热，直至黄烟基本消失；稍冷后加入 10 mL 混酸，在加热器上大火加热，至试样完全消解而得到透明的溶液（有时需酌情补加混酸）；稍冷后加入 10 mL 水，加热至沸且冒白烟，再保持数分钟以驱除残余的混酸，冷却至室温。

5.7.5.2.2 试样测定溶液的配制

把制得的消解溶液全部转移到 50 mL 容量瓶中（若溶液出现浑浊、沉淀或机械性杂质，则需要过滤），用水定容到 50 mL。

当试样中砷的质量分数小于 2.5 μg/g 时，取定容后的消解液 20 mL，置于 50 mL 容量瓶中，加入抗坏血酸-硫脲混合液 5 mL，然后用盐酸溶液定容到 50 mL，室温放置 2 h 以上。

当试样中砷的质量分数在 2.5 μg/g～10 μg/g，取定容后的消解液 5 mL，置于 50 mL 容量瓶中，加入抗坏血酸-硫脲混合液 5 mL，再加入盐酸溶液 25 mL，并用水定容到 50 mL，室温放置 2 h 以上。

当试样中砷的质量分数大于 10 μg/g 时，取定容后的消解液 0.5 mL，置于 50 mL 容量瓶中，加入抗坏血酸-硫脲混合液 5 mL，再加入盐酸溶液 25 mL，并用水定容到 50 mL，室温放置 2 h 以上。

同时按相同方法制备不加代森联试样的空白溶液。

5.7.5.3 测定

待原子荧光光谱仪稳定后,依次测定各标准溶液的荧光强度,并绘制出标准曲线。然后测定空白溶液和试样溶液的荧光强度。

5.7.6 计算

试样中砷的质量分数按公式(4)计算。

$$w_3 = \frac{(\rho_2 - \rho_0) \times V_5}{m_2 \times 1000} \times \frac{V_4}{V_3} \quad\cdots\cdots\cdots\cdots\cdots\cdots\cdots\cdots\cdots\cdots\cdots (4)$$

式中:

w_3 ——试样中砷质量分数的数值,单位为微克每克($\mu g/g$);

ρ_2 ——试样溶液的荧光强度在标准曲线上所对应的砷质量浓度的数值,单位为微克每升($\mu g/L$);

ρ_0 ——空白溶液的荧光强度在标准曲线上所对应的砷质量浓度的数值,单位为微克每升($\mu g/L$);

V_5 ——消解后试样测定溶液体积的数值,单位为毫升(mL),$V_5 = 50$ mL;

m_2 ——试样质量的数值,单位为克(g);

V_4 ——消解后试样体积的数值,单位为毫升(mL),$V_4 = 50$ mL;

V_3 ——消解后移取试样体积的数值,单位为毫升(mL);

1 000——单位换算系数。

5.7.7 允许差

砷质量分数 2 次平行测定结果之相对差应不大于 10%,取其算术平均值作为测定结果。

5.8 乙撑硫脲(ETU)质量分数

5.8.1 方法提要

试样用甲醇溶液溶解,以甲醇+水为流动相,使用 C_{18} 为填料的不锈钢柱和紫外检测器,在波长 233 nm 下对试样中 ETU 进行反相高效液相色谱分离,外标法定量(方法中 ETU 质量浓度最低定量限为 4×10^{-5} mg/mL,样品中 ETU 质量分数最低定量限为 0.001%)。

5.8.2 试剂和溶液

5.8.2.1 甲醇:色谱纯。

5.8.2.2 甲醇溶液:$\psi_{(甲醇:水)} = 40:60$。

5.8.2.3 水:超纯水或新蒸二次蒸馏水。

5.8.2.4 ETU 标样:已知质量分数,$w \geqslant 98.0\%$。

5.8.3 仪器

5.8.3.1 高效液相色谱仪:具有可变波长紫外检测器。

5.8.3.2 色谱柱:250 mm ×4.6 mm(内径)不锈钢柱,内装 C_{18}、5 μm 填充物(或具同等效果的色谱柱)。

5.8.3.3 过滤器:滤膜孔径约 0.45 μm。

5.8.3.4 超声波清洗器。

5.8.4 高效液相色谱操作条件

5.8.4.1 流动相洗脱条件见表 2。

表 2 流动相洗脱条件

时间 min	甲醇 %	水 %
0	7	93
4	7	93
7	30	70
10	30	70
11	7	93
18	7	93

5.8.4.2 流速：1.0 mL/min。

5.8.4.3 柱温：室温(温度变化应不大于2 ℃)。

5.8.4.4 检测波长：233 nm。

5.8.4.5 进样体积：5 μL。

5.8.4.6 保留时间：ETU 约 3.0 min。

5.8.4.7 上述操作参数是典型的，可根据不同仪器特点，对给定的操作参数作适当调整，以期获得最佳效果。典型的代森联原药高效液相色谱图(测定 ETU)见图3。

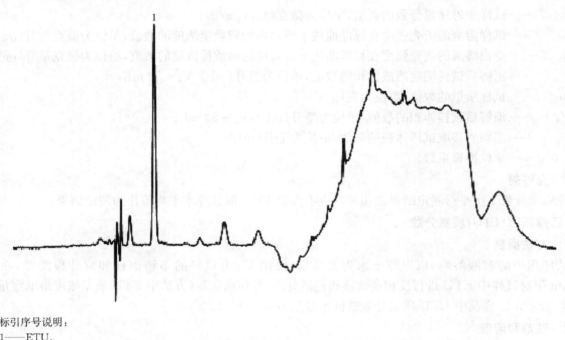

标引序号说明：

1——ETU。

图 3　代森联原药高效液相色谱图(测定 ETU)

5.8.5　测定步骤

5.8.5.1　标样溶液的制备

称取 0.01 g(精确至 0.000 1 g)ETU 标样于 50 mL 容量瓶中，加入 40 mL 甲醇溶液超声波振荡 3 min，冷却至室温，用甲醇溶液稀释至刻度，摇匀。用移液管移取上述溶液 1 mL 于 25 mL 容量瓶中，用甲醇溶液稀释至刻度，摇匀。

5.8.5.2　试样溶液的制备

称取 0.2 g(精确至 0.000 1 g)试样于 50 mL 容量瓶中，加入 40 mL 甲醇溶液超声波振荡 3 min，冷却至室温，用甲醇溶液稀释至刻度，摇匀。

5.8.5.3　测定

在上述操作条件下，待仪器稳定后，连续注入数针标样溶液，直至相邻两针 ETU 峰面积相对变化小于 10%后，按照标样溶液、试样溶液、试样溶液、标样溶液的顺序进行测定。

5.8.6　计算

将测得的两针试样溶液以及试样前后两针标样溶液中 ETU 峰面积分别进行平均，试样中 ETU 的质量分数按公式(5)计算。

$$w_4 = \frac{A_2 \times m_3 \times w_{b2}}{n_1 \times A_3 \times m_4} \quad\cdots\cdots\cdots\cdots\cdots\cdots\cdots\cdots\cdots\cdots\cdots\cdots (5)$$

式中：

w_4 ——试样中 ETU 质量分数的数值，单位为百分号(%)；

A_2 ——试样溶液中 ETU 峰面积的平均值；

m_3——ETU 标样质量的数值，单位为克(g)；

w_{b2}——ETU 标样质量分数的数值，单位为百分号(%)；

A_3——标样溶液中 ETU 峰面积的平均值；

m_4——试样质量的数值，单位为克(g)；

n_1——标样的稀释倍数，$n_1=25$。

5.8.7 允许差

ETU 质量分数 2 次平行测定结果之相对差应不大于 15%，取其算术平均值作为测定结果。

5.9 水分

5.9.1 共沸蒸馏法(仲裁法)

按 GB/T 1600—2021 中 4.3 的规定执行。

5.9.2 卤素水分测定仪法

5.9.2.1 仪器

5.9.2.1.1 卤素水分测定仪。

5.9.2.1.2 铝箔盘。

5.9.2.1.3 镊子。

5.9.2.2 操作条件

5.9.2.2.1 温度：(105 ± 0.5)℃。

5.9.2.2.2 加热时间：15 min。

5.9.2.3 测定步骤

接通仪器电源，设置操作条件，开始自我校正。校正完毕后放入干燥恒重的铝箔盘，待仪器天平读数稳定后，按回零键。

将 5 g(精确至 0.001 g)样品均匀铺于铝箔盘中，厚度在 1 mm 左右，打开加热器，仪器开始运行，运行结束后仪器所显示的数值，即为试样中的水分。

5.9.2.4 允许差

2 次平行测定结果之相对差应不大于 20%，取其算数平均值作为测定结果。

5.10 pH

按 GB/T 1601 的规定执行。

6 检验规则

6.1 出厂检验

每批产品均应做出厂检验，经检验合格签发合格证后，方可出厂。出厂检验项目为第 4 章技术要求中外观、代森联质量分数、水分、pH。

6.2 型式检验

型式检验项目为第 4 章中的全部项目，在正常连续生产情况下，每 3 个月至少进行 1 次。有下述情况之一，应进行型式检验：

  a) 原料有较大改变，可能影响产品质量时；

  b) 生产地址、生产设备或生产工艺有较大改变，可能影响产品质量时；

  c) 停产后又恢复生产时；

  d) 国家质量监管机构提出型式检验要求时。

6.3 判定规则

按 GB/T 8170—2008 中 4.3.3 判定检验结果是否符合本文件的要求。

按第 5 章的检验方法对产品进行出厂检验和型式检验，任一项目不符合第 4 章的技术要求判为该批次产品不合格。

7 验收和质量保证期

7.1 验收

应符合 GB/T 1604 的规定。

7.2 质量保证期

在 8.2 的储运条件下,代森联原药的质量保证期从生产日期算起为半年。质量保证期内,各项指标均应符合本文件的要求。

8 标志、标签、包装、储运

8.1 标志、标签、包装

代森联原药的标志、标签、包装应符合 GB 3796 的规定;代森联原药的包装应采用内衬塑料袋的编织袋包装。也可根据用户要求或订货协议采用其他形式的包装,但应符合 GB 3796 的规定。

8.2 储运

代森联原药包装件应储存在通风、干燥的库房中;储运时,严防潮湿和日晒;不得与食物、种子、饲料混放;避免与皮肤、眼睛接触,防止由口鼻吸入。

<h2 style="text-align:center">附 录 A</h2>

（资料性）

<h3 style="text-align:center">代森联和乙撑硫脲的其他名称、结构式和基本物化参数</h3>

A.1 代森联

代森联的其他名称、结构式和基本物化参数如下：

——ISO 通用名称：Metriam。

——CAS 登录号：9006-42-2。

——化学名称：乙撑双二硫代氨基甲酸锌氨合物与 1,2-亚乙基秋兰姆二硫化物的聚合物。

——结构式：

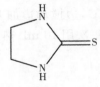

——分子式：$(C_{16}H_{33}N_{11}S_{16}Zn_3)_x$。

——相对分子质量：$(1\,088.7)_x$。

——生物活性：杀菌。

——沸点：低于沸点时分解。

——蒸汽压（20 ℃）：小于 1×10^{-2} mPa。

——溶解性：难溶于水，不溶于大多数有机溶剂，但能溶于吡啶中。

——稳定性：在紫外线下、强酸、强碱条件下不稳定。热稳定性差。

A.2 乙撑硫脲

乙撑硫脲的其他名称、结构式和基本物化参数如下：

——ISO 通用名称：Ethylenethiourea；

——乙撑硫脲其他名称：ETU；

——CAS 登录号：96-45-7；

——化学名称：四氢咪唑-2-硫酮；

——结构式：

——分子式：$C_3H_6SN_2$；

——相对分子质量：102.2；

——熔点（℃）：197.8～199.2；

——溶解度：易溶于水（20 ℃，19 g/L），溶于乙醇、甲醇、乙二醇和吡啶等极性溶剂，不溶于丙酮、醚、苯、氯仿、石油醚等。

附　录　B

（资料性）

化学法测定锌、砷质量分数

B.1　锌质量分数的测定

B.1.1　方法提要

试样以浓硝酸分解后，用氢氧化钠溶液中和，在乙酸-乙酸钠缓冲溶液中加 8-羟基喹啉进行沉淀，用玻璃砂芯坩埚过滤后恒重。

反应式如下：

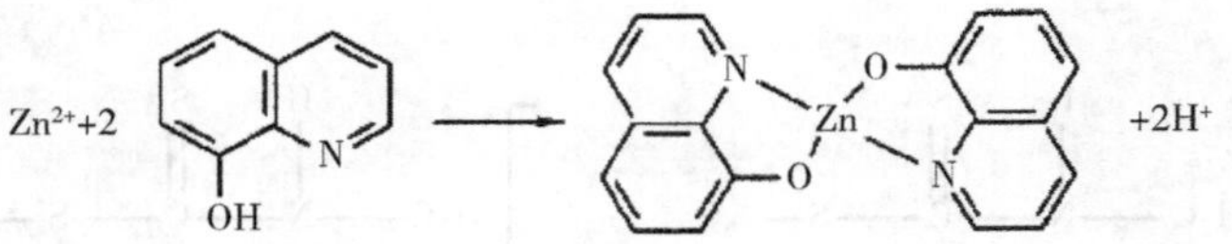

B.1.2　试剂和溶液

B.1.2.1　浓硝酸。

B.1.2.2　氢氧化钠溶液Ⅰ：$\rho_{(NaOH)} = 80$ g/L。

B.1.2.3　氢氧化钠溶液Ⅱ：$\rho_{(NaOH)} = 400$ g/L。

B.1.2.4　8-羟基喹啉乙醇溶液：$\rho_{(8-羟基喹啉)} = 10$ g/L。

B.1.2.5　乙酸-乙酸钠缓冲溶液：称取 136 g 乙酸钠（$CH_3COONa \cdot 3H_2O$）溶于适量水，加 108 mL 冰乙酸，用水稀释至 1 000 mL。

B.1.2.6　抗坏血酸。

B.1.3　仪器

B.1.3.1　玻璃砂芯漏斗：G_2、G_4。

B.1.3.2　恒温水浴锅。

B.1.3.3　电热板。

B.1.3.4　烘箱。

B.1.4　测定步骤

称取约含锌 0.02 g（精确至 0.000 1 g）的试样，置于 250 mL 碘量瓶中，加 20 mL 浓硝酸，缓慢加热至无棕色气体产生，防止暴沸，冷却，加 50 mL 水，将溶液用 G_2 漏斗过滤至 500 mL 烧杯中，用 150 mL 水分 5 次洗涤，加 0.5 g 抗坏血酸，溶解后用氢氧化钠溶液Ⅱ中和至 pH≈2，再用氢氧化钠溶液Ⅰ中和至 pH≈4，加入 20 mL 乙酸-乙酸钠缓冲溶液，加热至 80 ℃，边搅动边加入 15 mL 8-羟基喹啉溶液，在 80 ℃下保持 25 min，并不时搅动，用恒重的 G_4 漏斗过滤，每次用 10 mL 热水，搅动沉淀洗涤 7 次，于 110 ℃～115 ℃烘至恒重。

B.1.5　计算

锌的质量分数按公式（B.1）计算。

$$w_2 = \frac{m_6 \times M_2}{m_5 \times M_3} \times 100 \quad\cdots\cdots\cdots\cdots\cdots\cdots\cdots\cdots\cdots\cdots\cdots\cdots\cdots\cdots\cdots\cdots\cdots\cdots (B.1)$$

式中：

w_2 ——锌质量分数的数值，单位为百分号（%）；

m_5——试样质量的数值,单位为克(g);

m_6——沉淀物质量的数值,单位为克(g);

M_2——锌摩尔质量的数值,单位为克每摩尔(g/mol),$M_2 = 65.38$ g/mol;

M_3—— 8-羟基喹啉锌摩尔质量的数值,单位为克每摩尔(g/mol),$M_3 = 353.71$ g/mol。

B.1.6 允许差

锌质量分数2次平行测定结果之差应不大于0.2%,取其算术平均值作为测定结果。

B.2 砷质量分数的测定

B.2.1 方法提要

在酸性介质中,用锌还原砷,生成砷化氢,导入二乙基二硫代氨基甲酸银[Ag(DDTC)]吡啶溶液中,生成紫红色的可溶性胶态银,在吸收波长540 nm处,对其进行吸光度的测量。

生成胶态银的反应式:$AsH_3 + 6Ag(DDTC) \rightleftharpoons 6Ag + 3H(DDTC) + As(DDTC)_3$

B.2.2 试剂和溶液

B.2.2.1 浓硝酸。

B.2.2.2 抗坏血酸。

B.2.2.3 浓盐酸。

B.2.2.4 盐酸溶液:$\psi_{(盐酸:水)} = 75:25$。

B.2.2.5 锌粒:粒径为0.5 mm~1 mm。

B.2.2.6 二乙基二硫代氨基甲酸银[Ag(DDTC)]吡啶溶液:$\rho_{[Ag(DDTC)]} = 5$ g/L(储于密闭棕色玻璃瓶中,避光照射,有效期为2周)。

B.2.2.7 碘化钾溶液:$\rho_{(KI)} = 150$ g/L。

B.2.2.8 氯化亚锡盐酸溶液:$\rho_{(氯化亚锡)} = 400$ g/L,按GB/T 603配制。

B.2.2.9 氢氧化钠溶液:$\rho_{(NaOH)} = 50$ g/L。

B.2.2.10 乙酸铅溶液:$\rho_{(乙酸铅)} = 200$ g/L。

B.2.2.11 三氧化二砷:烘至恒重保存于硫酸干燥器中。

B.2.2.12 砷标准溶液A:准确称取0.132 0 g三氧化二砷(优级纯),置于100 mL烧杯中,用2 mL氢氧化钠溶液溶解,转移至1 000 mL容量瓶中,用水稀释至刻度,摇匀[此溶液$\rho_{(As)} = 100$ μg/mL]。

B.2.2.13 砷标准溶液B:吸取25.0 mL A溶液,置于1 000 mL容量瓶中,用水稀释至刻度,摇匀[此溶液$\rho_{(As)} = 2.50$ μg/mL]。此溶液使用时现配。

B.2.2.14 乙酸铅脱脂棉:脱脂棉于乙酸铅溶液中浸透,取出在室温下晾干,保存在密闭容器中。

B.2.3 仪器

B.2.3.1 测定砷的所有玻璃仪器,必须用浓硫酸-重铬酸钾洗液洗涤,再以水清洗干净,干燥备用。

B.2.3.2 分光光度计:具有540 nm波长。

B.2.3.3 定砷仪:15球定砷仪装置(如图B.1所示),或其他经试验证明,在规定的检验条件下,能给出相同结果的定砷仪。

B.2.4 测定步骤

B.2.4.1 试液的制备

称取5 g(精确至0.01 g)试样置于250 mL烧杯中,加入30 mL盐酸和10 mL硝酸,盖上表面皿,在电热板上煮沸30 min后,移开表面皿继续加热,使酸溶液蒸发至干,以赶尽硝酸。冷却后,加入50 mL盐酸溶液,加热溶解,用水完全洗入200 mL容量瓶中,冷却后用水稀释至刻度,摇匀。

B.2.4.2 工作曲线的绘制

B.2.4.2.1 标准显色溶液的制备

单位为毫米

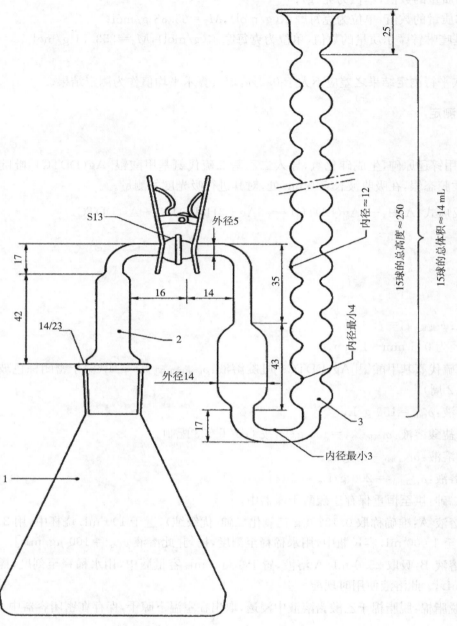

标引序号说明:
1——100 mL 锥形瓶,用于发生砷化氢;
2——连接管,用于捕集硫化氢;
3——15 球吸收器,吸收砷化氢。

图 B.1　15 球定砷仪装置

分别移取砷标准溶液 B 0 mL、1.00 mL、2.00 mL、4.00 mL、6.00 mL、8.00 mL 置于 100 mL 锥形瓶中,相应砷的质量分别为 0 μg、2.5 μg、5.0 μg、10.0 μg、15.0 μg、20.0 μg,于各锥形瓶中加 10 mL 盐酸和一定量水,使体积约为 40 mL。然后,加 2 mL 碘化钾溶液和 2 mL 氯化亚锡盐酸溶液,摇匀,放置 15 min。

在连接管末端装入少量乙酸铅脱脂棉,用于吸收反应时逸出的硫化氢。移取 5.0 mL 二乙基二硫代氨基甲酸银吡啶溶液于 15 球吸收器中,将连接管接在吸收器上。

称量 5 g 锌粒加入锥形瓶中迅速连接好仪器,使反应进行约 45 min,拆下吸收器,充分摇匀生成的紫红色胶态银。

B.2.4.2.2 标准显色溶液的测定

在 540 nm 波长下，以水为参比，测定各标准显色溶液的吸光度，在测定的同时做空白试验。

B.2.4.2.3 工作曲线的绘制

以砷质量为横坐标、测得的各标准显色溶液的吸光度值减去空白吸光度值为纵坐标绘制工作曲线。

B.2.4.3 测定

吸取 25 mL 试液于 100 mL 锥形瓶中，加 10 mL 盐酸和一定量水，使体积约为 40 mL，然后加入 1 g 抗坏血酸、2 mL 碘化钾溶液和 2 mL 氯化亚锡盐酸溶液，摇匀，放置 15 min。

在连接管末端装入少量乙酸铅脱脂棉，用于吸收反应时逸出的硫化氢。移取 5.0 mL 二乙基二硫代氨基甲酸银吡啶溶液于 15 球吸收器中，将连接管接在吸收器上。

称量 5 g 锌粒加入锥形瓶中迅速连接好仪器，使反应进行约 45 min，拆下吸收器，充分摇匀生成的紫红色胶态银。在 540 nm 波长下，以水为参比，测定试液的吸光度，在测定的同时做空白试验。

B.2.4.4 计算

在工作曲线上查出砷的质量，砷的质量分数按公式(B.2)计算。

$$w_6 = \frac{m_8 \times n_2}{m_7} \quad\cdots\cdots\cdots\cdots\cdots\cdots\cdots\cdots\cdots\cdots\cdots\cdots\cdots\cdots\cdots\cdots \quad (B.2)$$

式中：

w_6——试样中砷质量分数的数值，单位为微克每克($\mu g/g$)；

m_7——试样质量的数值，单位为克(g)；

m_8——测得试样中砷质量的数值，单位为微克(μg)；

n_2——测定时，试液总体积与所取试液体积之比，$n_2 = 8$。

B.2.4.5 允许差

砷质量分数 2 次平行测定结果之相对差应不大于 10%，取其算术平均值作为测定结果。

————————————

ICS 65.100.30
CCS G 25

中华人民共和国农业行业标准

NY/T 4392—2023

代森联水分散粒剂

Metriam water dispersible granules

2023-12-22 发布

2024-05-01 实施

中华人民共和国农业农村部 发布

前　言

本文件按照 GB/T 1.1—2020《标准化工作导则　第 1 部分：标准化文件的结构和起草规则》的规定起草。

请注意本文件的某些内容可能涉及专利。本文件的发布机构不承担识别专利的责任。

本文件由农业农村部种植业管理司提出。

本文件由全国农药标准化技术委员会（SAC/TC 133）归口。

本文件起草单位：沈阳沈化院测试技术有限公司、河北双吉化工有限公司、安徽海日农业发展有限公司。

本文件主要起草人：孙洪峰、郑晓成、陈瑞瑞、于亮、吴晓骏、汪星星。

代森联水分散粒剂

1 范围

本文件规定了代森联水分散粒剂的技术要求、试验方法、检验规则、验收和质量保证期以及标志、标签、包装、储运。

本文件适用于代森联水分散粒剂产品的质量控制。

注：代森联和乙撑硫脲的其他名称、结构式和基本物化参数见附录A。

2 规范性引用文件

下列文件中的内容通过文中的规范性引用而构成本文件必不可少的条款。其中，注日期的引用文件，仅该日期对应的版本适用于本文件；不注日期的引用文件，其最新版本（包括所有的修改单）适用于本文件。

GB/T 601 化学试剂 标准滴定溶液的制备

GB/T 603 化学试剂 试验方法中所用制剂及制品的制备

GB/T 1600—2021 农药水分测定方法

GB/T 1601 农药pH值的测定方法

GB/T 1604 商品农药验收规则

GB/T 1605—2001 商品农药采样方法

GB 3796 农药包装通则

GB/T 5451 农药可湿性粉剂润湿性测定方法

GB/T 8170—2008 数值修约规则与极限数值的表示和判定

GB/T 14825—2006 农药悬浮率测定方法

GB/T 16150—1995 农药粉剂、可湿性粉剂细度测定方法

GB/T 19136—2021 农药热储稳定性测定方法

GB/T 28137 农药持久起泡性测定方法

GB/T 30360 颗粒状农药粉尘测定方法

GB/T 32775 农药分散性测定方法

GB/T 33031 农药水分散粒剂耐磨性测定方法

3 术语和定义

本文件没有需要界定的术语和定义。

4 技术要求

4.1 外观

干燥的、能自由流动的固体颗粒。

4.2 技术指标

代森联水分散粒剂应符合表1的要求。

表 1 代森联水分散粒剂技术指标

项　　目	指　　　　标	
	70%规格	60%规格
代森联质量分数，%	$70.0^{+3.5}_{-2.5}$	$60.0^{+3.5}_{-2.5}$

表1（续）

项　目	指　标	
	70%规格	60%规格
锌质量分数，%	$14.0^{+2.5}_{-1.6}$	$12.0^{+2.1}_{-1.4}$
砷质量分数，（μg/g）	≤20	
乙撑硫脲（ETU）质量分数，%	≤0.5	
水分，%	≤3.0	
pH	5.0～8.0	
湿筛试验（通过75 μm试验筛），%	≥98	
分散性，%	≥80	
悬浮率，%	≥75	
润湿时间，s	≤90	
持久起泡性（1 min后泡沫量），mL	≤60	
耐磨性，%	≥85	
粉尘，mg	≤30	
热储稳定性	热储后，代森联质量分数应不低于热储前测得质量分数的95%，ETU质量分数、pH、湿筛试验、分散性、悬浮率、粉尘和耐磨性仍应符合本文件的要求	

5　试验方法

警示：使用本文件的人员应有实验室工作的实践经验。本文件并未指出所有的安全问题。使用者有责任采取适当的安全和健康措施。

5.1　一般规定

本文件所用试剂和水在没有注明其他要求时，均指分析纯试剂和蒸馏水。

5.2　取样

按 GB/T 1605—2001 中 5.3.3 的规定执行。用随机数表法确定取样的包装件；最终取样量应不少于600 g。

5.3　鉴别试验

5.3.1　反相高效液相色谱法

本鉴别试验可与代森联质量分数的测定同时进行。在相同的色谱操作条件下，试样溶液中某色谱峰的保留时间与代森联标样溶液中代森联衍生物的色谱峰的保留时间，其相对差应在 1.5% 以内。

5.3.2　双硫腙比色法

5.3.2.1　试剂与仪器

5.3.2.1.1　三氯甲烷。

5.3.2.1.2　冰乙酸。

5.3.2.1.3　双硫腙三氯甲烷溶液：$w_{(双硫腙)}=1$ g/kg。

5.3.2.1.4　双硫腙冰乙酸溶液：取双硫腙三氯甲烷溶液 2 mL，加入冰乙酸 0.25 mL，用三氯甲烷稀释至10 mL，摇匀。

5.3.2.1.5　氢氧化钠溶液：$\rho_{(NaOH)}=40$ g/L。

5.3.2.1.6　中速定性滤纸。

5.3.2.1.7　毛细管。

5.3.2.2　操作步骤

试验一：称取试样约 0.5 g，加入 2 mL～3 mL 蒸馏水，搅拌，使试样分散均匀。用毛细管将制备好的试样点滴到滤纸上，滴成粉点，放置使其自然晾干。

用毛细管吸取双硫腙冰乙酸溶液，滴至粉点上，粉点中心及外环皆应呈粉红色。

试验二:称取试样约 0.5 g,加入 2 mL～3 mL 三氯甲烷,搅拌,使试样分散均匀。用毛细管将制备好的试样点滴到滤纸上,滴成粉点,放置使其自然晾干。

用毛细管吸取双硫腙三氯甲烷溶液,滴至粉点上,粉点中心及外环皆应呈亮紫色。

试验三:称取试样约 0.5 g,加入 2 mL～3 mL 三氯甲烷,搅拌,使试样分散均匀。用毛细管将制备好的试样点滴到滤纸上,滴成粉点,放置使其自然晾干。

用毛细管吸取氢氧化钠溶液,滴至粉点上,粉点中心应呈白色,外环应无色。

代森联定性应同时满足以上 3 个试验。

5.4 外观

采用目测法测定。

5.5 代森联质量分数

5.5.1 化学法(仲裁法)

5.5.1.1 方法提要

试样于煮沸的氢碘酸-冰乙酸溶液中分解,生成乙二胺盐、二硫化碳及干扰分析的硫化氢气体。先用乙酸铅溶液吸收硫化氢,再用氢氧化钾-甲醇溶液吸收二硫化碳,并生成甲基磺原酸钾,吸收二硫化碳的氢氧化钾-甲醇溶液用乙酸中和后立即以碘标准滴定溶液滴定。

反应式如下:

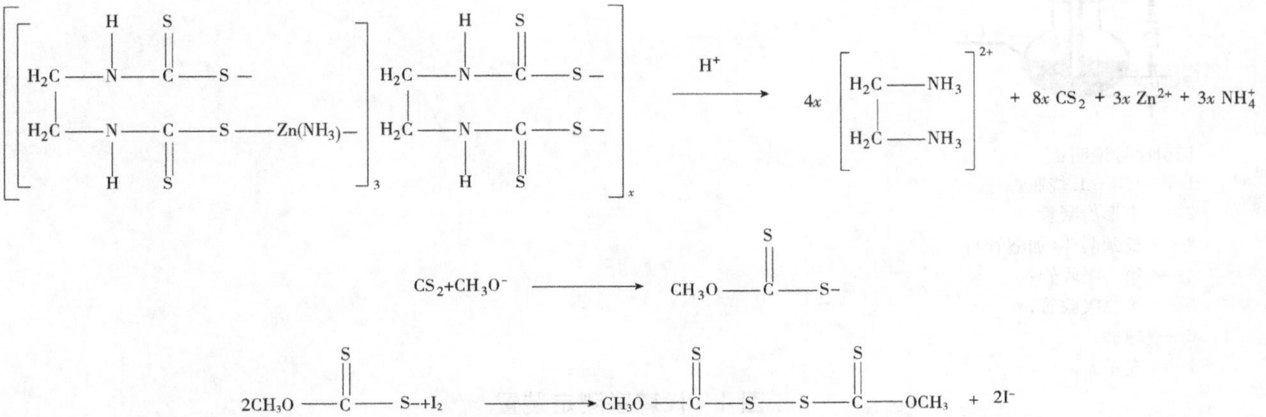

5.5.1.2 试剂和溶液

5.5.1.2.1 甲醇。

5.5.1.2.2 冰乙酸溶液:$\Phi_{(冰乙酸)} = 36\%$。

5.5.1.2.3 氢碘酸溶液:$\Phi_{(氢碘酸)} = 45\%$。

5.5.1.2.4 氢氧化钾-甲醇溶液:$\rho_{(氢氧化钾)} = 110 \text{ g/L}$。

5.5.1.2.5 氢碘酸-冰乙酸溶液:$\psi_{(氢碘酸:冰乙酸)} = 13:87$(使用前配制)。

5.5.1.2.6 乙酸铅溶液:$\rho_{(乙酸铅)} = 100 \text{ g/L}$。

5.5.1.2.7 二乙基二硫代氨基甲酸钠三水合物:试验物质按如下方法检查纯度:溶解约 0.5 g 该物于 100 mL 水中,用碘标准滴定溶液滴定,以淀粉为指示剂,1 mL 碘溶液[$c_{(1/2I_2)} = 0.100\ 0 \text{ mol/L}$]相当于 0.022 53 g 二乙基二硫代氨基甲酸钠。

5.5.1.2.8 碘标准滴定溶液:$c_{(1/2I_2)} = 0.1 \text{ mol/L}$,按 GB/T 601 配制和标定。

5.5.1.2.9 酚酞乙醇溶液:$\rho_{(酚酞)} = 10 \text{ g/L}$,按 GB/T 603 配制。

5.5.1.2.10 淀粉溶液:$\rho_{(淀粉)} = 10 \text{ g/L}$,按 GB/T 603 配制。

5.5.1.3 代森联测定装置及装置回收率的测定

5.5.1.3.1 代森联测定装置

单位为毫米

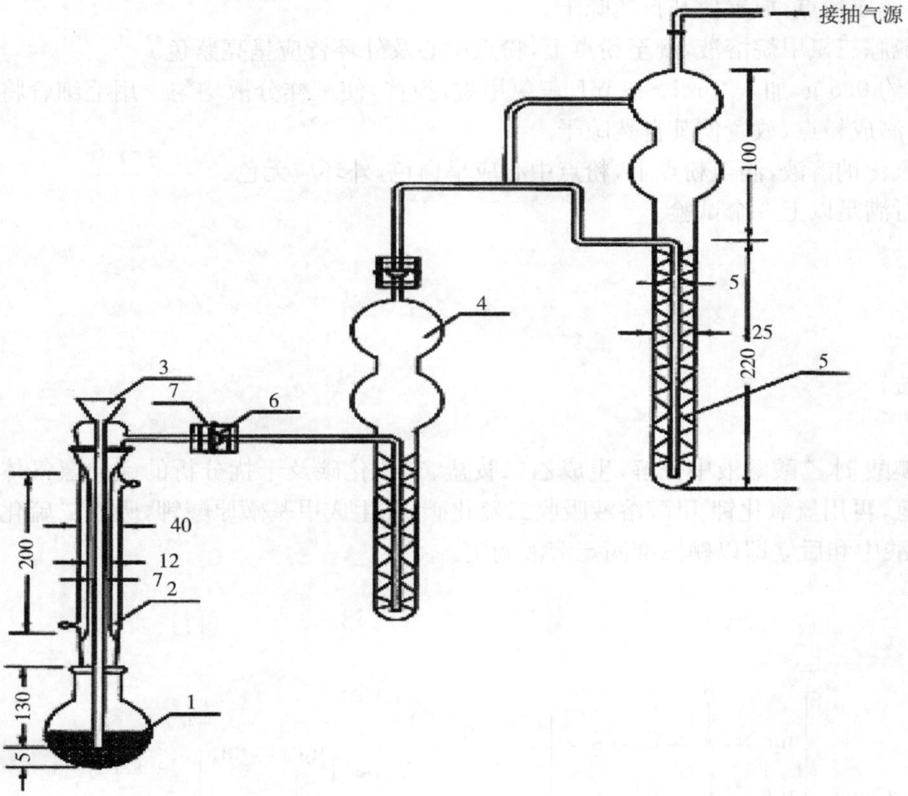

接抽气源

标引序号说明：
1——150 mL 烧瓶；
2——直形冷凝管；
3——长颈漏斗（加酸管）；
4——第一吸收管；
5——第二吸收管；
6——球磨；
7——夹子。

图 1　代森联测定装置

5.5.1.3.2　装置回收率的测定

操作步骤同 5.5.1.4，用二乙基二硫代氨基甲酸钠代替代森联样品，用来检查仪器及试剂。装置回收率应在 99%～101%。

5.5.1.4　测定步骤

称取约含代森联样品 0.2 g（精确至 0.000 1 g）的试样置于圆底烧瓶中，第一吸收管加 50 mL 乙酸铅溶液，第二吸收管加 50 mL 氢氧化钾-甲醇溶液。连接代森联测定装置，并检查装置的密封性。打开冷却水，开启抽气源，控制抽气速度（抽气速度控制在加酸管无返液现象，每秒 2 个～6 个气泡），使气泡均匀稳定地通过吸收管。

通过长颈漏斗向圆底烧瓶加 50 mL 氢碘酸-冰乙酸溶液，摇匀。同时立即加热烧瓶，小心控制防止反应液冲出，保持微沸 50 min。停止加热，拆开装置，取下第二吸收管，将内容物用 200 mL 水分 3 次洗入 500 mL 锥形瓶中。以酚酞指示液检查吸收管，洗至管内无内残物，用 36% 冰乙酸中和至酚酞退色，再过量 3 滴～4 滴，立即用碘标准滴定溶液滴定。同时不断摇动，近终点时加 3 mL 淀粉指示液，继续滴定至溶液呈浅灰紫色。同时作空白测定。

5.5.1.5　计算

试样中代森联的质量分数按公式（1）计算。

$$w_1 = \frac{c \times (V_1 - V_0) \times M_1}{m \times 1000 \times 8} \times 100 \quad\cdots\cdots\cdots\cdots\cdots\cdots\cdots\cdots\cdots\cdots\cdots (1)$$

式中：

w_1 ——代森联质量分数的数值，单位为百分号（%）；

c ——碘标准滴定溶液实际浓度的数值，单位为摩尔每升（mol/L）；

V_1 ——滴定试样溶液消耗碘标准滴定溶液体积的数值，单位为毫升（mL）；

V_0 ——滴定空白溶液消耗碘标准滴定溶液体积的数值，单位为毫升（mL）；

M_1 ——代森联摩尔质量的数值，单位为克每摩尔（g/mol），$M_1 = 1\ 088.7$ g/mol；

m ——试样质量的数值，单位为克（g）；

$1\ 000$ ——单位换算系数；

8 ——换算系数。

5.5.1.6 允许差

代森联质量分数 2 次平行测定结果之差应不大于 1.0%，取其算术平均值作为测定结果。

5.5.2 高效液相色谱法

5.5.2.1 方法提要

代森联中的锌离子与螯合剂乙二胺四乙酸二钠（EDTA）在碱性条件下形成络合物和水溶性的乙撑双硫代氨基甲酸负离子（简称代森联衍生物）。以甲醇和缓冲液为流动相，使用 C_{18} 为填料的不锈钢柱和紫外检测器，在波长 282 nm 下对试样中代森联衍生物进行液相色谱分离，外标法定量。

代森联衍生化过程反应方程式如下：

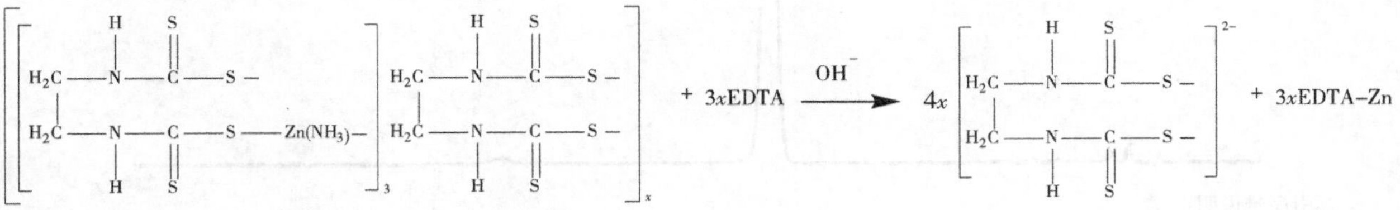

5.5.2.2 试剂和溶液

5.5.2.2.1 甲醇：色谱纯。

5.5.2.2.2 四丁基硫酸氢铵。

5.5.2.2.3 乙二胺四乙酸二钠。

5.5.2.2.4 磷酸氢二钠。

5.5.2.2.5 亚硫酸钠。

5.5.2.2.6 氢氧化钠。

5.5.2.2.7 氢氧化钠溶液：$\rho_{(NaOH)} = 50$ g/L。

5.5.2.2.8 代森联标样：已知代森联质量分数，$w \geqslant 90.0\%$。

5.5.2.2.9 缓冲溶液 A：分别称取 3.40 g 四丁基硫酸氢铵、3.72 g 乙二胺四乙酸二钠、1.42 g 磷酸氢二钠溶于 1 000 mL 水中，用氢氧化钠溶液调 pH = 10，超声混匀后用滤膜过滤后，备用。

5.5.2.2.10 缓冲溶液 B：分别称取 7.44 g 乙二胺四乙酸二钠、1.42 g 磷酸氢二钠溶于 1 000 mL 水中，用氢氧化钠溶液调 pH = 12.5，再加入 3 g 亚硫酸钠，溶解并混合均匀后放置冰箱中（至少 50 min），备用。

5.5.2.3 仪器

5.5.2.3.1 高效液相色谱仪：具有可变波长紫外检测器。

5.5.2.3.2 色谱柱：150 mm×4.6 mm（内径）不锈钢柱，内装 C_{18}、5 μm 填充物（或具同等效果的色谱柱）。

5.5.2.3.3 过滤器：滤膜孔径约 0.45 μm。

5.5.2.3.4 超声波清洗器。

5.5.2.4 高效液相色谱操作条件

5.5.2.4.1 流动相：$\psi_{(\text{甲醇：缓冲溶液A})}=30:70$。

5.5.2.4.2 流速：1.0 mL/min。

5.5.2.4.3 柱温：室温（温度变化应不大于2 ℃）。

5.5.2.4.4 进样体积：5 μL。

5.5.2.4.5 检测波长：282 nm。

5.5.2.4.6 保留时间：代森联衍生物约7.0 min。

5.5.2.4.7 上述液相色谱操作条件，系典型操作参数。可根据不同仪器特点，对给定的操作参数作适当调整，以期获得最佳效果。典型的衍生化后的代森联水分散粒剂的高效液相色谱图见图2。

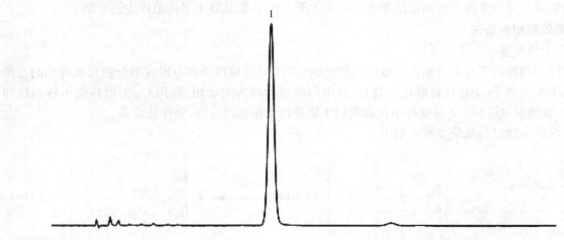

标引序号说明：
1——代森联衍生物。

图2 衍生化后的代森联水分散粒剂的高效液相色谱图

5.5.2.5 测定步骤

5.5.2.5.1 标样溶液的制备

称取含0.04 g（精确至0.000 1 g）代森联的标样，置于100 mL 容量瓶中，振摇下加入80 mL 缓冲溶液B，在超声波中超声10 min（超声波水浴中加冰块，使超声温度不高于20 ℃），用缓冲溶液B稀释至刻度，摇匀。用移液管移取5 mL上述溶液于50 mL 容量瓶中，用缓冲溶液B稀释至刻度，摇匀，用滤膜过滤备用。

5.5.2.5.2 试样溶液的制备

称取含0.04g（精确至0.000 1 g）代森联的试样，置于100 mL 容量瓶中，振摇下加入80 mL 缓冲溶液B，在超声波中超声10 min（超声波水浴中加冰块，使超声温度不高于20 ℃），用缓冲溶液B稀释至刻度，摇匀。用移液管移取5 mL上述溶液于50 mL 容量瓶中，用缓冲溶液B稀释至刻度，摇匀，用滤膜过滤备用。

5.5.2.5.3 测定

在上述色谱操作条件下，待仪器稳定后，连续注入数针标样溶液，直至相邻两针代森联衍生物的峰面积相对变化小于1.5%后，按照标样溶液、试样溶液、试样溶液、标样溶液的顺序进行分析测定。

5.5.2.6 计算

将测得的两针试样溶液以及试样前后两针标样溶液中代森联衍生物的峰面积分别进行平均，试样中代森联的质量分数按公式（2）计算。

$$w_1=\frac{A_2 \times m_1 \times w_{b1}}{A_1 \times m_2} \quad\cdots\cdots\cdots\cdots\cdots\cdots\cdots\cdots\cdots\cdots\cdots\cdots (2)$$

式中：

w_1——代森联质量分数的数值,单位为百分号(%);

A_2——试样溶液中代森联衍生物峰面积的平均值;

m_1——标样质量的数值,单位为克(g);

w_{b1}——标样中代森联质量分数的数值,单位为百分号(%);

A_1——标样溶液中代森联衍生物峰面积的平均值;

m_2——试样质量的数值,单位为克(g)。

5.5.2.7 允许差

代森联质量分数 2 次平行测定结果之差应不大于 1.0%,取其算术平均值作为测定结果。

5.6 锌质量分数

5.6.1 方法提要

试样经乙二胺四乙酸二钠溶液溶解,导入原子吸收光谱仪中,火焰原子化后,测定锌特征吸收光谱下的吸光度,用锌标准溶液测定的工作曲线定量。锌质量分数测定也可用化学法,具体分析方法见附录 B 中的 B.1。

5.6.2 试剂和溶液

5.6.2.1 乙二胺四乙酸二钠。

5.6.2.2 乙二胺四乙酸二钠溶液:称取 7.44 g 乙二胺四乙酸二钠溶于 1 000 mL 水中。

5.6.2.3 锌标准溶液:$\rho_{(Zn)}$＝1 000 μg/mL。冷藏保存。

5.6.3 仪器

5.6.3.1 原子吸收光谱仪。

5.6.3.2 锌空心阴极灯。

5.6.4 测定步骤

5.6.4.1 试样溶液的制备

称取含 0.045 g(精确至 0.000 1 g)代森联的试样于 100 mL 容量瓶中,加入 80 mL 乙二胺四乙酸二钠溶液超声波振荡 5 min,用乙二胺四乙酸二钠溶液定容至刻度,摇匀。用移液管移取上述溶液 0.5 mL 于 50 mL 容量瓶中,用乙二胺四乙酸二钠溶液稀释至刻度,摇匀。

同时按相同方法制备一不加代森联试样的空白溶液,测定时作为空白参比溶液。

5.6.4.2 标准曲线的测定

5.6.4.2.1 标准储备溶液的制备

锌标准储备溶液:$\rho_{(Zn)}$＝10 μg/mL。吸收 0.5 mL 锌标准溶液于 50 mL 容量瓶中,用水稀释至刻度,摇匀。

5.6.4.2.2 标准工作溶液的配制

分别移取 0 mL、0.5 mL、0.8 mL、1.5 mL、3.0 mL、5.0 mL 锌标准储备溶液于 6 个 50 mL 容量瓶中,用水稀释至刻度,摇匀,相应的锌标准溶液的质量浓度分别为 0 μg/mL、0.10 μg/mL、0.16 μg/mL、0.30 μg/mL、0.60 μg/mL、1.00 μg/mL。

5.6.4.2.3 标准曲线的测定

待仪器稳定并调节零点后,以不加锌的标准溶液为参比溶液,于波长 213.9 nm 下测定锌各标准工作溶液的吸光度。以质量浓度为横坐标、相应的吸光度为纵坐标,绘制标准曲线。

5.6.5 测定

在与标准曲线测定相同的条件下,测得试样溶液的吸光度,在标准曲线上查出相应的质量浓度。

5.6.6 计算

在标准曲线上查出锌的质量浓度,试样中锌的质量分数按公式(3)计算。

$$w_2 = \frac{V_2 \times \rho \times n}{m_3 \times 10^6} \times 100 \quad\cdots\cdots\cdots\cdots\cdots\cdots\cdots\cdots\cdots\cdots\cdots\cdots\cdots（3）$$

式中：

w_2 ——试样中锌质量分数的数值，单位为百分号（%）；

V_2 ——试样定容体积的数值，单位为毫升（mL）；

ρ ——标准曲线上查得锌质量浓度的数值，单位为微克每毫升（μg/mL）；

n ——样品的稀释倍数，$n=100$；

m_3 ——试样质量的数值，单位为克（g）。

5.6.7 允许差

锌质量分数 2 次平行测定结果之相对差应不大于 5%，取其算术平均值作为测定结果。

5.7 砷质量分数

5.7.1 方法提要

试样用酸消解后制备成水溶液，用原子荧光光谱仪测定该溶液中砷元素的含量，其定量限为 0.01 μg/g。砷质量分数的测定也可采用化学法，具体操作见 B.2。

5.7.2 试剂和溶液

5.7.2.1 硝酸溶液：$c_{(HNO_3)}=0.2$ mol/L。

5.7.2.2 高氯酸。

5.7.2.3 盐酸：$w_{(HCl)}=36.0\%\sim38.0\%$。

5.7.2.4 混酸：$\psi_{(HClO_4 : HNO_3)}=1 : 3$。

5.7.2.5 盐酸溶液：$\psi_{(HCl : H_2O)}=1 : 9$。

5.7.2.6 双氧水。

5.7.2.7 抗坏血酸。

5.7.2.8 硫脲。

5.7.2.9 抗坏血酸-硫脲混合溶液：称取 10 g 抗坏血酸和 10 g 硫脲用 100 mL 水溶解。

5.7.2.10 砷标准溶液：$\rho_{(As)}=1.0$ mg/mL，密封冷藏。

5.7.2.11 硼氢化钾。

5.7.2.12 氢氧化钠。

5.7.2.13 高纯氩气。

5.7.3 仪器

5.7.3.1 原子荧光光谱仪。

5.7.3.2 砷空心阴极灯。

5.7.3.3 电热板。

5.7.4 原子荧光光谱操作条件

5.7.4.1 光电倍增管负高压：260 V。

5.7.4.2 灯电流：80 mA。

5.7.4.3 载气流量：600 mL/min。

5.7.4.4 辅气流量：800 mL/min。

5.7.4.5 泵转速：100 r/min。

5.7.4.6 积分时间：5 s。

5.7.5 测定步骤

5.7.5.1 标样溶液的制备

5.7.5.1.1 砷标准储备液的配制

用移液管吸取砷标准溶液 1 mL 于 1 000 mL 容量瓶中，用硝酸溶液定容。配成 1.0 mg/L 的标准储备液。冰箱冷藏保存，有效期一个月。

5.7.5.1.2 砷标准工作溶液的配制

在 0 μg/L～10 μg/L 的浓度范围内配制 6 档不同浓度的标准工作溶液。

分别吸取一定量的 1 mg/L 的砷标准储备液 0 mL、0.1 mL、0.2 mL、0.3 mL、0.4 mL、0.5 mL 于 6 个 50 mL 容量瓶中,分别加入盐酸溶液 25 mL,再加入抗坏血酸-硫脲混合液 5 mL,用水定容至 50 mL。室温放置 2 h 以上,相应的砷标准工作溶液的质量浓度分别为 0 μg/L、2.0 μg/L、4.0 μg/L、6.0 μg/L、8.0 μg/L、10.0 μg/L。

5.7.5.2 试样溶液的制备

5.7.5.2.1 试样溶液的消解

称取试样 0.5 g(精确至 0.000 1 g),置于 150 mL 锥形瓶中,加入 10 mL 硝酸,将锥形瓶放在电热板上缓慢加热,直至黄烟基本消失;稍冷后加入 10 mL 混酸,在加热器上大火加热,至试样完全消解而得到透明的溶液(有时需酌情补加混酸);稍冷后加入 10 mL 水,加热至沸且冒白烟,再保持数分钟以驱除残余的混酸,冷却至室温。

5.7.5.2.2 试样测定溶液的配制

把制得的消解溶液全部转移到 50 mL 容量瓶中(若溶液出现浑浊、沉淀或机械性杂质,则需要过滤),用水定容到 50 mL。

当试样中砷的质量分数小于 2.5 μg/g 时,取定容后的消解液 20 mL,置于 50 mL 容量瓶中,加入抗坏血酸-硫脲混合液 5 mL,然后用盐酸溶液定容到 50 mL,室温放置 2 h 以上。

当试样中砷的质量分数在 2.5 μg/g～10 μg/g,取定容后的消解液 5 mL,置于 50 mL 容量瓶中,加入抗坏血酸-硫脲混合液 5 mL,再加入盐酸溶液 25 mL,并用水定容到 50 mL,室温放置 2 h 以上。

当试样中砷的质量分数大于 10 μg/g 时,取定容后的消解液 0.5 mL,置于 50 mL 容量瓶中,加入抗坏血酸-硫脲混合液 5 mL,再加入盐酸溶液 25 mL,并用水定容到 50 mL,室温放置 2 h 以上。

同时按相同方法制备一空白溶液。

5.7.6 测定

待原子荧光光谱仪稳定后,依次测定各标准溶液的荧光强度,并绘制出标准曲线。然后测定空白溶液和试样溶液的荧光强度。

5.7.7 计算

试样中砷的质量分数按公式(4)计算。

$$w_3 = \frac{(\rho_2 - \rho_0) \times V_5}{m_2 \times 1000} \times \frac{V_4}{V_3} \quad \cdots\cdots\cdots\cdots\cdots\cdots\cdots\cdots\cdots\cdots \quad (4)$$

式中:

w_3 ——试样中砷质量分数的数值,单位为微克每克(μg/g);

ρ_2 ——试样溶液的荧光强度在标准曲线上所对应的砷质量浓度的数值,单位为微克每升(μg/L);

ρ_0 ——空白溶液的荧光强度在标准曲线上所对应的砷质量浓度的数值,单位为微克每升(μg/L);

V_5 ——消解后试样测定溶液体积的数值,单位为毫升(mL),$V_5 = 50$ mL;

m_2 ——试样质量的数值,单位为克(g);

V_4 ——消解后试样体积的数值,单位为毫升(mL),$V_4 = 50$ mL;

V_3 ——消解后移取试样体积的数值,单位为毫升(mL);

1 000 ——单位换算系数。

5.7.8 允许差

砷质量分数 2 次平行测定结果之相对差应不大于 10%,取其算术平均值作为测定结果。

5.8 乙撑硫脲(ETU)质量分数

5.8.1 方法提要

试样用甲醇溶液溶解,以甲醇＋水为流动相,使用 C_{18} 为填料的不锈钢柱和紫外检测器,在波长 233 nm 下对试样中 ETU 进行反相高效液相色谱分离,外标法定量(方法中 ETU 质量浓度最低定量限为

$4×10^{-5}$ mg/mL,样品中ETU质量分数最低定量限为0.001%)。

5.8.2 试剂和溶液

5.8.2.1 甲醇:色谱纯。

5.8.2.2 甲醇溶液:$\psi_{(甲醇：水)}$＝40：60。

5.8.2.3 水:超纯水或新蒸二次蒸馏水。

5.8.2.4 ETU标样:已知ETU质量分数,$w{\geqslant}98.0\%$。

5.8.3 仪器

5.8.3.1 高效液相色谱仪:具有可变波长紫外检测器。

5.8.3.2 色谱柱:250 mm ×4.6 mm(内径)不锈钢柱,内装C_{18}、5 μm填充物(或具同等效果的色谱柱)。

5.8.3.3 过滤器:滤膜孔径约0.45 μm。

5.8.3.4 超声波清洗器。

5.8.4 高效液相色谱操作条件

5.8.4.1 流动相洗脱条件见表2。

表2 流动相洗脱条件

时间 min	甲醇 %	水 %
0	7	93
4	7	93
7	30	70
10	30	70
11	7	93
18	7	93

5.8.4.2 流速:1.0 mL/min。

5.8.4.3 柱温:室温(温差变化应不大于2 ℃)。

5.8.4.4 检测波长:233 nm。

5.8.4.5 进样体积:5 μL。

5.8.4.6 保留时间:ETU约3.0 min。

5.8.4.7 上述操作参数是典型的,可根据不同仪器特点,对给定的操作参数作适当调整,以期获得最佳效果。典型的代森联水分散粒剂高效液相色谱图(测定ETU)见图3。

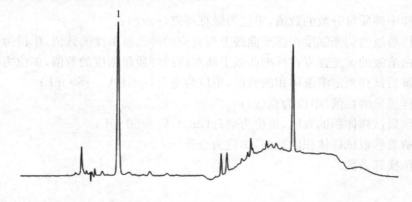

标引序号说明:
1——ETU。

图3 代森联水分散粒剂高效液相色谱图(测定ETU)

5.8.5 测定步骤

5.8.5.1 标样溶液的制备

称取0.01 g(精确至0.000 1 g)ETU标样于50 mL容量瓶中,加入40 mL甲醇溶液超声波振荡

3 min,冷却至室温,用甲醇溶液稀释至刻度,摇匀。用移液管移取上述溶液 1 mL 于 25 mL 容量瓶中,用甲醇溶液稀释至刻度,摇匀。

5.8.5.2 试样溶液的制备

称取 0.2 g(精确至 0.000 1 g)代森联试样于 50 mL 容量瓶中,加入 40 mL 甲醇溶液超声波振荡 3 min,冷却至室温,用甲醇溶液稀释至刻度,摇匀。

5.8.6 测定

在上述操作条件下,待仪器稳定后,连续注入数针标样溶液,直至相邻两针 ETU 峰面积相对变化小于 10% 后,按照标样溶液、试样溶液、试样溶液、标样溶液的顺序进行测定。

5.8.7 计算

将测得的两针试样溶液以及试样前后两针标样溶液中 ETU 峰面积分别进行平均。试样中 ETU 的质量分数按公式(5)计算。

$$w_4 = \frac{A_4 \times m_5 \times w_{b2}}{A_3 \times m_6 \times n_1} \quad\cdots\cdots\cdots\cdots\cdots\cdots\cdots\cdots\cdots\cdots\cdots\cdots\cdots\cdots (5)$$

式中:

w_4 ——ETU 质量分数的数值,单位为百分号(%);

A_4 ——试样溶液中 ETU 峰面积的平均值;

m_5 ——ETU 标样质量的数值,单位为克(g);

w_{b2} ——ETU 标样质量分数的数值,单位为百分号(%);

A_3 ——标样溶液中 ETU 峰面积的平均值;

m_6 ——试样质量的数值,单位为克(g);

n_1 ——标样的稀释倍数,$n_1 = 25$。

5.8.8 允许差

ETU 质量分数 2 次平行测定结果之相对差应不大于 15%,取其算术平均值作为测定结果。

5.9 水分

5.9.1 共沸蒸馏法(仲裁法)

按 GB/T 1600—2021 中 4.3 的规定执行。

5.9.2 卤素水分测定仪法

5.9.2.1 仪器

5.9.2.1.1 卤素水分测定仪。

5.9.2.1.2 铝箔盘。

5.9.2.1.3 镊子。

5.9.2.2 操作条件

5.9.2.2.1 温度:(105±0.5)℃。

5.9.2.2.2 加热时间:15 min。

5.9.2.3 测定步骤

接通仪器电源,设置操作条件、开始自我校正。校正完毕后放入干燥恒重的铝箔盘,待仪器天平读数稳定后,按回零键。

将 5 g(精确至 0.001 g)试样均匀铺平于铝箔盘中,厚度在 1 mm 左右。打开加热键,仪器开始运行,运行结束后仪器所显示的数值,即为试样中水分。

5.9.2.4 允许差

2 次平行测定结果之相对差应不大于 8.0%,取其算术平均值作为测定结果。

5.10 pH

按 GB/T 1601 的规定执行。

5.11 湿筛试验

按 GB/T 16150—1995 中 2.2 的规定执行。

5.12 分散性

按 GB/T 32775 的规定执行。

5.13 悬浮率

5.13.1 化学法

按 GB/T 14825—2006 中 4.1 进行。称取含 0.5 g(精确至 0.000 1 g)代森联的试样。将剩余的 1/10 悬浮液转移至事先垫有定量滤纸的 G_2 漏斗中过滤,并用少许水冲洗后,将滤饼连同滤纸一起放入圆底烧瓶中,按照 5.5.1 的方法测定代森联质量,按公式(6)计算其悬浮率。

$$w_5 = \frac{m_7 \times w_1 - c \times (V_5 - V_4) \times M_1 \div 80}{m_7 \times w_1} \times 111.1 \quad\cdots\cdots\cdots\cdots\cdots\cdots\cdots (6)$$

式中:

w_5 ——悬浮率的数值,单位为百分号(%);

m_7 ——试样质量的数值,单位为克(g);

w_1 ——试样中代森联质量分数的数值,单位为百分号(%);

c ——碘标准滴定溶液实际浓度的数值,单位为摩尔每升(mol/L);

V_5 ——滴定试样溶液消耗碘标准滴定溶液体积的数值,单位为毫升(mL);

V_4 ——滴定空白溶液消耗碘标准滴定溶液体积的数值,单位为毫升(mL);

M_1 ——代森联摩尔质量的数值,单位为克每摩尔(g/mol),$M_1 = 1\ 088.6$ g/mol;

80 ——换算系数;

111.1 ——测定体积与总体积的换算系数。

5.13.2 高效液相色谱法

按 GB/T 14825—2006 中 4.1 进行。称取含 0.5 g(精确至 0.000 1 g)代森联的试样。用 60 mL 缓冲溶液 B 将量筒内剩余的 25 mL 悬浮液及沉淀物全部转移至 100 mL 容量瓶中,用缓冲溶液 B 定容至刻度,在超声波(冰水浴)下振荡 10 min,摇匀,过滤。按 5.5.2 的方法测定代森联质量,按公式(7)计算其悬浮率。

$$w_5 = \frac{m_7 \times w_1 - (A_6 \times m_8 \times w_{b1}) \div A_5}{m_7 \times w_1} \times 111.1 \quad\cdots\cdots\cdots\cdots\cdots\cdots (7)$$

式中:

w_5 ——悬浮率的数值,单位为百分号(%);

m_7 ——试样质量的数值,单位为克(g);

w_1 ——试样中代森联质量分数的数值,单位为百分号(%);

A_6 ——试样溶液中代森联衍生物峰面积的平均值;

m_8 ——代森联标样质量的数值,单位为克(g);

w_{b1} ——标样中代森联质量分数的数值,单位为百分号(%);

A_5 ——标样溶液中代森联衍生物峰面积的平均值;

111.1 ——测定体积与总体积的换算系数。

5.14 润湿时间

按 GB/T 5451 的规定执行。

5.15 持久起泡性

按 GB/T 28137 的规定执行。

5.16 粉尘

按 GB/T 30360 的规定执行。

5.17 耐磨性

按 GB/T 33031 的规定执行。

5.18 热储稳定性

按 GB/T 19136—2021 中 4.4.1 的规定执行。热储时,样品应密封储存,热储前后质量变化率应不大于 1.0%。

6 检验规则

6.1 出厂检验

每批产品均应做出厂检验,经检验合格签发合格证后,方可出厂。出厂检验项目为第 4 章技术要求中外观、代森联质量分数、水分、pH、湿筛试验、分散性、悬浮率、润湿时间、持久起泡性、耐磨性粉尘。

6.2 型式检验

型式检验项目为第 4 章中的全部项目,在正常连续生产情况下,每 3 个月至少进行 1 次。有下述情况之一,应进行型式检验:

a) 原料有较大改变,可能影响产品质量时;

b) 生产地址、生产设备或生产工艺有较大改变,可能影响产品质量时;

c) 停产后又恢复生产时;

d) 国家质量监管机构提出型式检验要求时。

6.3 判定规则

按 GB/T 8170—2008 中 4.3.3 判定检验结果是否符合本文件的要求。

按第 5 章的检验方法对产品进行出厂检验和型式检验,任一项目不符合第 4 章的技术要求判为该批次产品不合格。

7 验收和质量保证期

7.1 验收

应符合 GB/T 1604 的规定。

7.2 质量保证期

在 8.2 的储运条件下,代森联水分散粒剂的质量保证期从生产日期算起为 2 年。质量保证期内,各项指标均应符合本文件的要求。

8 标志、标签、包装、储运

8.1 标志、标签、包装

代森联水分散粒剂的标志、标签、包装应符合 GB 3796 的规定;代森联水分散粒剂的包装采用干燥的塑料瓶包装,每瓶净含量 50 g、100 g、500 g,外包装用纸箱、瓦楞纸板箱或钙塑箱,每箱净重 10 kg。也可根据用户要求或订货协议采用其他形式的包装,但需符合 GB 3796 的规定。

8.2 储运

代森联水分散粒剂包装件应储存在通风、干燥的库房中;储运时,严防潮湿和日晒;不得与食物、种子、饲料混放;避免与皮肤、眼睛接触,防止由口鼻吸入。

附 录 A
（资料性）
代森联和乙撑硫脲的其他名称、结构式和基本物化参数

A.1 代森联

代森联的其他名称、结构式和基本物化参数如下：
——ISO 通用名称：Metriam。
——CAS 登录号：9006-42-2。
——化学名称：乙撑双二硫代氨基甲酸锌氨合物与 1,2-亚乙基秋兰姆二硫化物的聚合物。
——结构式：

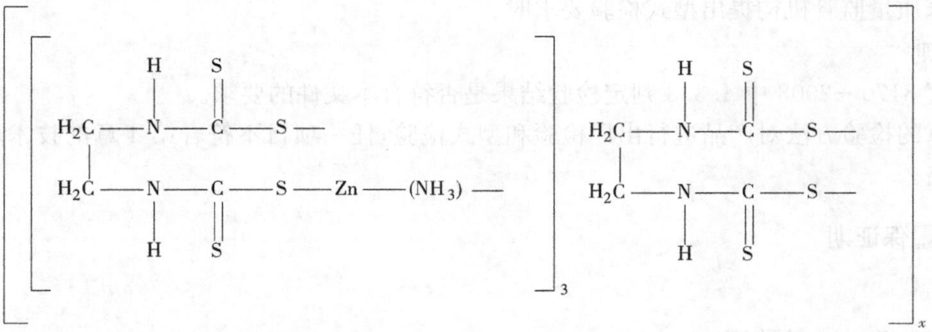

——分子式：$(C_{16}H_{33}N_{11}S_{16}Zn_3)_x$。
——相对分子质量：$(1\ 088.7)_x$。
——生物活性：杀菌。
——沸点：低于沸点时分解。
——蒸汽压（20 ℃）：小于 $1×10^{-2}$ mPa。
——溶解性：难溶于水，不溶于大多数有机溶剂，但能溶于吡啶中。
——稳定性：在紫外线下、强酸、强碱条件下不稳定。热稳定性差。

A.2 乙撑硫脲

乙撑硫脲的其他名称、结构式和基本物化参数如下：
——ISO 通用名称：Ethylenethiourea；
——乙撑硫脲其他名称：ETU；
——CAS 登录号：96-45-7；
——化学名称：四氢咪唑-2-硫酮；
——结构式：

——分子式：$C_3H_6SN_2$；
——相对分子质量：102.2；

——熔点（℃）：197.8～199.2；

——溶解度：易溶于水（20 ℃，19 g/L），溶于乙醇、甲醇、乙二醇和吡啶等极性溶剂，不溶于丙酮、醚、苯、氯仿、石油醚等。

附　录　B

（资料性）

化学法测定代森联中锌、砷质量分数

B.1　化学法测定锌质量分数

B.1.1　方法提要

试样以浓硝酸分解后，用氢氧化钠溶液中和，在乙酸-乙酸钠缓冲溶液中加 8-羟基喹啉进行沉淀，用玻璃砂芯漏斗过滤后恒重。

反应式如下：

$$Zn^{2+}+2 \quad \text{（8-羟基喹啉）} \longrightarrow \text{（锌-8-羟基喹啉配合物）} +2H^+$$

B.1.2　试剂和溶液

B.1.2.1　硝酸。

B.1.2.2　抗坏血酸。

B.1.2.3　氢氧化钠溶液Ⅰ：$\rho_{(NaOH)}=80$ g/L。

B.1.2.4　氢氧化钠溶液Ⅱ：$\rho_{(NaOH)}=400$ g/L。

B.1.2.5　8-羟基喹啉乙醇溶液：$\rho_{(8\text{-}羟基喹啉)}=10$ g/L。

B.1.2.6　乙酸-乙酸钠缓冲溶液：称取 136 g 乙酸钠（$CH_3COONa \cdot 3H_2O$）溶于适量水，加 108 mL 冰乙酸，用水稀释至 1 000 mL。

B.1.3　仪器

B.1.3.1　玻璃砂芯漏斗：G_2、G_4。

B.1.3.2　恒温水浴。

B.1.3.3　电热板。

B.1.3.4　烘箱。

B.1.4　测定步骤

称取约含 0.02 g（精确至 0.000 1 g）锌的试样，置于 250 mL 碘量瓶中，加入 20 mL 浓硝酸，缓慢加热至无棕色气体产生，防止暴沸，冷却，加 50 mL 水。将溶液用 G_2 漏斗过滤至 500 mL 烧杯中，用 150 mL 水分 5 次洗涤，加 0.5 g 抗坏血酸，溶解后用氢氧化钠溶液Ⅱ中和至 pH≈2，再用氢氧化钠溶液Ⅰ中和至 pH≈4，加入 20 mL 乙酸-乙酸钠缓冲溶液，加热至 80 ℃，边搅动边加入 15 mL 8-羟基喹啉溶液，在 80 ℃下保持 25 min，并不时搅动，用恒重的 G_4 漏斗过滤，每次用 10 mL 热水，搅动沉淀洗涤 7 次，于 110 ℃～115 ℃烘箱烘至恒重。

B.1.5　计算

试样中锌质量分数按公式（B.1）计算。

$$w_2 = \frac{m_{10} \times M_2}{m_9 \times M_3} \times 100 \quad \cdots\cdots\cdots\cdots\cdots\cdots\cdots\cdots\cdots\cdots\cdots\cdots\cdots\cdots \text{（1）}$$

式中：

w_2——锌质量分数的数值，单位为百分号（%）；

m_9 ——试样质量的数值,单位为克(g);

m_{10} ——沉淀物质量的数值,单位为克(g);

M_2 ——锌摩尔质量的数值,单位为克每摩尔(g/mol),$M_2=65.38$ g/mol;

M_3 ——8-羟基喹啉锌摩尔质量的数值,单位为克每摩尔(g/mol),$M_3=353.71$ g/mol。

B.1.6 允许差

锌质量分数 2 次平行测定结果之相对差不大于 5%,取其算术平均值作为测定结果。

B.2 化学法测定砷质量分数

B.2.1 方法提要

在酸性介质中,用锌还原砷,生成砷化氢,导入二乙基二硫代氨基甲酸银[Ag(DDTC)]吡啶溶液中,生成紫红色的可溶性胶态银,在吸收波长 540 nm 处,对其进行吸光度的测量。

生成胶态银的反应式:$AsH_3+6Ag(DDTC)\Longrightarrow 6Ag+3H(DDTC)+As(DDTC)_3$

B.2.2 试剂和溶液

B.2.2.1 硝酸。

B.2.2.2 抗坏血酸。

B.2.2.3 盐酸。

B.2.2.4 盐酸溶液:$\psi_{(盐酸:水)}=75:25$。

B.2.2.5 锌粒:粒径为 0.5 mm～1 mm。

B.2.2.6 二乙基二硫代氨基甲酸银[Ag(DDTC)]吡啶溶液:$\rho_{[Ag(DDTC)]}=5$ g/L(储于密闭棕色玻璃瓶中,避光照射,有效期为 2 周)。

B.2.2.7 碘化钾溶液:$\rho_{(kI)}=150$ g/L。

B.2.2.8 氯化亚锡盐酸溶液:$\rho_{(SnCl_2 \cdot 2H_2O)}=400$ g/L,按 GB/T 603 配制。

B.2.2.9 氢氧化钠溶液:$\rho_{(NaOH)}=50$ g/L。

B.2.2.10 乙酸铅溶液:$\rho_{(乙酸铅)}=200$ g/L。

B.2.2.11 三氧化二砷:优级纯,烘至恒重保存于硫酸干燥器中。

B.2.2.12 砷标准溶液 A:准确称取 0.132 0 g 三氧化二砷,置于 100 mL 烧杯中,用 2 mL 氢氧化钠溶液溶解,转移至 1 000 mL 容量瓶中,用水稀释至刻度,摇匀[此溶液 $\rho_{(As)}=100$ μg/mL]。

B.2.2.13 砷标准溶液 B:吸取 25.0 mL A 溶液,置于 1 000 mL 容量瓶中,用水稀释至刻度,摇匀[此溶液 $\rho_{(As)}=2.50$ μg/mL]。此溶液使用时现配。

B.2.2.14 乙酸铅脱脂棉:脱脂棉于乙酸铅溶液中浸透,取出在室温下晾干,保存在密闭容器中。

B.2.3 仪器

B.2.3.1 测定砷的所有玻璃仪器,必须用浓硫酸-重铬酸钾洗液洗涤,再以水清洗干净,干燥备用。

B.2.3.2 分光光度计:具有 540 nm 波长。

B.2.3.3 定砷仪:15 球定砷仪装置(如图 B.1 所示),或其他经试验证明,在规定的检验条件下,能给出相同结果的定砷仪。

B.2.4 测定步骤

B.2.4.1 试液的制备

称取 5 g(精确至 0.000 1 g)试样置于 250 mL 烧杯中,加入 30 mL 盐酸和 10 mL 硝酸,盖上表面皿,在电热板上煮沸 30 min 后,移开表面皿继续加热,使酸溶液蒸发至干,以赶尽硝酸。冷却后,加入 50 mL 盐酸溶液,加热溶解,用水完全洗入 200 mL 容量瓶中,冷却后用水稀释至刻度,摇匀。

B.2.4.2 工作曲线的绘制

B.2.4.2.1 标准显色溶液的制备

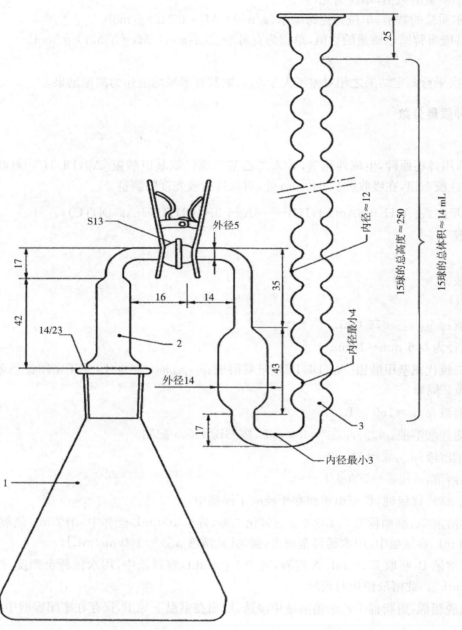

单位为毫米

标引序号说明：

1——100 mL 锥形瓶，用于发生砷化氢；

2——连接管，用于捕集硫化氢；

3——15 球吸收器，吸收砷化氢。

图 B.1　15 球定砷仪装置

分别吸取砷标准储备液 B 0 mL、1.0 mL、2.0 mL、4.0 mL、6.0 mL、8.0 mL 于 6 个 100 mL 锥形瓶中，相应砷的质量分别为 0 μg、2.5 μg、5.0 μg、10.0 μg、15.0 μg、20.0 μg，于各锥形瓶中加 10 mL 盐酸和一定量水，使体积约为 40 mL，此时，溶液酸度 $c_{(HCl)}=3$ mol/L。然后再加 2 mL 碘化钾溶液和 2 mL 氯化亚锡盐酸溶液，摇匀，放置 15 min。

在连接管末端装入少量乙酸铅脱脂棉，用于吸收反应时逸出的硫化氢。移取 5.0 mL 二乙基二硫代氨基甲酸银吡啶溶液于 15 球吸收器中，将连接管接在吸收器上。

称量 5 g 锌粒加入锥形瓶中迅速连接好仪器，使反应进行约 45 min，拆下吸收器，充分摇匀生成的紫红色胶态银。

B.2.4.2.2 标准显色溶液的测定

在 540 nm 波长下,以水为参比,测定各标准显色溶液的吸光度,在测定的同时做空白试验。

B.2.4.2.3 工作曲线的绘制

以砷质量为横坐标、测得的各标准显色溶液的吸光度值减去空白吸光度值为纵坐标绘制工作曲线。

B.2.4.2.4 测定

吸取 25 mL 试液于 100 mL 锥形瓶中,加 10 mL 盐酸和一定量水,使体积约为 40 mL,然后加入 1 g 抗坏血酸,2 mL 碘化钾溶液和 2 mL 氯化亚锡盐酸溶液,摇匀,放置 15 min。

在连接管末端装入少量乙酸铅脱脂棉,用于吸收反应时逸出的硫化氢。移取 5.0 mL 二乙基二硫代氨基甲酸银吡啶溶液于 15 球吸收器中,将连接管接在吸收器上。

称量 5 g 锌粒加入锥形瓶中迅速连接好仪器,使反应进行约 45 min,拆下吸收器,充分摇匀生成的紫红色胶态银。在 540 nm 波长下,以水为参比,测定试液的吸光度,在测定的同时做空白试验。

B.2.5 计算

在工作曲线上查出砷的质量,试样中砷的质量分数按公式(B.2)计算。

$$w_7 = \frac{m_{12} \times n_2}{m_{11}} \quad\cdots\cdots\cdots\cdots\cdots\cdots\cdots\cdots\cdots\cdots\cdots\cdots\cdots\cdots\cdots\cdots\cdots\cdots (B.2)$$

式中:

w_7 ——砷质量分数的数值,单位为微克每克($\mu g/g$);

m_{12} ——测得试验中砷质量的数值,单位为微克(μg);

m_{11} ——试样质量的数值,单位为克(g);

n_2 ——测定时试液总体积与所取试液体积之比,$n_2 = 8$。

B.2.6 允许差

砷质量分数 2 次平行测定结果之相对差应不大于 10%,取其算术平均值作为测定结果。

ICS 65.100.30
CCS G 25

中华人民共和国农业行业标准

NY/T 4393—2023

代森联可湿性粉剂

Metriam wettable powder

2023-12-22 发布

2024-05-01 实施

中华人民共和国农业农村部 发布

前　言

本文件按照 GB/T 1.1—2020《标准化工作导则　第 1 部分：标准化文件的结构和起草规则》的规定起草。

请注意本文件的某些内容可能涉及专利。本文件的发布机构不承担识别专利的责任。

本文件由农业农村部种植业管理司提出。

本文件由全国农药标准化技术委员会（SAC/TC 133）归口。

本文件起草单位：沈化测试技术（南通）有限公司、河北双吉化工有限公司、合肥高尔生命健康科学研究院有限公司、惠州市银农科技股份有限公司、沈阳沈化院测试技术有限公司。

本文件起草人：孙洪峰、郑晓成、陈瑞瑞、韦沙迪、于亮、吴晓骏、王宇、谢远芳。

代森联可湿性粉剂

1 范围

本文件规定了代森联可湿性粉剂的技术要求、试验方法、检验规则、验收和质量保证期以及标志、标签、包装、储运。

本文件适用于代森联可湿性粉剂产品的质量控制。

注：代森联和乙撑硫脲的其他名称、结构式和基本物化参数见附录 A。

2 规范性引用文件

下列文件中的内容通过文中的规范性引用而构成本文件必不可少的条款。其中，注日期的引用文件，仅该日期对应的版本适用于本文件；不注日期的引用文件，其最新版本（包括所有的修改单）适用于本文件。

GB/T 601 化学试剂 标准滴定溶液的制备

GB/T 603 化学试剂 试验方法中所用制剂及制品的制备

GB/T 1600—2021 农药水分测定方法

GB/T 1601 农药 pH 值的测定方法

GB/T 1604 商品农药验收规则

GB/T 1605—2001 商品农药采样方法

GB 3796 农药包装通则

GB/T 5451 农药可湿性粉剂润湿性测定方法

GB/T 8170—2008 数值修约规则与极限数值的表示和判定

GB/T 14825 农药悬浮率测定方法

GB/T 16150—1995 农药粉剂、可湿性粉剂细度测定方法

GB/T 19136—2021 农药热储稳定性测定方法

GB/T 28137 农药持久起泡性测定方法

3 术语和定义

本文件没有需要界定的术语和定义。

4 技术要求

4.1 外观

均匀的疏松粉末，不应有团块。

4.2 技术指标

代森联可湿性粉剂应符合表 1 的要求。

表 1 代森联可湿性粉剂技术指标

项 目	指 标
代森联质量分数，%	$70.0^{+3.5}_{-2.5}$
锌质量分数，%	$14.0^{+2.5}_{-1.6}$
砷质量分数，（µg/g）	≤ 20
乙撑硫脲（ETU）质量分数，%	≤ 0.5
水分，%	≤ 3.0

表 1（续）

项　目	指　标
pH	5.0～8.0
湿筛试验(通过 75 μm 试验筛),%	≥98
悬浮率,%	≥70
润湿时间,s	≤90
持久起泡性(1 min 后泡沫量),mL	≤60
热储稳定性	热储后,代森联质量分数应不低于热储前测得质量分数的 95%,ETU 质量分数、pH、湿筛试验、悬浮率、润湿时间和持久起泡性仍应符合本文件的要求为合格

5　试验方法

警示:使用本文件的人员应有实验室工作的实践经验。本文件并未指出所有的安全问题。使用者有责任采取适当的安全和健康措施。

5.1　一般规定

本文件所用试剂和水在没有注明其他要求时,均指分析纯试剂和蒸馏水。

5.2　取样

按 GB/T 1605—2001 中 5.3.3 的规定执行。用随机数表法确定取样抽样的包装件;最终取样量应不少于 200 g。

5.3　鉴别试验

5.3.1　高效液相色谱法

本鉴别试验可与代森联质量分数的测定同时进行。在相同的色谱操作条件下,衍生化后的试样溶液中主色谱峰保留时间与标样溶液中代森联衍生物保留时间的相对差值应不大于 1.5%。

5.3.2　双硫腙比色法

5.3.2.1　试剂和仪器

5.3.2.1.1　三氯甲烷。

5.3.2.1.2　冰乙酸。

5.3.2.1.3　双硫腙三氯甲烷溶液:$w_{(双硫腙)}$＝1 g/kg。

5.3.2.1.4　氢氧化钠溶液:$\rho_{(氢氧化钠)}$＝40 g/L。

5.3.2.1.5　双硫腙冰乙酸溶液:取双硫腙三氯甲烷溶液 2 mL,加入冰乙酸 0.25 mL,用三氯甲烷稀释至 10 mL,摇匀。

5.3.2.1.6　中速定性滤纸。

5.3.2.1.7　毛细管。

5.3.2.2　测定步骤

试验一:称取试样约 0.5 g,加入 2 mL～3 mL 蒸馏水,搅拌,使试样分散均匀。用毛细管将制备好的试样点滴到滤纸上,滴成粉点,放置使其自然晾干。

用毛细管吸取双硫腙冰乙酸溶液,滴至粉点上,粉点中心外环皆应呈粉红色。

试验二:称取试样约 0.5 g,加入 2 mL～3 mL 三氯甲烷,搅拌,使试样分散均匀。用毛细管将制备好的试样点滴到滤纸上,滴成粉点,放置使其自然晾干。

用毛细管吸取双硫腙三氯甲烷溶液,滴至粉点上,粉点中心应呈亮紫色。

试验三:称取试样约 0.5 g,加入 2 mL～3 mL 三氯甲烷,搅拌,使试样分散均匀。用毛细管将制备好的试样点滴到滤纸上,滴成粉点,放置使其自然晾干。

用毛细管吸取氢氧化钠溶液,滴至粉点上,粉点中心应呈白色,粉点外环应无色。

代森联定性应同时满足以上 3 个试验。

5.4 外观

采用目测法测定。

5.5 代森联质量分数

5.5.1 化学法(仲裁法)

5.5.1.1 方法提要

试样于煮沸的氢碘酸-冰乙酸溶液中分解,生成乙二胺盐、二硫化碳及干扰分析的硫化氢气体。先用乙酸铅溶液吸收硫化氢,再用氢氧化钾-甲醇溶液吸收二硫化碳,并生成甲基磺原酸钾,吸收二硫化碳的氢氧化钾-甲醇溶液用乙酸中和后立即以碘标准滴定溶液滴定。

反应式如下:

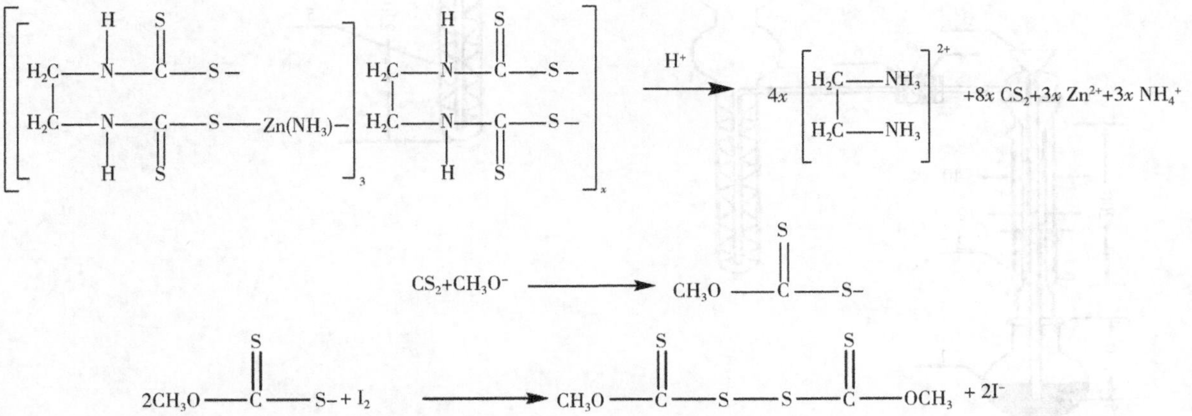

5.5.1.2 试剂和溶液

5.5.1.2.1 甲醇。

5.5.1.2.2 冰乙酸溶液:$\Phi_{(冰乙酸)}=36\%$。

5.5.1.2.3 氢碘酸溶液:$\Phi_{(氢碘酸)}=45\%$。

5.5.1.2.4 氢氧化钾-甲醇溶液:$\rho_{(氢氧化钾)}=110$ g/L。

5.5.1.2.5 氢碘酸-冰乙酸溶液:$\psi_{(氢碘酸:冰乙酸)}=13:87$(使用前配制)。

5.5.1.2.6 乙酸铅溶液:$\rho_{(乙酸铅)}=100$ g/L。

5.5.1.2.7 二乙基二硫代氨基甲酸钠三水合物:试验物质按如下方法检查纯度:溶解约 0.5 g 该物于 100 mL 水中,用碘标准滴定溶液滴定,以淀粉为指示剂,1 mL 碘溶液$[c_{(1/2I_2)}=0.100\ 0$ mol/L]相当于 0.022 53 g 二乙基二硫代氨基甲酸钠。

5.5.1.2.8 碘标准滴定溶液:$c_{(1/2I_2)}=0.1$ mol/L,按 GB/T 601 配制和标定。

5.5.1.2.9 酚酞乙醇溶液:$\rho_{(酚酞)}=10$ g/L,按 GB/T 603 配制。

5.5.1.2.10 淀粉溶液:$\rho_{(淀粉)}=10$ g/L,按 GB/T 603 配制。

5.5.1.3 代森联测定装置及装置回收率的测定

5.5.1.3.1 代森联测定装置

代森联测定装置见图 1。

5.5.1.3.2 装置回收率的测定

操作步骤同 5.5.1.4,用二乙基二硫代氨基甲酸钠代替代森联样品,用来检查仪器及试剂。装置回收率应在 99%~101%。

5.5.1.4 测定步骤

称取约含代森联样品 0.2 g(精确至 0.000 1 g)的试样置于圆底烧瓶中,第一吸收管加 50 mL 乙酸铅溶液,第二吸收管加 50 mL 氢氧化钾-甲醇溶液。连接代森联测定装置,并检查装置的密封性。打开冷却水,开启抽气源,控制抽气速度(抽气速度控制在加酸管无返液现象,每秒 2 个~6 个气泡),使气泡均匀稳

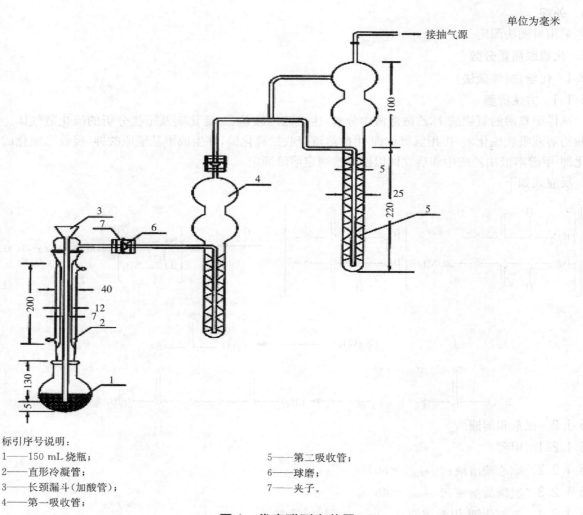

单位为毫米

标引序号说明:

1——150 mL 烧瓶;
2——直形冷凝管;
3——长颈漏斗(加酸管);
4——第一吸收管;
5——第二吸收管;
6——球磨;
7——夹子。

图 1　代森联测定装置

定地通过吸收管。

通过长颈漏斗向圆底烧瓶加 50 mL 氢碘酸-冰乙酸溶液,摇匀。同时立即加热烧瓶,小心控制防止反应液冲出,保持微沸 50 min。停止加热,拆开装置,取下第二吸收管,将内容物用 200 mL 水分 3 次洗入 500 mL 锥形瓶中。以酚酞指示液检查吸收管,洗至管内无内残物,用 36% 冰乙酸中和至酚酞退色,再过量 3 滴~4 滴,立即用碘标准滴定溶液滴定。同时不断摇动,近终点时加 3 mL 淀粉指示液,继续滴定至溶液呈浅灰紫色。同时作空白试验。

5.5.1.5　计算

试样中代森联的质量分数按公式(1)计算。

$$w_1 = \frac{c \times (V_1 - V_0) \times M_1}{m \times 1000 \times 8} \times 100 \quad\cdots\cdots\cdots\cdots\cdots\cdots\cdots\cdots\cdots\cdots (1)$$

式中:

w_1　——代森联质量分数的数值,单位为百分号(%);

c　——碘标准滴定溶液实际浓度的数值,单位为摩尔每升(mol/L);

V_1　——滴定试样溶液消耗碘标准滴定溶液体积的数值,单位为毫升(mL);

V_0　——滴定空白溶液消耗碘标准滴定溶液体积的数值,单位为毫升(mL);

M_1　——代森联摩尔质量的数值,单位为克每摩尔(g/mol),$M_1 = 1\,088.7$ g/mol;

m　——试样质量的数值,单位为克(g);

1 000　——单位换算系数;

8　——换算系数。

5.5.1.6 允许差

代森联质量分数 2 次平行测定结果之差应不大于 1.0%,取其算术平均值作为测定结果。

5.5.2 高效液相色谱法

5.5.2.1 方法提要

代森联中的锌离子与螯合剂乙二胺四乙酸二钠(EDTA-Na$_2$)在碱性条件下形成络合物和水溶性的乙撑双硫代氨基甲酸负离子(简称代森联衍生物)。以甲醇和缓冲液为流动相,使用 C$_{18}$ 为填料的不锈钢柱和紫外检测器,在波长 282 nm 下对试样中代森联衍生物进行液相色谱分离,外标法定量。

代森联衍生化过程反应方程式如下:

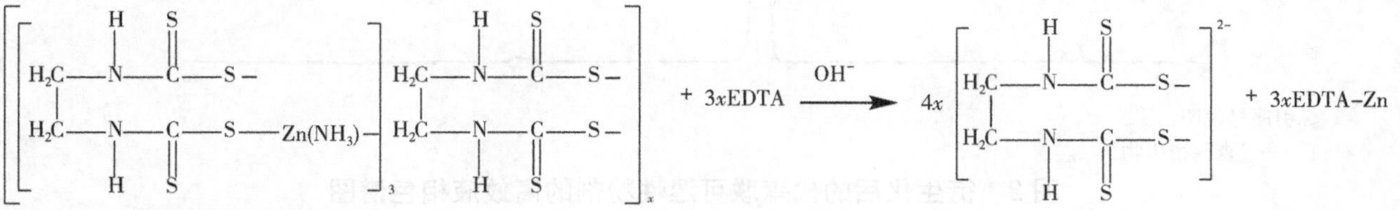

5.5.2.2 试剂和溶液

5.5.2.2.1 甲醇:色谱纯。

5.5.2.2.2 四丁基硫酸氢铵。

5.5.2.2.3 乙二胺四乙酸二钠。

5.5.2.2.4 磷酸氢二钠。

5.5.2.2.5 亚硫酸钠。

5.5.2.2.6 氢氧化钠。

5.5.2.2.7 氢氧化钠溶液:$\rho_{(NaOH)}=50$ g/L。

5.5.2.2.8 代森联标样:已知代森联质量分数,$w \geqslant 90.0\%$。

5.5.2.2.9 缓冲溶液 A:分别称取 3.40 g 四丁基硫酸氢铵、3.72 g 乙二胺四乙酸二钠、1.42 g 磷酸氢二钠溶于 1 000 mL 水中,用氢氧化钠溶液调 pH=10,超声混匀后用滤膜过滤后,备用。

5.5.2.2.10 缓冲溶液 B:分别称取 7.44 g 乙二胺四乙酸二钠、1.42 g 磷酸氢二钠溶于 1 000 mL 水中,用氢氧化钠溶液调 pH=12.5,再加入 3 g 亚硫酸钠,溶解并混合均匀后放置冰箱中(至少 50 min),备用。

5.5.2.3 仪器

5.5.2.3.1 高效液相色谱仪:具有可变波长紫外检测器。

5.5.2.3.2 色谱柱:150 mm×4.6 mm(内径)不锈钢柱,内装 C$_{18}$、5 μm 填充物(或具同等效果的色谱柱)。

5.5.2.3.3 过滤器:滤膜孔径约 0.45 μm。

5.5.2.3.4 超声波清洗器。

5.5.2.4 高效液相色谱操作条件

5.5.2.4.1 流动相:$\psi_{(甲醇:缓冲溶液A)}=30:70$。

5.5.2.4.2 流速:1.0 mL/min。

5.5.2.4.3 柱温:室温(温度变化应不大于 2 ℃)。

5.5.2.4.4 进样体积:5 μL。

5.5.2.4.5 检测波长:282 nm。

5.5.2.4.6 保留时间:代森联衍生物约 7.0 min。

5.5.2.4.7 上述液相色谱操作条件,系典型操作参数。可根据不同仪器特点,对给定的操作参数作适当调整,以期获得最佳效果。典型的衍生化后的代森联可湿性粉剂的高效液相色谱图见图 2。

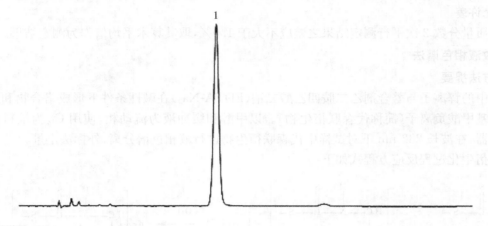

标引序号说明:
1——代森联衍生物。

图2 衍生化后的代森联可湿性粉剂的高效液相色谱图

5.5.2.5 测定步骤

5.5.2.5.1 标样溶液的制备

称取含 0.04 g(精确至 0.000 1 g)代森联的标样,置于 100 mL 容量瓶中,振摇下加入 80 mL 缓冲溶液 B,在超声波中超声 10 min(超声波水浴中加冰块,使超声温度不高于 20 ℃),用缓冲溶液 B 稀释至刻度,摇匀。用移液管移取 5 mL 上述溶液于 50 mL 容量瓶中,用缓冲溶液 B 稀释至刻度,摇匀,用滤膜过滤备用。

5.5.2.5.2 试样溶液的制备

称取含 0.04g(精确至 0.000 1 g)代森联的试样,置于 100 mL 容量瓶中,振摇下加入 80 mL 缓冲溶液 B,在超声波中超声 10 min(超声波水浴中加冰块,使超声温度不高于 20 ℃),用缓冲溶液 B 稀释至刻度,摇匀。用移液管移取 5 mL 上述溶液于 50 mL 容量瓶中,用缓冲溶液 B 稀释至刻度,摇匀,用滤膜过滤备用。

5.5.2.5.3 测定

在上述色谱操作条件下,待仪器稳定后,连续注入数针标样溶液,直至相邻两针代森联衍生物的峰面积相对变化小于 1.5% 后,按照标样溶液、试样溶液、试样溶液、标样溶液的顺序进行分析测定。

5.5.2.6 计算

将测得的两针试样溶液以及试样前后两针标样溶液中代森联衍生物的峰面积分别进行平均,试样中代森联的质量分数按公式(2)计算。

$$w_1 = \frac{A_2 \times m_1 \times w_{b1}}{A_1 \times m_2} \quad\quad\quad\quad\quad\quad\quad\quad (2)$$

式中:

w_1——代森联质量分数的数值,单位为百分号(%);

A_2——试样溶液中代森联衍生物峰面积的平均值;

m_1——标样质量的数值,单位为克(g);

w_{b1}——标样中代森联质量分数的数值,单位为百分号(%);

A_1——标样溶液中代森联衍生物峰面积的平均值;

m_2——试样质量的数值,单位为克(g)。

5.5.2.7 允许差

代森联质量分数 2 次平行测定结果之差应不大于 1.0%,取其算术平均值作为测定结果。

5.6 锌质量分数

5.6.1 方法提要

试样经乙二胺四乙酸二钠溶液溶解,导入原子吸收光谱仪中,火焰原子化后,测定锌特征吸收光谱下的吸光度,用锌标准溶液测定的工作曲线定量。锌质量分数的测定也可采用化学法,具体分析方法见附录 B 中的 B.1。

5.6.2 试剂和溶液

5.6.2.1 乙二胺四乙酸二钠。

5.6.2.2 乙二胺四乙酸二钠溶液:称取 7.44 g 乙二胺四乙酸二钠,溶于 1 000 mL 水中。

5.6.2.3 锌标准溶液:质量浓度 $\rho_{(Zn)}=1\,000\ \mu g/mL$,冷藏保存。

5.6.3 仪器

5.6.3.1 原子吸收光谱仪。

5.6.3.2 锌空心阴极灯。

5.6.4 试样溶液的制备

称取 0.06 g(精确至 0.000 1g)试样于 100 mL 容量瓶中,加入 80 mL 乙二胺四乙酸二钠溶液超声波振荡 5 min,用乙二胺四乙酸二钠溶液定容至刻度,摇匀。用移液管移取上述溶液 0.5 mL 于 50 mL 容量瓶中,用乙二胺四乙酸二钠溶液定容至刻度,摇匀。

同时按上述方法制备不加代森联可湿性粉剂试样的空白溶液作为参比溶液。

5.6.5 标准曲线的绘制

5.6.5.1 标准储备溶液的制备

锌标准储备溶液:$\rho_{(Zn)}=10\ \mu g/mL$。吸取 0.5 mL 的锌标准溶液于 50 mL 容量瓶中,用水稀释至刻度,摇匀。

5.6.5.2 锌标准工作溶液的配制

分别移取 0 mL、0.5 mL、0.8 mL、1.5 mL、3.0 mL、5.0 mL 的锌标准储备溶液于 6 个 50 mL 容量瓶中,分别用水稀释至刻度,摇匀,相应的锌标准工作溶液的质量浓度分别为 0 μg/mL、0.10 μg/mL、0.16 μg/mL、0.30 μg/mL、0.60 μg/mL、1.00 μg/mL。

5.6.5.3 标准曲线的测定

待仪器稳定并调节零点后,以不加锌的标准溶液为参比溶液,于波长 213.9 nm 下测定锌各标准工作溶液的吸光度。以质量浓度为横坐标、相应的吸光度为纵坐标,绘制标准曲线。

5.6.6 测定

在与标准曲线测定相同的条件下,测定试样溶液的吸光度,在标准曲线上查出相应的浓度。

5.6.7 计算

在标准曲线上查出锌的浓度,试样中锌的质量分数按公式(3)计算。

$$w_2 = \frac{V_2 \times \rho_1 \times n}{m_1 \times 10^6} \times 100 \quad\cdots\cdots\cdots\cdots\cdots\cdots\cdots\cdots（3）$$

式中:

w_2 ——试样中锌质量分数的数值,单位为百分号(%);

V_2 ——试样定容体积的数值,单位为毫升(mL),$V_2=100$ mL;

ρ_1 ——标准曲线上查出锌质量浓度的数值,单位为微克每毫升(μg/mL);

n ——样品的稀释倍数,$n=100$;

m_1 ——试样质量的数值,单位为克(g);

10^6 ——单位换算系数。

5.6.8 允许差

锌质量分数 2 次平行测定结果之相对差应不大于 5%,取其算术平均值作为测定结果。

5.7 砷质量分数

5.7.1 方法提要

试样用酸消解后制备成水溶液,用原子荧光光谱仪测定该溶液中砷元素的含量,其定量限为

0.01 μg/g。砷质量分数测定也可采用化学法,具体操作见 B.2。

5.7.2 试剂和溶液

5.7.2.1 硝酸溶液:$c_{(HNO_3)}$＝0.2 mol/L。

5.7.2.2 高氯酸。

5.7.2.3 盐酸:$w_{(HCl)}$＝36.0%～38.0%。

5.7.2.4 混酸:$\psi_{(HClO_4 : HNO_3)}$＝1:3。

5.7.2.5 盐酸溶液:$\psi_{(HCl : H_2O)}$＝1:9。

5.7.2.6 双氧水。

5.7.2.7 抗坏血酸。

5.7.2.8 硫脲。

5.7.2.9 抗坏血酸-硫脲混合溶液:称取 10 g 抗坏血酸和 10 g 硫脲用 100 mL 水溶解。

5.7.2.10 砷标准溶液:$\rho_{(As)}$＝1.0 mg/mL。密封冷藏。

5.7.2.11 硼氢化钾。

5.7.2.12 氢氧化钠。

5.7.2.13 高纯氩气。

5.7.3 仪器

5.7.3.1 原子荧光光谱仪。

5.7.3.2 砷空心阴极灯。

5.7.3.3 电热板。

5.7.4 原子荧光光谱操作条件

5.7.4.1 光电倍增管负高压:260 V。

5.7.4.2 灯电流:80 mA。

5.7.4.3 载气流量:600 mL/min。

5.7.4.4 辅气流量:800 mL/min。

5.7.4.5 泵转速:100 r/min。

5.7.4.6 积分时间:5 s。

5.7.5 测定步骤

5.7.5.1 标样溶液的制备

5.7.5.1.1 砷标准储备液的配制

用移液管吸取砷标准溶液 1 mL 于 1 000 mL 容量瓶中,用硝酸溶液定容。配成 1 mg/L 的标准储备液。冰箱冷藏保存,有效期一个月。

5.7.5.1.2 砷标准工作溶液的配制

在 0 μg/L～10 μg/L 的浓度范围内配制 6 档不同浓度的标准溶液。

分别吸取一定量的 1 mg/L 的砷标准储备液 0 mL、0.1 mL、0.2 mL、0.3 mL、0.4 mL、0.5 mL 于 6 个 50 mL 容量瓶中,加入盐酸溶液 25 mL,再加入抗坏血酸-硫脲混合液 5 mL,用水定容至 50 mL。室温放置 2 h 以上。相应的砷标准工作溶液的质量浓度分别为 0 μg/L、2.0 μg/L、4.0 μg/L、6.0 μg/L、8.0 μg/L、10.0 μg/L。

5.7.5.2 试样溶液的制备

5.7.5.2.1 试样溶液的消解

称取试样 0.5 g(精确至 0.000 1 g),置于 150 mL 锥形瓶中,加入 10 mL 硝酸,将锥形瓶放在电热板上缓慢加热,直至黄烟基本消失;稍冷后加入 10 mL 混酸,在加热器上大火加热,至试样完全消解而得到透明的溶液(有时需酌情补加混酸);稍冷后加入 10 mL 水,加热至沸且冒白烟,再保持数分钟以驱除残余的混酸,冷却至室温。

5.7.5.2.2 试样溶液的配制

把制得的消解溶液全部转移到50 mL容量瓶中(若溶液出现浑浊、沉淀或机械性杂质,则务必过滤),用水定容到50 mL。

当试样中砷的质量分数小于2.5 $\mu g/g$时,取定容后的消解液20 mL,置于50 mL容量瓶中,加入抗坏血酸-硫脲混合液5 mL,然后用盐酸溶液定容到50 mL,室温放置2 h以上。

当试样中砷的质量分数在2.5 $\mu g/g$~10 $\mu g/g$,取定容后的消解液5 mL,置于50 mL容量瓶中,加入抗坏血酸-硫脲混合液5 mL,再加入盐酸溶液25 mL,并用水定容到50 mL,室温放置2 h以上。

当试样中砷的质量分数大于10 $\mu g/g$时,取定容后的消解液0.5 mL,置于50 mL容量瓶中,加入抗坏血酸-硫脲混合液5 mL,再加入盐酸溶液25 mL,并用水定容到50 mL,室温放置2 h以上。

同时按相同方法制备不加试样的空白溶液。

5.7.6 测定

待原子荧光光谱仪稳定后,依次测定各标准溶液的荧光强度,并绘制出标准曲线。然后测定空白溶液和试样溶液的荧光强度。

5.7.7 计算

试样中砷的质量分数按公式(4)计算。

$$w_3 = \frac{(\rho_2 - \rho_0) \times V_5}{m_2 \times 1000} \times \frac{V_4}{V_3} \quad\cdots\cdots\cdots\cdots\cdots\cdots\cdots\cdots\cdots\cdots\cdots\cdots\cdots\quad (4)$$

式中:

w_3 ——试样中砷质量分数的数值,单位为微克每克($\mu g/g$);

ρ_2 ——试样溶液的荧光强度在标准曲线上所对应的砷质量浓度的数值,单位为微克每升($\mu g/L$);

ρ_0 ——空白溶液的荧光强度在标准曲线上所对应的砷质量浓度的数值,单位为微克每升($\mu g/L$);

V_5 ——消解后试样测定溶液体积的数值,单位为毫升(mL),V_5=50 mL;

m_2 ——试样质量的数值,单位为克(g);

V_4 ——消解后试样体积的数值,单位为毫升(mL),V_4=50 mL;

V_3 ——消解后移取试样体积的数值,单位为毫升(mL);

1 000 ——单位换算系数。

5.7.8 允许差

砷质量分数2次平行测定结果之相对差应不大于10%,取其算术平均值作为测定结果。

5.8 乙撑硫脲(ETU)质量分数

5.8.1 方法提要

试样用甲醇溶液溶解,以甲醇+水为流动相,使用C_{18}为填料的不锈钢柱和紫外检测器,在波长233 nm下,对试样中ETU进行反相高效液相色谱分离,外标法定量(方法中ETU质量浓度最低定量限为4×10^{-5} mg/mL,样品中ETU质量分数最低定量限为0.001%)。

5.8.2 试剂和溶液

5.8.2.1 甲醇:色谱纯。

5.8.2.2 甲醇溶液:$\psi_{(甲醇:水)}$=40:60。

5.8.2.3 水:超纯水或新蒸二次蒸馏水。

5.8.2.4 ETU标样:已知质量分数,$w \geqslant 98.0\%$。

5.8.3 仪器

5.8.3.1 高效液相色谱仪:具有可变波长紫外检测器。

5.8.3.2 色谱柱:250 mm×4.6 mm(内径)不锈钢柱,内装C_{18}、5 μm填充物(或具同等效果的色谱柱)。

5.8.3.3 过滤器:滤膜孔径约0.45 μm。

5.8.3.4 超声波清洗器。

5.8.4 高效液相色谱操作条件

5.8.4.1 流动相洗脱条件见表2。

表2 流动相洗脱条件

时间 min	甲醇 %	水 %
0	7	93
4	7	93
7	30	70
10	30	70
11	7	93
18	7	93

5.8.4.2 流速：1.0 mL/min。

5.8.4.3 柱温：室温(温度变化应不大于2℃)。

5.8.4.4 检测波长：233 nm。

5.8.4.5 进样体积：5 μL。

5.8.4.6 保留时间：ETU约3.0 min。

5.8.4.7 上述操作参数是典型的,可根据不同仪器特点,对给定的操作参数作适当调整,以期获得最佳效果。典型的代森联可湿性粉剂的高效液相色谱图(测定ETU)见图3。

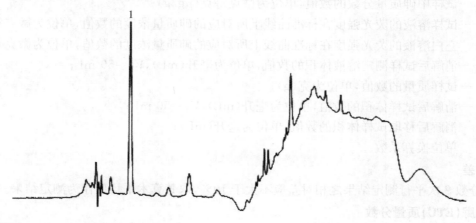

标引序号说明：
1——ETU。

图3 代森联可湿性粉剂的高效液相色谱图(测定ETU)

5.8.5 测定步骤

5.8.5.1 标样溶液的制备

称取0.01 g(精确至0.000 1 g)ETU标样于50 mL容量瓶中,加入40 mL甲醇溶液超声波振荡3 min,冷却至室温,用甲醇溶液稀释至刻度,摇匀。用移液管移取上述溶液1 mL于25 mL容量瓶中,用甲醇溶液稀释至刻度,摇匀。

5.8.5.2 试样溶液的制备

称取0.2 g(精确至0.000 1 g)代森联试样于50 mL容量瓶中,加入40 mL甲醇溶液超声波振荡3 min,冷却至室温,用甲醇溶液稀释至刻度,摇匀。

5.8.5.3 测定

在上述操作条件下,待仪器稳定后,连续注入数针标样溶液,直至相邻两针ETU峰面积相对变化小于10%后,按照标样溶液、试样溶液、试样溶液、标样溶液的顺序进行测定。

5.8.6 计算

将测得的两针试样溶液以及试样前后两针标样溶液中 ETU 峰面积分别进行平均,试样中 ETU 的质量分数按公式(5)计算。

$$w_4 = \frac{A_4 \times m_5 \times w_{b2}}{A_3 \times m_6 \times n_1} \quad\text{……………………}(5)$$

式中:

w_4——ETU 质量分数的数值,单位为百分号(%);

A_4——试样溶液中 ETU 峰面积的平均值;

m_5——ETU 标样质量的数值,单位为克(g);

w_{b2}——ETU 标样质量分数的数值,单位为百分号(%);

A_3——标样溶液中 ETU 峰面积的平均值;

m_6——试样质量的数值,单位为克(g);

n_1——标样的稀释倍数,$n_1 = 25$。

5.8.7 允许差

ETU 质量分数 2 次平行测定结果之相对差应不大于 15%,取其算术平均值作为测定结果。

5.9 水分

5.9.1 共沸蒸馏法(仲裁法)

按 GB/T 1600—2021 中 4.3 的规定执行。

5.9.2 卤素水分测定仪法

5.9.2.1 仪器

5.9.2.1.1 卤素水分测定仪。

5.9.2.1.2 铝箔盘。

5.9.2.1.3 镊子。

5.9.2.2 操作条件

5.9.2.2.1 温度:$(105 \pm 0.5)℃$。

5.9.2.2.2 加热时间:15 min。

5.9.2.3 测定步骤

接通仪器电源,设置操作条件、开始自我校正。校正完毕后放入干燥恒重的铝箔盘,待仪器天平读数稳定后,按回零键。

将 5 g(精确至 0.000 1 g)试样均匀铺平于铝箔盘中,厚度在 1 mm 左右。打开加热键,仪器开始运行,运行结束后仪器所显示的数值,即为试样中水分。

5.9.2.4 允许差

2 次平行测定结果之相对差应不大于 20%,取其算术平均值作为测定结果。

5.10 pH

按 GB/T 1601 的规定执行。

5.11 湿筛试验

按 GB/T 16150—1995 中 2.2 的规定执行。

5.12 悬浮率

5.12.1 化学法

按 GB/T 14825—2006 中 4.1 进行。称取含 0.5 g(精确至 0.000 1 g)代森联的试样。将剩余的 1/10 悬浮液转移至事先垫有定量滤纸的 G_2 漏斗中过滤,并用少许水冲洗后,将滤饼连同滤纸一起放入圆底烧瓶中,按照 5.5.1 的方法测定代森联质量,按公式(6)计算其悬浮率。

$$w_5 = \frac{m_7 \times w_1 - c \times (V_5 - V_4) \times M_1 \div 80}{m_7 \times w_1} \times 111.1 \quad\text{…………………}(6)$$

式中：

w_5 ——悬浮率的数值，单位为百分号(%)；

m_7 ——试样质量的数值，单位为克(g)；

w_1 ——试样中代森联质量分数的数值，单位为百分号(%)；

c ——碘标准滴定溶液实际浓度的数值，单位为摩尔每升(mol/L)；

V_5 ——滴定试样溶液消耗碘标准滴定溶液体积的数值，单位为毫升(mL)；

V_4 ——滴定空白溶液消耗碘标准滴定溶液体积的数值，单位为毫升(mL)；

M_1 ——代森联摩尔质量的数值，单位为克每摩尔(g/mol)，$M_1=1\,088.6$ g/mol；

80 ——换算系数；

111.1 ——测定体积与总体积的换算系数。

5.12.2 高效液相色谱法

按 GB/T 14825—2006 中 4.1 进行。称取含 0.5 g(精确至 0.000 1 g)代森联的试样。用 60 mL 缓冲溶液 B 将量筒内剩余的 25 mL 悬浮液及沉淀物全部转移至 100 mL 容量瓶中，用缓冲溶液 B 定容至刻度，在超声波(冰水浴)下振荡 10 min，摇匀，过滤。按 5.5.2 的方法测定代森联质量，按公式(7)计算其悬浮率。

$$w_5=\frac{m_7\times w_1-(A_6\times m_8\times w_{bl})\div A_5}{m_7\times w_1}\times 111.1 \quad\cdots\cdots\cdots\cdots\cdots\cdots\cdots\cdots\cdots (7)$$

式中：

w_5 ——悬浮率的数值，单位为百分号(%)；

m_7 ——试样质量的数值，单位为克(g)；

w_1 ——试样中代森联质量分数的数值，单位为百分号(%)；

A_6 ——试样溶液中代森联衍生物峰面积的平均值；

m_8 ——代森联标样质量的数值，单位为克(g)；

w_{bl} ——标样中代森联质量分数的数值，单位为百分号(%)；

A_5 ——标样溶液中代森联衍生物峰面积的平均值；

111.1 ——测定体积与总体积的换算系数。

5.13 润湿时间

按 GB/T 5451 的规定执行。

5.14 持久起泡性

按 GB/T 28137 的规定执行。

5.15 热储稳定性试验

按 GB/T 19136—2021 中 4.4.1 的规定执行。热储时，样品应密封储存，热储前后质量变化率应不大于 1.0%。

6 检验规则

6.1 出厂检验

每批产品均应做出厂检验，经检验合格签发合格证后，方可出厂。出厂检验项目为第 4 章技术要求中外观、代森联质量分数、水分、pH、湿筛试验、悬浮率、润湿时间、持久起泡性。

6.2 型式检验

型式检验项目为第 4 章中的全部项目，在正常连续生产情况下，每 3 个月至少进行 1 次。有下述情况之一，应进行型式检验：

a) 原料有较大改变，可能影响产品质量时；

b) 生产地址、生产设备或生产工艺有较大改变，可能影响产品质量时；

c) 停产后又恢复生产时；

d) 国家质量监管机构提出型式检验要求时。

6.3 判定规则

按 GB/T 8170—2008 中 4.3.3 判定检验结果是否符合本文件的要求。

按第 5 章的检验方法对产品进行出厂检验和型式检验,任一项目不符合第 4 章的技术要求判为该批次产品不合格。

7 验收和质量保证期

7.1 验收

应符合 GB/T 1604 的规定。

7.2 质量保证期

在 8.2 的储运条件下,代森联可湿性粉剂的质量保证期从生产日期算起为 2 年。质量保证期内,各项指标均应符合本文件的要求。

8 标志、标签、包装、储运

8.1 标志、标签、包装

代森联可湿性粉剂的标志、标签、包装应符合 GB 3796 的规定;代森联可湿性粉剂的包装应采用清洁、干燥的复合膜袋或铝箔袋包装。也可根据用户要求或订货协议采用其他形式的包装,但需符合GB 3796的规定。

8.2 储运

代森联可湿性粉剂包装件应储存在通风、干燥的库房中;储运时,严防潮湿和日晒;不得与食物、种子、饲料混放;应避免与皮肤、眼睛接触,防止由口鼻吸入。

附 录 A
（资料性）
代森联和乙撑硫脲的其他名称、结构式和基本物化参数

A.1 代森联

代森联的其他名称、结构式和基本物化参数如下：
- ——ISO 通用名称：Metriam。
- ——CAS 登录号：9006-42-2。
- ——化学名称：乙撑双二硫代氨基甲酸锌氨合物与 1,2-亚乙基秋兰姆二硫化物的聚合物。
- ——结构式：

- ——分子式：$(C_{16}H_{33}N_{11}S_{16}Zn_3)_x$。
- ——相对分子质量：$(1\ 088.7)_x$。
- ——生物活性：杀菌。
- ——沸点：低于沸点时分解。
- ——蒸汽压（20 ℃）：小于 1×10^{-2} mPa。
- ——溶解性：难溶于水，不溶于大多数有机溶剂，但能溶于吡啶中。
- ——稳定性：在紫外线下、强酸、强碱条件下不稳定。热稳定性差。

A.2 乙撑硫脲

乙撑硫脲的其他名称、结构式和基本物化参数如下：
- ——ISO 通用名称：Ethylenethiourea；
- ——乙撑硫脲的其他名称：ETU；
- ——CAS 登录号：96-45-7；
- ——化学名称：四氢咪唑-2-硫酮；
- ——结构式：

- ——分子式：$C_3H_6SN_2$；
- ——相对分子质量：102.2；
- ——熔点（℃）：197.8～199.2；
- ——溶解度：易溶于水（20 ℃，19 g/L），溶于乙醇、甲醇、乙二醇和吡啶等极性溶剂，不溶于丙酮、醚、苯、氯仿、石油醚等。

附　录　B
（资料性）
化学法测定代森联中锌、砷的质量分数

B.1　化学法测定锌质量分数

B.1.1　方法提要

试样以浓硝酸分解后，用氢氧化钠溶液中和，在乙酸-乙酸钠缓冲溶液中加8-羟基喹啉进行沉淀，用玻璃砂芯漏斗过滤后恒重。

反应式如下：

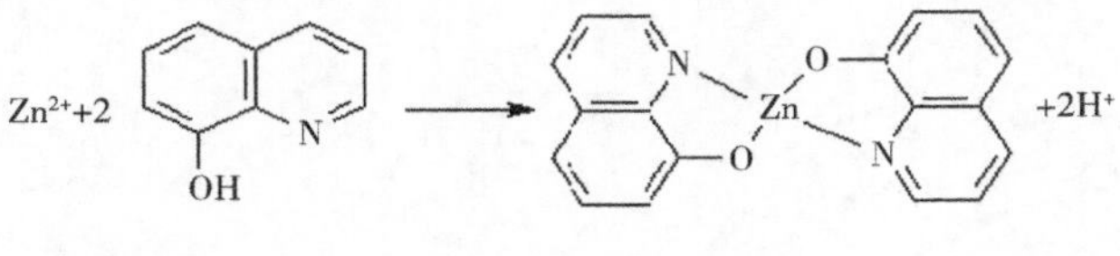

B.1.2　试剂和溶液

B.1.2.1　硝酸。

B.1.2.2　抗坏血酸。

B.1.2.3　氢氧化钠溶液Ⅰ：$\rho_{(NaOH)}=80$ g/L。

B.1.2.4　氢氧化钠溶液Ⅱ：$\rho_{(NaOH)}=400$ g/L。

B.1.2.5　8-羟基喹啉乙醇溶液：$\rho_{(8\text{-}羟基喹啉)}=10$ g/L。

B.1.2.6　乙酸-乙酸钠缓冲溶液：称取136 g乙酸钠（$CH_3COONa \cdot 3H_2O$）溶于适量水，加108 mL冰乙酸，用水稀释至1 000 mL。

B.1.3　仪器

B.1.3.1　玻璃砂芯漏斗：G_2、G_4。

B.1.3.2　恒温水浴。

B.1.3.3　电热板。

B.1.3.4　烘箱。

B.1.4　测定步骤

称取约含0.02 g（精确至0.000 1 g）锌的试样，置于250 mL碘量瓶中，加入20 mL浓硝酸，缓慢加热至无棕色气体产生，防止暴沸，冷却，加50 mL水。将溶液用G_2漏斗过滤至500 mL烧杯中，用150 mL水分5次洗涤，加0.5 g抗坏血酸，溶解后用氢氧化钠溶液Ⅱ中和至pH≈2，再用氢氧化钠溶液Ⅰ中和至pH≈4，加入20 mL乙酸-乙酸钠缓冲溶液，加热至80 ℃，边搅动边加入15 mL 8-羟基喹啉溶液，在80 ℃下保持25 min，并不时搅动，用恒重的G_4漏斗过滤，每次用10 mL热水，搅动沉淀洗涤7次，于110 ℃～115 ℃烘箱烘至恒重。

B.1.5　计算

试样中锌质量分数按公式（B.1）计算。

$$w_6 = \frac{m_{10} \times M_2}{m_9 \times M_3} \times 100 \quad\quad\quad\cdots\cdots\cdots\cdots\cdots\cdots\cdots\cdots\cdots\cdots\cdots\cdots\cdots (B.1)$$

式中：

w_6——锌质量分数的数值，单位为百分号（%）；

m_{10} ——沉淀物质量的数值,单位为克(g);

M_2 ——锌摩尔质量的数值,单位为克每摩尔(g/mol),$M_2=65.38$ g/mol;

m_9 ——试样质量的数值,单位为克(g);

M_3 ——8-羟基喹啉锌摩尔质量的数值,单位为克每摩尔(g/mol),$M_3=353.71$ g/mol。

B.1.6 允许差

锌质量分数 2 次平行测定结果之相对差不大于 5%,取其算术平均值作为测定结果。

B.2 化学法测定砷质量分数

B.2.1 方法提要

在酸性介质中,用锌还原砷,生成砷化氢,导入二乙基二硫代氨基甲酸银[Ag(DDTC)]吡啶溶液中,生成紫红色的可溶性胶态银,在吸收波长 540 nm 处,对其进行吸光度的测量。

生成胶态银的反应式:$AsH_3+6Ag(DDTC)\!=\!=\!=\!6Ag+3H(DDTC)+As(DDTC)_3$

B.2.2 试剂和溶液

B.2.2.1 浓硝酸。

B.2.2.2 抗坏血酸。

B.2.2.3 浓盐酸。

B.2.2.4 盐酸溶液:$\psi_{(盐酸:水)}=75:25$。

B.2.2.5 锌粒:粒径为 0.5 mm~1 mm。

B.2.2.6 二乙基二硫代氨基甲酸银[Ag(DDTC)]吡啶溶液:$\rho_{[Ag(DDTC)]}=5$ g/L(储于密闭棕色玻璃瓶中,避光照射,有效期为 2 周)。

B.2.2.7 碘化钾溶液:$\rho_{(KI)}=150$ g/L。

B.2.2.8 氯化亚锡盐酸溶液:$\rho_{(SnCl_2\cdot2H_2O)}=400$ g/L,按 GB/T 603 配制。

B.2.2.9 氢氧化钠溶液:$\rho_{(NaOH)}=50$ g/L。

B.2.2.10 乙酸铅溶液:$\rho_{(乙酸铅)}=200$ g/L。

B.2.2.11 三氧化二砷:烘至恒重保存于硫酸干燥器中。

B.2.2.12 砷标准溶液 A:准确称取 0.132 0 g 三氧化二砷(优级纯),置于 100 mL 烧杯中,用 2 mL 氢氧化钠溶液溶解,转移至 1 000 mL 容量瓶中,用水稀释至刻度,摇匀[此溶液 $\rho_{(As)}=100$ μg/mL]。

B.2.2.13 砷标准溶液 B:吸取 25.0 mL A 溶液,置于 1 000 mL 容量瓶中,用水稀释至刻度,摇匀[此溶液 $\rho_{(As)}=2.50$ μg/mL]。此溶液使用时现配。

B.2.2.14 乙酸铅脱脂棉:脱脂棉于乙酸铅溶液中浸透,取出在室温下晾干,保存在密闭容器中。

B.2.3 仪器

B.2.3.1 测定砷的所有玻璃仪器,必须用浓硫酸-重铬酸钾洗液洗涤,再以水清洗干净,干燥备用。

B.2.3.2 分光光度计:具有 540 nm 波长。

B.2.3.3 定砷仪:15 球定砷仪装置(如图 B.1 所示),或其他经试验证明,在规定的检验条件下,能给出相同结果的定砷仪。

B.2.4 测定步骤

B.2.4.1 试液的制备

称取 5 g(精确至 0.000 1 g)试样置于 250 mL 烧杯中,加入 30 mL 盐酸和 10 mL 硝酸,盖上表面皿,在电热板上煮沸 30 min 后,移开表面皿继续加热,使酸溶液蒸发至干,以赶尽硝酸。冷却后,加入 50 mL 盐酸溶液,加热溶解,用水完全洗入 200 mL 容量瓶中,冷却后用水稀释至刻度,摇匀。

B.2.4.2 工作曲线的绘制

B.2.4.2.1 标准显色溶液的制备

单位为毫米

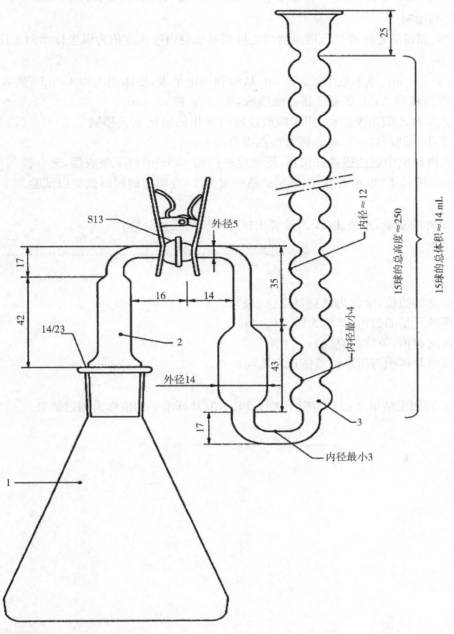

标引序号说明：
1——100 mL 锥形瓶，用于发生砷化氢；
2——连接管，用于捕集硫化氢；
3——15 球吸收器，吸收砷化氢。

图 B.1　15 球定砷仪

分别吸取砷标准储备液 B 0 mL、1.0 mL、2.0 mL、4.0 mL、6.0 mL、8.0 mL 于 6 个 100 mL 锥形瓶中，相应砷的质量分别为 0 μg、2.5 μg、5.0 μg、10.0 μg、15.0 μg、20.0 μg，于各锥形瓶中加 10 mL 盐酸和一定量水，使体积约为 40 mL，然后再加 2 mL 碘化钾溶液和 2 mL 氯化亚锡盐酸溶液，摇匀，放置 15 min。

在连接管末端装入少量乙酸铅脱脂棉，用于吸收反应时逸出的硫化氢。移取 5.0 mL 二乙基二硫代氨基甲酸银吡啶溶液于 15 球吸收器中，将连接管接在吸收器上。

称量 5 g 锌粒加入锥形瓶中迅速连接好仪器，使反应进行约 45 min，拆下吸收器，充分摇匀生成的紫红色胶态银。

147

B.2.4.2.2 标准显色溶液的测定

在 540 nm 波长下,以水为参比,测定各标准显色溶液的吸光度,在测定的同时做空白试验。

B.2.4.2.3 工作曲线的绘制

以砷质量为横坐标、测得的各标准显色溶液的吸光度值减去空白吸光度值为纵坐标绘制工作曲线。

B.2.4.2.4 测定

吸取 25 mL 试液于 100 mL 锥形瓶中,加 10 mL 盐酸和一定量水,使体积约为 40 mL,然后加入 1 g 抗坏血酸、2 mL 碘化钾溶液和 2 mL 氯化亚锡盐酸溶液,摇匀,放置 15 min。

在连接管末端装入少量乙酸铅脱脂棉,用于吸收反应时逸出的硫化氢。移取 5.0 mL 二乙基二硫代氨基甲酸银吡啶溶液于 15 球吸收器中,将连接管接在吸收器上。

称量 5 g 锌粒加入锥形瓶中迅速连接好仪器,使反应进行约 45 min,拆下吸收器,充分摇匀生成的紫红色胶态银。在 540 nm 波长下,以水为参比,测定试液的吸光度,在测定的同时做空白试验。

B.2.5 计算

在工作曲线上查出砷的质量,按公式(B.2)计算出试样中砷的质量分数。

$$w_7 = \frac{m_{12} \times n_2}{m_{11}} \cdots\cdots\cdots\cdots\cdots\cdots\cdots\cdots\cdots\cdots\cdots\cdots\cdots\cdots\cdots \text{(B.2)}$$

式中:

w_7——砷质量分数的数值,单位为微克每克($\mu g/g$);

m_{12}——测得试样砷质量的数值,单位为微克(μg);

m_{11}——试样质量的数值,单位为克(g);

n_2——测定时试液总体积与所取试液体积之比,$n_2 = 8$。

B.2.6 允许差

砷质量分数 2 次平行测定结果之相对差应不大于 10%,取其算术平均值作为测定结果。

ICS 65.100.30
CCS G 25

中华人民共和国农业行业标准

NY/T 4394—2023

代森锰锌·霜脲氰可湿性粉剂

Mancozeb + Cymoxanil wettable powder

2023-12-22 发布

2024-05-01 实施

中华人民共和国农业农村部 发布

前　言

本文件按照 GB/T 1.1—2020《标准化工作导则　第 1 部分：标准化文件的结构和起草规则》的规定起草。

本文件代替 HG/T 3884—2006《代森锰锌·霜脲氰可湿性粉剂》，与 HG/T 3884—2006 相比，除结构调整和编辑性改动外，主要技术变化如下：

——增加了 36% 规格（见 4.2）；

——增加了锰、锌控制项目和指标（见 4.2）；

——增加了乙撑硫脲控制项目和指标（见 4.2）；

——增加了砷控制项目和指标（见 4.2）；

——更改了湿筛试验指标（见 4.2，HG/T 3884—2006 的 3.2）；

——更改了悬浮率指标（见 4.2，HG/T 3884—2006 的 3.2）；

——更改了润湿时间指标（见 4.2，HG/T 3884—2006 的 3.2）；

——增加了持久起泡性控制项目和指标（见 4.2）；

——更改了水分的测定方法（见 5.10.1）；

——更改了代森锰锌质量分数的测定方法（见 5.5）。

请注意本文件的某些内容可能涉及专利。本文件的发布机构不承担识别专利的责任。

本文件由农业农村部种植业管理司提出。

本文件由全国农药标准化技术委员会（SAC/TC 133）归口。

本文件起草单位：利民化学有限责任公司、柳州市惠农化工有限公司、沈化测试技术（南通）有限公司、江苏省产品质量监督检验研究院、沈阳沈化院测试技术有限公司、沈阳化工研究院有限公司。

本文件主要起草人：顾爱国、孙洪峰、邓明学、吴晓骏、王艳、梁永星、许梅。

本文件及其所代替文件的历次版本发布情况为：

——HG/T 3884—2006。

——本次为首次修订。

代森锰锌·霜脲氰可湿性粉剂

1 范围

本文件规定了代森锰锌·霜脲氰可湿性粉剂的技术要求、试验方法、检验规则、验收和质量保证期以及标志、标签、包装、储运。

本文件适用于代森锰锌·霜脲氰可湿性粉剂产品的质量控制。

注：代森锰锌、霜脲氰和乙撑硫脲的其他名称、结构式和基本物化参数见附录 A。

2 规范性引用文件

下列文件中的内容通过文中的规范性引用而构成本文件必不可少的条款。其中，注日期的引用文件，仅该日期对应的版本适用于本文件；不注日期的引用文件，其最新版本（包括所有的修改单）适用于本文件。

GB/T 601　化学试剂　标准滴定溶液的制备

GB/T 603　化学试剂　试验方法中所用制剂及制品的制备

GB/T 1600—2021　农药水分测定方法

GB/T 1601　农药 pH 值的测定方法

GB/T 1604　商品农药验收规则

GB/T 1605—2001　商品农药采样方法

GB 3796　农药包装通则

GB/T 5451　农药可湿性粉剂润湿性测定方法

GB/T 8170—2008　数值修约规则与极限数值的表示和判定

GB/T 14825—2006　农药悬浮率测定方法

GB/T 16150—1995　农药粉剂、可湿性粉剂细度测定方法

GB/T 19136—2021　农药热储稳定性测定方法

GB/T 28137　农药持久起泡性测定方法

3 术语和定义

本文件没有需要界定的术语和定义。

4 技术要求

4.1 外观

均匀的疏松粉末，不应有团块。

4.2 技术指标

代森锰锌·霜脲氰可湿性粉剂应符合表 1 的要求。

表 1　代森锰锌·霜脲氰可湿性粉剂技术指标

项　目	指　标	
	72%规格	36%规格
代森锰锌质量分数，%	$64.0^{+2.5}_{-2.5}$	$32.0^{+1.6}_{-1.6}$
霜脲氰质量分数，%	$8.0^{+0.8}_{-0.8}$	$4.0^{+0.4}_{-0.4}$
锰质量分数，%	≥12.8	≥6.4
锌质量分数，%	≥1.6	≥0.8
乙撑硫脲(ETU)质量分数，%	≤0.4	≤0.2
砷质量分数，(μg/g)	≤20	

表 1（续）

项 目	指 标	
	72%规格	36%规格
水分,%	≤3.0	
pH	6.0～9.0	
湿筛试验(通过 75 μm 试验筛),%	≥98	
代森锰锌悬浮率,%	≥70	
霜脲氰悬浮率,%	≥90	
润湿时间,s	≤90	
持久起泡性(1 min 后泡沫量),mL	≤60	
热储稳定性	热储后,代森锰锌、霜脲氰质量分数应不低于热储前测得质量分数的 95%,ETU 质量分数、pH、湿筛试验、悬浮率、润湿时间、持久起泡性仍应符合本文件的要求	

5 试验方法

警示：使用本文件的人员应有实验室工作的实践经验。本文件并未指出所有的安全问题。使用者有责任采取适当的安全和健康措施,并保证符合国家有关法规的规定。

5.1 一般规定

本文件所用试剂和水在没有注明其他要求时,均指分析纯试剂和蒸馏水。

5.2 取样

按 GB/T 1605—2001 中 5.3.3 进行。用随机数表法确定取样抽样的包装件;最终取样量应不少于 200 g。

5.3 鉴别试验

5.3.1 高效液相色谱法

本鉴别试验可与代森锰锌、霜脲氰质量分数的测定同时进行。在相同的色谱操作条件下,试样溶液中某色谱峰的保留时间与代森锰锌、霜脲氰标样溶液中代森锰锌衍生物、霜脲氰的色谱峰的保留时间,其相对差应在 1.5% 以内。

5.3.2 双硫腙比色法

5.3.2.1 试剂和仪器

5.3.2.1.1 三氯甲烷。

5.3.2.1.2 冰乙酸。

5.3.2.1.3 双硫腙三氯甲烷溶液:$w_{(双硫腙)} = 1$ g/kg。

5.3.2.1.4 双硫腙冰乙酸溶液:取双硫腙三氯甲烷溶液 2 mL,加入冰乙酸 0.25 mL,用三氯甲烷稀释至 10 mL,摇匀。

5.3.2.1.5 中速定性滤纸。

5.3.2.1.6 毛细管。

5.3.2.2 测定步骤

试验一:称取试样约 0.5 g,加入 2 mL～3 mL 蒸馏水,搅拌,使试样分散均匀。用毛细管将制备好的试样点滴到滤纸上,滴成粉点,放置使其自然晾干。

用毛细管吸取双硫腙冰乙酸溶液,滴至粉点上,粉点中心显现黄色,四周显现粉红色。

试验二:称取试样约 0.5 g,加入 2 mL～3 mL 三氯甲烷,搅拌,使试样分散均匀。用毛细管将制备好的试样点滴到滤纸上,滴成粉点,放置使其自然晾干。

用毛细管吸取双硫腙三氯甲烷溶液,滴至粉点上,粉点中心显现黄色,然后迅速变为亮紫色。

如试验结果同时满足试验一和试验二,便可确认该试样含有代森锰锌。

5.4 外观

采用目测法测定。

5.5 代森锰锌质量分数

5.5.1 方法提要

代森锰锌中的锰离子和锌离子与螯合剂 EDTA 在碱性条件下形成络合物和水溶性的乙撑双硫代氨基甲酸负离子(简称代森锰锌衍生物)。在波长 282 nm 下对试样中代森锰锌衍生物进行高效液相色谱法分离,外标法定量。代森锰锌质量分数的测定也可采用化学法,具体分析方法见附录 B 中的 B.1。

代森锰锌衍生化过程反应方程式如下:

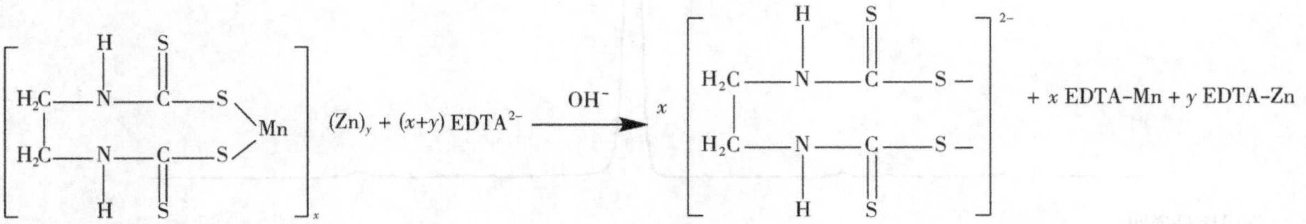

5.5.2 试剂和溶液

5.5.2.1 甲醇:色谱纯。

5.5.2.2 氢氧化钠。

5.5.2.3 亚硫酸钠。

5.5.2.4 磷酸氢二钠。

5.5.2.5 四丁基硫酸氢铵。

5.5.2.6 乙二胺四乙酸二钠。

5.5.2.7 水:新蒸二次蒸馏水或超纯水。

5.5.2.8 氢氧化钠溶液:$\rho_{(NaOH)} = 50$ g/L。

5.5.2.9 代森锰锌标样:已知代森锰锌质量分数,$w \geqslant 85.0\%$。

5.5.2.10 缓冲溶液 A:分别称取 3.40 g 四丁基硫酸氢铵、3.72 g 乙二胺四乙酸二钠、1.42 g 磷酸氢二钠溶于 1 000 mL 水中,用氢氧化钠溶液调 pH=10,超声混匀后用滤膜过滤后,备用。

5.5.2.11 缓冲溶液 B:分别称取 7.44 g 乙二胺四乙酸二钠、1.42 g 磷酸氢二钠溶于 1 000 mL 水中,用氢氧化钠溶液调 pH=11 后再加入 3 g 亚硫酸钠,溶解混合均匀后放置冰箱中(至少 50 min),备用。

5.5.3 仪器

5.5.3.1 高效液相色谱仪:具有可变波长紫外检测器。

5.5.3.2 色谱柱:150 mm×4.6 mm(内径)不锈钢柱,内装 C_{18}、5 μm 填充物(或具同等效果的色谱柱)。

5.5.3.3 过滤器:滤膜孔径约 0.45 μm。

5.5.3.4 超声波清洗器。

5.5.4 高效液相色谱操作条件

5.5.4.1 流动相:$\psi_{(甲醇:缓冲液A)} = 30:70$。

5.5.4.2 流速:1.0 mL/min。

5.5.4.3 柱温:室温(温度变化应不大于 2 ℃)。

5.5.4.4 检测波长:282 nm。

5.5.4.5 进样体积:5 μL。

5.5.4.6 保留时间:代森锰锌衍生物约为 6.2 min。

5.5.4.7 上述操作参数是典型的,可根据不同仪器特点,对给定的操作参数作适当调整,以期获得最佳效果。典型的衍生化后的代森锰锌·霜脲氰可湿性粉剂的高效液相色谱图(测定代森锰锌)见图 1。

5.5.5 测定步骤

5.5.5.1 标样溶液的制备

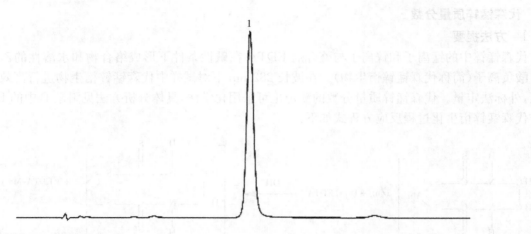

标引序号说明：
1——代森锰锌衍生物。

图1　衍生化后的代森锰锌·霜脲氰可湿性粉剂的高效液相色谱图（测定代森锰锌）

称取 0.04 g（精确至 0.000 1 g）代森锰锌标样于 100 mL 容量瓶中，振摇下加入 80 mL 缓冲溶液 B。在超声波（超声波振荡器中加冰块，使超声温度不高于 20 ℃）中振荡 5 min，用缓冲溶液 B 定容至刻度，摇匀。用移液管移取上述溶液 5 mL 于 50 mL 容量瓶中，用缓冲溶液 B 稀释至刻度，摇匀，用滤膜过滤备用（该溶液在低温下存放，温度应不高于 20 ℃）。

5.5.5.2　试样溶液的制备

称取含 0.035 g（精确至 0.000 1 g）代森锰锌的试样于 100 mL 容量瓶中，振摇下加入 80 mL 缓冲溶液 B。在超声波（超声波振荡器中加冰块，使超声温度不高于 20 ℃）中振荡 5 min，用缓冲溶液 B 定容至刻度，摇匀。用移液管移取上述溶液 5 mL 于 50 mL 容量瓶中，用缓冲溶液 B 稀释至刻度，摇匀，用滤膜过滤备用（该溶液在低温下存放，温度应不高于 20 ℃）。

5.5.5.3　测定

在上述操作条件下，待仪器稳定后，连续注入数针标样溶液，直至相邻两针代森锰锌衍生物峰面积相对变化小于 1.2% 后，按照标样溶液、试样溶液、试样溶液、标样溶液的顺序进行测定。

5.5.6　计算

将测得的两针试样溶液以及试样前后两针标样溶液中代森锰锌衍生物峰面积分别进行平均，试样中代森锰锌的质量分数按公式（1）计算。

$$w_1 = \frac{A_2 \times m_1 \times w_{bl}}{A_1 \times m_2} \quad\cdots\cdots\cdots\cdots\cdots\cdots\cdots\cdots\cdots\cdots\cdots\cdots (1)$$

式中：

w_1 ——代森锰锌质量分数的数值，单位为百分号（%）；

A_2 ——试样溶液中代森锰锌衍生物峰面积的平均值；

m_1 ——标样质量的数值，单位为克（g）；

w_{bl} ——标样中代森锰锌质量分数的数值，单位为百分号（%）；

A_1 ——标样溶液中代森锰锌衍生物峰面积的平均值；

m_2 ——试样质量的数值，单位为克（g）。

5.5.7　允许差

代森锰锌质量分数 2 次平行测定结果之差，72% 代森锰锌·霜脲氰可湿性粉剂应不大于 1.0%，36% 代森锰锌·霜脲氰可湿性粉剂应不大于 0.5%，分别取其算术平均值作为测定结果。

5.6　霜脲氰质量分数

5.6.1　方法提要

试样用流动相溶解，以甲醇＋冰乙酸为流动相，使用 C$_{18}$ 为填料的不锈钢柱和紫外检测器，在波长

240 nm下对试样中的霜脲氰进行高效液相色谱分离,外标法定量。

5.6.2 试剂和溶液

5.6.2.1 甲醇:色谱纯。

5.6.2.2 冰乙酸。

5.6.2.3 水:二次蒸馏水或超纯水。

5.6.2.4 霜脲氰标样:已知霜脲氰质量分数,$w \geqslant 99.0\%$。

5.6.3 仪器

5.6.3.1 高效液相色谱仪:具有可变波长紫外检测器。

5.6.3.2 色谱柱:250 mm×4.6 mm(内径)不锈钢柱,内装 C_{18}、5 μm 填充物(或具同等效果的色谱柱)。

5.6.3.3 过滤器:滤膜孔径约 0.45 μm。

5.6.3.4 超声波清洗器。

5.6.4 高效液相色谱操作条件

5.6.4.1 流动相:$\psi_{(甲醇:水:冰乙酸)}$＝40:60:0.01。

5.6.4.2 流速:1.0 mL/min。

5.6.4.3 柱温:室温(温度变化应不大于 2 ℃)。

5.6.4.4 检测波长:240 nm。

5.6.4.5 进样体积:5 μL。

5.6.4.6 保留时间:霜脲氰约 7.8 min。

5.6.4.7 上述操作参数是典型的,可根据不同仪器特点,对给定的操作参数作适当调整,以期获得最佳效果。典型的代森锰锌·霜脲氰可湿性粉剂高效液相色谱图(测定霜脲氰)见图2。

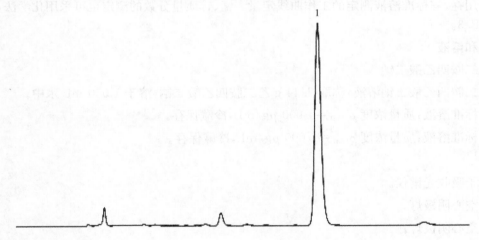

标引序号说明:
1——霜脲氰。

图2 代森锰锌·霜脲氰可湿性粉剂高效液相色谱图(测定霜脲氰)

5.6.5 测定步骤

5.6.5.1 标样溶液的制备

称取 0.1 g(精确至 0.000 1 g)霜脲氰标样,置于 50 mL 棕色容量瓶中,加入 40 mL 甲醇超声振荡5 min,冷却至室温,用甲醇稀释至刻度,摇匀。用移液管准确称取 5 mL 该试液,置于另一 50 mL 棕色容量瓶中,用甲醇定容,摇匀。

5.6.5.2 试样溶液的制备

称取含 0.01 g(精确至 0.000 1 g)霜脲氰的试样,置于 50 mL 容量瓶中,加入 40 mL 甲醇超声振荡5 min,冷却至室温,用甲醇稀释至刻度,摇匀。

5.6.5.3 测定

在上述操作条件下,待仪器稳定后,连续注入数针霜脲氰标样溶液,直至相邻两针霜脲氰色谱峰面积相对变化小于1.2%后,按照标样溶液、试样溶液、试样溶液、标样溶液的顺序进行测定。

5.6.6 计算

将测得的两针试样溶液以及试样前后两针标样溶液中霜脲氰峰面积分别进行平均,试样中霜脲氰的质量分数按公式(2)计算。

$$w_2 = \frac{A_4 \times m_3 \times w_{b2}}{A_3 \times m_4 \times 10} \quad\cdots\cdots\cdots\cdots\cdots\cdots\cdots\cdots\cdots\cdots\cdots\cdots\cdots (2)$$

式中:

w_2 ——霜脲氰质量分数的数值,单位为百分号(%);

A_4 ——试样溶液中霜脲氰峰面积的平均值;

m_3 ——标样质量的数值,单位为克(g);

w_{b2} ——霜脲氰标样中霜脲氰质量分数的数值,单位为百分号(%);

A_3 ——标样溶液中霜脲氰峰面积的平均值;

m_4 ——试样质量的数值,单位为克(g);

10 ——标样的稀释倍数。

5.6.7 允许差

霜脲氰质量分数2次平行测定结果之差应不大于0.3%,取其算术平均值作为测定结果。

5.7 锰、锌质量分数

5.7.1 方法提要

试样经乙二胺四乙酸二钠溶液溶解,导入原子吸收光谱仪中,火焰原子化后,测定锰、锌特征吸收光谱下的吸光度,用锰、锌标准溶液测定的工作曲线定量。锰、锌质量分数的测定也可采用化学法,具体分析方法见B.2和B.3。

5.7.2 试剂和溶液

5.7.2.1 乙二胺四乙酸二钠。

5.7.2.2 乙二胺四乙酸二钠溶液:称取7.44 g乙二胺四乙酸二钠,溶于1 000 mL水中。

5.7.2.3 锰标准溶液:质量浓度$\rho_{(Mn)} = 1\,000\ \mu g/mL$,冷藏保存。

5.7.2.4 锌标准溶液:质量浓度$\rho_{(Zn)} = 1\,000\ \mu g/mL$,冷藏保存。

5.7.3 仪器

5.7.3.1 原子吸收光谱仪。

5.7.3.2 锰空心阴极灯。

5.7.3.3 锌空心阴极灯。

5.7.4 试样溶液的制备

称取含0.045 g(精确至0.000 1 g)代森锰锌的试样于100 mL容量瓶中,加入80 mL乙二胺四乙酸二钠溶液超声波振荡5 min,用乙二胺四乙酸二钠溶液定容至刻度,摇匀。用移液管移取上述溶液0.5 mL于50 mL容量瓶中,用乙二胺四乙酸二钠溶液定容至刻度,摇匀。

同时按上述方法制备不加代森锰锌·霜脲氰可湿性粉剂试样的空白溶液作为参比溶液。

5.7.5 标准曲线的绘制

5.7.5.1 标准储备溶液的制备

锰标准储备溶液:质量浓度$\rho_{(Mn)} = 20\ \mu g/mL$。吸取0.5 mL锰标准溶液于25 mL容量瓶中,用水稀释至刻度,摇匀。

锌标准储备溶液:质量浓度$\rho_{(Zn)} = 10\ \mu g/mL$。吸取0.5 mL锌标准溶液于50 mL容量瓶中,用水稀释至刻度,摇匀。

5.7.5.2 标准溶液的制备

5.7.5.2.1 锰标准工作溶液的制备

分别吸取 0 mL、0.2 mL、0.5 mL、1.0 mL、2.0 mL、3.0 mL 的锰标准储备溶液于 50 mL 容量瓶中，用水稀释至刻度，摇匀，相应的锰标准工作溶液的浓度分别为 0 μg/mL、0.08 μg/mL、0.20 μg/mL、0.40 μg/mL、0.80 μg/mL、1.20 μg/mL。

5.7.5.2.2 锌标准工作溶液的配制

分别吸取 0 mL、0.5 mL、0.8 mL、1.5 mL、3.0 mL、5.0 mL 的锌标准储备溶液于 50 mL 容量瓶中，用水稀释至刻度，摇匀，相应的锌标准工作溶液的浓度分别为 0 μg/mL、0.10 μg/mL、0.16 μg/mL、0.30 μg/mL、0.60 μg/mL、1.00 μg/mL。

5.7.5.3 标准曲线的测定

待仪器稳定并调节零点后，以空白溶液为参比溶液，于波长 279.5 nm(213.9 nm)测定锰(锌)各标准工作溶液的吸光度。

分别以标准工作溶液的质量浓度为横坐标、相应的吸光度为纵坐标，绘制标准曲线。

5.7.6 测定

在与标准曲线测定相同的条件下，测定试样溶液的吸光度，在标准曲线上查出相应的质量浓度。

5.7.7 计算

在标准曲线上查出锰(锌)的质量浓度，锰(锌)的质量分数按公式(3)计算。

$$w_3 = \frac{V_1 \times \rho \times n}{m_5 \times 10^6} \times 100 \quad\cdots\cdots\cdots\cdots\cdots\cdots\cdots\cdots\cdots\cdots\cdots\cdots\cdots \quad (3)$$

式中：

w_3 ——锰(锌)质量分数的数值，单位为百分号(%)；

V_1 ——试样定容体积的数值，单位为毫升(mL)；

ρ ——标准曲线上查出锰(锌)质量浓度的数值，单位为微克每毫升(μg/mL)；

n ——测定时样品的稀释倍数，$n = 100$；

m_5 ——试样质量的数值，单位为克(g)；

10^6 ——单位换算系数。

5.7.8 允许差

锰(锌)质量分数 2 次平行测定结果相对差：锰应不大于 5%、锌应不大于 10%，分别取其算术平均值作为测定结果。

5.8 乙撑硫脲(ETU)质量分数

5.8.1 方法提要

试样用甲醇溶液溶解，以甲醇＋水为流动相，使用 C_{18} 为填料的不锈钢柱和紫外检测器，在波长 233 nm 下对试样中 ETU 进行反相高效液相色谱分离，外标法定量(本方法检出限为 0.000 4%，定量限为 0.001%)。

5.8.2 试剂和溶液

5.8.2.1 甲醇：色谱纯。

5.8.2.2 甲醇溶液：$\psi_{(甲醇：水)} = 40 : 60$。

5.8.2.3 水：超纯水或新蒸二次蒸馏水。

5.8.2.4 ETU 标样：已知质量分数，$w \geqslant 98.0\%$。

5.8.3 仪器

5.8.3.1 高效液相色谱仪：具有可变波长紫外检测器。

5.8.3.2 色谱柱：250 mm×4.6 mm(内径)不锈钢柱，内装 C_{18}、5 μm 填充物(或具同等效果的色谱柱)。

5.8.3.3 过滤器：滤膜孔径约 0.45 μm。

5.8.3.4 超声波清洗器。

5.8.4 高效液相色谱操作条件

5.8.4.1 流动相:$\psi_{(\text{甲醇：水})}=7$：93，流动相洗脱条件见表2。

表2 流动相洗脱条件

时间 min	甲醇 %	水 %
0	7	93
4	7	93
7	30	70
10	30	70
11	7	93
18	7	93

5.8.4.2 流速:1.0 mL/min。

5.8.4.3 柱温:室温(温度变化应不大于2 ℃)。

5.8.4.4 检测波长:233 nm。

5.8.4.5 进样体积:5 μL。

5.8.4.6 保留时间:3.0 min。

5.8.4.7 上述操作参数是典型的,可根据不同仪器特点,对给定的操作参数作适当调整,以期获得最佳效果。典型的代森锰锌·霜脲氰可湿性粉剂的高效液相色谱图(测定ETU)见图3。

标引序号说明:

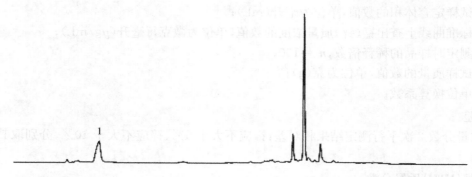

标引序号说明:
1——ETU。

图3 代森锰锌·霜脲氰可湿性粉剂的高效液相色谱图(测定ETU)

5.8.5 测定步骤

5.8.5.1 标样溶液的制备

称取0.01 g(精确至0.000 1 g)ETU标样于50 mL容量瓶中,加入40 mL甲醇溶液超声波振荡3 min,冷却至室温,用甲醇溶液定容至刻度,摇匀。用移液管移取上述溶液1 mL于25 mL容量瓶中,用甲醇溶液稀释至刻度,摇匀。

5.8.5.2 试样溶液的制备

称取0.2 g(精确至0.000 1 g)试样于50 mL容量瓶中,加入40 mL甲醇溶液超声波振荡3 min,冷却至室温,用甲醇溶液定容至刻度,摇匀。

5.8.5.3 测定

在上述操作条件下,待仪器稳定后,连续注入数针标样溶液,直至相邻两针ETU峰面积相对变化小于10%后,按照标样溶液、试样溶液、试样溶液、标样溶液的顺序进行测定。

5.8.6 计算

将测得的两针试样溶液以及试样前后两针标样溶液中 ETU 峰面积分别进行平均,试样中 ETU 的质量分数按公式(4)计算。

$$w_4 = \frac{A_6 \times m_6 \times w_{b3}}{25 \times A_5 \times m_7} \quad\cdots\cdots\cdots\cdots\cdots\cdots\cdots\cdots\cdots\cdots\cdots\cdots\cdots\cdots\cdots (4)$$

式中:

w_4 ——ETU 质量分数的数值,单位为百分号(%);

A_6 ——试样溶液中 ETU 峰面积的平均值;

m_6 ——ETU 标样质量的数值,单位为克(g);

w_{b3} ——ETU 标样质量分数的数值,单位为百分号(%);

A_5 ——标样溶液中 ETU 峰面积的平均值;

m_7 ——试样质量的数值,单位为克(g);

25 ——标样的稀释倍数。

5.8.7 允许差

ETU 质量分数 2 次平行测定结果相对差应不大于 15%,取其算术平均值作为测定结果。

5.9 砷质量分数

5.9.1 方法提要

试样用酸消解后制备成水溶液,用原子荧光光谱仪测定该溶液中砷元素的含量,其定量限为 0.01 μg/g。砷质量分数测定也可采用化学法,具体操作见 B.4。

5.9.2 试剂和溶液

5.9.2.1 硝酸溶液:$c_{(HNO_3)}=0.2$ mol/L。

5.9.2.2 高氯酸。

5.9.2.3 盐酸:$w_{(HCl)}=36.0\%\sim38.0\%$。

5.9.2.4 混酸:$\psi_{(HClO_4:HNO_3)}=1:3$。

5.9.2.5 盐酸溶液:$\psi_{(HCl:H_2O)}=1:9$。

5.9.2.6 双氧水。

5.9.2.7 抗坏血酸。

5.9.2.8 硫脲。

5.9.2.9 抗坏血酸-硫脲混合溶液:10 g 抗坏血酸和 10 g 硫脲用 100 mL 水溶解。

5.9.2.10 砷标准溶液:$\rho_{(As)}=1.0$ mg/mL。密封冷藏。

5.9.2.11 硼氢化钾。

5.9.2.12 氢氧化钠。

5.9.2.13 高纯氩气。

5.9.3 仪器

5.9.3.1 原子荧光光谱仪。

5.9.3.2 砷空心阴极灯。

5.9.3.3 电热板。

5.9.4 原子荧光光谱操作条件

5.9.4.1 光电倍增管负高压:260 V。

5.9.4.2 灯电流:80 mA。

5.9.4.3 载气流量:600 mL/min。

5.9.4.4 辅气流量:800 mL/min。

5.9.4.5 泵转速:100 r/min。

5.9.4.6 积分时间:5 s。

5.9.5 测定步骤

5.9.5.1 标样溶液的制备

5.9.5.1.1 砷标准储备液的配制

用移液管吸取砷标准溶液 1 mL 于 1 000 mL 容量瓶中,用硝酸溶液定容。配成 1 mg/L 的标准储备液。可放冰箱冷藏保存一个月。

5.9.5.1.2 砷标准工作溶液的配制

在 0 μg/L～10 μg/L 的浓度范围内配制 6 档不同浓度的标准溶液。

分别吸取一定量的 1 mg/L 的砷标准储备液 0 mL、0.1 mL、0.2 mL、0.3 mL、0.4 mL、0.5 mL 于 50 mL 容量瓶中,加入盐酸溶液25 mL,再加入抗坏血酸-硫脲混合液 5 mL,用水定容至 50 mL,室温放置 2 h 以上,相应的砷标准工作溶液的质量浓度分别为 0 μg/L、2.0 μg/L、4.0 μg/L、6.0 μg/L、8.0 μg/L、10.0 μg/L。

5.9.5.2 试样溶液的制备

5.9.5.2.1 湿法消解

称取试样 0.5 g(精确至 0.000 1 g),置于 150 mL 锥形瓶中,加入 10 mL 硝酸,将锥形瓶放在电热板上缓慢加热,直至黄烟基本消失;稍冷后加入 10 mL 混酸,在加热器上大火加热,至试样完全消解而得到透明的溶液(有时需酌情补加混酸);稍冷后加入 10 mL 水,加热至沸且冒白烟,再保持数分钟以驱除残余的混酸,然后冷却到室温,待配制试样溶液。

5.9.5.2.2 试样溶液的配制

把制得的消解溶液全部转移到 50 mL 容量瓶中(若溶液出现浑浊、沉淀或机械性杂质,则务必过滤),用水定容到 50 mL。

当试样中砷的质量分数小于 2.5 μg/g 时,取定容后的消解液 20 mL,置于 50 mL 容量瓶中,加入抗坏血酸-硫脲混合液 5 mL,然后用盐酸溶液定容到 50 mL,室温放置 2 h 以上。

当试样中砷的质量分数在 2.5 μg/g～10 μg/g 之间,取定容后的消解液 5 mL,置于 50 mL 容量瓶中,加入抗坏血酸-硫脲混合液 5 mL,再加入盐酸溶液 25 mL,并用水定容到 50 mL,室温放置 2 h 以上。

当试样中砷的质量分数大于 10 μg/g 时,取定容后的消解液 0.5 mL,置于 50 mL 容量瓶中,加入抗坏血酸-硫脲混合液 5 mL,再加入盐酸溶液 25 mL,并用水定容到 50 mL,室温放置 2 h 以上。

同时按相同方法制备不加试样的空白溶液。

5.9.5.3 测定

待原子荧光光谱仪稳定后,依次测定各标准溶液的荧光强度,并绘制出标准曲线。然后测定空白溶液和试样溶液的荧光强度。

5.9.6 计算

试样中砷的质量分数按公式(5)计算。

$$w_5 = \frac{2.5 \times (\rho_1 - \rho_0)}{m_8 \times V_2} \quad \cdots\cdots\cdots\cdots\cdots\cdots\cdots\cdots\cdots\cdots\cdots\cdots\cdots\cdots\cdots\cdots \quad (5)$$

式中:

w_5 ——砷质量分数的数值,单位为微克每克(μg/g);

ρ_1 ——试样溶液的荧光强度在标准曲线上所对应的砷浓度的数值,单位为微克每升(μg/L);

ρ_0 ——空白溶液的荧光强度在标准曲线上所对应的砷浓度的数值,单位为微克每升(μg/L);

m_8 ——试样质量的数值,单位为克(g);

V_2 ——消解后移取试样体积的数值,单位为毫升(mL);

2.5 ——标样溶液的稀释倍数。

5.9.7 允许差

砷质量分数 2 次平行测定结果之相对差应不大于 10%,取其算术平均值作为测定结果。

5.10　水分

5.10.1　共沸蒸馏法(仲裁法)

按 GB/T 1600—2021 中 4.3 的规定执行。

5.10.2　卤素水分测定仪法

5.10.2.1　仪器

5.10.2.1.1　卤素水分测定仪。

5.10.2.1.2　铝箔盘。

5.10.2.1.3　镊子。

5.10.2.2　操作条件

5.10.2.2.1　温度:(105±0.5)℃。

5.10.2.2.2　加热时间:15 min。

5.10.2.3　测定步骤

接通仪器电源,设置操作条件、开始自我校正。校正完毕后放入干燥恒重的铝箔盘,待仪器天平读数稳定后,按回零键。

将 5 g(精确至 0.001 g)试样均匀铺平于铝箔盘中,厚度在 1 mm 左右。打开加热键,仪器开始运行,运行结束后仪器所显示的数值,即为试样中水分。

5.10.2.4　允许差

2 次平行测定结果相对差应不大于 20%,取其算术平均值作为测定结果。

5.11　pH

按 GB/T 1601 的规定执行。

5.12　湿筛试验

按 GB/T 16150—1995 中 2.2 的规定执行。

5.13　悬浮率

5.13.1　代森锰锌悬浮率

5.13.1.1　高效液相色谱法

按 GB/T 14825—2006 中 4.1 的规定执行。称取含 0.5 g(精确至 0.000 1 g)代森锰锌的试样。用 60 mL 缓冲溶液 B 将量筒内剩余的 25 mL 悬浮液及沉淀物全部转移至 100 mL 容量瓶中,用缓冲溶液 B 定容至刻度,在超声波(冰水浴)下振荡 5 min,摇匀,过滤。按 5.5 测定代森锰锌质量,按公式(6)计算其悬浮率。

$$w_6 = \frac{m_9 \times w_1 - (A_8 \times m_{10} \times w_{b1}) \div A_7}{m_9 \times w_1} \times 111.1 \quad\cdots\cdots (6)$$

式中:

w_6　——代森锰锌悬浮率的数值,单位为百分号(%);

m_9　——试样质量的数值,单位为克(g);

w_1　——试样中代森锰锌质量分数的数值,单位为百分号(%);

A_8　——试样溶液中代森锰锌衍生物峰面积的平均值;

m_{10}　——代森锰锌标样质量的数值,单位为克(g);

w_{b1}　——标样中代森锰锌质量分数的数值,单位为百分号(%);

A_7　——标样溶液中代森锰锌衍生物峰面积的平均值;

111.1　——测定体积与总体积的换算系数。

5.13.1.2　化学法

按 GB/T 14825—2006 中 4.1 的规定执行。称取含 0.5 g(精确至 0.000 1 g)代森锰锌的试样。将剩余的 1/10 悬浮液转移至事先垫有定量滤纸的 G_2 漏斗中过滤,并用少许水冲洗后,将滤饼连同滤纸一起放入圆底烧瓶中,参照 B.1 的方法测定代森锰锌质量,按公式(7)计算其悬浮率。

$$w_6 = \frac{m_{11} \times w_1 - c(V_4 - V_3) \times M \div 10}{m_{11} \times w_1} \times 111.1 \quad\cdots\cdots\cdots\cdots\cdots\cdots (7)$$

式中:

w_6 ——代森锰锌悬浮率的数值,单位为百分号(%);

m_{11} ——试样质量的数值,单位为克(g);

w_1 ——试样中代森锰锌质量分数的数值,单位为百分号(%);

V_4 ——滴定试样溶液消耗碘标准滴定溶液体积的数值,单位为毫升(mL);

V_3 ——滴定空白溶液消耗碘标准滴定溶液体积的数值,单位为毫升(mL);

c ——碘标准滴定溶液实际浓度的数值,单位为摩尔每升(mol/L);

M ——代森锰锌$[1/2(C_4H_6N_2S_4Mn)_x(Zn)_y]$摩尔质量的数值,单位为克每摩尔(g/mol),$M$ = 135.5 g/mol;

10 ——换算系数;

111.1 ——测定体积与总体积的换算系数。

5.13.2 霜脲氰悬浮率

按 GB/T 14825—2006 中 4.1 的规定执行。称取 1.0 g(精确至 0.000 1 g)试样。用 60 mL 甲醇将量筒内剩余的 25 mL 悬浮液及沉淀物全部转移至 100 mL 容量瓶中,用甲醇定容至刻度,摇匀,过滤。按照 5.6 的方法测定霜脲氰的质量,按公式(8)计算其悬浮率。

$$w_7 = \frac{m_{12} \times w_2 - (A_{10} \times m_{13} \times w_{b2}) \div A_9}{m_{12} \times w_2} \times 111.1 \quad\cdots\cdots\cdots\cdots (8)$$

式中:

w_7 ——霜脲氰悬浮率的数值,单位为百分号(%);

m_{12} ——试样质量的数值,单位为克(g);

w_2 ——试样中霜脲氰质量分数的数值,单位为百分号(%);

A_{10} ——试样溶液中霜脲氰峰面积的平均值;

m_{13} ——霜脲氰标样质量的数值,单位为克(g);

w_{b2} ——标样中霜脲氰质量分数的数值,单位为百分号(%);

A_9 ——标样溶液中霜脲氰峰面积的平均值;

111.1 ——测定体积与总体积的换算系数。

5.14 润湿时间

按 GB/T 5451 的规定执行。

5.15 持久起泡性

按 GB/T 28137 的规定执行。

5.16 热储稳定性试验

按 GB/T 19136—2021 中 4.4.1 的规定执行。热储时,样品应密封储存,热储前后质量变化率应不大于 1.0%。

6 检验规则

6.1 出厂检验

每批产品均应做出厂检验,经检验合格签发合格证后,方可出厂。出厂检验项目为第 4 章技术要求中外观、代森锰锌质量分数、霜脲氰质量分数、水分、pH、湿筛试验、代森锰锌悬浮率、霜脲氰悬浮率、润湿时间、持久起泡性。

6.2 型式检验

型式检验项目为第 4 章中的全部项目,在正常连续生产情况下,每 3 个月至少进行 1 次。有下述情况

之一,应进行型式检验:

    a)   原料有较大改变,可能影响产品质量时;

    b)   生产地址、生产设备或生产工艺有较大改变,可能影响产品质量时;

    c)   停产后又恢复生产时;

    d)   国家质量监管机构提出型式检验要求时。

6.3　判定规则

按 GB/T 8170—2008 中 4.3.3 判定检验结果是否符合本文件的要求。

按第 5 章的检验方法对产品进行出厂检验和型式检验,任一项目不符合第 4 章的技术要求判为该批次产品不合格。

7　验收和质量保证期

7.1　验收

应符合 GB/T 1604 的规定。

7.2　质量保证期

在 8.2 的储运条件下,代森锰锌·霜脲氰可湿性粉剂的质量保证期从生产日期算起为 2 年。质量保证期内,各项指标均应符合本文件的要求。

8　标志、标签、包装、储运

8.1　标志、标签、包装

代森锰锌·霜脲氰可湿性粉剂的标志、标签、包装应符合 GB 3796 的规定;代森锰锌·霜脲氰可湿性粉剂的包装应采用清洁、干燥的复合膜袋或铝箔袋包装。也可根据用户要求或订货协议采用其他形式的包装,但需符合 GB 3796 的规定。

8.2　储运

代森锰锌·霜脲氰可湿性粉剂包装件应储存在通风、干燥的库房中;储运时,严防潮湿和日晒;不得与食物、种子、饲料混放;应避免与皮肤、眼睛接触,防止由口鼻吸入。

附　录　A
（资料性）
代森锰锌、霜脲氰和乙撑硫脲的其他名称、结构式和基本物化参数

A.1　代森锰锌

代森锰锌的其他名称、结构式和基本物化参数如下：
——ISO 通用名称：Mancozeb；
——CAS 登录号：8018-01-7；
——CIPAC 数字代码：34；
——化学名称：乙撑双二硫代氨基甲酸锰和锌离子的配位化合物；
结构式：

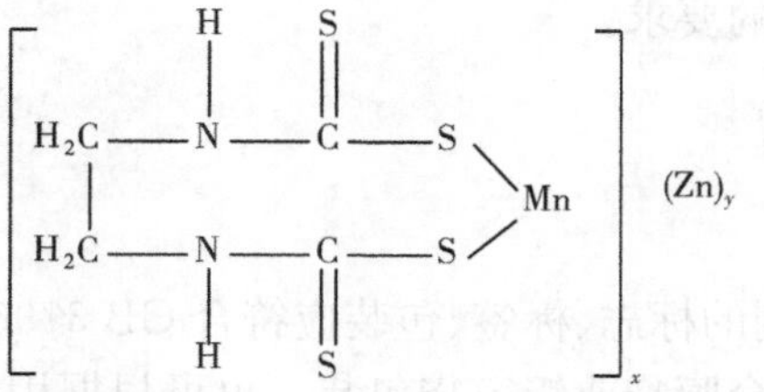

——分子式：$(C_4H_6N_2S_4Mn)_x(Zn)_y$；
——相对分子质量：271（按含锰 20％及锌 2.55％计算）；
——生物活性：杀菌；
——熔点（℃）：大于 172（分解）；
——溶解度（20 ℃～25 ℃，pH 7.5）：6.2 mg/L，在大多数有机溶剂中不溶解，可溶于强螯合剂溶液中；
——稳定性：在密闭容器中及隔热条件下可稳定存放 2 年以上，水解速率（25 ℃）DT_{50} 20 d（pH 5），21 h（pH 7），27 h（pH 9），乙撑双二硫代氨基甲酸盐在环境中迅速水解、氧化、光解及代谢，土壤中 DT_{50} 6 d～15 d。

A.2　霜脲氰

霜脲氰的其他名称、结构式和基本物化参数如下：
——ISO 通用名称：Cymoxanil；
——CAS 登录号：57966-95-7；
——CIPAC 数字代码：419；
——化学名称：1-(2-氰基-2-甲氧基亚胺基)-3-乙基脲；
——结构式：

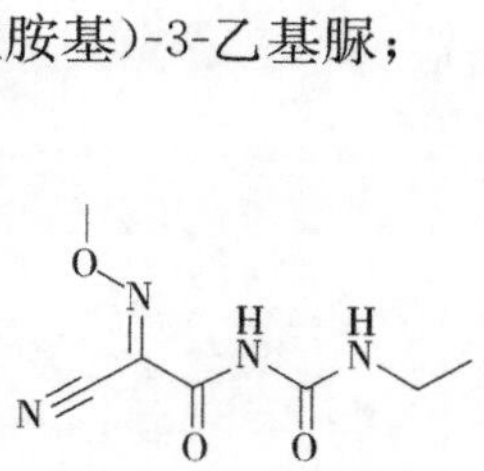

——分子式：$C_7H_{10}N_4O_3$；
——相对分子质量：198.2；
——生物活性：杀菌；
——熔点：160 ℃～161 ℃；

——蒸气压(20℃):1.5×10^{-2} mPa;

——溶解度(20 ℃,g/L):水(pH 5)8.9×10^2 mg/kg,甲苯5.29;正己烷1.85;乙腈57;乙酸乙酯28;正辛醇1.29;二氯甲烷133;甲醇22.9;丙酮62.4;二甲基甲酰胺185;氯仿105;苯2;

——稳定性:中性或弱酸性介质中稳定;7 d 内在土壤中损失50%;水解速率DT$_{50}$ 148 d(pH 5),34 h(pH 7),31 min(pH 9);对光敏感。

A.3 乙撑硫脲

乙撑硫脲的其他名称、结构式和基本物化参数如下:

——ISO 通用名称:Ethylene thiourea;

——乙撑硫脲的其他名称:ETU;

——CAS 登录号:96-45-7;

——化学名称:四氢咪唑-2-硫酮;

——结构式:

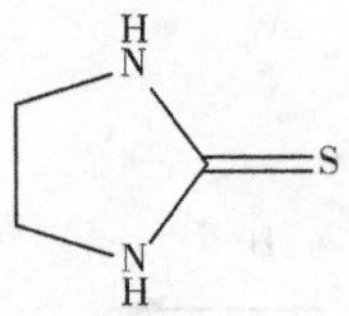

——分子式:C$_3$H$_6$SN$_2$;

——相对分子质量:102.2;

——熔点(℃):197.8～199.2;

——溶解度:易溶于水(20 ℃,19 g/L),溶于乙醇、甲醇、乙二醇和吡啶等极性溶剂,不溶于丙酮、醚、苯、氯仿、石油醚等。

附 录 B

（资料性）

化学法测定代森锰锌、锰、锌、砷质量分数

B.1 化学法测定代森锰锌质量分数

B.1.1 方法提要

试样于煮沸的氢碘酸-冰乙酸溶液中分解，生成乙二胺盐、二硫化碳及干扰分析的硫化氢气体，先用乙酸铅溶液吸收硫化氢，继之以氢氧化钾-甲醇溶液吸收二硫化碳，并生成甲基磺原酸钾，二硫化碳吸收液用乙酸中和后立即以碘标准滴定溶液滴定。

反应式如下：

$$\left[\begin{array}{c} H_2C - N - C - S \\ | \quad | \quad \| \quad \\ H_2C - N - C - S \end{array} Mn \right]_x (Zn)_y \xrightarrow{H^+} x\left[\begin{array}{c} H_2C - NH_3 \\ | \\ H_2C - NH_3 \end{array}\right]^{2+} + 2x\,CS_2 + x\,Mn^{2+} + y\,Zn^{2+}$$

$$CS_2 + CH_3O^- \longrightarrow CH_3O - \overset{\displaystyle S}{\underset{\displaystyle \|}{C}} - S^-$$

$$CH_3O - \overset{\displaystyle S}{\underset{\displaystyle \|}{C}} - S^- + I_2 \longrightarrow CH_3O - \overset{\displaystyle S}{\underset{\displaystyle \|}{C}} - S - S - \overset{\displaystyle S}{\underset{\displaystyle \|}{C}} - OCH_3 + 2I^-$$

B.1.2 试剂和溶液

B.1.2.1 甲醇。

B.1.2.2 乙酸。

B.1.2.3 乙酸溶液：$\varphi_{(乙酸)} = 36\%$。

B.1.2.4 氢碘酸：$\varphi_{(氢碘酸)} = 45\%$。

B.1.2.5 氢氧化钾-甲醇溶液：$\rho_{(KOH)} = 110$ g/L。

B.1.2.6 氢碘酸-乙酸溶液：$\psi_{(氢碘酸：乙酸)} = 13 : 87$（使用前配制）。

B.1.2.7 乙酸铅溶液：$\rho_{(乙酸铅)} = 100$ g/L。

B.1.2.8 二乙基二硫代氨基甲酸钠三水化合物：试验物质按如下方法检查纯度：溶解约 0.5 g 该物质于 100 mL 水中，用碘标准滴定溶液滴定，以淀粉溶液为指示剂。1 mL 碘溶液相当于 0.022 53 g 二乙基二硫代氨基甲酸钠。

B.1.2.9 碘标准滴定溶液：$c_{(1/2I_2)} = 0.1$ mol/L，按 GB/T 601 配制和标定。

B.1.2.10 酚酞乙醇溶液：$\rho_{(酚酞)} = 10$ g/L，按 GB/T 603 配制。

B.1.2.11 淀粉溶液：$\rho_{(淀粉)} = 10$ g/L，按 GB/T 603 配制。

B.1.3 代森锰锌测定装置及装置回收率的测定

B.1.3.1 代森锰锌测定装置

代森锰锌测定装置见图 B.1。

单位为毫米

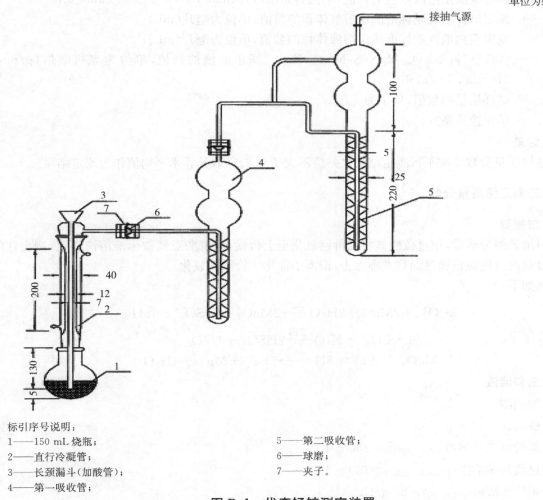

标引序号说明：
1——150 mL 烧瓶；
2——直行冷凝管；
3——长颈漏斗（加酸管）；
4——第一吸收管；
5——第二吸收管；
6——球磨；
7——夹子。

图 B.1　代森锰锌测定装置

B.1.3.2　装置回收率的测定

称取已知含量的二乙基二硫代氨基甲酸钠 0.2 g（精确至 0.000 1 g），按 B.1.4 测定步骤，以二乙基二硫代氨基甲酸钠为试验物完成整个测定过程，用来检查分解吸收装置。回收率在 99%～101% 为合格。

B.1.4　测定步骤

称取约含代森锰锌 0.2 g（精确至 0.000 1 g）的试样置于圆底烧瓶中，第一吸收管加 50 mL 乙酸铅溶液，第二吸收管加 50 mL 氢氧化钾-甲醇溶液，连接代森锰锌测定装置，检查装置的密封性。打开冷却水，开启抽气源，控制抽气速度，以每秒 2 个～6 个气泡均匀稳定地通过吸收管。

通过长颈漏斗向圆底烧瓶加入 50 mL 氢碘酸-冰乙酸溶液，摇动均匀。同时立即加热烧瓶，小心控制防止反应液冲出，保持微沸 50 min，拆开装置，停止加热，取下第二吸收管，将内容物用 200 mL 水洗入 500 mL 锥形瓶中，以酚酞溶液检查吸收管，洗至管内无内残物，用乙酸溶液中和由粉红色至黄色，再过量 3 滴～4 滴，立即用碘标准滴定溶液滴定，同时不断摇动，近终点时加 3 mL 淀粉溶液，继续滴定至溶液呈蓝色。同时作空白测定。

B.1.5　计算

试样中代森锰锌质量分数按公式（B.1）计算。

$$w_1 = \frac{c \times (V_6 - V_5) \times M}{m_{13} \times 1000} \times 100 \quad\quad\quad\quad\quad\quad\quad\quad\quad (B.1)$$

式中：

w_1 ——代森锰锌质量分数的数值，单位为百分号（%）；

c ——碘标准滴定溶液浓度的数值,单位为摩尔每升(mol/L),$c_{(1/2I_2)}=0.1$ mol/L;

V_6 ——滴定试样消耗碘标准滴定溶液体积的数值,单位为毫升(mL);

V_5 ——滴定空白消耗碘标准滴定溶液体积的数值,单位为毫升(mL);

M ——代森锰锌$[1/2(C_4H_6N_2S_4Mn)_x(Zn)_y]$摩尔质量的数值,单位为克每摩尔(g/moL), $M=135.5$ g/moL;

m_{13} ——试样质量的数值,单位为克(g);

1 000 ——单位换算系数。

B.1.6 允许差

代森锰锌质量分数2次平行测定结果之差应不大于0.8%,取其算术平均值作为测定结果。

B.2 化学法测定锰质量分数

B.2.1 方法提要

试样以浓硝酸分解后,用过硫酸铵将二价锰氧化至七价锰,用硫酸亚铁铵标准溶液滴定,测出锰的质量分数。过量的过硫酸铵通过加热煮沸除去,银离子催化二价锰的氧化。

反应式如下:

$$5S_2O_8^{2-}+2Mn^{2+}+8H_2O \xrightarrow{Ag^+} 2MnO_4^-+10SO_4^{2-}+16H^+$$

$$S_2O_8^{2-}+H_2O \xrightarrow{煮沸} 2HSO_4^-+1/2O_2$$

$$MnO_4^-+5Fe^{2+}+8H^+ \longrightarrow 5Fe^{3+}+Mn^{2+}+4H_2O$$

B.2.2 试剂和溶液

B.2.2.1 浓硝酸。

B.2.2.2 磷酸。

B.2.2.3 磷酸氢二钠溶液:$\rho_{(Na_2HPO_4)}=200$ g/L。

B.2.2.4 过硫酸铵溶液:$\rho_{[(NH_4)_2S_2O_8]}=150$ g/L。

B.2.2.5 硝酸银溶液:$\rho_{(AgNO_3)}=20$ g/L。

B.2.2.6 氯化钠溶液:$\rho_{(NaCl)}=5$ g/L。

B.2.2.7 硫酸亚铁铵标准滴定溶液:$c_{[(NH_4)_2Fe(SO_4)_2]}=0.1$ mol/L,按GB/T 603配制和标定。

B.2.2.8 N-苯基邻氨基苯甲酸指示液:$\rho_{(N-苯基邻氨基苯甲酸)}=2$ g/L,按GB/T 603配制。

B.2.3 仪器

B.2.3.1 电热板。

B.2.4 测定步骤

称取约含0.02 g(精确至0.000 1 g)锰的试样,置于250 mL碘量瓶中,加入5 mL浓硝酸,缓慢加热,使样品分解,待瓶中无棕色气体产生时,停止加热并自然冷却。加70 mL水并淋洗瓶壁,加入15 mL磷酸、20 mL磷酸氢二钠溶液、10 mL硝酸银溶液和20 mL过硫酸铵溶液。摇匀后立即放入沸水浴中加热20 min,取出冷却至室温,加10 mL氯化钠溶液,摇匀,立即用硫酸亚铁铵标准滴定溶液滴定,待溶液呈现浅红色时,加3滴~4滴N-苯基邻氨基苯甲酸指示液,继续滴定至溶液由紫红色变为黄绿色时即为终点。

B.2.5 计算

试样中锰质量分数按公式(B.2)计算。

$$w_8=\frac{c_1 \times V_7 \times M_1}{m_{14} \times 1000} \times 100 \quad\cdots\cdots\cdots\cdots\cdots\cdots\cdots\cdots\cdots\cdots\cdots \text{(B.2)}$$

式中:

w_8 ——锰质量分数的数值,单位为百分号(%);

c_1 ——硫酸亚铁铵标准滴定溶液浓度的数值,单位为摩尔每升(mol/L);

V_7 ——滴定试样溶液所消耗的硫酸亚铁铵标准滴定溶液体积的数值,单位为毫升(mL);

M_1 ——锰(1/5Mn)摩尔质量的数值,单位为克每摩尔(g/mol),$M_1 = 10.99$ g/moL;

m_{14} ——试样质量的数值,单位为克(g);

1 000 ——单位换算系数。

B.2.6 允许差

锰质量分数2次平行测定结果之差不大于0.3%,取其算术平均值作为测定结果。

B.3 化学法测定锌质量分数

B.3.1 方法提要

试样以浓硝酸分解后,用氢氧化钠溶液中和,在乙酸-乙酸钠缓冲溶液中加8-羟基喹啉进行沉淀,用玻璃砂芯漏斗过滤后恒重。加入抗坏血酸防止解析出锰水。

反应式如下:

B.3.2 试剂和溶液

B.3.2.1 浓硝酸。

B.3.2.2 抗坏血酸。

B.3.2.3 氢氧化钠溶液:$\rho_{1(NaOH)} = 80$ g/L、$\rho_{2(NaOH)} = 400$ g/L。

B.3.2.4 8-羟基喹啉乙醇溶液:$\rho_{(8\text{-羟基喹啉})} = 10$ g/L。

B.3.2.5 乙酸-乙酸钠缓冲溶液:称取乙酸钠($CH_3COONa \cdot 3H_2O$)136 g溶于适量水,加108 mL冰乙酸,用水稀释至1 000 mL。

B.3.3 仪器

B.3.3.1 玻璃砂芯漏斗:G_2、G_4。

B.3.3.2 恒温水浴。

B.3.3.3 电热板。

B.3.3.4 烘箱。

B.3.4 测定步骤

称取约含0.02 g(精确至0.000 1 g)锌的试样,置于250 mL碘量瓶中,加入20 mL浓硝酸,缓慢加热至无棕色气体产生,防止暴沸,冷却,加50 mL水。将溶液用G_2漏斗过滤至500 mL烧杯中,用150 mL水分5次洗涤,加0.5 g抗坏血酸,溶解后用400 g/L的氢氧化钠溶液中和至pH≈2,再用80 g/L的氢氧化钠溶液中和至pH≈4,加入20 mL乙酸-乙酸钠缓冲溶液,加热至80 ℃,边搅动边加入15 mL 8-羟基喹啉溶液,在80 ℃下保持25 min,并不时搅动,用恒重的G_4漏斗过滤,每次用10 mL热水,搅动沉淀洗涤7次,于110 ℃~115 ℃烘箱烘至恒重。

B.3.5 计算

试样中锌质量分数按公式(B.3)计算。

$$w_9 = \frac{m_{16} \times M_2}{m_{15} \times M_3} \times 100 \quad\cdots\cdots\cdots\cdots\cdots\cdots\cdots\cdots\cdots\cdots\cdots\cdots (B.3)$$

式中:

w_9 ——试样中锌质量分数的数值,单位为百分号(%);

m_{15} ——试样质量的数值,单位为克(g);

m_{16} ——沉淀物质量的数值,单位为克(g);

M_2 ——锌摩尔质量的数值,单位为克每摩尔(g/mol),$M_2 = 65.38$ g/mol;

M_3 ——8-羟基喹啉锌摩尔质量的数值,单位为克每摩尔(g/mol),$M_3 = 353.71$ g/moL。

B.3.6 允许差

锌质量分数 2 次平行测定结果之差不大于 0.2%,取其算术平均值作为测定结果。

B.4 化学法测定砷质量分数

B.4.1 方法提要

在酸性介质中,用锌还原砷,生成砷化锌,导入二乙基二硫代氨基甲酸银[Ag(DDTC)]吡啶溶液中,生成紫红色的可溶性胶态银,在最大吸收波长 540 nm 处,对其进行吸光度的测量。

生成胶态银的反应式:$AsH_3 + 6Ag(DDTC) = 6Ag + 3H(DDTC) + As(DDTC)_3$

B.4.2 试剂和溶液

B.4.2.1 浓硝酸。

B.4.2.2 抗坏血酸。

B.4.2.3 浓盐酸。

B.4.2.4 盐酸溶液:$\psi_{(盐酸:水)} = 75:25$。

B.4.2.5 锌粒:粒径为 0.5 mm~1 mm。

B.4.2.6 二乙基二硫代氨基甲酸银[Ag(DDTC)]吡啶溶液:$\rho_{[Ag(DDTC)]} = 5$ g/L(储于密闭棕色玻璃瓶中,避光照射,有效期为 2 周)。

B.4.2.7 碘化钾溶液:$\rho_{(KI)} = 150$ g/L。

B.4.2.8 氯化亚锡盐酸溶液:$\rho_{(SnCl_2 \cdot 2H_2O)} = 400$ g/L,按 GB/T 603 配制。

B.4.2.9 氢氧化钠溶液:$\rho_{(NaOH)} = 50$ g/L。

B.4.2.10 乙酸铅溶液:$\rho_{(乙酸铅)} = 200$ g/L。

B.4.2.11 三氧化二砷:烘至恒重保存于硫酸干燥器中。

B.4.2.12 砷标准溶液 A:准确称取 0.132 0 g 三氧化二砷(优级纯),置于 100 mL 烧杯中,用 2 mL 氢氧化钠溶液溶解,转移至 1 000 mL 容量瓶中,用水稀释至刻度,摇匀[此溶液 $\rho_{(As)} = 100$ μg/mL]。

B.4.2.13 砷标准溶液 B:吸取 25.0 mL A 溶液,置于 1 000 mL 容量瓶中,用水稀释至刻度,摇匀[此溶液 $\rho_{(As)} = 2.50$ μg/mL]。此溶液使用时现配。

B.4.2.14 乙酸铅脱脂棉:脱脂棉于乙酸铅溶液中浸透,取出在室温下晾干,保存在密闭容器中。

B.4.3 仪器

B.4.3.1 测定砷的所有玻璃仪器,必须用浓硫酸-重铬酸钾洗液洗涤,再以水清洗干净,干燥备用。

B.4.3.2 分光光度计:具有 540 nm 波长。

B.4.3.3 定砷仪:15 球定砷仪装置(如图 B.2 所示),或其他经试验证明,在规定的检验条件下,能给出相同结果的定砷仪。

B.4.4 测定步骤

B.4.4.1 试液的制备

称取 5 g(精确至 0.000 1 g)试样置于 250 mL 烧杯中,加入 30 mL 盐酸和 10 mL 硝酸,盖上表面皿,在电热板上煮沸 30 min 后,移开表面皿继续加热,使酸溶液全部蒸发至干,以赶尽硝酸。冷却后,加入 50 mL 盐酸溶液,加热溶解,用水完全洗入 200 mL 容量瓶中,冷却后用水稀释至刻度,摇匀。

B.4.4.2 工作曲线的绘制

B.4.4.2.1 标准显色溶液的制备

分别吸取砷标准储备液 B 0 mL、0.1 mL、0.2 mL、0.3 mL、0.4 mL、0.5 mL 于 6 个 100 mL 锥形瓶中,相应砷的质量分别为 0 μg、2.5 μg、5.0 μg、10.0 μg、15.0 μg、20.0 μg,于各锥形瓶中加 10 mL 盐酸和一定量水,使体积约为 40 mL。然后再加 2 mL 碘化钾溶液和 2 mL 氯化亚锡盐酸溶液,摇匀,放置 15 min。

单位为毫米

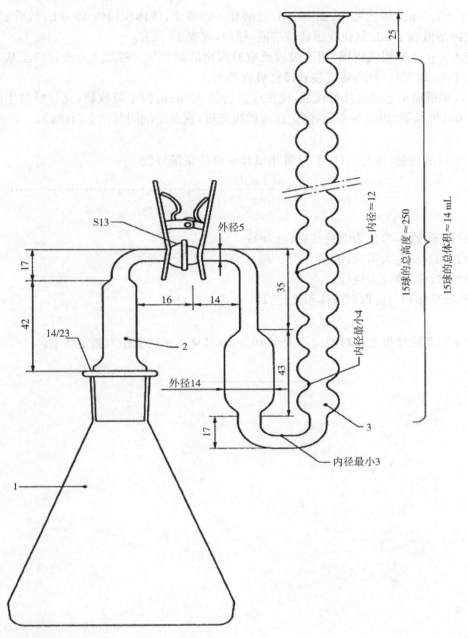

标引序号说明：
1——100 mL 锥形瓶，用于发生砷化氢；
2——连接管，用于捕集硫化氢；
3——15 球吸收器，吸收砷化氢。

图 B.2　15 球定砷仪

在连接管末端装入少量乙酸铅脱脂棉，用于吸收反应时逸出的硫化氢。移取 5.0 mL 二乙基二硫代氨基甲酸银吡啶溶液于 15 球吸收器中，将连接管接在吸收器上。

称量 5 g 锌粒加入锥形瓶中迅速连接好仪器，使反应进行约 45 min，拆下吸收器，充分摇匀生成的紫红色胶态银。

B.4.4.2.2　吸光度的测定

在 540 nm 波长下，以水为参比，测定各标准显色溶液的吸光度。

B.4.4.2.3　工作曲线的绘制

以砷质量为横坐标、测得的各标准显色溶液的吸光度值减去空白吸光度值为纵坐标绘制工作曲线。

B.4.4.3 测定

吸取 25 mL 试液于 100 mL 锥形瓶中,加 10 mL 盐酸和一定量水,使体积约为 40 mL,然后加入 1 g 抗坏血酸、2 mL 碘化钾溶液和 2 mL 氯化亚锡盐酸溶液,摇匀,放置 15 min。

在连接管末端装入少量乙酸铅脱脂棉,用于吸收反应时逸出的硫化氢。移取 5.0 mL 二乙基二硫代氨基甲酸银吡啶溶液于 15 球吸收器中,将连接管接在吸收器上。

称量 5 g 锌粒加入锥形瓶中迅速连接好仪器,使反应进行约 45 min,拆下吸收器,充分摇匀生成的紫红色胶态银。在 540 nm 波长下,以水为参比,测定试液的吸光度,在测定的同时做空白试验。

B.4.5 计算

在工作曲线上查出砷的质量,按公式(B.4)计算出试样中砷的质量分数。

$$w_{10} = \frac{m_{18} \times D}{m_{17}} \quad\text{..............................}\quad (B.4)$$

式中:

w_{10}——砷质量分数的数值,单位为微克每克($\mu g/g$);

m_{18}——砷质量的数值,单位为微克(μg);

m_{17}——试样质量的数值,单位为克(g);

D ——测定时试液总体积与所取试液体积之比,$D=8$。

B.4.6 允许差

砷质量分数 2 次平行测定结果之相对差应不大于 10%,取其算术平均值作为测定结果。

ICS 65.100.10
CCS G 25

中华人民共和国农业行业标准

NY/T 4395—2023

氟虫腈原药

Fipronil technical material

2023-12-22 发布　　　　　　　　　　　　2024-05-01 实施

中华人民共和国农业农村部 发布

前　言

本文件按照 GB/T 1.1—2020《标准化工作导则　第 1 部分：标准化文件的结构和起草规则》的规定起草。

请注意本文件的某些内容可能涉及专利。本文件的发布机构不承担识别专利的责任。

本文件由农业农村部种植业管理司提出。

本文件由全国农药标准化技术委员会（SAC/TC 133）归口。

本文件起草单位：顺毅南通化工有限公司、江苏长青农化股份有限公司、安徽华星化工有限公司、浙江埃森化学有限公司、沈化测试技术（南通）有限公司、农业农村部农药检定所。

本文件主要起草人：姜宜飞、高杰、王岱峰、郭海霞、方斌、樊丽莉、何路、刘华、胡波、秦丛生、吴进龙。

氟虫腈原药

1 范围

本文件规定了氟虫腈原药的技术要求、试验方法、检验规则、验收和质量保证期以及标志、标签、包装、储运。

本文件适用于氟虫腈原药产品的质量控制。

注：氟虫腈的其他名称、结构式和基本物化参数见附录 A。

2 规范性引用文件

下列文件中的内容通过文中的规范性引用而构成本文件必不可少的条款。其中，注日期的引用文件，仅该日期对应的版本适用于本文件；不注日期的引用文件，其最新版本（包括所有的修改单）适用于本文件。

GB/T 1600—2021　农药水分测定方法

GB/T 1601　农药 pH 值的测定方法

GB/T 1604　商品农药验收规则

GB/T 1605—2001　商品农药采样方法

GB 3796　农药包装通则

GB/T 8170—2008　数值修约规则与极限数值的表示和判定

GB/T 19138　农药丙酮不溶物测定方法

3 术语和定义

本文件没有需要界定的术语和定义。

4 技术要求

4.1 外观

白色至淡黄色粉末。

4.2 技术指标

氟虫腈原药应符合表 1 的要求。

表 1　氟虫腈原药技术指标

项　目	指　标
氟虫腈质量分数，%	≥95.0
水分，%	≤0.5
丙酮不溶物，%	≤0.5
pH	4.0～7.0

5 试验方法

警示：使用本文件的人员应有实验室工作的实践经验。本文件并未指出所有的安全问题。使用者有责任采取适当的安全和健康措施。

5.1 一般规定

本文件所用试剂和水在没有注明其他要求时，均指分析纯试剂和蒸馏水。

5.2 取样

按 GB/T 1605—2001 中 5.3.1 的规定执行。用随机数表法确定取样的包装件;最终取样量应不少于 100 g。

5.3 鉴别试验

5.3.1 红外光谱法

氟虫腈原药与氟虫腈标样在 4 000 cm⁻¹～650 cm⁻¹ 范围的红外吸收光谱图应没有明显区别。氟虫腈标样的红外光谱图见图 1。

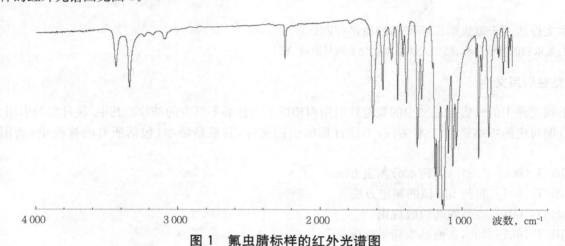

图 1 氟虫腈标样的红外光谱图

5.3.2 液相色谱法

本鉴别试验可与氟虫腈质量分数的测定同时进行。在相同的色谱操作条件下,试样溶液中某色谱峰的保留时间与标样溶液中氟虫腈色谱峰的保留时间,其相对差应在 1.5% 以内。

5.4 外观

采用目测法测定。

5.5 氟虫腈质量分数

5.5.1 方法提要

试样用异丙醇溶解,以乙腈＋水为流动相,使用以 C_{18} 为填料的不锈钢柱和紫外检测器,在波长 280 nm 下对试样中的氟虫腈进行反相高效液相色谱分离,外标法定量。

5.5.2 试剂和溶液

5.5.2.1 异丙醇:色谱级。

5.5.2.2 乙腈:色谱级。

5.5.2.3 水:新蒸二次蒸馏水或超纯水。

5.5.2.4 氟虫腈标样:已知质量分数,$w \geqslant 98.0\%$。

5.5.3 仪器

5.5.3.1 高效液相色谱仪:具有可变波长紫外检测器。

5.5.3.2 色谱柱:250 mm×4.6 mm(内径)不锈钢柱,内装 C_{18}、5 μm 填充物(或具有同等效果的色谱柱)。

5.5.3.3 过滤器:滤膜孔径约 0.45 μm。

5.5.3.4 定量进样管:5 μL。

5.5.3.5 超声波清洗器。

5.5.4 高效液相色谱操作条件

5.5.4.1 流动相:$\psi_{(乙腈:水)} = 65:35$。

5.5.4.2 流速:1.0 mL/min。

5.5.4.3 柱温：(40±2)℃。

5.5.4.4 检测波长：280 nm。

5.5.4.5 进样体积：5 μL。

5.5.4.6 保留时间：氟虫腈约 6.9 min。

5.5.4.7 上述液相色谱操作条件，系典型操作参数。可根据不同仪器特点，对给定的操作参数作适当调整，以期获得最佳效果。典型的氟虫腈原药的高效液相色谱图见图 2。

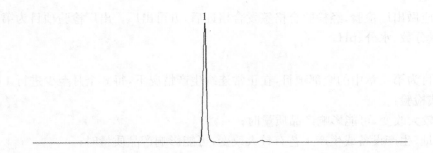

标引序号说明：

1——氟虫腈。

图 2 氟虫腈原药的高效液相色谱图

5.5.5 测定步骤

5.5.5.1 标样溶液的制备

称取 0.025 g(精确至 0.000 01 g)氟虫腈标样，置于 100 mL 容量瓶中，加入 80 mL 异丙醇，超声波振荡 10 min，冷却至室温，用异丙醇稀释至刻度，摇匀。

5.5.5.2 试样溶液的制备

称取含 0.025 g(精确至 0.000 01 g)氟虫腈的试样，置于 100 mL 容量瓶中，加入 80 mL 异丙醇，超声波振荡 10 min，冷却至室温，用异丙醇稀释至刻度，摇匀。

5.5.5.3 测定

在上述操作条件下，待仪器稳定后，连续注入数针标样溶液，直至相邻两针氟虫腈峰面积的相对变化小于 1.2% 后，按照标样溶液、试样溶液、试样溶液、标样溶液的顺序进行测定。

5.5.6 计算

将测得的两针试样溶液以及试样前后两针标样溶液中氟虫腈的峰面积比分别进行平均。试样中氟虫腈的质量分数按公式(1)计算。

$$w_1 = \frac{A_2 \times m_1 \times w}{A_1 \times m_2} \quad\cdots\cdots\cdots\cdots\cdots\cdots\cdots\cdots\cdots\cdots\cdots\cdots\cdots\cdots (1)$$

式中：

w_1——试样中氟虫腈质量分数的数值，单位为百分号(%)；

A_2——试样溶液中氟虫腈峰面积的平均值；

m_1——标样质量的数值，单位为克(g)；

w——标样中氟虫腈质量分数的数值，单位为百分号(%)；

A_1——标样溶液中氟虫腈峰面积的平均值；

m_2——试样质量的数值，单位为克(g)。

5.5.7 允许差

氟虫腈质量分数 2 次平行测定结果之差应不大于 1.0%，取其算术平均值作为测定结果。

5.6 水分

按 GB/T 1600—2021 中 4.2 的规定执行。

5.7 丙酮不溶物

按 GB/T 19138 的规定执行。

5.8 pH

按 GB/T 1601 的规定执行。

6 检验规则

6.1 出厂检验

每批产品均应做出厂检验,经检验合格签发合格证后,方可出厂。出厂检验项目为第 4 章技术要求中外观、氟虫腈质量分数、水分、pH。

6.2 型式检验

型式检验项目为第 4 章中的全部项目,在正常连续生产情况下,每 3 个月至少进行 1 次。有下述情况之一,应进行型式检验:

a) 原料有较大改变,可能影响产品质量时;

b) 生产地址、生产设备或生产工艺有较大改变,可能影响产品质量时;

c) 停产后又恢复生产时;

d) 国家质量监管机构提出型式检验要求时。

6.3 判定规则

按 GB/T 8170—2008 中 4.3.3 判定检验结果是否符合本文件的要求。

按第 5 章检验方法对产品进行出厂检验和型式检验,任一项目不符合第 4 章的技术要求判为该批次产品不合格。

7 验收和质量保证期

7.1 验收

应符合 GB/T 1604 的规定。

7.2 质量保证期

在 8.2 的储运条件下,氟虫腈原药的质量保证期从生产日期算起为 2 年。质量保证期内,各项指标均应符合本文件的要求。

8 标志、标签、包装、储运

8.1 标志、标签、包装

氟虫腈原药的标志、标签和包装,应符合 GB 3796 的规定;氟虫腈原药采用清洁、干燥、内衬塑料袋的编织袋或内衬保护层的铁桶或纸板桶包装。每袋或每桶净含量一般为 10 kg、20 kg、25 kg、50 kg。也可根据用户要求或订货协议,采用其他形式的包装,但应符合 GB 3796 的规定。

8.2 储运

氟虫腈原药包装件应储存在通风、干燥的库房中;储运时,严防潮湿和日晒,避免渗入地面;不得与食物、种子、饲料混放;避免与皮肤、眼睛接触,防止由口鼻吸入。

附 录 A

（资料性）

氟虫腈的其他名称、结构式和基本物化参数

氟虫腈的其他名称、结构式和基本物化参数如下：
——ISO 通用名称：Fipronil；
——CAS 登录号：120068-37-3；
——CIPAC 数字代码：581；
——化学名称：5-氨基-1-[2,6-二氯-4-(三氟甲基)苯基]-4-[(RS)-(三氟甲基)亚磺酰基]-1H-吡唑-3-甲腈；
——结构式：

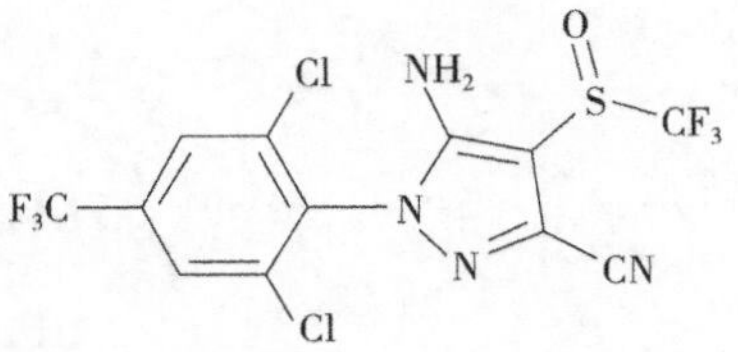

——分子式：$C_{12}H_4Cl_2F_6N_4OS$；
——相对分子质量：437.2；
——生物活性：杀虫；
——熔点：203 ℃；
——蒸气压：0.002 mPa(25 ℃)；
——溶解度(g/L,20 ℃~25 ℃)：水中 $1.9×10^{-3}$(pH 5)、$1.9×10^{-3}$(蒸馏水)、$2.4×10^{-3}$(pH 9)，丙酮中 545.9、二氯甲烷中 22.3、正己烷中 0.028、甲苯中 3.0；
——稳定性：在 pH 5 和 pH 7 水中稳定，pH 9 时缓慢水解，DT_{50} 约 28 d；对热稳定，在光照下缓慢降解，连续照射 12 d 后约损失 3%；在水中光解 DT_{50} 约 0.33 d。

ICS 65.100.10
CCS G 25

中华人民共和国农业行业标准

NY/T 4396—2023

氟虫腈悬浮剂

Fipronil suspension concentrate

2023-12-22 发布

2024-05-01 实施

中华人民共和国农业农村部 发布

前　言

本文件按照 GB/T 1.1—2020《标准化工作导则　第 1 部分:标准化文件的结构和起草规则》的规定起草。

请注意本文件的某些内容可能涉及专利。本文件的发布机构不承担识别专利的责任。

本文件由农业农村部种植业管理司提出。

本文件由全国农药标准化技术委员会(SAC/TC 133)归口。

本文件起草单位:沈阳沈化院测试技术有限公司、创新美兰(合肥)股份有限公司、农业农村部农药检定所。

本文件主要起草人:姜宜飞、高杰、王岱峰、石凯威、郭海霞、陈碧云、李静、吴进龙。

氟虫腈悬浮剂

1 范围

本文件规定了氟虫腈悬浮剂的技术要求、试验方法、检验规则、验收和质量保证期以及标志、标签、包装、储运。

本文件适用于氟虫腈悬浮剂产品的质量控制。

注:氟虫腈的其他名称、结构式和基本物化参数见附录 A。

2 规范性引用文件

下列文件中的内容通过文中的规范性引用而构成本文件必不可少的条款。其中,注日期的引用文件,仅该日期对应的版本适用于本文件;不注日期的引用文件,其最新版本(包括所有的修改单)适用于本文件。

GB/T 1601　农药 pH 值的测定方法

GB/T 1604　商品农药验收规则

GB/T 1605—2001　商品农药采样方法

GB 3796　农药包装通则

GB/T 8170—2008　数值修约规则与极限数值的表示和判定

GB/T 14825—2006　农药悬浮率测定方法

GB/T 16150—1995　农药粉剂、可湿性粉剂细度测定方法

GB/T 19136—2021　农药热储稳定性测定方法

GB/T 19137—2003　农药低温稳定性测定方法

GB/T 28137　农药持久起泡性测定方法

GB/T 31737　农药倾倒性测定方法

GB/T 32776—2016　农药密度测定方法

3 术语和定义

本文件没有需要界定的术语和定义。

4 技术要求

4.1 外观

可流动、易测量体积的悬浮液体,久置后允许有少量分层,轻微摇动或搅动应恢复原状,不应有团块。

4.2 技术指标

氟虫腈悬浮剂应符合表 1 的要求。

表 1　氟虫腈悬浮剂技术指标

项　目		指　标		
		2.5%规格	5%规格	50 g/L规格
氟虫腈质量分数,%		$2.5^{+0.3}_{-0.3}$	$5.0^{+0.5}_{-0.5}$	
氟虫腈质量浓度[a](20 ℃),g/L		25^{+3}_{-3}	50^{+5}_{-5}	
pH		5.0~8.0		
悬浮率,%		≥90		
倾倒性	倾倒后残余物,%	≤5.0		
	洗涤后残余物,%	≤0.5		

表1（续）

项　目	指　标		
	2.5%规格	5%规格	50 g/L规格
湿筛试验（通过75 μm试验筛）,%	≥98		
持久起泡性（1 min后泡沫量）,mL	≤50		
低温稳定性	冷储后,悬浮率、湿筛试验仍应符合本文件的要求		
热储稳定性	热储后,氟虫腈质量分数应不低于热储前测得质量分数的95%,pH、悬浮率、倾倒性、湿筛试验仍应符合本文件的要求		
ᵃ 当以质量分数和以质量浓度表示的结果不能同时满足本文件要求时,按质量分数的结果判定产品是否合格。			

5　试验方法

警示:使用本文件的人员应有实验室工作的实践经验。本文件并未指出所有的安全问题。使用者有责任采取适当的安全和健康措施。

5.1　一般规定

本文件所用试剂和水在没有注明其他要求时,均指分析纯试剂和蒸馏水。

5.2　取样

按 GB/T 1605—2001 中 5.3.2 的规定执行。用随机数表法确定取样的包装件;最终取样量应不少于800 mL。

5.3　鉴别试验

液相色谱法——本鉴别试验可与氟虫腈质量分数的测定同时进行。在相同的色谱操作条件下,试样溶液中某色谱峰的保留时间与标样溶液中氟虫腈色谱峰的保留时间,其相对差应在1.5%以内。

5.4　外观

采用目测法测定。

5.5　氟虫腈质量分数、质量浓度

5.5.1　方法提要

试样用异丙醇溶解,以乙腈＋水为流动相,使用以 C_{18} 为填料的不锈钢柱和紫外检测器,在波长280 nm下对试样中的氟虫腈进行反相高效液相色谱分离,外标法定量。

5.5.2　试剂和溶液

5.5.2.1　异丙醇:色谱级。

5.5.2.2　乙腈:色谱级。

5.5.2.3　水:新蒸二次蒸馏水或超纯水。

5.5.2.4　氟虫腈标样:已知质量分数,$w ≥ 98.0\%$。

5.5.3　仪器

5.5.3.1　高效液相色谱仪:具有可变波长紫外检测器。

5.5.3.2　色谱柱:250 mm×4.6 mm(内径)不锈钢柱,内装 C_{18}、5 μm 填充物(或具有同等效果的色谱柱)。

5.5.3.3　过滤器:滤膜孔径约 0.45 μm。

5.5.3.4　定量进样管:5 μL。

5.5.3.5　超声波清洗器。

5.5.4　高效液相色谱操作条件

5.5.4.1　流动相:$\psi_{(乙腈:水)} = 65:35$。

5.5.4.2　流速:1.0 mL/min。

5.5.4.3　柱温:(40±2)℃。

5.5.4.4　检测波长:280 nm。

5.5.4.5 进样体积：5 μL。

5.5.4.6 保留时间：氟虫腈约 6.9 min。

5.5.4.7 上述操作参数是典型的，可根据不同仪器特点，对给定的操作参数作适当调整，以期获得最佳效果。典型的氟虫腈悬浮剂的高效液相色谱图见图 1。

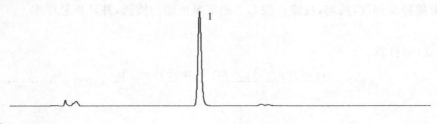

标引序号说明：
1——氟虫腈。

图 1 氟虫腈悬浮剂的高效液相色谱图

5.5.5 测定步骤

5.5.5.1 标样溶液的制备

称取 0.025 g(精确至 0.000 01 g)氟虫腈标样，置于 100 mL 容量瓶中，加入 80 mL 异丙醇，超声波振荡 10 min，冷却至室温，用异丙醇稀释至刻度，摇匀。

5.5.5.2 试样溶液的制备

称取含 0.025 g(精确至 0.000 01 g)氟虫腈的试样，置于 100 mL 容量瓶中，先加入 5 mL 水使试样分散，再加入 80 mL 异丙醇，超声波振荡 10 min，冷却至室温，用异丙醇稀释至刻度，摇匀，过滤。

5.5.5.3 测定

在上述操作条件下，待仪器稳定后，连续注入数针标样溶液，直至相邻两针氟虫腈峰面积的相对变化小于 1.2%后，按照标样溶液、试样溶液、试样溶液、标样溶液的顺序进行测定。

5.5.6 计算

将测得的两针试样溶液以及试样前后两针标样溶液中氟虫腈的峰面积比分别进行平均。试样中氟虫腈的质量分数按公式(1)计算，质量浓度按公式(2)计算。

$$w_1 = \frac{A_2 \times m_1 \times w}{A_1 \times m_2} \cdots\cdots\cdots\cdots\cdots\cdots (1)$$

$$\rho_1 = \frac{A_2 \times m_1 \times w \times \rho \times 10}{A_1 \times m_2} \cdots\cdots\cdots\cdots\cdots\cdots (2)$$

式中：

w_1——试样中氟虫腈质量分数的数值，单位为百分号(%)；

A_2——试样溶液中氟虫腈峰面积的平均值；

m_1——标样质量的数值，单位为克(g)；

w ——标样中氟虫腈质量分数的数值，单位为百分号(%)；

A_1——标样溶液中氟虫腈峰面积的平均值；

m_2——试样质量的数值，单位为克(g)；

ρ_1 ——20 ℃时试样中氟虫腈质量浓度的数值，单位为克每升(g/L)；

ρ ——20 ℃时试样密度的数值，单位为克每毫升(g/mL)(按 GB/T 32776—2016 中 3.3 或 3.4 进行测定)；

10 ——换算系数。

5.5.7 允许差

氟虫腈质量分数 2 次平行测定结果之差应不大于 0.2%，取其算术平均值作为测定结果。

5.6 pH

按 GB/T 1601 的规定执行。

5.7 悬浮率

5.7.1 测定

称取 8.0 g(精确至 0.000 1 g)试样,按 GB/T 14825—2006 中 4.2 的规定执行。用 60 mL 异丙醇分 3 次将量筒内剩余的 25 mL 悬浮液及沉淀物全部转移至 100 mL 容量瓶中,超声波振荡 10 min,取出,冷却至室温,用异丙醇稀释至刻度,摇匀,过滤。按 5.5 测定氟虫腈的质量,并计算悬浮率。

5.7.2 计算

悬浮率按公式(3)计算。

$$w_2 = \frac{m_4 \times w_1 - A_4 \times m_3 \times w \div A_3}{m_4 \times w_1} \times \frac{10}{9} \times 100 \quad\cdots\cdots\cdots\cdots\cdots\cdots(3)$$

式中:

w_2——悬浮率的数值,单位为百分号(%);

m_4——试样质量的数值,单位为克(g);

w_1——试样中氟虫腈质量分数的数值,单位为百分号(%);

A_4——试样溶液中氟虫腈峰面积的平均值;

m_3——标样质量的数值,单位为克(g);

w——标样中氟虫腈质量分数的数值,单位为百分号(%);

A_3——标样溶液中氟虫腈峰面积的平均值;

$\frac{10}{9}$——换算系数。

5.8 倾倒性

按 GB/T 31737 的规定执行。

5.9 湿筛试验

按 GB/T 16150—1995 中 2.2 的规定执行。

5.10 持久起泡性

按 GB/T 28137 的规定执行。

5.11 低温稳定性试验

按 GB/T 19137—2003 中 2.2 的规定执行。

5.12 热储稳定性试验

按 GB/T 19136—2021 中 4.4.1 的规定执行。热储时,样品应密封储存,热储前后质量变化率应不大于 1.0%。

6 检验规则

6.1 出厂检验

每批产品均应做出厂检验,经检验合格签发合格证后,方可出厂。出厂检验项目为第 4 章技术要求中外观、氟虫腈质量分数、氟虫腈质量浓度、pH、悬浮率、倾倒性、湿筛试验、持久起泡性。

6.2 型式检验

型式检验项目为第 4 章中的全部项目,在正常连续生产情况下,每 3 个月至少进行 1 次。有下述情况之一,应进行型式检验:

   a) 原料有较大改变,可能影响产品质量时;

   b) 生产地址、生产设备或生产工艺有较大改变,可能影响产品质量时;

   c) 停产后又恢复生产时;

   d) 国家质量监管机构提出型式检验要求时。

6.3 判定规则

按 GB/T 8170—2008 中 4.3.3 判定检验结果是否符合本文件的要求。

按第 5 章检验方法对产品进行出厂检验和型式检验,任一项目不符合第 4 章的技术要求判为该批次产品不合格。

7 验收和质量保证期

7.1 验收

应符合 GB/T 1604 的规定。

7.2 质量保证期

在 8.2 的储运条件下,氟虫腈悬浮剂的质量保证期从生产日期算起为 2 年。质量保证期内,各项指标均应符合本文件的要求。

8 标志、标签、包装、储运

8.1 标志、标签、包装

氟虫腈悬浮剂的标志、标签和包装,应符合 GB 3796 的规定;氟虫腈悬浮剂采用聚酯瓶包装,每瓶 100 g(mL)、250 g(mL)、500 g(mL)等,紧密排列于钙塑箱、纸箱或木箱中,每箱净含量不超过 15 kg。也可根据用户要求或订货协议,采用其他形式的包装,但应符合 GB 3796 的规定。

8.2 储运

氟虫腈悬浮剂包装件应储存在通风、干燥的库房中;储运时,严防潮湿和日晒,避免渗入地面;不得与食物、种子、饲料混放;避免与皮肤、眼睛接触,防止由口鼻吸入。

附　录　A

（资料性）

氟虫腈的其他名称、结构式和基本物化参数

氟虫腈的其他名称、结构式和基本物化参数如下：

——ISO 通用名称：Fipronil；

——CAS 登录号：120068-37-3；

——CIPAC 数字代码：581；

——化学名称：5-氨基-1-[2,6-二氯-4-(三氟甲基)苯基]-4-[(RS)-(三氟甲基)亚磺酰基]-1H-吡唑-3-甲腈；

——结构式：

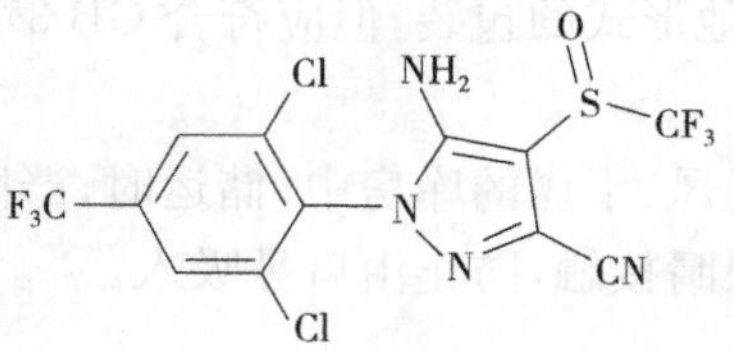

——分子式：$C_{12}H_4Cl_2F_6N_4OS$；

——相对分子质量：437.2；

——生物活性：杀虫；

——熔点：203 ℃；

——蒸气压：0.002 mPa(25 ℃)；

——溶解度(g/L,20 ℃~25 ℃)：水中 $1.9×10^{-3}$(pH 5)、$1.9×10^{-3}$(蒸馏水)、$2.4×10^{-3}$(pH 9)，丙酮中 545.9、二氯甲烷中 22.3、正己烷中 0.028、甲苯中 3.0；

——稳定性：在 pH 5 和 pH 7 水中稳定，pH 9 时缓慢水解，DT_{50} 约 28 d；对热稳定，在光照下缓慢降解，连续照射 12 d 后约损失 3‰；在水中光解 DT_{50} 约 0.33 d。

ICS 65.100.10
CCS G 25

中华人民共和国农业行业标准

NY/T 4397—2023

氟虫腈种子处理悬浮剂

Fipronil suspension concentrate for seed treatment

2023-12-22 发布

2024-05-01 实施

中华人民共和国农业农村部 发布

前　言

本文件按照 GB/T 1.1—2020《标准化工作导则　第 1 部分:标准化文件的结构和起草规则》的规定起草。

请注意本文件的某些内容可能涉及专利。本文件的发布机构不承担识别专利的责任。

本文件由农业农村部种植业管理司提出。

本文件由全国农药标准化技术委员会(SAC/TC 133)归口。

本文件起草单位:安徽丰乐农化有限责任公司、江苏长青农化股份有限公司、沈化测试技术(南通)有限公司、农业农村部农药检定所。

本文件主要起草人:刘莹、武鹏、高杰、石凯威、郑向辉、樊丽莉、李保、黄金龙、吴进龙。

氟虫腈种子处理悬浮剂

1 范围

本文件规定了氟虫腈种子处理悬浮剂的技术要求、试验方法、检验规则、验收和质量保证期以及标志、标签、包装、储运。

本文件适用于氟虫腈种子处理悬浮剂产品生产的质量控制。

注：氟虫腈的其他名称、结构式和基本物化参数见附录 A。

2 规范性引用文件

下列文件中的内容通过文中的规范性引用而构成本文件必不可少的条款。其中，注日期的引用文件，仅该日期对应的版本适用于本文件；不注日期的引用文件，其最新版本（包括所有的修改单）适用于本文件。

GB/T 1601　农药 pH 值的测定方法

GB/T 1604　商品农药验收规则

GB/T 1605—2001　商品农药采样方法

GB 3796　农药包装通则

GB/T 8170—2008　数值修约规则与极限数值的表示和判定

GB/T 14825—2006　农药悬浮率测定方法

GB/T 16150—1995　农药粉剂、可湿性粉剂细度测定方法

GB/T 19136—2021　农药热储稳定性测定方法

GB/T 19137—2003　农药低温稳定性测定方法

GB/T 28137　农药持久起泡性测定方法

GB/T 31737　农药倾倒性测定方法

GB/T 32776—2016　农药密度测定方法

3 术语和定义

本文件没有需要界定的术语和定义。

4 技术要求

4.1 外观

可流动、易测量体积的悬浮液体，应加入警戒色，久置后允许有少量分层，轻微摇动或搅动应恢复原状，不应有团块。

4.2 技术指标

氟虫腈种子处理悬浮剂应符合表 1 的要求。

表 1　氟虫腈种子处理悬浮剂控制项目指标

项　目		指　标	
		5%规格	8%规格
氟虫腈质量分数,%		$5.0^{+0.5}_{-0.5}$	$8.0^{+0.8}_{-0.8}$
氟虫腈质量浓度[a]（20 ℃）,g/L		51^{+5}_{-5}	86^{+8}_{-8}
pH		5.0～8.0	
悬浮率,%		≥90	
倾倒性	倾倒后残余物,%	≤5.0	
	洗涤后残余物,%	≤0.5	

表 1（续）

项 目	指 标	
	5%规格	8%规格
附着性,%	≥90	
湿筛试验(通过 75 μm 试验筛),%	≥99	
持久起泡性(1 min 后泡沫量),mL	≤50	
低温稳定性	冷储后,湿筛试验仍应符合本文件的要求	
热储稳定性	热储后,氟虫腈质量分数应不低于热储前测得质量分数的95%,pH、悬浮率、倾倒性、附着性、湿筛试验仍应符合本文件的要求	
ᵃ 当以质量分数和以质量浓度表示的结果不能同时满足本文件要求时,按质量分数的结果判定产品是否合格。		

5 试验方法

警示:使用本文件的人员应有实验室工作的实践经验。本文件并未指出所有的安全问题。使用者有责任采取适当的安全和健康措施。

5.1 一般规定

本文件所用试剂和水在没有注明其他要求时,均指分析纯试剂和蒸馏水。

5.2 取样

按 GB/T 1605—2001 中 5.3.2 的规定执行。用随机数表法确定取样的包装件;最终取样量应不少于800 mL。

5.3 鉴别试验

液相色谱法——本鉴别试验可与氟虫腈质量分数的测定同时进行。在相同的色谱操作条件下,试样溶液中某色谱峰的保留时间与标样溶液中氟虫腈色谱峰的保留时间,其相对差应在 1.5%以内。

5.4 外观

采用目测法测定。

5.5 氟虫腈质量分数、质量浓度

5.5.1 方法提要

试样用异丙醇溶解,以乙腈＋水为流动相,使用以 C_{18} 为填料的不锈钢柱和紫外检测器,在波长280 nm下对试样中的氟虫腈进行反相高效液相色谱分离,外标法定量。

5.5.2 试剂和溶液

5.5.2.1 异丙醇:色谱级。

5.5.2.2 乙腈:色谱级。

5.5.2.3 水:新蒸二次蒸馏水或超纯水。

5.5.2.4 氟虫腈标样:已知质量分数,$w ≥ 98.0\%$。

5.5.3 仪器

5.5.3.1 高效液相色谱仪:具有可变波长紫外检测器。

5.5.3.2 色谱柱:250 mm×4.6 mm(内径)不锈钢柱,内装 C_{18}、5 μm 填充物(或具有同等效果的色谱柱)。

5.5.3.3 过滤器:滤膜孔径约 0.45 μm。

5.5.3.4 定量进样管:5 μL。

5.5.3.5 超声波清洗器。

5.5.4 高效液相色谱操作条件

5.5.4.1 流动相:$\psi_{(乙腈:水)}$＝65:35。

5.5.4.2 流速:1.0 mL/min。

5.5.4.3 柱温:(40±2)℃。

5.5.4.4 检测波长:280 nm。

5.5.4.5 进样体积:5 μL。

5.5.4.6 保留时间:氟虫腈约 6.9 min。

5.5.4.7 上述液相色谱操作条件,系典型操作参数。可根据不同仪器特点,对给定的操作参数作适当调整,以期获得最佳效果。典型的氟虫腈种子处理悬浮剂的高效液相色谱图见图1。

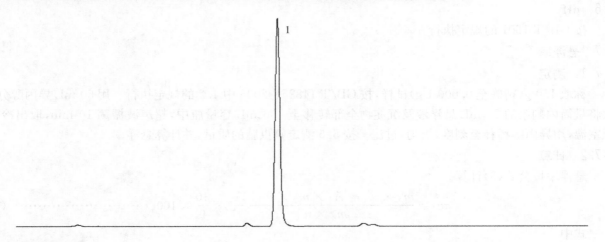

标引序号说明:
1——氟虫腈。

图 1　氟虫腈种子处理悬浮剂的高效液相色谱图

5.5.5　测定步骤

5.5.5.1　标样溶液的制备

称取 0.025 g(精确至 0.000 01 g)氟虫腈标样,置于 100 mL 容量瓶中,加入 80 mL 异丙醇,超声波振荡 10 min,冷却至室温,用异丙醇稀释至刻度,摇匀。

5.5.5.2　试样溶液的制备

称取含 0.025 g(精确至 0.000 01 g)氟虫腈的试样,置于 100 mL 容量瓶中,先加入 5 mL 水使试样分散,再加入 80 mL 异丙醇,超声波振荡 10 min,冷却至室温,用异丙醇稀释至刻度,摇匀,过滤。

5.5.5.3　测定

在上述操作条件下,待仪器稳定后,连续注入数针标样溶液,直至相邻两针氟虫腈峰面积的相对变化小于1.2%后,按照标样溶液、试样溶液、试样溶液、标样溶液的顺序进行测定。

5.5.6　计算

将测得的两针试样溶液以及试样前后两针标样溶液中氟虫腈的峰面积比分别进行平均。试样中氟虫腈的质量分数按公式(1)计算,质量浓度按公式(2)计算。

$$w_1 = \frac{A_2 \times m_1 \times w}{A_1 \times m_2} \quad\text{...............................}(1)$$

$$\rho_1 = \frac{A_2 \times m_1 \times w \times \rho \times 10}{A_1 \times m_2} \quad\text{...............................}(2)$$

式中:

w_1——试样中氟虫腈质量分数的数值,单位为百分号(%);

A_2——试样溶液中氟虫腈峰面积的平均值;

m_1——标样质量的数值,单位为克(g);

w——标样中氟虫腈质量分数的数值,单位为百分号(%);

A_1——标样溶液中氟虫腈峰面积的平均值;

m_2——试样质量的数值,单位为克(g);

ρ_1 ——20 ℃时试样中氟虫腈质量浓度的数值,单位为克每升(g/L);

ρ ——20 ℃时试样的密度的数值,单位为克每毫升(g/mL)(按 GB/T 32776—2016 中 3.3 或 3.4 进行测定);

10 ——换算系数。

5.5.7 允许差

氟虫腈质量分数 2 次平行测定结果之差应不大于 0.2%,取其算术平均值作为测定结果。

5.6 pH

按 GB/T 1601 的规定执行。

5.7 悬浮率

5.7.1 测定

称取 1.0 g(精确至 0.000 1 g)试样,按 GB/T 14825—2006 中 4.2 的规定执行。用 60 mL 异丙醇分 3 次将量筒内剩余的 25 mL 悬浮液及沉淀物全部转移至 100 mL 容量瓶中,超声波振荡 10 min,取出冷却至室温,用异丙醇稀释至刻度,摇匀,过滤。按 5.5 测定氟虫腈的质量,并计算悬浮率。

5.7.2 计算

悬浮率按公式(3)计算。

$$w_2 = \frac{m_4 \times w_1 - A_4 \times m_3 \times w \div A_3}{m_4 \times w_1} \times \frac{10}{9} \times 100 \quad\cdots\cdots\cdots\cdots\cdots\cdots (3)$$

式中:

w_2 ——悬浮率的数值,单位为百分号(%);

m_4 ——试样质量的数值,单位为克(g);

w_1 ——氟虫腈质量分数的数值,单位为百分号(%);

A_4 ——试样溶液中氟虫腈峰面积的平均值;

m_3 ——标样质量的数值,单位为克(g);

w ——标样中氟虫腈质量分数的数值,单位为百分号(%);

A_3 ——标样溶液中氟虫腈峰面积的平均值;

$\dfrac{10}{9}$ ——换算系数。

5.8 倾倒性

按 GB/T 31737 的规定执行。

5.9 附着性

5.9.1 方法提要

包衣完成的种子通过固定高度反复自由跌落、经筛子分离。按 5.5 方法测定经跌落处理的种子上残留的氟虫腈含量,计算附着性。

5.9.2 试剂和溶液

5.9.2.1 异丙醇:色谱级。

5.9.2.2 水:新蒸二次蒸馏水或超纯水。

5.9.2.3 氟虫腈标样:已知质量分数,$w \geqslant 98.0\%$。

5.9.3 仪器

5.9.3.1 玻璃圆柱形导槽:长 410 mm～470 mm,内径 80 mm～85 mm,下端密封连接玻璃漏斗(下口径 15 mm～30 mm,长 15 mm～30 mm)。

5.9.3.2 上端玻璃漏斗:上口径(内径)为 145 mm～175 mm,下口径(内径)15 mm～30 mm,下口径长度 15 mm～30 mm。跌落处理的种子跌落总距离不少于 400 mm。

5.9.3.3 滑盖门:安装在漏斗底部。

5.9.3.4 支架:保证导槽处于垂直状态。

5.9.3.5 试验筛:网眼尺寸应小于被测种子,以防止被测种子通过试验筛。

5.9.3.6 锥形瓶:250 mL。

5.9.3.7 量筒:100 mL。

5.9.3.8 玻璃培养皿:直径 150 mm 或其他满足要求的规格。

5.9.3.9 过滤器:滤膜孔径约 0.45 μm。

5.9.3.10 超声波清洗器。

5.9.3.11 附着性测定装置图见图 2。

单位为毫米

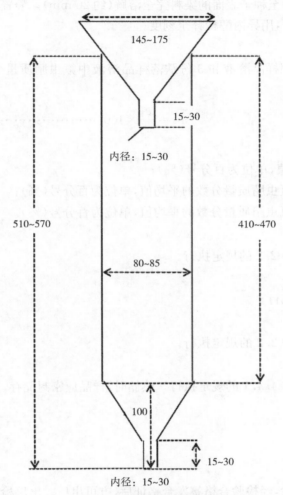

图 2 附着性测定装置图

5.9.4 测定步骤

5.9.4.1 种子处理

5.9.4.1.1 种子包衣

称取 50 g(精确至 0.1 g)种子于培养皿中,将 1 g(精确至 0.01 g)试样和 0.1 g(精确至 0.01 g)水注入到种子表面,加盖翻转 5 min,打开盖子,将包衣种子平展开,放置至药液干燥。将按上述处理的 330 g 种子,在温度(23±5)℃、相对湿度 40%～60% 的环境条件下储存至少 24 h。

5.9.4.1.2 样品跌落

称取包衣完成的种子样品 270 g,平均分成 3 份,并按下述方式进行试验:一份样品经过上端玻璃漏斗缓慢倒入圆柱导槽中,当所有种子均到达导槽底部时,打开隔门,使种子自由落体掉落在筛子上,关闭隔门,不必清理试验装置,上述过程重复 5 次,收集试验筛上的样品。在进行下一份样品试验前,将导槽、筛子和装置上的残留粉末清理干净。剩余的 2 份样品重复以上过程。

5.9.4.2 溶液制备

5.9.4.2.1 对照样品溶液的制备

从包衣完成的样品中分别称取 3 份 20 g(精确至 0.1 g)样品,置于 250 mL 锥形瓶中,加入 100 mL 异丙醇,超声波振荡至种子表面的染料完全溶解,静置 10 min 后,用移液管移取 5 mL 上清液,置于 50 mL 容量瓶中,用异丙醇稀释至刻度。

5.9.4.2.2 跌落样品溶液的制备

从跌落完成的 3 份样品中分别称取 20 g(精确至 0.1 g)样品,置于 250 mL 锥形瓶中,用量筒加入 100 mL 的异丙醇,超声波振荡至种子表面的染料完全溶解(约 20 min)。静置 10 min,用移液管移取 5 mL 上清液,置于 50 mL 容量瓶中,用异丙醇稀释至刻度。

5.9.4.3 测定和计算

按 5.5 方法测定 3 份对照样品溶液和 3 份跌落样品溶液中氟虫腈质量分数。试样的附着性按公式(4)计算。

$$w_3 = \frac{w_4}{w_5} \times 100 \quad\cdots\cdots\cdots\cdots\cdots\cdots\cdots\cdots\cdots\cdots\cdots\cdots\cdots\cdots\cdots\cdots\cdots\cdots\cdots\cdots (4)$$

式中:

w_3——试样附着性的数值,单位为百分号(%);

w_4——3 份跌落样品中氟虫腈质量分数的平均值,单位为百分号(%);

w_5——3 份对照样品中氟虫腈质量分数的平均值,单位为百分号(%)。

5.10 湿筛试验

按 GB/T 16150—1995 中 2.2 的规定执行。

5.11 持久起泡性

按 GB/T 28137 的规定执行。

5.12 低温稳定性试验

按 GB/T 19137—2003 中 2.2 的规定执行。

5.13 热储稳定性试验

按 GB/T 19136—2021 中 4.4.1 的规定执行。热储时,样品应密封储存,热储前后质量变化率应不大于 1.0%。

6 检验规则

6.1 出厂检验

每批产品均应做出厂检验,经检验合格签发合格证后,方可出厂。出厂检验项目为第 4 章技术要求中外观、氟虫腈质量分数、氟虫腈质量浓度、pH、悬浮率、倾倒性、附着性、湿筛试验、持久起泡性。

6.2 型式检验

型式检验项目为第 4 章中的全部项目,在正常连续生产情况下,每 3 个月至少进行 1 次。有下述情况之一,应进行型式检验:

a) 原料有较大改变,可能影响产品质量时;

b) 生产地址、生产设备或生产工艺有较大改变,可能影响产品质量时;

c) 停产后又恢复生产时;

d) 国家质量监管机构提出型式检验要求时。

6.3 判定规则

按 GB/T 8170—2008 中 4.3.3 判定检验结果是否符合本文件的要求。

按第 5 章检验方法对产品进行出厂检验和型式检验,任一项目不符合第 4 章的技术要求判为该批次产品不合格。

7 验收和质量保证期

7.1 验收

应符合 GB/T 1604 的规定。

7.2 质量保证期

在 8.2 的储运条件下,氟虫腈种子处理悬浮剂的质量保证期从生产日期算起为 2 年。质量保证期内,各项指标均应符合本文件的要求。

8 标志、标签、包装、储运

8.1 标志、标签、包装

氟虫腈种子处理悬浮剂的标志、标签和包装,应符合 GB 3796 的规定;氟虫腈种子处理悬浮剂采用聚酯瓶包装,每瓶 100 g(mL)、250 g(mL)、500 g(mL)等,紧密排列于钙塑箱、纸箱或木箱中,每箱净含量不超过 15 kg。也可根据用户要求或订货协议,采用其他形式的包装,但应符合 GB 3796 的规定。

8.2 储运

氟虫腈种子处理悬浮剂包装件应储存在通风、干燥的库房中;储运时,严防潮湿和日晒,避免渗入地面;不得与食物、种子、饲料混放;避免与皮肤、眼睛接触,防止由口鼻吸入。

附　录　A

（资料性）

氟虫腈的其他名称、结构式和基本物化参数

氟虫腈的其他名称、结构式和基本物化参数如下：

——ISO 通用名称：Fipronil；

——CAS 登录号：120068-37-3；

——CIPAC 数字代码：581；

——化学名称：5-氨基-1-[2,6-二氯-4-(三氟甲基)苯基]-4-[(*RS*)-(三氟甲基)亚磺酰基]-1*H*-吡唑-3-甲腈；

——结构式：

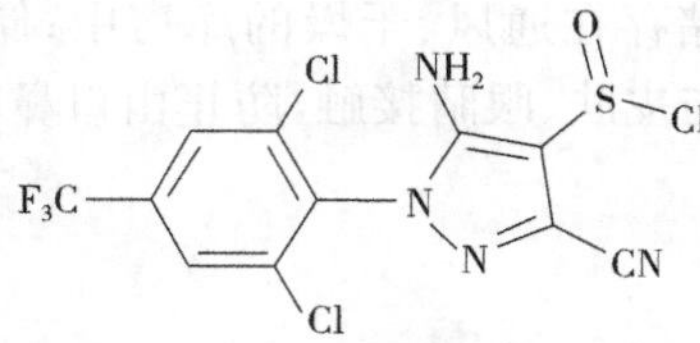

——分子式：$C_{12}H_4Cl_2F_6N_4OS$；

——相对分子质量：437.2；

——生物活性：杀虫；

——熔点：203 ℃；

——蒸气压：0.002 mPa(25 ℃)；

——溶解度(g/L,20 ℃～25 ℃)：水中 $1.9×10^{-3}$(pH 5)、$1.9×10^{-3}$(蒸馏水)、$2.4×10^{-3}$(pH 9)，丙酮中 545.9、二氯甲烷中 22.3、正己烷中 0.028、甲苯中 3.0；

——稳定性：在 pH 5 和 pH 7 水中稳定，pH 9 时缓慢水解，DT_{50} 约 28 d；对热稳定，在光照下缓慢降解，连续照射 12 d 后约损失 3%；在水中光解 DT_{50} 约 0.33 d。

ICS 65.100.10
CCS G 25

中华人民共和国农业行业标准

NY/T 4398—2023

氟啶虫酰胺原药

Flonicamid technical material

2023-12-22 发布　　　　　　　　　　　　　　　2024-05-01 实施

中华人民共和国农业农村部 发布

NY/T 4398—2023

前　言

本文件按照 GB/T 1.1—2020《标准化工作导则　第 1 部分：标准化文件的结构和起草规则》的规定起草。

请注意本文件的某些内容可能涉及专利。本文件的发布机构不承担识别专利的责任。

本文件由农业农村部种植业管理司提出。

本文件由全国农药标准化技术委员会（SAC/TC 133）归口。

本文件起草单位：河北兴柏农业科技有限公司、陕西一简一至生物工程有限公司、合肥高尔生命健康科学研究院有限公司、京博农化科技有限公司、沈阳沈化院测试技术有限公司、沈阳化工研究院有限公司。

本文件主要起草人：王静、刘进峰、袁明峰、张杰、曹同波、马磊、刘月、黎娜。

氟啶虫酰胺原药

1 范围

本文件规定了氟啶虫酰胺原药的技术要求、试验方法、检验规则、验收和质量保证期以及标志、标签、包装、储运。

本文件适用于氟啶虫酰胺原药产品的质量控制。

注：氟啶虫酰胺的其他名称、结构式和基本物化参数见附录 A。

2 规范性引用文件

下列文件中的内容通过文中的规范性引用而构成本文件必不可少的条款。其中，注日期的引用文件，仅该日期对应的版本适用于本文件；不注日期的引用文件，其最新版本（包括所有的修改单）适用于本文件。

GB/T 1600—2021 农药水分测定方法

GB/T 1601 农药 pH 值的测定方法

GB/T 1604 商品农药验收规则

GB/T 1605—2001 商品农药采样方法

GB 3796 农药包装通则

GB/T 8170—2008 数值修约规则与极限数值的表示和判定

GB/T 19138 农药丙酮不溶物测定方法

3 术语和定义

本文件没有需要界定的术语和定义。

4 技术要求

4.1 外观

白色至淡黄色固体粉末。

4.2 技术指标

氟啶虫酰胺原药应符合表 1 的要求。

表 1 氟啶虫酰胺原药技术指标

项 目	指 标
氟啶虫酰胺质量分数,%	≥96.0
水分,%	≤0.5
pH	4.0～7.0
丙酮不溶物,%	≤0.3

5 试验方法

警示：使用本文件的人员应有实验室工作的实践经验。本文件并未指出所有的安全问题。使用者有责任采取适当的安全和健康措施。

5.1 一般规定

本文件所用试剂和水在没有注明其他要求时，均指分析纯试剂和蒸馏水。

5.2 取样

按 GB/T 1605—2001 中 5.3.1 的规定执行。用随机数表法确定取样的包装件;最终取样量应不少于 100 g。

5.3 鉴别试验

5.3.1 红外光谱法

氟啶虫酰胺原药与氟啶虫酰胺标样在 4 000 cm⁻¹~400 cm⁻¹ 范围的红外吸收光谱图应没有明显区别。氟啶虫酰胺标样的红外光谱图见图 1。

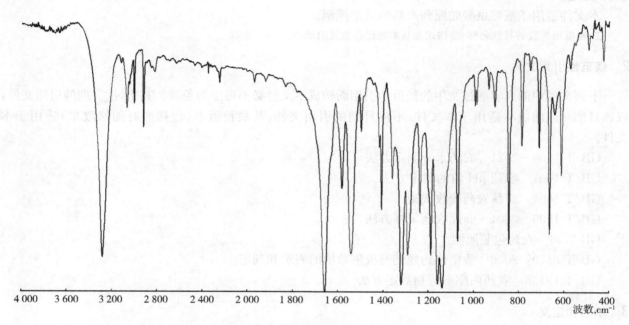

图 1 氟啶虫酰胺标样的红外光谱图

5.3.2 液相色谱法

本鉴别试验可与氟啶虫酰胺质量分数的测定同时进行。在相同的色谱操作条件下,试样溶液中某色谱峰的保留时间与标样溶液中氟啶虫酰胺色谱峰的保留时间,其相对差应在 1.5% 以内。

5.4 外观

采用目测法测定。

5.5 氟啶虫酰胺质量分数

5.5.1 方法提要

试样用甲醇溶解,以甲醇+水为流动相,使用以 C_{18} 为填料的不锈钢柱和紫外检测器,在波长 265 nm 下对试样中的氟啶虫酰胺进行高效液相色谱分离,外标法定量。

5.5.2 试剂和溶液

5.5.2.1 甲醇:色谱纯。

5.5.2.2 水:新蒸二次蒸馏水或超纯水。

5.5.2.3 氟啶虫酰胺标样:已知氟啶虫酰胺质量分数,$w \geqslant 98.0\%$。

5.5.3 仪器

5.5.3.1 高效液相色谱仪:具有可变波长紫外检测器。

5.5.3.2 色谱柱:250 mm×4.6 mm(内径)不锈钢柱,内装 C_{18}、5 μm 填充物(或具同等效果的色谱柱)。

5.5.3.3 过滤器:滤膜孔径约 0.45 μm。

5.5.3.4 超声波清洗器。

5.5.4 高效液相色谱操作条件

5.5.4.1 流动相:$\psi_{(甲醇:水)}=30:70$。

5.5.4.2 流速:1.0 mL/min。

5.5.4.3 柱温:室温(温度变化应不大于 2 ℃)。

5.5.4.4 检测波长:265 nm。

5.5.4.5 进样体积:5 μL。

5.5.4.6 保留时间:氟啶虫酰胺约 6.0 min。

5.5.4.7 上述操作参数是典型的,可根据不同仪器特点,对给定的操作参数作适当调整,以期获得最佳效果。典型的氟啶虫酰胺原药的高效液相色谱图见图 2。

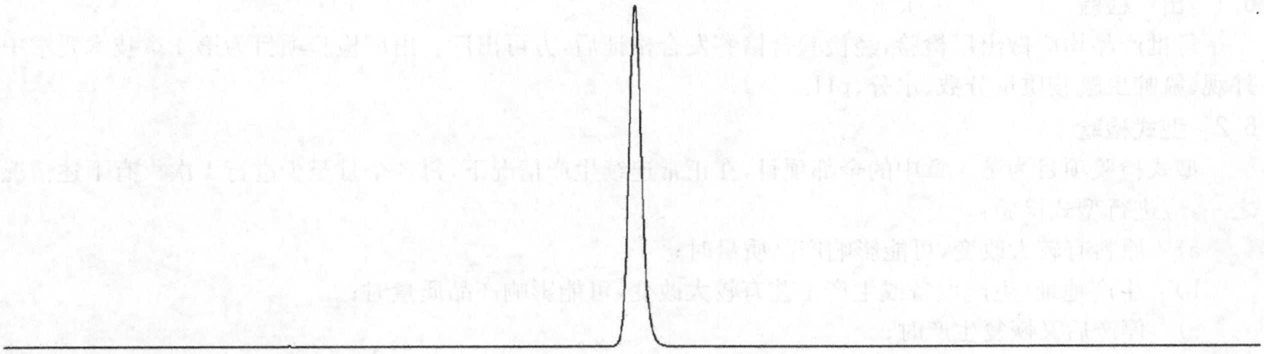

标引序号说明:
1——氟啶虫酰胺。

图 2 氟啶虫酰胺原药的高效液相色谱图

5.5.5 测定步骤

5.5.5.1 标样溶液的制备

称取 0.05 g(精确至 0.000 1 g)氟啶虫酰胺标样,置于 100 mL 容量瓶中,加入 80 mL 甲醇,振摇使之溶解,用甲醇稀释至刻度,摇匀。

5.5.5.2 试样溶液的制备

称取含氟啶虫酰胺 0.05 g(精确至 0.000 1 g)的原药试样,置于 100 mL 容量瓶中,加入 80 mL 甲醇,振摇使之溶解,用甲醇稀释至刻度,摇匀。

5.5.5.3 测定

在上述操作条件下,待仪器稳定后,连续注入数针标样溶液,直至相邻两针氟啶虫酰胺峰面积相对变化小于 1.2%后,按照标样溶液、试样溶液、试样溶液、标样溶液的顺序进行测定。

5.5.6 计算

将测得的两针试样溶液以及试样前后两针标样溶液中氟啶虫酰胺峰面积分别进行平均。试样中氟啶虫酰胺的质量分数按公式(1)计算。

$$w_1 = \frac{A_2 \times m_1 \times w_{b1}}{A_1 \times m_2} \quad \cdots\cdots\cdots\cdots\cdots\cdots\cdots\cdots\cdots\cdots\cdots (1)$$

式中:

w_1——试样中氟啶虫酰胺质量分数的数值,单位为百分号(%);

A_2——试样溶液中氟啶虫酰胺峰面积的平均值;

m_1——氟啶虫酰胺标样质量的数值,单位为克(g);

w_{b1}——标样中氟啶虫酰胺质量分数的数值,单位为百分号(%);

A_1——标样溶液中氟啶虫酰胺峰面积的平均值;

m_2——试样质量的数值,单位为克(g)。

5.5.7 允许差

氟啶虫酰胺质量分数 2 次平行测定结果之差应不大于 1.2%,取其算术平均值作为测定结果。

5.6 水分

按 GB/T 1600—2021 中 4.2 的规定执行。

5.7 pH

按 GB/T 1601 的规定执行。

5.8 丙酮不溶物

按 GB/T 19138 的规定执行。

6 检验规则

6.1 出厂检验

每批产品均应做出厂检验,经检验合格签发合格证后,方可出厂。出厂检验项目为第 4 章技术要求中外观、氟啶虫酰胺质量分数、水分、pH。

6.2 型式检验

型式检验项目为第 4 章中的全部项目,在正常连续生产情况下,每 3 个月至少进行 1 次。有下述情况之一,应进行型式检验:

a) 原料有较大改变,可能影响产品质量时;

b) 生产地址、生产设备或生产工艺有较大改变,可能影响产品质量时;

c) 停产后又恢复生产时;

d) 国家质量监管机构提出型式检验要求时。

6.3 判定规则

按 GB/T 8170—2008 中 4.3.3 判定检验结果是否符合本文件的要求。

按第 5 章的检验方法对产品进行出厂检验和型式检验,任一项目不符合第 4 章的技术要求判为该批次产品不合格。

7 验收和质量保证期

7.1 验收

应符合 GB/T 1604 的规定。

7.2 质量保证期

在 8.2 的储运条件下,氟啶虫酰胺原药的质量保证期从生产日期算起为 2 年。质量保证期内,各项指标均应符合本文件的要求。

8 标志、标签、包装、储运

8.1 标志、标签、包装

氟啶虫酰胺原药的标志、标签、包装应符合 GB 3796 的规定;氟啶虫酰胺原药的包装应采用内衬塑料袋的编织袋包装。也可根据用户要求或订货协议采用其他形式的包装,但应符合 GB 3796 的规定。

8.2 储运

氟啶虫酰胺原药包装件应储存在通风、干燥的库房中;储运时,严防潮湿和日晒;不得与食物、种子、饲料混放;避免与皮肤、眼睛接触;防止由口鼻吸入。

附 录 A
（资料性）
氟啶虫酰胺的其他名称、结构式和基本物化参数

氟啶虫酰胺的其他名称、结构式和基本物化参数如下：
——ISO 通用名称：Flonicamid。
——CAS 登录号：158062-67-0。
——化学名称：N-(氰甲基)-4-(三氟甲基)烟酰胺。
——结构式：

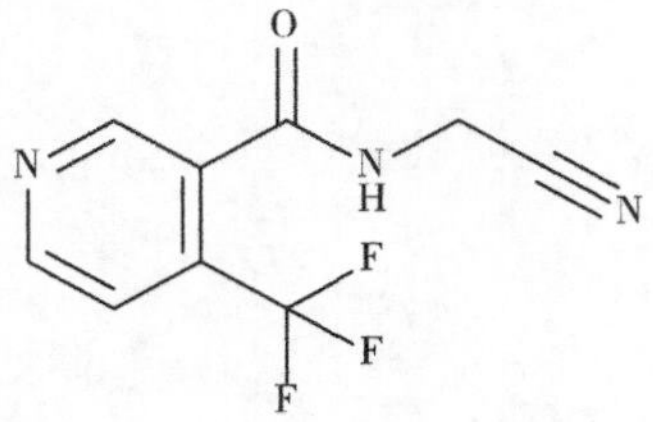

——分子式：$C_9H_6F_3N_3O$。
——相对分子质量：229.2。
——生物活性：杀虫。
——熔点：157.5 ℃。
——蒸气压(25 ℃)：0.002 55 mPa。
——溶解度(20 ℃～25 ℃)：水中 5.2 g/L。丙酮中 186.7 g/L，乙腈中 146.1 g/L，二氯甲烷中 4.5 g/L，乙酸乙酯中 33.9 g/L，正己烷中 0.000 2 g/L，异丙醇中 15.7 g/L，甲醇中 110.6 g/L，正辛醇中 3.0 g/L，甲苯中 0.55 g/L。
——稳定性：对热、光稳定，不易水解。

ICS 65.100.10
CCS G 25

中华人民共和国农业行业标准

NY/T 4399—2023

氟啶虫酰胺悬浮剂

Flonicamid suspension concentrate

2023-12-22 发布   2024-05-01 实施

中华人民共和国农业农村部 发布

NY/T 4399—2023

前　言

本文件按照 GB/T 1.1—2020《标准化工作导则　第 1 部分：标准化文件的结构和起草规则》的规定起草。

请注意本文件的某些内容可能涉及专利。本文件的发布机构不承担识别专利的责任。

本文件由农业农村部种植业管理司提出。

本文件由全国农药标准化技术委员会(SAC/TC 133)归口。

本文件起草单位：沈阳沈化院测试技术有限公司、蚌埠格润生物科技有限公司、济南天邦化工有限公司、深圳诺普信农化股份有限公司。

本文件主要起草人：刘月、吴孝槐、贾立雨、李向海、黄鸿良、王静、黎娜。

氟啶虫酰胺悬浮剂

1 范围

本文件规定了氟啶虫酰胺悬浮剂的技术要求、试验方法、检验规则、验收和质量保证期以及标志、标签、包装、储运。

本文件适用于氟啶虫酰胺悬浮剂产品的质量控制。

注：氟啶虫酰胺的其他名称、结构式和基本物化参数见附录A。

2 规范性引用文件

下列文件中的内容通过文中的规范性引用而构成本文件必不可少的条款。其中，注日期的引用文件，仅该日期对应的版本适用于本文件；不注日期的引用文件，其最新版本（包括所有的修改单）适用于本文件。

GB/T 1601 农药pH值的测定方法

GB/T 1604 商品农药验收规则

GB/T 1605—2001 商品农药采样方法

GB 3796 农药包装通则

GB/T 8170—2008 数值修约规则与极限数值的表示和判定

GB/T 14825—2006 农药悬浮率测定方法

GB/T 16150—1995 农药粉剂、可湿性粉剂细度测定方法

GB/T 19136—2021 农药热储稳定性测定方法

GB/T 19137—2003 农药低温稳定性测定方法

GB/T 28137 农药持久起泡性测定方法

GB/T 31737 农药倾倒性测定方法

GB/T 32776—2016 农药密度测定方法

3 术语和定义

本文件没有需要界定的术语和定义。

4 技术要求

4.1 外观

应是可流动、易测量体积的悬浮液体；存放过程中可能出现沉淀，但经手摇动，应恢复原状，不应有结块。

4.2 技术指标

氟啶虫酰胺悬浮剂应符合表1的要求。

表1 氟啶虫酰胺悬浮剂技术指标

项 目		指 标		
		10%规格	20%规格	25%规格
氟啶虫酰胺质量分数，%		$10.0^{+1.0}_{-1.0}$	$20.0^{+1.2}_{-1.2}$	$25.0^{+1.5}_{-1.5}$
氟啶虫酰胺质量浓度[a]（20 ℃），g/L		108^{+11}_{-11}	216^{+13}_{-13}	270^{+16}_{-16}
pH		5.0～8.0		
悬浮率，%		≥90		
倾倒性	倾倒后残余物，%	≤5.0		
	洗涤后残余物，%	≤0.5		

表 1（续）

项 目	指 标		
	10%规格	20%规格	25%规格
持久起泡性(1 min 后泡沫量),mL	≤50		
湿筛试验(通过 75 μm 标准筛),%	≥98		
低温稳定性	冷储后,湿筛试验、悬浮率符合本文件的要求		
热储稳定性	热储后,氟啶虫酰胺质量分数应不低于热储前的 95%,pH、悬浮率、倾倒性和湿筛试验仍符合本文件的要求		
ª 当以质量分数和以质量浓度表示的结果不能同时满足本文件要求时,按质量分数的结果判定产品是否合格。			

5 试验方法

警示:使用本文件的人员应有实验室工作的实践经验。本文件并未指出所有的安全问题。使用者有责任采取适当的安全和健康措施。

5.1 一般规定

本文件所用试剂和水在没有注明其他要求时,均指分析纯试剂和蒸馏水。

5.2 取样

按 GB/T 1605—2001 中 5.3.2 的规定执行。用随机数表法确定取样的包装件;最终取样量应不少于 1 000 mL。

5.3 鉴别试验

液相色谱法——本鉴别试验可与氟啶虫酰胺质量分数的测定同时进行。在相同的色谱操作条件下,试样溶液中某色谱峰的保留时间与标样溶液中氟啶虫酰胺色谱峰的保留时间,其相对差值应在 1.5% 以内。

5.4 外观

采用目测法测定。

5.5 氟啶虫酰胺质量分数(质量浓度)

5.5.1 方法提要

试样用甲醇溶解,以甲醇+水为流动相,使用以 C_{18} 为填料的不锈钢柱和紫外检测器,在波长 265 nm 下对试样中的氟啶虫酰胺进行高效液相色谱分离,外标法定量。

5.5.2 试剂和溶液

5.5.2.1 甲醇:色谱纯。

5.5.2.2 水:新蒸二次蒸馏水或超纯水。

5.5.2.3 氟啶虫酰胺标样:已知氟啶虫酰胺质量分数,$w \geq 98.0\%$。

5.5.3 仪器

5.5.3.1 高效液相色谱仪:具有可变波长紫外检测器。

5.5.3.2 色谱柱:250 mm×4.6 mm(内径)不锈钢柱,内装 C_{18}、5 μm 填充物(或具同等效果的色谱柱)。

5.5.3.3 过滤器:滤膜孔径约 0.45 μm。

5.5.3.4 超声波清洗器。

5.5.4 高效液相色谱操作条件

5.5.4.1 流动相:$\psi_{(甲醇:水)} = 30:70$。

5.5.4.2 流速:1.0 mL/min。

5.5.4.3 柱温:室温(温度变化应不大于 2 ℃)。

5.5.4.4 检测波长:265 nm。

5.5.4.5 进样体积:5 μL。

5.5.4.6 保留时间:氟啶虫酰胺约 6.0 min。

5.5.4.7 上述操作参数是典型的,可根据不同仪器特点,对给定的操作参数作适当调整,以期获得最佳效果。典型的氟啶虫酰胺悬浮剂的高效液相色谱图见图1。

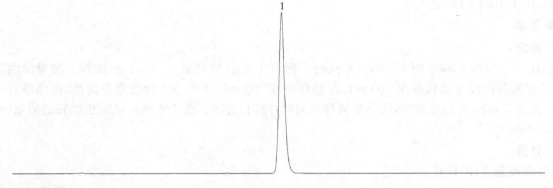

标引序号说明:
1——氟啶虫酰胺。

图 1 氟啶虫酰胺悬浮剂的高效液相色谱图

5.5.5 测定步骤

5.5.5.1 标样溶液的制备

称取 0.05 g 氟啶虫酰胺标样(精确至 0.000 1 g),置于 100 mL 容量瓶中,加入 80 mL 甲醇,振摇使之溶解,用甲醇稀释至刻度,摇匀。

5.5.5.2 试样溶液的制备

称取含氟啶虫酰胺 0.05 g(精确至 0.000 1 g)的试样于 100 mL 容量瓶中,先加入 2 mL～3 mL 水摇动分散,再加入 80 mL 甲醇,超声振荡 5 min,冷却至室温,用甲醇稀释至刻度,摇匀,过滤。

5.5.5.3 测定

在上述操作条件下,待仪器稳定后,连续注入数针标样溶液,直至相邻两针氟啶虫酰胺峰面积相对变化小于 1.2% 后,按照标样溶液、试样溶液、试样溶液、标样溶液的顺序进行测定。

5.5.6 计算

将测得的两针试样溶液以及试样前后两针标样溶液中氟啶虫酰胺峰面积分别进行平均。试样中氟啶虫酰胺的质量分数按公式(1)计算,质量浓度按公式(2)计算。

$$w_1 = \frac{A_2 \times m_1 \times w_{b1}}{A_1 \times m_2} \quad\cdots\cdots\cdots\cdots\cdots\cdots\cdots (1)$$

$$\rho_1 = \frac{A_2 \times m_1 \times w_{b1} \times \rho \times 10}{A_1 \times m_2} \quad\cdots\cdots\cdots\cdots (2)$$

式中:

w_1——试样中氟啶虫酰胺质量分数的数值,单位为百分号(%);

A_2——试样溶液中氟啶虫酰胺峰面积的平均值;

m_1——氟啶虫酰胺标样质量的数值,单位为克(g);

w_{b1}——标样中氟啶虫酰胺质量分数的数值,单位为百分号(%);

A_1——标样溶液中氟啶虫酰胺峰面积的平均值;

m_2——试样质量的数值,单位为克(g);

ρ_1——20 ℃时试样中氟啶虫酰胺质量浓度的数值,单位为克每升(g/L);

ρ ——20 ℃时试样密度的数值,单位为克每毫升(g/mL)(按 GB/T 32776—2016 中 3.3 或 3.4 进行测定);

10 ——质量分数转换为质量浓度的换算系数。

5.5.7 允许差

氟啶虫酰胺质量分数 2 次平行测定结果之差,10% 氟啶虫酰胺悬浮剂应不大于 0.4%,20% 氟啶虫酰胺悬浮剂和 25%氟啶虫酰胺悬浮剂应不大于 0.5%，分别取其算术平均值作为测定结果。

5.6 pH

按 GB/T 1601 的规定执行。

5.7 悬浮率

5.7.1 测定

按 GB/T 14825—2006 中 4.2 的规定执行。称取 1.0 g(精确至 0.000 1 g)试样。将量筒内剩余的 25 mL悬浮液及沉淀全部转移至 100 mL 容量瓶中,用 50 mL 甲醇分 3 次洗涤量筒底,洗涤液并入容量瓶,超声振荡 5 min,冷却至室温,用甲醇稀释至刻度,摇匀,过滤。按 5.5 测定氟啶虫酰胺的质量,计算悬浮率。

5.7.2 计算

悬浮率按公式(3)计算。

$$w_2 = \frac{m_4 \times w_1 - A_4 \times m_3 \times w_{b1} \div A_3}{m_4 \times w_1} \times \frac{10}{9} \quad \cdots\cdots\cdots\cdots\cdots\cdots\cdots\cdots\cdots (3)$$

式中：

w_2——悬浮率的数值,单位为百分号(%);

m_4——试样质量的数值,单位为克(g);

w_1——试样中氟啶虫酰胺质量分数的数值,单位为百分号(%);

A_4——试样溶液中氟啶虫酰胺峰面积的平均值;

m_3——氟啶虫酰胺标样质量的数值,单位为克(g);

w_{b1}——标样中氟啶虫酰胺质量分数的数值,单位为百分号(%);

A_3——标样溶液中氟啶虫酰胺峰面积的平均值;

$\dfrac{10}{9}$——测定体积与总体积的换算系数。

5.8 倾倒性

按 GB/T 31737 的规定执行。

5.9 持久起泡性

按 GB/T 28137 的规定执行。

5.10 湿筛试验

按 GB/T 16150—1995 中 2.2 的规定执行。

5.11 低温稳定性

按 GB/T 19137—2003 中 2.2 的规定执行。

5.12 热储稳定性

按 GB/T 19136—2021 中 4.4.1 的规定执行。热储时,样品应密封储存,热储前后质量变化率应不大于 1.0%。

6 检验规则

6.1 出厂检验

每批产品均应做出厂检验,经检验合格签发合格证后,方可出厂。出厂检验项目为第 4 章技术要求中外观、氟啶虫酰胺质量分数、氟啶虫酰胺质量浓度、pH、悬浮率、倾倒性、持久起泡性、湿筛试验。

6.2 型式检验

型式检验项目为第 4 章中的全部项目,在正常连续生产情况下,每 3 个月至少进行 1 次。有下述情况之一,应进行型式检验:

a) 原料有较大改变,可能影响产品质量时;

b) 生产地址、生产设备或生产工艺有较大改变,可能影响产品质量时;

c) 停产后又恢复生产时；

d) 国家质量监管机构提出型式检验要求时。

6.3 判定规则

按 GB/T 8170—2008 中 4.3.3 判定检验结果是否符合本文件的要求。

按第 5 章的检验方法对产品进行出厂检验和型式检验，任一项目不符合第 4 章的技术要求判为该批次产品不合格。

7 验收和质量保证期

7.1 验收

应符合 GB/T 1604 的规定。

7.2 质量保证期

在 8.2 的储运条件下，氟啶虫酰胺悬浮剂的质量保证期从生产日期算起为 2 年。质量保证期内，各项指标均应符合本文件的要求。

8 标志、标签、包装、储运

8.1 标志、标签、包装

氟啶虫酰胺悬浮剂的标志、标签、包装应符合 GB 3796 的规定；氟啶虫酰胺悬浮剂的包装应采用清洁干燥的塑料桶包装。氟啶虫酰胺悬浮剂的包装应采用清洁、干燥的聚酯瓶包装，外用瓦楞纸箱包装。也可根据用户要求或订货协议采用其他形式的包装，但应符合 GB 3796 的规定。

8.2 储运

氟啶虫酰胺悬浮剂包装件应储存在通风、干燥的库房中。储运时，严防潮湿和日晒；不得与食物、种子、饲料混放；避免与皮肤、眼睛接触，防止由口鼻吸入。

附 录 A

（资料性）

氟啶虫酰胺的其他名称、结构式和基本物化参数

氟啶虫酰胺的其他名称、结构式和基本物化参数如下：
——ISO 通用名称：Flonicamid。
——CAS 登录号：158062-67-0。
——化学名称：N-(氰甲基)-4-(三氟甲基)烟酰胺。
——结构式：

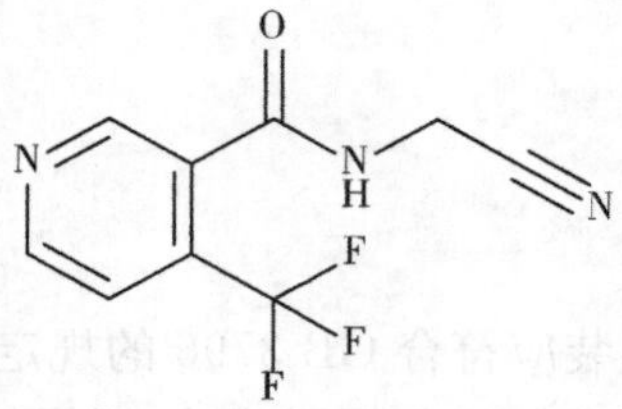

——分子式：$C_9H_6F_3N_3O$。
——相对分子质量：229.2。
——生物活性：杀虫。
——熔点：157.5 ℃。
——蒸气压(25 ℃)：0.002 55 mPa。
——溶解度(20 ℃～25 ℃)：水中 5.2 g/L。丙酮中 186.7 g/L，乙腈中 146.1 g/L，二氯甲烷中 4.5 g/L，乙酸乙酯中 33.9 g/L，正己烷中 0.000 2 g/L，异丙醇中 15.7 g/L，甲醇中 110.6 g/L，正辛醇中 3.0 g/L，甲苯中 0.55 g/L。
——稳定性：对热、光稳定，不易水解。

ICS 65.100.10
CCS G 25

中华人民共和国农业行业标准

NY/T 4400—2023

氟啶虫酰胺水分散粒剂

Flonicamid water dispersible granule

2023-12-22 发布

2024-05-01 实施

中华人民共和国农业农村部 发布

前　言

本文件按照 GB/T 1.1—2020《标准化工作导则　第 1 部分:标准化文件的结构和起草规则》的规定起草。

请注意本文件的某些内容可能涉及专利。本文件的发布机构不承担识别专利的责任。

本文件由农业农村部种植业管理司提出。

本文件由全国农药标准化技术委员会(SAC/TC 133)归口。

本文件起草单位:宁波石原金牛农业科技有限公司、山东惠民中联生物科技有限公司、安徽省锦江农化有限公司、京博农化科技有限公司、沈阳沈化院测试技术有限公司、沈阳化工研究院有限公司。

本文件主要起草人:胡银权、朱俊连、李川、曹同波、黎娜、王静、刘月。

氟啶虫酰胺水分散粒剂

1 范围

本文件规定了氟啶虫酰胺水分散粒剂的技术要求、试验方法、检验规则、验收和质量保证期以及标志、标签、包装、储运。

本文件适用于氟啶虫酰胺水分散粒剂产品的质量控制。

注：氟啶虫酰胺的其他名称、结构式和基本物化参数见附录A。

2 规范性引用文件

下列文件中的内容通过文中的规范性引用而构成本文件必不可少的条款。其中，注日期的引用文件，仅该日期对应的版本适用于本文件；不注日期的引用文件，其最新版本（包括所有的修改单）适用于本文件。

GB/T 1600—2021　农药水分测定方法

GB/T 1601　农药pH值的测定方法

GB/T 1604　商品农药验收规则

GB/T 1605—2001　商品农药采样方法

GB 3796　农药包装通则

GB/T 5451　农药可湿性粉剂润湿性测定方法

GB/T 8170—2008　数值修约规则与极限数值的表示和判定

GB/T 14825—2006　农药悬浮率测定方法

GB/T 16150—1995　农药粉剂、可湿性粉剂细度测定方法

GB/T 19136—2021　农药热储稳定性测定方法

GB/T 28137　农药持久起泡性测定方法

GB/T 30360　颗粒状农药粉尘测定方法

GB/T 32775　农药分散性测定方法

GB/T 33031　农药水分散粒剂耐磨性测定方法

3 术语和定义

本文件没有需要界定的术语和定义。

4 技术要求

4.1 外观

干燥的、能自由流动的固体颗粒。

4.2 技术指标

氟啶虫酰胺水分散粒剂应符合表1的要求。

表1　氟啶虫酰胺水分散粒剂技术指标

项　目	指　标		
	10%规格	20%规格	50%规格
氟啶虫酰胺质量分数，%	$10.0^{+1.0}_{-1.0}$	$20.0^{+1.2}_{-1.2}$	$50.0^{+2.5}_{-2.5}$
水分，%	≤3.0		
pH	6.0～9.0		
湿筛试验（通过75 μm试验筛），%	≥98		

表 1（续）

项目	指标		
	10%规格	20%规格	50%规格
分散性,%	≥80		
悬浮率,%	≥80		
润湿时间,s	≤90		
持久起泡性(1 min 后泡沫量),mL	≤60		
耐磨性,%	≥90		
粉尘,mg	≤30		
热储稳定性	热储后,氟啶虫酰胺质量分数应不低于热储前的 95%,pH、湿筛试验、分散性、悬浮率、耐磨性和粉尘仍应符合本文件的要求		

5 试验方法

警示:使用本文件的人员应有实验室工作的实践经验。本文件并未指出所有的安全问题。使用者有责任采取适当的安全和健康措施。

5.1 一般规定

本文件所用试剂和水在没有注明其他要求时,均指分析纯试剂和蒸馏水。

5.2 取样

按 GB/T 1605—2001 中 5.3.3 的规定执行。用随机数表法确定取样的包装件;最终取样量应不少于 600 g。

5.3 鉴别试验

液相色谱法——本鉴别试验可与氟啶虫酰胺质量分数的测定同时进行。在相同的色谱操作条件下,试样溶液中某色谱峰的保留时间与标样溶液中氟啶虫酰胺色谱峰的保留时间,其相对差应在 1.5%以内。

5.4 外观

采用目测法测定。

5.5 氟啶虫酰胺质量分数

5.5.1 方法提要

试样用甲醇溶解,以甲醇+水为流动相,使用以 C_{18} 为填料的不锈钢柱和紫外检测器,在波长 265 nm 下对试样中的氟啶虫酰胺进行高效液相色谱分离,外标法定量。

5.5.2 试剂和溶液

5.5.2.1 甲醇:色谱纯。

5.5.2.2 水:新蒸二次蒸馏水或超纯水。

5.5.2.3 氟啶虫酰胺标样:已知氟啶虫酰胺质量分数,$w ≥ 98.0\%$。

5.5.3 仪器

5.5.3.1 高效液相色谱仪:具有可变波长紫外检测器。

5.5.3.2 色谱柱:250 mm×4.6 mm(内径)不锈钢柱,内装 C_{18}、5 μm 填充物(或具同等效果的色谱柱)。

5.5.3.3 过滤器:滤膜孔径约 0.45 μm。

5.5.3.4 超声波清洗器。

5.5.4 高效液相色谱操作条件

5.5.4.1 流动相:$\psi_{(甲醇:水)} = 30:70$。

5.5.4.2 流速:1.0 mL/min。

5.5.4.3 柱温:室温(温度变化应不大于 2 ℃)。

5.5.4.4 检测波长:265 nm。

5.5.4.5 进样体积:5 μL。

5.5.4.6 保留时间:氟啶虫酰胺约 6.0 min。

5.5.4.7 上述操作参数是典型的,可根据不同仪器特点,对给定的操作参数作适当调整,以期获得最佳效果。典型的氟啶虫酰胺水分散粒剂的高效液相色谱图见图 1。

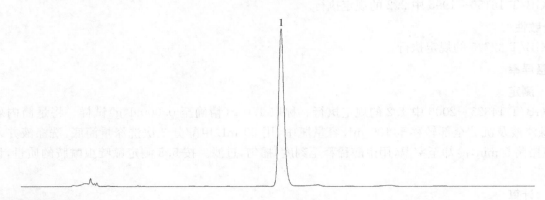

标引序号说明:
1——氟啶虫酰胺。

图 1　氟啶虫酰胺水分散粒剂的高效液相色谱图

5.5.5　测定步骤

5.5.5.1　标样溶液的制备

称取 0.05 g(精确至 0.000 1 g)氟啶虫酰胺标样,置于 100 mL 容量瓶中,加入 80 mL 甲醇,振摇使之溶解,用甲醇稀释至刻度,摇匀。

5.5.5.2　试样溶液的制备

称取含氟啶虫酰胺 0.05 g(精确至 0.000 1 g)的试样于 100 mL 容量瓶中,先加入 2 mL～3 mL 水摇动分散,再加入 80 mL 甲醇,超声振荡 5 min,冷却至室温,用甲醇稀释至刻度,摇匀,过滤。

5.5.5.3　测定

在上述操作条件下,待仪器稳定后,连续注入数针标样溶液,直至相邻两针氟啶虫酰胺峰面积相对变化小于 1.2% 后,按照标样溶液、试样溶液、试样溶液、标样溶液的顺序进行测定。

5.5.6　计算

将测得的两针试样溶液以及试样前后两针标样溶液中氟啶虫酰胺峰面积分别进行平均。试样中氟啶虫酰胺的质量分数按公式(1)计算。

$$w_1 = \frac{A_2 \times m_1 \times w_{b1}}{A_1 \times m_2} \quad\quad\quad\quad\quad\quad (1)$$

式中:

w_1——试样中氟啶虫酰胺质量分数的数值,单位为百分号(%);

A_2——试样溶液中氟啶虫酰胺峰面积的平均值;

m_1——氟啶虫酰胺标样质量的数值,单位为克(g);

w_{b1}——标样中氟啶虫酰胺质量分数的数值,单位为百分号(%);

A_1——标样溶液中氟啶虫酰胺峰面积的平均值;

m_2——试样质量的数值,单位为克(g)。

5.5.7　允许差

氟啶虫酰胺质量分数 2 次平行测定结果之差,10% 氟啶虫酰胺水分散粒剂应不大于 0.4%,20% 氟啶虫酰胺水分散粒剂应不大于 0.5%,50% 氟啶虫酰胺水分散粒剂应不大于 0.7%,分别取其算术平均值作为测定结果。

5.6　水分

按 GB/T 1600—2021 中 4.3 的规定执行。

5.7 pH

按 GB/T 1601 的规定执行。

5.8 湿筛试验

按 GB/T 16150—1995 中 2.2 的规定执行。

5.9 分散性

按 GB/T 32775 的规定执行。

5.10 悬浮率

5.10.1 测定

按 GB/T 14825—2006 中 4.2 的规定执行。称取 1.0 g(精确至 0.000 1 g)试样。将量筒内剩余的 25 mL 悬浮液及沉淀全部转移至 100 mL 容量瓶中,用 50 mL 甲醇分 3 次洗涤量筒底,洗涤液并入容量瓶,超声振荡 5 min,冷却至室温,用甲醇稀释至刻度,摇匀,过滤。按 5.5 测定氟啶虫酰胺的质量,计算其悬浮率。

5.10.2 计算

悬浮率按公式(2)计算。

$$w_2 = \frac{m_4 \times w_1 - A_4 \times m_3 \times w_{b1} \div A_3}{m_4 \times w_1} \times \frac{10}{9} \quad \cdots\cdots\cdots\cdots\cdots\cdots\cdots\cdots\cdots\cdots (2)$$

式中:

w_2——悬浮率的数值,单位为百分号(%);

m_4——试样质量的数值,单位为克(g);

w_1——试样中氟啶虫酰胺质量分数的数值,单位为百分号(%);

A_4——试样溶液中氟啶虫酰胺峰面积的平均值;

m_3——氟啶虫酰胺标样质量的数值,单位为克(g);

w_{b1}——标样中氟啶虫酰胺质量分数的数值,单位为百分号(%);

A_3——标样溶液中氟啶虫酰胺峰面积的平均值;

$\dfrac{10}{9}$——测定体积与总体积的换算系数。

5.11 润湿时间

按 GB/T 5451 的规定执行。

5.12 持久起泡性

按 GB/T 28137 的规定执行。

5.13 耐磨性

按 GB/T 33031 的规定执行。

5.14 粉尘

按 GB/T 30360 的规定执行。

5.15 热储稳定性试验

按 GB/T 19136—2021 中 4.4.1 的规定执行。热储时,样品应密封储存,热储前后质量变化率应不大于 1.0%。

6 检验规则

6.1 出厂检验

每批产品均应做出厂检验,经检验合格签发合格证后,方可出厂。出厂检验项目为第 4 章技术要求中外观、氟啶虫酰胺质量分数、水分、pH、湿筛试验、分散性、悬浮率、润湿时间、持久起泡性、耐磨性、粉尘。

6.2 型式检验

型式检验项目为第 4 章中的全部项目,在正常连续生产情况下,每 3 个月至少进行 1 次。有下述情况

之一,应进行型式检验:

    a)   原料有较大改变,可能影响产品质量时;

    b)   生产地址、生产设备或生产工艺有较大改变,可能影响产品质量时;

    c)   停产后又恢复生产时;

    d)   国家质量监管机构提出型式检验要求时。

6.3 判定规则

按 GB/T 8170—2008 中 4.3.3 判定检验结果是否符合本文件的要求。

按第 5 章的检验方法对产品进行出厂检验和型式检验,任一项目不符合第 4 章的技术要求判为该批次产品不合格。

7 验收和质量保证期

7.1 验收

应符合 GB/T 1604 的规定。

7.2 质量保证期

在 8.2 的储运条件下,氟啶虫酰胺水分散粒剂的质量保证期从生产日期算起为 2 年。质量保证期内,各项指标均应符合本文件的要求。

8 标志、标签、包装、储运

8.1 标志、标签、包装

氟啶虫酰胺水分散粒剂的标志、标签、包装应符合 GB 3796 的规定;氟啶虫酰胺水分散粒剂采用镀铝塑料袋或复合铝膜袋包装,每袋净含量一般为 50 g、100 g。也可根据用户要求或订货协议采用其他形式的包装,但需符合 GB 3796 的规定。

8.2 储运

氟啶虫酰胺水分散粒剂包装件应储存在通风、干燥的库房中;储运时,严防潮湿和日晒;不得与食物、种子、饲料混放;避免与皮肤、眼睛接触,防止由口鼻吸入。

附 录 A

（资料性）

氟啶虫酰胺的其他名称、结构式和基本物化参数

氟啶虫酰胺的其他名称、结构式和基本物化参数如下：
——ISO 通用名称：Flonicamid。
——CAS 登录号：158062-67-0。
——化学名称：N-(氰甲基)-4-(三氟甲基)烟酰胺。
——结构式：

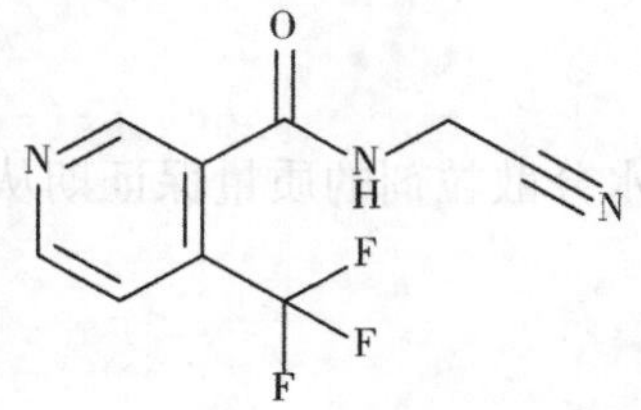

——分子式：$C_9H_6F_3N_3O$。
——相对分子质量：229.2。
——生物活性：杀虫。
——熔点：157.5 ℃。
——蒸气压(25 ℃)：0.002 55 mPa。
——溶解度(20 ℃～25 ℃)：水中 5.2 g/L。丙酮中 186.7 g/L，乙腈中 146.1 g/L，二氯甲烷中 4.5 g/L，乙酸乙酯中 33.9 g/L，正己烷中 0.000 2 g/L，异丙醇中 15.7 g/L，甲醇中 110.6 g/L，正辛醇中 3.0 g/L，甲苯中 0.55 g/L。
——稳定性：对热、光稳定，不易水解。

ICS 65.100.30
CCS G 25

中华人民共和国农业行业标准

NY/T 4401—2023

甲哌鎓原药

Mepiquat chloride technical material

2023-12-22 发布

2024-05-01 实施

中华人民共和国农业农村部 发布

前　言

本文件按照 GB/T 1.1—2020《标准化工作导则　第 1 部分:标准化文件的结构和起草规则》的规定起草。

本文件代替 HG/T 2856—1997《甲哌鎓原药》,与 HG/T 2856—1997 相比,除结构调整和编辑性改动外,主要技术变化如下:

——修改了控制项目指标,取消甲哌鎓等级划分,增加了干燥减量、水不溶物、pH 控制项目指标(见 4.2,HG/T 2856—1997 的 3.2);

——修改了鉴别试验方法(见 5.3,HG/T 2856—1997 的 4.2);

——增加了离子色谱法测定甲哌鎓及 N-甲基哌啶盐酸盐质量分数的方法(见 5.5.1,HG/T 2856—1997 的 4.3);

——删除了化学法测定 N-甲基哌啶盐酸盐质量分数的方法(见 HG/T 2856—1997 的 4.3);

——增加了检验规则(见第 6 章)。

请注意本文件的某些内容可能涉及专利。本文件的发布机构不承担识别专利的责任。

本文件由农业农村部种植业管理司提出。

本文件由全国农药标准化技术委员会(SAC/TC 133)归口。

本文件起草单位:中棉小康生物科技有限公司、四川润尔科技有限公司、江苏省激素研究所股份有限公司、农业农村部农药检定所、浙江省农业科学院。

本文件主要起草人:俞建忠、刘莹、俞瑞鲜、赵学平、张黎明、伍智华、田冬平、张继昌、吴进龙。

本文件及其所代替文件的历次版本发布情况为:

——1988 年首次发布为 GB/T 9555—88,1997 年第一次修订为 HG/T 2856—1997;

——本次为第二次修订。

甲哌鎓原药

1 范围

本文件规定了甲哌鎓原药的技术要求、试验方法、检验规则、验收和质量保证期以及标志、标签、包装、储运。

本文件适用于甲哌鎓原药产品的质量控制。

注： 甲哌鎓、N-甲基哌啶盐酸盐的其他名称、结构式和基本物化参数见附录 A。

2 规范性引用文件

下列文件中的内容通过文中的规范性引用而构成本文件必不可少的条款。其中，注日期的引用文件，仅该日期对应的版本适用于本文件；不注日期的引用文件，其最新版本（包括所有的修改单）适用于本文件。

GB/T 1601　农药 pH 值的测定方法

GB/T 1604　商品农药验收规则

GB/T 1605—2001　商品农药采样方法

GB 3796　农药包装通则

GB/T 8170—2008　数值修约规则与极限数值的表示和判定

GB/T 28136—2011　农药水不溶物测定方法

GB/T 30361—2013　农药干燥减量的测定方法

3 术语和定义

本文件没有需要界定的术语和定义。

4 技术要求

4.1 外观

白色或微黄色晶体。

4.2 技术指标

甲哌鎓原药应符合表 1 的要求。

表 1　甲哌鎓原药技术指标

项　目	指　标
甲哌鎓质量分数，%	≥98.0
N-甲基哌啶盐酸盐质量分数，%	≤0.5
干燥减量，%	≤1.0
pH	5.0～8.0
水不溶物，%	≤0.2

5 试验方法

警示： 使用本文件的人员应有实验室工作的实践经验。本文件并未指出所有的安全问题。使用者有责任采取适当的安全和健康措施。

5.1 一般规定

本文件所用试剂和水在没有注明其他要求时，均指分析纯试剂和蒸馏水。

5.2 取样

按 GB/T 1605—2001 中 5.3.1 的规定执行。用随机数表法确定取样的包装件；最终取样量应不少于 100 g。

5.3 鉴别试验

5.3.1 甲哌鎓的鉴别试验

5.3.1.1 红外光谱法

甲哌鎓原药与甲哌鎓标样在 4 000 cm^{-1}～400 cm^{-1} 范围的红外吸收光谱图应没有明显区别。甲哌鎓标样的红外光谱图见图 1。

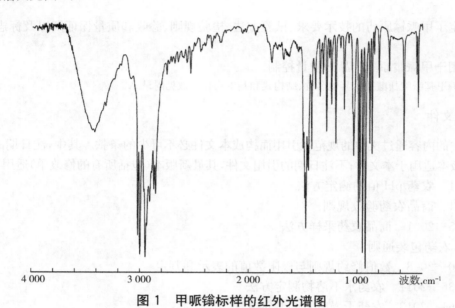

图 1 甲哌鎓标样的红外光谱图

5.3.1.2 离子色谱法

本鉴别试验可与甲哌鎓质量分数的测定同时进行。在相同的色谱操作条件下,试样溶液中某色谱峰的保留时间与标样溶液中甲哌鎓阳离子色谱峰的保留时间,其相对差应在 1.5% 以内。

5.3.2 氯离子鉴别试验

5.3.2.1 方法提要

试样用水溶解,以氢氧化钾水溶液为淋洗液,使用阴离子分析柱和电导检测器,对试样中的氯离子进行离子色谱分离。在相同的色谱操作条件下,试样溶液中某色谱峰的保留时间与标样溶液中氯离子色谱峰的保留时间,其相对差应在 1.5% 以内。

5.3.2.2 试剂和溶液

5.3.2.2.1 氢氧化钾。

5.3.2.2.2 水:新蒸二次蒸馏水或超纯水。

5.3.2.2.3 氯化钠标样:已知质量分数,$w \geqslant 98.0\%$。

5.3.2.3 仪器

5.3.2.3.1 离子色谱仪:具有电导检测器。

5.3.2.3.2 色谱柱:250 mm×4.0 mm(内径)阴离子分析柱(填料为聚二乙烯苯/乙基乙烯苯/聚乙烯醇基质,具有烷基季铵或烷醇季铵官能团)和阴离子保护柱,粒径 4 μm(或具同等效果的色谱柱)。

5.3.2.3.3 过滤器:滤膜孔径约 0.22 μm。

5.3.2.3.4 定量进样管:25 μL。

5.3.2.3.5 超声波清洗器。

5.3.2.4 离子色谱操作条件

5.3.2.4.1 淋洗液:氢氧化钾水溶液,$c_{(KOH)}$＝12 mmol/L。

5.3.2.4.2 流速:1.0 mL/min。

5.3.2.4.3 柱温:(30±2)℃。

5.3.2.4.4 电导池温度:(35±2)℃。

5.3.2.4.5 进样体积:25 μL。

5.3.2.4.6 保留时间:氯离子约 5.8 min。

5.3.2.4.7 上述操作参数是典型的,可根据不同仪器特点,对给定的操作参数作适当调整,以期获得最佳效果。典型的甲哌鎓原药离子色谱图(测定氯离子)见图2。

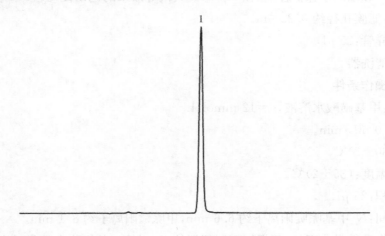

标引序号说明:
1——氯离子。

图 2 甲哌鎓原药离子色谱图(测定氯离子)

5.3.2.5 测定步骤

5.3.2.5.1 标样溶液的制备

称取 0.05 g(精确至 0.000 1 g)氯化钠标样,置于 50 mL 容量瓶中,加入 40 mL 水,超声波振荡5 min,冷却至室温,用水定容至刻度,摇匀。用移液管移取 1 mL 上述溶液,置于 100 mL 容量瓶中,用水稀释至刻度,摇匀。

5.3.2.5.2 试样溶液的制备

称取 0.13 g(精确至 0.000 1 g)甲哌鎓的试样,置于 50 mL 容量瓶中,加入 40 mL 水,超声波振荡5 min,冷却至室温,用水定容至刻度,摇匀。用移液管移取 1 mL 上述溶液,置于 100 mL 容量瓶中,用水稀释至刻度,摇匀,过滤。

5.3.2.5.3 测定

在上述色谱操作条件下,待仪器稳定后,连续注入数针标样溶液,直至相邻两针氯离子保留时间相对变化小于 1.5%后,按照标样溶液、试样溶液的顺序进行测定,计算试样溶液中氯离子色谱峰的保留时间与标样溶液中氯离子的色谱峰的保留时间的相对差。

5.4 外观

采用目测法测定。

5.5 甲哌鎓和 N-甲基哌啶盐酸盐质量分数

5.5.1 离子色谱法(仲裁法)

5.5.1.1 方法提要

试样用水溶解,以甲基磺酸水溶液为流动相,使用阳离子分析柱和电导检测器,对试样中的甲哌鎓和N-甲基哌啶盐酸盐进行离子色谱分离,外标法定量。本方法 N-甲基哌啶盐酸盐的定量限为69.49 mg/kg。

5.5.1.2 试剂和溶液

5.5.1.2.1 甲基磺酸。

5.5.1.2.2 水:新蒸二次蒸馏水或超纯水。

5.5.1.2.3 甲哌鎓标样:已知质量分数,$w \geq 95.0\%$。

5.5.1.2.4 *N*-甲基哌啶标样:已知质量分数,*w*≥95.0%。

5.5.1.3 仪器

5.5.1.3.1 离子色谱仪:具有电导检测器。

5.5.1.3.2 色谱柱:250 mm×4.0 mm(内径)阳离子分析柱(填料为聚苯乙烯-二乙烯基苯共聚物,具有羧酸功能基的分离柱)和阳离子保护柱,粒径 7 μm(或具同等效果的色谱柱)。

5.5.1.3.3 过滤器:滤膜孔径约 0.22 μm。

5.5.1.3.4 定量进样管:25 μL。

5.5.1.3.5 超声波清洗器。

5.5.1.4 离子色谱操作条件

5.5.1.4.1 淋洗液:甲基磺酸水溶液,*c*=12 mmol/L。

5.5.1.4.2 流速:1.0 mL/min。

5.5.1.4.3 柱温:(30±2)℃。

5.5.1.4.4 电导池温度:(35±2)℃。

5.5.1.4.5 进样体积:25 μL。

5.5.1.4.6 保留时间:*N*-甲基哌啶阳离子约 6.6 min,甲哌鎓阳离子约 8.1 min。

5.5.1.4.7 上述操作参数是典型的,可根据不同仪器特点,对给定的操作参数作适当调整,以期获得最佳效果。典型的甲哌鎓原药阳离子色谱图见图 3。

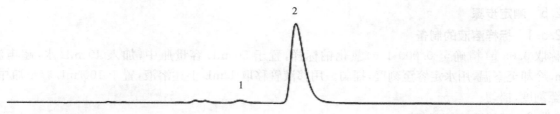

标引序号说明:
1——*N*-甲基哌啶阳离子;
2——甲哌鎓阳离子。

图 3 甲哌鎓原药阳离子色谱图

5.5.1.5 测定步骤

5.5.1.5.1 标样溶液的制备

称取 0.05 g(精确至 0.000 1 g)甲哌鎓标样,置于 50 mL 容量瓶中,用水溶解并稀释至刻度,摇匀。

称取 0.05 g(精确至 0.000 1 g)*N*-甲基哌啶标样,置于 50 mL 容量瓶中,用水溶解并定容至刻度,摇匀。用移液管移取 5 mL 上述溶液,置于 100 mL 容量瓶中,用水稀释至刻度,摇匀。

用移液管移取 10 mL 上述甲哌鎓标样溶液和 1 mL *N*-甲基哌啶标样溶液于 100 mL 容量瓶中,用水稀释至刻度,摇匀。

5.5.1.5.2 试样溶液的制备

称取含 0.05 g(精确至 0.000 1 g)甲哌鎓的试样,置于 50 mL 容量瓶中,加水至刻度,摇匀。用移液管移取 10 mL 上述溶液,置于 100 mL 容量瓶中,用水稀释至刻度,摇匀,过滤。

5.5.1.5.3 测定

在上述色谱操作条件下,待仪器稳定后,连续注入数针标样溶液,直至相邻两针甲哌鎓阳离子峰面积相对变化小于 1.2%后,按照标样溶液、试样溶液、试样溶液、标样溶液的顺序进行测定。

5.5.1.6 计算

将测得的两针试样溶液以及试样前后两针标样溶液中的甲哌鎓阳离子和 *N*-甲基哌啶阳离子峰面积分别进行平均,试样中甲哌鎓的质量分数按公式(1)计算,试样中 *N*-甲基哌啶盐酸盐的质量分数按公式

(2)计算。

$$w_1 = \frac{A_2 \times m_1 \times w_{b1}}{A_1 \times m_2} \quad\cdots\cdots\cdots\cdots\cdots\cdots\cdots\cdots\cdots\cdots\cdots\cdots\cdots\cdots\cdots (1)$$

$$w_2 = \frac{A_4 \times m_3 \times w_{b2}}{A_3 \times m_2 \times n} \times \frac{M_1}{M_2} \quad\cdots\cdots\cdots\cdots\cdots\cdots\cdots\cdots\cdots\cdots (2)$$

式中：

w_1——试样中甲哌鎓质量分数的数值，单位为百分号（%）；

A_2——试样溶液中甲哌鎓阳离子峰面积的平均值；

m_1——甲哌鎓标样质量的数值，单位为克(g)；

w_{b1}——标样中甲哌鎓质量分数的数值，单位为百分号（%）；

A_1——标样溶液中甲哌鎓阳离子峰面积的平均值；

m_2——试样质量的数值，单位为克(g)；

w_2——试样中 N-甲基哌啶盐酸盐质量分数的数值，单位为百分号（%）；

m_3—— N-甲基哌啶标样的质量的数值，单位为克(g)；

A_4——试样溶液中 N-甲基哌啶阳离子峰面积的平均值；

w_{b2}——标样中 N-甲基哌啶质量分数的数值，单位为百分号（%）；

A_3——标样溶液中 N-甲基哌啶阳离子峰面积的平均值；

n ——稀释倍数，$n=200$；

M_1—— N-甲基哌啶盐酸盐摩尔质量的数值，单位为克每摩尔(g/mol)，$M_1 = 135.66$ g/mol；

M_2—— N-甲基哌啶摩尔质量的数值，单位为克每摩尔(g/mol)，$M_2 = 99.17$ g/mol。

5.5.1.7 允许差

甲哌鎓质量分数 2 次平行测定结果之差应不大于 1.2%，N-甲基哌啶盐酸盐质量分数 2 次平行测定结果的相对差应不大于 20%，分别取其算术平均值作为测定结果。

5.5.2 化学滴定法

5.5.2.1 方法提要

试样用水溶解，甲哌鎓与四苯硼钠生成络合物沉淀，干燥至恒重，用二甲基甲酰胺溶解沉淀中的干扰物(以 N-甲基哌啶盐酸盐计)，用四丁基氢氧化铵进行非水滴定，测定干扰物的含量，计算甲哌鎓的含量。

5.5.2.2 试剂和溶液

5.5.2.2.1 硝酸。

5.5.2.2.2 甲苯。

5.5.2.2.3 无水甲醇。

5.5.2.2.4 丙酮。

5.5.2.2.5 氧化银。

5.5.2.2.6 苯甲酸。

5.5.2.2.7 异丙醇。

5.5.2.2.8 N,N-二甲基甲酰胺。

5.5.2.2.9 四丁基碘化铵。

5.5.2.2.10 结晶氯化铝($AlCl_3 \cdot 6H_2O$)溶液：$\rho = 200$ g/L。

5.5.2.2.11 四苯硼钠溶液：$\rho = 20$ g/L，新配制，经过滤。

5.5.2.2.12 百里酚蓝指示液：$\rho = 3$ g/L甲醇溶液。

5.5.2.2.13 硝酸银：$\rho = 17$ g/L。

5.5.2.2.14 四丁基氢氧化铵标准滴定溶液Ⅰ($c_{[(C_4H_9)_4NOH]} = 0.1$ mol/L)配制方法：称取四丁基碘化铵 40 g(精确至 0.000 1 g)，置于 250 mL 锥形瓶中，加入 100 mL 无水甲醇，振摇使试样溶解，加入 20 g 氧化银,盖上塞子,振摇 1 h,离心,取 2 滴清液置于点滴板,加 2 滴 17 g/L 的硝酸银溶液,如生成黄色沉淀,加 2 滴浓硝酸,沉淀溶解,说明有碘离子;应再加入 2 g 氧化银,盖上塞子,振摇 30 min,重复上述检查,直至上层清液不再生成沉淀。吸取上层清液置于 1 000 mL 容量瓶中,将原容器和沉淀物用甲苯洗涤 3 次,每次 50 mL,洗液经离心后上层溶液并入容量瓶中,用甲苯定容,充氮气,密塞保存。如析出碘化银或氧化银沉淀,应立即分离出上层清液。

5.5.2.2.15 四丁基氢氧化铵标准滴定溶液 Ⅰ($c_{[(C_4H_9)_4NOH]}$＝0.1 mol/L)标定方法:称取 0.3 g 苯甲酸基准物(精确至 0.000 1 g),置于一个 50 mL 容量瓶中,用二甲基甲酰胺溶解并稀释至刻度,密塞摇匀。用移液管吸取 10 mL 苯甲酸溶液,置于一个 150 mL 碘量瓶中,滴加 3 滴百里酚蓝指示液,振摇,用新配制的四丁基氢氧化铵标准滴定溶液滴定至蓝色为终点。同时作空白测定。四丁基氢氧化铵标准滴定溶液浓度 $c_{[(C_4H_9)_4NOH]}$ 按公式(3)计算。

$$c_{[(C_4H_9)_4NOH]} = \frac{m_4 \times \frac{1}{5}}{(V_1 - V_0) \times \frac{122.1}{1000}} = \frac{m_4}{(V_1 - V_0) \times 0.6105} \quad\cdots\cdots\cdots\cdots\cdots (3)$$

式中:

$c_{[(C_4H_9)_4NOH]}$ ——四丁基氢氧化铵标准滴定溶液浓度的数值,单位为摩尔每升(mol/L);

m_4 ——苯甲酸质量的数值,单位为克(g);

V_1 ——滴定苯甲酸溶液,消耗四丁基氢氧化铵标准滴定溶液体积的数值,单位为毫升(mL);

V_0 ——滴定空白溶液,消耗四丁基氢氧化铵标准滴定溶液体积的数值,单位为毫升(mL);

122.1 ——标样的相对分子质量;

5 ——标样的稀释倍数;

1 000 ——单位换算系数。

5.5.2.2.16 四丁基氢氧化铵标准滴定溶液 Ⅱ($c_{[(C_4H_9)_4NOH]}$＝0.02 mol/L)配制方法:吸取上述标定过的 0.1 mol/L 四丁基氢氧化铵标准滴定溶液 20 mL,于 100 mL 容量瓶中,加入 5 mL 甲醇,再用甲苯稀释至刻度,摇匀(该溶液应每周更换 1 次)。

5.5.2.3 仪器

5.5.2.3.1 抽滤装置一套。

5.5.2.3.2 微量滴定管:容量 10 mL,最小分度 0.05 mL,附 250 mL 储液瓶。

5.5.2.3.3 玻璃砂芯漏斗:G_4,40 mL。

5.5.2.4 测定步骤

称取甲哌鎓原药 1.5 g～2 g(精确至 0.000 1 g),置于 100 mL 容量瓶中,加水溶解并稀释至刻度,摇匀。用移液管吸取 10 mL 试样溶液,置于 150 mL 烧杯中,加 40 mL 水和 1 滴结晶氯化铝溶液,摇匀,加入 50 mL 四苯硼钠溶液,搅拌均匀,静置 30 min,使其沉淀完全。用已恒重的玻璃砂芯漏斗进行减压过滤,用 40 mL～50 mL 水洗涤沉淀,在 105 ℃烘箱中烘干至恒重,称量。

将玻璃砂芯漏斗中的沉淀用 10 mL 二甲基甲酰胺小心溶解并转移至 150 mL 锥形瓶中,用 30 mL 丙酮洗涤,加 20 mL 异丙醇,3 滴百里酚蓝指示液,用四丁基氢氧化铵标准滴定溶液 Ⅱ 滴定至蓝色为终点。同时作空白测定。

5.5.2.5 计算

甲哌鎓质量分数 w_1 按公式(4)计算,干扰物(以 N-甲基哌啶盐酸盐计)质量 m_6 按公式(5)计算。

$$w_1 = \frac{(m_5 - m_6) \times 149.66}{m_7 \times 433.5 \times \frac{1}{10}} \times 100 = \frac{(m_5 - m_6) \times 345.2}{m_7} \quad\cdots\cdots\cdots\cdots (4)$$

$$m_6 = \frac{c \times (V_1 - V_0) \times 419.5}{1000} \quad\cdots\cdots\cdots\cdots\cdots\cdots\cdots (5)$$

式中:

w_1 ——试样中甲哌鎓质量分数的数值,单位为百分号(%);

m_5 ——甲哌鎓和 N-甲基哌啶盐酸盐的四苯硼络合物质量的数值,单位为克(g);

m_6 ——干扰物的四苯硼络合物(以 N-甲基哌啶盐酸盐的四苯硼络合物计)质量的数值,单位为克(g);

m_7 ——试样质量的数值,单位为克(g);

c ——四丁基氢氧化铵标准滴定溶液实际浓度的数值,单位为摩尔每升(mol/L);

V_1 ——滴定试样溶液,消耗四丁基氢氧化铵标准滴定溶液体积的数值,单位为毫升(mL);

V_0 ——滴定空白溶液,消耗四丁基氢氧化铵标准滴定溶液体积的数值,单位为毫升(mL);

433.5 ——甲哌鎓的四苯硼络合物相对分子质量;

419.5 ——N-甲基哌啶盐酸盐的四苯硼络合物相对分子质量;

149.66 ——甲哌鎓相对分子质量;

$\dfrac{1}{10}$ ——试样的稀释倍数;

1 000 ——单位换算系数。

5.5.2.6 允许差

甲哌鎓质量分数 2 次平行测定结果之差应不大于 1.0%,取其算术平均值作为测定结果。

5.6 干燥减量

按 GB/T 30361—2013 中 2.1 的规定执行。

5.7 pH

按 GB/T 1601 的规定执行。

5.8 水不溶物

称取 10 g(精确至 0.01 g)试样,按 GB/T 28136—2011 中 3.3 的规定执行。

6 检验规则

6.1 出厂检验

每批产品均应做出厂检验,经检验合格签发合格证后,方可出厂。出厂检验项目为第 4 章技术要求中外观、甲哌鎓质量分数、干燥减量、pH。

6.2 型式检验

型式检验项目为第 4 章中的全部项目,在正常连续生产情况下,每 3 个月至少进行 1 次。有下述情况之一,应进行型式检验:

a) 原料有较大改变,可能影响产品质量时;

b) 生产地址、生产设备或生产工艺有较大改变,可能影响产品质量时;

c) 停产后又恢复生产时;

d) 国家质量监管机构提出型式检验要求时。

6.3 判定规则

按 GB/T 8170—2008 中 4.3.3 判定检验结果是否符合本文件的要求。

按第 5 章检验方法对产品进行出厂检验和型式检验,任一项目不符合第 4 章的技术要求判为该批次产品不合格。

7 验收和质量保证期

7.1 验收

应符合 GB/T 1604 的规定。

7.2 质量保证期

在 8.2 的储运条件下,甲哌鎓原药的质量保证期从生产日期算起为 2 年。质量保证期内,各项指标均应符合本文件的要求。

8 标志、标签、包装、储运

8.1 标志、标签、包装

甲哌鎓原药的标志、标签、包装应符合 GB 3796 的规定;甲哌鎓原药采用清洁、干燥内衬塑料袋的编织袋或内衬保护层的铁桶或纸板桶包装,每袋或每桶净含量一般 10 kg、20 kg、25 kg、50 kg。也可根据用户要求或订货协议,采用其他形式的包装,但应符合 GB 3796 的规定。

8.2 储运

甲哌鎓原药包装件应储存在通风、干燥的库房中;储运时,严防潮湿和日晒;不得与食物、种子、饲料混放;避免与皮肤、眼睛接触,防止由口鼻吸入。

附 录 A

（资料性）

甲哌鎓、N-甲基哌啶盐酸盐的其他名称、结构式和基本物化参数

A.1 甲哌鎓

甲哌鎓的其他名称、结构式和基本物化参数如下：
——ISO 通用名称：Mepiquat chloride；
——CAS 登录号：24307-26-4；
——CIPAC 数字代码：440；
——化学名称：N,N-二甲基哌啶鎓氯化物；
——结构式：

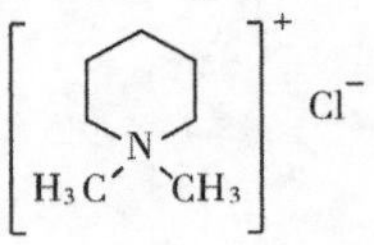

——分子式：$C_7H_{16}NCl$；
——相对分子质量：149.66；
——生物活性：具有植物生长调节作用；
——熔点（℃）：大于 300；
——蒸气压（20 ℃）：小于 $1×10^{-11}$ mPa；
——溶解度（g/L，20 ℃）：水中大于 $5×10^5$，甲醇中 487，正辛醇中 9.62，乙腈中 2.80，二氯甲烷中 0.51，丙酮中 0.02，甲苯、正庚烷、乙酸乙酯中小于 0.01；
——稳定性：在水介质中稳定（30 d，pH 3、5、7 和 9，25 ℃），人造光源下稳定。

A.2 N-甲基哌啶盐酸盐

N-甲基哌啶盐酸盐其他名称、结构式和基本物化参数如下：
——ISO 通用名称：N-methylpiperidine hydrochloride；
——CAS 登录号：626-67-5（N-甲基哌啶）；
——化学名称：N-甲基哌啶盐酸盐；
——结构式：

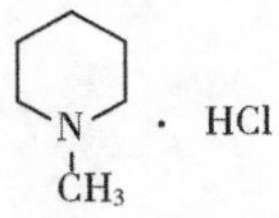

——分子式：$C_6H_{14}NCl$；
——相对分子质量：135.66。

ICS 65.100.30
CCS G 25

中华人民共和国农业行业标准

NY/T 4402—2023

甲哌鎓可溶液剂

Mepiquat chloride soluble concentrate

2023-12-22 发布

2024-05-01 实施

中华人民共和国农业农村部 发布

前　言

本文件按照 GB/T 1.1—2020《标准化工作导则　第 1 部分:标准化文件的结构和起草规则》的规定起草。

本文件代替 HG/T 2857—1997《250 g/L 甲哌鎓水剂》,与 HG/T 2857—1997 相比,除结构调整和编辑性改动外,主要技术变化如下:

——更改了甲哌鎓水剂的剂型名称;

——增加了甲哌鎓质量分数指标,并增加了 25% 规格(见 4.2);

——删除了氯化钠控制项目(见 4.2,HG/T 2857—1997 的 3.2);

——修订了 N-甲基哌啶盐酸盐质量分数控制指标(见 4.2,HG/T 2857—1997 的 3.2);

——修订了 pH 指标(见 4.2,HG/T 2857—1997 的 3.2);

——增加了持久起泡性、稀释稳定性、低温稳定性和热储稳定性控制项目和指标(见 4.2);

——修改了鉴别试验方法(见 5.3,HG/T 2857—1997 的 4.2);

——删除了化学法测定 N-甲基哌啶盐酸盐质量分数的方法(见 HG/T 2857—1997 的 4.3);

——修改了甲哌鎓及 N-甲基哌啶盐酸盐质量分数测定方法(见 5.5;HG/T 2857—1997 的 4.3);

——增加了检验规则(见第 6 章)。

请注意本文件的某些内容可能涉及专利。本文件的发布机构不承担识别专利的责任。

本文件由农业农村部种植业管理司提出。

本文件由全国农药标准化技术委员会(SAC/TC 133)归口。

本文件起草单位:沈阳沈化院测试技术有限公司、孟州农达生化制品有限公司、扬州市苏灵农药化工有限公司、农业农村部农药检定所、浙江省农业科学院。

本文件主要起草人:俞建忠、黄伟、俞瑞鲜、赵学平、朱朝印、韩俊秀、段丽芳。

本文件及其所代替文件的历次版本发布情况为:

——1988 年首次发布为 GB/T 9554—88,1997 年第一次修订为 HG/T 2857—1997;

——本次为第二次修订。

甲哌鎓可溶液剂

1 范围

本文件规定了甲哌鎓可溶液剂的技术要求、试验方法、检验规则、验收和质量保证期以及标志、标签、包装、储运。

本文件适用于甲哌鎓可溶液剂产品的质量控制。

注：甲哌鎓、N-甲基哌啶盐酸盐的其他名称、结构式和基本物化参数见附录 A。

2 规范性引用文件

下列文件中的内容通过文中的规范性引用而构成本文件必不可少的条款。其中，注日期的引用文件，仅该日期对应的版本适用于本文件；不注日期的引用文件，其最新版本（包括所有的修改单）适用于本文件。

GB/T 1601　农药 pH 值的测定方法

GB/T 1603—2001　农药乳液稳定性测定方法

GB/T 1604　商品农药验收规则

GB/T 1605—2001　商品农药采样方法

GB 3796　农药包装通则

GB/T 8170—2008　数值修约规则与极限数值的表示和判定

GB/T 19136—2021　农药热储稳定性测定方法

GB/T 19137—2003　农药低温稳定性测定方法

GB/T 28137　农药持久起泡性测定方法

GB/T 32776—2016　农药密度测定方法

3 术语和定义

本文件没有需要界定的术语和定义。

4 技术要求

4.1 外观

均相液体，无可见的悬浮物和沉淀。

4.2 技术指标

甲哌鎓可溶液剂应符合表 1 的要求。

表 1　甲哌鎓可溶液剂技术指标

项　目	指　标	
	250 g/L 规格	25% 规格
甲哌鎓质量分数，%	$24.3^{+1.4}_{-1.4}$	$25.0^{+1.5}_{-1.5}$
甲哌鎓质量浓度[a]（20 ℃），g/L	250^{+15}_{-15}	255^{+15}_{-15}
N-甲基哌啶盐酸盐质量分数，%	≤0.1	
pH	5.0~8.0	
稀释稳定性（稀释 20 倍）	稀释液均一，无析出物	
持久起泡性（1 min 后泡沫量），mL	≤60	
低温稳定性	冷储后，离心管底部离析物的体积不超过 0.3 mL	

表1（续）

项　目	指　标	
	250 g/L 规格	25%规格
热储稳定性	热储后，甲哌鎓质量分数应不低于热储前测得质量分数的95%，N-甲基哌啶盐酸盐质量分数、pH、稀释稳定性仍应符合本文件的要求	

ᵃ 当以质量分数和以质量浓度表示的结果不能同时满足本文件要求时，按质量分数的结果判定产品是否合格。

5　试验方法

警示：使用本文件的人员应有实验室工作的实践经验。本文件并未指出所有的安全问题。使用者有责任采取适当的安全和健康措施。

5.1　一般规定

本文件所用试剂和水在没有注明其他要求时，均指分析纯试剂和蒸馏水。

5.2　取样

按 GB/T 1605—2001 中 5.3.2 的规定执行。用随机数表法确定取样的包装件；最终取样量应不少于250 mL。

5.3　鉴别试验

5.3.1　甲哌鎓的鉴别试验

离子色谱法——本鉴别试验可与甲哌鎓质量分数的测定同时进行。在相同的色谱操作条件下，试样溶液中某色谱峰的保留时间与标样溶液中甲哌鎓阳离子色谱峰的保留时间，其相对差应在1.5%以内。

5.3.2　氯离子的鉴别试验

5.3.2.1　方法提要

试样用水溶解，以氢氧化钾水溶液为流动相，使用阴离子分析柱和电导检测器，对试样中的氯离子进行离子色谱分离。在相同的色谱操作条件下，试样溶液中某色谱峰的保留时间与标样溶液中氯离子色谱峰的保留时间，其相对差应在1.5%以内。

5.3.2.2　试剂和溶液

5.3.2.2.1　氢氧化钾。

5.3.2.2.2　水：新蒸二次蒸馏水或超纯水。

5.3.2.2.3　氯化钠标样：已知质量分数，$w \geqslant 98.0\%$。

5.3.2.3　仪器

5.3.2.3.1　离子色谱仪：具有电导检测器。

5.3.2.3.2　色谱柱：250 mm×4.0 mm（内径）阴离子分析柱（填料为聚二乙烯苯/乙基乙烯苯/聚乙烯醇基质，具有烷基季铵或烷醇季铵官能团）和阴离子保护柱，粒径 4 μm（或具同等效果的色谱柱）。

5.3.2.3.3　过滤器：滤膜孔径约 0.22 μm。

5.3.2.3.4　定量进样管：25 μL。

5.3.2.3.5　超声波清洗器。

5.3.2.4　离子色谱操作条件

5.3.2.4.1　淋洗液：氢氧化钾水溶液，$c_{(KOH)} = 12$ mmol/L。

5.3.2.4.2　流速：1.0 mL/min。

5.3.2.4.3　柱温：(30±2)℃。

5.3.2.4.4　电导池温度：(35±2)℃。

5.3.2.4.5　进样体积：25 μL。

5.3.2.4.6　保留时间：氯离子约 5.8 min。

5.3.2.4.7 上述操作参数是典型的，可根据不同仪器特点，对给定的操作参数作适当调整，以期获得最佳效果。典型的甲哌鎓可溶液剂离子色谱图（测定氯离子）见图1。

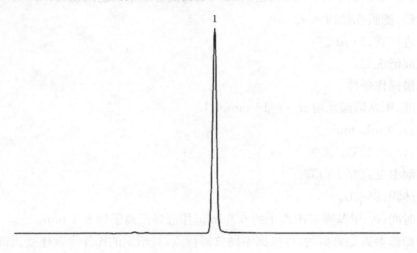

标引序号说明：
1——氯离子。

图1 甲哌鎓可溶液剂离子色谱图（测定氯离子）

5.3.2.5 测定步骤

5.3.2.5.1 标样溶液的制备

称取 0.05 g（精确至 0.000 1 g）氯化钠标样，置于 50 mL 容量瓶中，加入 40 mL 水，超声波振荡 5 min，冷却至室温，用水定容至刻度，摇匀。用移液管移取 1 mL 上述溶液，置于 100 mL 容量瓶中，用水稀释至刻度，摇匀。

5.3.2.5.2 试样溶液的制备

称取 0.5 g（精确至 0.000 1 g）甲哌鎓的试样，置于 50 mL 容量瓶中，加入 40 mL 水，超声波振荡 5 min，冷却至室温，用水定容至刻度，摇匀。用移液管移取 1 mL 上述溶液，置于 100 mL 容量瓶中，用水稀释至刻度，摇匀，过滤。

5.3.2.5.3 测定

在上述色谱操作条件下，待仪器稳定后，连续注入数针标样溶液，直至相邻两针氯离子保留时间相对变化小于 1.5％后，按照标样溶液、试样溶液的顺序进行测定，计算试样溶液中氯离子色谱峰的保留时间与标样溶液中氯离子的色谱峰的保留时间的相对差。

5.4 外观

采用目测法测定。

5.5 甲哌鎓（N-甲基哌啶盐酸盐）质量分数、甲哌鎓质量浓度

5.5.1 离子色谱法（仲裁法）

5.5.1.1 方法提要

试样用水溶解，以甲基磺酸水溶液为流动相，使用阳离子分析柱和电导检测器，对试样中的甲哌鎓和 N-甲基哌啶盐酸盐进行离子色谱分离，外标法定量。本方法 N-甲基哌啶盐酸盐的定量限为 17.37 mg/kg。

5.5.1.2 试剂和溶液

5.5.1.2.1 甲基磺酸。

5.5.1.2.2 水：新蒸二次蒸馏水或超纯水。

5.5.1.2.3 甲哌鎓标样：已知质量分数，$w \geqslant 95.0\%$。

5.5.1.2.4 N-甲基哌啶标样：已知质量分数，$w \geqslant 95.0\%$。

5.5.1.3 仪器

5.5.1.3.1 离子色谱仪：具有电导检测器。

5.5.1.3.2　色谱柱:250 mm×4.0 mm（内径）阳离子分析柱（填料为聚苯乙烯-二乙烯基苯共聚物,具有羧酸功能基的分离柱）和阳离子保护柱,粒径 7 μm（或具同等效果的色谱柱）。

5.5.1.3.3　过滤器:滤膜孔径约 0.22 μm。

5.5.1.3.4　定量进样管:25 μL。

5.5.1.3.5　超声波清洗器。

5.5.1.4　离子色谱操作条件

5.5.1.4.1　淋洗液:甲基磺酸水溶液,c=12 mmol/L。

5.5.1.4.2　流速:1.0 mL/min。

5.5.1.4.3　柱温:(30±2)℃。

5.5.1.4.4　电导池温度:(35±2)℃。

5.5.1.4.5　进样体积:25 μL。

5.5.1.4.6　保留时间:N-甲基哌啶阳离子约 6.6 min,甲哌鎓阳离子约 8.1 min。

5.5.1.4.7　上述操作参数是典型的,可根据不同仪器特点,对给定的操作参数作适当调整,以期获得最佳效果。典型的甲哌鎓可溶液剂阳离子色谱图见图 2。

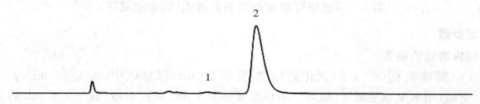

标引序号说明:
1——N-甲基哌啶阳离子;
2——甲哌鎓阳离子。

图 2　甲哌鎓可溶液剂阳离子色谱图

5.5.1.5　测定步骤

5.5.1.5.1　标样溶液的制备

称取 0.05 g(精确至 0.000 1 g)甲哌鎓标样,置于 50 mL 容量瓶中,用水溶解并稀释至刻度,摇匀。

称取 0.05 g(精确至 0.000 1 g)N-甲基哌啶标样,置于 50 mL 容量瓶中,用水溶解并定容至刻度,摇匀。用移液管移取 5 mL 上述溶液,置于 100 mL 容量瓶中,用水稀释至刻度,摇匀。

用移液管移取 10 mL 上述甲哌鎓标样溶液和 1 mL N-甲基哌啶标样溶液于 100 mL 容量瓶中,用水稀释至刻度,摇匀。

5.5.1.5.2　试样溶液的制备

称取含 0.05 g(精确至 0.000 1 g)甲哌鎓的试样,置于 50 mL 容量瓶中,加水至刻度,摇匀。用移液管移取 10 mL 上述溶液,置于 100 mL 容量瓶中,用水稀释至刻度,摇匀,过滤。

5.5.1.5.3　测定

在上述色谱操作条件下,待仪器稳定后,连续注入数针标样溶液,直至相邻两针甲哌鎓阳离子峰面积相对变化小于 1.2%后,按照标样溶液、试样溶液、试样溶液、标样溶液的顺序进行测定。

5.5.1.6　计算

将测得的两针试样溶液以及试样前后两针标样溶液中的甲哌鎓阳离子和 N-甲基哌啶阳离子峰面积分别进行平均,试样中甲哌鎓的质量分数按公式(1)计算,试样中 N-甲基哌啶盐酸盐的质量分数按公式(2)计算,试样中甲哌鎓的质量浓度按公式(3)计算。

$$w_1 = \frac{A_2 \times m_1 \times w_{b1}}{A_1 \times m_2} \quad\cdots\cdots\cdots\cdots\cdots\cdots (1)$$

$$w_2 = \frac{A_4 \times m_3 \times w_{b2}}{A_3 \times m_2 \times n} \times \frac{M_1}{M_2} \quad\cdots\cdots\cdots\cdots (2)$$

$$\rho_1 = \frac{A_2 \times m_1 \times w_{b1} \times \rho \times 10}{A_1 \times m_2} \cdots\cdots\cdots\cdots\cdots\cdots (3)$$

式中：

w_1——试样中甲哌鎓质量分数的数值，单位为百分号（%）；

A_2——试样溶液中甲哌鎓阳离子峰面积的平均值；

m_1——甲哌鎓标样质量的数值，单位为克（g）；

w_{b1}——标样中甲哌鎓质量分数的数值，单位为百分号（%）；

A_1——标样溶液中甲哌鎓阳离子峰面积的平均值；

m_2——试样质量的数值，单位为克（g）；

w_2——试样中 N-甲基哌啶盐酸盐质量分数的数值，单位为百分号（%）；

A_4——试样溶液中 N-甲基哌啶阳离子峰面积的平均值；

m_3—— N-甲基哌啶标样质量的数值，单位为克（g）；

w_{b2}——标样中 N-甲基哌啶质量分数的数值，单位为百分号（%）；

A_3——标样溶液中 N-甲基哌啶阳离子峰面积的平均值；

n ——稀释倍数，$n=200$；

M_1—— N-甲基哌啶盐酸盐摩尔质量的数值，单位为克每摩尔（g/mol），$M_1 = 135.66\ \text{g/mol}$；

M_2—— N-甲基哌啶摩尔质量的数值，单位为克每摩尔（g/mol），$M_2 = 99.17\ \text{g/mol}$；

ρ_1 ——20 ℃时试样溶液中甲哌鎓质量浓度的数值，单位为克每升（g/L）；

ρ ——20 ℃时试样密度的数值，单位为克每毫升（g/mL）（按 GB/T 32776—2016 中 3.1 或 3.2 进行测定）；

10 ——质量分数转换为质量浓度的换算系数。

5.5.1.7 允许差

甲哌鎓质量分数 2 次平行测定结果之差应不大于 0.3%，N-甲基哌啶盐酸盐质量分数 2 次平行测定结果的相对差应不大于 20%，分别取其算术平均值作为测定结果。

5.5.2 化学滴定法

5.5.2.1 方法提要

试样用水溶解，甲哌鎓与四苯硼钠生成络合物沉淀，干燥至恒重，用二甲基甲酰胺溶解沉淀中的干扰物（以 N-甲基哌啶盐酸盐计），用四丁基氢氧化铵进行非水滴定，测定干扰物的含量，计算甲哌鎓的含量。

5.5.2.2 试剂和溶液

5.5.2.2.1 硝酸。

5.5.2.2.2 甲苯。

5.5.2.2.3 无水甲醇。

5.5.2.2.4 丙酮。

5.5.2.2.5 氧化银。

5.5.2.2.6 苯甲酸。

5.5.2.2.7 异丙醇。

5.5.2.2.8 N,N-二甲基甲酰胺。

5.5.2.2.9 四丁基碘化铵。

5.5.2.2.10 结晶氯化铝（$AlCl_3 \cdot 6H_2O$）溶液：$\rho = 200\ \text{g/L}$。

5.5.2.2.11 四苯硼钠：$\rho = 20\ \text{g/L}$，新配制，经过滤。

5.5.2.2.12 百里酚蓝指示液：$\rho = 3\ \text{g/L}$ 甲醇溶液。

5.5.2.2.13 硝酸银：$\rho = 17\ \text{g/L}$。

5.5.2.2.14 四丁基氢氧化铵标准滴定溶液 I（$c_{[(C_4H_9)_4NOH]} = 0.1\ \text{mol/L}$）配制方法：称取四丁基碘化铵

40 g(精确至 0.000 1 g),置于 250 mL 锥形瓶中,加入 100 mL 无水甲醇,振摇使试样溶解,加入 20 g 氧化银,盖上塞子,振摇 1 h,离心,取 2 滴清液置于点滴板,加 2 滴 17 g/L 的硝酸银溶液,如生成黄色沉淀,加 2 滴浓硝酸,沉淀溶解,说明有碘离子;应再加入 2 g 氧化银,盖上塞子,振摇 30 min,重复上述检查,直至上层清液不再生成沉淀。吸取上层清液置于 1 000 mL 容量瓶中,将原容器和沉淀物用甲苯洗涤 3 次,每次 50 mL,洗液经离心后上层溶液并入容量瓶中,用甲苯定容,充氮气,密塞保存。如析出碘化银或氧化银沉淀,应立即分离出上层清液。

5.5.2.2.15 四丁基氢氧化铵标准滴定溶液 I ($c_{[(C_4H_9)_4NOH]}=0.1$ mol/L)标定方法:称取 0.3 g 苯甲酸基准物(精确至 0.000 1 g),置于一个 50 mL 容量瓶中,用二甲基甲酰胺溶解并稀释至刻度,密塞摇匀。用移液管吸取 10 mL 苯甲酸溶液,置于一个 150 mL 碘量瓶中,滴加 3 滴百里酚蓝指示液,振摇,用新配制的四丁基氢氧化铵标准滴定溶液滴定至蓝色为终点。同时作空白测定。四丁基氢氧化铵标准滴定溶液浓度 $c_{[(C_4H_9)_4NOH]}$ 按公式(4)计算。

$$c_{[(C_4H_9)_4NOH]}=\frac{m_4\times\frac{1}{5}}{(V_1-V_0)\times\frac{122.1}{1000}}=\frac{m_4}{(V_1-V_0)\times0.6105} \quad\cdots\cdots\cdots\cdots\cdots\cdots\cdots (4)$$

式中:

$c_{[(C_4H_9)_4NOH]}$ ——四丁基氢氧化铵标准滴定溶液浓度的数值,单位为摩尔每升(mol/L);

m_4 ——苯甲酸质量的数值,单位为克(g);

V_1 ——滴定苯甲酸溶液,消耗四丁基氢氧化铵标准滴定溶液体积的数值,单位为毫升(mL);

V_0 ——滴定空白溶液,消耗四丁基氢氧化铵标准滴定溶液体积的数值,单位为毫升(mL);

122.1 ——标样的相对分子质量;

5 ——标样的稀释倍数;

1 000 ——单位换算系数。

5.5.2.2.16 四丁基氢氧化铵标准滴定溶液 II ($c_{[(C_4H_9)_4NOH]}=0.02$ mol/L)配制方法:吸取上述标定过的 0.1 mol/L 四丁基氢氧化铵标准滴定溶液 20 mL,于 100 mL 容量瓶中,加入 5 mL 甲醇,再用甲苯稀释至刻度,摇匀(该溶液应每周更换 1 次)。

5.5.2.3 仪器

5.5.2.3.1 抽滤装置一套。

5.5.2.3.2 微量滴定管:容量 10 mL,最小分度 0.05 mL,附 250 mL 储液瓶。

5.5.2.3.3 玻璃砂芯漏斗:G_4,40 mL。

5.5.2.4 测定步骤

称取甲哌鎓可溶液剂 6.0 g～8.0 g(精确至 0.000 1 g),置于 100 mL 容量瓶中,加水溶解并稀释至刻度,摇匀。用移液管吸取 10 mL 试样溶液,置于 150 mL 烧杯中,加 40 mL 水和 5 滴结晶氯化铝溶液,摇匀,加入 50 mL 四苯硼钠溶液,搅拌均匀,静置 30 min,使其沉淀完全。用已恒重的玻璃砂芯漏斗进行减压过滤,用 40 mL～50 mL 水洗涤沉淀,在 105 ℃烘箱中烘干至恒重,称量。

将玻璃砂芯漏斗中的沉淀,用 10 mL 二甲基甲酰胺小心溶解并转移至 150 mL 锥形瓶中,用 30 mL 丙酮洗涤,加 20 mL 异丙醇,3 滴百里酚蓝指示液,用 0.02 mol/L 四丁基氢氧化铵标准滴定溶液 II 滴定至蓝色为终点。同时作空白测定。

5.5.2.5 计算

甲哌鎓质量分数 w_1 按公式(5)计算,干扰物(以 N-甲基哌啶盐酸盐计)质量 m_6 按公式(6)计算。

$$w_1=\frac{(m_5-m_6)\times149.66}{m_7\times433.5\times\frac{1}{10}}\times100=\frac{(m_5-m_6)\times345.2}{m_7} \quad\cdots\cdots\cdots\cdots\cdots\cdots (5)$$

$$m_6=\frac{c\times(V_1-V_0)\times419.5}{1000} \quad\cdots\cdots\cdots\cdots\cdots\cdots\cdots\cdots (6)$$

式中：

w_1 ——试样中甲哌鎓质量分数的数值，单位为百分号（%）；

m_5 ——甲哌鎓和 N-甲基哌啶盐酸盐的四苯硼络合物质量的数值，单位为克（g）；

m_6 ——干扰物的四苯硼络合物（以 N-甲基哌啶盐酸盐的四苯硼络合物计）质量的数值，单位为克（g）；

m_7 ——试样质量的数值，单位为克（g）；

c ——四丁基氢氧化铵标准滴定溶液实际浓度的数值，单位为摩尔每升（mol/L）；

V_1 ——滴定试样溶液，消耗四丁基氢氧化铵标准滴定溶液体积的数值，单位为毫升（mL）；

V_0 ——滴定空白溶液，消耗四丁基氢氧化铵标准滴定溶液体积的数值，单位为毫升（mL）；

433.5 ——甲哌鎓的四苯硼络合物相对分子质量；

419.5 ——N-甲基哌啶盐酸盐的四苯硼络合物相对分子质量；

149.66 ——甲哌鎓相对分子质量；

$\dfrac{1}{10}$ ——试样的稀释倍数；

1 000 ——单位换算系数。

5.5.2.6 允许差

甲哌鎓质量分数 2 次平行测定结果之差应不大于 0.3%，取其算术平均值作为测定结果。

5.6 pH

按 GB/T 1601 的规定执行。

5.7 稀释稳定性

5.7.1 试剂和仪器

5.7.1.1 标准硬水：$\rho_{(Ca^{2+}+Mg^{2+})}=342$ mg/L，按 GB/T 1603—2001 中 2.2 的方法配制。

5.7.1.2 量筒：100 mL。

5.7.1.3 恒温水浴：(30±2)℃。

5.7.2 测定步骤

用移液管吸取 5 mL 试样，置于 100 mL 量筒中，用标准硬水稀释至刻度，混匀，将此量筒放入恒温水浴中，静置 1 h。

5.8 持久起泡性

按 GB/T 28137 的规定执行。

5.9 低温稳定性试验

按 GB/T 19137—2003 中 2.1 的规定执行。

5.10 热储稳定性试验

按 GB/T 19136—2021 中 4.4.1 的规定执行。热储时，样品应密封储存，热储前后质量变化率应不大于 1.0%。

6 检验规则

6.1 出厂检验

每批产品均应做出厂检验，经检验合格签发合格证后，方可出厂。出厂检验项目为第 4 章技术要求中外观、甲哌鎓质量分数、甲哌鎓质量浓度、pH、稀释稳定性、持久起泡性。

6.2 型式检验

型式检验项目为第 4 章中的全部项目，在正常连续生产情况下，每 3 个月至少进行 1 次。有下述情况之一，应进行型式检验：

　　a） 原料有较大改变，可能影响产品质量时；

　　b） 生产地址、生产设备或生产工艺有较大改变，可能影响产品质量时；

c) 停产后又恢复生产时；

d) 国家质量监管机构提出型式检验要求时。

6.3 判定规则

按 GB/T 8170—2008 中 4.3.3 判定检验结果是否符合本文件的要求。

按第 5 章检验方法对产品进行出厂检验和型式检验，任一项目不符合第 4 章的技术要求判为该批次产品不合格。

7 验收和质量保证期

7.1 验收

应符合 GB/T 1604 的规定。

7.2 质量保证期

在 8.2 的储运条件下，甲哌鎓可溶液剂的质量保证期从生产日期算起为 2 年。质量保证期内，各项指标均应符合本文件的要求。

8 标志、标签、包装、储运

8.1 标志、标签、包装

甲哌鎓可溶液剂的标志、标签、包装应符合 GB 3796 的规定；甲哌鎓可溶液剂应采用聚酯瓶、聚乙烯瓶包装或高阻隔瓶包装，每瓶的净含量可以为 50 g(mL)、100 g(mL)、250 g(mL)、500 g(mL)、1 kg(L)等，也可采取更大包装；外包装可用纸箱、瓦楞纸板箱，每箱的净含量不应超过 15 kg。也可根据用户要求或订货协议，采用其他形式的包装，但应符合 GB 3796 的规定。

8.2 储运

甲哌鎓可溶液剂包装件应储存在通风、干燥的库房中；储运时，严防潮湿和日晒；不得与食物、种子、饲料混放；避免与皮肤、眼睛接触，防止由口鼻吸入。

附　录　A

（资料性）

甲哌鎓、N-甲基哌啶盐酸盐的其他名称、结构式和基本物化参数

A.1　甲哌鎓

甲哌鎓的其他名称、结构式和基本物化参数如下：

——ISO 通用名称：Mepiquat chloride；

——CAS 登录号：24307-26-4；

——CIPAC 数字代码：440；

——化学名称：N,N-二甲基哌啶鎓氯化物；

——结构式：

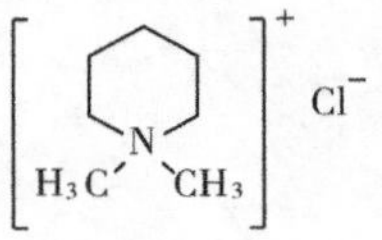

——分子式：$C_7H_{16}NCl$；

——相对分子质量：149.66；

——生物活性：具有植物生长调节作用；

——熔点（℃）：大于 300；

——蒸气压（20 ℃）：小于 $1×10^{-11}$ mPa；

——溶解度（g/L，20 ℃）：水中大于 $5×10^5$，甲醇中 487，正辛醇中 9.62，乙腈中 2.80，二氯甲烷中 0.51，丙酮中 0.02，甲苯、正庚烷、乙酸乙酯中小于 0.01；

——稳定性：在水介质中稳定（30 d，pH 3、5、7 和 9，25 ℃），人造光源下稳定。

A.2　N-甲基哌啶盐酸盐

N-甲基哌啶盐酸盐其他名称、结构式和基本物化参数如下：

——ISO 通用名称：N-methylpiperidine hydrochloride；

——CAS 登录号：626-67-5（N-甲基哌啶）；

——化学名称：N-甲基哌啶盐酸盐；

——结构式：

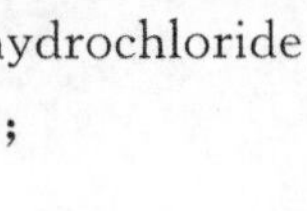

——分子式：$C_6H_{14}NCl$；

——相对分子质量：135.66。

ICS 65.100
CCS G 25

中华人民共和国农业行业标准

NY/T 4403—2023

抗倒酯原药

Trinexapac–ethyl technical material

2023-12-22 发布

2024-05-01 实施

中华人民共和国农业农村部 发布

前　言

本文件按照 GB/T 1.1—2020《标准化工作导则　第 1 部分：标准化文件的结构和起草规则》的规定起草。

请注意本文件的某些内容可能涉及专利。本文件的发布机构不承担识别专利的责任。

本文件由农业农村部种植业管理司提出。

本文件由全国农药标准化技术委员会（SAC/TC 133）归口。

本文件起草单位：安道麦辉丰（江苏）有限公司、创新美兰（合肥）股份有限公司、沈阳沈化院测试技术有限公司、鹤壁全丰生物科技有限公司。

本文件主要起草人：张明、侯德粉、王学义、张佳庆、张朋飞、罗莉娟、周德龙、阮华、张廷琴。

抗倒酯原药

1 范围

本文件规定了抗倒酯原药的技术要求、试验方法、检验规则、验收和质量保证期以及标志、标签、包装、储运。

本文件适用于抗倒酯原药产品的质量控制。

注:抗倒酯的其他名称、结构式和基本物化参数见附录 A。

2 规范性引用文件

下列文件中的内容通过文中的规范性引用而构成本文件必不可少的条款。其中,注日期的引用文件,仅该日期对应的版本适用于本文件;不注日期的引用文件,其最新版本(包括所有的修改单)适用于本文件。

GB/T 1600—2021 农药水分测定方法

GB/T 1601 农药 pH 值的测定方法

GB/T 1604 商品农药验收规则

GB/T 1605—2001 商品农药采样方法

GB 3796 农药包装通则

GB/T 8170—2008 数值修约规则与极限数值的表示和判定

GB/T 19138 农药丙酮不溶物测定方法

3 术语和定义

本文件没有需要界定的术语和定义。

4 技术要求

4.1 外观

淡黄色至棕色液体或固体。

4.2 技术指标

抗倒酯原药应符合表 1 的要求。

表 1 抗倒酯原药技术指标

项 目	指 标
抗倒酯质量分数,%	≥97.0
水分,%	≤0.2
pH	3.0～5.0
丙酮不溶物,%	≤0.2

5 试验方法

警示:使用本文件的人员应有实验室工作的实践经验。本文件并未指出所有的安全问题。使用者有责任采取适当的安全和健康措施。

5.1 一般规定

本文件所用试剂和水在没有注明其他要求时,均指分析纯试剂和蒸馏水。

5.2 取样

按 GB/T 1605—2001 中 5.3.1 的规定执行。用随机数表法确定取样的包装件;最终取样量应不少于 100 g。

5.3 鉴别试验

5.3.1 红外光谱法

抗倒酯原药与抗倒酯标样在 4 000 cm⁻¹～400 cm⁻¹ 范围的红外吸收光谱图应没有明显区别。抗倒酯标样的红外光谱图见图 1。

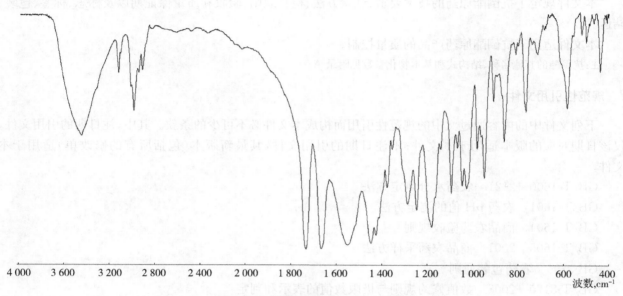

图 1　抗倒酯标样的红外光谱图

5.3.2 液相色谱法

本鉴别试验可与抗倒酯质量分数的测定同时进行。在相同的色谱操作条件下,试样溶液中某色谱峰的保留时间与标样溶液中抗倒酯的色谱峰的保留时间,其相对差值应不大于 1.5%。

5.4 外观

采用目测法测定。

5.5 抗倒酯质量分数

5.5.1 方法提要

试样用甲醇溶解,以甲醇＋磷酸水溶液为流动相,使用以 C₁₈ 为填料的不锈钢柱和紫外检测器,在波长 280 nm 下对试样中的抗倒酯进行高效液相色谱分离,外标法定量。

5.5.2 试剂和溶液

5.5.2.1 甲醇:色谱纯。

5.5.2.2 磷酸。

5.5.2.3 水:新蒸二次蒸馏水或超纯水。

5.5.2.4 磷酸水溶液:1 000 mL 水中加入 0.5 mL 磷酸。

5.5.2.5 抗倒酯标样:已知抗倒酯质量分数,$w \geqslant 99.0\%$。

5.5.3 仪器

5.5.3.1 高效液相色谱仪:具有可变波长紫外检测器。

5.5.3.2 色谱柱:250 mm×4.6 mm(内径)不锈钢柱,内装 C₁₈、5 μm 填充物(或具同等效果的色谱柱)。

5.5.3.3 过滤器:滤膜孔径约 0.45 μm。

5.5.3.4 超声波清洗器。

5.5.4 高效液相色谱操作条件

5.5.4.1 流动相：$\psi_{(甲醇：磷酸水溶液)}=70:30$。

5.5.4.2 流速：1.0 mL/ min。

5.5.4.3 柱温：室温（温度变化应不大于2 ℃）。

5.5.4.4 检测波长：280 nm。

5.5.4.5 进样体积：5 μL。

5.5.4.6 保留时间：抗倒酯约7.6 min。

5.5.4.7 上述操作参数是典型的，可根据不同仪器特点，对给定的操作参数作适当调整，以期获得最佳效果。典型的抗倒酯原药的高效液相色谱图见图2。

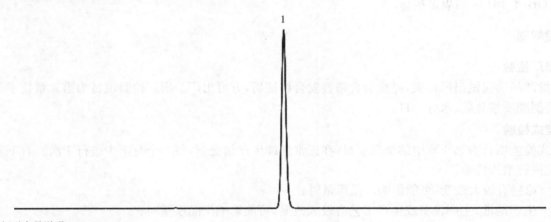

标引序号说明：
1——抗倒酯。

图 2 抗倒酯原药的高效液相色谱图

5.5.5 测定步骤

5.5.5.1 标样溶液的制备

称取0.05 g（精确至0.000 1 g）抗倒酯标样，置于100 mL容量瓶中，加入60 mL甲醇超声振荡3 min使之溶解，冷却至室温，用甲醇稀释至刻度，摇匀。

5.5.5.2 试样溶液的制备

称取含抗倒酯0.05 g（精确至0.000 1 g）试样于100 mL容量瓶中，加入60 mL甲醇，超声振荡3 min使之溶解，冷却至室温，用甲醇稀释至刻度，摇匀。

注：若样品为固体，则融化后称样。

5.5.5.3 测定

在上述操作条件下，待仪器稳定后，连续注入数针标样溶液，直至相邻两针抗倒酯峰面积相对变化小于1.2%后，按照标样溶液、试样溶液、试样溶液、标样溶液的顺序进行测定。

5.5.6 计算

将测得的两针试样溶液以及试样前后两针标样溶液中抗倒酯峰面积分别进行平均，试样中抗倒酯的质量分数按公式（1）计算。

$$w_1=\frac{A_2 \times m_1 \times w_{b1}}{A_1 \times m_2} \qquad\cdots\cdots\cdots\cdots\cdots\cdots\cdots\cdots\cdots\cdots（1）$$

式中：

w_1——抗倒酯质量分数的数值，单位为百分号（%）；

A_2——试样溶液中抗倒酯峰面积的平均值；

m_1——标样质量的数值，单位为克（g）；

w_{b1}——标样中抗倒酯质量分数的数值，单位为百分号（%）；

A_1——标样溶液中抗倒酯峰面积的平均值；

m_2——试样质量的数值，单位为克(g)。

5.5.7 允许差

抗倒酯质量分数 2 次平行测定结果之差应不大于 1.2%，取其算术平均值作为测定结果。

5.6 水分

按 GB/T 1600—2021 中 4.2 的规定执行。

5.7 pH

按 GB/T 1601 的规定执行。

5.8 丙酮不溶物

按 GB/T 19138 的规定执行。

6 检验规则

6.1 出厂检验

每批产品均应做出厂检验，经检验合格签发合格证后，方可出厂。出厂检验项目为第 4 章技术要求中外观、抗倒酯质量分数、水分、pH。

6.2 型式检验

型式检验项目为第 4 章中的全部项目，在正常连续生产情况下，每 3 个月至少进行 1 次。有下述情况之一，应进行型式检验：

a) 原料有较大改变，可能影响产品质量时；

b) 生产地址、生产设备或生产工艺有较大改变，可能影响产品质量时；

c) 停产后又恢复生产时；

d) 国家质量监管机构提出型式检验要求时。

6.3 判定规则

按 GB/T 8170—2008 中 4.3.3 判定检验结果是否符合本文件的要求。

按第 5 章的检验方法对产品进行出厂检验和型式检验，任一项目不符合第 4 章的技术要求判为该批次产品不合格。

7 验收和质量保证期

7.1 验收

应符合 GB/T 1604 的规定。

7.2 质量保证期

在 8.2 的储运条件下，从生产日期算起抗倒酯原药的质量保证期为 2 年。质量保证期内，各项指标均应符合本文件的要求。

8 标志、标签、包装、储运

8.1 标志、标签、包装

抗倒酯原药的标志、标签、包装应符合 GB 3796 的规定；抗倒酯原药的包装应采用清洁干燥的塑料桶包装。也可根据用户要求或订货协议采用其他形式的包装，但应符合 GB 3796 的规定。

8.2 储运

抗倒酯原药包装件应储存在通风、干燥的库房中；储运时，严防潮湿和日晒；不得与食物、种子、饲料混放；避免与皮肤、眼睛接触；防止由口鼻吸入。

附 录 A

（资料性）

抗倒酯的其他名称、结构式和基本物化参数

抗倒酯的其他名称、结构式和基本物化参数如下：
——ISO 通用名称：Trinexapac-ethyl；
——其他名称：抗倒酯；
——CAS 登录号：95266-40-3；
——化学名称：4-环丙基（羟基）亚甲基-3,5-二氧代环己烷甲酸乙酯；
——结构式：

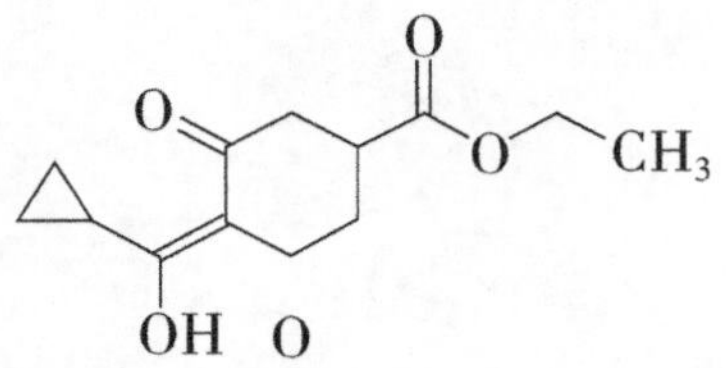

——分子式：$C_{13}H_{16}O_5$；
——相对分子质量：252.3；
——生物活性：植物生长调节剂；
——熔点：36 ℃～36.6 ℃；
——沸点：大于 270 ℃（760 mmHg）；
——蒸气压（25 ℃）：2.16 mPa；
——溶解度（20 ℃～25 ℃）：水中 1.1 g/L（pH 3.5）、2.8 g/L（pH 4.9）、10.2 g/L（pH 5.5）、21.1 g/L（pH 8.2），丙酮中 1 000 g/L、乙醇中 1 000 g/L、正己烷中 50 g/L、正辛醇中 1 000 g/L、甲苯中 1 000 g/L；
——稳定性：沸点温度以下稳定，碱性条件不稳定。

ICS 65.100
CCS G 25

中华人民共和国农业行业标准

NY/T 4404—2023

抗倒酯微乳剂

Trinexapac–ethyl micro–emulsion

2023-12-22 发布   2024-05-01 实施

中华人民共和国农业农村部 发布

前　言

本文件按照 GB/T 1.1—2020《标准化工作导则　第 1 部分：标准化文件的结构和起草规则》的规定起草。

请注意本文件的某些内容可能涉及专利。本文件的发布机构不承担识别专利的责任。

本文件由农业农村部种植业管理司提出。

本文件由全国农药标准化技术委员会（SAC/TC 133）归口。

本文件起草单位：安道麦辉丰（江苏）有限公司、安徽丰乐农化有限责任公司、沈化测试技术（南通）有限公司、沈阳沈化院测试技术有限公司。

本文件主要起草人：戚晶晶、张佳庆、梁克印、朱维玉、侯德粉、张明、季红进。

抗倒酯微乳剂

1 范围

本文件规定了抗倒酯微乳剂的技术要求、试验方法、检验规则、验收和质量保证期以及标志、标签、包装、储运。

本文件适用于抗倒酯微乳剂产品的质量控制。

注：抗倒酯的其他名称、结构式和基本物化参数见附录 A。

2 规范性引用文件

下列文件中的内容通过文中的规范性引用而构成本文件必不可少的条款。其中，注日期的引用文件，仅该日期对应的版本适用于本文件；不注日期的引用文件，其最新版本（包括所有的修改单）适用于本文件。

GB/T 1601　农药 pH 值的测定方法

GB/T 1603　农药乳液稳定性测定方法

GB/T 1604　商品农药验收规则

GB/T 1605—2001　商品农药采样方法

GB 4838　农药乳油包装

GB/T 8170—2008　数值修约规则与极限数值的表示和判定

GB/T 19136—2021　农药热储稳定性测定方法

GB/T 19137—2003　农药低温稳定性测定方法

GB/T 28137　农药持久起泡性测定方法

GB/T 32776—2016　农药密度测定方法

3 术语和定义

本文件没有需要界定的术语和定义。

4 技术要求

4.1 外观

稳定的均相液体，无可见的悬浮物和沉淀。

4.2 技术指标

抗倒酯微乳剂应符合表 1 的要求。

表 1　抗倒酯微乳剂技术指标

项　目	指　标
抗倒酯质量分数，%	$25.0^{+1.5}_{-1.5}$
抗倒酯质量浓度[a]（20 ℃），g/L	260^{+15}_{-15}
pH	3.0～6.0
乳液稳定性（稀释 200 倍）	上无浮油、下无沉淀
持久起泡性（1 min 后泡沫量），mL	≤50
低温稳定性	离心管底部离析物体积不大于 0.3 mL
热储稳定性	热储后，抗倒酯质量分数应不低于热储前的 95%，pH、乳液稳定性仍符合本文件的要求
[a]　当以质量分数和以质量浓度表示的结果不能同时满足本文件要求时，按质量分数的结果判定产品是否合格。	

5 试验方法

警示:使用本文件的人员应有实验室工作的实践经验。本文件并未指出所有的安全问题。使用者有责任采取适当的安全和健康措施。

5.1 一般规定

本文件所用试剂和水在没有注明其他要求时,均指分析纯试剂和蒸馏水。

5.2 取样

按 GB/T 1605—2001 中 5.3.2 的规定执行。用随机数表法确定取样的包装件;最终取样量应不少于 200 mL。

5.3 鉴别试验

本鉴别试验可与抗倒酯质量分数的测定同时进行。在相同的色谱操作条件下,试样溶液中某色谱峰的保留时间与标样溶液中抗倒酯的色谱峰的保留时间的相对差值应不大于 1.5%。

5.4 外观

采用目测法测定。

5.5 抗倒酯质量分数、质量浓度

5.5.1 方法提要

试样用甲醇溶解,以甲醇+磷酸水溶液为流动相,使用以 C_{18} 为填料的不锈钢柱和紫外检测器,在波长 280 nm 下对试样中的抗倒酯进行高效液相色谱分离,外标法定量。

5.5.2 试剂和溶液

5.5.2.1 甲醇:色谱纯。

5.5.2.2 磷酸。

5.5.2.3 水:新蒸二次蒸馏水或超纯水。

5.5.2.4 磷酸水溶液:1 000 mL 水中加入 0.5 mL 磷酸。

5.5.2.5 抗倒酯标样:已知抗倒酯质量分数,$w \geqslant 99.0\%$。

5.5.3 仪器

5.5.3.1 高效液相色谱仪:具有可变波长紫外检测器。

5.5.3.2 色谱柱:250 mm×4.6 mm(内径)不锈钢柱,内装 C_{18}、5 μm 填充物(或具同等效果的色谱柱)。

5.5.3.3 过滤器:滤膜孔径约 0.45 μm。

5.5.3.4 超声波清洗器。

5.5.4 高效液相色谱操作条件

5.5.4.1 流动相:$\psi_{(甲醇:磷酸水溶液)} = 70:30$。

5.5.4.2 流速:1.0 mL/min。

5.5.4.3 柱温:室温(温度变化应不大于 2 ℃)。

5.5.4.4 检测波长:280 nm。

5.5.4.5 进样体积:5 μL。

5.5.4.6 保留时间:抗倒酯约 7.6 min。

5.5.4.7 上述操作参数是典型的,可根据不同仪器特点,对给定的操作参数作适当调整,以期获得最佳效果。典型的抗倒酯微乳剂的高效液相色谱图见图 1。

5.5.5 测定步骤

5.5.5.1 标样溶液的制备

称取 0.05 g(精确至 0.000 1 g)抗倒酯标样,置于 100 mL 容量瓶中,加入 60 mL 甲醇超声振荡 3 min 使之溶解,冷却至室温,用甲醇稀释至刻度,摇匀。

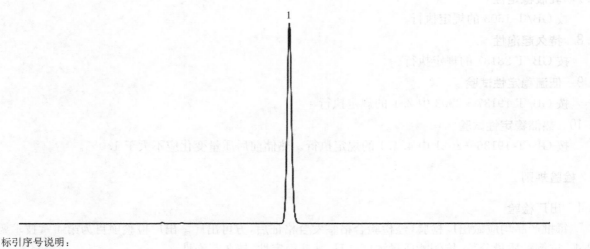

标引序号说明:
1——抗倒酯。

图 1　抗倒酯微乳剂的高效液相色谱图

5.5.5.2　试样溶液的制备

称取含抗倒酯 0.05 g(精确至 0.000 1 g)的试样于 100 mL 容量瓶中,加入 60 mL 甲醇,超声振荡 3 min 使之溶解,冷却至室温,用甲醇稀释至刻度,摇匀。

5.5.5.3　测定

在上述操作条件下,待仪器稳定后,连续注入数针标样溶液,直至相邻两针抗倒酯峰面积相对变化小于 1.2% 后,按照标样溶液、试样溶液、试样溶液、标样溶液的顺序进行测定。

5.5.6　计算

将测得的两针试样溶液以及试样前后两针标样溶液中抗倒酯峰面积分别进行平均,试样中抗倒酯的质量分数按公式(1)计算,质量浓度按公式(2)计算。

$$w_1 = \frac{A_2 \times m_1 \times w_{b1}}{A_1 \times m_2} \quad\text{..........................} (1)$$

$$\rho_1 = \frac{A_2 \times m_1 \times w_{b1} \times \rho \times 10}{A_1 \times m_2} \quad\text{....................} (2)$$

式中:

w_1　——抗倒酯质量分数的数值,单位为百分号(%);

A_2　——试样溶液中抗倒酯峰面积的平均值;

m_1　——标样质量的数值,单位为克(g);

w_{b1}　——标样中抗倒酯质量分数的数值,单位为百分号(%);

A_1　——标样溶液中抗倒酯峰面积的平均值;

m_2　——试样质量的数值,单位为克(g);

ρ_1　——20 ℃时试样中抗倒酯质量浓度的数值,单位为克每升(g/L);

ρ　——20 ℃时试样密度的数值,单位为克每毫升(g/mL)(按 GB/T 32776—2016 中 3.1 或 3.2 的
　　　规定执行);

10　——质量分数转换为质量浓度的换算系数。

5.5.7　允许差

抗倒酯质量分数(质量浓度)2 次平行测定结果之差应不大于 0.4%(4 g/L),取其算术平均值作为测定结果。

5.6　pH

按 GB/T 1601 的规定执行。

5.7 乳液稳定性

按 GB/T 1603 的规定执行。

5.8 持久起泡性

按 GB/T 28137 的规定执行。

5.9 低温稳定性试验

按 GB/T 19137—2003 中 2.1 的规定执行。

5.10 热储稳定性试验

按 GB/T 19136—2021 中 4.4.1 的规定执行。热储前后质量变化应不大于 1.0%。

6 检验规则

6.1 出厂检验

每批产品均应做出厂检验,经检验合格签发合格证后,方可出厂。出厂检验项目为第 4 章技术要求中外观、抗倒酯质量分数、抗倒酯质量浓度、pH、乳液稳定性、持久起泡性。

6.2 型式检验

型式检验项目为第 4 章中的全部项目,在正常连续生产情况下,每 3 个月至少进行 1 次。有下述情况之一,应进行型式检验:

a) 原料有较大改变,可能影响产品质量时;

b) 生产地址、生产设备或生产工艺有较大改变,可能影响产品质量时;

c) 停产后又恢复生产时;

d) 国家质量监管机构提出型式检验要求时。

6.3 判定规则

按 GB/T 8170—2008 中 4.3.3 判定检验结果是否符合本文件的要求。

按第 5 章的检验方法对产品进行出厂检验和型式检验,任一项目不符合第 4 章的技术要求判为该批次产品不合格。

7 验收和质量保证期

7.1 验收

应符合 GB/T 1604 的规定。

7.2 质量保证期

在 8.2 的储运条件下,从生产日期算起抗倒酯微乳剂的质量保证期为 2 年。质量保证期内,各项指标均应符合本文件的要求。

8 标志、标签、包装、储运

8.1 标志、标签、包装

抗倒酯微乳剂的标志、标签、包装应符合 GB 4838 的规定;抗倒酯微乳剂的包装应采用清洁干燥的聚酯瓶包装,外用瓦楞纸箱包装。也可根据用户要求或订货协议采用其他形式的包装,但应符合 GB 4838 的规定。

8.2 储运

抗倒酯微乳剂包装件应储存在通风、干燥的库房中;储运时,严防潮湿和日晒;不得与食物、种子、饲料混放;避免与皮肤、眼睛接触,防止由口鼻吸入。

附　录　A
（资料性）
抗倒酯的其他名称、结构式和基本物化参数

抗倒酯的其他名称、结构式和基本物化参数如下：
——ISO 通用名称：Trinexapac-ethyl；
——其他名称：抗倒酯；
——CAS 登录号：95266-40-3；
——化学名称：4-环丙基（羟基）亚甲基-3,5-二氧代环己烷甲酸乙酯；
——结构式：

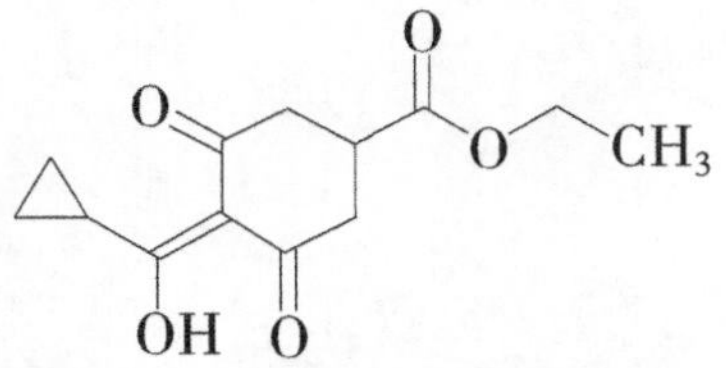

——分子式：$C_{13}H_{16}O_5$；
——相对分子质量：252.3；
——生物活性：植物生长调节剂；
——熔点：36 ℃～36.6 ℃；
——沸点：大于 270 ℃（760 mmHg）；
——蒸气压（25 ℃）：2.16 mPa；
——溶解度（20 ℃～25 ℃）：水中 1.1 g/L（pH 3.5）、2.8 g/L（pH 4.9）、10.2 g/L（pH 5.5）、21.1 g/L（pH 8.2），丙酮中 1 000 g/L、乙醇中 1 000 g/L、正己烷中 50 g/L、正辛醇中 1 000 g/L、甲苯中 1 000 g/L；
——稳定性：沸点温度以下稳定，碱性条件不稳定。

ICS 65.100
CCS G 25

中华人民共和国农业行业标准

NY/T 4405—2023

萘乙酸(萘乙酸钠)原药

1-naphthylacetic acid(α-naphthylacetic acid sodium)technical material

2023-12-22 发布　　　　　　　　　　　　2024-05-01 实施

中华人民共和国农业农村部 发布

前　言

本文件按照 GB/T 1.1—2020《标准化工作导则　第 1 部分:标准化文件的结构和起草规则》的规定起草。

请注意本文件的某些内容可能涉及专利。本文件的发布机构不承担识别专利的责任。

本文件由农业农村部种植业管理司提出。

本文件由全国农药标准化技术委员会(SAC/TC 133)归口。

本文件起草单位:鹤壁全丰生物科技有限公司、郑州郑氏化工产品有限公司、安徽美兰农业发展股份有限公司、沈阳沈化院测试技术有限公司、沈阳化工研究院有限公司。

本文件主要起草人:杨闻翰、王建国、郑昊、张丹、韩枫、刘越、许伟长、唐键锋。

萘乙酸（萘乙酸钠）原药

1 范围

本文件规定了萘乙酸（萘乙酸钠）原药的技术要求、试验方法、检验规则、验收和质量保证期以及标志、标签、包装、储运。

本文件适用于萘乙酸（萘乙酸钠）原药产品的质量控制。

注：萘乙酸、萘乙酸钠的其他名称、结构式和基本物化参数见附录 A。

2 规范性引用文件

下列文件中的内容通过文中的规范性引用而构成本文件必不可少的条款。其中，注日期的引用文件，仅该日期对应的版本适用于本文件；不注日期的引用文件，其最新版本（包括所有的修改单）适用于本文件。

GB/T 1600—2021　农药水分测定方法

GB/T 1601　农药 pH 值的测定方法

GB/T 1604　商品农药验收规则

GB/T 1605—2001　商品农药采样方法

GB 3796　农药包装通则

GB/T 8170—2008　数值修约规则与极限数值的表示和判定

GB/T 19138　农药丙酮不溶物测定方法

GB/T 28136—2011　农药水不溶物测定方法

3 术语和定义

本文件没有需要界定的术语和定义。

4 技术要求

4.1 外观

类白色固体。

4.2 技术指标

萘乙酸原药、萘乙酸钠原药应分别符合表 1、表 2 的要求。

表 1 萘乙酸原药控制项目指标

项　目	指　标
萘乙酸质量分数，%	≥95.0
水分，%	≤0.2
丙酮不溶物，%	≤0.2
pH	2.0～6.0

表 2 萘乙酸钠原药控制项目指标

项　目	指　标
萘乙酸钠质量分数，%	≥98.0
萘乙酸质量分数，%	≥87.6
钠离子质量分数，%	≥10.0
水分，%	≤1.0

表 2（续）

项 目	指 标
水不溶物,%	≤0.2
pH	7.0～10.0

5 试验方法

警示:使用本文件的人员应有实验室工作的实践经验。本文件并未指出所有的安全问题。使用者有责任采取适当的安全和健康措施。

5.1 一般规定

本文件所用试剂和水在没有注明其他要求时,均指分析纯试剂和蒸馏水。

5.2 取样

按 GB/T 1605—2001 中 5.3.1 的规定执行。用随机数表法确定取样的包装件;最终取样量应不少于 100 g。

5.3 鉴别试验

5.3.1 萘乙酸(萘乙酸钠)鉴别的红外光谱法

萘乙酸原药、萘乙酸钠原药与萘乙酸标样在 4 000 cm^{-1}～400 cm^{-1} 范围的红外吸收光谱图应没有明显区别。萘乙酸标样的红外光谱图见图 1。

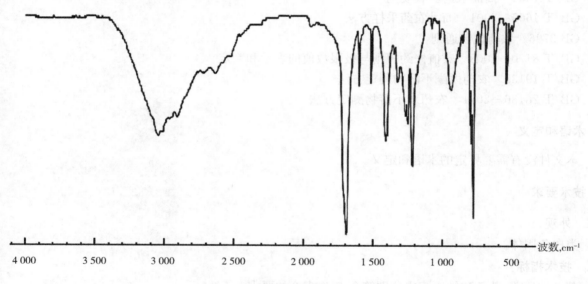

图 1 萘乙酸标样的红外光谱图

5.3.2 萘乙酸鉴别的液相色谱法

本鉴别试验可与萘乙酸(萘乙酸钠)质量分数的测定同时进行。在相同的色谱操作条件下,试样溶液中某色谱峰的保留时间与标样溶液中萘乙酸的色谱峰的保留时间的相对差值应不大于1.5%。

5.3.3 钠离子鉴别的离子色谱法

本鉴别试验可与钠离子质量分数的测定同时进行。在相同的色谱操作条件下,试样溶液中某色谱峰的保留时间与氯化钠标样溶液中钠离子的色谱峰的保留时间的相对差值应不大于1.5%。

5.4 外观

采用目测法测定。

5.5 萘乙酸(萘乙酸钠)质量分数

5.5.1 方法提要

试样用流动相溶解,以甲醇＋磷酸水溶液为流动相,使用以 C₁₈ 为填料的不锈钢柱和紫外检测器

（280 nm），对试样中的萘乙酸进行高效液相色谱分离，外标法定量。

5.5.2 试剂和溶液

5.5.2.1 甲醇：色谱级。

5.5.2.2 磷酸。

5.5.2.3 水：新蒸二次蒸馏水或超纯水。

5.5.2.4 磷酸水溶液：$\psi_{(磷酸：水)}=0.5：1\ 000$。

5.5.2.5 萘乙酸标样：已知萘乙酸质量分数，$w \geqslant 98.0\%$。

5.5.3 仪器

5.5.3.1 高效液相色谱仪：具有可变波长紫外检测器。

5.5.3.2 色谱柱：150 mm×4.6 mm（内径）不锈钢柱，内装 C_{18}、5 μm 填充物（或具同等效果的色谱柱）。

5.5.3.3 过滤器：滤膜孔径约 0.45 μm。

5.5.3.4 超声波清洗器。

5.5.4 高效液相色谱操作条件

5.5.4.1 流动相：$\psi_{(甲醇：磷酸水溶液)}=55：45$。

5.5.4.2 流速：1.0 mL/min。

5.5.4.3 柱温：室温（温度变化应不大于 2 ℃）。

5.5.4.4 检测波长：280 nm。

5.5.4.5 进样体积：5 μL。

5.5.4.6 保留时间：萘乙酸约 7.0 min。

5.5.4.7 上述液相色谱操作条件，系典型操作参数。可根据不同仪器特点，对给定的操作参数作适当调整，以期获得最佳效果。典型的萘乙酸（萘乙酸钠）原药的高效液相色谱图见图 2。

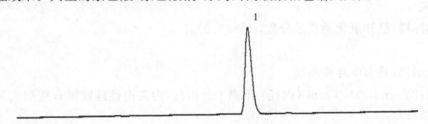

标引序号说明：
1——萘乙酸。

图 2　萘乙酸（萘乙酸钠）原药的高效液相色谱图

5.5.5 测定步骤

5.5.5.1 标样溶液的制备

称取 0.05 g 萘乙酸标样（精确至 0.000 1 g）于 100 mL 容量瓶中，加入 80 mL 流动相超声振荡 5 min 使之溶解，冷却至室温，用流动相稀释至刻度，摇匀。

5.5.5.2 试样溶液的制备

称取含萘乙酸 0.05 g（精确至 0.000 1 g）的试样于 100 mL 容量瓶中，加入 80 mL 流动相超声振荡 5 min 使之溶解，冷却至室温，用流动相稀释至刻度，摇匀。

5.5.5.3 测定

在上述操作条件下，待仪器稳定后，连续注入数针标样溶液，直至相邻两针萘乙酸峰面积相对变化小于 1.2% 后，按照标样溶液、试样溶液、试样溶液、标样溶液的顺序进行测定。

5.5.6 计算

将测得的两针试样溶液以及试样前后两针标样溶液中萘乙酸峰面积分别进行平均，试样中萘乙酸的质量分数按公式（1）计算，萘乙酸钠的质量分数按公式（2）计算。

$$w_1 = \frac{A_2 \times m_1 \times w_{b1}}{A_1 \times m_2} \quad \cdots\cdots\cdots\cdots\cdots\cdots\cdots\cdots\cdots\cdots\cdots\cdots\cdots\cdots\cdots\cdots (1)$$

$$w_2 = \frac{A_2 \times m_1 \times w_{b1} \times 208.19}{A_1 \times m_2 \times 186.21} \quad \cdots\cdots\cdots\cdots\cdots\cdots\cdots\cdots\cdots\cdots\cdots (2)$$

式中：

w_1 ——萘乙酸质量分数的数值，单位为百分号（%）；

A_2 ——试样溶液中萘乙酸峰面积的平均值；

m_1 ——标样质量的数值，单位为克（g）；

w_{b1} ——标样中萘乙酸质量分数的数值，单位为百分号（%）；

A_1 ——标样溶液中萘乙酸峰面积的平均值；

m_2 ——试样质量的数值，单位为克（g）；

w_2 ——萘乙酸钠质量分数的数值，单位为百分号（%）；

208.19 ——萘乙酸钠摩尔质量的数值，单位为克每摩尔（g/mol）；

186.21 ——萘乙酸摩尔质量的数值，单位为克每摩尔（g/mol）。

5.5.7 允许差

萘乙酸质量分数 2 次平行测定结果之差应不大于 1.2%，取其算术平均值作为测定结果。

5.6 钠离子质量分数

5.6.1 方法提要

试样用水溶解，以甲基磺酸水溶液为流动相，使用阳离子分析柱和电导检测器的离子色谱仪，对试样中的钠离子进行离子色谱分离，外标法定量。

5.6.2 试剂和溶液

5.6.2.1 甲基磺酸。

5.6.2.2 水：超纯水。

5.6.2.3 氯化钠标样：已知氯化钠质量分数，$w \geqslant 99.0\%$。

5.6.3 仪器

5.6.3.1 离子色谱仪：具有电导检测器。

5.6.3.2 色谱柱：250 mm×4.0 mm（内径）阳离子分析柱，内装惰性硅胶键合羧酸或膦酸基填充物（或具同等效果的色谱柱）。

5.6.3.3 过滤器：滤膜孔径约 0.45 μm。

5.6.3.4 定量进样管：10 μL。

5.6.3.5 超声波清洗器。

5.6.4 离子色谱操作条件

5.6.4.1 淋洗液：甲基磺酸水溶液，$c_{（甲基磺酸）} = 12$ mmol/L。

5.6.4.2 流速：1.0 mL/min。

5.6.4.3 柱温：30 ℃。

5.6.4.4 电导池温度：35 ℃。

5.6.4.5 进样体积：10 μL。

5.6.4.6 保留时间：钠离子约 6.0 min。

5.6.4.7 上述操作参数是典型的，可根据不同仪器特点，对给定的操作参数作适当调整，以期获得最佳效果。典型的萘乙酸钠原药阳离子色谱图（钠离子测定）见图 3。

5.6.5 测定步骤

5.6.5.1 标样溶液的制备

称取 0.05 g 氯化钠标样（精确至 0.000 1 g），置于 100 mL 容量瓶中，加入 80 mL 水超声振荡 5 min，

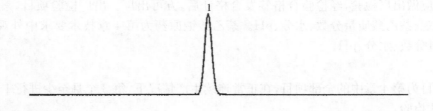

标引序号说明：
1——钠离子。

图 3　萘乙酸钠原药阳离子色谱图（钠离子测定）

冷却至室温，用水稀释至刻度，摇匀。用移液管吸取 1 mL 上述溶液于 50 mL 容量瓶中，用水稀释至刻度，摇匀。

5.6.5.2　试样溶液的制备

称取 0.2 g 试样（精确至 0.000 1 g），置于 100 mL 容量瓶中，加入 80 mL 水超声振荡 5 min，冷却至室温，用水稀释至刻度，摇匀。用移液管吸取上述溶液 1 mL 于 50 mL 容量瓶中，用水稀释至刻度，摇匀、过滤。

5.6.5.3　测定

在上述操作条件下，待仪器稳定后，连续注入数针标样溶液，直至相邻两针钠离子峰面积相对变化小于 1.2% 后，按照标样溶液、试样溶液、试样溶液、标样溶液的顺序进行测定。

5.6.6　计算

将测得的两针试样溶液以及试样前后两针标样溶液中钠离子峰面积分别进行平均，试样中钠离子的质量分数按公式（3）计算。

$$w_3 = \frac{A_3 \times m_4 \times w_{b2} \times 22.99}{A_4 \times m_3 \times 58.44} \quad\cdots\cdots\cdots\cdots\cdots\cdots\cdots\cdots\cdots\cdots\cdots\cdots\cdots\quad (3)$$

式中：

w_3　——钠离子质量分数的数值，单位为百分号（%）；

A_3　——试样溶液中钠离子峰面积的平均值；

m_4　——氯化钠标样质量的数值，单位为克（g）；

w_{b2}　——标样中氯化钠质量分数的数值，单位为百分号（%）；

22.99　——氯化钠标样中钠离子摩尔质量的数值，单位为克每摩尔（g/mol）；

A_3　——标样溶液中钠离子峰面积的平均值；

m_3　——试样质量的数值，单位为克（g）；

58.44　——氯化钠标样中氯化钠摩尔质量的数值，单位为克每摩尔（g/mol）。

5.6.7　允许差

钠离子质量分数 2 次平行测定结果之差应不大于 0.4%，取其算术平均值作为测定结果。

5.7　水分

按 GB/T 1600—2021 中 4.2 的规定执行。

5.8　丙酮不溶物

按 GB/T 19138 的规定执行。

5.9　水不溶物

按 GB/T 28136—2011 中 3.3 的规定执行。

5.10　pH

按 GB/T 1601 的规定执行。

6　检验规则

6.1　出厂检验

每批产品均应做出厂检验,经检验合格签发合格证后,方可出厂。出厂检验项目,萘乙酸原药为第4章技术要求中外观、萘乙酸质量分数、水分、pH。萘乙酸钠原药为第4章技术要求中外观、萘乙酸钠质量分数、萘乙酸质量分数、水分、pH。

6.2 型式检验

型式检验项目为第4章中的全部项目,在正常连续生产情况下,每3个月至少进行1次。有下述情况之一,应进行型式检验:

a) 原料有较大改变,可能影响产品质量时;

b) 生产地址、生产设备或生产工艺有较大改变,可能影响产品质量时;

c) 停产后又恢复生产时;

d) 国家质量监管机构提出型式检验要求时。

6.3 判定规则

按 GB/T 8170—2008 中 4.3.3 判定检验结果是否符合本文件的要求。

按第4章技术要求对产品进行出厂检验和型式检验,任一项目不符合指标要求判为该批次产品不合格。

7 验收和质量保证期

7.1 验收

应符合 GB/T 1604 的规定。

7.2 质量保证期

在8.2的储运条件下,萘乙酸(萘乙酸钠)原药的质量保证期从生产日期算起为2年。质量保证期内,各项指标均应符合本文件的要求。

8 标志、标签、包装、储运

8.1 标志、标签、包装

萘乙酸(萘乙酸钠)原药的标志、标签、包装应符合 GB 3796 的规定;萘乙酸(萘乙酸钠)原药采用清洁、干燥内衬塑料袋的编织袋或内衬保护层的铁桶或纸板桶包装,每袋净含量一般为 1 kg,每桶净含量一般为 20 kg、25 kg。也可根据用户要求或订货协议采用其他形式的包装,但需符合 GB 3796 的规定。

8.2 储运

萘乙酸(萘乙酸钠)原药包装件应储存在通风、干燥的库房中;储运时,严防潮湿和日晒;不得与食物、种子、饲料混放;避免与皮肤、眼睛接触,防止由口鼻吸入。

附 录 A

（资料性）

萘乙酸、萘乙酸钠的其他名称、结构式和基本物化参数

A.1 萘乙酸

萘乙酸的其他名称、结构式和基本物化参数如下：

——英文名称：1-naphthylacetic acid；

——CAS 登录号：86-87-3；

——化学名称：1-萘乙酸；

——结构式：

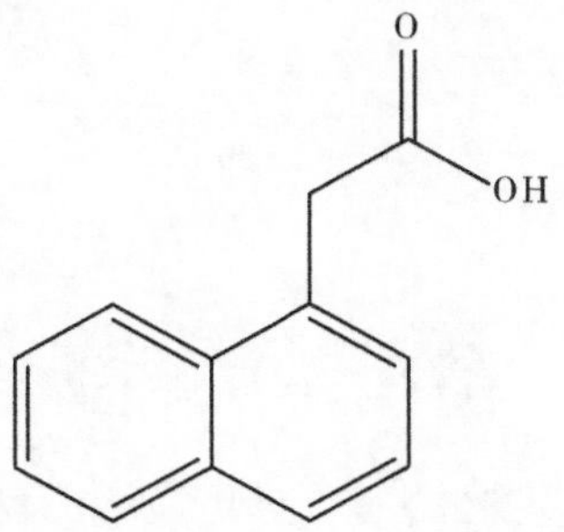

——分子式：$C_{12}H_{10}O_2$；

——相对分子质量：186.21；

——生物活性：植物生长调节；

——熔点：134.5 ℃～135.5 ℃；

——蒸气压（20 ℃）：1.0×10^{-5} Pa；

——溶解度（20 ℃）：微溶于热水，易溶于丙酮、乙醚、苯、乙醇和氯仿等有机溶剂；

——稳定性：在 pH 3～6 稳定，对光、热稳定，强酸强碱条件下易分解。

A.2 萘乙酸钠

萘乙酸钠的其他名称、结构式和基本物化参数如下：

——英文名称：1-naphthylacetic acid sodium；

——CAS 登录号：61-31-4；

——化学名称：1-萘乙酸钠；

——结构式：

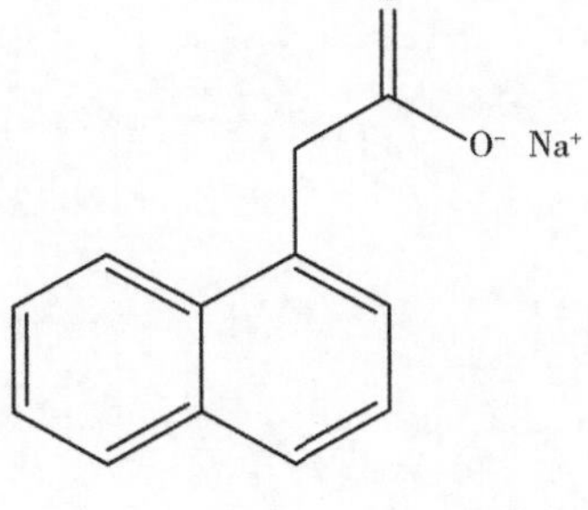

——分子式：$C_{12}H_9O_2Na$；

——相对分子质量：208.19；

——生物活性:植物生长调节;

——溶解度(20 ℃):易溶于水,易溶于丙酮、乙醇,难溶于苯、石油醚等弱极性有机溶剂;

——稳定性:在中性和碱性条件下稳定,对光、热稳定,在酸性条件下以酸的形式存在。

ICS 65.100
CCS G 25

中华人民共和国农业行业标准

NY/T 4406—2023

萘乙酸钠可溶液剂

1-naphthylacetic acid sodium soluble concentrate

2023-12-22 发布

2024-05-01 实施

中华人民共和国农业农村部 发布

前　言

本文件按照 GB/T 1.1—2020《标准化工作导则　第 1 部分：标准化文件的结构和起草规则》的规定起草。

请注意本文件的某些内容可能涉及专利。本文件的发布机构不承担识别专利的责任。

本文件由农业农村部种植业管理司提出。

本文件由全国农药标准化技术委员会（SAC/TC 133）归口。

本文件起草单位：郑州郑氏化工产品有限公司、鹤壁全丰生物科技有限公司、沈阳沈化院测试技术有限公司、沈阳化工研究院有限公司。

本文件主要起草人：杨闻翰、郑昊、张丹、王瑾、臧娅磊、周玉红、朱德涛。

萘乙酸钠可溶液剂

1 范围

本文件规定了萘乙酸钠可溶液剂的技术要求、试验方法、检验规则、验收和质量保证期以及标志、标签、包装、储运。

本文件适用于萘乙酸钠可溶液剂产品的质量控制。

注：萘乙酸、萘乙酸钠的其他名称、结构式和基本物化参数见附录 A。

2 规范性引用文件

下列文件中的内容通过文中的规范性引用而构成本文件必不可少的条款。其中，注日期的引用文件，仅该日期对应的版本适用于本文件；不注日期的引用文件，其最新版本（包括所有的修改单）适用于本文件。

GB/T 1601 农药 pH 值的测定方法

GB/T 1604 商品农药验收规则

GB/T 1605—2001 商品农药采样方法

GB 3796 农药包装通则

GB/T 8170—2008 数值修约规则与极限数值的表示和判定

GB/T 14825 农药悬浮率测定方法

GB/T 19136—2021 农药热储稳定性测定方法

GB/T 19137—2003 农药低温稳定性测定方法

GB/T 28136—2011 农药水不溶物测定方法

GB/T 28137 农药持久起泡性测定方法

GB/T 32776—2016 农药密度测定方法

3 术语和定义

本文件没有需要界定的术语和定义。

4 技术要求

4.1 外观

稳定的均相液体，无可见的悬浮物和沉淀。

4.2 技术指标

萘乙酸钠可溶液剂应符合表 1 的要求。

表 1 萘乙酸钠可溶液剂控制项目指标

项 目	指 标		
	5%规格	1.0%规格	0.1%规格
萘乙酸质量分数，%	$5.0^{+0.5}_{-0.5}$	$1.0^{+0.15}_{-0.15}$	$0.10^{+0.015}_{-0.015}$
萘乙酸钠质量分数，%	$5.6^{+0.6}_{-0.6}$	$1.1^{+0.16}_{-0.16}$	$0.11^{+0.016}_{-0.016}$
萘乙酸质量浓度[a]（20 ℃），g/L	51^{+5}_{-5}	$10^{+1.5}_{-1.5}$	$1.0^{+0.15}_{-0.15}$
萘乙酸钠质量浓度[a]（20 ℃），g/L	57^{+6}_{-6}	$11^{+1.6}_{-1.6}$	$1.1^{+0.16}_{-0.16}$
pH	6.0～9.0		
稀释稳定性（稀释 20 倍）	稀释液均一，无析出物		

表 1（续）

项 目	指 标		
	5%规格	1.0%规格	0.1%规格
水不溶物,%	≤0.2		
持久起泡性(1min 后泡沫量),mL	≤60		
低温稳定性	冷储后,离心管底部离析物的体积不超过 0.3 mL		
热储稳定性	热储后,萘乙酸质量分数应不低于热储前测得值的 95%,pH、稀释稳定性仍应符合文件的要求		
a 当以质量分数和以质量浓度表示的结果不能同时满足本文件要求时,按质量分数的结果判定产品是否合格。			

5 试验方法

警示:使用本文件的人员应有实验室工作的实践经验。本文件并未指出所有的安全问题。使用者有责任采取适当的安全和健康措施。

5.1 一般规定

本文件所用试剂和水在没有注明其他要求时,均指分析纯试剂和蒸馏水。

5.2 取样

按 GB/T 1605—2001 中 5.3.2 的规定执行。用随机数表法确定取样的包装件;最终取样量应不少于 200 g。

5.3 鉴别试验

5.3.1 萘乙酸鉴别的液相色谱法

本鉴别试验可与萘乙酸质量分数的测定同时进行。在相同的色谱操作条件下,试样溶液中某色谱峰的保留时间与标样溶液中萘乙酸的色谱峰的保留时间的相对差值应不大于 1.5%。

5.3.2 钠离子鉴别的离子色谱法

本鉴别试验可与钠离子质量分数的测定同时进行。在相同的色谱操作条件下,试样溶液中某色谱峰的保留时间与氯化钠标样溶液中钠离子的色谱峰的保留时间的相对差值应不大于 1.5%,分析方法见附录 B。

5.4 外观

采用目测法测定。

5.5 萘乙酸(萘乙酸钠)质量分数、萘乙酸(萘乙酸钠)质量浓度

5.5.1 方法提要

试样用流动相溶解,以甲醇＋磷酸水溶液为流动相,使用以 C_{18} 为填料的不锈钢柱和紫外检测器 (280 nm),对试样中的萘乙酸进行高效液相色谱分离,外标法定量。

5.5.2 试剂和溶液

5.5.2.1 甲醇:色谱级。

5.5.2.2 磷酸。

5.5.2.3 水:新蒸二次蒸馏水或超纯水。

5.5.2.4 磷酸水溶液:$\psi_{(磷酸:水)}$＝0.5：1 000。

5.5.2.5 萘乙酸标样:已知萘乙酸质量分数,w≥99.0%。

5.5.3 仪器

5.5.3.1 高效液相色谱仪:具有可变波长紫外检测器。

5.5.3.2 色谱柱:150 mm×4.6 mm(内径)不锈钢柱,内装 C_{18}、5 μm 填充物(或具同等效果的色谱柱)。

5.5.3.3 过滤器:滤膜孔径约 0.45 μm。

5.5.3.4 超声波清洗器。

5.5.4 高效液相色谱操作条件

5.5.4.1 流动相:$\psi_{(甲醇:磷酸水溶液)}$＝55：45。

5.5.4.2 流速:1.0 mL/min。

5.5.4.3 柱温:室温(温度变化应不大于 2 ℃)。

5.5.4.4 检测波长:280 nm。

5.5.4.5 进样体积:5 μL。

5.5.4.6 保留时间:萘乙酸约 7.0 min。

5.5.4.7 上述液相色谱操作条件,系典型操作参数。可根据不同仪器特点,对给定的操作参数作适当调整,以期获得最佳效果。典型的萘乙酸钠可溶液剂的高效液相色谱图见图 1。

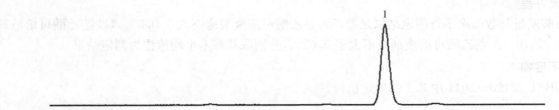

标引序号说明:
1——萘乙酸。

图 1　萘乙酸钠可溶液剂的高效液相色谱图

5.5.5　测定步骤

5.5.5.1　标样溶液的制备

称取 0.05 g 萘乙酸标样(精确至 0.000 1 g)于 100 mL 容量瓶中,加入 80 mL 流动相超声振荡 5 min 使之溶解,冷却至室温,用流动相稀释至刻度,摇匀。

5.5.5.2　试样溶液的制备

称取含萘乙酸 0.05 g(精确至 0.000 1 g)的试样于 100 mL 容量瓶中,用流动相稀释至刻度,摇匀。

5.5.6　测定

在上述操作条件下,待仪器稳定后,连续注入数针标样溶液,直至相邻两针萘乙酸峰面积相对变化小于 1.2%后,按照标样溶液、试样溶液、试样溶液、标样溶液的顺序进行测定。

5.5.7　计算

将测得的两针试样溶液以及试样前后两针标样溶液中萘乙酸峰面积分别进行平均,试样中萘乙酸的质量分数按公式(1)计算,萘乙酸钠的质量分数按公式(2)计算,萘乙酸质量浓度按公式(3)计算,萘乙酸钠质量浓度按公式(4)计算。

$$w_1 = \frac{A_2 \times m_1 \times w_{b1}}{A_1 \times m_2} \quad \cdots\cdots\cdots\cdots\cdots (1)$$

$$w_2 = \frac{A_2 \times m_1 \times w_{b1} \times 208.19}{A_1 \times m_2 \times 186.21} \quad \cdots\cdots\cdots\cdots (2)$$

$$\rho_1 = \frac{A_2 \times m_1 \times w_{b1}}{A_1 \times m_2} \times \rho \times 10 \quad \cdots\cdots\cdots (3)$$

$$\rho_2 = \frac{A_2 \times m_1 \times w_{b1} \times 208.19}{A_1 \times m_2 \times 186.21} \times \rho \times 10 \quad \cdots\cdots (4)$$

式中:

w_1　——萘乙酸质量分数的数值,单位为百分号(%);

A_2　——试样溶液中萘乙酸峰面积的平均值;

m_1　——标样质量的数值,单位为克(g);

w_{b1}　——标样中萘乙酸质量分数的数值,单位为百分号(%);

A_1　——标样溶液中萘乙酸峰面积的平均值;

m_2　——试样质量的数值,单位为克(g);

w_2 ——萘乙酸钠质量分数的数值,单位为百分号(%);

208.19 ——萘乙酸钠摩尔质量的数值,单位为克每摩尔(g/mol);

186.21 ——萘乙酸摩尔质量的数值,单位为克每摩尔(g/mol);

ρ_1 ——20 ℃时试样中萘乙酸质量浓度的数值,单位为克每升(g/L);

ρ ——20 ℃时试样密度的数值,单位为克每毫升(g/mL)(按 GB/T 32776—2016 中 3.1 或 3.2 进行测定);

ρ_2 ——20 ℃时试样中萘乙酸钠质量浓度的数值,单位为克每升(g/L);

10 ——质量分数转换为质量浓度的换算系数。

5.5.8 允许差

萘乙酸质量分数 2 次平行测定结果之差,5%萘乙酸可溶液剂应不大于 0.3%,1%萘乙酸可溶液剂应不大于 0.2%,0.1%萘乙酸可溶液剂应不大于 0.02%,分别取其算术平均值作为测定结果。

5.6 水不溶物

按 GB/T 28136—2011 中 3.3 的规定执行。

5.7 pH

按 GB/T 1601 的规定执行。

5.8 稀释稳定性试验

5.8.1 试剂和仪器

5.8.1.1 标准硬水:$\rho_{(Ca^{2+}+Mg^{2+})}$＝342 mg/L,pH 6.0～7.0,按 GB/T 14825 配制。

5.8.1.2 量筒:100 mL。

5.8.1.3 恒温水浴:(30±2)℃。

5.8.2 测定步骤

用移液管吸取 5 mL 试样,置于 100 mL 量筒中,用标准硬水稀释至刻度,混匀,将此量筒放入(30±2)℃恒温水浴中,静置 1 h。

5.9 持久起泡性

按 GB/T 28137 的规定执行。

5.10 低温稳定性试验

按 GB/T 19137—2003 中 2.1 的规定执行。

5.11 热储稳定性试验

按 GB/T 19136—2021 中 4.4.1 的规定执行。热储时,样品应密封储存,热储前后质量变化率应不大于 1.0%。

6 检验规则

6.1 出厂检验

每批产品均应做出厂检验,经检验合格签发合格证后,方可出厂。出厂检验项目为第 4 章技术要求中外观、萘乙酸质量分数、萘乙酸钠质量分数、萘乙酸质量浓度、萘乙酸钠质量浓度、pH、稀释稳定性、持久起泡性。

6.2 型式检验

型式检验项目为第 4 章中的全部项目,在正常连续生产情况下,每 3 个月至少进行 1 次。有下述情况之一,应进行型式检验:

    a) 原料有较大改变,可能影响产品质量时;

    b) 生产地址、生产设备或生产工艺有较大改变,可能影响产品质量时;

    c) 停产后又恢复生产时;

    d) 国家质量监管机构提出型式检验要求时。

6.3 判定规则

按 GB/T 8170—2008 中 4.3.3 判定检验结果是否符合本文件的要求。

按第 4 章技术要求对产品进行出厂检验和型式检验,任一项目不符合指标要求判为该批次产品不合格。

7 验收和质量保证期

7.1 验收

应符合 GB/T 1604 的规定。

7.2 质量保证期

在 8.2 的储运条件下,萘乙酸钠可溶液剂的质量保证期从生产日期算起为 2 年。质量保证期内,各项指标均应符合本文件的要求。

8 标志、标签、包装、储运

8.1 标志、标签、包装

萘乙酸钠可溶液剂的标志、标签、包装应符合 GB 3796 的规定;萘乙酸钠可溶液剂可采用带有内塞及瓶盖的玻璃瓶或高黏度聚氨酯瓶包装,每瓶净含量一般为 50 g(mL)、100 g(mL)和 250 g(mL),外用钙塑箱、纸箱、瓦楞纸箱或木箱包装,每箱净含量应不超过 10 kg。根据用户要求或订货协议可采用其他形式的包装,但需符合 GB 3796 的规定。

8.2 储运

萘乙酸钠可溶液剂包装件应储存在通风、干燥的库房中;储运时,严防潮湿和日晒;不得与食物、种子、饲料混放;避免与皮肤、眼睛接触,防止由口鼻吸入。

附　录　A

（资料性）

萘乙酸、萘乙酸钠的其他名称、结构式和基本物化参数

A.1　萘乙酸

萘乙酸的其他名称、结构式和基本物化参数如下：
——英文名称：1-naphthylacetic acid；
——CAS登录号：86-87-3；
——化学名称：1-萘乙酸；
——结构式：

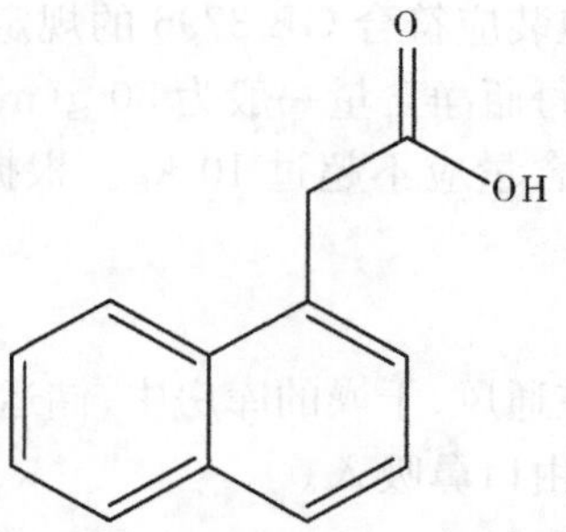

——分子式：$C_{12}H_{10}O_2$；
——相对分子质量：186.21；
——生物活性：植物生长调节；
——熔点：134.5 ℃～135.5 ℃；
——蒸气压（20 ℃）：1.0×10^{-5} Pa；
——溶解度（20 ℃）：微溶于热水，易溶于丙酮、乙醚、苯、乙醇和氯仿等有机溶剂；
——稳定性：在pH 3～6稳定，对光、热稳定，强酸强碱条件下易分解。

A.2　萘乙酸钠

萘乙酸钠的其他名称、结构式和基本物化参数如下：
——英文名称：1-naphthylacetic acid sodium；
——CAS登录号：61-31-4；
——化学名称：1-萘乙酸钠；
——结构式：

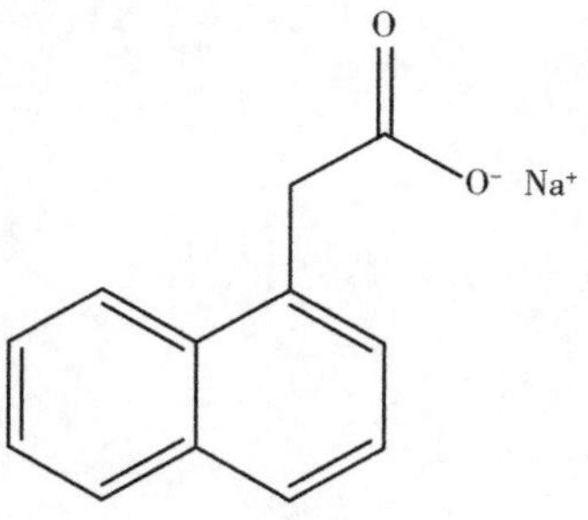

——分子式：$C_{12}H_9O_2Na$；

——相对分子质量:208.19;

——生物活性:植物生长调节;

——溶解度(20 ℃):易溶于水,易溶于丙酮、乙醇,难溶于苯、石油醚等弱极性有机溶剂;

——稳定性:在中性和碱性条件下稳定,对光、热稳定,在酸性条件下以酸的形式存在。

附 录 B
（资料性）
离子色谱法鉴别萘乙酸钠可溶液剂中钠离子

B.1 方法提要

试样用水溶解，以甲基磺酸水溶液为流动相，使用阳离子分析柱和电导检测器的离子色谱仪，对试样中的钠离子进行离子色谱分离，保留时间定性。

B.2 试剂和溶液

B.2.1 甲基磺酸。

B.2.2 水：超纯水。

B.2.3 氯化钠标样：已知氯化钠质量分数，$w \geqslant 99.0\%$。

B.3 仪器

B.3.1 离子色谱仪：具有电导检测器。

B.3.2 色谱柱：250 mm×4.0 mm（内径）阳离子分析柱，内装惰性硅胶键合羧酸或膦酸基填充物（或具同等效果的色谱柱）。

B.3.3 过滤器：滤膜孔径约 0.22 μm。

B.3.4 定量进样管：10 μL。

B.3.5 超声波清洗器。

B.4 离子色谱分析条件

B.4.1 淋洗液：甲基磺酸水溶液，$c_{（甲基磺酸）} = 12$ mmol/L。

B.4.2 流速：1.0 mL/min。

B.4.3 柱温：30 ℃。

B.4.4 电导池温度：35 ℃。

B.4.5 进样体积：10 μL。

B.4.6 保留时间：钠离子约 6.0 min。

B.4.7 上述操作参数是典型的，可根据不同仪器特点，对给定的操作参数作适当调整，以期获得最佳效果。典型的萘乙酸钠可溶液剂阳离子色谱图（钠离子测定）见图 B.1。

标引序号说明：
1——钠离子。

图 B.1 萘乙酸钠可溶液剂阳离子色谱图（钠离子测定）

B.5 测定步骤

B.5.1 标样溶液的制备

称取 0.05 g 氯化钠标样(精确至 0.000 1 g),置于 100 mL 容量瓶中,加入 80 mL 水超声振荡 5 min,冷却至室温,用水稀释至刻度,摇匀。用移液管吸取 1 mL 上述溶液于 50 mL 容量瓶中,用水稀释至刻度,摇匀。

B.5.2 试样溶液的制备

称取含钠离子 0.000 5 g 的试样(精确至 0.000 1 g),置于 100 mL 容量瓶中,用水稀释至刻度,摇匀,过滤。

B.5.3 钠离子的鉴别

在上述操作条件下,待仪器稳定后,连续注入数针氯化钠标样溶液,直至相邻两针钠离子的色谱峰保留时间相对变化小于 1.5%后,按照标样溶液、试样溶液的顺序进行测定。在相同的离子色谱的条件下,测定试样溶液中与标样溶液中钠离子保留时间最近的色谱峰与标样溶液中钠离子的色谱峰的保留时间的相对差。

ICS 65.100.10
CCS G 25

中华人民共和国农业行业标准

NY/T 4407—2023

苏云金杆菌母药

Bacillus thuringiensis technical concentrates

2023-12-22 发布 2024-05-01 实施

中华人民共和国农业农村部 发布

前　言

本文件按照 GB/T 1.1—2020《标准化工作导则　第 1 部分：标准化文件的结构和起草规则》的规定起草。

本文件代替 HG/T 3616—1999《苏云金杆菌原粉》，与 HG/T 3616—1999 相比，除结构调整和编辑性改动外，主要技术变化如下：

——更改了苏云金杆菌母药毒力效价指标，由原标准的分等分级变为统一规定（见 4.2，HG/T 3616—1999 的 3.2）；

——增加了苏云金杆菌母药毒力效价测定用试验虫的种类和说明（见 4.2）；

——更改了苏云金杆菌母药中毒素蛋白质量分数，由原标准的分等分级变为统一规定（见 4.2，HG/T 3616—1999 的 3.2）；

——更改了苏云金杆菌母药的 pH 指标（见 4.2，HG/T 3616—1999 的 3.2）；

——删除了苏云金杆菌母药的湿筛试验指标（见 4.2，HG/T 3616—1999 的 3.2）；

——增加了检验规则（见第 6 章）；

——更改了苏云金杆菌母药的质量保证期的规定（见 7.2，HG/T 3616—1999 的 6.5）；

——更改了苏云金杆菌母药毒力效价测定的仲裁法（见附录 C，HG/T 3616—1999 的附录 B）。

请注意本文件的某些内容可能涉及专利。本文件的发布机构不承担识别专利的责任。

本文件由农业农村部种植业管理司提出。

本文件由全国农药标准化技术委员会（SAC/TC 133）归口。

本文件起草单位：武汉科诺生物科技股份有限公司、沈阳沈化院测试技术有限公司、湖北省生物农药工程研究中心、福建绿安生物农药有限公司、沈阳化工研究院有限公司。

本文件主要起草人：杨闻翰、刘荷梅、于海博、王月莹、姚荣英、王婉秋、刘华梅、张志刚。

本文件及其所代替文件的历次版本发布情况为：

——1999 年首次发布为 HG/T 3616—1999；

——本次为首次修订。

苏云金杆菌母药

1 范围

本文件规定了苏云金杆菌母药的技术要求、试验方法、检验规则、验收和质量保证期以及标志、标签、包装、储运。

本文件适用于苏云金杆菌鲇泽亚种($B.t.a$)和苏云金杆菌库斯塔克亚种($B.t.k$)母药产品生产的质量控制。

注:苏云金杆菌的其他名称、分类地位和形态学特征等描述见附录 A。

2 规范性引用文件

下列文件中的内容通过文中的规范性引用而构成本文件必不可少的条款。其中,注日期的引用文件,仅该日期对应的版本适用于本文件;不注日期的引用文件,其最新版本(包括所有的修改单)适用于本文件。

GB/T 1600—2021　农药水分测定方法

GB/T 1601　农药 pH 值的测定方法

GB/T 1604　商品农药验收规则

GB/T 1605—2001　商品农药采样方法

GB 3796　农药包装通则

GB/T 8170—2008　数值修约规则与极限数值的表示和判定

3 术语和定义

下列术语和定义适用于本文件。

3.1

毒素蛋白　toxin protein

苏云金杆菌在芽孢形成时期产生的一种伴孢晶体蛋白,是使其产品具有杀虫活性的主要物质。

3.2

毒力效价　toxicity potency

根据产品的生物活性和对生物体的作用来设计试验,与具有确定国际单位的标样进行对比性生物反应,测定样品的毒力效果的生物学活性指标,其结果用单位质量的国际单位表示。

4 技术要求

4.1 外观

灰白色至棕褐色粉末。

4.2 技术指标

苏云金杆菌母药还应符合表 1 的要求。

表 1　苏云金杆菌母药技术指标

项　目	指　标
毒素蛋白质量分数,%	≥7.0
毒力效价($H.a.$)[a],IU/mg	≥50 000
pH	4.0～7.0

表 1（续）

项 目	指 标
水分，%	≤6.0

ᵃ H.a. 代表棉铃虫（Helicoverpa armigera），也可选择小菜蛾和甜菜夜蛾作为试验虫，试验结果分别表示为毒力效价（P.x.）和毒力效价（S.e.），但应以毒力效价（H.a.）作为仲裁法。P.x. 代表小菜蛾（Plutella xylostella），S.e. 代表甜菜夜蛾（Spodoptera exigua）。

5 试验方法

警示：使用本文件的人员应有实验室工作的实践经验。本文件并未指出所有的安全问题。使用者有责任采取适当的安全和健康措施。

5.1 一般规定

本文件所用试剂和水在没有注明其他要求时，均指分析纯试剂和蒸馏水。

5.2 取样

按 GB/T 1605—2001 中 5.3.1 的规定执行。用随机数表法确定取样的包装件；最终取样量应不少于100 g。

5.3 鉴别试验

5.3.1 十二烷基硫酸钠-聚丙烯酰胺凝胶电泳法（SDS-PAGE）

本鉴别试验可与毒素蛋白质量分数的测定同时进行。在相同的操作条件下，试样溶液与标样溶液应具有相同的蛋白区带，由此证明产品中的有效毒素蛋白的相对分子质量为 130 000。

5.3.2 生物测定法

根据代表菌株的形态学和生理生化特征进行菌种鉴别，并可辅助脂肪酸分析、Biolog、16S rRNA 序列分析等手段。当对鉴别结果有争议或需要进行法律仲裁检验时，应到具有菌种鉴定资质的单位，将待检菌株与模式菌种进行比对，出具菌种鉴定报告，作为仲裁依据。

有效成分的特征见附录 A。

5.4 外观

采用目测法测定。

5.5 毒素蛋白质量分数

5.5.1 方法提要

用碱性溶液处理苏云金杆菌母药伴孢晶体，使其降解为毒素蛋白，然后通过 SDS-PAGE，依据蛋白质相对分子质量的差异，使毒素蛋白与其他杂蛋白分离，之后用电泳凝胶成像系统扫描蛋白区带面积，进行定量。

5.5.2 试剂和溶液

5.5.2.1 水。

5.5.2.2 十二烷基硫酸钠。

5.5.2.3 三羟基甲基氨基甲烷。

5.5.2.4 浓盐酸。

5.5.2.5 氢氧化钠。

5.5.2.6 甘氨酸。

5.5.2.7 甘油。

5.5.2.8 巯基乙醇。

5.5.2.9 溴酚蓝。

5.5.2.10 考马斯亮蓝 R-250。

5.5.2.11 甲醇。

5.5.2.12 冰乙酸。

5.5.2.13 无水乙醇。

5.5.2.14 0.55 mol/L 氢氧化钠溶液:在烧杯中量取 100 mL 水,缓慢加入 2.2 g 氢氧化钠,边加入边搅拌溶解,待充分溶解后,放置室温,密闭保存备用。

5.5.2.15 1 mol/L、pH 6.8 三羟基甲基氨基甲烷-盐酸缓冲液:称取三羟基甲基氨基甲烷 12.1 g 溶于水中,用浓盐酸调至 pH 6.8,用水定容至 100 mL。

5.5.2.16 电泳缓冲液:称取三羟基甲基氨基甲烷 3.0 g、甘氨酸 14.4 g、十二烷基硫酸钠 1 g,用水溶解并定容至 1 000 mL。

5.5.2.17 3×样品稀释液:1 mol/L、pH 6.8 三羟基甲基氨基甲烷-盐酸缓冲液 18.8 mL,十二烷基硫酸钠 6 g,甘油 30 mL,巯基乙醇 15 mL,溴酚蓝 0.5 g,用水定容至 100 mL,于−20 ℃储存备用。

5.5.2.18 染色液:称取考马斯亮蓝 R-250 1.0 g,加入甲醇 450 mL、冰乙酸 100 mL、水 450 mL,溶解过滤后使用。

5.5.2.19 脱色液:量取甲醇 100 mL、冰乙酸 35 mL,用水定容至 1 000 mL。

5.5.2.20 漂洗液:量取无水乙醇 30 mL、冰乙酸 10 mL、水 60 mL,混合均匀后使用。

5.5.2.21 固定液:量取冰乙酸 75 mL,用水定容至 1 000 mL,混合均匀后使用。

5.5.2.22 毒素蛋白(相对分子质量为 130 000)标样:已知质量分数,$w \geqslant 9.0\%$。

5.5.3 仪器

5.5.3.1 电泳仪。

5.5.3.2 夹芯式垂直电泳槽(1.0 mm 凹形带槽橡胶模框)、凝胶板(1.0 mm,15 孔或 10 孔样品槽模具)。

5.5.3.3 电泳凝胶成像系统。

5.5.3.4 水浴锅。

5.5.3.5 可调移液器。

5.5.3.6 微量进样器。

5.5.3.7 离心机:20 000 r/min。

5.5.3.8 脱色摇床:90 r/min。

5.5.4 测定步骤

5.5.4.1 试样处理

分别称取含毒素蛋白 5.5 mg 的标样和试样(精确至 0.1 mg)于 10 mL 离心管中,加 5 mL 水,充分混匀,移取 0.5 mL 至 1.5 mL 离心管中,加入 0.55 mol/L 氢氧化钠溶液 0.125 mL(使氢氧化钠溶液的最终浓度为 0.1 mol/L),摇匀,静置 5 min,再加入 3×样品稀释液 0.325 mL,于沸水浴中煮 6 min,冷却至室温,15 000 r/min 离心 5 min,取上层清液,以备电泳上样,样品的折算的最终定容体积为 9.5 mL。

5.5.4.2 SDS-PAGE 分离毒素蛋白

5.5.4.2.1 制备 8%～10% 聚丙烯酰胺凝胶

采用不连续缓冲系统,制胶方法见附录 B。

5.5.4.2.2 上样

取上述标样溶解液上层清液,于聚丙烯酰胺凝胶的上样孔中分别上样 2 μL、4 μL、6 μL、8 μL、10 μL(毒素蛋白质量为 1 μg～5 μg),取 6 μL 的试样溶液上层清液(毒素蛋白含量约为 3 μg)加入上样孔中,注入电泳缓冲液后,接通电源。

5.5.4.2.3 电泳

电泳初期电压控制在 100 V 左右,待试样进入分离胶后,加大电压到 120 V,继续电泳。当指示剂前沿到达距底端 1 cm 左右时,停止电泳,取出胶板,在固定液中浸泡 30 min。

5.5.4.2.4 染色

将分离胶部分取下，用染色液染色过夜。

5.5.4.2.5 脱色

倒去染色液，先用漂洗液洗涤凝胶，然后加入脱色液，在脱色摇床上使其脱色，根据需要更换几次脱色液，直至背景清晰为止。

5.5.4.3 测定

凝胶经脱色后，可清晰地看到 130 000 蛋白区带，用电泳凝胶成像系统及相关的图形处理软件处理该区带，得到各蛋白区带的灰度值，对于标样溶液作毒素蛋白质量对蛋白区带灰度值的标准曲线；利用样品溶液的区带灰度值，由标准曲线计算其对应的毒素蛋白质量。

5.5.5 计算

试样中毒素蛋白的质量分数按公式(1)计算。

$$w_1 = \frac{m_1 \times V_1}{m_2 \times V_2} \times 100 \quad \cdots\cdots\cdots\cdots\cdots\cdots\cdots\cdots\cdots\cdots\cdots\cdots\cdots (1)$$

式中：

w_1——毒素蛋白质量分数的数值，单位为百分号(%)；

m_1——从标准曲线上查得样品中毒素蛋白量的数值，单位为微克(μg)；

m_2——样品称样量的数值，单位为毫克(mg)；

V_1——样品最终定容体积的数值，单位为毫升(mL)；

V_2——注入凝胶上样孔样品体积的数值，单位为微升(μL)。

5.5.6 允许差

毒素蛋白质量分数 2 次平行测定结果之相对差应不大于 8%，取其算术平均值作为测定结果。

5.6 毒力效价

按附录 C 进行。

5.7 水分

按 GB/T 1600—2021 中 4.3 的规定执行。

5.8 pH

按 GB/T 1601 的规定执行。

6 检验规则

6.1 出厂检验

每批产品均应做出厂检验，经检验合格签发合格证后，方可出厂。出厂检验项目为第 4 章技术要求中外观、毒素蛋白质量分数、毒力效价、pH、水分。

6.2 型式检验

型式检验项目为第 4 章中的全部项目，在正常连续生产情况下，每 3 个月至少进行 1 次。有下述情况之一，应进行型式检验：

a) 原料有较大改变，可能影响产品质量时；

b) 生产地址、生产设备或生产工艺有较大改变，可能影响产品质量时；

c) 停产后又恢复生产时；

d) 国家质量监管机构提出型式检验要求时。

6.3 判定规则

按 GB/T 8170—2008 中 4.3.3 判定检验结果是否符合本文件的要求。

按第 4 章技术要求对产品进行出厂检验和型式检验，任一项目不符合指标要求判为该批次产品不合格。

7 验收和质量保证期

7.1 验收

应符合 GB/T 1604 的规定。

7.2 质量保证期

在 8.2 的储运条件下,苏云金杆菌母药的质量保证期从生产日期算起为 2 年。质量保证期内,各项指标均应符合本文件的要求。

8 标志、标签、包装、储运

8.1 标志、标签、包装

苏云金杆菌母药的标志、标签、包装应符合 GB 3796 的规定;苏云金杆菌母药的包装采用清洁、干燥的复合膜袋或铝箔袋包装,每袋净含量可根据用户要求或订货协议确定,但需符合 GB 3796 的规定。

8.2 储运

苏云金杆菌母药包装件应储存在通风、阴凉、干燥的库房中,严防日晒;储运时,产品对温度敏感,要关注储运时的温度变化,要严防潮湿、日晒和高温;不得与食物、种子、饲料混放;避免与皮肤、眼睛接触,防止由口鼻吸入。

附 录 A

（资料性）

苏云金杆菌的其他名称、分类地位和形态学特征等描述

苏云金杆菌的其他名称、分类地位和形态学特征等描述如下：

——中文通用名称：苏云金杆菌＋菌株编号。

——拉丁学名：*Bacillus thuringiensis*。

——分类地位：细菌（Bacteria）；厚壁菌门（Firmicutes）；芽孢杆菌纲（Bacilli）；芽孢杆菌目（Bacillales）；芽孢杆菌科（Bacillaceae）；芽孢杆菌属（*Bacillus*）。

——形态学特征：菌体在显微镜下呈椭圆形杆状，呈短链或者长链状排列，大小为$(1.2 \sim 1.8)\mu m \times (3.0 \sim 5.0)\mu m$，革兰氏染色阳性。芽孢为椭圆形，靠近中间生长，大小为$2 \mu m \times (0.8 \sim 0.9)\mu m$，芽孢囊微膨大。菌体的一头或两头会释放不定量的伴孢晶体（parasporal crystal），多数为长菱形、短菱形、方形，也有呈立方形、球形、椭球形、不规则形、三角形及镶嵌形等。在营养琼脂（NA）上菌落为圆形或者椭圆形，淡黄色，边缘不规则，不透明微隆起呈滴蜡状。

——有效成分主要存在形式：伴孢晶体。

——主要生物活性：杀虫（防病）。

——培养保存条件：最适生长温度为30 ℃～37 ℃；适合培养基为营养琼脂（NA）或营养肉汤（NB）培养基；适宜储存温度为0 ℃～4 ℃。

附　录　B
（资料性）
电泳凝胶的制备

B.1　制板

选择两块大小一样的玻璃板，其中一块一端带有 2 cm～3 cm 高的凹槽。两块玻璃板洗净干燥后，固定在制板装置上，下端应密封完整，形成 1.0 mm 间隙的制胶板。

B.2　试剂与溶液

B.2.1　水。

B.2.2　十二烷基硫酸钠。

B.2.3　四甲基乙二胺。

B.2.4　丙烯酰胺。

B.2.5　亚甲基双丙烯酰胺（又称为甲叉双丙烯酰胺）。

B.2.6　三羟基甲基氨基甲烷。

B.2.7　浓盐酸。

B.2.8　过硫酸铵。

B.2.9　甘氨酸。

B.2.10　30％丙烯酰胺溶液：称取丙烯酰胺 29.0 g、亚甲基双丙烯酰胺 1.0 g，溶于 100 mL 水中，过滤，于 4 ℃暗处储存备用。

B.2.11　1 mol/L、pH 8.8 三羟基甲基氨基甲烷-盐酸缓冲液：称取三羟基甲基氨基甲烷 30.2 g 溶于水中，用浓盐酸调至 pH 8.8，用水定容至 250 mL。

B.2.12　1 mol/L、pH 6.8 三羟基甲基氨基甲烷-盐酸缓冲液：称取三羟基甲基氨基甲烷 12.1 g 溶于水中，用浓盐酸调至 pH 6.8，用水定容至 100 mL。

B.2.13　10％十二烷基硫酸钠溶液：称取十二烷基硫酸钠 0.5 g，用水溶解并定容至 5 mL。

B.2.14　10％过硫酸铵溶液：称取过硫酸铵 0.1 g，用水溶解并定容至 1 mL，于 4 ℃储存备用，储存期不超过 1 周。

B.2.15　电泳缓冲液：称取三羟基甲基氨基甲烷 3.0 g、甘氨酸 14.4 g、十二烷基硫酸钠 1 g，用水溶解并定容至 1 000 mL。

B.3　制备分离胶

从冰箱中取出制胶试剂，平衡至室温。按表 B.1 先配制分离胶。将胶液配好、混匀后，迅速注入两块玻璃板的间隙中，至胶液面离玻璃板凹槽 3.5 cm 左右。然后在胶面上轻轻铺 1 cm 高的水，加水时通常顺玻璃板慢慢加入，勿扰乱胶面。垂直放置胶板于室温约 30 min 使之凝聚。此时，在凝胶和水之间可以看到很清晰的一条界面。然后倒出胶面上的水。

表 B.1　SDS-PAGE 凝胶的配方

储备液	10％分离胶	8％分离胶	5％浓缩胶
30％丙烯酰胺溶液	6.7 mL	5.3 mL	1.3 mL
1 mol/L、pH 8.8 三羟基甲基氨基甲烷-盐酸缓冲液	7.6 mL	7.6 mL	—

表 B.1（续）

储备液	10%分离胶	8%分离胶	5%浓缩胶
1 mol/L、pH 6.8 三羟基甲基氨基甲烷-盐酸缓冲液	—	—	1.0 mL
水	5.3 mL	6.7 mL	5.5 mL
10%十二烷基硫酸钠	0.2 mL	0.2 mL	80 μL
10%过硫酸铵	0.2 mL	0.2 mL	80 μL
四甲基乙二胺	8 μL	12 μL	8 μL
总体积	20 mL	20 mL	8 mL

B.4 制备浓缩胶

按表 B.1 配制浓缩胶，用少量灌入玻璃板间隙中，冲洗分离胶胶面，而后倒出。然后把余下的胶液注玻璃板间隙，使胶液面与玻璃板凹槽处平齐，而后插入梳子，在室温放置 30 min，浓缩胶即可凝固。慢慢取出梳子，取时应防止把胶孔弄破。取出梳子后，在形成的胶孔中加入水，冲洗杂质，倒出孔中水，再加入电泳缓冲液。

将灌好胶的玻璃板垂直固定在电泳槽上，带凹槽的玻璃板与电泳槽紧贴在一起，形成一个储液槽，向其中加入电泳缓冲液，使其与胶孔中的缓冲液相接触，在电泳槽下端的储液槽中也加入电泳缓冲液。

附　录　C
（规范性）
毒力效价的测定

C.1　毒力效价测定方法——用棉铃虫(*Helicoverpa armigera*)作试虫的测定方法(仲裁法)

C.1.1　试剂和材料

C.1.1.1　标准品:已知毒力效价标准品。

C.1.1.2　棉铃虫幼虫:*Helicoverpa armigera*。

C.1.1.3　黄豆粉:黄豆炒熟后磨碎过 60 目筛。

C.1.1.4　酵母粉:食用级。

C.1.1.5　冰乙酸。

C.1.1.6　水。

C.1.1.7　36%乙酸溶液:体积比 $\psi_{(乙酸 : 水)}$＝36 : 64。

C.1.1.8　苯甲酸钠。

C.1.1.9　维生素 C。

C.1.1.10　琼脂粉。

C.1.1.11　氯化钠。

C.1.1.12　磷酸氢二钾。

C.1.1.13　磷酸二氢钾。

C.1.1.14　聚山梨酯-80。

C.1.1.15　磷酸缓冲液:分别称取氯化钠 8.5 g、磷酸氢二钾 6.0 g、磷酸二氢钾 3.0 g 于玻璃器皿中,加入 0.1 mL 聚山梨酯-80 和 1 000 mL 水,充分溶解后混匀。

C.1.2　仪器和设备

C.1.2.1　电动搅拌器:无级调速,100 r/min～6 000 r/min。

C.1.2.2　微波炉或电炉。

C.1.2.3　振荡器。

C.1.2.4　水浴锅。

C.1.2.5　组织培养盘:24 孔。

C.1.2.6　搪瓷盘:30 cm×20 cm。

C.1.2.7　磨口三角瓶:250 mL,具塞。

C.1.2.8　大烧杯:1 000 mL。

C.1.2.9　小烧杯:50 mL。

C.1.2.10　试管:18 mm×180 mm。

C.1.2.11　玻璃珠:直径 5 mm。

C.1.2.12　注射器:50 mL。

C.1.2.13　移液管。

C.1.2.14　标本缸。

C.1.2.15　恒温培养箱。

C.1.3 测定步骤

C.1.3.1 感染液的配制

C.1.3.1.1 标准品

称取 100.0 mg～150.0 mg 标准品(精确至 0.1 mg),装入 250 mL 装有 10 粒玻璃珠的磨口三角瓶中。加入 100 mL 磷酸缓冲液,浸泡 10 min,在振荡器上振荡 30 min。得到浓度约为 1 mg/mL 的标准品母液(该母液在 4 ℃冰箱中可存放 10 d)。然后将标准品母液用磷酸缓冲液以一定的倍数等比稀释,稀释成浓度约为 1.000 0 mg/mL、0.500 0 mg/mL、0.250 0 mg/mL、0.125 0 mg/mL、0.062 5 mg/mL、0.031 3 mg/mL 6 个稀释感染液,并设磷酸缓冲液作对照,每一浓度感染液吸取 3 mL,置于 50 mL 小烧杯内待用,对照吸取 3 mL 磷酸缓冲液。

C.1.3.1.2 样品

称取相当于标准品毒力效价的母药样品适量(精确至 0.2 mg),加 100 mL 磷酸缓冲液,然后参照标准品的配制方法配制样品感染液。

对有些效价过高或过低的样品,在测定前需先以 3 个距离相差较大的浓度做预备试验,估计 LC_{50} 值的范围,据此设计稀释浓度。

C.1.3.2 感染饲料的配制

C.1.3.2.1 饲料配方

酵母粉 12 g、黄豆粉 24 g、维生素 C 1.5 g、苯甲酸钠 0.42 g、36%乙酸 3.9 mL、水 300 mL。

C.1.3.2.2 饲料配制

将黄豆粉、酵母粉、维生素 C、苯甲酸钠和 36%乙酸放入大烧杯内,加 100 mL 水湿润,另将余下200 mL 水加入 4.5 g 琼脂粉,在微波炉上加热至沸腾,使琼脂完全溶化,取出冷却至 70 ℃,即与其他成分混合,在电动搅拌器内高速搅拌 1 min,迅速移至 60℃水浴锅中加盖保温。

用注射器吸取 27 mL 饲料,注入上述已有样品或标准品感染液的烧杯内,以电动搅拌器高速搅拌0.5 min,迅速倒入组织培养盘上各小孔中(倒入量不要求一致,以铺满孔底为准),凝固待用。

C.1.3.3 接虫感染

于 26 ℃～30 ℃室温下,将未经取食的初孵幼虫(孵化后 12 h 内)抖入直径 20 cm 的标本缸中,静待数分钟选取爬上缸口的健康幼虫作供试虫,用毛笔轻轻地将它们移入已有感染饲料的组织盘的小孔内,每孔1 头虫。每个浓度和空白对照皆放 48 头虫,用塑料薄片盖住,然后将组织培养盘逐个叠起,用橡皮筋捆紧,竖立放于 30 ℃恒温培养箱内培养 72 h。

C.1.4 结果检查及计算

用肉眼或放大镜检查死、活虫数。以细签触动虫体,完全无反应的为死虫,计算死亡率。如对照有死亡,可查 Abbott 校正值表或按公式(C.1)计算校正死亡率。对照死亡率在 5%以下不用校正,5%～10%需校正,大于 10%则测定无效。

$$X_1 = \frac{T - C}{1 - C} \times 100 \quad\cdots\cdots\cdots\cdots\cdots\cdots\cdots\cdots\cdots\cdots\cdots\cdots\cdots (C.1)$$

式中:

X_1——校正死亡率的数值,单位为百分号(%);

T ——处理死亡率;

C ——对照死亡率。

将浓度换算成对数值,死亡率或校正死亡率换算成概率值,用最小二乘法工具分别求出标准品和样品的 LC_{50} 值,按公式(C.2)计算试样的毒力效价。

$$X_2 = \frac{S \times P}{Y} \quad\cdots\cdots\cdots\cdots\cdots\cdots\cdots\cdots\cdots\cdots\cdots\cdots\cdots (C.2)$$

式中:

X_2——试样的毒力效价的数值,单位为国际单位每毫克(IU/mg);

S ——标准品 LC_{50} 值;

P ——标准品效价的数值,单位为国际单位每毫克(IU/mg);

Y ——样品 LC_{50} 值。

C.1.5 允许差

毒力测定法测定允许相对差,但每个样品 3 次重复测定结果之最大相对差不得超过 20%。毒力测定制剂各浓度所引起的死亡率应在 10%～90%,在 50% 死亡率上下至少要各有 2 个浓度。

C.2 毒力效价测定方法——用小菜蛾(*Plutella xylostella*)作试虫的测定方法

C.2.1 试剂和材料

C.2.1.1 标准品:已知毒力效价标准品。

C.2.1.2 小菜蛾幼虫:*Plutella xylostella*。

C.2.1.3 食用菜籽油。

C.2.1.4 酵母粉:食品级。

C.2.1.5 维生素 C。

C.2.1.6 琼脂粉:凝胶强度大于 300 g/cm²。

C.2.1.7 磷酸氢二钾。

C.2.1.8 磷酸二氢钾。

C.2.1.9 聚山梨酯-80。

C.2.1.10 菜叶粉:甘蓝型油菜叶,80 ℃烘干,磨碎,过 80 目筛。

C.2.1.11 蔗糖。

C.2.1.12 纤维素粉 CF-11。

C.2.1.13 氢氧化钾。

C.2.1.14 氢氧化钾水溶液:$c_{(氢氧化钾)}$＝0.001 mol/L。

C.2.1.15 氯化钠。

C.2.1.16 对羟基苯甲酸甲酯。

C.2.1.17 95%乙醇。

C.2.1.18 尼泊金溶液:称取 15 g 对羟基苯甲酸甲酯,加入 100 mL 95%乙醇,充分溶解后混匀。

C.2.1.19 甲醛。

C.2.1.20 水。

C.2.1.21 甲醛水溶液:体积比 $\psi_{(甲醛:水)}$＝1:9。

C.2.1.22 干酪素:生物试剂。

C.2.1.23 干酪素溶液:称取 2 g 干酪素,加 2 mL 氢氧化钾水溶液溶解,再加入 8 mL 水,混合均匀。

C.2.1.24 磷酸缓冲液:同 C.1.1.15。

C.2.2 仪器和设备

C.2.2.1 磨口三角瓶:250 mL。

C.2.2.2 电动搅拌器:无级调速,100 r/min～6 000 r/min。

C.2.2.3 医用手术刀。

C.2.2.4 振荡器。

C.2.2.5 水浴锅。

C.2.2.6 养虫管:9 cm ×2.5 cm。

C.2.2.7 烧杯:50 mL、500 mL。

C.2.2.8 试管:18 mm×180 mm。

C.2.2.9 玻璃珠:直径 5 mm。

C.2.2.10 移液管。

C.2.3 测定步骤

C.2.3.1 感染液的配制

C.2.3.1.1 标准品

用分析天平准确称取标准品 100.0 mg~150.0 mg(精确至 0.1 mg),装入 250 mL 装有 10 粒玻璃珠的磨口三角瓶中。加入 100 mL 磷酸缓冲液,浸泡 10 min,在振荡器上振荡 30 min。得到浓度约为 1 mg/mL 的标准品母液(该母液在 4 ℃冰箱中可存放 10 d)。然后将标准品母液稀释成浓度约为 1.000 0 mg/mL、0.500 0 mg/mL、0.250 0 mg/mL、0.125 0 mg/mL、0.062 5 mg/mL、0.031 3 mg/mL 6 个稀释感染液。

C.2.3.1.2 样品

称取相当于标准品毒力效价的母药样品适量(精确至 0.2 mg),加 100 mL 磷酸缓冲液,然后参照标准品的配制方法配制样品感染液。

C.2.3.2 感染饲料的配制

C.2.3.2.1 饲料配方

维生素 C 0.5 g、干酪素溶液 1.0 mL、菜叶粉 3.0 g、酵母粉 1.5 g、维生素粉 CF-11 1.0 g、琼脂粉 2.0 g、蔗糖 6.0 g、菜籽油 0.2 mL、甲醛溶液 0.5 mL、尼泊金溶液 1.0 mL、水 100 mL。

C.2.3.2.2 饲料配制

将蔗糖、酵母粉、干酪素溶液、琼脂粉加入 90 mL 的水中调匀。搅拌煮沸,使琼脂完全溶化,加入尼泊金溶液,搅匀。将其他成分用剩余的 10 mL 水调成糊状。当琼脂冷却至 75 ℃左右时,与之充分混合,搅匀,置 55 ℃水浴锅中保温备用。取 50 mL 烧杯 7 只,写好标签,置 55 ℃水浴中预热,分别向每个烧杯中加入 1 mL 对应浓度的感染液,缓冲液作空白对照。向每个烧杯中加入 9 mL 溶化的饲料;用电动搅拌器搅拌 20 s,使每个烧杯中的感染液与饲料充分混匀。

将烧杯静置,待冷却凝固后,用医用手术刀将感染饲料切成 1 cm×1 cm 的饲料块,每个浓度取 4 个饲料块分别放入 4 支养虫管中,每管放入一块,写好标签。

C.2.3.3 接虫感染

随机取已放置饲料的养虫管,每管投入 10 头小菜蛾三龄初幼虫,每浓度 4 管,塞上棉塞,写好标签,在相同饲养条件下饲养。

C.2.4 结果检查及计算

感染 48 h 后检查试虫的死亡情况。判断死虫的标准是以细签轻轻触动虫体,无任何反应者判为死亡。

计算标准品和样品各浓度的供测昆虫死亡率,查 Abbott 表或用公式(C.1)计算校正死亡率,对照死亡率在 5%以下不用校正,5%~10%需校正,大于 10%则测定无效。

将感染液各浓度换算成对数值,校正死亡率转换成死亡概率值,用最小二乘法工具分别求出标准品 LC$_{50}$值和待测样品 LC$_{50}$值,然后按公式(C.2)计算待测样品的毒力效价。

C.2.5 允许差

毒力测定方法的允许相对差要求与 C.1.5 相同。

C.3 毒力效价测定方法——用甜菜夜蛾(*Spodoptera exigua*)作试虫的测定方法

C.3.1 试剂和材料

C.3.1.1 标准品:已知毒力效价标准品。

C.3.1.2 甜菜夜蛾幼虫:*Spodoptera exigua*。

C.3.1.3 黄豆粉:黄豆炒熟后磨碎过 60 目筛。

C. 3. 1. 4　酵母粉:食用级。

C. 3. 1. 5　维生素 C。

C. 3. 1. 6　对羟基苯甲酸甲酯。

C. 3. 1. 7　95％乙醇。

C. 3. 1. 8　尼泊金溶液:称取 15 g 对羟基苯甲酸甲酯,加入 100 mL 95％乙醇,充分溶解后混匀。

C. 3. 1. 9　甲醛。

C. 3. 1. 10　水。

C. 3. 1. 11　甲醛水溶液:体积比 $\psi_{(甲醛:水)}=1:9$。

C. 3. 1. 12　琼脂粉:凝胶强度大于 300 g/cm^2。

C. 3. 1. 13　磷酸缓冲液:同 C. 1. 1. 15。

C. 3. 2　仪器和设备

C. 3. 2. 1　电动搅拌器:无级调速,100 r/min～6 000 r/min。

C. 3. 2. 2　微波炉或电炉。

C. 3. 2. 3　振荡器。

C. 3. 2. 4　水浴锅。

C. 3. 2. 5　组织培养盘:24 孔。

C. 3. 2. 6　搪瓷盘:30 cm×20 cm。

C. 3. 2. 7　磨口三角瓶:250 mL,具塞。

C. 3. 2. 8　大烧杯:1 000 mL。

C. 3. 2. 9　小烧杯:50 mL。

C. 3. 2. 10　试管:18 mm×180 mm。

C. 3. 2. 11　玻璃珠:直径 5 mm。

C. 3. 2. 12　注射器:50 mL。

C. 3. 2. 13　标本缸。

C. 3. 2. 14　恒温培养箱。

C. 3. 3　测定步骤

C. 3. 3. 1　感染液的配制

C. 3. 3. 1. 1　标准品

称取 100.0 mg～150.0 mg(精确至 0.1 mg)标准品,装入 250 mL 装有 10 粒玻璃珠的磨口三角瓶中。加入 100 mL 磷酸缓冲液,浸泡 10 min,在振荡器上振荡 30 min。得到浓度约为 1 mg/mL 的标准品母液(该母液在 4 ℃冰箱中可存放 10 d)。然后将标准品母液用磷酸缓冲液以一定的倍数等比稀释,稀释成浓度约为 1.000 0 mg/mL、0.500 0 mg/mL、0.250 0 mg/mL、0.125 0 mg/mL、0.062 5 mg/mL、0.031 3 mg/mL 6 个稀释感染液,并设磷酸缓冲液作对照,每一浓度感染液吸取 3 mL,置于 50 mL 小烧杯内待用,对照吸取 3 mL 磷酸缓冲液。

C. 3. 3. 1. 2　样品

称取相当于标准品毒力效价的母药样品适量(精确至 0.2 mg),加 100 mL 磷酸缓冲液,然后参照标准品的配制方法配制样品感染液。

C. 3. 3. 2　感染饲料的配制

C. 3. 3. 2. 1　饲料配方

酵母粉 16 g、黄豆粉 32 g、维生素 C 2 g、琼脂 6 g、尼泊金溶液 6.7 mL、甲醛溶液 4 mL、水 400 mL。

C. 3. 3. 2. 2　饲料配制

将黄豆粉、酵母粉、维生素 C、尼泊金溶液和甲醛溶液放入大烧杯中,加入 150 mL 水,混匀备用。将余下的250 mL水加入3.5 g琼脂粉,在微波炉上加热至沸腾,使琼脂完全溶化,取出冷却至70 ℃。即与其他成分混合,在电动搅拌器内高速搅拌1 min,迅速移至60 ℃水浴锅中加盖保温。

用注射器吸取27 mL饲料,注入上述已有样品或标准品感染液的烧杯内,以电动搅拌器高速搅拌0.5 min,迅速倒入组织培养盘上各小孔中(倒入量不要求一致,以铺满孔底为准),凝固待用。

C.3.3.3 接虫感染

于26 ℃~30 ℃室温下,将未经取食的初孵幼虫(孵化后12 h内)抖入直径20 cm的标本缸中,静待数分钟选取爬上缸口的健康幼虫作供试虫,用毛笔轻轻地将它们移入已有感染饲料的组织盘的小孔内,每孔一头虫。每个浓度和空白对照皆放48头虫,用塑料薄片盖住,然后将组织培养盘逐个叠起,用橡皮筋捆紧,竖立放于25 ℃恒温培养箱内培养72 h。

C.3.4 结果检查及计算

用肉眼或放大镜检查死、活虫数。以细签触动虫体,完全无反应的为死虫,计算死亡率。如对照有死亡,可查Abbott校正值表或按公式(C.1)计算校正死亡率。对照死亡率在5%以下不用校正,5%~10%需校正,大于10%则测定无效。将浓度换算成对数值,死亡率或校正死亡率换算成概率值,用最小二乘法工具分别求出标准品和样品的LC_{50},按公式(C.2)计算毒力效价。

C.3.5 允许差

毒力测定方法的允许相对差要求与C.1.5相同。

ICS 65.100.10
CCS G 25

中华人民共和国农业行业标准

NY/T 4408—2023

苏云金杆菌悬浮剂

Bacillus thuringiensis suspension concentrate

2023-12-22 发布
2024-05-01 实施

中华人民共和国农业农村部 发布

前　言

本文件按照 GB/T 1.1—2020《标准化工作导则　第 1 部分:标准化文件的结构和起草规则》的规定起草。

本文件代替 HG/T 3618—1999《苏云金杆菌悬浮剂》,与 HG/T 3618—1999 相比,除结构调整和编辑性改动外,主要技术变化如下:

——更改了苏云金杆菌悬浮剂毒力效价指标(见 4.2,HG/T 3618—1999 的 3.2);

——增加了苏云金杆菌悬浮剂毒力效价测定用试验虫的种类和说明(见 4.2);

——更改了苏云金杆菌悬浮剂中毒素蛋白质量分数指标(见 4.2,HG/T 3618—1999 的 3.2);

——更改了苏云金杆菌悬浮剂的 pH 指标(见 4.2,HG/T 3617—1999 的 3.2);

——更改了苏云金杆菌悬浮剂的湿筛试验指标(见 4.2,HG/T 3617—1999 的 3.2);

——增加了苏云金杆菌悬浮剂的倾倒性指标(见 4.2);

——增加了苏云金杆菌悬浮剂的持久起泡性指标(见 4.2);

——增加了苏云金杆菌悬浮剂低温稳定性控制项目和指标(见 4.2);

——增加了苏云金杆菌悬浮剂热储稳定性控制项目和指标(见 4.2);

——增加了检验规则(见第 6 章);

——更改了苏云金杆菌悬浮剂的质量保证期的规定(见 7.2,HG/T 3616—1999 的 6.5);

——更改了苏云金杆菌悬浮剂的毒力效价测定的仲裁法(见附录 C,HG/T 3616—1999 的附录 B)。

请注意本文件的某些内容可能涉及专利。本文件的发布机构不承担识别专利的责任。

本文件由农业农村部种植业管理司提出。

本文件由全国农药标准化技术委员会(SAC/TC 133)归口。

本文件起草单位:武汉科诺生物科技股份有限公司、沈阳沈化院测试技术有限公司、沈阳化工研究院有限公司、福建绿安生物农药有限公司、乳山韩威生物科技有限公司、湖北省生物农药工程研究中心。

本文件主要起草人:于海博、刘荷梅、杨闻翰、王婉秋、徐丽娜、徐晓庆、刘华梅、王月莹、张志刚。

本文件及其所代替文件的历次版本发布情况为:

——1999 年首次发布为 HG/T 3618—1999;

——本次为首次修订。

苏云金杆菌悬浮剂

1 范围

本文件规定了苏云金杆菌悬浮剂的技术要求、试验方法、检验规则、验收和质量保证期以及标志、标签、包装、储运。

本文件适用于苏云金杆菌鲇泽亚种($B.t.a$)和苏云金杆菌库斯塔克亚种($B.t.k$)悬浮剂产品生产的质量控制。

注：苏云金杆菌的其他名称、分类地位和形态学特征等描述见附录 A。

2 规范性引用文件

下列文件中的内容通过文中的规范性引用而构成本文件必不可少的条款。其中，注日期的引用文件，仅该日期对应的版本适用于本文件；不注日期的引用文件，其最新版本（包括所有的修改单）适用于本文件。

GB/T 1601　农药 pH 值的测定方法

GB/T 1604　商品农药验收规则

GB/T 1605—2001　商品农药采样方法

GB 3796　农药包装通则

GB/T 8170—2008　数值修约规则与极限数值的表示和判定

GB/T 14825—2006　农药悬浮率测定方法

GB/T 16150—1995　农药粉剂、可湿性粉剂细度测定方法

GB/T 19136—2021　农药热储稳定性测定方法

GB/T 19137—2003　农药低温稳定性测定方法

GB/T 28137　农药持久起泡性测定方法

GB/T 31737　农药倾倒性测定方法

GB/T 32776—2016　农药密度测定方法

3 术语和定义

下列术语和定义适用于本文件。

3.1

毒素蛋白　toxin protein

苏云金杆菌在芽孢形成时期产生的一种伴孢晶体蛋白，是使其产品具有杀虫活性的主要物质。

3.2

毒力效价　toxicity potency

根据产品的生物活性和对生物体的作用来设计试验，与具有确定国际单位的标样进行对比性生物反应，测定样品的毒力效果的生物学活性指标，其结果用单位质量的国际单位表示。

4 技术要求

4.1 外观

可流动、易测量体积的悬浮液体；存放过程中，可能出现沉淀，但经手摇动，应恢复原状，不应有结块。

4.2 技术指标

苏云金杆菌悬浮剂还应符合表 1 的要求。

表 1　苏云金杆菌悬浮剂技术指标

项　目		指　标	
		8 000 IU/μL 规格	6 000 IU/μL 规格
毒素蛋白质量分数,%		≥0.8	≥0.6
毒力效价(H.a.)ᵃ,IU/μL		≥8 000	≥6 000
pH		4.0~7.0	
悬浮率,%		≥80	
倾倒性	倾倒后残余物,%	≤5.0	
	洗涤后残余物,%	≤0.5	
湿筛试验(通过75 μm试验筛),%		≥98	
持久起泡性(1min后泡沫量),mL		≤60	
低温稳定性		冷储后,毒素蛋白质量分数、毒力效价、湿筛试验仍应符合本文件的要求	
热储稳定性		热储后,pH、湿筛试验、倾倒性仍应符合本文件的要求	
ᵃ　H.a. 代表棉铃虫(Helicoverpa armigera),也可选择小菜蛾和甜菜夜蛾作为试验虫,试验结果分别表示为毒力效价(P.x.)和毒力效价(S.e.),但应以毒力效价(H.a.)作为仲裁法。P.x. 代表小菜蛾(Plutella xylostella),S.e. 代表甜菜夜蛾(Spodoptera exigua)。			

5　试验方法

警示: 使用本文件的人员应有实验室工作的实践经验。本文件并未指出所有的安全问题。使用者有责任采取适当的安全和健康措施。

5.1　一般规定

本文件所用试剂和水在没有注明其他要求时,均指分析纯试剂和蒸馏水。

5.2　取样

按 GB/T 1605—2001 中 5.3.2 的规定执行。用随机数表法确定取样的包装件;最终取样量应不少于800 mL。

5.3　鉴别试验

5.3.1　十二烷基硫酸钠-聚丙烯酰胺凝胶电泳法(SDS-PAGE)

本鉴别试验可与毒素蛋白质量分数的测定同时进行。在相同的操作条件下,试样溶液与标样溶液应具有相同的蛋白区带,由此证明产品中的有效毒素蛋白的相对分子质量为130 000。

5.3.2　生物测定法

根据代表菌株的形态学和生理生化特征进行菌种鉴别,并可辅助脂肪酸分析、Biolog、16S rRNA 序列分析等手段。当对鉴别结果有争议或需要进行法律仲裁检验时,应到具有菌种鉴定资质的单位,将待检菌株与模式菌种进行比对,出具菌种鉴定报告,作为仲裁依据。

有效成分的特征见附录 A。

5.4　外观

采用目测法测定。

5.5　毒素蛋白质量分数

5.5.1　方法提要

用碱性溶液处理苏云金杆菌悬浮剂伴孢晶体,使其降解为毒素蛋白,然后通过 SDS-PAGE,依蛋白质相对分子质量的差异,使毒素蛋白与其他杂蛋白分离,之后用电泳凝胶成像系统扫描蛋白区带面积,进行定量。

5.5.2　试剂和溶液

5.5.2.1　水。

5.5.2.2　十二烷基硫酸钠。

5.5.2.3　三羟基甲基氨基甲烷。

5.5.2.4　浓盐酸。

5.5.2.5 氢氧化钠。

5.5.2.6 甘氨酸。

5.5.2.7 甘油。

5.5.2.8 巯基乙醇。

5.5.2.9 溴酚蓝。

5.5.2.10 考马斯亮蓝 R-250。

5.5.2.11 甲醇。

5.5.2.12 冰乙酸。

5.5.2.13 无水乙醇。

5.5.2.14 0.55 mol/L 氢氧化钠溶液：在烧杯中量取 100 mL 水，缓慢加入 2.2 g 氢氧化钠，边加入边搅拌溶解，待充分溶解后，放置室温，密闭保存备用。

5.5.2.15 1 mol/L、pH 6.8 三羟基甲基氨基甲烷-盐酸缓冲液：称取三羟基甲基氨基甲烷 12.1 g 溶于水中，用浓盐酸调至 pH 6.8，用水定容至 100 mL。

5.5.2.16 电泳缓冲液：称取三羟基甲基氨基甲烷 3.0 g、甘氨酸 14.4 g、十二烷基硫酸钠 1 g，用水溶解并定容至 1 000 mL。

5.5.2.17 3×样品稀释液：1 mol/L、pH 6.8 三羟基甲基氨基甲烷-盐酸缓冲液 18.75 mL，十二烷基硫酸钠 6 g，甘油 30 mL，巯基乙醇 15 mL，少许溴酚蓝 0.5 g，用水定容至 100 mL。

5.5.2.18 染色液：称取考马斯亮蓝 R-250 1.0 g，加入甲醇 450 mL、冰乙酸 100 mL、水 450 mL，溶解过滤后使用。

5.5.2.19 脱色液：量取甲醇 100 mL、冰乙酸 35 mL，用水定容至 1 000 mL。

5.5.2.20 漂洗液：量取无水乙醇 30 mL、冰乙酸 10 mL、水 60 mL，混合均匀后使用。

5.5.2.21 固定液：量取冰乙酸 75 mL，用水定容至 1 000 mL。混合均匀后使用。

5.5.2.22 毒素蛋白（相对分子质量为 130 000）标样：已知质量分数，$w \geqslant 9.0\%$。

5.5.3 仪器

5.5.3.1 电泳仪。

5.5.3.2 夹芯式垂直电泳槽（1.0 mm 凹形带槽橡胶模框）、凝胶板（1.0 mm，15 孔或 10 孔样品槽模具）。

5.5.3.3 电泳凝胶成像系统。

5.5.3.4 水浴锅。

5.5.3.5 可调移液器。

5.5.3.6 微量进样器。

5.5.3.7 离心机：20 000 r/min。

5.5.3.8 脱色摇床：90 r/min。

5.5.4 测定步骤

5.5.4.1 试样处理

将悬浮剂样品充分振荡均匀后，分别称取含毒素蛋白 5.5 mg 的标样和试样（精确至 0.01 mg）于 10 mL 离心管中，加 5 mL 水，充分混匀，移取 0.5 mL，置于 1.5 mL 离心管中，加入 0.55 mol/L 氢氧化钠溶液 0.125 mL（使氢氧化钠溶液的最终浓度为 0.1 mol/L），摇匀，静置 5 min，再加入 3×样品稀释液 0.325 mL，于沸水浴中煮 6 min，冷却至室温，15 000 r/min 离心 5 min，取上层清液，以备电泳上样，样品的折算的最终定容体积为 9.5 mL。

5.5.4.2 SDS-PAGE 分离毒素蛋白

5.5.4.2.1 制备 8%～10% 聚丙烯酰胺凝胶

采用不连续缓冲系统，制胶方法见附录 B。

5.5.4.2.2 上样

取上述标样溶解液上层清液,于聚丙烯酰胺凝胶的上样孔中分别上样 2 μL、4 μL、6 μL、8 μL、10 μL (毒素蛋白质量为 1 μg~5 μg),取 6 μL 的试样溶液上层清液(毒素蛋白含量约为 3 μg)加入上样孔中,注入电极缓冲液后,接通电源。

5.5.4.2.3 电泳

电泳初期电压控制在 100 V 左右,待试样进入分离胶后,加大电压到 120 V,继续电泳。当指示剂前沿到达距底端 1 cm 左右时,停止电泳,取出胶板,在固定液中浸泡 30 min。

5.5.4.2.4 染色

将分离胶部分取下,用染色液染色过夜。

5.5.4.2.5 脱色

倒去染色液,先用漂洗液洗涤凝胶,然后加入脱色液使其脱色,根据需要更换几次脱色液,直至背景清晰为止。

5.5.4.3 测定

凝胶经脱色后,可清晰地看到 130 000 蛋白区带,用电泳凝胶成像系统及相关的图形处理软件处理该区带,得到各蛋白区带的灰度值,对于标样溶液作毒素蛋白质量对蛋白区带灰度值的标准曲线;利用样品溶液的区带灰度值,由标准曲线计算其对应的毒素蛋白质量。

5.5.5 计算

试样中毒素蛋白的质量分数按公式(1)计算。

$$w_1 = \frac{m_1 \times V_1}{m_2 \times V_2} \times 100 \quad \cdots\cdots\cdots\cdots\cdots\cdots\cdots\cdots\cdots\cdots\cdots\cdots\cdots\cdots (1)$$

式中:

w_1——毒素蛋白质量分数的数值,单位为百分号(%);

m_1——从标准曲线上查得样品中毒素蛋白质量的数值,单位为微克(μg);

m_2——样品称样质量的数值,单位为毫克(mg);

V_1——样品最终定容体积的数值,单位为毫升(mL);

V_2——注入凝胶上样孔样品体积的数值,单位为微升(μL)。

5.5.6 允许差

毒素蛋白质量分数 2 次平行测定结果之相对差应不大于 8%,取其算术平均值作为测定结果。

5.6 毒力效价

按附录 C 进行。

5.7 pH

按 GB/T 1601 的规定执行。

5.8 悬浮率

5.8.1 测定

按 GB/T 14825—2006 中 4.1 的规定执行。称取 2 000 mg 试样(精确至 0.1 mg)于 200 mL 烧杯中,加入 50 mL 标准硬水,以 120 r/min 速度搅拌 2 min,混合均匀试样。将悬浮液全部转移至 250 mL 具塞玻璃量筒中,用标准硬水稀释到 250 mL。经过处理之后,将量筒内剩余的 25 mL 悬浮液及沉淀物全部转移至 100 mL 烧杯,充分混匀,移取 5 mL,置于 10 mL 离心管中,不加水稀释,移取 0.5 mL,置于 1.5 mL 离心管中,按照 5.5.4.1 步骤后续处理,取 10 μL 的试样离心上层清液加入上样孔中,其他按 5.5 相应描述测定毒素蛋白质量分数。量筒底部 25 mL 悬浮液折算的最终定容体积为 47.5 mL。

5.8.2 计算

悬浮率按公式(2)计算。

$$w_2 = \frac{m_4 \times w_1 - m_3 \times V_3 \times 100 \div V_4}{m_4 \times w_1} \times 111.1 \quad \cdots\cdots\cdots\cdots\cdots\cdots\cdots\cdots (2)$$

式中：

w_2 ——悬浮率的数值，单位为百分号(%)；

m_4 ——试样质量的数值，单位为毫克(mg)；

w_1 ——试样中毒素蛋白质量分数的数值，单位为百分号(%)；

m_3 ——从标准曲线上查得的样品中毒素蛋白质量的数值，单位为微克(μg)；

V_3 ——量筒底部25 mL悬浮液最终定容体积的数值，单位为毫升(mL)；

V_4 ——注入凝胶上样孔样品体积的数值，单位为微升(μL)；

100 ——单位换算系数；

111.1 ——测定体积与总体积的换算系数。

5.9 倾倒性试验

按GB/T 31737的规定执行。

5.10 湿筛试验

按GB/T 16150—1995中2.2的规定执行。

5.11 持久起泡性

按GB/T 28137的规定执行。

5.12 低温稳定性试验

按GB/T 19137—2003中2.2的规定执行。

5.13 热储稳定性试验

按GB/T 19136—2021中4.4.1的规定执行。热储时，样品应密封储存，热储前后质量变化率应不大于1.0%。

6 检验规则

6.1 出厂检验

每批产品均应做出厂检验，经检验合格签发合格证后，方可出厂。出厂检验项目为第4章技术要求中外观、毒素蛋白质量分数、毒力效价、pH、悬浮率、倾倒性、湿筛试验、持久起泡性。

6.2 型式检验

型式检验项目为第4章中的全部项目，在正常连续生产情况下，每3个月至少进行1次。有下述情况之一，应进行型式检验：

    a) 原料有较大改变，可能影响产品质量时；

    b) 生产地址、生产设备或生产工艺有较大改变，可能影响产品质量时；

    c) 停产后又恢复生产时；

    d) 国家质量监管机构提出型式检验要求时。

6.3 判定规则

按GB/T 8170—2008中4.3.3判定检验结果是否符合本文件的要求。

按第4章技术要求对产品进行出厂检验和型式检验，任一项目不符合指标要求判为该批次产品不合格。

7 验收和质量保证期

7.1 验收

应符合GB/T 1604的规定。

7.2 质量保证期

在8.2的储运条件下，苏云金杆菌悬浮剂的质量保证期从生产日期算起为2年。质量保证期内，各项指标均应符合本文件的要求。

8 标志、标签、包装、储运

8.1 标志、标签、包装

苏云金杆菌悬浮剂的标志、标签、包装应符合 GB 3796 的规定；苏云金杆菌悬浮剂采用聚酯瓶、聚乙烯瓶包装或高阻隔瓶包装，并应有铝箔封口，每瓶的净含量可以为 50 g(mL)、100 g(mL)、250 g(mL)、500 g(mL)、1 kg(L)等，也可采取更大包装；外包装可用纸箱、瓦楞纸板箱，每箱的净含量不应超过 15 kg。也可根据用户要求或订货协议，采用其他形式的包装，但需符合 GB 3796 的规定。

8.2 储运

苏云金杆菌悬浮剂包装件应储存在通风、阴凉、干燥的库房中，严防日晒；储运时，产品对温度敏感，要关注储运时的温度变化，要严防潮湿、日晒和高温；不得与食物、种子、饲料混放；避免与皮肤、眼睛接触，防止由口鼻吸入。

附 录 A
（资料性）

苏云金杆菌的其他名称、分类地位和形态学特征等描述

苏云金杆菌的其他名称、分类地位和形态学特征等描述如下：

——中文通用名称：苏云金杆菌＋菌株编号。

——拉丁学名：*Bacillus thuringiensis*。

——分类地位：细菌（Bacteria）；厚壁菌门（Firmicutes）；芽孢杆菌纲（Bacilli）；芽孢杆菌目（Bacillales）；芽孢杆菌科（Bacillaceae）；芽孢杆菌属（*Bacillus*）。

——形态学特征：菌体在显微镜下呈椭圆形杆状，呈短链或者长链状排列，大小为(1.2～1.8)μm×(3.0～5.0)μm，革兰氏染色阳性。芽孢为椭圆形，靠近中间生长，大小为 2 μm×(0.8～0.9)μm，芽孢囊微膨大。菌体的一头或两头会释放不定量的伴孢晶体（parasporal crystal），多数为长菱形、短菱形、方形，也有呈立方形、球形、椭球形、不规则形、三角形及镶嵌形等。在营养琼脂（NA）培养基上菌落为圆形或者椭圆形，淡黄色，边缘不规则，不透明微隆起呈滴蜡状。

——有效成分主要存在形式：伴孢晶体。

——主要生物活性：杀虫（防病）。

——培养保存条件：最适生长温度为 30 ℃～37 ℃；适合培养基为营养琼脂（NA）培养基或营养肉汤（NB）培养基；适宜储存温度为 0 ℃～4 ℃。

附　录　B

（资料性）

电泳凝胶的制备

B.1　制板

选择两块大小一样的玻璃板，其中一块一端带有 2 cm～3 cm 高的凹槽。两块玻璃板洗净干燥后，固定在制板装置上，下端应密封完整，形成 1.0 mm 间隙的制胶板。

B.2　试剂与溶液

B.2.1　水。

B.2.2　十二烷基硫酸钠。

B.2.3　四甲基乙二胺。

B.2.4　丙烯酰胺。

B.2.5　亚甲基双丙烯酰胺（又称为甲叉双丙烯酰胺）。

B.2.6　三羟基甲基氨基甲烷。

B.2.7　浓盐酸。

B.2.8　过硫酸铵。

B.2.9　甘氨酸。

B.2.10　30%丙烯酰胺溶液：称取丙烯酰胺 29.0 g、亚甲基双丙烯酰胺 1.0 g，溶于 100 mL 水中，过滤，于 4 ℃暗处储存备用。

B.2.11　1 mol/L、pH 8.8 三羟基甲基氨基甲烷-盐酸缓冲液：称取三羟基甲基氨基甲烷 30.2 g 溶于水中，用浓盐酸调至 pH 8.8，用水定容至 250 mL。

B.2.12　1 mol/L、pH 6.8 三羟基甲基氨基甲烷-盐酸缓冲液：称取三羟基甲基氨基甲烷 12.1 g 溶于水中，用浓盐酸调至 pH 6.8，用水定容至 100 mL。

B.2.13　10%十二烷基硫酸钠溶液：称取十二烷基硫酸钠 0.5 g，用水溶解并定容至 5 mL。

B.2.14　10%过硫酸铵溶液：称取过硫酸铵 0.1 g，用水溶解并定容至 1 mL，于 4 ℃储存备用，储存期不超过 1 周。

B.2.15　电泳缓冲液：称取三羟基甲基氨基甲烷 3.0 g、甘氨酸 14.4 g、十二烷基硫酸钠 1 g，用水溶解并定容至 1 000 mL。

B.3　制备分离胶

从冰箱中取出制胶试剂，平衡至室温。按表 B.1 先配制分离胶。将胶液配好、混匀后，迅速注入两块玻璃板的间隙中，至胶液面离玻璃板凹槽 3.5 cm 左右。然后在胶面上轻轻铺 1 cm 高的水，加水时通常顺玻璃板慢慢加入，勿扰乱胶面。垂直放置胶板于室温约 30 min 使之凝聚。此时，在凝胶和水之间可以看到很清晰的一条界面。然后倒出胶面上的水。

表 B.1　SDS-PAGE 凝胶的配方

储备液	10%分离胶	8%分离胶	5%浓缩胶
30%丙烯酰胺溶液	6.7 mL	5.3 mL	1.3 mL
1 mol/L、pH 8.8 三羟基甲基氨基甲烷-盐酸缓冲液	7.6 mL	7.6 mL	—

表 B.1（续）

储备液	10%分离胶	8%分离胶	5%浓缩胶
1 mol/L、pH 6.8 三羟基甲基氨基甲烷-盐酸缓冲液	—	—	1.0 mL
水	5.3 mL	6.7 mL	5.5 mL
10%十二烷基硫酸钠溶液	0.2 mL	0.2 mL	80 μL
10%过硫酸铵溶液	0.2 mL	0.2 mL	80 μL
四甲基乙二胺	8 μL	12 μL	8 μL
总体积	20 mL	20 mL	8 mL

B.4 制备浓缩胶

按表 B.1 配制浓缩胶，用少量灌入玻璃板间隙中，冲洗分离胶胶面，而后倒出。然后把余下的胶液注入玻璃板间隙，使胶液面与玻璃板凹槽处平齐，而后插入梳子，在室温放置 30 min，浓缩胶即可凝固。慢慢取出梳子，取时应防止把胶孔弄破。取出梳子后，在形成的胶孔中加入水，冲洗杂质，倒出孔中水，再加入电极缓冲液。

将灌好胶的玻璃板垂直固定在电泳槽上，带凹槽的玻璃板与电泳槽紧贴在一起，形成一个储液槽，向其中加入电泳缓冲液，使其与胶孔中的缓冲液相接触，在电泳槽下端的储液槽中也加入电极缓冲液。

附 录 C
（规范性）
毒力效价的测定

C.1 毒力效价测定方法——用棉铃虫（*Helicoverpa armigera*）作试虫的测定方法（仲裁法）

C.1.1 试剂和材料

C.1.1.1 标准品：已知毒力效价标准品。

C.1.1.2 棉铃虫幼虫：*Helicoverpa armigera*。

C.1.1.3 黄豆粉：黄豆炒熟后磨碎过 60 目筛。

C.1.1.4 酵母粉：食用级。

C.1.1.5 冰乙酸。

C.1.1.6 水。

C.1.1.7 36%乙酸溶液：体积比 $\psi_{(乙酸：水)}=36:64$。

C.1.1.8 苯甲酸钠。

C.1.1.9 维生素 C。

C.1.1.10 琼脂粉。

C.1.1.11 氯化钠。

C.1.1.12 磷酸氢二钾。

C.1.1.13 磷酸二氢钾。

C.1.1.14 聚山梨酯-80。

C.1.1.15 磷酸缓冲液：分别称取氯化钠 8.5 g、磷酸氢二钾 6.0 g、磷酸二氢钾 3.0 g 于玻璃器皿中，加入 0.1 mL 聚山梨酯-80 和 1 000 mL 水，充分溶解后混匀。

C.1.2 仪器和设备

C.1.2.1 电动搅拌器：无级调速，100 r/min～6 000 r/min。

C.1.2.2 微波炉或电炉。

C.1.2.3 振荡器。

C.1.2.4 水浴锅。

C.1.2.5 组织培养盘：24 孔。

C.1.2.6 搪瓷盘：30 cm×20 cm。

C.1.2.7 磨口三角瓶：250 mL，具塞。

C.1.2.8 大烧杯：1 000 mL。

C.1.2.9 小烧杯：50 mL。

C.1.2.10 试管：18 mm×180 mm。

C.1.2.11 玻璃珠：直径 5 mm。

C.1.2.12 注射器：50 mL。

C.1.2.13 移液管。

C.1.2.14 标本缸。

C.1.2.15 恒温培养箱。

C.1.3 测定步骤

C.1.3.1 感染液的配制

C.1.3.1.1 标准品

称取 100.0 mg～150.0 mg 标准品(精确至 0.1 mg),装入 250 mL 装有 10 粒玻璃珠的磨口三角瓶中。加入 100 mL 磷酸缓冲液,浸泡 10 min,在振荡器上振荡 30 min。得到浓度约为 1 mg/mL 的标准品母液(该母液在 4 ℃冰箱中可存放 10 d)。然后将标准品母液用磷酸缓冲液以一定的倍数等比稀释,稀释成浓度约为 1.000 0 mg/mL、0.500 0 mg/mL、0.250 0 mg/mL、0.125 0 mg/mL、0.062 5 mg/mL、0.031 3 mg/mL 6 个稀释感染液,并设磷酸缓冲液作对照,每一浓度感染液吸取 3 mL,置于 50 mL 小烧杯内待用,对照吸取 3 mL 磷酸缓冲液。

C.1.3.1.2 样品

将悬浮剂样品充分振荡均匀后,吸取 10 mL(精确至 0.1 mL),加入装有 90.0 mL 磷酸缓冲液的磨口具塞三角瓶中,吸洗 3 次,充分摇匀得到 100 μL/mL 的母液。将母液稀释成含量分别为 5.000 μL/mL、2.500 μL/mL、1.250 μL/mL、0.625 μL/mL、0.313 μL/mL 和 0.156 μL/mL 6 个稀释液。

对有些效价过高或过低的样品,在测定前需先以 3 个距离相差较大的浓度做预备试验,估计 LC_{50} 值的范围,据此设计稀释浓度。

C.1.3.2 感染饲料的配制

C.1.3.2.1 饲料配方

酵母粉 12 g、黄豆粉 24 g、维生素 C 1.5 g、苯甲酸钠 0.42 g、36%乙酸 3.9 mL、水 300 mL。

C.1.3.2.2 饲料配制

将黄豆粉、酵母粉、维生素 C、苯甲酸钠和 36%乙酸放入大烧杯内,加 100 mL 水湿润,另将余下 200 mL 水加入 4.5 g 琼脂粉,在微波炉上加热至沸腾,使琼脂完全溶化,取出冷却至 70 ℃,即与其他成分混合,在电动搅拌器内高速搅拌 1 min,迅速移至 60 ℃水浴锅中加盖保温。

用注射器吸取 27 mL 饲料,注入上述已有样品或标准品感染液的烧杯内,以电动搅拌器高速搅拌 0.5 min,迅速倒入组织培养盘上各小孔中(倒入量不要求一致,以铺满孔底为准),凝固待用。

C.1.3.3 接虫感染

于 26 ℃～30 ℃室温下,将未经取食的初孵幼虫(孵化后 12 h 内)抖入直径 20 cm 的标本缸中,静待数分钟选取爬上缸口的健康幼虫作供试虫,用毛笔轻轻地将它们移入已有感染饲料的组织盘的小孔内,每孔一头虫。每个浓度和空白对照皆放 48 头虫,用塑料薄片盖住,然后将组织培养盘逐个叠起,用橡皮筋捆紧,竖立放于 30 ℃恒温培养箱内培养 72 h。

C.1.4 结果检查及计算

用肉眼或放大镜检查死、活虫数。以细签触动虫体,完全无反应的为死虫,计算死亡率。如对照有死亡,可查 Abbott 校正值表或按公式(C.1)计算校正死亡率。对照死亡率在 5%以下不用校正,5%～10%需校正,大于 10%则测定无效。

$$X_1 = \frac{T-C}{1-C} \times 100 \quad\cdots\cdots\cdots\cdots\cdots\cdots\cdots\cdots\cdots\cdots\cdots\cdots\cdots\cdots\cdots (C.1)$$

式中:

X_1——校正死亡率的数值,单位为百分号(%);

T ——处理死亡率;

C ——对照死亡率。

将浓度换算成对数值,死亡率或校正死亡率换算成概率值,用最小二乘法工具分别求出标准品和样品的 LC_{50} 值,按公式(C.2)计算试样的毒力效价。

$$X_2 = \frac{S \times P \times \rho}{Y} \quad\cdots\cdots\cdots\cdots\cdots\cdots\cdots\cdots\cdots\cdots\cdots\cdots\cdots\cdots\cdots\cdots (C.2)$$

式中:

X_2——试样毒力效价的数值,单位为国际单位每微升(IU/μL);

S ——标准品LC_{50}值;

P ——标准品效价的数值,单位为国际单位每毫克(IU/mg);

ρ ——20 ℃时试样密度的数值,单位为克每毫升(g/mL)(按 GB/T 32776—2016 中 3.1 或 3.2 规定
进行测定)。

Y ——样品LC_{50}值。

C.1.5 允许差

毒力测定法测定允许相对差,但每个样品 3 次重复测定结果之最大相对差不得超过 20%。毒力测定
制剂各浓度所引起的死亡率应在 10%～90%,在 50%死亡率上下至少要各有 2 个浓度。

C.2 毒力效价测定方法——用小菜蛾(*Plutella xylostella*)作试虫的测定方法

C.2.1 试剂和材料

C.2.1.1 标准品:已知毒力效价标准品。

C.2.1.2 小菜蛾幼虫:*Plutella xylostella*。

C.2.1.3 食用菜籽油。

C.2.1.4 酵母粉:食品级。

C.2.1.5 维生素 C。

C.2.1.6 琼脂粉:凝胶强度大于 300 g/cm²。

C.2.1.7 磷酸氢二钾。

C.2.1.8 磷酸二氢钾。

C.2.1.9 聚山梨酯-80。

C.2.1.10 菜叶粉:甘蓝型油菜叶,80 ℃烘干,磨碎,过 80 目筛。

C.2.1.11 蔗糖。

C.2.1.12 纤维素粉 CF-11。

C.2.1.13 氢氧化钾。

C.2.1.14 氢氧化钾水溶液:$c_{(氢氧化钾)}$＝0.001 mol/L。

C.2.1.15 氯化钠。

C.2.1.16 对羟基苯甲酸甲酯。

C.2.1.17 95%乙醇。

C.2.1.18 尼泊金溶液:称取 15 g 对羟基苯甲酸甲酯,加入 100 mL 95%乙醇,充分溶解后混匀。

C.2.1.19 甲醛。

C.2.1.20 水。

C.2.1.21 甲醛水溶液:体积比 $\psi_{(甲醛:水)}$＝1:9。

C.2.1.22 干酪素:生物试剂。

C.2.1.23 干酪素溶液:称取 2 g 干酪素,加 2 mL 氢氧化钾水溶液溶解,再加入 8 mL 水,混合均匀。

C.2.1.24 磷酸缓冲液:同 C.1.1.15。

C.2.2 仪器和设备

C.2.2.1 磨口三角瓶:250 mL。

C.2.2.2 电动搅拌器:无级调速,100 r/min～6 000 r/min。

C.2.2.3 医用手术刀。

C.2.2.4 振荡器。

C.2.2.5 水浴锅。

C.2.2.6 养虫管:9 cm×2.5 cm。

C.2.2.7 烧杯:50 mL、500 mL。

C.2.2.8 试管:18 mm×180 mm。

C.2.2.9 玻璃珠:直径 5 mm。

C.2.2.10 移液管。

C.2.3 测定步骤

C.2.3.1 感染液的配制

C.2.3.1.1 标准品

用分析天平准确称取标准品 100.0 mg～150.0 mg(精确至 0.1 mg),装入 250 mL 装有 10 粒玻璃珠的磨口三角瓶中。加入 100 mL 磷酸缓冲液,浸泡 10 min,在振荡器上振荡 30 min。得到浓度约为 1 mg/mL 的标准品母液(该母液在 4 ℃冰箱中可存放 10 d)。然后将标准品母液稀释成浓度约为 1.000 0 mg/mL、0.500 0 mg/mL、0.250 0 mg/mL、0.125 0 mg/mL、0.062 5 mg/mL、0.031 3 mg/mL 6 个稀释感染液。

C.2.3.1.2 样品

将悬浮剂样品充分振荡均匀后,吸取 10 mL(精确至 0.1 mL),加入装有 90.0 mL 磷酸缓冲液的磨口具塞三角瓶中,吸洗 3 次,充分摇匀得到 100 μL/mL 的母液。将母液稀释成含量分别为 5.000 μL/mL、2.500 μL/mL、1.250 μL/mL、0.625 μL/mL、0.313 μL/mL 和 0.156 μL/mL 6 个稀释液。

C.2.3.2 感染饲料的配制

C.2.3.2.1 饲料配方

维生素 C 0.5 g、干酪素溶液 1.0 mL、菜叶粉 3.0 g、酵母粉 1.5 g、纤维素粉 CF-11 1.0 g、琼脂粉 2.0 g、蔗糖 6.0 g、菜籽油 0.2 mL、甲醛溶液 0.5 mL、尼泊金溶液 1.0 mL、水 100 mL。

C.2.3.2.2 饲料配制

将蔗糖、酵母粉、干酪素溶液、琼脂粉加入 90 mL 的水中调匀。搅拌煮沸,使琼脂完全溶化,加入尼泊金溶液,搅匀。将其他成分用剩余的 10 mL 水调成糊状。当琼脂冷却至 75 ℃左右时,与之充分混合,搅匀,置 55 ℃水浴锅中保温备用。取 50 mL 烧杯 7 只,写好标签,置 55 ℃水浴中预热,分别向每个烧杯中加入 1 mL 对应浓度的感染液,缓冲液作空白对照。向每个烧杯中加入 9 mL 溶化的饲料;用电动搅拌器搅拌 20 s,使每个烧杯中的感染液与饲料充分混匀。

将烧杯静置,待冷却凝固后,用医用手术刀将感染饲料切成 1 cm×1 cm 的饲料块,每个浓度取 4 个饲料块分别放入 4 支养虫管中,每管放入 1 块,写好标签。

C.2.3.3 接虫感染

随机取已放置饲料的养虫管,每管投入 10 头小菜蛾 3 龄初幼虫,每浓度 4 管,塞上棉塞,写好标签,在相同饲养条件下饲养。

C.2.4 结果检查及计算

感染 48 h 后检查试虫的死亡情况。判断死虫的标准是以细签轻轻触动虫体,无任何反应者判为死亡。

计算标准品和样品各浓度的供测昆虫死亡率,查 Abbott 表或用公式(C.1)计算校正死亡率,对照死亡率在 5%以下不用校正,5%～10%需校正,大于 10%则测定无效。

将感染液各浓度换算成对数值,校正死亡率转换成死亡概率值,用最小二乘法工具分别求出标准品 LC_{50} 值和待测样品 LC_{50} 值,然后按公式(C.2)计算待测样品的毒力效价。

C.2.5 允许差

毒力测定方法的允许相对差要求与 C.1.5 相同。

C.3 毒力效价测定方法——用甜菜夜蛾(*Spodoptera exigua*)作试虫的测定方法

C.3.1 试剂和材料

C.3.1.1 标准品:已知毒力效价标准品。

C.3.1.2 甜菜夜蛾幼虫:*Spodoptera exigua*。

C.3.1.3 黄豆粉:黄豆炒熟后磨碎过 60 目筛。

C.3.1.4 酵母粉:食用级。

C.3.1.5 维生素 C。

C.3.1.6 15%尼泊金:对羟基苯甲酸甲酯溶于 95%酒精。

C.3.1.7 10%甲醛:甲醛溶于水。

C.3.1.8 对羟基苯甲酸甲酯。

C.3.1.9 95%乙醇。

C.3.1.10 尼泊金溶液:称取 15 g 对羟基苯甲酸甲酯,加入 100 mL 95%乙醇,充分溶解后混匀。

C.3.1.11 甲醛。

C.3.1.12 水。

C.3.1.13 甲醛水溶液:体积比 $\psi_{(甲醛：水)}=1：9$。

C.3.1.14 琼脂粉:凝胶强度大于 300 g/cm^2。

C.3.1.15 磷酸缓冲液:分别称取氯化钠 8.5 g、磷酸氢钾 6.0 g、磷酸二氢钾 3.0 g 于玻璃器皿中,加入 0.1 mL 聚山梨酯-80 和 1 000 mL 水,充分溶解后混匀。

C.3.2 仪器和设备

C.3.2.1 电动搅拌器:无级调速,100 r/min～6 000 r/min。

C.3.2.2 微波炉或电炉。

C.3.2.3 振荡器。

C.3.2.4 水浴锅。

C.3.2.5 组织培养盘:24 孔。

C.3.2.6 搪瓷盘:30 cm×20 cm。

C.3.2.7 磨口三角瓶:250 mL,具塞。

C.3.2.8 大烧杯:1 000 mL。

C.3.2.9 小烧杯:50 mL。

C.3.2.10 试管:18 mm×180 mm。

C.3.2.11 玻璃珠:直径 5 mm。

C.3.2.12 注射器:50 mL。

C.3.2.13 标本缸。

C.3.2.14 恒温培养箱。

C.3.3 测定步骤

C.3.3.1 感染液的配制

C.3.3.1.1 标准品

称取 100.0 mg～150.0 mg(精确至 0.1 mg)标准品,装入 250 mL 装有 10 粒玻璃珠的磨口三角瓶中。加入 100 mL 磷酸缓冲液,浸泡 10 min,在振荡器上振荡 30 min。得到浓度约为 1 mg/mL 的标准品母液(该母液在 4 ℃冰箱中可存放 10 d)。然后将标准品母液用磷酸缓冲液以一定的倍数等比稀释,稀释成浓度约为 1.000 0 mg/mL、0.500 0 mg/mL、0.250 0 mg/mL、0.125 0 mg/mL、0.062 5 mg/mL、0.031 3 mg/mL 6 个稀释感染液,并设磷酸缓冲液作对照,每一浓度感染液吸取 3 mL,置于 50 mL 小烧杯内待用,对照吸取 3 mL 磷酸缓冲液。

C.3.3.1.2 样品

将悬浮剂样品充分振荡均匀后,吸取 10 mL(精确至 0.1 mL),加入装有 90.0 mL 磷酸缓冲液的磨口具塞三角瓶中,吸洗 3 次,充分摇匀得到 100 μL/mL 的母液。将母液稀释成含量分别约为 5.000 μL/mL、2.500 μL/mL、1.250 μL/mL、0.625 μL/mL、0.313 μL/mL 和 0.156 μL/mL 6 个稀释液。

C.3.3.2 感染饲料的配制

C.3.3.2.1 饲料配方

酵母粉 16 g、黄豆粉 32 g、维生素 C 2 g、琼脂 6 g、尼泊金溶液 6.7 mL、甲醛溶液 4 mL、水 400 mL。

C.3.3.2.2 饲料配制

将黄豆粉、酵母粉、维生素 C、尼泊金溶液和甲醛溶液放入大烧杯中,加入 150 mL 水,混匀备用。将余下的 250 mL 水加入 3.5 g 琼脂粉,在微波炉上加热至沸腾,使琼脂完全溶化,取出冷却至 70 ℃。即与其他成分混合,在电动搅拌器内高速搅拌 1 min,迅速移至 60 ℃水浴锅中加盖保温。

用注射器吸取 27 mL 饲料,注入上述已有样品或标准品感染液的烧杯内,以电动搅拌器高速搅拌 0.5 min,迅速倒入组织培养盘上各小孔中(倒入量不要求一致,以铺满孔底为准),凝固待用。

C.3.3.3 接虫感染

于 26 ℃~30 ℃室温下,将未经取食的初孵幼虫(孵化后 12 h 内)抖入直径 20 cm 的标本缸中,静待数分钟选取爬上缸口的健康幼虫作供试虫,用毛笔轻轻地将它们移入已有感染饲料的组织盘的小孔内,每孔 1 头虫。每个浓度和空白对照皆放 48 头虫,用塑料薄片盖住,然后将组织培养盘逐个叠起,用橡皮筋捆紧,竖立放于 25 ℃恒温培养箱内培养 72 h。

C.3.4 结果检查及计算

用肉眼或放大镜检查死、活虫数。以细签触动虫体,完全无反应的为死虫,计算死亡率。如对照有死亡,可查 Abbott 校正值表或按公式(C.1)计算校正死亡率。对照死亡率在 5%以下不用校正,5%~10% 需校正,大于 10%则测定无效。将浓度换算成对数值,死亡率或校正死亡率换算成概率值,用最小二乘法分别求出标准品和样品的 LC_{50},按公式(C.2)计算毒力效价。

C.3.5 允许差

毒力测定方法的允许相对差要求与 C.1.5 相同。

ICS 65.100.10
CCS G 25

中华人民共和国农业行业标准

NY/T 4409—2023

苏云金杆菌可湿性粉剂

Bacillus thuringiensis wettable powder

2023-12-22 发布　　　　　　　　　　　　　2024-05-01 实施

中华人民共和国农业农村部 发布

前　言

本文件按照 GB/T 1.1—2020《标准化工作导则　第 1 部分:标准化文件的结构和起草规则》的规定起草。

本文件代替 HG/T 3617—1999《苏云金杆菌可湿性粉剂》,与 HG/T 3617—1999 相比,除结构调整和编辑性改动外,主要技术变化如下:

——更改了苏云金杆菌可湿性粉剂毒力效价指标(见 4.2,HG/T 3617—1999 的 3.2);

——增加了苏云金杆菌可湿性粉剂热储稳定性控制项目和指标(见 4.2);

——增加了苏云金杆菌可湿性粉剂低温稳定性控制项目和指标(见 4.2);

——增加了苏云金杆菌可湿性粉剂毒力效价测定用试验虫的种类和说明(见 4.2);

——更改了苏云金杆菌可湿性粉剂中毒素蛋白质量分数指标(见 4.2,HG/T 3617—1999 的 3.2);

——更改了苏云金杆菌可湿性粉剂的 pH 指标(见 4.2,HG/T 3617—1999 的 3.2);

——更改了苏云金杆菌可湿性粉剂的湿筛试验指标(见 4.2,HG/T 3617—1999 的 3.2);

——更改了苏云金杆菌可湿性粉剂的润湿时间指标(见 4.2,HG/T 3617—1999 的 3.2);

——增加了苏云金杆菌可湿性粉剂的持久起泡性控制项目和指标(见 4.2);

——增加了检验规则(见第 6 章);

——更改了苏云金杆菌可湿性粉剂的质量保证期的规定(见 7.2,HG/T 3616—1999 的 6.5);

——更改了苏云金杆菌可湿性粉剂的毒力效价测定的仲裁法(见附录 C,HG/T 3616—1999 的附录 B)。

请注意本文件的某些内容可能涉及专利。本文件的发布机构不承担识别专利的责任。

本文件由农业农村部种植业管理司提出。

本文件由全国农药标准化技术委员会(SAC/TC 133)归口。

本文件起草单位:武汉科诺生物科技股份有限公司、江苏东宝农化股份有限公司、济南天邦化工有限公司、山西绿海农药科技有限公司、福建绿安生物农药有限公司、湖北省生物农药工程研究中心、沈阳沈化院测试技术有限公司、沈阳化工研究院有限公司。

本文件主要起草人:杨闻翰、刘荷梅、史晓利、于海博、丁绍武、王婉秋、王改霞、张小科、刘华梅、宋钰、王月莹、张志刚。

本文件及其所代替文件的历次版本发布情况为:

——1999 年首次发布为 HG/T 3617—1999;

——本次为首次修订。

苏云金杆菌可湿性粉剂

1 范围

本文件规定了苏云金杆菌可湿性粉剂的技术要求、试验方法、检验规则、验收和质量保证期以及标志、标签、包装、储运。

本文件适用于苏云金杆菌鲇泽亚种（$B.t.a$）和苏云金杆菌库斯塔克亚种（$B.t.k$）可湿性粉剂产品生产的质量控制。

注：苏云金杆菌的其他名称、分类地位和形态学特征等描述见附录A。

2 规范性引用文件

下列文件中的内容通过文中的规范性引用而构成本文件必不可少的条款。其中，注日期的引用文件，仅该日期对应的版本适用于本文件；不注日期的引用文件，其最新版本（包括所有的修改单）适用于本文件。

GB/T 1600—2021　农药水分测定方法

GB/T 1601　农药pH值的测定方法

GB/T 1604　商品农药验收规则

GB/T 1605—2001　商品农药采样方法

GB 3796　农药包装通则

GB/T 5451　农药可湿性粉剂润湿性测定方法

GB/T 8170—2008　数值修约规则与极限数值的表示和判定

GB/T 14825—2006　农药悬浮率测定方法

GB/T 16150—1995　农药粉剂、可湿性粉剂细度测定方法

GB/T 19136—2021　农药热储稳定性测定方法

GB/T 28137　农药持久起泡性测定方法

3 术语和定义

下列术语和定义适用于本文件。

3.1

毒素蛋白　toxin protein

苏云金杆菌在芽孢形成时期产生的一种伴孢晶体蛋白，是使其产品具有杀虫活性的主要物质。

3.2

毒力效价　toxicity potency

根据产品的生物活性和对生物体的作用来设计试验，与具有确定国际单位的标样进行对比性生物反应，测定样品的毒力效果的生物学活性指标，其结果用单位质量的国际单位表示。

4 技术要求

4.1 外观

均匀的疏松粉末，不应有团块。

4.2 技术指标

苏云金杆菌可湿性粉剂还应符合表1的要求。

表 1 苏云金杆菌可湿性粉剂技术指标

项 目	指 标	
	32 000 IU/mg 规格	16 000 IU/mg 规格
毒素蛋白质量分数,%	≥4.0	≥2.0
毒力效价($H.a.$)ᵃ,IU/mg	≥32 000	≥16 000
pH	4.0~7.5	
水分,%	≤4.0	
湿筛试验(通过 75 μm 试验筛),%	≥98	
悬浮率,%	≥70	
润湿时间,s	≤120	
持久起泡性(1 min 后泡沫量),mL	≤60	
低温稳定性	冷储后,毒素蛋白质量分数、毒力效价仍应符合本文件的要求	
热储稳定性	热储后,pH、湿筛试验、润湿时间仍应符合本文件的要求	
ᵃ $H.a.$ 代表棉铃虫(*Helicoverpa armigera*),也可选择小菜蛾和甜菜夜蛾作为试验虫,试验结果分别表示为毒力效价($P.x.$)和毒力效价($S.e.$),但应以毒力效价($H.a.$)作为仲裁法。$P.x.$ 代表小菜蛾(*Plutella xylostella*),$S.e.$ 代表甜菜夜蛾(*Spodoptera exigua*)。		

5 试验方法

警示:使用本文件的人员应有实验室工作的实践经验。本文件并未指出所有的安全问题。使用者有责任采取适当的安全和健康措施。

5.1 一般规定

本文件所用试剂和水在没有注明其他要求时,均指分析纯试剂和蒸馏水。

5.2 取样

按 GB/T 1605—2001 中 5.3.3 的规定执行。用随机数表法确定取样的包装件;最终取样量应不少于 200 g。

5.3 鉴别试验

5.3.1 十二烷基硫酸钠-聚丙烯酰胺凝胶电泳法(SDS-PAGE)

本鉴别试验可与毒素蛋白质量分数的测定同时进行。在相同的操作条件下,试样溶液与标样溶液应具有相同的蛋白区带,由此证明产品中的有效毒素蛋白的相对分子质量为 130 000。

5.3.2 生物测定法

根据代表菌株的形态学和生理生化特征进行菌种鉴别,并可辅助脂肪酸分析、Biolog、16S rRNA 序列分析等手段。当对鉴别结果有争议或需要进行法律仲裁检验时,应到具有菌种鉴定资质的单位,将待检菌株与模式菌种进行比对,出具菌种鉴定报告,作为仲裁依据。

有效成分的特征见附录 A。

5.4 外观

采用目测法测定。

5.5 毒素蛋白质量分数

5.5.1 方法提要

用碱性溶液处理苏云金杆菌可湿性粉剂伴孢晶体,使其降解为毒素蛋白,然后通过 SDS-PAGE,依据蛋白质相对分子质量的差异,使毒素蛋白与其他杂蛋白分离,之后用电泳凝胶成像系统扫描蛋白区带面积,进行定量。

5.5.2 试剂和溶液

5.5.2.1 水。

5.5.2.2 十二烷基硫酸钠。

5.5.2.3 三羟基甲基氨基甲烷。

5.5.2.4 浓盐酸。

5.5.2.5 氢氧化钠。

5.5.2.6 甘氨酸。

5.5.2.7 甘油。

5.5.2.8 巯基乙醇。

5.5.2.9 溴酚蓝。

5.5.2.10 考马斯亮蓝 R-250。

5.5.2.11 甲醇。

5.5.2.12 冰乙酸。

5.5.2.13 无水乙醇。

5.5.2.14 0.55 mol/L 氢氧化钠溶液：在烧杯中量取 100 mL 水,缓慢加入 2.2 g 氢氧化钠,边加入边搅拌溶解,待充分溶解后,放置室温,密闭保存备用。

5.5.2.15 1 mol/L、pH 6.8 三羟基甲基氨基甲烷-盐酸缓冲液：称取三羟基甲基氨基甲烷 12.1 g 溶于水中,用浓盐酸调至 pH 6.8,用水定容至 100 mL。

5.5.2.16 电泳缓冲液：称取三羟基甲基氨基甲烷 3.0 g,甘氨酸 14.4 g,十二烷基硫酸钠 1 g,用水溶解并定容至 1 000 mL。

5.5.2.17 3×样品稀释液：1 mol/L、pH 6.8 三羟基甲基氨基甲烷-盐酸缓冲液 18.75 mL,十二烷基硫酸钠 6 g,甘油 30 mL,巯基乙醇 15 mL,溴酚蓝 0.5 g,用水定容至 100 mL。

5.5.2.18 染色液：称取考马斯亮蓝 R-250 1.0 g,加入甲醇 450 mL、冰乙酸 100 mL、水 450 mL,溶解过滤后使用。

5.5.2.19 脱色液：量取甲醇 100 mL、冰乙酸 35 mL,用水定容至 1 000 mL。

5.5.2.20 漂洗液：量取无水乙醇 30 mL、冰乙酸 10 mL、水 60 mL,混合均匀后使用。

5.5.2.21 固定液：量取冰乙酸 75 mL,用水定容至 1 000 mL。混合均匀后使用。

5.5.2.22 毒素蛋白(相对分子质量为 130 000)标样：已知质量分数,$w \geqslant 9.0\%$。

5.5.3 仪器

5.5.3.1 电泳仪。

5.5.3.2 夹芯式垂直电泳槽(1.0 mm 凹形带槽橡胶模框)、凝胶板(1.0 mm,15 孔或 10 孔样品槽模具)。

5.5.3.3 电泳凝胶成像系统。

5.5.3.4 水浴锅。

5.5.3.5 可调移液器。

5.5.3.6 微量进样器。

5.5.3.7 离心机：20 000 r/min。

5.5.3.8 脱色摇床：90 r/min。

5.5.4 测定步骤

5.5.4.1 试样处理

分别称取含毒素蛋白 5.5 mg 的标样和试样(精确至 0.01 mg)于 10 mL 离心管中,加 5 mL 水,充分混匀,移取 0.5 mL,置于 1.5 mL 离心管中,加入 0.55 mol/L 氢氧化钠溶液 0.125 mL(使氢氧化钠溶液的最终浓度为 0.1 mol/L),摇匀,静置 5 min,再加入 3×样品稀释液 0.325 mL,于沸水浴中煮 6 min,冷却至室温,15 000 r/min 离心 5 min,取上层清液,以备电泳上样,样品的折算的最终定容体积为 9.5 mL。

5.5.4.2 SDS-PAGE 分离毒素蛋白

5.5.4.2.1 制备 8%～10%聚丙烯酰胺凝胶

采用不连续缓冲系统,制胶方法见附录 B。

5.5.4.2.2 上样

取上述标样溶解液上层清液,于聚丙烯酰胺凝胶的上样孔中分别上样 2 μL、4 μL、6 μL、8 μL、10 μL

（毒素蛋白质量为 1 μg～5 μg），取 6 μL 的试样溶液上层清液（毒素蛋白含量约为 3 μg）加入上样孔中，注入电泳缓冲液后，接通电源。

5.5.4.2.3 电泳

电泳初期电压控制在 100 V 左右，待试样进入分离胶后，加大电压到 120 V，继续电泳。当指示剂前沿到达距底端 1 cm 左右时，停止电泳，取出胶板，在固定液中浸泡 30 min。

5.5.4.2.4 染色

将分离胶部分取下，用染色液染色过夜。

5.5.4.2.5 脱色

倒去染色液，先用漂洗液洗涤凝胶，然后加入脱色液使其脱色，根据需要更换几次脱色液，直至背景清晰为止。

5.5.4.3 测定

凝胶经脱色后，可清晰地看到 130 000 蛋白区带，用电泳凝胶成像系统及相关的图形处理软件处理该区带，得到各蛋白区带的灰度值，对于标样溶液作毒素蛋白质量对蛋白区带灰度值的标准曲线；利用样品溶液的区带灰度值，由标准曲线计算其对应的毒素蛋白质量。

5.5.5 计算

试样中毒素蛋白的质量分数按公式（1）计算。

$$w_1 = \frac{m_1 \times V_1}{m_2 \times V_2} \times 100 \quad\cdots\cdots\cdots\cdots\cdots\cdots\cdots\cdots\cdots\cdots\cdots\cdots\cdots\cdots (1)$$

式中：

w_1——毒素蛋白质量分数的数值，单位为百分号（%）；

m_1——从标准曲线上查得的样品中毒素蛋白质量的数值，单位为微克（μg）；

V_1——样品最终定容体积的数值，单位为毫升（mL）；

m_2——样品称样质量的数值，单位为毫克（mg）；

V_2——注入凝胶上样孔样品体积的数值，单位为微升（μL）。

5.5.6 允许差

毒素蛋白质量分数 2 次平行测定结果之相对差应不大于 8%，取其算术平均值作为测定结果。

5.6 毒力效价

按附录 C 进行。

5.7 水分

按 GB/T 1600—2021 中 4.3 的规定执行。

5.8 pH

按 GB/T 1601 的规定执行。

5.9 湿筛试验

按 GB/T 16150—1995 中 2.2 的规定执行。

5.10 悬浮率

5.10.1 测定

按 GB/T 14825—2006 中 4.1 的规定执行。称取 500 mg 试样（精确至 0.1 mg）于 200 mL 烧杯中，加入 50 mL 标准硬水，以 120 r/min 速度搅拌 2 min，混合均匀试样。将悬浮液全部转移至 250 mL 具塞玻璃量筒中，用标准硬水稀释到 250 mL。经过处理之后，将量筒内剩余的 25 mL 悬浮液及沉淀物全部转移至 100 mL 烧杯，充分混匀，移取 5 mL 于 10 mL 离心管中，不加水稀释，移取 0.5 mL，置于 1.5 mL 离心管中，按照 5.5.4.1 步骤后续处理，取 10 μL 的试样离心上层清液加入上样孔中，其他按 5.5 相应描述测定毒素蛋白质量分数。量筒底部 25 mL 悬浮液折算的最终定容体积为 47.5 mL。

5.10.2 计算

悬浮率按公式（2）计算。

$$w_2 = \frac{m_4 \times w_1 - m_3 \times V_3 \times 100 \div V_4}{m_4 \times w_1} \times 111.1 \quad \cdots\cdots\cdots\cdots\cdots\cdots (2)$$

式中：

w_2 ——悬浮率的数值，单位为百分号(%)；

m_4 ——试样质量的数值，单位为毫克(mg)；

w_1 ——试样中毒素蛋白质量分数的数值，单位为百分号(%)；

m_3 ——从标准曲线上查得的样品中毒素蛋白质量的数值，单位为微克(μg)；

V_3 ——量筒底部 25 mL 悬浮液最终定容体积的数值，单位为毫升(mL)；

V_4 ——注入凝胶上样孔样品体积的数值，单位为微升(μL)；

100 ——单位换算系数；

111.1 ——测定体积与总体积的换算系数。

5.11 润湿时间

按 GB/T 5451 的规定执行。

5.12 持久起泡性

按 GB/T 28137 的规定执行。

5.13 低温稳定性试验

5.13.1 方法提要

将试样于(0±2)℃储存 7 d 后，对规定项目进行测定。

5.13.2 仪器

5.13.2.1 制冷器：(0±2)℃。

5.13.2.2 干燥器。

5.13.3 试验步骤

将 5 g 试样置于玻璃瓶中密闭，在(0±2)℃的制冷器中储存 7 d，取出，放入干燥器中，恢复至室温。于 24 h 内进行测定。

5.14 热储稳定性试验

按 GB/T 19136—2021 中 4.4.1 的规定执行。热储时，样品应密封储存，热储前后质量变化率应不大于 1.0%。

6 检验规则

6.1 出厂检验

每批产品均应做出厂检验，经检验合格签发合格证后，方可出厂。出厂检验项目为第 4 章技术要求中外观、毒素蛋白质量分数、毒力效价、pH、水分、湿筛试验、悬浮率、润湿时间、持久起泡性、低温稳定性。

6.2 型式检验

型式检验项目为第 4 章中的全部项目，在正常连续生产情况下，每 3 个月至少进行 1 次。有下述情况之一，应进行型式检验：

a) 原料有较大改变，可能影响产品质量时；

b) 生产地址、生产设备或生产工艺有较大改变，可能影响产品质量时；

c) 停产后又恢复生产时；

d) 国家质量监管机构提出型式检验要求时。

6.3 判定规则

按 GB/T 8170—2008 中 4.3.3 判定检验结果是否符合本文件的要求。

按第 4 章技术要求对产品进行出厂检验和型式检验，任一项目不符合指标要求判为该批次产品不合格。

7 验收和质量保证期

7.1 验收

应符合 GB/T 1604 的规定。

7.2 质量保证期

在 8.2 的储运条件下，苏云金杆菌可湿性粉剂的质量保证期从生产日期算起为 2 年。质量保证期内，各项指标均应符合本文件的要求。

8 标志、标签、包装、储运

8.1 标志、标签、包装

苏云金杆菌可湿性粉剂的标志、标签、包装应符合 GB 3796 的规定；苏云金杆菌可湿性粉剂的包装采用清洁、干燥的复合膜袋或铝箔袋包装，每袋净含量 50 g、100 g、200 g、500 g。也可根据用户要求或订货协议采用其他形式的包装，但需符合 GB 3796 的规定。

8.2 储运

苏云金杆菌湿性粉剂包装件应储存在通风、阴凉、干燥的库房中，严防日晒；储运时，产品对温度敏感，要关注储运时的温度变化，要严防潮湿、日晒和高温；不得与食物、种子、饲料混放；避免与皮肤、眼睛接触，防止由口鼻吸入。

附 录 A

（资料性）

苏云金杆菌的其他名称、分类地位和形态学特征等描述

苏云金杆菌的其他名称、分类地位和形态学特征等描述如下：

——中文通用名称：苏云金杆菌＋菌株编号。

——拉丁学名：*Bacillus thuringiensis*。

——分类地位：细菌（Bacteria）；厚壁菌门（Firmicutes）；芽孢杆菌纲（Bacilli）；芽孢杆菌目（Bacillales）；芽孢杆菌科（Bacillaceae）；芽孢杆菌属（*Bacillus*）。

——形态学特征：菌体在显微镜下呈椭圆形杆状，呈短链或者长链状排列，大小为(1.2～1.8)μm×(3.0～5.0)μm，革兰氏染色阳性。芽孢为椭圆形，靠近中间生长，大小为 2 μm×(0.8～0.9)μm，芽孢囊微膨大。菌体的一头或两头会释放不定量的伴孢晶体（parasporal crystal），多数为长菱形、短菱形、方形，也有呈立方形、球形、椭球形、不规则形、三角形及镶嵌形等。在 NA 上菌落为圆形或者椭圆形，淡黄色，边缘不规则，不透明微隆起呈滴蜡状。

——有效成分主要存在形式：伴孢晶体。

——主要生物活性：杀虫（防病）。

——培养保存条件：最适生长温度为 30 ℃～37 ℃；适合培养基为营养琼脂（NA）或营养肉汤（NB）培养基；适宜储存温度为 0 ℃～4 ℃。

附 录 B
（资料性）
电泳凝胶的制备

B.1 制板

选择两块大小一样的玻璃板,其中一块一端带有 2 cm~3 cm 高的凹槽。两块玻璃板洗净干燥后,固定在制板装置上,下端应密封完整,形成 1.0 mm 间隙的制胶板。

B.2 试剂与溶液

B.2.1 水。

B.2.2 十二烷基硫酸钠。

B.2.3 四甲基乙二胺。

B.2.4 丙烯酰胺。

B.2.5 亚甲基双丙烯酰胺（又称为甲叉双丙烯酰胺）。

B.2.6 三羟基甲基氨基甲烷。

B.2.7 浓盐酸。

B.2.8 过硫酸铵。

B.2.9 甘氨酸。

B.2.10 30%丙烯酰胺溶液:称取丙烯酰胺 29.0 g、亚甲基双丙烯酰胺 1.0 g,溶于 100 mL 水中,过滤,于4 ℃暗处储存备用。

B.2.11 1 mol/L、pH 8.8 三羟基甲基氨基甲烷-盐酸缓冲液:称取三羟基甲基氨基甲烷 30.2 g 溶于水中,用浓盐酸调至 pH 8.8,用水定容至 250 mL。

B.2.12 1 mol/L、pH 6.8 三羟基甲基氨基甲烷-盐酸缓冲液:称取三羟基甲基氨基甲烷 12.1 g 溶于水中,用浓盐酸调至 pH 6.8,用水定容至 100 mL。

B.2.13 10%十二烷基硫酸钠溶液:称取十二烷基硫酸钠 0.5 g,用水溶解并定容至 5 mL。

B.2.14 10%过硫酸铵溶液:称取过硫酸铵 0.1 g,用水溶解并定容至 1 mL,于 4 ℃储存备用,储存期不超过 1 周。

B.2.15 电泳缓冲液:称取三羟基甲基氨基甲烷 3.0 g、甘氨酸 14.4 g、十二烷基硫酸钠 1 g,用水溶解并定容至 1 000 mL。

B.3 制备分离胶

从冰箱中取出制胶试剂,平衡至室温。按表 B.1 先配制分离胶。将胶液配好、混匀后,迅速注入两块玻璃板的间隙中,至胶液面离玻璃板凹槽 3.5 cm 左右。然后在胶面上轻轻铺 1 cm 高的水,加水时通常顺玻璃板慢慢加入,勿扰乱胶面。垂直放置胶板于室温约 30 min 左右使之凝聚。此时,在凝胶和水之间可以看到很清晰的一条界面。然后倒出胶面上的水。

表 B.1 SDS-PAGE 凝胶的配方

储备液	10%分离胶	8%分离胶	5%浓缩胶
30%丙烯酰胺溶液	6.7 mL	5.3 mL	1.3 mL
1 mol/L、pH 8.8 三羟基甲基氨基甲烷-盐酸缓冲液	7.6 mL	7.6 mL	—
1 mol/L、pH 6.8 三羟基甲基氨基甲烷-盐酸缓冲液	—	—	1.0 mL

表 B.1（续）

储备液	10%分离胶	8%分离胶	5%浓缩胶
水	5.3 mL	6.7 mL	5.5 mL
10%十二烷基硫酸钠	0.2 mL	0.2 mL	80 μL
10%过硫酸铵	0.2 mL	0.2 mL	80 μL
四甲基乙二胺	8 μL	12 μL	8 μL
总体积	20 mL	20 mL	8 mL

B.4 制备浓缩胶

按表 B.1 配制浓缩胶，用少量灌入玻璃板间隙中，冲洗分离胶胶面，而后倒出。然后把余下的胶液注入玻璃板间隙，使胶液面与玻璃板凹槽处平齐，而后插入梳子，在室温放置 30 min，浓缩胶即可凝固。慢慢取出梳子，取时应防止把胶孔弄破。取出梳子后，在形成的胶孔中加入水，冲洗杂质，倒出孔中水，再加入电泳缓冲液。

将灌好胶的玻璃板垂直固定在电泳槽上，带凹槽的玻璃板与电泳槽紧贴在一起，形成一个储液槽，向其中加入电泳缓冲液，使其与胶孔中的缓冲液相接触，在电泳槽下端的储液槽中也加入电泳缓冲液。

附　录　C

（规范性）

毒力效价的测定

C.1　毒力效价测定方法——用棉铃虫（*Helicoverpa armigera*）作试虫的测定方法（仲裁法）

C.1.1　试剂和材料

C.1.1.1　标准品：已知毒力效价标准品。

C.1.1.2　棉铃虫幼虫：*Helicoverpa armigera*。

C.1.1.3　黄豆粉：黄豆炒熟后磨碎过60目筛。

C.1.1.4　酵母粉：食用级。

C.1.1.5　冰乙酸。

C.1.1.6　水。

C.1.1.7　36％乙酸溶液：体积比 $\psi_{(乙酸：水)}=36:64$。

C.1.1.8　苯甲酸钠。

C.1.1.9　维生素C。

C.1.1.10　琼脂粉。

C.1.1.11　氯化钠。

C.1.1.12　磷酸氢二钾。

C.1.1.13　磷酸二氢钾。

C.1.1.14　聚山梨酯-80。

C.1.1.15　磷酸缓冲液：分别称取氯化钠8.5 g、磷酸氢二钾6.0 g、磷酸二氢钾3.0 g于玻璃器皿中，加入0.1 mL聚山梨酯-80和1 000 mL水，充分溶解后混匀。

C.1.2　仪器和设备

C.1.2.1　电动搅拌器：无级调速，100 r/min～6 000 r/min。

C.1.2.2　微波炉或电炉。

C.1.2.3　振荡器。

C.1.2.4　水浴锅。

C.1.2.5　组织培养盘：24孔。

C.1.2.6　搪瓷盘：30 cm×20 cm。

C.1.2.7　磨口三角瓶：250 mL，具塞。

C.1.2.8　大烧杯：1 000 mL。

C.1.2.9　小烧杯：50 mL。

C.1.2.10　试管：18 mm×180 mm。

C.1.2.11　玻璃珠：直径5 mm。

C.1.2.12　注射器：50 mL。

C.1.2.13　移液管。

C.1.2.14　标本缸。

C.1.2.15　恒温培养箱。

C.1.3 测定步骤

C.1.3.1 感染液的配制

C.1.3.1.1 标准品

称取 100.0 mg～150.0 mg 标准品(精确至 0.1 mg),装入 250 mL 装有 10 粒玻璃珠的磨口三角瓶中。加入 100 mL 磷酸缓冲液,浸泡 10 min,在振荡器上振荡 30 min。得到浓度约为 1 mg/mL 的标准品母液(该母液在 4 ℃冰箱中可存放 10 d)。然后将标准品母液用磷酸缓冲液以一定的倍数等比稀释,稀释成浓度约为 1.000 0 mg/mL、0.500 0 mg/mL、0.250 0 mg/mL、0.125 0 mg/mL、0.062 5 mg/mL、0.031 3 mg/mL 6 个稀释感染液,并设磷酸缓冲液作对照,每一浓度感染液吸取 3 mL,置至 50 mL 小烧杯内待用,对照吸取 3 mL 磷酸缓冲液。

C.1.3.1.2 样品

称取相当于标准品毒力效价的可湿性粉剂样品适量(精确至 0.1 mg),加 100 mL 磷酸缓冲液,然后参照标准品的配制方法配制样品感染液。

对有些效价过高或过低的样品,在测定前需先以 3 个距离相差较大的浓度做预备试验,估计 LC_{50} 值的范围,据此设计稀释浓度。

C.1.3.2 感染饲料的配制

C.1.3.2.1 饲料配方

酵母粉 12 g、黄豆粉 24 g、维生素 C 1.5 g、苯甲酸钠 0.42 g、36%乙酸 3.9 mL、水 300 mL。

C.1.3.2.2 饲料配制

将黄豆粉、酵母粉、维生素 C、苯甲酸钠和 36%乙酸放入大烧杯内,加 100 mL 水湿润,另将余下 200 mL 水加入 4.5 g 琼脂粉,在微波炉上加热至沸腾,使琼脂完全溶化,取出冷却至 70 ℃,即与其他成分混合,在电动搅拌器内高速搅拌 1 min,迅速移至 60 ℃水浴锅中加盖保温。

用注射器吸取 27 mL 饲料,注入上述已有样品或标准品感染液的烧杯内,以电动搅拌器高速搅拌 0.5 min,迅速倒入组织培养盘上各小孔中(倒入量不要求一致,以铺满孔底为准),凝固待用。

C.1.3.3 接虫感染

于 26 ℃～30 ℃室温下,将未经取食的初孵幼虫(孵化后 12 h 内)抖入直径 20 cm 的标本缸中,静待数分钟选取爬上缸口的健康幼虫作供试虫,用毛笔轻轻地将它们移入已有感染饲料的组织盘的小孔内,每孔 1 头虫。每个浓度和空白对照皆放 48 头虫,用塑料薄片盖住,然后将组织培养盘逐个叠起,用橡皮筋捆紧,竖立放于 30 ℃恒温培养箱内培养 72 h。

C.1.4 结果检查及计算

用肉眼或放大镜检查死、活虫数。以细签触动虫体,完全无反应的为死虫,计算死亡率。如对照有死亡,可查 Abbott 校正值表或按公式(C.1)计算校正死亡率。对照死亡率在 5%以下不用校正,5%～10%需校正,大于 10%则测定无效。

$$X_1 = \frac{T-C}{1-C} \times 100 \quad\cdots\cdots\cdots\cdots\cdots\cdots\cdots\cdots\cdots\cdots\cdots\cdots\cdots\cdots\cdots \text{(C.1)}$$

式中:

X_1——校正死亡率的数值,单位为百分号(%);

T ——处理死亡率;

C ——对照死亡率。

将浓度换算成对数值,死亡率或校正死亡率换算成概率值,用最小二乘法工具分别求出标准品和样品的 LC_{50} 值,按公式(C.2)计算试样的毒力效价。

$$X_2 = \frac{S \times P}{Y} \quad\cdots\cdots\cdots\cdots\cdots\cdots\cdots\cdots\cdots\cdots\cdots\cdots\cdots\cdots\cdots\cdots \text{(C.2)}$$

式中:

X_2——试样的毒力效价的数值,单位为国际单位每毫克(IU/mg);

S ——标准品 LC_{50} 值；

P ——标准品效价的数值，单位为国际单位每毫克（IU/mg）；

Y ——样品 LC_{50} 值。

C.1.5 允许差

毒力测定法测定允许相对差，但每个样品 3 次重复测定结果之最大相对差不得超过 20%。毒力测定制剂各浓度所引起的死亡率应在 10%～90%，在 50% 死亡率上下至少要各有 2 个浓度。

C.2 毒力效价测定方法——用小菜蛾(*Plutella xylostella*)作试虫的测定方法

C.2.1 试剂和材料

C.2.1.1 标准品:已知毒力效价标准品。

C.2.1.2 小菜蛾幼虫:*Plutella xylostella*。

C.2.1.3 食用菜籽油。

C.2.1.4 酵母粉:食品级。

C.2.1.5 维生素C。

C.2.1.6 琼脂粉:凝胶强度大于 300 g/cm²。

C.2.1.7 磷酸氢二钾。

C.2.1.8 磷酸二氢钾。

C.2.1.9 聚山梨酯-80。

C.2.1.10 菜叶粉:甘蓝型油菜叶,80 ℃烘干,磨碎,过 80 目筛。

C.2.1.11 蔗糖。

C.2.1.12 纤维素粉CF-11。

C.2.1.13 氢氧化钾。

C.2.1.14 氢氧化钾水溶液:$c_{(氢氧化钾)}$＝0.001 mol/L。

C.2.1.15 氯化钠。

C.2.1.16 对羟基苯甲酸甲酯。

C.2.1.17 95%乙醇。

C.2.1.18 尼泊金溶液:称取 15 g 对羟基苯甲酸甲酯,加入 100 mL 95%乙醇,充分溶解后混匀。

C.2.1.19 甲醛。

C.2.1.20 水。

C.2.1.21 甲醛水溶液:体积比 $\psi_{(甲醛:水)}$＝1:9。

C.2.1.22 干酪素:生物试剂。

C.2.1.23 干酪素溶液:称取 2 g 干酪素,加 2 mL 氢氧化钾水溶液溶解,再加入 8 mL 水,混合均匀。

C.2.1.24 磷酸缓冲液:同 C.1.1.15。

C.2.2 仪器和设备

C.2.2.1 磨口三角瓶:250 mL。

C.2.2.2 电动搅拌器:无级调速,100 r/min～6 000 r/min。

C.2.2.3 医用手术刀。

C.2.2.4 振荡器。

C.2.2.5 水浴锅。

C.2.2.6 养虫管:9 cm×2.5 cm。

C.2.2.7 烧杯:50 mL、500 mL。

C.2.2.8 试管:18 mm×180 mm。

C.2.2.9 玻璃珠:直径 5 mm。

C.2.2.10 移液管。

C.2.3 测定步骤

C.2.3.1 感染液的配制

C.2.3.1.1 标准品

用分析天平准确称取标准品 100.0 mg~150.0 mg(精确至 0.1 mg),装入 250 mL 装有 10 粒玻璃珠的磨口三角瓶中。加入 100 mL 磷酸缓冲液,浸泡 10 min,在振荡器上振荡 30 min。得到浓度约为 1 mg/mL 的标准品母液(该母液在 4 ℃冰箱中可存放 10 d)。然后将标准品母液稀释成浓度约为 1.000 0 mg/mL、0.500 0 mg/mL、0.250 0 mg/mL、0.125 0 mg/mL、0.062 5 mg/mL、0.031 3 mg/mL 6 个稀释感染液。

C.2.3.1.2 样品

称取相当于标准品毒力效价的可湿性粉剂样品适量(精确至 0.1 mg),加 100 mL 磷酸缓冲液,然后参照标准品的配制方法配制样品感染液。

C.2.3.2 感染饲料的配制

C.2.3.2.1 饲料配方

维生素 C 0.5 g、干酪素溶液 1.0 mL、菜叶粉 3.0 g、酵母粉 1.5 g、纤维素粉 CF-11 1.0 g、琼脂粉 2.0 g、蔗糖 6.0 g、菜籽油 0.2 mL、甲醛溶液 0.5 mL、尼泊金溶液 1.0 mL、水 100 mL。

C.2.3.2.2 饲料配制

将蔗糖、酵母粉、干酪素溶液、琼脂粉加入 90 mL 的水中调匀。搅拌煮沸,使琼脂完全溶化,加入尼泊金溶液,搅匀。将其他成分用剩余的 10 mL 水调成糊状。当琼脂冷却至 75 ℃左右时,与之充分混合,搅匀,置 55 ℃水浴锅中保温备用。取 50 mL 烧杯 7 只,写好标签,置 55 ℃水浴中预热,分别向每个烧杯中加入 1 mL 对应浓度的感染液,缓冲液作空白对照。向每个烧杯中加入 9 mL 溶化的饲料;用电动搅拌器搅拌 20 s,使每个烧杯中的感染液与饲料充分混匀。

将烧杯静置,待冷却凝固后,用医用手术刀将感染饲料切成 1 cm×1 cm 的饲料块,每个浓度取 4 个饲料块分别放入 4 支养虫管中,每管放入一块,写好标签。

C.2.3.3 接虫感染

随机取已放置饲料的养虫管,每管投入 10 头小菜蛾三龄初幼虫,每浓度 4 管,塞上棉塞,写好标签,在相同饲养条件下饲养。

C.2.4 结果检查及计算

感染 48 h 后检查试虫的死亡情况。判断死虫的标准是以细签轻轻触动虫体,无任何反应者判为死亡。

计算标准品和样品各浓度的供测昆虫死亡率,查 Abbott 表或用公式(C.1)计算校正死亡率,对照死亡率在 5%以下不用校正,5%~10%需校正,大于 10%则测定无效。

将感染液各浓度换算成对数值,校正死亡率转换成死亡概率值,用最小二乘法工具分别求出标准品 LC$_{50}$ 值和待测样品 LC$_{50}$ 值,然后按公式(C.2)计算待测样品的毒力效价。

C.2.5 允许差

毒力测定方法的允许相对差要求与 C.1.5 相同。

C.3 毒力效价测定方法——用甜菜夜蛾(*Spodoptera exigua*)作试虫的测定方法

C.3.1 试剂和材料

C.3.1.1 标准品:已知毒力效价标准品。

C.3.1.2 甜菜夜蛾幼虫:*Spodoptera exigua*。

C.3.1.3　黄豆粉：黄豆炒熟后磨碎过 60 目筛。

C.3.1.4　酵母粉：食用级。

C.3.1.5　维生素 C。

C.3.1.6　15％尼泊金：对羟基苯甲酸甲酯溶于 95％酒精。

C.3.1.7　10％甲醛：甲醛溶于水。

C.3.1.8　对羟基苯甲酸甲酯。

C.3.1.9　95％乙醇。

C.3.1.10　尼泊金溶液：称取 15 g 对羟基苯甲酸甲酯，加入 100 mL 95％乙醇，充分溶解后混匀。

C.3.1.11　甲醛。

C.3.1.12　水。

C.3.1.13　甲醛水溶液：体积比 $\psi_{(甲醛：水)}=1:9$。

C.3.1.14　琼脂粉：凝胶强度大于 300 g/cm²。

C.3.1.15　磷酸缓冲液：分别称取氯化钠 8.5 g、磷酸氢二钾 6.0 g、磷酸二氢钾 3.0 g 于玻璃器皿中，加入 0.1 mL 聚山梨酯-80 和 1 000 mL 水，充分溶解后混匀。

C.3.2　仪器和设备

C.3.2.1　电动搅拌器：无级调速，100 r/min～6 000 r/min。

C.3.2.2　微波炉或电炉。

C.3.2.3　振荡器。

C.3.2.4　水浴锅。

C.3.2.5　组织培养盘：24 孔。

C.3.2.6　搪瓷盘：30 cm×20 cm。

C.3.2.7　磨口三角瓶：250 mL，具塞。

C.3.2.8　大烧杯：1 000 mL。

C.3.2.9　小烧杯：50 mL。

C.3.2.10　试管：18 mm×180 mm。

C.3.2.11　玻璃珠：直径 5 mm。

C.3.2.12　注射器：50 mL。

C.3.2.13　标本缸。

C.3.2.14　恒温培养箱。

C.3.3　测定步骤

C.3.3.1　感染液的配制

C.3.3.1.1　标准品

称取 100.0 mg～150.0 mg（精确至 0.1 mg）标准品，装入 250 mL 装有 10 粒玻璃珠的磨口三角瓶中。加入 100 mL 磷酸缓冲液，浸泡 10 min，在振荡器上振荡 30 min。得到浓度约为 1 mg/mL 的标准品母液（该母液在 4 ℃冰箱中可存放 10 d）。然后将标准品母液用磷酸缓冲液以一定的倍数等比稀释，稀释成浓度约为 1.000 0 mg/mL、0.500 0 mg/mL、0.250 0 mg/mL、0.125 0 mg/mL、0.062 5 mg/mL、0.031 3 mg/mL 6 个稀释感染液，并设磷酸缓冲液作对照，每一浓度感染液吸取 3 mL，置于 50 mL 小烧杯内待用，对照吸取 3 mL 磷酸缓冲液。

C.3.3.1.2　样品

称取相当于标准品毒力效价的可湿性粉剂样品适量（精确至 0.2 mg），加 100 mL 磷酸缓冲液，然后参照标准品的配制方法配制样品感染液。

C.3.3.2 感染饲料的配制

C.3.3.2.1 饲料配方

酵母粉 16 g、黄豆粉 32 g、维生素 C 2 g、琼脂 6 g、尼泊金溶液 6.7 mL、甲醛溶液 4 mL、水 400 mL。

C.3.3.2.2 饲料配制

将黄豆粉、酵母粉、维生素 C、尼泊金溶液和甲醛溶液放入大烧杯中,加入 150 mL 水,混匀备用。将余下的 250 mL 水加入 3.5 g 琼脂粉,在微波炉上加热至沸腾,使琼脂完全溶化,取出冷却至 70 ℃。即与其他成分混合,在电动搅拌器内高速搅拌 1 min,迅速移至 60 ℃ 水浴锅中加盖保温。

用注射器吸取 27 mL 饲料,注入上述已有样品或标准品感染液的烧杯内,以电动搅拌器高速搅拌 0.5 min,迅速倒入组织培养盘上各小孔中(倒入量不要求一致,以铺满孔底为准),凝固待用。

C.3.3.3 接虫感染

于 26 ℃～30 ℃ 室温下,将未经取食的初孵幼虫(孵化后 12 h 内)抖入直径 20 cm 的标本缸中,静待数分钟选取爬上缸口的健康幼虫作供试虫,用毛笔轻轻地将它们移入已有感染饲料的组织盘的小孔内,每孔 1 头虫。每个浓度和空白对照皆放 48 头虫,用塑料薄片盖住,然后将组织培养盘逐个叠起,用橡皮筋捆紧,竖立放于 25 ℃ 恒温培养箱内培养 72 h。

C.3.4 结果检查及计算

用肉眼或放大镜检查死、活虫数。以细签触动虫体,完全无反应的为死虫,计算死亡率。如对照有死亡,可查 Abbott 校正值表或按公式(C.1)计算校正死亡率。对照死亡率在 5% 以下不用校正,5%～10% 需校正,大于 10% 则测定无效。将浓度换算成对数值,死亡率或校正死亡率换算成概率值,用最小二乘法分别求出标准品和样品的 LC_{50},按公式(C.2)计算毒力效价。

C.3.5 允许差

毒力测定方法的允许相对差要求与 C.1.5 相同。

ICS 65.100.30
CCS G 25

中华人民共和国农业行业标准

NY/T 4410—2023

抑霉唑原药

Imazalil technical material

2023-12-22 发布

2024-05-01 实施

中华人民共和国农业农村部 发布

前　言

本文件按照 GB/T 1.1—2020《标准化工作导则　第 1 部分:标准化文件的结构和起草规则》的规定起草。

请注意本文件的某些内容可能涉及专利。本文件的发布机构不承担识别专利的责任。

本文件由农业农村部种植业管理司提出。

本文件由全国农药标准化技术委员会(SAC/TC 133)归口。

本文件起草单位:沈阳沈化院测试技术有限公司、合肥高尔生命健康科学研究院有限公司、农业农村部农药检定所。

本文件主要起草人:段丽芳、陈银银、黄伟、刘莹、徐晓雨、毛堂富。

抑霉唑原药

1 范围

本文件规定了抑霉唑原药的技术要求、试验方法、检验规则、验收和质量保证期以及标志、标签、包装、储运。

本文件适用于抑霉唑原药产品的质量控制。

注:抑霉唑的其他名称、结构式和基本物化参数见附录 A。

2 规范性引用文件

下列文件中的内容通过文中的规范性引用而构成本文件必不可少的条款。其中,注日期的引用文件,仅该日期对应的版本适用于本文件;不注日期的引用文件,其最新版本(包括所有的修改单)适用于本文件。

GB/T 1600—2021 农药水分测定方法

GB/T 1601 农药 pH 值的测定方法

GB/T 1604 商品农药验收规则

GB/T 1605—2001 商品农药采样方法

GB 3796 农药包装通则

GB/T 8170—2008 数值修约规则与极限数值的表示和判定

GB/T 19138 农药丙酮不溶物测定方法

3 术语和定义

本文件没有需要界定的术语和定义。

4 技术要求

4.1 外观

浅黄色至棕色结晶物。

4.2 技术指标

抑霉唑原药应符合表 1 的要求。

表 1 抑霉唑原药技术指标

项目	指标
抑霉唑质量分数,%	≥98.0
水分,%	≤0.5
丙酮不溶物,%	≤0.3
pH	6.0~9.0

5 试验方法

警示:使用本文件的人员应有实验室工作的实践经验。本文件并未指出所有的安全问题。使用者有责任采取适当的安全和健康措施。

5.1 一般规定

本文件所用试剂和水在没有注明其他要求时,均指分析纯试剂和蒸馏水。

5.2 取样

按 GB/T 1605—2001 中 5.3.1 的规定执行。用随机数表法确定取样的包装件;最终取样量应不少于 100 g。

5.3 鉴别试验

5.3.1 红外光谱法

试样与抑霉唑标样在 4 000 cm⁻¹~650 cm⁻¹ 范围的红外吸收光谱图应没有明显区别。抑霉唑标样的红外光谱图见图 1。

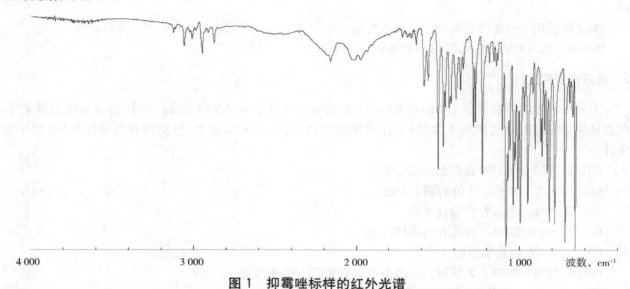

图 1 抑霉唑标样的红外光谱

5.3.2 气相色谱法

本鉴别试验可与抑霉唑质量分数的测定同时进行。在相同的色谱操作条件下,试样溶液中某色谱峰的保留时间与标样溶液中抑霉唑色谱峰的保留时间,其相对差应在 1.5% 以内。

5.3.3 高效液相色谱法

本鉴别试验可与抑霉唑质量分数的测定同时进行。在相同的色谱操作条件下,试样溶液中某色谱峰的保留时间与标样溶液中抑霉唑色谱峰的保留时间,其相对差应在 1.5% 以内。

5.4 外观

采用目测法测定。

5.5 抑霉唑质量分数

5.5.1 气相色谱法(仲裁法)

5.5.1.1 方法提要

试样用丙酮溶解,以正二十三烷为内标物,使用以 5%-苯基-甲基聚硅氧烷涂壁的石英毛细管柱和氢火焰离子化检测器,对试样中的抑霉唑进行气相色谱分离,内标法定量。

5.5.1.2 试剂和溶液

5.5.1.2.1 丙酮。

5.5.1.2.2 三氯甲烷。

5.5.1.2.3 内标物:正二十三烷,应不含有干扰分析的杂质。

5.5.1.2.4 内标溶液:称取 2.8 g 正二十三烷,置于 500 mL 容量瓶中,用三氯甲烷溶解并稀释至刻度,摇匀。

5.5.1.2.5 抑霉唑标样:已知质量分数,$w \geq 98.0\%$。

5.5.1.3 仪器

5.5.1.3.1 气相色谱仪：具有氢火焰离子化检测器。

5.5.1.3.2 色谱柱：30 m×0.32 mm(内径)毛细管柱，内壁涂 5%-苯基-甲基聚硅氧烷固定液，膜厚 0.25 μm (或具有同等效果的色谱柱)。

5.5.1.3.3 过滤器：滤膜孔径约 0.45 μm。

5.5.1.3.4 超声波清洗器。

5.5.1.4 气相色谱操作条件

5.5.1.4.1 温度(℃)：柱室 220,气化室 230,检测器室 260。

5.5.1.4.2 气体流量(mL/min)：载气(N_2)1.0,氢气 30,空气 300。

5.5.1.4.3 分流比：50∶1。

5.5.1.4.4 进样体积：1.0 μL。

5.5.1.4.5 保留时间：抑霉唑约 6.7 min,正二十三烷约 8.3 min。

5.5.1.4.6 上述气相色谱操作条件,系典型操作参数。可根据不同仪器特点,对给定的操作参数作适当调整,以期获得最佳效果。典型的抑霉唑原药与内标物的气相色谱图见图 2。

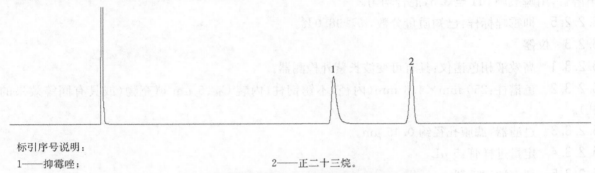

标引序号说明：
1——抑霉唑；　　　　　　　　　　　　　　　　　2——正二十三烷。

图 2 抑霉唑原药与内标物的气相色谱图

5.5.1.5 测定步骤

5.5.1.5.1 标样溶液的制备

称取 0.05 g(精确至 0.000 1 g)抑霉唑标样,置于 25 mL 容量瓶中,用移液管移入 5 mL 内标溶液,用丙酮稀释至刻度,超声波振荡 5 min,冷却至室温,摇匀。

5.5.1.5.2 试样溶液的制备

称取含 0.05 g(精确至 0.000 1 g)抑霉唑的试样,置于 25 mL 容量瓶中,用与 5.5.1.5.1 同一支移液管移入 5 mL 内标溶液,用丙酮稀释至刻度,超声波振荡 5 min,冷却至室温,摇匀。

5.5.1.5.3 测定

在上述操作条件下,待仪器稳定后,连续注入数针标样溶液,直至相邻两针抑霉唑与内标物峰面积比的相对变化小于 1.2%后,按照标样溶液、试样溶液、试样溶液、标样溶液的顺序进行测定。

5.5.1.6 计算

将测得的两针试样溶液以及试样前后两针标样溶液中抑霉唑与内标物的峰面积比分别进行平均。试样中抑霉唑的质量分数按公式(1)计算。

$$\omega_1 = \frac{r_2 \times m_1 \times \omega}{r_1 \times m_2} \qquad\qquad\qquad\qquad\qquad\qquad (1)$$

式中：

ω_1——试样中抑霉唑质量分数的数值,单位为百分号(%)；

r_2——试样溶液中抑霉唑与内标物峰面积比的平均值；

m_1——标样质量的数值,单位为克(g)；

ω ——标样中抑霉唑质量分数的数值,单位为百分号(%);

r_1 ——标样溶液中抑霉唑与内标物峰面积比的平均值;

m_2 ——试样质量的数值,单位为克(g)。

5.5.1.7 允许差

抑霉唑质量分数2次平行测定结果之差应不大于1.2%,取其算术平均值作为测定结果。

5.5.2 高效液相色谱法

5.5.2.1 方法提要

试样用甲醇溶解,以甲醇＋磷酸二氢钠溶液为流动相,使用以 C_{18} 为填料的不锈钢柱和紫外检测器,在波长225 nm下对试样中的抑霉唑进行高效液相色谱分离,外标法定量。

5.5.2.2 试剂和溶液

5.5.2.2.1 甲醇:色谱级。

5.5.2.2.2 水:新蒸二次蒸馏水或超纯水。

5.5.2.2.3 磷酸二氢钠。

5.5.2.2.4 磷酸二氢钠溶液:称取1.56 g磷酸二氢钠,置于1 000 mL具塞玻璃瓶中,加入1 000 mL水超声溶解,用磷酸调 pH 至3.5,混合均匀。

5.5.2.2.5 抑霉唑标样:已知质量分数,$w \geqslant 98.0\%$。

5.5.2.3 仪器

5.5.2.3.1 高效液相色谱仪:具有可变波长紫外检测器。

5.5.2.3.2 色谱柱:250 mm×4.6 mm(内径)不锈钢柱,内装 C_{18}、5 μm 填充物(或具有同等效果的色谱柱)。

5.5.2.3.3 过滤器:滤膜孔径约0.45 μm。

5.5.2.3.4 定量进样管:5 μL。

5.5.2.3.5 超声波清洗器。

5.5.2.4 高效液相色谱操作条件

5.5.2.4.1 流动相:$\psi_{(甲醇:磷酸二氢钠溶液)}=60:40$。

5.5.2.4.2 流速:1.0 mL/min。

5.5.2.4.3 柱温:室温(温度变化应不大于2 ℃)。

5.5.2.4.4 检测波长:225 nm。

5.5.2.4.5 进样体积:5 μL。

5.5.2.4.6 保留时间:抑霉唑约6.2 min。

5.5.2.4.7 上述液相色谱操作条件,系典型操作参数。可根据不同仪器特点,对给定的操作参数作适当调整,以期获得最佳效果。典型的抑霉唑原药的高效液相色谱图见图3。

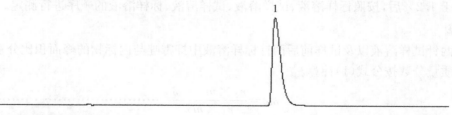

标引序号说明:

1——抑霉唑。

图3 抑霉唑原药的高效液相色谱图

5.5.2.5 测定步骤

5.5.2.5.1 标样溶液的制备

称取 0.02 g(精确至 0.000 01 g)抑霉唑标样,置于 100 mL 容量瓶中,加入 80 mL 甲醇,超声波振荡 5 min,冷却至室温,用甲醇稀释至刻度,摇匀。

5.5.2.5.2 试样溶液的制备

称取含 0.02 g(精确至 0.000 01 g)抑霉唑的试样,置于 100 mL 容量瓶中,加入 80 mL 甲醇,超声波振荡 5 min,冷却至室温,用甲醇稀释至刻度,摇匀,过滤。

5.5.2.5.3 测定

在上述操作条件下,待仪器稳定后,连续注入数针标样溶液,直至相邻两针抑霉唑峰面积的相对变化小于 1.2% 后,按照标样溶液、试样溶液、试样溶液、标样溶液的顺序进行测定。

5.5.2.6 计算

将测得的两针试样溶液以及试样前后两针标样溶液中抑霉唑峰面积分别进行平均。试样中抑霉唑的质量分数按公式(2)计算。

$$w_1 = \frac{A_2 \times m_3 \times w}{A_1 \times m_4} \quad\cdots\cdots\cdots\cdots\cdots\cdots\cdots\cdots\cdots\cdots\cdots\cdots\cdots\cdots\cdots\cdots\cdots \quad (2)$$

式中:

w_1——试样中抑霉唑质量分数的数值,单位为百分号(%);

A_2——试样溶液中抑霉唑峰面积的平均值;

m_3——标样质量的数值,单位为克(g);

w——标样中抑霉唑质量分数的数值,单位为百分号(%);

A_1——标样溶液中抑霉唑峰面积的平均值;

m_4——试样质量的数值,单位为克(g)。

5.5.2.7 允许差

抑霉唑质量分数 2 次平行测定结果之差应不大于 1.2%,取其算术平均值作为测定结果。

5.6 水分

按 GB/T 1600—2021 中 4.2 的规定执行。

5.7 丙酮不溶物

按 GB/T 19138 的规定执行。

5.8 pH

按 GB/T 1601 的规定执行。

6 检验规则

6.1 出厂检验

每批产品均应做出厂检验,经检验合格签发合格证后,方可出厂。出厂检验项目为第 4 章技术要求中外观、抑霉唑质量分数、水分、pH。

6.2 型式检验

型式检验项目为第 4 章中的全部项目,在正常连续生产情况下,每 3 个月至少进行 1 次。有下述情况之一,应进行型式检验:

　　a)　原料有较大改变,可能影响产品质量时;

　　b)　生产地址、生产设备或生产工艺有较大改变,可能影响产品质量时;

　　c)　停产后又恢复生产时;

　　d)　国家质量监管机构提出型式检验要求时。

6.3 判定规则

按 GB/T 8170—2008 中 4.3.3 判定检验结果是否符合本文件的要求。

按第 5 章的检验方法对产品进行出厂检验和型式检验，任一项目不符合第 4 章的技术要求判为该批次产品不合格。

7 验收和质量保证期

7.1 验收

应符合 GB/T 1604 的要求。

7.2 质量保证期

在 8.2 的储运条件下，抑霉唑原药的质量保证期从生产日期算起为 2 年。质量保证期内，各项指标均应符合本文件的要求。

8 标志、标签、包装、储运

8.1 标志、标签和包装

抑霉唑原药的标志、标签和包装应符合 GB 3796 的要求；抑霉唑原药采用清洁、干燥内衬保护层的铁桶包装，每桶净含量一般为 200 kg。也可根据用户要求或订货协议，采用其他形式的包装，但应符合 GB 3796 的要求。

8.2 储运

抑霉唑原药包装件应储存在通风、干燥的库房中；储运时，严防潮湿和日晒，避免渗入地面；不得与食物、种子、饲料混放；避免与皮肤、眼睛接触，防止由口鼻吸入。

附 录 A

（资料性）

抑霉唑的其他名称、结构式和基本物化参数

抑霉唑的其他名称、结构式和基本物化参数如下：

——ISO 通用名称：Imazalil；

——CAS 登录号：[35554-44-0]；

——CIPAC 数字代码：335；

——化学名称：1-[2-(2,4-二氯苯基)-2-(2-丙烯氧基)乙基]-1H-咪唑；

——结构式：

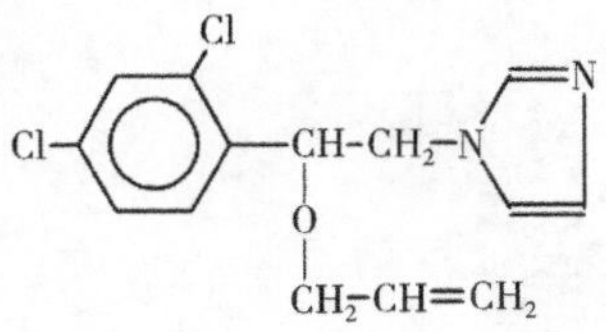

——分子式：$C_{14}H_{14}Cl_2N_2O$；

——相对分子质量：297.2；

——生物活性：杀菌；

——沸点：大于 340 ℃/760 mmHg；

——蒸气压：0.158 mPa(20 ℃)；

——溶解度(20 ℃～25 ℃)：水中 210 mg/L(pH 8)、2 900 mg/L(pH 5.4)、$2.6×10^4$ mg/L(pH 4.6)，丙酮、二氯甲烷、乙醇、苯、正庚烷、异丙醇、甲醇、石油醚、甲苯、二甲苯中大于 500 g/L，正己烷中 19 g/L；

——稳定性：室温避光条件下在稀酸和稀碱中稳定，285 ℃以下稳定，常温储存条件下对光稳定。

ICS 65.100.30
CCS G 25

中华人民共和国农业行业标准

NY/T 4411—2023

抑霉唑乳油

Imazalil emulsifiable concentrate

2023-12-22 发布　　　　　　　　　　　　　　　　2024-05-01 实施

中华人民共和国农业农村部 发布

前　言

本文件按照 GB/T 1.1—2020《标准化工作导则　第 1 部分：标准化文件的结构和起草规则》的规定起草。

请注意本文件的某些内容可能涉及专利。本文件的发布机构不承担识别专利的责任。

本文件由农业农村部种植业管理司提出。

本文件由全国农药标准化技术委员会（SAC/TC 133）归口。

本文件起草单位：沈化测试技术（南通）有限公司、创新美兰（合肥）股份有限公司、农业农村部农药检定所。

本文件主要起草人：段丽芳、黄伟、陈银银、姜宜飞、黄轩、徐强。

抑霉唑乳油

1 范围

本文件规定了抑霉唑乳油的技术要求、试验方法、检验规则、验收和质量保证期以及标志、标签、包装、储运。

本文件适用于抑霉唑乳油产品的质量控制。

注:抑霉唑的其他名称、结构式和基本物化参数见附录 A。

2 规范性引用文件

下列文件中的内容通过文中的规范性引用而构成本文件必不可少的条款。其中,注日期的引用文件,仅该日期对应的版本适用于本文件;不注日期的引用文件,其最新版本(包括所有的修改单)适用于本文件。

GB/T 1600—2021 农药水分测定方法

GB/T 1601 农药 pH 值的测定方法

GB/T 1603 农药乳液稳定性测定方法

GB/T 1604 商品农药验收规则

GB/T 1605—2001 商品农药采样方法

GB 4838 农药乳油包装

GB/T 8170—2008 数值修约规则与极限数值的表示和判定

GB/T 19136—2021 农药热储稳定性测定方法

GB/T 19137—2003 农药低温稳定性测定方法

GB/T 28137 农药持久起泡性测定方法

GB/T 32776—2016 农药密度测定方法

3 术语和定义

本文件没有需要界定的术语和定义。

4 技术要求

4.1 外观

稳定的均相液体,无可见的悬浮物和沉淀物。

4.2 技术指标

抑霉唑乳油应符合表 1 的要求。

表 1 抑霉唑乳油技术指标

项 目	指 标		
	22.2%规格	50%规格	500g/L规格
抑霉唑质量分数,%	$22.2^{+1.3}_{-1.3}$	$50.0^{+2.5}_{-2.5}$	$46.0^{+2.3}_{-2.3}$
抑霉唑质量浓度[a](20 ℃),g/L	240^{+14}_{-14}	543^{+25}_{-25}	500^{+25}_{-25}
水分,%	≤0.5		
pH	6.0～9.0		
乳液稳定性(稀释 200 倍)	量筒中无浮油(膏)、沉油和沉淀析出		

表 1（续）

项 目	指 标		
	22.2%规格	50%规格	500g/L规格
持久起泡性(1 min 后泡沫量),mL	≤60		
低温稳定性	冷储后,离心管底部离析物的体积不大于 0.3 mL		
热储稳定性	热储后,抑霉唑质量分数不低于储前测得质量分数的 95%,pH、乳液稳定性仍应符合本文件要求		
a 当以质量分数和以质量浓度表示的结果不能同时满足本文件的要求时,按质量分数的结果判定产品是否合格。			

5 试验方法

警示:使用本文件的人员应有实验室工作的实践经验。本文件并未指出所有的安全问题。使用者有责任采取适当的安全和健康措施。

5.1 一般规定

本文件所用试剂和水在没有注明其他要求时,均指分析纯试剂和蒸馏水。

5.2 取样

按 GB/T 1605—2001 中 5.3.2 的规定执行。用随机数表法确定取样的包装件;最终取样量应不少于 200 mL。

5.3 鉴别试验

5.3.1 气相色谱法

本鉴别试验可与抑霉唑质量分数的测定同时进行。在相同的色谱操作条件下,试样溶液中某色谱峰的保留时间与标样溶液中抑霉唑色谱峰的保留时间,其相对差应在 1.5% 以内。

5.3.2 高效液相色谱法

本鉴别试验可与抑霉唑质量分数的测定同时进行。在相同的色谱操作条件下,试样溶液中某色谱峰的保留时间与标样溶液中抑霉唑色谱峰的保留时间,其相对差应在 1.5% 以内。

5.4 外观

采用目测法测定。

5.5 抑霉唑质量分数、质量浓度

5.5.1 气相色谱法(仲裁法)

5.5.1.1 方法提要

试样用丙酮溶解,以正二十三烷为内标物,使用以 5%-苯基-甲基聚硅氧烷涂壁的石英毛细管柱和氢火焰离子化检测器,对试样中的抑霉唑进行气相色谱分离,内标法定量。

5.5.1.2 试剂和溶液

5.5.1.2.1 丙酮。

5.5.1.2.2 三氯甲烷。

5.5.1.2.3 内标物:正二十三烷,应不含有干扰分析的杂质。

5.5.1.2.4 内标溶液:称取 2.8 g 正二十三烷,置于 500 mL 容量瓶中,用三氯甲烷溶解并稀释至刻度,摇匀。

5.5.1.2.5 抑霉唑标样:已知质量分数,$w \geq 98.0\%$。

5.5.1.3 仪器

5.5.1.3.1 气相色谱仪:具有氢火焰离子化检测器。

5.5.1.3.2 色谱柱:30 m×0.32 mm(内径)毛细管柱,内壁涂 5%-苯基-甲基聚硅氧烷固定液,膜厚 0.25 μm(或具有同等效果的色谱柱)。

5.5.1.3.3 过滤器:滤膜孔径约 0.45 μm。

5.5.1.3.4 超声波清洗器。

5.5.1.4 气相色谱操作条件

5.5.1.4.1 温度(℃):柱室 220,气化室 230,检测器室 260。

5.5.1.4.2 气体流量(mL/min):载气(N_2)1.0,氢气 30,空气 300。

5.5.1.4.3 分流比:50∶1。

5.5.1.4.4 进样体积:1.0 μL。

5.5.1.4.5 保留时间:抑霉唑约 6.7 min,正二十三烷约 8.3 min。

5.5.1.4.6 上述气相色谱操作条件,系典型操作参数。可根据不同仪器特点,对给定的操作参数作适当调整,以期获得最佳效果。典型的抑霉唑乳油与内标物的气相色谱图见图1。

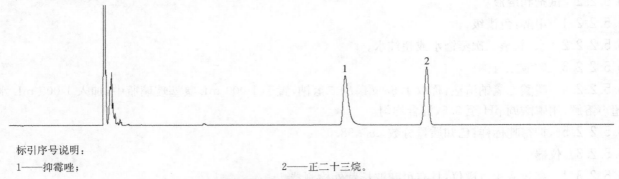

标引序号说明:

1——抑霉唑;   2——正二十三烷。

图 1 抑霉唑乳油与内标物的气相色谱图

5.5.1.5 测定步骤

5.5.1.5.1 标样溶液的制备

称取 0.05 g(精确至 0.000 1 g)抑霉唑标样,置于 25 mL 容量瓶中,用移液管移入 5 mL 内标溶液,用丙酮稀释至刻度,超声波振荡 5 min,冷却至室温,摇匀。

5.5.1.5.2 试样溶液的制备

称取含 0.05 g(精确至 0.000 1 g)抑霉唑的试样,置于 25 mL 容量瓶中,用与5.5.1.5.1同一支移液管移入 5 mL 内标溶液,用丙酮稀释至刻度,超声波振荡 5 min,冷却至室温,摇匀,过滤。

5.5.1.5.3 测定

在上述操作条件下,待仪器稳定后,连续注入数针标样溶液,直至相邻两针抑霉唑与内标物峰面积比的相对变化小于 1.2% 后,按照标样溶液、试样溶液、试样溶液、标样溶液的顺序进行测定。

5.5.1.6 计算

将测得的两针试样溶液以及试样前后两针标样溶液中抑霉唑与内标物的峰面积比分别进行平均。试样中抑霉唑的质量分数按公式(1)计算,抑霉唑的质量浓度按公式(2)计算。

$$w_1 = \frac{r_2 \times m_1 \times w}{r_1 \times m_2} \cdots\cdots\cdots\cdots\cdots\cdots\cdots\cdots (1)$$

$$\rho_1 = \frac{r_2 \times m_1 \times w}{r_1 \times m_2} \times \rho \times 10 \cdots\cdots\cdots\cdots\cdots\cdots (2)$$

式中:

w_1 ——试样中抑霉唑质量分数的数值,单位为百分号(%);

r_2 ——试样溶液中抑霉唑与内标物峰面积比的平均值;

m_1 ——标样质量的数值,单位为克(g);

w ——标样中抑霉唑质量分数的数值,单位为百分号(%);

r_1 ——标样溶液中抑霉唑与内标物峰面积比的平均值;

m_2 ——试样质量的数值,单位为克(g);

ρ_1 ——20 ℃时试样中抑霉唑质量浓度的数值,单位为克每升(g/L);

ρ ——20 ℃时试样密度的数值,单位为克每毫升(g/mL)(按 GB/T 32776—2016 中 3.1 或 3.2 的规

定进行测定）。

5.5.1.7 允许差

抑霉唑质量分数 2 次平行测定结果之差,22.2%规格应不大于 0.4%,50%和 500 g/L 规格应不大于 0.8%,取其算术平均值作为测定结果。

5.5.2 高效液相色谱法

5.5.2.1 方法提要

试样用甲醇溶解,以甲醇+磷酸二氢钠溶液为流动相,使用以 C_{18} 为填料的不锈钢柱和紫外检测器,在波长 225 nm 下对试样中的抑霉唑进行高效液相色谱分离,外标法定量。

5.5.2.2 试剂和溶液

5.5.2.2.1 甲醇:色谱级。

5.5.2.2.2 水:新蒸二次蒸馏水或超纯水。

5.5.2.2.3 磷酸二氢钠。

5.5.2.2.4 磷酸二氢钠溶液:称取 1.56 g 磷酸二氢钠,置于 1 000 mL 具塞玻璃瓶中,加入 1 000 mL 水超声溶解,用磷酸调 pH 至 3.5,混合均匀。

5.5.2.2.5 抑霉唑标样:已知质量分数,$w \geqslant 98.0\%$。

5.5.2.3 仪器

5.5.2.3.1 高效液相色谱仪:具有可变波长紫外检测器。

5.5.2.3.2 色谱柱:250 mm×4.6 mm(内径)不锈钢柱,内装 C_{18}、5 μm 填充物(或具有同等效果的色谱柱)。

5.5.2.3.3 过滤器:滤膜孔径约 0.45 μm。

5.5.2.3.4 定量进样管:5 μL。

5.5.2.3.5 超声波清洗器。

5.5.2.4 高效液相色谱操作条件

5.5.2.4.1 流动相:采用梯度洗脱方式。详细见表 2。

表 2 梯度洗脱条件

时间 min	甲醇 %	磷酸二氢钠溶液 %
0.0	60	40
9.0	60	40
9.1	85	15
30.0	85	15
30.1	60	40
33.0	60	40

5.5.2.4.2 流速:1.0 mL/min。

5.5.2.4.3 柱温:室温(温度变化应不大于 2 ℃)。

5.5.2.4.4 检测波长:225 nm。

5.5.2.4.5 进样体积:5 μL。

5.5.2.4.6 保留时间:抑霉唑约 6.2 min。

5.5.2.4.7 上述液相色谱操作条件,系典型操作参数。可根据不同仪器特点,对给定的操作参数作适当调整,以期获得最佳效果。典型的抑霉唑乳油的高效液相色谱图见图 2。

5.5.2.5 测定步骤

5.5.2.5.1 标样溶液的制备

称取 0.02 g(精确至 0.000 01 g)抑霉唑标样,置于 100 mL 容量瓶中,加入 80 mL 甲醇,超声波振荡

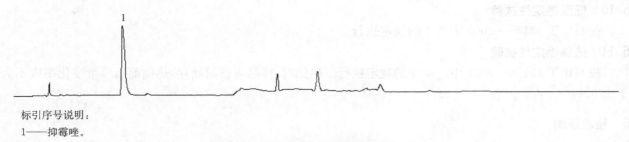

标引序号说明：

1——抑霉唑。

图 2 抑霉唑乳油的高效液相色谱图

5 min，冷却至室温，用甲醇稀释至刻度，摇匀。

5.5.2.5.2 试样溶液的制备

称取含 0.02 g（精确至 0.000 01 g）抑霉唑的试样，置于 100 mL 容量瓶中，加入 80 mL 甲醇，超声波振荡 5 min，冷却至室温，用甲醇稀释至刻度，摇匀，过滤。

5.5.2.5.3 测定

在上述操作条件下，待仪器稳定后，连续注入数针标样溶液，直至相邻两针抑霉唑峰面积的相对变化小于 1.2%后，按照标样溶液、试样溶液、试样溶液、标样溶液的顺序进行测定。

5.5.2.6 计算

将测得的两针试样溶液以及试样前后两针标样溶液中抑霉唑峰面积分别进行平均。试样中抑霉唑的质量分数按公式（3）计算，抑霉唑的质量浓度按公式（4）计算。

$$w_1 = \frac{A_2 \times m_3 \times w}{A_1 \times m_4} \quad\cdots\cdots\cdots\cdots\cdots\cdots\cdots\cdots\cdots\cdots\cdots\cdots\cdots\cdots\cdots\cdots (3)$$

$$\rho_1 = \frac{A_2 \times m_3 \times w}{A_1 \times m_4} \times \rho \times 10 \quad\cdots\cdots\cdots\cdots\cdots\cdots\cdots\cdots\cdots\cdots\cdots\cdots (4)$$

式中：

w_1——试样中抑霉唑质量分数的数值，单位为百分号（%）；

A_2——试样溶液中抑霉唑峰面积的平均值；

m_3——标样质量的数值，单位为克（g）；

w——标样中抑霉唑质量分数的数值，单位为百分号（%）；

A_1——标样溶液中抑霉唑峰面积的平均值；

m_4——试样质量的数值，单位为克（g）；

ρ_1——20 ℃时试样中抑霉唑质量浓度的数值，单位为克每升（g/L）；

ρ——20 ℃时试样密度的数值，单位为克每毫升（g/mL）（按 GB/T 32776—2016 中 3.1 或 3.2 的规定进行测定）。

5.5.2.7 允许差

抑霉唑质量分数 2 次平行测定结果之差，22.2% 规格应不大于 0.4%，50% 和 500 g/L 规格应不大于 0.8%，取其算术平均值作为测定结果。

5.6 水分

按 GB/T 1600—2021 中 4.2 的规定执行。

5.7 pH

按 GB/T 1601 的规定执行。

5.8 乳液稳定性试验

试样用标准硬水稀释 200 倍，按 GB/T 1603 的规定执行。

5.9 持久起泡性

按 GB/T 28137 的规定执行。

5.10 低温稳定性试验

按 GB/T 19137—2003 中 2.1 的规定执行。

5.11 热储稳定性试验

按 GB/T 19136—2021 中 4.4.1 的规定执行。热储时,样品应密封储存,热储前后质量变化率应不大于 1.0%。

6 检验规则

6.1 出厂检验

每批产品均应做出厂检验,经检验合格签发合格证后,方可出厂。出厂检验项目为第 4 章技术要求中外观、抑霉唑质量分数、抑霉唑质量浓度、水分、pH、乳液稳定性、持久起泡性。

6.2 型式检验

型式检验项目为第 4 章中的全部项目,在正常连续生产情况下,每 3 个月至少进行一次。有下述情况之一,应进行型式检验:

a) 原料有较大改变,可能影响产品质量时;

b) 生产地址、生产设备或生产工艺有较大改变,可能影响产品质量时;

c) 停产后又恢复生产时;

d) 国家质量监管机构提出型式检验要求时。

6.3 判定规则

按 GB/T 8170—2008 中 4.3.3 判定检验结果是否符合本文件的要求。

按第 5 章的检验方法对产品进行出厂检验和型式检验,任一项目不符合第 4 章的技术要求判为该批次产品不合格。

7 验收和质量保证期

7.1 验收

应符合 GB/T 1604 的要求。

7.2 质量保证期

在 8.2 的储运条件下,抑霉唑乳油的质量保证期从生产日期算起为 2 年。质量保证期内,各项指标均应符合本文件的要求。

8 标志、标签、包装、储运

8.1 标志、标签和包装

抑霉唑乳油的标志、标签和包装应符合 GB 4838 的要求;抑霉唑乳油采用清洁、干燥的玻璃瓶或塑料聚酯瓶包装,每瓶净含量 100 g(mL)、200 g(mL)或 500 g(mL),外包装有钙塑箱或瓦楞纸箱,每箱净含量应不超过 10 kg。也可根据用户要求或订货协议,采用其他形式的包装,但应符合 GB 4838 的要求。

8.2 储运

抑霉唑乳油包装件应储存在通风、干燥的库房中;储运时,严防潮湿和日晒,避免渗入地面;不得与食物、种子、饲料混放;避免与皮肤、眼睛接触,防止由口鼻吸入。

附　录　A

（资料性）

抑霉唑的其他名称、结构式和基本物化参数

抑霉唑的其他名称、结构式和基本物化参数如下：
——ISO 通用名称：Imazalil；
——CAS 登录号：[35554-44-0]；
——CIPAC 数字代码：335；
——化学名称：1-[2-(2,4-二氯苯基)-2-(2-丙烯氧基)乙基]-1H-咪唑；
——结构式：

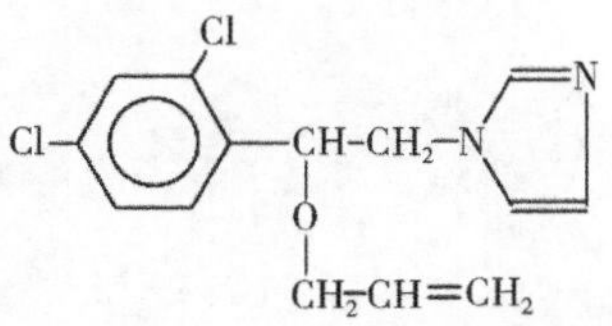

——分子式：$C_{14}H_{14}Cl_2N_2O$；
——相对分子质量：297.2；
——生物活性：杀菌；
——沸点：大于 340 ℃/760 mmHg；
——蒸气压：0.158 mPa(20 ℃)；
——溶解度(20 ℃～25 ℃)：水中 210 mg/L(pH 8)、2 900 mg/L(pH 5.4)、2.6×10⁴ mg/L(pH 4.6)，丙酮、二氯甲烷、乙醇、苯、正庚烷、异丙醇、甲醇、石油醚、甲苯、二甲苯中大于 500 g/L，正己烷中 19 g/L；
——稳定性：室温避光条件下在稀酸和稀碱中稳定，285 ℃以下稳定，常温储存条件下对光稳定。

ICS 65.100.30
CCS G 25

中华人民共和国农业行业标准

NY/T 4412—2023

抑霉唑水乳剂

Imazalil emulsion , oil in water

2023-12-22 发布

2024-05-01 实施

中华人民共和国农业农村部 发布

前　言

本文件按照 GB/T 1.1—2020《标准化工作导则　第 1 部分:标准化文件的结构和起草规则》的规定起草。

请注意本文件的某些内容可能涉及专利。本文件的发布机构不承担识别专利的责任。

本文件由农业农村部种植业管理司提出。

本文件由全国农药标准化技术委员会(SAC/TC 133)归口。

本文件起草单位:柳州市惠农化工有限公司、创新美兰(合肥)股份有限公司、沈化测试技术(南通)有限公司、农业农村部农药检定所。

本文件主要起草人:吴进龙、陈银银、武鹏、石凯威、邓明学、张蓉、蓝宏彦、汤召召。

抑霉唑水乳剂

1 范围

本文件规定了抑霉唑水乳剂的技术要求、试验方法、检验规则、验收和质量保证期以及标志、标签、包装、储运。

本文件适用于抑霉唑水乳剂产品的质量控制。

注：抑霉唑的其他名称、结构式和基本物化参数见附录 A。

2 规范性引用文件

下列文件中的内容通过文中的规范性引用而构成本文件必不可少的条款。其中，注日期的引用文件，仅该日期对应的版本适用于本文件；不注日期的引用文件，其最新版本（包括所有的修改单）适用于本文件。

GB/T 1601 农药 pH 值的测定方法

GB/T 1603 农药乳液稳定性测定方法

GB/T 1604 商品农药验收规则

GB/T 1605—2001 商品农药采样方法

GB 3796 农药包装通则

GB/T 8170—2008 数值修约规则与极限数值的表示和判定

GB/T 19136—2021 农药热储稳定性测定方法

GB/T 19137—2003 农药低温稳定性测定方法

GB/T 28137 农药持久起泡性测定方法

GB/T 31737 农药倾倒性测定方法

GB/T 32776—2016 农药密度测定方法

3 术语和定义

本文件没有需要界定的术语和定义。

4 技术要求

4.1 外观

可流动、易测量体积的均匀液体，久置后允许有少量分层，轻微摇动或搅动应恢复原状，不应有团块。

4.2 技术指标

抑霉唑水乳剂应符合表 1 的要求。

表 1 抑霉唑水乳剂技术指标

项　　目	指　　标		
	10%规格	20%规格	22%规格
抑霉唑质量分数，%	$10.0^{+1.0}_{-1.0}$	$20.0^{+1.2}_{-1.2}$	$22.0^{+1.3}_{-1.3}$
抑霉唑质量浓度[a]（20 ℃），g/L	102^{+10}_{-10}	205^{+12}_{-12}	225^{+13}_{-13}
pH	6.0～9.0		
乳液稳定性（稀释 200 倍）	量筒中无浮油（膏）、沉油和沉淀析出		
持久起泡性（1 min 后泡沫量），mL	≤60		

表 1（续）

项目		指标		
		10%规格	20%规格	22%规格
倾倒性	倾倒后残余物，%	≤5.0		
	洗涤后残余物，%	≤0.5		
低温稳定性		冷储后，离心管底部离析物的体积不大于0.3 mL		
热储稳定性		热储后，抑霉唑质量分数不低于储前测得质量分数的95%，pH、乳液稳定性仍应符合本文件要求		
ª 当以质量分数和以质量浓度表示的结果不能同时满足本文件的要求时，按质量分数的结果判定产品是否合格。				

5 试验方法

警示：使用本文件的人员应有实验室工作的实践经验。本文件并未指出所有的安全问题。使用者有责任采取适当的安全和健康措施。

5.1 一般规定

本文件所用试剂和水在没有注明其他要求时，均指分析纯试剂和蒸馏水。

5.2 取样

按 GB/T 1605—2001 中 5.3.2 的规定执行。用随机数表法确定取样的包装件；最终取样量应不少于800 mL。

5.3 鉴别试验

5.3.1 气相色谱法

本鉴别试验可与抑霉唑质量分数的测定同时进行。在相同的色谱操作条件下，试样溶液中某色谱峰的保留时间与标样溶液中抑霉唑色谱峰的保留时间，其相对差应在1.5%以内。

5.3.2 高效液相色谱法

本鉴别试验可与抑霉唑质量分数的测定同时进行。在相同的色谱操作条件下，试样溶液中某色谱峰的保留时间与标样溶液中抑霉唑色谱峰的保留时间，其相对差应在1.5%以内。

5.4 外观

采用目测法测定。

5.5 抑霉唑质量分数、质量浓度

5.5.1 气相色谱法（仲裁法）

5.5.1.1 方法提要

试样用丙酮溶解，以正二十三烷为内标物，使用以 5%-苯基-甲基聚硅氧烷涂壁的石英毛细管柱和氢火焰离子化检测器，对试样中的抑霉唑进行气相色谱分离，内标法定量。

5.5.1.2 试剂和溶液

5.5.1.2.1 丙酮。

5.5.1.2.2 三氯甲烷。

5.5.1.2.3 内标物：正二十三烷，应不含有干扰分析的杂质。

5.5.1.2.4 内标溶液：称取 2.8 g 正二十三烷，置于 500 mL 容量瓶中，用三氯甲烷溶解并稀释至刻度，摇匀。

5.5.1.2.5 抑霉唑标样：已知质量分数，$w \geqslant 98.0\%$。

5.5.1.3 仪器

5.5.1.3.1 气相色谱仪：具有氢火焰离子化检测器。

5.5.1.3.2 色谱柱：30 m×0.32 mm（内径）毛细管柱，内壁涂 5%-苯基-甲基聚硅氧烷固定液，膜厚 0.25 μm（或具有同等效果的色谱柱）。

5.5.1.3.3 过滤器：滤膜孔径约 0.45 μm。

5.5.1.3.4 超声波清洗器。

5.5.1.4 气相色谱操作条件

5.5.1.4.1 温度(℃):柱室220,气化室230,检测器室260。

5.5.1.4.2 气体流量(mL/min):载气(N₂)1.0,氢气30,空气300。

5.5.1.4.3 分流比:50:1。

5.5.1.4.4 进样体积:1.0 μL。

5.5.1.4.5 保留时间(min):抑霉唑约6.7,正二十三烷约8.3。

5.5.1.4.6 上述气相色谱操作条件,系典型操作参数。可根据不同仪器特点对给定的操作参数作适当调整,以期获得最佳效果。典型的抑霉唑水乳剂与内标物的气相色谱图见图1。

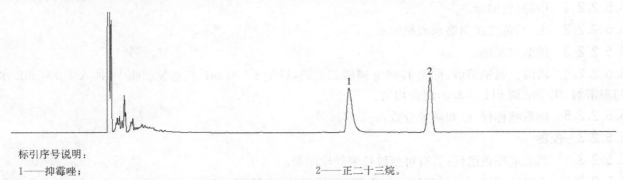

标引序号说明:
1——抑霉唑;
2——正二十三烷。

图1 抑霉唑水乳剂与内标物的气相色谱图

5.5.1.5 测定步骤

5.5.1.5.1 标样溶液的制备

称取0.05 g(精确至0.000 1 g)抑霉唑标样,置于25 mL容量瓶中,用移液管移入5 mL内标溶液,用丙酮稀释至刻度,超声波振荡5 min,冷却至室温,摇匀。

5.5.1.5.2 试样溶液的制备

称取含0.05 g(精确至0.000 1 g)抑霉唑的试样,置于25 mL容量瓶中,用与5.5.1.5.1同一支移液管移入5 mL内标溶液,用丙酮稀释至刻度,超声波振荡5 min,冷却至室温,摇匀,过滤。

5.5.1.5.3 测定

在上述操作条件下,待仪器稳定后,连续注入数针标样溶液,直至相邻两针抑霉唑与内标物峰面积比的相对变化小于1.2%后,按照标样溶液、试样溶液、试样溶液、标样溶液的顺序进行测定。

5.5.1.6 计算

将测得的两针试样溶液以及试样前后两针标样溶液中抑霉唑与内标物的峰面积比分别进行平均。试样中抑霉唑的质量分数按公式(1)计算,抑霉唑的质量浓度按公式(2)计算。

$$w_1 = \frac{r_2 \times m_1 \times w}{r_1 \times m_2} \quad\cdots\cdots\cdots\cdots\cdots\cdots\cdots\cdots (1)$$

$$\rho_1 = \frac{r_2 \times m_1 \times w}{r_1 \times m_2} \times \rho \times 10 \quad\cdots\cdots\cdots\cdots\cdots (2)$$

式中:

w_1 ——试样中抑霉唑质量分数的数值,单位为百分号(%);

r_2 ——试样溶液中抑霉唑与内标物峰面积比的平均值;

m_1 ——标样质量的数值,单位为克(g);

w ——标样中抑霉唑质量分数的数值,单位为百分号(%);

r_1 ——标样溶液中抑霉唑与内标物峰面积比的平均值;

m_2 ——试样质量的数值,单位为克(g);

ρ_1 ——20 ℃时试样中抑霉唑质量浓度的数值,单位为克每升(g/L);

ρ ——20 ℃时试样密度的数值，单位为克每毫升(g/mL)(按GB/T 32776—2016中3.1或3.2进行测定)。

5.5.1.7 允许差

抑霉唑质量分数2次平行测定结果之差应不大于0.2%,取其算术平均值作为测定结果。

5.5.2 液相色谱法

5.5.2.1 方法提要

试样用甲醇溶解,以甲醇+磷酸二氢钠溶液为流动相,使用以C_{18}为填料的不锈钢柱和紫外检测器,在波长225 nm下对试样中的抑霉唑进行高效液相色谱分离,外标法定量。

5.5.2.2 试剂和溶液

5.5.2.2.1 甲醇:色谱级。

5.5.2.2.2 水:新蒸二次蒸馏水或超纯水。

5.5.2.2.3 磷酸二氢钠。

5.5.2.2.4 磷酸二氢钠溶液:称取1.56 g磷酸二氢钠,置于1 000 mL具塞玻璃瓶中,加入1 000 mL水超声溶解,用磷酸调pH至3.5,混合均匀。

5.5.2.2.5 抑霉唑标样:已知质量分数,$w \geq 98.0\%$。

5.5.2.3 仪器

5.5.2.3.1 高效液相色谱仪:具有可变波长紫外检测器。

5.5.2.3.2 色谱柱:250 mm×4.6 mm(内径)不锈钢柱,内装C_{18}、5 μm填充物(或具有同等效果的色谱柱)。

5.5.2.3.3 过滤器:滤膜孔径约0.45 μm。

5.5.2.3.4 定量进样管:5 μL。

5.5.2.3.5 超声波清洗器。

5.5.2.4 高效液相色谱操作条件

5.5.2.4.1 流动相:采用梯度洗脱方式。详细见表2。

表2 梯度洗脱条件

时间 min	甲醇 %	磷酸二氢钠溶液 %
0.0	60	40
9.0	60	40
9.1	85	15
30.0	85	15
30.1	60	40
33.0	60	40

5.5.2.4.2 流速:1.0 mL/min。

5.5.2.4.3 柱温:室温(温度变化应不大于2 ℃)。

5.5.2.4.4 检测波长:225 nm。

5.5.2.4.5 进样体积:5 μL。

5.5.2.4.6 保留时间:抑霉唑约6.2 min。

5.5.2.4.7 上述液相色谱操作条件,系典型操作参数。可根据不同仪器特点,对给定的操作参数作适当调整,以期获得最佳效果。典型的抑霉唑水乳剂的高效液相色谱图见图2。

5.5.2.5 测定步骤

5.5.2.5.1 标样溶液的制备

称取0.02 g(精确至0.000 01 g)抑霉唑标样,置于100 mL容量瓶中,加入80 mL甲醇,超声波振荡

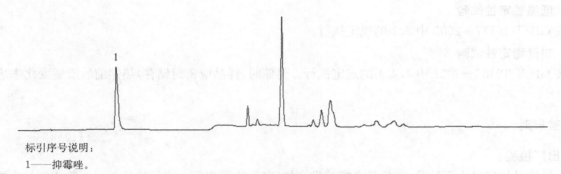

标引序号说明：
1——抑霉唑。

图2 抑霉唑水乳剂的高效液相色谱图

5 min,冷却至室温,用甲醇稀释至刻度,摇匀。

5.5.2.5.2 试样溶液的制备

称取含 0.02 g(精确至 0.000 01 g)抑霉唑的试样,置于 100 mL 容量瓶中,加入 80 mL 甲醇,超声波振荡 5 min,冷却至室温,用甲醇稀释至刻度,摇匀,过滤。

5.5.2.5.3 测定

在上述操作条件下,待仪器稳定后,连续注入数针标样溶液,直至相邻两针抑霉唑峰面积的相对变化小于 1.2%后,按照标样溶液、试样溶液、试样溶液、标样溶液的顺序进行测定。

5.5.2.6 计算

将测得的两针试样溶液以及试样前后两针标样溶液中抑霉唑峰面积分别进行平均。试样中抑霉唑的质量分数按公式(3)计算,抑霉唑的质量浓度按公式(4)计算。

$$w_1 = \frac{A_2 \times m_3 \times w}{A_1 \times m_4} \quad\text{………………………………………………(3)}$$

$$\rho_1 = \frac{A_2 \times m_3 \times w}{A_1 \times m_4} \times \rho \times 10 \quad\text{………………………………(4)}$$

式中:

w_1 ——试样中抑霉唑质量分数的数值,单位为百分号(%);

A_2 ——试样溶液中抑霉唑峰面积的平均值;

m_3 ——标样质量的数值,单位为克(g);

w ——标样中抑霉唑质量分数的数值,单位为百分号(%);

A_1 ——标样溶液中抑霉唑峰面积的平均值;

m_4 ——试样质量的数值,单位为克(g);

ρ_1 ——20 ℃时试样中抑霉唑质量浓度的数值,单位为克每升(g/L);

ρ ——20 ℃时试样密度的数值,单位为克每毫升(g/mL)(按 GB/T 32776—2016 中 3.1 或 3.2 的规定进行测定)。

5.5.2.7 允许差

抑霉唑质量分数 2 次平行测定结果之差应不大于 0.2%,取其算术平均值作为测定结果。

5.6 pH

按 GB/T 1601 的规定执行。

5.7 乳液稳定性试验

试样用标准硬水稀释 200 倍,按 GB/T 1603 的规定执行。

5.8 持久起泡性

按 GB/T 28137 的规定执行。

5.9 倾倒性

按 GB/T 31737 的规定执行。

5.10 低温稳定性试验

按 GB/T 19137—2003 中 2.1 的规定执行。

5.11 热储稳定性试验

按 GB/T 19136—2021 中 4.4.1 的规定执行。热储时,样品应密封储存,热储前后质量变化率应不大于 1.0%。

6 检验规则

6.1 出厂检验

每批产品均应做出厂检验,经检验合格签发合格证后,方可出厂。出厂检验项目为第 4 章技术要求中外观、抑霉唑质量分数、抑霉唑质量浓度、pH、乳液稳定性、持久起泡性、倾倒性。

6.2 型式检验

型式检验项目为第 4 章中的全部项目,在正常连续生产情况下,每 3 个月至少进行 1 次。有下述情况之一,应进行型式检验:

a) 原料有较大改变,可能影响产品质量时;

b) 生产地址、生产设备或生产工艺有较大改变,可能影响产品质量时;

c) 停产后又恢复生产时;

d) 国家质量监管机构提出型式检验要求时。

6.3 判定规则

按 GB/T 8170—2008 中 4.3.3 判定检验结果是否符合本文件的要求。

按第 5 章的检验方法对产品进行出厂检验和型式检验,任一项目不符合第 4 章的技术要求判为该批次产品不合格。

7 验收和质量保证期

7.1 验收

应符合 GB/T 1604 的要求。

7.2 质量保证期

在 8.2 的储运条件下,抑霉唑水乳剂的质量保证期从生产日期算起为 2 年。质量保证期内,各项指标均应符合本文件的要求。

8 标志、标签、包装、储运

8.1 标志、标签和包装

抑霉唑水乳剂的标志、标签和包装应符合 GB 3796 的要求;抑霉唑水乳剂采用清洁、干燥的玻璃瓶或塑料聚酯瓶包装,每瓶净含量 500 g(mL)或 1 000 g(mL),外包装有钙塑箱或瓦楞纸箱,每箱净含量应不超过 12 kg。也可根据用户要求或订货协议,采用其他形式的包装,但应符合 GB 3796 的要求。

8.2 储运

抑霉唑水乳剂包装件应储存在通风、干燥的库房中;储运时,严防潮湿和日晒,避免渗入地面;不得与食物、种子、饲料混放;避免与皮肤、眼睛接触,防止由口鼻吸入。

附 录 A
（资料性）
抑霉唑的其他名称、结构式和基本物化参数

抑霉唑的其他名称、结构式和基本物化参数如下：

——ISO 通用名称：Imazalil；

——CAS 登录号：[35554-44-0]；

——CIPAC 数字代码：335；

——化学名称：1-[2-(2,4-二氯苯基)-2-(2-丙烯氧基)乙基]-1H-咪唑；

——结构式：

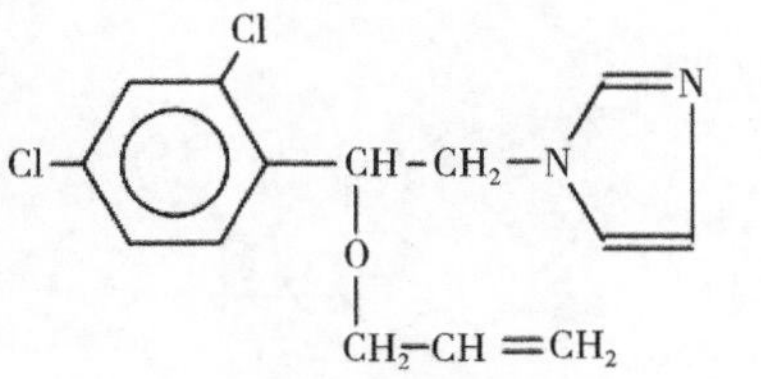

——分子式：$C_{14}H_{14}Cl_2N_2O$；

——相对分子质量：297.2；

——生物活性：杀菌；

——沸点：大于 340 ℃/760 mmHg；

——蒸气压：0.158 mPa(20 ℃)；

——溶解度(20 ℃~25 ℃)：水中 210 mg/L(pH 8)、290 0 mg/L(pH 5.4)、$2.6×10^4$ mg/L(pH 4.6)，丙酮、二氯甲烷、乙醇、苯、正庚烷、异丙醇、甲醇、石油醚、甲苯、二甲苯中大于 500 g/L，正己烷中 19 g/L；

——稳定性：室温避光条件下在稀酸和稀碱中稳定，285 ℃以下稳定，常温储存条件下对光稳定。

ICS 65.100.30
CCS G 25

中华人民共和国农业行业标准

NY/T 4413—2023

噁唑菌酮原药

Famoxadone technical material

2023-12-22 发布

2024-05-01 实施

中华人民共和国农业农村部 发布

前　言

本文件按照 GB/T 1.1—2020《标准化工作导则　第 1 部分:标准化文件的结构和起草规则》的规定起草。

请注意本文件的某些内容可能涉及专利。本文件的发布机构不承担识别专利的责任。

本文件由农业农村部种植业管理司提出。

本文件由全国农药标准化技术委员会(SAC/TC 133)归口。

本文件起草单位:安徽广信农化股份有限公司、沈阳沈化院测试技术有限公司、浙江宇龙生物科技股份有限公司。

本文件主要起草人:王婉秋、税路明、艾合买提江·买买提、张宝华、沈浩。

噁唑菌酮原药

1 范围

本文件规定了噁唑菌酮原药的技术要求、试验方法、检验规则、验收和质量保证期以及标志、标签、包装、储运。

本文件适用于噁唑菌酮原药产品的质量控制。

注:噁唑菌酮的其他名称、结构式和基本物化参数见附录 A。

2 规范性引用文件

下列文件中的内容通过文中的规范性引用而构成本文件必不可少的条款。其中,注日期的引用文件,仅该日期对应的版本适用于本文件;不注日期的引用文件,其最新版本(包括所有的修改单)适用于本文件。

GB/T 1600—2021　农药水分测定方法

GB/T 1601　农药 pH 值的测定方法

GB/T 1604　商品农药验收规则

GB/T 1605—2001　商品农药采样方法

GB 3796　农药包装通则

GB/T 8170—2008　数值修约规则与极限数值的表示和判定

GB/T 19138　农药丙酮不溶物测定方法

3 术语和定义

本文件没有需要界定的术语和定义。

4 技术要求

4.1 外观

白色至淡黄色粉末。

4.2 技术指标

噁唑菌酮原药应符合表 1 的要求。

表 1　噁唑菌酮原药技术指标

项　　目	指　标
噁唑菌酮质量分数,%	≥98.0
水分,%	≤0.5
丙酮不溶物,%	≤0.2
pH	5.0～8.0

5 试验方法

警示:使用本文件的人员应有实验室工作的实践经验。本文件并未指出所有的安全问题。使用者有责任采取适当的安全和健康措施。

5.1 一般规定

本文件所用试剂和水在没有注明其他要求时,均指分析纯试剂和蒸馏水。

5.2 取样

按 GB/T 1605—2001 中 5.3.1 的规定执行。用随机数表法确定取样的包装件,最终取样量应不少于 100 g。

5.3 鉴别试验

5.3.1 红外光谱法

噁唑菌酮原药与噁唑菌酮标样在 4 000cm^{-1}～400cm^{-1} 范围的红外吸收光谱图应没有明显区别。噁唑菌酮标样的红外光谱图见图 1。

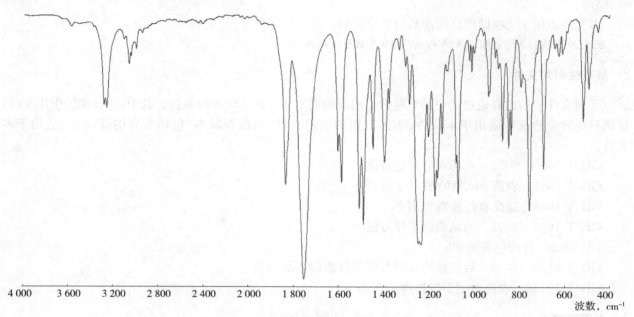

图 1 噁唑菌酮标样的红外光谱图

5.3.2 高效液相色谱法

本鉴别试验可与噁唑菌酮质量分数的测定同时进行。在相同的色谱操作条件下,试样溶液中某色谱峰的保留时间与标样溶液中噁唑菌酮色谱峰的保留时间,其相对差应在 1.5% 以内。

5.4 外观

采用目测法测定。

5.5 噁唑菌酮质量分数

5.5.1 方法提要

试样用甲醇溶解,以甲醇＋水为流动相,使用以 C$_{18}$ 为填料的不锈钢柱和紫外检测器(228 nm),对试样中的噁唑菌酮进行反相高效液相色谱分离,外标法定量。

5.5.2 试剂和溶液

5.5.2.1 甲醇,色谱级。

5.5.2.2 水:超纯水或新蒸二次蒸馏水。

5.5.2.3 噁唑菌酮标样:已知噁唑菌酮质量分数,$w \geqslant 99.0\%$。

5.5.3 仪器

5.5.3.1 高效液相色谱仪:具有可变波长紫外检测器,色谱数据处理系统。

5.5.3.2 色谱柱:250 mm×4.6 mm(内径)不锈钢柱,内装 C$_{18}$、5 μm 填充物(或具同等效果的色谱柱)。

5.5.3.3 超声波清洗器。

5.5.3.4 过滤器:滤膜孔径约 0.45 μm。

5.5.4 高效液相色谱操作条件

5.5.4.1 流动相:$\psi_{(甲醇:水)}=80:20$。

5.5.4.2 流速:1.0 mL/min。

5.5.4.3 柱温:室温(温度变化应不大于2 ℃)。

5.5.4.4 检测波长:228 nm。

5.5.4.5 进样体积:5 μL。

5.5.4.6 保留时间:噁唑菌酮约7.8 min。

5.5.4.7 上述操作参数是典型的,可根据不同仪器特点,对给定的操作参数作适当调整,以期获得最佳效果。典型的噁唑菌酮原药的高效液相色谱图见图2。

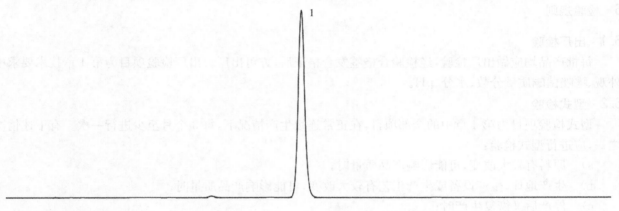

标引序号说明:
1——噁唑菌酮。

图 2 噁唑菌酮原药的高效液相色谱图

5.5.5 测定步骤

5.5.5.1 标样溶液的制备

称取0.05 g(精确至0.000 1 g)噁唑菌酮标样,置于100 mL容量瓶中,加入50 mL甲醇,超声振荡5 min,冷却至室温,用甲醇稀释至刻度,摇匀。

5.5.5.2 试样溶液的制备

称取含噁唑菌酮0.05 g(精确至0.000 1 g)的噁唑菌酮原药试样,置于100 mL容量瓶中,加入50 mL甲醇,超声振荡5 min,冷却至室温,用甲醇稀释至刻度,摇匀。

5.5.5.3 测定

在上述操作条件下,待仪器稳定后,连续注入数针标样溶液,直至相邻两针噁唑菌酮峰面积相对变化小于1.5%后,按照标样溶液、试样溶液、试样溶液、标样溶液的顺序进行测定。

5.5.5.4 计算

将测得的两针试样溶液以及试样前后两针标样溶液中噁唑菌酮峰面积分别进行平均,试样中噁唑菌酮的质量分数按公式(1)计算。

$$w_1=\frac{A_2 \times m_1 \times w}{A_1 \times m_2} \quad\cdots\cdots\cdots\cdots\cdots\cdots\cdots\cdots\cdots\cdots\cdots\cdots\cdots\cdots (1)$$

式中:

w_1 ——试样中噁唑菌酮质量分数的数值,单位为百分号(%);

A_2 ——试样溶液中,噁唑菌酮峰面积值的平均值;

m_1 ——标样质量的数值,单位为克(g);

w ——标样中噁唑菌酮质量分数的数值,单位为百分号(%);

A_1 ——标样溶液中,噁唑菌酮峰面积值的平均值;

m_2——试样质量的数值,单位为克(g)。

5.5.6 允许差

噁唑菌酮原药质量分数 2 次平行测定结果之差应不大于 1.2%,取其算术平均值作为测定结果。

5.6 水分

按 GB/T 1600—2021 中 4.2 的规定执行。

5.7 丙酮不溶物

按 GB/T 19138 的规定执行。

5.8 pH

按 GB/T 1601 的规定执行。

6 检验规则

6.1 出厂检验

每批产品均应做出厂检验,经检验合格签发合格证后,方可出厂。出厂检验项目为第 4 章技术要求中外观、噁唑菌酮质量分数、水分、pH。

6.2 型式检验

型式检验项目为第 4 章中的全部项目,在正常连续生产情况下,每 3 个月至少进行一次。有下述情况之一,应进行型式检验:

a) 原料有较大改变,可能影响产品质量时;

b) 生产地址、生产设备或生产工艺有较大改变,可能影响产品质量时;

c) 停产后又恢复生产时;

d) 国家质量监管机构提出型式检验要求时。

6.3 判定规则

按 GB/T 8170—2008 中 4.3.3 判定检验结果是否符合本文件的要求。

按第 5 章的检验方法对产品进行出厂检验和型式检验,任一项目不符合第 4 章的技术要求判为该批次产品不合格。

7 验收和质量保证期

7.1 验收

应符合 GB/T 1604 的要求。

7.2 质量保证期

在规定的储运条件下,从生产日期算起,噁唑菌酮原药质量保证期为 2 年。质量保证期内,各项指标均应符合本文件的要求。

8 标志、标签、包装、储运

8.1 标志、标签、包装

噁唑菌酮原药的标志、标签和包装应符合 GB 3796 的要求。

噁唑菌酮原药的包装应采用内衬塑料袋的编织袋包装。也可根据用户要求或订货协议采用其他形式的包装,但应符合 GB 3796 的要求。

8.2 储运

噁唑菌酮包装件应储存在通风、干燥的库房中;储运时,严防潮湿和日晒,不得与食物、种子、饲料混放,避免与皮肤、眼睛接触,防止由口鼻吸入。

附 录 A

（资料性）

噁唑菌酮的其他名称、结构式和基本物化参数

噁唑菌酮的其他名称、结构式和基本物化参数如下：
——ISO 通用名称：Famoxadone；
——CAS 登录号：131807-57-3；
——化学名称：(RS)-3-苯氨基-5-甲基-5-(4-苯氧基苯基)-1,3-噁唑啉-2,4-二酮；
——结构式：

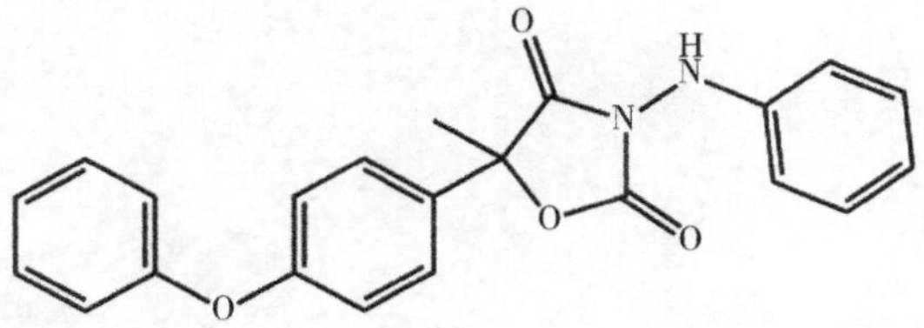

——分子式：$C_{22}H_{18}N_2O_4$；
——相对分子质量：374.4；
——生物活性：杀菌；
——熔点：141.3 ℃～142.3 ℃；
——蒸气压(20 ℃)：$6.4×10^{-4}$ mPa；
——溶解度(20 ℃～25 ℃)：水中 0.038 mg/L(pH 9)、0.111 mg/L(pH 7)、0.243 mg/L(pH 5)；丙酮中 274 g/L，乙腈中 125 g/L，甲醇中 10 g/L，二氯甲烷中 239 g/L，乙酸乙酯中 125 g/L，正己烷中 0.048 g/L，正辛醇中 1.78 g/L，甲苯中 13.3 g/L；
——稳定性：在 54 ℃下 14 d 避光稳定；在水相光解，DT_{50} 为 4.6 d(pH 5，25 ℃)；在水相避光(25 ℃)，DT_{50} 为 41 d(pH 5)，2 d(pH 7)，0.064 6 d(pH 9)。

ICS 65.100.10
CCS G 25

中华人民共和国农业行业标准

NY/T 4414—2023

右旋反式氯丙炔菊酯原药

Chloroprallethrin technical material

2023-12-22 发布　　　　　　　　　　　　2024-05-01 实施

中华人民共和国农业农村部 发布

前　言

本文件按照 GB/T 1.1—2020《标准化工作导则　第 1 部分：标准化文件的结构和起草规则》的规定起草。

请注意本文件的某些内容可能涉及专利。本文件的发布机构不承担识别专利的责任。

本文件由农业农村部种植业管理司提出。

本文件由全国农药标准化技术委员会（SAC/TC 133）归口。

本文件起草单位：江苏扬农化工股份有限公司、江苏优嘉植物保护有限公司、广州超威生物科技有限公司、成都彩虹电器（集团）股份有限公司、中山榄菊日化实业有限公司。

本文件主要起草人：姜友法、史卫莲、黄东进、刘亚军、余锡辉、龚伟、柏鸿儒。

右旋反式氯丙炔菊酯原药

1 范围

本文件规定了右旋反式氯丙炔菊酯原药的技术要求、试验方法、检验规则、验收和质量保证期以及标志、标签、包装、储运。

本文件适用于右旋反式氯丙炔菊酯原药产品的质量控制。

注:右旋反式氯丙炔菊酯和其原药皂化酸化产物 DV 菊酸的其他名称、结构式和基本物化参数见附录 A。

2 规范性引用文件

下列文件中的内容通过文中的规范性引用而构成本文件必不可少的条款。其中,注日期的引用文件,仅该日期对应的版本适用于本文件;不注日期的引用文件,其最新版本(包括所有的修改单)适用于本文件。

GB/T 1600—2021 农药水分测定方法

GB/T 1604 商品农药验收规则

GB/T 1605—2001 商品农药采样方法

GB 3796 农药包装通则

GB/T 8170—2008 数值修约规则与极限数值的表示和判定

GB/T 19138 农药丙酮不溶物测定方法

GB/T 28135 农药酸(碱)度测定方法 指示剂法

3 术语和定义

本文件没有需要界定的术语和定义。

4 技术要求

4.1 外观

类白色至黄色粉状固体。

4.2 技术指标

右旋反式氯丙炔菊酯原药应符合表 1 的要求。

表 1 右旋反式氯丙炔菊酯原药技术指标

项　　目	指　　标
右旋反式氯丙炔菊酯质量分数,%	≥90.0
氯丙炔菊酯质量分数,%	≥96.0
右旋反式体比例,%	≥96.0
S体比例,%	≥98.0
水分,%	≤0.2
丙酮不溶物,%	≤0.2
酸度(以 H_2SO_4 计),%	≤0.2

5 试验方法

警示:使用本文件的人员应有实验室工作的实践经验。本文件并未指出所有的安全问题。使用者有责任采取适当的安全和健康措施。

5.1 一般规定

本文件所用试剂和水在没有注明其他要求时,均指分析纯试剂和蒸馏水。

5.2 取样

按 GB/T 1605—2001 中 5.3.1 的规定执行。用随机数表法确定取样的包装件,最终取样量应不少于100 g。

5.3 鉴别试验

5.3.1 氯丙炔菊酯的鉴别试验

5.3.1.1 红外光谱法

右旋反式氯丙炔菊酯原药与右旋反式氯丙炔菊酯标样在 4 000 cm^{-1}～600 cm^{-1} 范围的红外吸收光谱图应没有明显区别。右旋反式氯丙炔菊酯标样的红外光谱图见图 1。

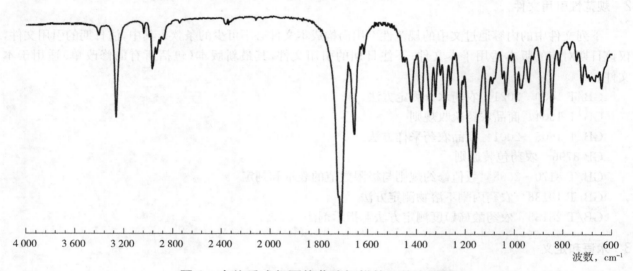

图 1　右旋反式氯丙炔菊酯标样的红外光谱图

5.3.1.2 气相色谱法

本鉴别试验可与氯丙炔菊酯质量分数的测定同时进行。在相同的色谱操作条件下,试样溶液中某色谱峰的保留时间与标样溶液中氯丙炔菊酯色谱峰的保留时间的相对差应不大于 1.5%。

5.3.1.3 右旋反式氯丙炔菊酯的鉴别试验

右旋反式氯丙炔菊酯原药的鉴别试验可与右旋反式体比例、S 体比例的测定同时进行。右旋反式体比例与 S 体比例的测定结果应同时符合表 1 中技术指标的要求。

5.4 外观

采用目测法测定。

5.5 氯丙炔菊酯质量分数

5.5.1 方法提要

试样用二氯甲烷溶解,以邻苯二甲酸二戊酯为内标物,使用内壁键合 100% 二甲基聚硅氧烷的石英毛细管柱、分流进样装置和氢火焰离子化检测器对试样中的氯丙炔菊酯进行毛细管气相色谱分离,内标法定量。

5.5.2 试剂和溶液

5.5.2.1 二氯甲烷。

5.5.2.2 右旋反式氯丙炔菊酯标样:已知氯丙炔菊酯质量分数,$w \geqslant 97.0\%$。

5.5.2.3 内标物:邻苯二甲酸二戊酯,应不含有干扰分析的杂质。

5.5.2.4 内标溶液:称取 1.0 g(精确至 0.1 g)的邻苯二甲酸二戊酯,置于 100 mL 容量瓶中,用二氯甲烷溶解后定容至刻度,摇匀。

5.5.3 仪器

5.5.3.1 气相色谱仪:具氢火焰离子化检测器。

5.5.3.2 色谱柱:30 m×0.32 mm(内径)石英毛细柱,内壁键合100%二甲基聚硅氧烷,膜厚0.25 μm。

5.5.3.3 进样系统:具有分流和石英内衬装置。

5.5.4 气相色谱操作条件

5.5.4.1 温度:柱室220 ℃,汽化室250 ℃,检测器室280 ℃。

5.5.4.2 气体流速:载气(He)1.5 mL/min,氢气30 mL/min,空气300 mL/min,尾吹25 mL/min。

5.5.4.3 分流比:30∶1。

5.5.4.4 进样量:1.0 μL。

5.5.4.5 保留时间(min):氯丙炔菊酯约7.7,内标物约5.6。

5.5.4.6 上述气相色谱操作条件,系典型操作参数。对给定的操作参数作适当调整,以期获得最佳效果。典型的右旋反式氯丙炔菊酯原药与内标物的气相色谱图见图2。

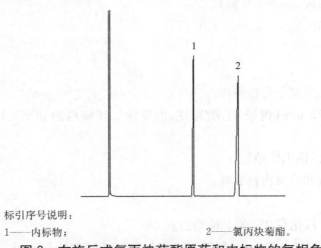

标引序号说明:

1——内标物; 2——氯丙炔菊酯。

图2 右旋反式氯丙炔菊酯原药和内标物的气相色谱图

5.5.5 测定步骤

5.5.5.1 标样溶液的制备

称取0.1 g(精确至0.000 1 g)氯丙炔菊酯标样,置于25 mL具塞玻璃瓶中,用移液管加入5 mL内标溶液,用量筒加入15 mL二氯甲烷,振摇使之溶解,摇匀。

5.5.5.2 样品溶液的制备

称取含氯丙炔菊酯0.1 g(精确至0.000 1 g)的试样,置于25 mL具塞玻璃瓶中,用与5.5.5.1中相同的移液管加入5 mL内标溶液,用量筒加入15 mL二氯甲烷,振摇使之溶解,摇匀。

5.5.5.3 测定

在上述操作条件下,待仪器稳定后,连续注入数针标样溶液,直至相邻两针氯丙炔菊酯的峰面积与内标物峰面积比的相对变化小于1.2%后,按照标样溶液、试样溶液、试样溶液、标样溶液的顺序进行分析测定。

5.5.6 计算

将测得的两针试样溶液以及试样前后两针标样溶液中氯丙炔菊酯的峰面积与内标物的峰面积比分别进行平均,试样中氯丙炔菊酯的质量分数按公式(1)计算。

$$w_1 = \frac{r_2 \times m_1 \times w}{r_1 \times m_2} \quad\cdots\cdots\cdots\cdots\cdots\cdots\cdots\cdots\cdots\cdots\cdots (1)$$

式中:

w_1——氯丙炔菊酯质量分数的数值,单位为百分号(%);

r_2 ——试样溶液中,氯丙炔菊酯峰面积与内标物峰面积比的平均值;

m_1 ——标样质量的数值,单位为克(g);

w ——标样中氯丙炔菊酯质量分数的数值,单位为百分号(%);

r_1 ——标样溶液中,氯丙炔菊酯峰面积与内标物峰面积比的平均值;

m_2 ——试样质量的数值,单位为克(g)。

5.5.7 允许差

氯丙炔菊酯质量分数 2 次平行测定结果之差应不大于 1.2%,取其算术平均值作为测定结果。

5.6 右旋反式体比例的测定

5.6.1 方法提要

试样经皂化、酸化处理后,使用涂有 β 环糊精的 βDEX-120 石英毛细管柱、分流进样装置和氢火焰离子化检测器,对上述酸化产物进行分离,面积归一法测定右旋反式体的比例。

5.6.2 试剂和溶液

5.6.2.1 氢氧化钠甲醇溶液:$\rho_{(NaOH)}=100$ g/L。

5.6.2.2 盐酸溶液:$\Phi_{(HCl)}=10\%$。

5.6.2.3 石油醚:沸程 60 ℃~90 ℃。

5.6.3 仪器

5.6.3.1 气相色谱仪:具氢火焰离子化检测器。

5.6.3.2 色谱柱:30 m×0.25 mm(内径)毛细管柱,内壁涂 β 环糊精的 βDEX-120 手性色谱柱,膜厚 0.25 μm。

5.6.3.3 色谱数据处理机或色谱工作站。

5.6.3.4 进样系统:具有分流和石英内衬装置。

5.6.4 操作条件

5.6.4.1 温度:柱温 150 ℃,汽化室 250 ℃,检测器室 250 ℃。

5.6.4.2 气体流速:载气(He)1.0 mL/min,氢气 30 mL/min,空气 300 mL/min。

5.6.4.3 分流比:10∶1。

5.6.4.4 进样量:1.0 μL。

5.6.4.5 保留时间(min):右旋反式 DV 菊酸约为 32.1,左旋反式 DV 菊酸约为 35.3。

5.6.4.6 上述气相色谱操作条件,系典型操作参数。可根据不同仪器特点,对给定的操作参数作适当调整,以期获得最佳效果。典型的右旋反式氯丙炔菊酯原药皂化酸化产物的手性气相色谱图见图 3。

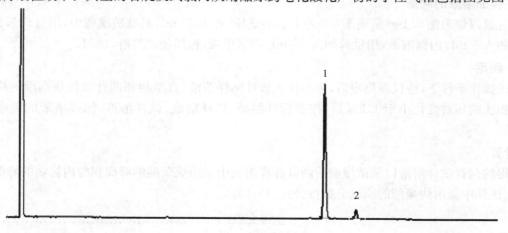

标引序号说明:

1——右旋反式 DV 菊酸; 2——左旋反式 DV 菊酸。

图 3 右旋反式氯丙炔菊酯原药皂化酸化产物的手性气相色谱图

5.6.5 测定步骤

5.6.5.1 样品溶液的制备

称取含右旋反式氯丙炔菊酯 1.0 g(精确至 0.000 1 g)的试样,加 10 mL 氢氧化钠甲醇溶液于 50 ℃～60 ℃水浴中皂化 2 h,加 40 mL 水溶解,用 20 mL 石油醚萃取 2 次,取下层萃取液,再用 5 mL 10%盐酸溶液将萃取液酸化,再用 5 mL 石油醚萃取 1 次,取上层萃取液,用 2 g 无水硫酸钠干燥,过滤。

5.6.5.2 测定

在上述气相色谱操作条件下,待仪器稳定后,注入上述制备溶液,进行分析测定。

5.6.6 计算

试样中,右旋反式体的比例按公式(2)计算。

$$\alpha_1 = \frac{A_1}{A_1 + A_2} \times 100 \quad\cdots\cdots\cdots\cdots\cdots\cdots\cdots\cdots\cdots\cdots\cdots\cdots\cdots\cdots\cdots\cdots\cdots\cdots\cdots\cdots (2)$$

式中:

α_1 ——试样中,右旋反式体比例的数值,单位为百分号(%);

A_1 ——右旋反式 DV 菊酸的峰面积;

A_2 ——左旋反式 DV 菊酸的峰面积。

5.7 S 体比例及右旋反式氯丙炔菊酯质量分数的测定

5.7.1 方法提要

试样用正己烷溶解,使用装有 Sumichiral OA-2000 不锈钢手性色谱柱和可变波长紫外检测器,在波长 230 nm 下对试样中的右旋反式氯丙炔菊酯进行手性液相色谱分离和测定。

5.7.2 试剂和溶液

5.7.2.1 正己烷:色谱级。

5.7.2.2 1,2-二氯乙烷。

5.7.2.3 无水乙醇。

5.7.3 仪器

5.7.3.1 高效液相色谱仪:具有紫外可变波长检测器。

5.7.3.2 色谱柱:250 mm×4 mm(内径)不锈钢柱,涂覆有 Sumichiral OA-2000 的手性色谱柱,粒径 5 μm,两根串联,也可使用相当的其他手性色谱柱。

5.7.3.3 过滤器:滤膜孔径约 0.45 μm。

5.7.3.4 超声波清洗器。

5.7.3.5 自动进样器。

5.7.4 操作条件

5.7.4.1 流动相:$\varphi_{(正己烷+1,2-二氯乙烷+无水乙醇)}$=470+40+0.5,经滤膜过滤,并进行脱气。

5.7.4.2 流速:1.0 mL/min。

5.7.4.3 柱温:室温。

5.7.4.4 检测波长:230 nm。

5.7.4.5 进样体积:10 μL。

5.7.4.6 保留时间(min):S 体约为 37.6,R 体约为 44.6。

5.7.4.7 上述液相色谱操作条件,系典型操作参数。可根据不同仪器特点,对给定的操作参数作适当调整,以期获得最佳效果。典型的右旋反式氯丙炔菊酯原药的手性液相色谱图见图 4。

5.7.5 测定步骤

5.7.5.1 样品溶液的制备

称取含右旋反式氯丙炔菊酯 0.05 g(精确至 0.000 1 g)的试样,至于 50 mL 容量瓶中,用正己烷溶解

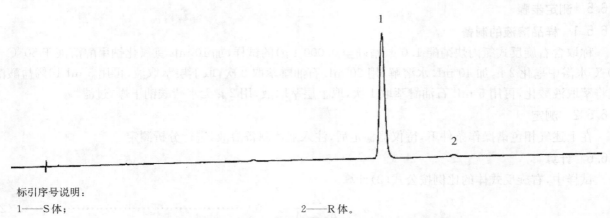

标引序号说明：

1——S体；　　　　　　　　　　　　　　　　　　　　2——R体。

图 4　右旋反式氯丙炔菊酯原药的手性液相色谱图

并稀释至刻度,摇匀。

5.7.5.2　测定

在上述条件下,待仪器稳定后,连续注入右旋反式氯丙炔菊酯样品溶液,直至连续两针样品保留时间的变化不大于 5%,注入试样溶液。

5.7.6　计算

试样中,右旋反式氯丙炔菊酯 S 体的比例按公式(3)计算。

$$\alpha_2 = \frac{A_S}{A_S + A_R} \times 100 \qquad\cdots\cdots\cdots\cdots\cdots\cdots\cdots\cdots\cdots\cdots\cdots\cdots\cdots\cdots (3)$$

式中：

α_2 ——试样中 S 体比例的数值,单位为百分号(%)；

A_S ——试样中 S 体的峰面积；

A_R ——试样中 R 体的峰面积。

试样中,右旋反式氯丙炔菊酯的质量分数按公式(4)计算。

$$w_2 = w_1 \times \frac{\alpha_1}{100} \times \frac{\alpha_2}{100} \qquad\cdots\cdots\cdots\cdots\cdots\cdots\cdots\cdots\cdots\cdots\cdots\cdots\cdots (4)$$

式中：

w_2 ——右旋反式氯丙炔菊酯质量分数的数值,单位为百分号(%)；

w_1 ——氯丙炔菊酯质量分数的数值,单位为百分号(%)；

α_1 ——右旋反式体比例的数值,单位为百分号(%)；

α_2 ——S 体比例的数值,单位为百分号(%)。

5.8　水分

按 GB/T 1600—2021 中 4.2 的规定执行。

5.9　丙酮不溶物

按 GB/T 19138 的规定执行。

5.10　酸度

按 GB/T 28135 的规定执行。

6　检验规则

6.1　出厂检验

每批产品均应做出厂检验,经检验合格签发合格证后,方可出厂。出厂检验项目为第 4 章技术要求中外观、右旋反式氯丙炔菊酯质量分数、氯丙炔菊酯质量分数、右旋反式体比例、S 体比例、水分、酸度。

6.2　型式检验

型式检验项目为第 4 章中的全部项目,在正常连续生产情况下,每 3 个月至少进行 1 次。有下述情况

之一,应进行型式检验:

    a) 原料有较大改变,可能影响产品质量时;

    b) 生产地址、生产设备或生产工艺有较大改变,可能影响产品质量时;

    c) 停产后又恢复生产时;

    d) 国家质量监管机构提出型式检验要求时。

6.3 判定规则

按 GB/T 8170—2008 中 4.3.3 判定检验结果是否符合本文件的要求。

按第 5 章的检验方法对产品进行出厂检验和型式检验,任一项目不符合第 4 章的技术要求判为该批次产品不合格。

7 验收和质量保证期

7.1 验收

应符合 GB/T 1604 的规定。

7.2 质量保证期

在 8.2 的储运条件下,从生产日期算起右旋反式氯丙炔菊酯原药质量保证期为 2 年。质量保证期内,各项指标均应符合本文件的要求。

8 标志、标签、包装、储运

8.1 标志、标签、包装

右旋反式氯丙炔菊酯原药的标志、标签、包装应符合 GB 3796 的要求;右旋反式氯丙炔菊酯原药的包装采用清洁干燥内衬塑料袋的铁桶或纸板桶包装。也可根据用户要求或订货协议可采用其他形式的包装,但应符合 GB 3796 的要求。

8.2 储运

右旋反式氯丙炔菊酯原药包装件应储存在通风、干燥的库房中;储运时,应严防潮湿和日晒,不应与食物、种子、饲料混放,应避免与皮肤、眼睛接触,并防止由口鼻吸入。

附 录 A

（资料性）

右旋反式氯丙炔菊酯的其他名称、结构式和基本物化参数

右旋反式氯丙炔菊酯和其皂化酸化产物 DV 菊酸的其他名称、结构式和基本物化参数如下：

a) 右旋反式氯丙炔菊酯

　　——ISO 通用名称：Chloroprallethrin；

　　——CAS 登录号：[250346-55-5]；

　　——化学名称：右旋-2,2-二甲基-3-反式-(2,2-二氯乙烯基)环丙烷羧酸-(S)-2-甲基-3(2-炔丙基)-4-氧代-环戊-2-烯基酯；

　　——结构式：

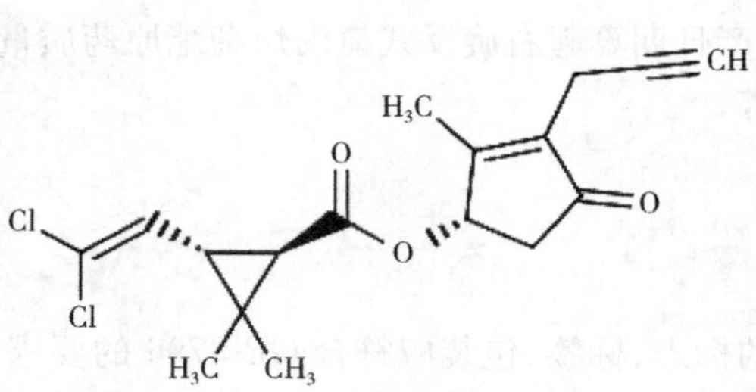

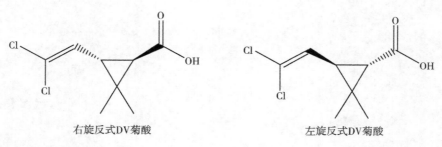

　　——分子式：$C_{17}H_{18}Cl_2O_3$；

　　——相对分子质量：341.2；

　　——生物活性：杀虫；

　　——溶解度：微溶于水，能溶于二氯甲烷、甲苯、丙酮、环己烷等有机溶剂中；

　　——稳定性：常温储存能稳定 2 年以上；在酸性和中性条件下稳定，但在碱性条件下易分解。

b) 右旋反式氯丙炔菊酯原药皂化酸化产物 DV 菊酸

　　——化学名称：

　　右旋反式 DV 菊酸：右旋-2,2-二甲基-3-反式-(2,2-二氯乙烯基)环丙烷羧酸；

　　左旋反式 DV 菊酸：左旋-2,2-二甲基-3-反式-(2,2-二氯乙烯基)环丙烷羧酸；

　　——结构式：

右旋反式DV菊酸　　　　　　　　左旋反式DV菊酸

　　——分子式：$C_8H_{10}Cl_2O_2$；

　　——相对分子质量：209.1。

ICS 65.100
CCS G 25

中华人民共和国农业行业标准

NY/T 4415—2023

单氰胺可溶液剂

Cyanamide soluble concertrate

2023-12-22 发布　　　　　　　　　　2024-05-01 实施

中华人民共和国农业农村部 发布

前　言

本文件按照 GB/T 1.1—2020《标准化工作导则　第 1 部分：标准化文件的结构和起草规则》的规定起草。

请注意本文件的某些内容可能涉及专利。本文件的发布机构不承担识别专利的责任。

本文件由农业农村部种植业管理司提出。

本文件由全国农药标准化技术委员会（SAC/TC 133）归口。

本文件起草单位：浙江泰达作物科技有限公司、浙江龙游东方阿纳萨克作物科技有限公司、安徽美兰农业发展股份有限公司、沈阳沈化院测试技术有限公司。

本文件主要起草人：尹秀娥、梁亚杰、李云华、龚国华、郝树林、潘文轩、郑芬、乔宗财。

单氰胺可溶液剂

1 范围

本文件规定了单氰胺可溶液剂的技术要求、试验方法、检验规则、验收和质量保证期,以及标志、标签、包装和储运。

本文件适用于单氰胺可溶液剂产品的质量控制。

注:单氰胺和双氰胺的其他名称、结构式和基本物化参数见附录A。

2 规范性引用文件

下列文件中的内容通过文中的规范性引用而构成本文件必不可少的条款。其中,注日期的引用文件,仅该日期对应的版本适用于本文件;不注日期的引用文件,其最新版本(包括所有的修改单)适用于本文件。

GB/T 1601　农药 pH 值的测定方法

GB/T 1604　商品农药验收规则

GB/T 1605—2001　商品农药采样方法

GB 3796　农药包装通则

GB/T 8170—2008　数值修约规则与极限数值的表示和判定

GB/T 14825　农药悬浮率测定方法

GB/T 19136—2021　农药热储稳定性测定方法

GB/T 19137—2003　农药低温稳定性测定方法

GB/T 28137　农药持久起泡性测定方法

GB/T 32776—2016　农药密度测定方法

3 术语和定义

本文件没有需要界定的术语和定义。

4 技术要求

4.1 外观

透明液体,无可见悬浮物和沉淀。

4.2 技术指标

单氰胺可溶液剂应符合表1的要求。

表 1　单氰胺可溶液剂技术指标

项　目	指　标
单氰胺质量分数,%	$50.0^{+2.5}_{-2.5}$
单氰胺质量浓度^a(20℃),g/L	537^{+25}_{-25}
双氰胺质量分数,%	≤2.5
pH	4.0～7.0
稀释稳定性(稀释 20 倍)	稀释液均一,无析出物质
持久起泡性(1 min 后泡沫量),mL	≤40

表 1（续）

项　目	指　标
低温稳定性	储后离心管底部离析物体积不大于 0.3 mL
热储稳定性	热储后，pH 和稀释稳定性仍应符合本文件要求

ᵃ　当以质量分数和以质量浓度表示的结果不能同时满足本文件的要求时，按质量分类的结果判定产品是否合格。

5　试验方法

警示：使用本文件的人员应有实验室工作的实践经验。本文件并未指出所有的安全问题。使用者有责任采取适当的安全和健康措施。

5.1　一般规定

本文件所用试剂和水在没有注明其他要求时，均指分析纯试剂和蒸馏水。

5.2　取样

按 GB/T 1605—2001 中 5.3.2 的规定执行。用随机数表法确定取样的包装件；最终取样量应不少于200 mL。

5.3　鉴别试验

本鉴别试验可与单氰胺质量分数的测定同时进行。在相同的色谱操作条件下，试样溶液中某色谱峰的保留时间与单氰胺标样溶液中单氰胺的色谱峰的保留时间，其相对差应在 1.5％以内。

5.4　外观

采用目测法测定。

5.5　单氰胺（双氰胺）质量分数

5.5.1　方法提要

试样用水溶解，以磷酸二氢钾水溶液为流动相，使用内装亲水性 AQ C₁₈ 为填料的不锈钢柱和紫外检测器（205 nm），对试样中的单氰胺（双氰胺）进行反相高效液相色谱分离，外标法定量。

5.5.2　试剂和溶液

5.5.2.1　磷酸二氢钾。

5.5.2.2　水：新蒸二次蒸馏水或超纯水。

5.5.2.3　单氰胺标样：已知单氰胺质量分数，$w \geqslant 98.0\%$。

5.5.2.4　双氰胺标样：已知双氰胺质量分数，$w \geqslant 98.0\%$。

5.5.3　仪器

5.5.3.1　高效液相色谱仪：具有可变波长紫外检测器。

5.5.3.2　色谱柱：250 mm×4.6 mm（内径）不锈钢柱，内装亲水性 AQ C₁₈、5 μm 填充物（或具有同等效果的色谱柱）。

5.5.3.3　过滤器：滤膜孔径约 0.45 μm。

5.5.3.4　超声波清洗器。

5.5.3.5　水浴锅。

5.5.4　高效液相色谱操作条件

5.5.4.1　流动相：称取 1.36 g 磷酸二氢钾，溶解于 1 000 mL 超纯水中，用过滤器过滤流动相，超声脱气。

5.5.4.2　流速：0.7 mL/min。

5.5.4.3　柱温：室温（温度变化应不大于 2 ℃）。

5.5.4.4　检测波长：205 nm。

5.5.4.5　进样体积：5 μL。

5.5.4.6　保留时间：单氰胺约 4.9 min，双氰胺约 6.1 min。

5.5.4.7 上述操作参数是典型的,可根据不同仪器特点,对给定的操作参数作适当调整,以期获得最佳效果。典型的单氰胺可溶液剂的高效液相色谱图见图1。

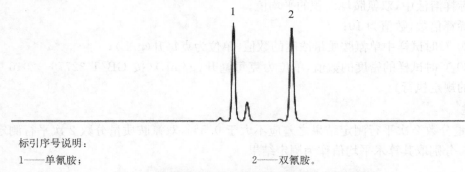

标引序号说明:
1——单氰胺;   2——双氰胺。

图1 单氰胺可溶液剂的高效液相色谱图

5.5.5 测定步骤

5.5.5.1 标样溶液的制备

5.5.5.1.1 单氰胺标样溶液的制备

将单氰胺标样置于(50±2)℃水浴至完全融化,迅速称取0.1 g(精确至0.000 1 g)单氰胺标样,置于50 mL容量瓶中,用水溶解并稀释至刻度,摇匀。

5.5.5.1.2 双氰胺标样溶液的制备

称取0.05 g(精确至0.000 1 g)双氰胺标样,置于50 mL容量瓶中,加入的40 mL水,超声振荡2 min,冷却至室温后用水稀释至刻度,摇匀。再用移液管移取1 mL上述溶液,置于10 mL容量瓶中,用水稀释至刻度,摇匀。

5.5.5.2 试样溶液的制备

称取0.2 g(精确至0.000 1 g)试样,置于50 mL容量瓶中,用水溶解并稀释至刻度,摇匀。

5.5.5.3 测定

在上述操作条件下,待仪器稳定后,连续注入数针单氰胺标样溶液,直至相邻两针单氰胺峰面积相对变化小于1.2%后,按照单氰胺标样溶液、双氰胺标样溶液、试样溶液、试样溶液、单氰胺标样溶液、双氰胺标样溶液的顺序进行测定。

5.5.6 计算

将测得的两针试样溶液以及试样前后两针标样溶液中单氰胺(双氰胺)峰面积分别进行平均,试样中单氰胺的质量分数按公式(1)计算,双氰胺质量分数按公式(2)计算,单氰胺的质量浓度按公式(3)计算。

$$w_1 = \frac{A_2 \times m_1 \times w_{b1}}{A_1 \times m_2} \quad \cdots\cdots\cdots\cdots\cdots\cdots\cdots\cdots\cdots (1)$$

$$w_2 = \frac{A_4 \times m_3 \times w_{b2}}{A_3 \times m_2 \times n} \quad \cdots\cdots\cdots\cdots\cdots\cdots\cdots (2)$$

$$\rho_1 = w_1 \times \rho \times 10 \quad \cdots\cdots\cdots\cdots\cdots\cdots\cdots\cdots\cdots\cdots (3)$$

式中:

w_1 ——试样中单氰胺质量分数的数值,单位为百分号(%);

A_2 ——试样溶液中,单氰胺峰面积的平均值;

m_1 ——单氰胺标样质量的数值,单位为克(g);

w_{b1} ——标样中单氰胺质量分数的数值,单位为百分号(%);

A_1 ——标样溶液中,单氰胺峰面积的平均值;

m_2 ——试样质量的数值,单位为克(g);

w_2 ——试样中双氰胺质量分数的数值,单位为百分号(%);

A_4 ——试样溶液中,双氰胺峰面积的平均值;

m_3 ——双氰胺标样质量的数值,单位为克(g);

w_{b2} ——标样中双氰胺质量分数的数值,单位为百分号(%);

A_3 ——标样溶液中,双氰胺峰面积的平均值;

n ——稀释倍数,数值为10;

ρ_1 ——20 ℃时试样中单氰胺质量浓度的数值,单位为克每升(g/L);

ρ ——20 ℃时试样的密度的数值,单位为克每毫升(g/mL)(按 GB/T 32776—2016 中 3.1 或 3.2 的规定执行)。

5.5.7 允许差

单氰胺质量分数 2 次平行测定结果之差应不大于 0.5%,双氰胺质量分数 2 次平行测定结果之差应不大于 0.05%,分别取其算术平均值作为测定结果。

5.6 pH

按 GB/T 1601 的规定执行。

5.7 稀释稳定性的测定

5.7.1 试剂与仪器

5.7.1.1 标准硬水:$\rho_{(Ca^{2+}+Mg^{2+})}=342$ mg/L,按 GB/T 14825 的规定配制。

5.7.1.2 量筒:100 mL。

5.7.1.3 恒温水浴:(30±2)℃。

5.7.2 测定

用移液管吸取 5 mL 试样,置于 100 mL 量筒中,加标准硬水稀释至刻度,混匀,将此量筒放入(30±2)℃的恒温水浴中,静置 1 h。

5.8 持久起泡性

按 GB/T 28137 的规定执行。

5.9 低温稳定性试验

按 GB/T 19137—2003 中 2.1 的规定执行。

5.10 热储稳定性试验

按 GB/T 19136—2021 中 4.4.1 的规定执行,储存温度为(35±2)℃,储存 12 周。热储前后质量变化应不大于 1.0%。

6 检验规则

6.1 出厂检验

每批产品均应做出厂检验,经检验合格签发合格证后,方可出厂。出厂检验项目为第 4 章技术要求中外观、单氰胺质量分数、单氰胺质量浓度、双氰胺质量分数、pH、稀释稳定性、持久起泡性。

6.2 型式检验

型式检验项目为第 4 章中的全部项目,在正常连续生产情况下,每 3 个月至少进行一次。有下述情况之一,应进行型式检验:

a) 原料有较大改变,可能影响产品质量时;

b) 生产地址、生产设备或生产工艺有较大改变,可能影响产品质量时;

c) 停产后又恢复生产时;

d) 国家质量监管机构提出型式检验要求时。

6.3 判定规则

按 GB/T 8170—2008 中 4.3.3 判定检验结果是否符合本文件的要求。

按第 5 章的检验方法对产品进行出厂检验和型式检验,任一项目不符合第 4 章的技术要求判为该批次产品不合格。

7 验收和质量保证期

7.1 验收

应符合 GB/T 1604 的要求。

7.2 质量保证期

在 8.2 的储运条件下,单氰胺可溶液剂的质量保证期从生产日期算起为 1 年。质量保证期内,各项指标均应符合本文件的要求。

8 标志、标签、包装、储运

8.1 标志、标签、包装

单氰胺可溶液剂的标志、标签、包装应符合 GB 3796 的要求。

单氰胺可溶液剂的包装采用清洁、干燥的塑料瓶或聚酯瓶包装,外用瓦楞纸箱包装。也可根据用户要求或订货协议采用其他形式的包装,但需符合 GB 3796 的要求。

8.2 储运

单氰胺可溶液剂包装件应储存在通风、干燥的库房中;储运时,温度应不超过 20 ℃,严防潮湿和日晒,不得与食物、种子、饲料混放,避免与皮肤、眼睛接触,防止由口鼻吸入。

附 录 A
（资料性）
单氰胺、双氰胺的其他名称、结构式和基本物化参数

单氰胺、双氰胺的其他名称、结构式和基本物化参数如下：

a) 单氰胺
——ISO 通用名称：Cyanamide；
——CAS 登录号：[420-04-2]；
——化学名称：氨基氰；
——结构式：

$$N_2N-C{\equiv}N$$

——分子式：CH_2N_2；
——相对分子质量：42.04；
——生物活性：植物生长调节剂；
——熔点：45 ℃～46 ℃；
——蒸气压（20 ℃）：500 mPa；
——溶解度（20 ℃）：水中溶解度为 850 g/L（pH 4），大于 850 g/L（pH 7、pH 9）。溶于通常的有机溶剂；
——稳定性：单氰胺很不稳定，易发生加成、取代、缩合等反应。

b) 双氰胺
——CAS 登录号：[461-58-5]；
——化学名称：二氰二氨；
——结构式：

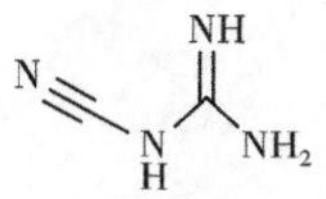

——分子式：$C_2H_4N_4$；
——相对分子质量：84.08。

ICS 65.100
CCS G 23

中华人民共和国农业行业标准

NY/T 4418—2023

农药桶混助剂沉积性能评价方法

Evaluation method of deposition performance for
tank-mix adjuvants of pesticides

2023-12-22 发布　　　　　　　　　　2024-05-01 实施

中华人民共和国农业农村部 发布

前　言

本文件按照 GB/T 1.1—2020《标准化工作导则　第 1 部分：标准化文件的结构和起草规则》的规定起草。

请注意本文件的某些内容可能涉及专利。本文件的发布机构不承担识别专利的责任。

本文件由农业农村部种植业管理司提出。

本文件由全国农药标准化技术委员会(SAC/TC 133)归口。

本文件起草单位：中国农业科学院植物保护研究所、南京善思生态科技有限公司、农业农村部农药检定所、北京工业大学、中农立华生物科技股份有限公司、江苏擎宇化工科技有限公司、江西正邦作物保护有限公司、汕头市深泰新材料科技发展有限公司、深圳诺普信农化股份有限公司、浙江新安化工集团股份有限公司、桂林集琦生化有限公司。

本文件主要起草人：黄啟良、黄修柱、段丽芳、曹冲、吴进龙、赵鹏跃、胡珍娣、郑丽、张芳、姜宜飞、秦敦忠、张小军、黄桂珍、张磊、陈晓枫、陈根良、郭正、吕渊文、曹雄飞、殷毅凡、戴兰芳、叶世胜、汤晓燕、李彦飞。

农药桶混助剂沉积性能评价方法

1 范围

本文件规定了农药桶混助剂沉积性能的评价方法。

本文件适用于农药桶混助剂改善农药药液在靶标植物叶面沉积性能的评价。

2 规范性引用文件

下列文件中的内容通过文中的规范性引用而构成本文件必不可少的条款。其中,注日期的引用文件,仅该日期对应的版本适用于本文件;不注日期的引用文件,其最新版本(包括所有的修改单)适用于本文件。

GB/T 5451—2001 农药可湿性粉剂润湿性测定方法

3 术语和定义

下列术语和定义适用于本文件。

3.1

农药桶混助剂 tank-mix adjuvants of pesticides

农药喷洒前直接添加在药液桶中、混合均匀后可改善药液理化性质的农药助剂。

3.2

流失点 point of run-off

依次向靶标植物叶面定量喷雾,沉积在叶面上的药液发生自动流失时,叶面最大承载的药液质量。

3.3

稳定持液量 maxium retention

依次向靶标植物叶面定量喷雾,药液在靶标植物叶面达到流失点后,叶面稳定承载的药液质量。

3.4

沉积性能 deposition performance

不同药液在靶标植物叶面形成有效附着时的最大和稳定承载的药液质量的变化。

4 试验方法

警示:使用本文件的人员应有实验室工作的实践经验。本文件并未指出所有的安全问题。使用者有责任采取适当的安全和健康措施。

4.1 方法提要

采用依次向靶标植物叶面喷雾并定量测定方法,记录农药药液在靶标植物叶面0°、30°、45°和60°不同倾角的流失点和稳定持液量。根据农药桶混助剂添加前后药液流失点和稳定持液量的变化,评价农药桶混助剂改善农药药液在靶标植物叶面的沉积性能。

4.2 试剂和溶液

标准硬水:按 GB/T 5451—2001 中 5.1 的规定进行配制。

4.3 仪器设备

4.3.1 叶面沉积性能测定装置:包含电子天平、底座、隔离罩、载物台与底座的支柱以及载物台等部分,示意图见图 1。各部分的具体要求如下:

a) 电子天平:精度 0.001 g;

b) 底座:底面小于电子天平的秤盘;

c) 隔离罩:底部直径大于电子天平的秤盘,顶部中央连有透明隔离管;隔离管下端外壁与隔离罩顶部密封连接,上端略低于载物台底面,避免雾滴沿隔离管进入隔离罩;隔离管内径略大于载物台与底座的支柱,避免测定中内壁与支柱接触;

d) 载物台与底座的支柱:稳定连接载物台与底座,测定中垂直于天平秤盘平面,避免与隔离管内壁接触;

e) 载物台:具有 0°、30°、45°和 60°不同倾角规格。

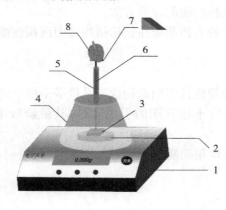

标引序号说明:
1——电子天平;
2——天平秤盘;
3——底座;
4——隔离罩;
5——隔离管;
6——载物台与底座的支柱;
7——载物台;
8——叶片。

图 1　接触叶面沉积性能测定装置示意图

4.3.2 雾化装置:包含高压气源、药液瓶、压力调节阀、压力表、电磁阀、喷头、铁架台等部分,示意图见图 2。各部分的具体要求如下:

a) 高压气源:空压机或高压钢瓶,稳定提供 0.1 MPa～1.0 MPa 压力,压力变化值小于 2%;

b) 药液瓶:上部装有泄压开关,可承受 0.1 MPa～1.0 MPa 压力;

c) 电磁阀:最大工作压力 1.0 MPa 压力,间隔时间 2 s～10 s 可调,排放时间 0.5 s～10 s 可调;

d) 喷头:详见附录 A。

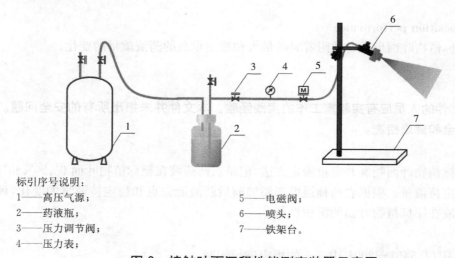

标引序号说明:
1——高压气源;
2——药液瓶;
3——压力调节阀;
4——压力表;
5——电磁阀;
6——喷头;
7——铁架台。

图 2　接触叶面沉积性能测定装置示意图

4.3.3 叶面积测定仪:可对叶片进行扫描,并自动计算面积。

4.4　靶标植物叶片的选取

选取不同大小的靶标植物叶片,并测定叶片面积。在取样时,不能污染和损伤靶标植物叶片表面。

4.5 测定步骤

4.5.1 添加桶混助剂前药液沉积性能测定

4.5.1.1 按照农药制剂推荐的最低使用浓度,称取适量农药制剂(精确至0.001 g),置于100 mL容量瓶中,用标准硬水稀释至刻度,混合均匀,备用。

4.5.1.2 将符合测试要求倾角(0°、30°、45°和60°)的载物台固定于底座支柱上,将靶标植物叶片固定于载物台上,保证叶片完全覆盖载物台,读取天平显示质量数,记为W_0(精确至0.001 g)。

4.5.1.3 根据农药喷雾参数要求,按照附录A选择喷头和调节喷雾工作压力,调整雾化装置喷头距离载物台上叶片30 cm~50 cm,喷施方向与叶面垂直。设置电磁阀间隔时间5 s,排放时间0.5 s~1.0 s,依次对载物台上的叶片进行喷雾,每次喷雾后2 s内读取并记录天平显示质量数。待药液从靶标植物叶片流失后继续喷雾,当相邻2次喷雾后天平显示质量数变化不超过10%时,停止喷雾。

4.5.1.4 以喷雾次数为横坐标,以每次喷雾后读取并记录的天平显示质量数为纵坐标作图。图中曲线最高点对应的质量数为W_1(精确至0.001 g),最后2次喷雾后天平显示质量数的平均值,记为W_2(精确至0.001 g)。

4.5.1.5 按4.5.1.2~4.5.1.4步骤,重复测定5次,相对偏差小于10%,取其算术平均值作为测定结果。

4.5.2 添加桶混助剂后药液沉积性能测定

4.5.2.1 按照农药制剂推荐的最低使用浓度,称取适量农药制剂和不同质量的桶混助剂(精确至0.001 g),置于100 mL容量瓶中,用标准硬水稀释至刻度,配制成系列浓度桶混助剂的农药药液,混合均匀,备用。

4.5.2.2 对于系列浓度桶混助剂的农药药液,每个浓度重复4.5.1.2~4.5.1.5步骤。

4.6 计算

流失点按公式(1)计算。稳定持液量按公式(2)计算。

$$POR = \frac{W_1 - W_0}{S} \quad\text{.............................} (1)$$

$$R_m = \frac{W_2 - W_0}{S} \quad\text{.............................} (2)$$

式中:

POR —— 流失点的数值,单位为克每平方厘米(g/cm²);

R_m —— 稳定持液量的数值,单位为克每平方厘米(g/cm²);

W_0 —— 喷雾前靶标植物叶片质量的数值,单位为克(g);

W_1 —— 农药药液在靶标植物叶面流失前质量的数值,单位为克(g);

W_2 —— 喷雾后靶标植物叶片不再有液滴流下时质量的数值,单位为克(g);

S —— 靶标植物叶片面积的数值,单位为平方厘米(cm²)。

4.7 结果表示

将5次重复试验得到的流失点POR值分别记为POR_1、POR_2、POR_3、POR_4、POR_5,计算5次POR值的算术平均值,即为测试药液或添加桶混助剂后药液在靶标植物叶面的流失点。

将5次重复试验得到的稳定持液量R_m值分别记为R_{m1}、R_{m2}、R_{m3}、R_{m4}、R_{m5},计算5个R_m值的算术平均值,即为测试药液或添加桶混助剂后药液在靶标植物叶面的稳定持液量。

添加桶混助剂后药液的流失点和稳定持液量,均高于添加桶混助剂前药液的流失点和稳定持液量,表明该桶混助剂可提高测试药液在测试靶标植物叶面上的沉积性能。

附 录 A

（规范性）

雾化装置喷头与喷雾工作压力推荐表

雾化装置喷头与喷雾工作压力推荐表见表 A.1、表 A.2 和表 A.3。

表 A.1 雾化装置喷头推荐表

喷雾药液类型	除草剂		杀菌剂		杀虫剂	
	触杀型	内吸型	触杀型	内吸型	触杀型	内吸型
推荐喷头类型	标准扇形雾喷头、圆锥雾喷头	标准扇形雾喷头	标准扇形雾喷头、圆锥雾喷头	标准扇形雾喷头	标准扇形雾喷头、圆锥雾喷头	标准扇形雾喷头
推荐喷头型号	标准扇形雾喷头：11001、110015、11002、11003、11004 圆锥雾喷头：8001、80015、8002、8003、8004	标准扇形雾喷头：11001、110015、11002、11003、11004	标准扇形雾喷头：11001、110015、11002、11003、11004 圆锥雾喷头：8001、80015、8002、8003、8004	标准扇形雾喷头：11001、110015、11002、11003、11004	标准扇形雾喷头：11001、110015、11002、11003、11004 圆锥雾喷头：8001、80015、8002、8003、8004	标准扇形雾喷头：11001、110015、11002、11003、11004

注1：喷头型号中 110、80 分别表示喷雾角为 110°、80°；01、015、02、03、04 分别表示 40 psi（0.28 MPa）喷雾压力下，喷头流量为 0.1 美制加仑、0.15 美制加仑、0.2 美制加仑、0.3 美制加仑、0.4 美制加仑。

注2：不同厂家生产的喷头型号前置代号不同。例如，德国 Lechler 以 ST 表示标准扇形雾喷头，TR 表示圆锥雾喷头；美国 Teejet 以 TP 表示标准扇形雾喷头，TX 表示圆锥雾喷头。

表 A.2 不同型号喷头在不同喷雾工作压力条件下的流量参考值

喷头类型	流量，L/min									
	标准扇形雾喷头					圆锥雾喷头				
喷雾压力，MPa	11 001	110 015	11 002	11 003	11 004	8 001	80 015	8 002	8 003	8 004
0.2	0.32	0.48	0.65	0.96	1.29	0.32	0.48	0.65	0.96	1.29
0.3	0.39	0.59	0.79	1.18	1.58	0.39	0.59	0.80	1.19	1.58
0.4	0.45	0.68	0.91	1.36	1.82	0.45	0.68	0.92	1.37	1.82

注：表中流量数据以清水为介质 21 ℃ 条件下测得。

表 A.3 不同型号喷头在不同喷雾工作压力条件下的雾滴 VMD 参考值

喷头类型	VMD，$\mu mol/L$									
	标准扇形雾喷头					圆锥雾喷头				
喷雾压力，MPa	11 001	110 015	11 002	11 003	11 004	8 001	80 015	8 002	8 003	8 004
0.3	115.2	127.8	131.7	133.4	137.4	112.5	114.8	121.0	126.2	131.4
0.4	111.4	112.5	121.2	121.5	122.2	107.8	108.6	110.3	111.0	121.8

注：VMD 数值由试验测得，非标准数据。试验以清水为介质，距喷头 50 cm 位置处测得。

ICS 65.100
CCS G 23

中华人民共和国农业行业标准

NY/T 4419—2023

农药桶混助剂的润湿性评价方法及
推荐用量

Evaluation method of wettability and recommended amount for tank-mix
adjuvants of pesticides

2023-12-22 发布

2024-05-01 实施

中华人民共和国农业农村部 发布

前　言

本文件按照 GB/T 1.1—2020《标准化工作导则　第 1 部分:标准化文件的结构和起草规则》的规定起草。

请注意本文件的某些内容可能涉及专利。本文件的发布机构不承担识别专利的责任。

本文件由农业农村部种植业管理司提出。

本文件由全国农药标准化技术委员会(SAC/TC 133)归口。

本文件起草单位:中国农业科学院植物保护研究所、深圳诺普信农化股份有限公司、农业农村部农药检定所、中国农业大学、北京工业大学、南京善思生态科技有限公司、桂林集琦生化有限公司、浙江新安化工集团股份有限公司、北京广源益农化学有限责任公司、汕头市深泰新材料科技发展有限公司。

本文件主要起草人:曹冲、黄修柱、李广泽、段丽芳、郑丽、石凯威、杜凤沛、张芳、曹立冬、李凤敏、刘莹、胡珍娣、郭正、陈根良、张宗俭、张磊、黄桂珍、李超、杨帅、汤晓燕、叶世胜。

农药桶混助剂的润湿性评价方法及推荐用量

1 范围

本文件规定了农药桶混助剂的润湿性能评价方法及推荐用量的确定方法。

本文件适用于农药桶混助剂的润湿性能评价以及在喷雾使用中的推荐用量选择。

2 规范性引用文件

下列文件中的内容通过文中的规范性引用而构成本文件必不可少的条款。其中,注日期的引用文件,仅该日期对应的版本适用于本文件;不注日期的引用文件,其最新版本(包括所有的修改单)适用于本文件。

GB/T 5451—2001 农药可湿性粉剂润湿性测定方法

3 术语和定义

下列术语和定义适用于本文件。

3.1

农药桶混助剂 tank-mix adjuvants of pesticides

农药喷洒前直接添加在药液桶中、混合均匀后可改善药液理化性质的农药助剂。

3.2

接触角 contact angle

被测液滴接触固体表面时,固、液、气三相交点的气、液接触面的切线与固、液界面之间的夹角。如图 1 所示,θ 为接触角。

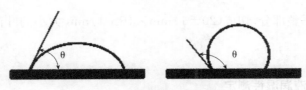

图 1 接触角示意图

4 技术要求

农药桶混助剂的润湿性评价指标应符合表 1 的要求。

表 1 农药桶混助剂的润湿性评价技术指标

项 目	指 标
推荐用量,g/L	≥接触角 65°时桶混助剂在农药药液中的质量浓度

5 试验方法

警示:使用本文件的人员应有实验室工作的实践经验。本文件并未指出所有的安全问题。使用者有责任采取适当的安全和健康措施。

5.1 方法提要

利用接触角测量仪,测定添加农药桶混助剂前后药液液滴在靶标植物叶面的接触角。

5.2 试剂和溶液

标准硬水:按 GB/T 5451—2001 中 5.1 的规定进行配制。

5.3 仪器设备

接触角测定仪：包含光源、样品池、液体储运传送系统、成像系统、液滴外形分析系统等部分，示意图见图2。各部分的具体要求如下：

a) 光源：通风良好的箱式光源；

b) 样品池：能容纳样品台和液滴的可控温控湿的样品池，温度为(35±2)℃，湿度为(40±5)%；

c) 液体储运传送系统：具有一定容量的注射器，末端配有平切注射针头（针头尖端规格应为0.45 mm~0.90 mm），液体自动注射系统精度0.1 μL；

d) 成像系统：能够获取样品液滴的清晰图像，拍摄速度≥10 帧/s；

e) 接触角自动计算系统：接触角测量量程0°~180°，分辨率0.1°，精度±1°。

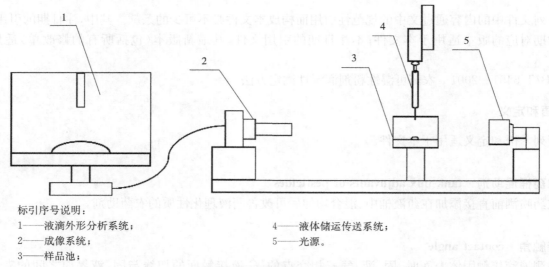

标引序号说明：

1——液滴外形分析系统；   4——液体储运传送系统；

2——成像系统；   5——光源。

3——样品池；

图2　接触角测定仪示意图

5.4 靶标植物叶面的制备

选取靶标植物叶片的平整部分，切成(20±1)mm×(5±1)mm 大小的叶面。在制备样品时，不能污染和损伤靶标植物叶面。

5.5 测定步骤

5.5.1 添加桶混助剂前药液润湿性测定

5.5.1.1 按照农药制剂推荐的最低使用浓度，称取适量农药制剂(精确至0.001 g)，置于100 mL 容量瓶中，用标准硬水稀释至刻度，混合均匀，备用。

5.5.1.2 将5.4中制备的靶标植物叶面水平放置于接触角测定仪样品台的合适位置，调节光源及焦距，使靶标植物叶面位于图像的中心位置且清晰成像。

5.5.1.3 将已吸取适量药液注射器放置于接触角测定仪的液体储运传送系统中，调节光源和焦距，调整注射器针头和靶标植物叶面的相对位置，使注射器针头距离靶标植物叶面表面约5.0 mm，且成像清晰。

5.5.1.4 保持样品池温度为(35±2)℃，湿度为(40±5)%；调节液体储运传送系统，使4 μL的液滴悬挂于针头；调整样品台，使液滴与靶标植物叶面接触并形成沉积时，以2 帧/s的速度连续拍摄5 s。

5.5.1.5 通过接触角测量仪所带接触角计算程序计算液滴与靶标植物叶面的接触角，对5 s内拍摄照片计算所得接触角进行平均，作为单次测量结果。

5.5.1.6 更换靶标植物叶片，按5.5.1.2~5.5.1.5步骤，重复测量15次。以15次单次测量结果的平均值作为测试结果，精确至0.1°。

5.5.2 添加桶混助剂后药液润湿性测定

5.5.2.1 按照农药制剂推荐的最低使用浓度，称取适量农药制剂和不同质量的桶混助剂(精确至0.001 g)，置于100 mL 容量瓶中，用标准硬水稀释至刻度，配制成系列浓度桶混助剂的农药药液，混合均匀,备用。

5.5.2.2 对于系列浓度桶混助剂的农药药液,每个浓度重复 5.5.1.2~5.5.1.6 步骤。

注:当添加桶混助剂前的药液在靶标植物叶面的接触角大于 65°时,进行添加桶混助剂后药液润湿性测定。

6 推荐用量

当接触角小于或等于 65°时,药液可以较好地润湿靶标植物叶面。根据表 1 的要求,当添加农药桶混助剂后的药液液滴与靶标植物叶面的接触角达到 65°时,对应的助剂浓度为该助剂的最低推荐使用浓度。

ICS 65.020.01
CCS B 04

中华人民共和国农业行业标准

NY/T 4430—2023

香石竹斑驳病毒的检测
荧光定量PCR法

Detection of carnation mottle virus—Real-time fluorescent PCR method

2023-12-22 发布

2024-05-01 实施

中华人民共和国农业农村部 发布

NY/T 4430—2023

前　言

本文件按照 GB/T 1.1—2020《标准化工作导则　第 1 部分：标准化文件的结构和起草规则》的规定起草。

请注意本文件的某些内容可能涉及专利。本文件的发布机构不承担识别专利的责任。

本文件由农业农村部种植业管理司提出并归口。

本文件主要起草单位：云南省农业科学院花卉研究所、云南农业大学、中国农业大学、云南云科花卉有限公司、玉溪云星生物科技有限公司、国家观赏园艺工程技术研究中心、农业农村部花卉产品质量监督检验测试中心（昆明）、云南省花卉育种重点实验室、云南省花卉工程技术研究中心、云南省花卉标准化技术委员会、昆明市花卉遗传改良重点实验室。

本文件主要起草人：瞿素萍、张艺萍、刘冠泽、王丽花、王继华、杨秀梅、高俊平、杨春梅、许凤、张丽芳、马男、苏艳、邹凌、蒋亚莲、单芹丽、莫锡君。

香石竹斑驳病毒的检测 荧光定量 PCR 法

1 范围

本文件规定了香石竹斑驳病毒（carnation mottle virus，CarMV）的荧光定量 PCR 检测方法。

本文件适用于香石竹（*Dianthus caryophyllus*）栽培品种的种苗、植株及其他组织中香石竹斑驳病毒的检测和判定。

2 规范性引用文件

下列文件中的内容通过文中的规范性引用而构成本文件必不可少的条款。其中，注日期的引用文件，仅该日期对应的版本适用于本文件；不注日期的引用文件，其最新版本（包括所有的修改单）适用于本文件。

GB/T 6682 分析实验室用水规格和试验方法

3 术语和定义

下列术语和定义适用于本文件。

3.1

外壳蛋白基因 coat protein gene

编码病毒外壳蛋白的基因，可作为病毒检测的靶标，简称 *cp* 基因。

3.2

***Taq*Man 探针 *Taq*Man probes**

一种检测寡核苷酸的荧光探针，其 5′末端携带荧光基团（如 FAM、TET、VIC、HEX 等），3′端携带淬灭基团（如 TAMRA、BHQ 等）。

4 缩略语

下列缩略语适用于本文件。

CarMV：香石竹斑驳病毒（Carnation mottle virus）

Ct 值：每个反应管内的荧光信号达到设定的阈值时所经历的循环数（cycle threshold）

DEPC：焦炭酸二乙酯（diethy pyrocarbonate）

dNTPs：脱氧核苷三磷酸混合液（deoxynucleoside triphosphate mixture），由 4 种脱氧核糖核苷酸 dATP、dGTP、dTTP、dCTP 等量混合而成的溶液

PCR：聚合酶链式反应（polymerase chain reaction）

Tris：三（羟甲基）氨基甲烷[tris (hydroxymethyl)aminomethane]

5 香石竹斑驳病毒的基本信息

香石竹斑驳病毒属番茄丛矮病毒科（Tombusviridae）麝香石竹斑驳病毒属（Carmovirus）典型成员。详细信息见附录 A。

6 原理

利用香石竹斑驳病毒 *CP* 基因的高度保守区域的一段 130 bp 序列设计实时荧光引物和探针，根据香石竹斑驳病毒的实时荧光 PCR 检测结果对香石竹斑驳病毒进行检测鉴定。

7 仪器和设备

7.1 实时荧光定量 PCR 仪。

7.2 电泳仪。

7.3 凝胶成像系统。

7.4 超微量紫外可见光分光光度计。

7.5 高速冷冻离心机:离心力 12 000 g 以上。

7.6 超低温冰箱:−80 ℃。

7.7 冰箱:2 ℃~4 ℃,−20 ℃。

7.8 微量移液器:量程分别为 0.1 μL~2.5 μL、0.5 μL~10 μL、5 μL~20 μL、10 μL~100 μL、20 μL~200 μL、100 μL~1 000 μL。

7.9 电子天平:感量为 0.01 g。

7.10 生物安全柜:洁净度 100 级以上。

7.11 超净工作台:洁净度 100 级以上。

8 试剂与耗材

除非另有规定,在检测中仅使用分析纯或生化试剂;所有试剂均用无 RNA 酶的容器分装;实验用水符合 GB/T 6682 的二级水指标,其中涉及 PCR 扩增的用水应符合 GB/T 6682 一级水指标。

8.1 dNTPs:浓度为 2.5 mmol/L。

8.2 DEPC 处理的灭菌纯水。

8.3 引物:

正向引物:5′-CGGATAGTCTTGTCAACATACGG-3′;

反向引物:5′-CCTTATCGTTGCTTGCCTGT-3′;

*Taq*Man 探针:5′-FAM-AAGGCTGACACTGTGGTGGGCGA-BHQ1-3′。

8.4 裂解液:含 4.0 mol/L 硫氰酸胍、0.2 mol/L 醋酸钠、25 mmol/L 乙二胺四乙酸、1.0 mol/L 醋酸钾和 2.5%(m/V)PVP-40。

8.5 去蛋白液:含 3 mol/L 硫氰酸胍、0.021 7 mol/L Tris-HCl 和 50%(V/V)无水乙醇。

8.6 漂洗液:含 17 mmol/L NaCl,1.6 mmol/L Tris-HCl 和 80%(V/V)无水乙醇。

8.7 荧光 PCR 扩增混合液:含有 *Taq* DNA 聚合酶(5U/μL)、5′-引物和 3′-引物、*Taq*Man 探针等的混合液。

8.8 RNA 提取吸附柱及套管。

8.9 可用于荧光 PCR 的 8 联管及盖子。

9 样品制备与存放

9.1 样品制备

样品制备过程中应戴一次性灭菌手套,所使用的工具也应灭菌处理。取样品的叶片或花瓣剪碎后置于自封袋中。样品制备时,应同时设立阳性对照、阴性对照及空白对照。其中,阳性对照为已知携带香石竹斑驳病毒的样品,阴性对照已知无香石竹斑驳病毒的样品,空白对照用无菌一级水代替样品。

9.2 样品存放

制备好的样品保存于 2 ℃~8 ℃且不宜超过 24 h;中长期保存应置于−80 ℃的超低温冰箱,避免反复冻融且保存时间不宜超过 1 年。

10 检测步骤

10.1 总 RNA 提取与质量判定

10.1.1 总 RNA 提取

取 n+3 个 2 mL 无 RNA 酶的离心管,其中 n 为检测样品数、1 管阳性对照、1 管阴性对照、1 管空白

对照,对每个管进行编号,并在生物安全柜中操作以下步骤:

a) 称取 100 mg 样品材料并迅速转移至用液氮预冷的研钵中,用研杵快速研磨组织,其间不断加入液氮,直至研磨成粉末状;

b) 将研磨成粉末状的样品(50 mg~100 mg)加入含有 450 μL 裂解液的 1.5 mL 灭菌离心管中,用移液器反复吹打直至裂解液中无明显沉淀;

c) 裂解液在 12 000 r/min、4 ℃条件下离心 5 min 后,将上清液小心吸取到新的 1.5 mL 灭菌离心管中;

d) 加入 c)步骤所吸取上清液 1/2 体积的无水乙醇,用移液枪将溶液混合均匀;

e) 立即将混合液(含沉淀)全部转入 RNA 提取吸附柱中,吸附柱放入收集管中;

f) 12 000 r/min,离心 1 min,弃滤液;

g) 将 500 μL 的去蛋白液加入至 RNA 提取吸附柱中,12 000 r/min 离心 30 s,弃滤液;

h) 将 600 μL 的漂洗液加入至 RNA 提取吸附柱中,12 000 r/min 离心 30 s,弃滤液;

i) 加入 500 μL 漂洗液,重复 1 遍;

j) 将吸附柱放回空收集管中,12 000 r/min 离心 2 min,除去漂洗液;

k) 取出吸附柱,放入一个无 RNase 的离心管中,在吸附膜的中间部位加 50 μL DEPC 处理的灭菌纯水,室温放置 5 min,12 000 r/min 离心 2 min;

l) 离心得到的 RNA 溶液即为提取到的样品总 RNA。

10.1.2 总 RNA 提取质量的判定

RNA 质量可通过以下 2 种方法选择一种进行判定:

a) 在超微量紫外可见光分光光度计上测定样品总 RNA 的光吸收值,当 A260/A280 值在 1.8~2.0 时,判定提取的 RNA 质量符合 PCR 的扩增要求;

b) 通过电泳和凝胶成像系统看条带的方法判定 RNA 质量及浓度,明显有 28S rRNA 和 18S rRNA 两条带且亮度高的,判定提取的 RNA 质量符合 PCR 的扩增要求。

10.2 实时荧光 PCR 扩增

10.2.1 实时荧光 PCR 检测体系

所有操作在超净工作台上进行,取出实时荧光 PCR 反应所需试剂,冰上融化后,根据检测样品的数量配制实时荧光 PCR 扩增反应液,每个检测样本反应混合液配制见表 1。

表 1 单个检测样品实时荧光 PCR 扩增反应混合液配制的组分及使用量

试剂	使用量,μL	20 μL 反应体系终浓度
2×One Step RT-PCR Buffer Ⅲ	10.0	1×
Ex Taq HS(5 U/μL)	0.4	0.1 U/μL
PrimeScript RT Enzyme Mix Ⅱ	0.4	
10 μmol/L cp-qrt F	0.4	0.2 μmol/L
10 μmol/L cp-qrt R	0.4	0.2 μmol/L
10 μmol/L cp-probe	0.8	0.4 μmol/L
提取的样品 RNA 模板或对照(20 ng/μL)	2.0	2 ng/μL
一级水	5.6	
总体积	20	

10.2.2 实时荧光 PCR 反应

具体实时荧光 PCR 反应程序为:

a) 反转录反应:42 ℃ 5 min,95 ℃ 10 s;

b) PCR 反应:95 ℃ 5 s,60 ℃ 20 s,40 个循环;

c) 将实时荧光 PCR 反应管放入荧光 PCR 检测仪内,得到检测样品 Ct 值,根据收集的荧光曲线和 Ct 值判定结果。

10.2.3 阈值设定

阈值设定原则根据仪器噪音情况进行调整,或以阈值线刚好超过正常阴性对照扩增曲线的最高点,结果显示为阴性来调整。

11 结果判定

11.1 有效判定原则

阳性对照的 Ct 值应≤30.0,并出现典型的扩增曲线,此时的阴性对照和空白对照应无 Ct 值,则判定结果有效。否则,判定此次结果无效,应重新进行检测。典型的实时荧光 PCR 扩增曲线见附录 B。

11.2 检测结果判定

11.2.1 阳性: 阳性对照有扩增,阴性对照和空白对照无扩增,待检测样品有扩增且 Ct 值≤30,判定该样品检出香石竹斑驳病毒。

11.2.2 阴性: 阳性对照有扩增,阴性对照和空白对照无扩增,待检测样品有扩增且 Ct 值≥35,判定该样品检出香石竹斑驳病毒。

11.2.3 临界值判定: 阳性对照有扩增,阴性对照和空白对照无扩增,待检测样品 Ct 值在 30～35,则需再次试验。若重复实验的结果出现典型的扩增曲线,检测 Ct 值仍然在 30～35,则判定样品检出香石竹斑驳病毒;若重新测试的 Ct 值≥35,则判定该样品中未检出香石竹斑驳病毒;若重新测试的 Ct 值≤30,则判定该样品检出香石竹斑驳病毒。

附　录　A
（资料性）
香石竹斑驳病毒的基本信息

A.1　病毒粒体形态特征

CarMV 的病毒粒子为等轴对称二十面体的球状,直径约 30 nm,沉降系数为 120 S~130 S,无包膜,表面粗糙,有 180 个蛋白结构亚基。其相对分子量为 8.2×10^6,钝化温度为 80 ℃,稀释限点为 10^{-6}~10^{-5},体外存活时间可达 395 d。观察病叶的超薄切片,可看到木质部导管中有晶状排列或散生的病毒粒子,而细胞质中病毒排列在鞘状膜的结构中。

A.2　基因组信息

CarMV 全长为 4003 nt(Genbank:AF1922772)。RNA 为线性单链正义 RNA,共编码 5 个 ORF。RNA 的 3′端无 Poly(A),5′端有一个甲基化的核苷酸帽子结构。

A.3　寄主范围

自然寄主主要是石竹科(*Caryophyllaceae*)植物,其中香石竹(*Dianthus caryophyllus*)为其天然宿主。

实验寄主包括中国石竹(*Dianthus chinensis*)、美国石竹(*Dianthus barbatus*)、烟草(*Nicotiana tabacum*)、高雪轮(*Silene armeria*)、苋色藜(*Chenopodium amaranticolor*)、昆诺藜(*Chenopodium quinoa*)、墙生藜(*Chenopodium murale*)、菠菜(*Spinacia oleracea*)、番茄(*Lycopersicon esculentum*)、千日红(*Gomphrena globosa*)、番杏(*Tetragonia tetragonioides*)等多种植物。

A.4　香石竹斑驳病毒侵染香石竹的症状

侵染香石竹后主要表现为植株矮化、畸形、花叶、坏死、花朵变小或杂色、花苞开裂、生长衰弱等症状。

A.5　传播途径

该病毒主要通过汁液摩擦传播,生产中带毒母株繁殖为主要的传播途径。

附　录　B

（资料性）

典型的实时荧光 PCR 扩增曲线

典型的实时荧光 PCR 扩增曲线见图 B.1，其中检测样品 1 为检出香石竹斑驳病毒，检测样品 2 为未检出香石竹斑驳病毒。

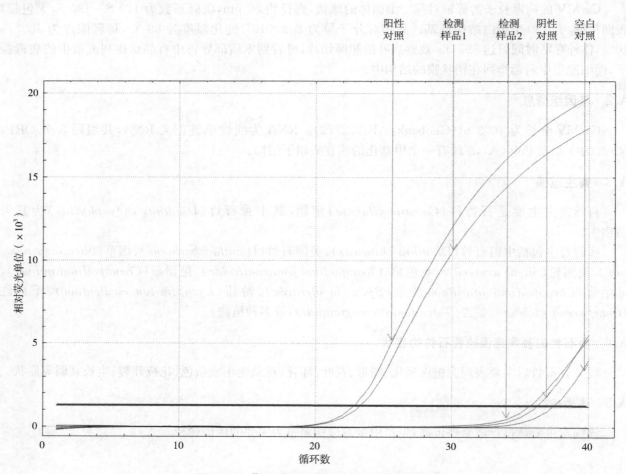

图 B.1　典型的实时荧光 PCR 扩增曲线

ICS 65.100
CCS G 23

中华人民共和国农业行业标准

NY/T 4432—2023

农药产品中有效成分含量测定
通用分析方法　气相色谱法

General methods for determination of active ingredient content of pesticides—
Gas chromatography(GC)

2023-12-22 发布　　　　　　　　　　　　　　2024-05-01 实施

中华人民共和国农业农村部 发布

前　言

本文件按照 GB/T 1.1—2020《标准化工作导则　第 1 部分：标准化文件的结构和起草规则》的规定起草。

请注意本文件的某些内容可能涉及专利。本文件的发布机构不承担识别专利的责任。

本文件由农业农村部种植业管理司提出并归口。

本文件起草单位：农业农村部农药检定所、中国农业大学、北京工业大学、贵州大学、中国矿业大学（北京）、山东大学、沈阳化工研究院有限公司、湖南加法检测有限公司、山东省农药科学研究院、贵州健安德科技有限公司、浙江省农业科学院、贵州省无公害植物保护工程技术研究中心、江苏省产品质量监督检验研究院、浙江省化工产品质量检验站有限公司、钛和中谱检测技术（江苏）有限公司、江苏省农产品质量检验测试中心、北京颖泰嘉和分析技术有限公司、浙江德恒检测科技有限公司、北京乾元铂归科技有限公司、江苏衡谱分析检测技术有限公司、江苏恒生检测有限公司。

本文件主要起草人：陶传江、吴进龙、段丽芳、姜宜飞、石凯威、刘莹、武鹏、黄伟、王鹏、刘丰茂、韩丽君、张芳、赵鹏跃、卢平、吴剑、于彩虹、马素亚、张晓丽、陈静、张嘉月、侯德粉、黄路、张萍、吴培、林波、高杰、黄玉贵、范萍萍、陈银银、俞建忠、赵学平、朱峰、廖国会、顾爱国、孙长恩、朱利利、孙小波、查淑炜、徐锦忠、张倩、吴晗、王坤、李红霞、郭建萍、尚伟、高群、夏承建、胡静楠、贾明宏、李蕊、万宏剑、陈思思。

引　言

本文件为农药产品中有效成分含量测定通用分析方法系列标准之一。

本文件描述了 224 种农药有效成分的毛细管气相色谱通用分析方法,其中:

a)　143 种农药有效成分是通过开展实验室内方法确认和实验室间协同验证试验,新建的毛细管气相色谱分析方法。

b)　毒鼠强、甘氟、氟乙酸钠、氟乙酰胺 4 种禁用剧毒杀鼠剂,是采用标准品对文献资料中色谱条件进行验证,从而确定的毛细管气相色谱分析方法。

c)　65 种农药有效成分是直接引用国家标准和行业标准中的毛细管气相色谱方法,注明引用的国家标准和行业标准号。本文件中引用的国家标准和行业标准均列入规范性引用文件。

d)　12 种农药有效成分是使用重新起草法修改采用国际农药分析协作委员会(CIPAC)的毛细管气相色谱分析方法。本文件在方法提要中以"注"的形式说明参考的 CIPAC 方法并列入参考文献。

农药产品中有效成分含量测定通用分析方法 气相色谱法

1 范围

本文件描述了1-甲基环丙烯等224种农药有效成分气相色谱通用分析方法。

本文件适用于农药产品中1-甲基环丙烯等224种有效成分含量的测定。

2 规范性引用文件

下列文件中的内容通过文中的规范性引用而构成本文件必不可少的条款。其中,注日期的引用文件,仅该日期对应的版本适用于本文件;不注日期的引用文件,其最新版本(包括所有的修改单)适用于本文件。

GB/T 9551 百菌清原药

GB/T 13649 杀螟硫磷原药

GB/T 19604 毒死蜱原药

GB 20681 灭线磷原药

GB 20685 硫丹原药

GB/T 20691 乙草胺原药

GB/T 20695 高效氯氟氰菊酯原药

GB/T 22172 多效唑原药

GB/T 22173 噁草酮原药

GB/T 22600 2,4-滴丁酯原药

GB/T 22602 戊唑醇原药

GB/T 22606 莠去津原药

GB/T 22616 精噁唑禾草灵

GB/T 22619 联苯菊酯原药

GB 24330—2020 家用卫生杀虫用品安全通用技术条件

GB/T 24749 丙环唑原药

GB/T 24754 扑草净原药

GB/T 24756 噻嗪酮原药

GB/T 28129 乙羧氟草醚原药

GB/T 28130 哒螨灵原药

GB/T 29380 胺菊酯原药

GB/T 29385 嘧霉胺原药

GB/T 32341 嘧菌酯原药

GB/T 34153 右旋烯丙菊酯原药

GB/T 34158 1.8%辛菌胺乙酸盐水剂

GB/T 35108 矿物油农药中矿物油的测定方法

GB/T 35667 异丙甲草胺原药

GB/T 35672 氯氟吡氧乙酸异辛酯原药

GB/T 39651 三环唑

GB/T 39671 咪鲜胺

HG/T 2206 甲霜灵原药

HG/T 2213 禾草丹原药

HG/T 2844　甲氰菊酯原药

HG/T 3293　三唑酮原药

HG/T 3304　稻瘟灵原药

HG/T 3625　丙溴磷原药

HG/T 3719　苯噻酰草胺原药

HG/T 3759　喹禾灵原药

HG/T 3765　炔螨特原药

HG/T 3885　异丙草胺·莠去津悬乳剂

HG/T 4466　辛酰溴苯腈原药

HG/T 4468　草除灵原药

HG/T 4575　氯氟醚菊酯原药

HG/T 4925　右旋胺菊酯原药

HG/T 4937　2,4-滴异辛酯原药

HG/T 5124　乙氧氟草醚原药

HG/T 5425　精异丙甲草胺原药

HG/T 5429　氟环唑原药

HG/T 5442　四氟苯菊酯原药

HG/T 5446　苦参碱可溶液剂

NY/T 3572　右旋苯醚菊酯原药

NY/T 3576　丙草胺原药

NY/T 3594　精喹禾灵原药

NY/T 3774　氟硅唑原药

NY/T 3999　腐霉利原药

NY/T 4005　己唑醇原药

NY/T 4007　炔丙菊酯原药

NY/T 4013　噻呋酰胺原药

NY/T 4092　右旋苯醚氰菊酯原药

3　术语和定义

本文件没有需要界定的术语和定义。

4　通用要求

警告：使用本文件的人员应有实验室工作的实践经验。本文件并未指出所有的安全问题。使用者有责任采取适当的安全和健康措施。

4.1　试剂和溶液

本文件所用试剂，在没有注明其他要求时，均指分析纯试剂；内标物应不含有干扰分析的杂质。

4.2　仪器

本文件测定有效成分含量所用分析仪器，在没有注明其他要求时，均指具有氢火焰离子化检测器和分流/不分流进样口的气相色谱仪。

4.3　色谱柱

本文件采用毛细管色谱柱对有效成分进行气相色谱分离。应根据被分离物质的性质选择合适的毛细管色谱柱，内径一般为 0.25 mm、0.32 mm 或 0.53 mm，柱长 5 m～60 m，内壁经涂渍或交联固定液，固定液膜厚 0.1 μm～5.0 μm；常用的固定液有甲基聚硅氧烷、不同比例组成的苯基甲基聚硅氧烷、聚乙二醇等。

4.4 载气

应根据被分离物质的性质和检测器类型选择合适的载气,常用载气为氮气、氦气等。

4.5 溶液的制备

本文件除1-甲基环丙烯、氯化苦外,均采用气相色谱内标法测定农药产品中有效成分含量或混合体含量。本文件在试验方法中对所有农药品种内标法标样溶液制备过程进行了描述,未逐一描述试样溶液制备过程,以"注"的方式说明溶液制备的一些特殊要求;仅对个别农药品种特殊剂型的溶液制备过程进行了描述。

一般剂型内标法试样溶液制备过程:称取适量试样(保证试样溶液和标样溶液浓度一致),置于容量瓶中,用与标样同一支移液管加入相同体积的内标溶液,用适宜溶剂稀释至刻度,并视情况进行超声或过滤处理。

部分剂型的试样溶液制备可采用特殊的方法,例如:

a) 对于在溶液制备过程中不易分散的液体制剂,宜加入适量N,N-二甲基甲酰胺使试样分散后,再进行溶液制备;

b) 颗粒剂、片状制剂、饵剂、蚊香等不均匀固体制剂通常需要研磨后再取样;

c) 低含量固体制剂,称样量对定容体积有影响的,应采用添加定量溶剂法;

d) 超低含量液体制剂,称取适量试样后将其浓缩至近干后,再进行溶液制备;

e) 杀虫气雾剂可按GB 24330—2020中D.6.1.1对试样进行预处理后再取样;

f) 使用正相高效液相色谱法对水基试样进行异构体分离和测定时,宜采用适当方法除去试样中的水分,如溶剂萃取或添加干燥剂等。

4.6 测定

4.6.1 色谱条件的优化

本文件中测定农药产品中有效成分含量的操作条件是典型的,给出色谱柱的具体型号只是为了方便本文件的使用,并不表示仅认可该色谱柱,使用者可选择具有同等效果的色谱柱;在实际应用中,色谱柱内径与长度、膜厚、载气及流量、分流比和温度,可根据不同仪器、不同剂型产品特点作适当调整,以期获得最佳效果。

本文件一般采用恒温色谱条件测定农药产品中有效成分含量,实际应用时可根据情况,在目标物和内标物出峰后,采用适当的程序升温,确保干扰物完全流出色谱柱,避免影响后续测定。

4.6.2 色谱系统的平衡与进样

在规定的操作条件下,待仪器稳定后,连续注入数针标样溶液,直至相邻两针目标物与内标物峰面积比(或目标物峰面积)相对变化小于1.2%时,按照标样溶液、试样溶液、试样溶液、标样溶液的顺序进行测定。

4.7 计算

4.7.1 说明

本文件除1-甲基环丙烯、氯化苦外,均采用内标法测定农药产品中有效成分含量或混合体含量,计算见4.7.2。当有效成分存在对映异构体时,可先采用内标法测定混合体含量,再通过手性分离测定异构体比例(计算参考4.7.3),最后用混合体含量乘以异构体比例,计算得到有效成分含量。

4.7.2 内标法

将测得的两针试样溶液以及试样前后两针标样溶液中目标物与内标物峰面积比分别进行平均。试样中目标物的质量分数按公式(1)计算。

$$\omega_1 = \frac{r_2 \times m_1 \times \omega}{r_1 \times m_2} \quad \text{...} (1)$$

式中:

ω_1——试样中目标物的质量分数,以百分数(%)表示;

r_2——试样溶液中目标物与内标物峰面积比的平均值;

m_1——标样质量的数值,单位为克(g);

ω——标样中目标物的质量分数,以百分数(%)表示;

r_1——标样溶液中目标物与内标物峰面积比的平均值;

m_2——试样质量的数值,单位为克(g)。

注1:如目标物存在异构体,质量分数计算公式应乘以相应异构体比例系数;异构体比例计算参考4.7.3。

注1:如标样、试样溶液制备时存在稀释的情况,质量分数计算公式应考虑稀释倍数。

注2:如标样和试样中目标物存在形式不同时,质量分数计算公式应考虑分子量换算系数。

4.7.3 异构体比例

试样中目标物的比例按公式(2)计算。

$$K = \frac{A_1}{A_1 + A_2} \quad\cdots\cdots\cdots\cdots\cdots\cdots\cdots\cdots\cdots\cdots\cdots\cdots\cdots\cdots\cdots\cdots\cdots\cdots\cdots\cdots (2)$$

式中:

K——试样中目标物的比例;

A_1——试样溶液中目标物峰面积的平均值;

A_2——试样溶液中目标物异构体峰面积的平均值。

注:若目标物具有多个手性中心,计算异构体比例时应加和目标物峰面积和所有异构体峰面积。

5 试验方法

5.1 1-甲基环丙烯(1-methylcyclopropene)

5.1.1 方法提要

试样用水溶解,使用 PoraBOND Q 毛细管柱和氢火焰离子化检测器,以顺-2-丁烯为标样,对试样中的 1-甲基环丙烯进行气相色谱分离和测定。

注:本方法参照 CIPAC 767/VP/(M)。

5.1.2 试剂和溶液

5.1.2.1 水:超纯水或新蒸二次蒸馏水。

5.1.2.2 顺-2-丁烯标样:已知质量分数,$\omega \geqslant 99.0\%$,在气体采样袋中储存。

5.1.3 仪器和设备

5.1.3.1 气相色谱仪:具有氢火焰离子化检测器和分流/不分流进样口,使用无石英棉直通型衬管。

5.1.3.2 色谱柱:25 m×0.25 mm(内径)PoraBOND Q 毛细管柱,膜厚 3 μm。

5.1.3.3 气密注射器:0.25 mL,带 5 cm 侧孔注射针。

5.1.3.4 波士顿圆形瓶:250 mL,具 24 mm-400 螺纹口。

5.1.3.5 Mininer 气密阀:具 24 mm-400 螺口盖。

5.1.3.6 玻璃或塑料注射器:2 mL,带 22G 或 25G 注射针。

5.1.3.7 往复式或回旋式振荡器。

5.1.4 操作条件

5.1.4.1 温度:柱室 75 ℃保持 1 min,以 5 ℃/min 升温至 110 ℃保持 0 min;气化室 75 ℃,检测器室 200 ℃。

5.1.4.2 气体流量(mL/min):载气(He)3.0,氢气 45,空气 400。

5.1.4.3 分流比:20∶1。

5.1.4.4 进样体积:0.25 mL。

5.1.4.5 保留时间(min):1-甲基环丙烯约 6.1,顺-2-丁烯约 6.8。

5.1.5 溶液的制备

称取 0.013 g～0.021 g(精确至 0.000 01 g)试样,置于 250 mL 波士顿圆形瓶中,用 Mininer 气密阀 密封瓶子。用注射器量取 2 mL 水,打开阀门注入样品瓶中,然后关闭阀门。用气密注射器从气体采样袋 中准确量取 0.25 mL 顺-2-丁烯标样(记录环境温度和大气压力),打开阀门注入样品瓶中,然后关闭阀门。

用手轻摇样品瓶,直至所有试样粉末润湿,然后将样品瓶置于振荡器上,混合 60 min～90 min 后,立即用另一支气密注射器从样品瓶中准确量取 0.25 mL 顶空气体进行测定。

5.1.6 测定

在上述色谱操作条件下,待仪器稳定后,连续注入数针试样,直至相邻两针 1-甲基环丙烯与顺-2-丁烯峰面积比相对变化小于 1.0% 时,重复进样 2 次进行测定。

5.1.7 计算

按公式(3)计算顺-2-丁烯的物质的量,再以此值按公式(4)计算试样中 1-甲基环丙烯的质量分数。

$$n = \frac{p \times V \times P}{R \times T} \quad\cdots\cdots\cdots\cdots\cdots\cdots\cdots\cdots\cdots\cdots\cdots\cdots\cdots (3)$$

式中:

n ——顺-2-丁烯物质的量的数值,单位为摩尔(mol);

p ——取样时顺-2-丁烯大气压力的数值,单位为千帕(kPa);

V ——注入样品瓶中顺-2-丁烯体积的数值,单位为升(L)($V=0.000\ 25$);

P ——标样中顺-2-丁烯的质量分数,以小数表示;

R ——通用气体常数,单位为升·千帕每开尔文每摩尔[L·kPa/(K·mol)]($R=8.314\ 47$);

T ——取样时顺-2-丁烯温度的数值,单位为开尔文(K);

$$\omega_2 = \frac{H_w \times n \times f \times M}{I_q \times w} \times 100 \quad\cdots\cdots\cdots\cdots\cdots\cdots\cdots\cdots\cdots\cdots (4)$$

式中:

ω_2 ——试样中 1-甲基环丙烯的质量分数,以百分数(%)表示;

H_w ——试样中 1-甲基环丙烯的峰面积;

f ——顺-2-丁烯/1-甲基环丙烯的相对响应因子($f=1.034$);

M ——1-甲基环丙烯摩尔质量的数值,单位为克每摩尔(g/mol)($M=54.09$);

I_q ——试样中顺-2-丁烯的峰面积;

w ——试样质量的数值,单位为克(g)。

5.2 2,4-滴丁酯(2,4-D butylate)

按 GB/T 22600 中"2,4-滴丁酯质量分数的测定"进行。

5.3 2,4-滴异辛酯(2,4-D-ethylhexyl)

按 HG/T 4937 中"2,4-滴异辛酯质量分数的测定"进行。

5.4 2甲4氯异辛酯(MCPA-isooctyl)

5.4.1 方法提要

试样用丙酮溶解,以邻苯二甲酸二丁酯为内标物,使用 HP-5 毛细管柱和氢火焰离子化检测器,对试样中的 2甲4氯异辛酯进行气相色谱分离,内标法定量。

5.4.2 试剂和溶液

5.4.2.1 丙酮。

5.4.2.2 内标物:邻苯二甲酸二丁酯。

5.4.2.3 内标溶液:称取 5.0 g 邻苯二甲酸二丁酯,置于 500 mL 容量瓶中,用丙酮溶解并稀释至刻度,摇匀。

5.4.2.4 2甲4氯异辛酯标样:已知质量分数,$\omega \geqslant 98.0\%$。

5.4.3 操作条件

5.4.3.1 色谱柱:30 m×0.32 mm(内径)HP-5 毛细管柱,膜厚 0.25 μm。

5.4.3.2 温度(℃):柱室 200,气化室 250,检测器室 250。

5.4.3.3 气体流量(mL/min):载气(N₂)2.0,氢气 30,空气 300。

5.4.3.4 分流比:10:1。

5.4.3.5　进样体积:1.0 μL。

5.4.3.6　保留时间(min):邻苯二甲酸二丁酯约4.7,2甲4氯异辛酯约7.6。

5.4.4　溶液的制备

称取0.05 g(精确至0.000 1 g)2甲4氯异辛酯标样,置于50 mL容量瓶中,用移液管加入5 mL内标溶液,用丙酮稀释至刻度,摇匀。

5.5　d-柠檬烯(d-limonene)

5.5.1　方法提要

试样用丙酮溶解,以乙酸丁酯为内标物,使用β-DEX 120毛细管柱和氢火焰离子化检测器,对试样中的d-柠檬烯进行气相色谱手性分离,内标法定量。

5.5.2　试剂和溶液

5.5.2.1　丙酮。

5.5.2.2　内标物:乙酸丁酯。

5.5.2.3　内标溶液:称取5.0 g乙酸丁酯,置于500 mL容量瓶中,用丙酮溶解并稀释至刻度,摇匀。

5.5.2.4　d-柠檬烯标样:已知质量分数,$\omega \geqslant 98.0\%$。

5.5.3　操作条件

5.5.3.1　色谱柱:30 m×0.25 mm(内径)β-DEX 120毛细管柱,膜厚0.25 μm。

5.5.3.2　温度(℃):柱室80,气化室210,检测器室230。

5.5.3.3　气体流量(mL/min):载气(N_2)1.0,氢气30,空气300。

5.5.3.4　分流比:20∶1。

5.5.3.5　进样体积:1.0 μL。

5.5.3.6　保留时间(min):乙酸丁酯6.6,l-柠檬烯约21.4,d-柠檬烯约21.9。

5.5.4　溶液的制备

称取0.025 g(精确至0.000 01 g)d-柠檬烯标样,置于25 mL容量瓶中,用移液管加入5 mL内标溶液,用丙酮稀释至刻度,摇匀。

5.6　Es-生物烯丙菊酯(esbiothrin)

5.6.1　烯丙菊酯质量分数的测定

5.6.1.1　方法提要

试样用丙酮溶解,以间三联苯为内标物,使用DB-FFAP毛细管柱和氢火焰离子化检测器,对试样中的烯丙菊酯进行气相色谱分离,内标法定量。也可按GB/T 34153中"烯丙菊酯质量分数的测定"进行。

注:本方法参照CIPAC 751/TC/M。

5.6.1.2　试剂和溶液

5.6.1.2.1　丙酮。

5.6.1.2.2　内标物:间三联苯。

5.6.1.2.3　内标溶液:称取6.0 g间三联苯,置于500 mL容量瓶中,用丙酮溶解并稀释至刻度,摇匀。

5.6.1.2.4　烯丙菊酯标样:已知质量分数,$\omega \geqslant 98.0\%$。

5.6.1.3　操作条件

5.6.1.3.1　色谱柱:30 m×0.25 mm(内径)DB-FFAP毛细管柱,膜厚0.25 μm。

5.6.1.3.2　温度(℃):柱室240,气化室250,检测器室250。

5.6.1.3.3　气体流量(mL/min):载气(He)1.0,氢气30,空气300。

5.6.1.3.4　分流比:100∶1。

5.6.1.3.5　进样体积:1.0 μL。

5.6.1.3.6　保留时间(min):烯丙菊酯约4.5,间三联苯约10.7。

5.6.1.4 溶液的制备

称取 0.1 g(精确至 0.000 1 g)烯丙菊酯标样,置于 100 mL 容量瓶中,用移液管加入 5 mL 内标溶液,用丙酮稀释至刻度,摇匀。

5.6.2 *Es*-生物烯丙菊酯比例的测定

5.6.2.1 方法提要

试样用正己烷溶解,以正己烷+乙醇为流动相,使用以 SUMICHIRAL OA-2000 I 为填料的不锈钢柱和紫外检测器,在波长 230 nm 下对试样中的 *Es*-生物烯丙菊酯进行正相高效液相色谱手性分离和测定。

注:本方法参照 CIPAC 751/TC/M。

5.6.2.2 试剂和溶液

5.6.2.2.1 正己烷:色谱级。

5.6.2.2.2 乙醇:色谱级。

5.6.2.3 仪器

5.6.2.3.1 高效液相色谱仪:具有可变波长紫外检测器。

5.6.2.3.2 色谱数据处理机或色谱工作站。

5.6.2.3.3 色谱柱:250 mm×4.0 mm(内径)不锈钢柱,内装 SUMICHIRAL OA-2000 I、5 μm 填充物,两根串联。

5.6.2.3.4 过滤器:滤膜孔径约 0.45 μm。

5.6.2.4 操作条件

5.6.2.4.1 流动相:φ(正己烷:乙醇)=1 000:1。

5.6.2.4.2 流速:1.0 mL/min。

5.6.2.4.3 柱温:室温(温度变化应不大于 2 ℃)。

5.6.2.4.4 检测波长:230 nm。

5.6.2.4.5 进样体积:2 μL。

5.6.2.4.6 保留时间(min):烯丙菊酯 *cis* 体约 43.4,烯丙菊酯(1*R-trans*,*S*)体约 47.1,烯丙菊酯(1*S-trans*,*R*)体约 49.2,烯丙菊酯(1*R-trans*,*R*)体约 51.6,烯丙菊酯(1*S-trans*,*S*)体约 54.1。

注:计算 *Es*-生物烯丙菊酯比例时,目标物峰面积为保留时间 47.1 min、51.6 min 两个峰面积之和。

5.6.2.5 溶液的制备

称取含 0.025 g(精确至 0.000 1 g)*Es*-生物烯丙菊酯的试样,置于 100 mL 容量瓶中,用流动相稀释至刻度,摇匀。

5.7 *S*-氰戊菊酯(esfenvalerate)

5.7.1 氰戊菊酯质量分数的测定

5.7.1.1 方法提要

试样用丙酮溶解,以邻苯二甲酸二辛酯为内标物,使用 DB-1 毛细管柱和氢火焰离子化检测器,对试样中的氰戊菊酯进行气相色谱分离,内标法定量。也可按 5.137 进行测定。

注:本方法参照 CIPAC 481/TC/(M)。

5.7.1.2 试剂和溶液

5.7.1.2.1 丙酮。

5.7.1.2.2 内标物:邻苯二甲酸二辛酯。

5.7.1.2.3 内标溶液:称取 5.0 g 邻苯二甲酸二辛酯,置于 500 mL 容量瓶中,用丙酮溶解并稀释至刻度,摇匀。

5.7.1.2.4 氰戊菊酯标样:已知质量分数,$\omega \geqslant 98.0\%$。

5.7.1.3 操作条件

5.7.1.3.1 色谱柱:30 m×0.25 mm(内径)DB-1 毛细管柱,膜厚 0.25 μm。

5.7.1.3.2 温度(℃):柱室265,气化室290,检测器室290。

5.7.1.3.3 气体流量(mL/min):载气(He)1.0,氢气30,空气300。

5.7.1.3.4 分流比:100:1。

5.7.1.3.5 进样体积:1.0 μL。

5.7.1.3.6 保留时间(min):邻苯二甲酸二辛酯约8.0,氰戊菊酯非对映体A($SR+RS$)约11.8,氰戊菊酯非对映体B($SS+RR$)约12.5。

注:计算氰戊菊酯含量时,目标物峰面积为非对映体A、非对映体B两个峰面积之和。

5.7.1.4 溶液的制备

称取0.1 g(精确至0.000 1 g)氰戊菊酯标样,置于100 mL容量瓶中,用移液管加入10 mL内标溶液,用丙酮稀释至刻度,摇匀。

5.7.2 S-氰戊菊酯比例的测定

5.7.2.1 方法提要

试样用正己烷溶解,以正己烷+乙醇为流动相,使用以SUMICHIRAL OA-2000为填料的不锈钢柱和紫外检测器,在波长278 nm下对试样中的S-氰戊菊酯进行正相高效液相色谱手性分离和测定。

注:本方法参照CIPAC 481/TC/(M)。

5.7.2.2 试剂和溶液

5.7.2.2.1 正己烷:色谱级。

5.7.2.2.2 异丙醇:色谱级。

5.7.2.2.3 稀释溶剂:Ψ(正己烷:异丙醇)=975:25。

5.7.2.3 仪器

5.7.2.3.1 高效液相色谱仪:具有可变波长紫外检测器。

5.7.2.3.2 色谱数据处理机或色谱工作站。

5.7.2.3.3 色谱柱:250 mm×4.0 mm(内径)不锈钢柱,内装SUMICHIRAL OA-2000,5 μm填充物。

5.7.2.3.4 过滤器:滤膜孔径约0.45 μm。

5.7.2.4 操作条件

5.7.2.4.1 流动相:ψ(正己烷:异丙醇)=1 000:2。

5.7.2.4.2 流速:1.0 mL/min。

5.7.2.4.3 柱温:室温(温度变化应不大于2 ℃)。

5.7.2.4.4 检测波长:278 nm。

5.7.2.4.5 进样体积:10 μL。

5.7.2.4.6 保留时间(min):R,S-异构体约23.6,S,R-异构体约25.1,S,S-异构体(S-氰戊菊酯)约27.3,R,R-异构体约30.5。

5.7.2.5 溶液的制备

称取含0.01 g(精确至0.000 1 g)S-氰戊菊酯的试样,置于50 mL容量瓶中,用稀释溶剂稀释至刻度,摇匀。

5.8 S-生物烯丙菊酯(S-bioallethrin)

5.8.1 烯丙菊酯质量分数的测定

5.8.1.1 方法提要

试样用丙酮溶解,以间三联苯为内标物,使用DB-FFAP毛细管柱和氢火焰离子化检测器,对试样中的烯丙菊酯进行气相色谱分离,内标法定量。也可按GB/T 34153中"烯丙菊酯质量分数的测定"进行。

注:本方法参照CIPAC 750/TC/M。

5.8.1.2 试剂和溶液

5.8.1.2.1 丙酮。

5.8.1.2.2 内标物:间三联苯。

5.8.1.2.3 内标溶液:称取 6.0 g 间三联苯,置于 500 mL 容量瓶中,用丙酮溶解并稀释至刻度,摇匀。

5.8.1.2.4 烯丙菊酯标样:已知质量分数,$\omega \geqslant 98.0\%$。

5.8.1.3 操作条件

5.8.1.3.1 色谱柱:30 m×0.25 mm(内径)DB-FFAP 毛细管柱,膜厚 0.25 μm。

5.8.1.3.2 温度(℃):柱室 240,气化室 250,检测器室 250。

5.8.1.3.3 气体流量(mL/min):载气(He)1.0,氢气 30,空气 300。

5.8.1.3.4 分流比:100∶1。

5.8.1.3.5 进样体积:1.0 μL。

5.8.1.3.6 保留时间(min):烯丙菊酯约 4.5,间三联苯 10.7。

5.8.1.4 溶液的制备

称取 0.1 g(精确至 0.000 1 g)烯丙菊酯标样,置于 100 mL 容量瓶中,用移液管加入 5 mL 内标溶液,用丙酮稀释至刻度,摇匀。

5.8.2 *S*-生物烯丙菊酯比例的测定

5.8.2.1 方法提要

试样用正己烷溶解,以正己烷+乙醇为流动相,使用以 SUMICHIRAL OA-2000 Ⅰ 为填料的不锈钢柱和紫外检测器,在波长 230 nm 下对试样中的 *S*-生物烯丙菊酯进行正相高效液相色谱手性分离和测定。

注:本方法参照 CIPAC 750/TC/M。

5.8.2.2 试剂和溶液

5.8.2.2.1 正己烷:色谱级。

5.8.2.2.2 乙醇:色谱级。

5.8.2.3 操作条件

5.8.2.3.1 流动相:φ(正己烷∶乙醇)=1 000∶1。

5.8.2.3.2 色谱柱:250 mm×4.0 mm(内径)不锈钢柱,内装 SUMICHIRAL OA-2000 Ⅰ、5 μm 填充物,两根串联。

5.8.2.3.3 流速:1.0 mL/min。

5.8.2.3.4 柱温:室温(温度变化应不大于 2 ℃)。

5.8.2.3.5 检测波长:230 nm。

5.8.2.3.6 进样体积:2 μL。

5.8.2.3.7 保留时间(min):烯丙菊酯 *cis* 体约 43.4,烯丙菊酯(1R-*trans*,S)体约 47.1,烯丙菊酯(1S-*trans*,R)体约 49.2,烯丙菊酯(1R-*trans*,R)体约 51.6,烯丙菊酯(1S-*trans*,S)体约 54.1。

注:计算 *S*-生物烯丙菊酯比例时,目标物峰面积为保留时间 47.1 min 的峰面积。

5.8.2.4 溶液的制备

称取含 0.025 g(精确至 0.000 1 g)*S*-生物烯丙菊酯的试样,置于 100 mL 容量瓶中,用流动相稀释至刻度,摇匀。

5.9 *S*-烯虫酯(*S*-methoprene)

5.9.1 烯虫酯质量分数的测定

5.9.1.1 方法提要

试样用乙酸乙酯溶解,以癸二酸二丁酯为内标物,使用 HP-5 毛细管柱和氢火焰离子化检测器,对试样中的烯虫酯进行气相色谱分离,内标法定量。

5.9.1.2 试剂和溶液

5.9.1.2.1 乙酸乙酯。

5.9.1.2.2 内标物:癸二酸二丁酯。

5.9.1.2.3 内标溶液:称取 2.5 g 癸二酸二丁酯,置于 500 mL 容量瓶中,用乙酸乙酯溶解并稀释至刻度,摇匀。

5.9.1.2.4 S-烯虫酯标样:已知烯虫酯质量分数,$\omega \geqslant 98.0\%$。

5.9.1.3 操作条件

5.9.1.3.1 色谱柱:30 m×0.32 mm(内径)HP-5 毛细管柱,膜厚 0.25 μm。

5.9.1.3.2 温度(℃):柱室 240,气化室 270,检测器室 270。

5.9.1.3.3 气体流量(mL/min):载气(N_2)1.2,氢气 30,空气 300。

5.9.1.3.4 分流比:20∶1。

5.9.1.3.5 进样体积:1.0 μL。

5.9.1.3.6 保留时间(min):烯虫酯约 3.9,癸二酸二丁酯约 4.4。

5.9.1.4 溶液的制备

称取 0.025 g(精确至 0.000 01 g)S-烯虫酯标样,置于 50 mL 容量瓶中,用移液管加入 5 mL 内标溶液,用乙酸乙酯稀释至刻度,摇匀。

注:制备微囊悬浮剂试样溶液时,在(45±2)℃条件下超声波振荡 45 min。

5.9.2 S-烯虫酯比例的测定

5.9.2.1 方法提要

试样用正己烷溶解,以正己烷+异丙醇为流动相,使用以 CHIRALPAK AD-H 为填料的不锈钢柱和紫外检测器,在波长 270 nm 下对试样中的 S-烯虫酯进行正相高效液相色谱手性分离和测定。

5.9.2.2 试剂和溶液

5.9.2.2.1 正己烷:色谱级。

5.9.2.2.2 异丙醇:色谱级。

5.9.2.3 操作条件

5.9.2.3.1 流动相:φ(正己烷∶异丙醇)=99.5∶0.5。

5.9.2.3.2 色谱柱:250 mm×4.6 mm(内径)不锈钢柱,内装 CHIRALPAK AD-H、5 μm 填充物。

5.9.2.3.3 流速:1.0 mL/min。

5.9.2.3.4 柱温:室温(温度变化应不大于 2 ℃)。

5.9.2.3.5 检测波长:270 nm。

5.9.2.3.6 进样体积:10 μL。

5.9.2.3.7 保留时间(min):S-烯虫酯约 6.9,R-烯虫酯约 7.5。

5.9.2.4 溶液的制备

称取含 0.01 g(精确至 0.000 1 g)S-烯虫酯的试样,置于 50 mL 容量瓶中,用正己烷稀释至刻度,摇匀。

5.10 α-氯代醇(3-chloropropan-1,2-diol)

5.10.1 方法提要

试样用甲醇溶解,以苯甲酸甲酯为内标物,使用 DB-17 毛细管柱和氢火焰离子化检测器,对试样中的α-氯代醇进行气相色谱分离,内标法定量。

5.10.2 试剂和溶液

5.10.2.1 甲醇。

5.10.2.2 丙酮。

5.10.2.3 内标物:苯甲酸甲酯。

5.10.2.4 内标溶液:称取 0.5 g 苯甲酸甲酯,置于 500 mL 容量瓶中,用丙酮溶解并稀释至刻度,摇匀。

5.10.2.5 α-氯代醇标样:已知质量分数,ω≥98.0%。

5.10.3 操作条件

5.10.3.1 色谱柱:30 m×0.32 mm(内径)DB-17 毛细管柱,膜厚 0.25 μm。

5.10.3.2 温度(℃):柱室 105,气化室 260,检测器室 280。

5.10.3.3 气体流量(mL/min):载气(N₂)1.0,氢气 40,空气 300。

5.10.3.4 分流比:10∶1。

5.10.3.5 进样体积:1.0 μL。

5.10.3.6 保留时间(min):α-氯代醇约 3.0,苯甲酸甲酯约 5.0。

5.10.4 溶液的制备

　　称取 0.05 g(精确至 0.000 1 g)α-氯代醇标样,置于 50 mL 容量瓶中,用移液管加入 20 mL 内标溶液,用甲醇稀释至刻度,摇匀。

　　注 1:通过试验表明,纯甲醇体系分析时色谱峰形较差,加入适量丙酮有助于改善峰形、保护色谱柱,因此配制内标溶液时以丙酮为溶剂。

　　注 2:制备 α-氯代醇饵剂试样溶液时,将试样研磨成粉末,以具塞锥形瓶为容器,超声波振荡 2 h。

5.11 桉油精(eucalyptol)

5.11.1 方法提要

　　试样用丙酮溶解,以氯苯为内标物,使用 DB-17 毛细管柱和氢火焰离子化检测器,对试样中的桉油精进行气相色谱分离,内标法定量。

5.11.2 试剂和溶液

5.11.2.1 丙酮。

5.11.2.2 内标物:氯苯。

5.11.2.3 内标溶液:称取 4.0 g 氯苯,置于 500 mL 容量瓶中,用丙酮溶解并稀释至刻度,摇匀。

5.11.2.4 桉油精标样:已知质量分数,ω≥98.0%。

5.11.3 操作条件

5.11.3.1 色谱柱:30 m×0.25 mm(内径)DB-17 毛细管柱,膜厚 0.25 μm。

5.11.3.2 温度(℃):柱室 80,气化室 250,检测器室 260。

5.11.3.3 气体流量(mL/min):载气(N₂)1.0,氢气 30,空气 300。

5.11.3.4 分流比:10∶1。

5.11.3.5 进样体积:1.0 μL。

5.11.3.6 保留时间(min):氯苯约 4.9,桉油精约 9.6。

5.11.4 溶液的制备

5.11.4.1 标样溶液的制备

　　称取 0.04 g(精确至 0.000 01 g)桉油精标样,置于 50 mL 容量瓶中,用移液管加入 5 mL 内标溶液,用丙酮稀释至刻度,摇匀。

5.11.4.2 挥散芯试样溶液的制备

　　称取 1 片包装完好的桉油精挥散芯试样 m_1(精确至 0.000 1 g),打开包装迅速取出挥散芯,置于 50 mL 具塞锥形瓶中,加入 30 mL 丙酮,超声波振荡 10 min,冷却至室温。将提取液转移至 50 mL 容量瓶中,用 5 mL 丙酮洗涤锥形瓶 2 次,将洗液置于容量瓶中,用移液管加入 5 mL 内标溶液,用丙酮稀释至刻度,摇匀。

　　称量挥散芯包装袋质量 m_0(精确至 0.000 1 g),用减量法计算挥散芯质量 m($m=m_1-m_0$)。

　　注:本方法适用于片状挥散芯试样。制备桉油精挥散芯试样溶液时,因该产品具有强烈的挥发性,所以采用减量法称样。

5.12 氨氟乐灵(prodiamine)

5.12.1 方法提要

试样用丙酮溶解,以邻苯二甲酸二烯丙酯为内标物,使用 DB-5 毛细管柱和氢火焰离子化检测器,对试样中的氨氟乐灵进行气相色谱分离,内标法定量。

5.12.2 试剂和溶液

5.12.2.1 丙酮。

5.12.2.2 内标物:邻苯二甲酸二烯丙酯。

5.12.2.3 内标溶液:称取 4.0 g 邻苯二甲酸二烯丙酯,置于 500 mL 容量瓶中,用丙酮溶解并稀释至刻度,摇匀。

5.12.2.4 氨氟乐灵标样:已知质量分数,$\omega \geqslant 98.0\%$。

5.12.3 操作条件

5.12.3.1 色谱柱:30 m×0.32 mm(内径)DB-5 毛细管柱,膜厚 0.25 μm。

5.12.3.2 温度(℃):柱室 190,气化室 250,检测器室 280。

5.12.3.3 气体流量(mL/min):载气(N_2)2.0,氢气 30,空气 300。

5.12.3.4 分流比:20∶1。

5.12.3.5 进样体积:1.0 μL。

5.12.3.6 保留时间(min):邻苯二甲酸二烯丙酯约 3.5,氨氟乐灵约 6.0。

5.12.4 溶液的制备

称取 0.05 g(精确至 0.000 1 g)氨氟乐灵标样,置于 50 mL 容量瓶中,用移液管加入 5 mL 内标溶液,用丙酮稀释至刻度,摇匀。

5.13 胺菊酯(tetramethrin)

按 GB/T 29380 中"胺菊酯质量分数的测定"进行。

5.14 胺鲜酯柠檬酸盐(diethyl aminoethyl hexanoate-citrate)

5.14.1 胺鲜酯质量分数的测定

5.14.1.1 方法提要

试样用丙酮溶解,以邻苯二甲酸二乙酯为内标物,使用 HP-5 毛细管柱和氢火焰离子化检测器,对试样中的胺鲜酯进行气相色谱分离,内标法定量。

5.14.1.2 试剂和溶液

5.14.1.2.1 丙酮。

5.14.1.2.2 内标物:邻苯二甲酸二乙酯。

5.14.1.2.3 内标溶液:称取 5.0 g 邻苯二甲酸二乙酯,置于 500 mL 容量瓶中,用丙酮溶解并稀释至刻度,摇匀。

5.14.1.2.4 胺鲜酯标样:已知质量分数,$\omega \geqslant 98.0\%$。

5.14.1.3 操作条件

5.14.1.3.1 色谱柱:30 m×0.32 mm(内径)HP-5 毛细管柱,膜厚 0.25 μm。

5.14.1.3.2 温度:柱室 160 ℃保持 2 min,以 30 ℃/min 升温至 280 ℃保持 5 min;气化室 285 ℃,检测器室 300 ℃。

5.14.1.3.3 气体流量(mL/min):载气(N_2)2.0,氢气 30,空气 400。

5.14.1.3.4 分流比:20∶1。

5.14.1.3.5 进样体积:1.0 μL。

5.14.1.3.6 保留时间(min):胺鲜酯约 4.8,邻苯二甲酸二乙酯约 6.2。

5.14.1.4 溶液的制备

称取 0.05 g(精确至 0.000 1 g)胺鲜酯标样,置于 25 mL 容量瓶中,用移液管加入 5 mL 内标溶液,用丙酮稀释至刻度,摇匀。

5.14.2 柠檬酸质量分数的测定

5.14.2.1 方法提要

试样用水溶解,以甲醇+磷酸二氢钾缓冲液为流动相,使用以 BP-C₁₈ 为填料的不锈钢柱和紫外检测器,在波长 210 nm 下对试样中的柠檬酸进行反相高效液相色谱分离,外标法定量。

5.14.2.2 试剂和溶液

5.14.2.2.1 甲醇:色谱级。

5.14.2.2.2 水:超纯水或新蒸二次蒸馏水。

5.14.2.2.3 磷酸二氢钾:色谱级。

5.14.2.2.4 磷酸:色谱级。

5.14.2.2.5 磷酸二氢钾缓冲液:称取 2.47 g(精确至 0.001 g)磷酸二氢钾,溶于 1 000 mL 水中,用磷酸调 pH 至 2.2,混合均匀。

5.14.2.2.6 柠檬酸一水合物标样:已知柠檬酸一水合物质量分数,$\omega \geq 98.0\%$。

5.14.2.3 操作条件

5.14.2.3.1 流动相:梯度洗脱条件见表 1。

表 1 柠檬酸梯度洗脱条件

时间 min	甲醇 %(V/V)	磷酸二氢钾缓冲液 %(V/V)
0.0	96	4
5.0	96	4
5.1	20	80
9.0	20	80
9.1	96	4
13.0	96	4

5.14.2.3.2 色谱柱:250 mm×4.6 mm(内径)不锈钢柱,内装 BP-C₁₈、5 μm 填充物。

5.14.2.3.3 流速:1.0 mL/min。

5.14.2.3.4 柱温:室温(温度变化应不大于 2 ℃)。

5.14.2.3.5 检测波长:210 nm。

5.14.2.3.6 进样体积:20 μL。

5.14.2.3.7 保留时间:柠檬酸约 6.1 min。

5.14.2.4 溶液的制备

5.14.2.4.1 标样溶液的制备

称取 0.1 g(精确至 0.000 1 g)柠檬酸一水合物标样,置于 50 mL 容量瓶中,加入 40 mL 水,超声振荡 5 min,冷却至室温,用水稀释至刻度,摇匀。

5.14.2.4.2 试样溶液的制备

称取含 0.1 g(精确至 0.000 1 g)柠檬酸的试样,置于 50 mL 容量瓶中,加入 40 mL 水,超声振荡 5 min,冷却至室温,用水稀释至刻度,摇匀,过滤。

5.14.2.5 计算

将测得的两针试样溶液以及试样前后两针标样溶液中柠檬酸峰面积分别进行平均。试样中柠檬酸的质量分数按公式(5)计算。

$$\omega_3 = \frac{A_4 \times m_3 \times \omega}{A_3 \times m_4} \times \frac{192.12}{210.13} \quad\cdots\cdots\cdots\cdots\cdots\cdots\cdots\cdots\cdots\cdots\cdots\cdots (5)$$

式中:

ω_3 ——试样中柠檬酸的质量分数,以百分数(%)表示;

A_4 ——试样溶液中柠檬酸峰面积的平均值;

m_3 ——标样质量的数值,单位为克(g);

ω ——标样中柠檬酸一水合物的质量分数,以百分数(%)表示;

A_3 ——标样溶液中柠檬酸峰面积的平均值;

m_4 ——试样质量的数值,单位为克(g);

192.12——柠檬酸的相对分子质量;

210.13——柠檬酸一水合物的相对分子质量。

5.15 百菌清(chlorothalonil)

按 GB/T 9551 中"百菌清质量分数的测定"进行。

5.16 拌种灵(amicarthiazol)

5.16.1 方法提要

试样用丙酮溶解,以邻苯二甲酸二烯丙酯为内标物,使用 DB-5 毛细管柱和氢火焰离子化检测器,对试样中的拌种灵进行气相色谱分离,内标法定量。

5.16.2 试剂和溶液

5.16.2.1 丙酮。

5.16.2.2 内标物:邻苯二甲酸二烯丙酯。

5.16.2.3 内标溶液:称取 0.8 g 邻苯二甲酸二烯丙酯,置于 500 mL 容量瓶中,用丙酮溶解并稀释至刻度,摇匀。

5.16.2.4 拌种灵标样:已知质量分数,$\omega \geqslant 98.0\%$。

5.16.3 操作条件

5.16.3.1 色谱柱:30 m×0.32 mm(内径)DB-5 毛细管柱,膜厚 0.25 μm。

5.16.3.2 温度:柱室 150 ℃保持 4 min,以 40 ℃/min升温至 260 ℃保持 12 min;气化室 250 ℃,检测器室 280 ℃。

5.16.3.3 气体流量(mL/min):载气(N_2)2.0,氢气 30,空气 300。

5.16.3.4 分流比:20:1。

5.16.3.5 进样体积:1.0 μL。

5.16.3.6 保留时间(min):邻苯二甲酸二烯丙酯约 6.1,拌种灵约 9.0。

5.16.4 溶液的制备

称取 0.01 g(精确至 0.000 01 g)拌种灵标样,置于 25 mL 容量瓶中,用移液管加入 5 mL 内标溶液,用丙酮稀释至刻度,摇匀。

5.17 倍硫磷(fenthion)

5.17.1 方法提要

试样用丙酮溶解,以邻苯二甲酸二(2-乙基己基)酯为内标物,使用 SE-54 毛细管柱和氢火焰离子化检测器,对试样中的倍硫磷进行气相色谱分离,内标法定量。

注:本方法参照 CIPAC 79/TC/M2。

5.17.2 试剂和溶液

5.17.2.1 丙酮。

5.17.2.2 内标物:邻苯二甲酸二(2-乙基己基)酯。

5.17.2.3 内标溶液:称取 5.0 g 邻苯二甲酸二(2-乙基己基)酯,置于 500 mL 容量瓶中,用丙酮溶解并稀释至刻度,摇匀。

5.17.2.4 倍硫磷标样:已知质量分数,$\omega \geqslant 98.0\%$。

5.17.3 操作条件

5.17.3.1 色谱柱:25 m×0.32 mm(内径)SE-54 毛细管柱,膜厚 0.17 μm。

5.17.3.2　温度(℃)：柱室 230，气化室 240，检测器室 300。

5.17.3.3　气体流量(mL/min)：载气(N₂)2.5，氢气 30，空气 400。

5.17.3.4　分流比：75∶1。

5.17.3.5　进样体积：1.0 μL。

5.17.3.6　保留时间(min)：倍硫磷约 1.2，邻苯二甲酸二(2-乙基己基)酯约 6.2。

5.17.4　溶液的制备

称取 0.05 g(精确至 0.000 1 g)倍硫磷标样，置于 50 mL 容量瓶中，用移液管加入 5 mL 内标溶液，用丙酮稀释至刻度，摇匀。

5.18　苯噻酰草胺(mefenacet)

按 HG/T 3719 中"苯噻酰草胺质量分数的测定"进行。

5.19　苯酰菌胺(zoxamide)

5.19.1　方法提要

试样用丙酮溶解，以邻苯二甲酸二辛酯为内标物，使用 HP-5 毛细管柱和氢火焰离子化检测器，对试样中的苯酰菌胺进行气相色谱分离，内标法定量。

5.19.2　试剂和溶液

5.19.2.1　丙酮。

5.19.2.2　内标物：邻苯二甲酸二辛酯。

5.19.2.3　内标溶液：称取 2.5 g 邻苯二甲酸二辛酯，置于 500 mL 容量瓶中，用丙酮溶解并稀释至刻度，摇匀。

5.19.2.4　苯酰菌胺标样：已知质量分数，ω≥98.0%。

5.19.3　操作条件

5.19.3.1　色谱柱：30 m×0.32 mm(内径)HP-5 毛细管柱，膜厚 0.25 μm。

5.19.3.2　温度(℃)：柱室 260，气化室 280，检测器室 280。

5.19.3.3　气体流量(mL/min)：载气(N₂)2.0，氢气 30，空气 300。

5.19.3.4　分流比：20∶1。

5.19.3.5　进样体积：1.0 μL。

5.19.3.6　保留时间(min)：苯酰菌胺约 4.7，邻苯二甲酸二辛酯约 5.9。

5.19.4　溶液的制备

称取 0.05 g(精确至 0.000 1 g)苯酰菌胺标样，置于 50 mL 容量瓶中，用移液管加入 5 mL 内标溶液，用丙酮稀释至刻度，摇匀。

5.20　苯线磷(fenamiphos)

5.20.1　方法提要

试样用丙酮溶解，以邻苯二甲酸二丁酯为内标物，使用 HP-5 毛细管柱和氢火焰离子化检测器，对试样中的苯线磷进行气相色谱分离，内标法定量。

5.20.2　试剂和溶液

5.20.2.1　丙酮。

5.20.2.2　内标物：邻苯二甲酸二丁酯。

5.20.2.3　内标溶液：称取 0.8 g 邻苯二甲酸二丁酯，置于 500 mL 容量瓶中，用丙酮溶解并稀释至刻度，摇匀。

5.20.2.4　苯线磷标样：已知质量分数，ω≥98.0%。

5.20.3　操作条件

5.20.3.1　色谱柱：30 m×0.32 mm(内径)HP-5 毛细管柱，膜厚 0.25 μm。

5.20.3.2　温度(℃):柱室 200,气化室 250,检测器室 280。

5.20.3.3　气体流量(mL/min):载气(N₂)2.0,氢气 30,空气 300。

5.20.3.4　分流比:20∶1。

5.20.3.5　进样体积:1.0 μL。

5.20.3.6　保留时间(min):邻苯二甲酸二丁酯约 4.5,苯线磷约 7.8。

5.20.4　溶液的制备

称取 0.02 g(精确至 0.000 01 g)苯线磷标样,置于 50 mL 容量瓶中,用移液管加入 10 mL 内标溶液,用丙酮稀释至刻度,摇匀。

5.21　苯氧威(fenoxycarb)

5.21.1　方法提要

试样用丙酮溶解,以磷酸三苯酯为内标物,使用 HP-5 毛细管柱和氢火焰离子化检测器,对试样中的苯氧威进行气相色谱分离,内标法定量。

5.21.2　试剂和溶液

5.21.2.1　丙酮。

5.21.2.2　内标物:磷酸三苯酯。

5.21.2.3　内标溶液:称取 4.0 g 磷酸三苯酯,置于 500 mL 容量瓶中,用丙酮溶解并稀释至刻度,摇匀。

5.21.2.4　苯氧威标样:已知质量分数,ω≥98.0%。

5.21.3　操作条件

5.21.3.1　色谱柱:30 m×0.32 mm(内径)HP-5 毛细管柱,膜厚 0.25 μm。

5.21.3.2　温度(℃):柱室 230,气化室 250,检测器室 280。

5.21.3.3　气体流量(mL/min):载气(N₂)2.0,氢气 30,空气 300。

5.21.3.4　分流比:20∶1。

5.21.3.5　进样体积:1.0 μL。

5.21.3.6　保留时间(min):磷酸三苯酯约 5.9,苯氧威约 6.9。

5.21.4　溶液的制备

称取 0.05 g(精确至 0.000 1 g)苯氧威标样,置于 50 mL 容量瓶中,用移液管加入 5 mL 内标溶液,用丙酮稀释至刻度,摇匀。

5.22　吡草醚(pyraflufen-ethyl)

5.22.1　方法提要

试样用丙酮溶解,以邻苯二甲酸二戊酯为内标物,使用 HP-5 毛细管柱和氢火焰离子化检测器,对试样中的吡草醚进行气相色谱分离,内标法定量。

5.22.2　试剂和溶液

5.22.2.1　丙酮。

5.22.2.2　内标物:邻苯二甲酸二戊酯。

5.22.2.3　内标溶液:称取 0.5 g 邻苯二甲酸二戊酯,置于 500 mL 容量瓶中,用丙酮溶解并稀释至刻度,摇匀。

5.22.2.4　吡草醚标样:已知质量分数,ω≥98.0%。

5.22.3　操作条件

5.22.3.1　色谱柱:30 m×0.32 mm(内径)HP-5 毛细管柱,膜厚 0.25 μm。

5.22.3.2　温度(℃):柱室 230,气化室 250,检测器室 280。

5.22.3.3　气体流量(mL/min):载气(N₂)2.0,氢气 30,空气 300。

5.22.3.4　分流比:20∶1。

5.22.3.5 进样体积:1.0 μL。

5.22.3.6 保留时间(min):邻苯二甲酸二戊酯约 3.6,吡草醚约 5.7。

5.22.4 溶液的制备

称取 0.01 g(精确至 0.000 01 g)吡草醚标样,置于 25 mL 容量瓶中,用移液管加入 5 mL 内标溶液,用丙酮稀释至刻度,摇匀。

5.23 吡唑萘菌胺(isopyrazam)

5.23.1 方法提要

试样用丙酮溶解,以邻苯二甲酸二辛酯为内标物,使用 HP-5 毛细管柱和氢火焰离子化检测器,对试样中的吡唑萘菌胺进行气相色谱分离,内标法定量。

5.23.2 试剂和溶液

5.23.2.1 丙酮。

5.23.2.2 内标物:邻苯二甲酸二辛酯。

5.23.2.3 内标溶液:称取 4.0 g 邻苯二甲酸二辛酯,置于 500 mL 容量瓶中,用丙酮溶解并稀释至刻度,摇匀。

5.23.2.4 吡唑萘菌胺标样:已知质量分数,ω≥98.0%。

5.23.3 操作条件

5.23.3.1 色谱柱:30 m×0.32 mm(内径)HP-5 毛细管柱,膜厚 0.25 μm。

5.23.3.2 温度(℃):柱室 250,气化室 280,检测器室 280。

5.23.3.3 气体流量(mL/min):载气(N_2)1.5,氢气 30,空气 300。

5.23.3.4 分流比:20∶1。

5.23.3.5 进样体积:1.0 μL。

5.23.3.6 保留时间(min):邻苯二甲酸二辛酯约 4.5,吡唑萘菌胺顺式体约 5.8,吡唑萘菌胺反式体约 7.2。

注:计算吡唑萘菌胺质量分数时,目标物峰面积为顺式体、反式体两个峰面积之和。

5.23.4 溶液的制备

称取 0.05 g(精确至 0.000 1 g)吡唑萘菌胺标样,置于 50 mL 容量瓶中,用移液管加入 5 mL 内标溶液,用丙酮稀释至刻度,摇匀。

5.24 避蚊胺(diethyltoluamide)

5.24.1 方法提要

试样用丙酮溶解,以邻苯二甲酸二烯丙酯为内标物,使用 DB-5 毛细管柱和氢火焰离子化检测器,对试样中的避蚊胺进行气相色谱分离,内标法定量。

5.24.2 试剂和溶液

5.24.2.1 丙酮。

5.24.2.2 内标物:邻苯二甲酸二烯丙酯。

5.24.2.3 内标溶液:称取 0.6 g 邻苯二甲酸二烯丙酯,置于 500 mL 容量瓶中,用丙酮溶解并稀释至刻度,摇匀。

5.24.2.4 避蚊胺标样:已知质量分数,ω≥98.0%。

5.24.3 操作条件

5.24.3.1 色谱柱:30 m×0.32 mm(内径)DB-5 毛细管柱,膜厚 0.25 μm。

5.24.3.2 温度(℃):柱室 160,气化室 230,检测器室 240。

5.24.3.3 气体流量(mL/min):载气(N_2)2.0,氢气 30,空气 300。

5.24.3.4 分流比:20∶1。

5.24.3.5 进样体积:1.0 μL。

5.24.3.6 保留时间(min)：避蚊胺约 2.4，邻苯二甲酸二烯丙酯约 4.2。

5.24.4 溶液的制备

称取 0.01 g(精确至 0.000 01 g)避蚊胺标样，置于 50 mL 容量瓶中，用移液管加入 10 mL 内标溶液，用丙酮稀释至刻度，摇匀。

5.25 丙草胺(pretilachlor)

按 NY/T 3576 中"丙草胺质量分数的测定"进行。

5.26 丙环唑(propiconazol)

按 GB/T 24749 中"丙环唑质量分数的测定"进行。

5.27 丙炔噁草酮(oxadiargyl)

5.27.1 方法提要

试样用丙酮溶解，以邻苯二甲酸二丁酯为内标物，使用 HP-5 毛细管柱和氢火焰离子化检测器，对试样中的丙炔噁草酮进行气相色谱分离，内标法定量。

5.27.2 试剂和溶液

5.27.2.1 丙酮。

5.27.2.2 内标物：邻苯二甲酸二丁酯。

5.27.2.3 内标溶液：称取 2.5 g 邻苯二甲酸二丁酯，置于 500 mL 容量瓶中，用丙酮溶解并稀释至刻度，摇匀。

5.27.2.4 丙炔噁草酮标样：已知质量分数，$\omega \geqslant 98.0\%$。

5.27.3 操作条件

5.27.3.1 色谱柱：30 m×0.32 mm(内径)HP-5 毛细管柱，膜厚 0.25 μm。

5.27.3.2 温度(℃)：柱室 220，气化室 250，检测器室 270。

5.27.3.3 气体流量(mL/min)：载气(N_2)1.5，氢气 30，空气 300。

5.27.3.4 分流比：50∶1。

5.27.3.5 进样体积：1.0 μL。

5.27.3.6 保留时间(min)：邻苯二甲酸二丁酯约 2.6，丙炔噁草酮约 5.3。

5.27.4 溶液的制备

称取 0.05 g(精确至 0.000 1 g)丙炔噁草酮标样，置于 25 mL 容量瓶中，用移液管加入 5 mL 内标溶液，用丙酮稀释至刻度，摇匀。

5.28 丙酰芸苔素内酯

5.28.1 方法提要

试样用乙酸乙酯萃取浓缩后，用三氯甲烷溶解，以 HBD 为内标物，使用 TG-5HT 毛细管柱和氢火焰离子化检测器，对试样中的丙酰芸苔素内酯进行气相色谱分离，内标法定量。

5.28.2 试剂和溶液

5.28.2.1 乙酸乙酯。

5.28.2.2 三氯甲烷。

5.28.2.3 内标物：2α,3α-二丁基酰氧基-22,23-环氧-24S-乙基 1-β-高-7-噁-5α-胆甾烷-6-酮(简称 HBD)。

5.28.2.4 内标溶液：称取 0.5 g HBD，置于 500 mL 容量瓶中，用三氯甲烷溶解并稀释至刻度，摇匀。

5.28.2.5 丙酰芸苔素内酯标样：已知质量分数，$\omega \geqslant 98.0\%$。

5.28.3 操作条件

5.28.3.1 色谱柱：30 m×0.25 mm(内径)TG-5HT 毛细管柱，膜厚 0.25 μm。

5.28.3.2 温度：柱室 300 ℃保持 5 min，以 30 ℃/min 升温至 330 ℃保持 7 min；气化室 340 ℃，检测器室 340 ℃。

5.28.3.3 气体流量(mL/min):载气(N₂)1.5,氢气 30,空气 300。

5.28.3.4 分流比:10：1。

5.28.3.5 进样体积:1.0 μL。

5.28.3.6 保留时间(min):丙酰芸苔素内酯约 7.7,HBD 约 8.7。

5.28.4 溶液的制备

5.28.4.1 标样溶液的制备

称取 0.05 g(精确至 0.000 1 g)丙酰芸苔素内酯标样,置于 100 mL 容量瓶中,用乙酸乙酯溶解并稀释至刻度,摇匀。用移液管移取 10 mL 上述溶液,置于 50 mL 圆底烧瓶中,浓缩至近干,用移液管加入 5 mL 内标溶液,摇匀。

5.28.4.2 水剂试样溶液的制备

称取含 0.000 5 g(精确至 0.000 1 g)丙酰芸苔素内酯的试样,置于 500 mL 分液漏斗中,加入 100 mL 乙酸乙酯萃取。将上层溶液转移至 500 mL 圆底烧瓶中,浓缩至近干,用移液管加入 5 mL 内标溶液,摇匀。

5.29 丙溴磷(profenofos)

按 HG/T 3625 中"丙溴磷质量分数的测定"进行。

5.30 草除灵(benazolin-ethyl)

按 HG/T 4468 中"草除灵质量分数的测定"进行。

5.31 除虫菊素(pyrethrins)

5.31.1 方法提要

试样用异丙醇溶解,以正十八烷为内标物,使用 DB-1 毛细管柱和氢火焰离子化检测器,对试样中的除虫菊素(含除虫菊素 I、除虫菊素 II、瓜叶菊素 I、瓜叶菊素 II、茉酮菊素 I、茉酮菊素 II 6 个组分)进行气相色谱分离,内标法定量。

注 1:本方法参照 CIPAC 32＋33＋345/TK/(M)。

注 2:除虫菊素是由除虫菊素 I、除虫菊素 II、瓜叶菊素 I、瓜叶菊素 II、茉酮菊素 I、茉酮菊素 II 6 个成分组成的混合物,除虫菊素含量为 6 个组分之和。

5.31.2 试剂和溶液

5.31.2.1 异丙醇。

5.31.2.2 内标物:正十八烷。

5.31.2.3 内标溶液:称取 0.3 g 正十八烷,置于 500 mL 容量瓶中,用异丙醇溶解并稀释至刻度,摇匀。

5.31.2.4 除虫菊素标样:已知总质量分数(含除虫菊素 I、除虫菊素 II、瓜叶菊素 I、瓜叶菊素 II、茉酮菊素 I、茉酮菊素 II 6 个组分),ω≥20.0%。

5.31.3 操作条件

5.31.3.1 色谱柱:30 m×0.32 mm(内径)DB-1 毛细管柱,膜厚 0.25 μm。

5.31.3.2 温度:柱室 180 ℃保持 11 min,以 10 ℃/min 升温至 200 ℃保持 8 min,以 10 ℃/min 升温至 210 ℃保持 18 min,以 30 ℃/min 升温至 245 ℃保持 4 min;气化室 250 ℃,检测器室 300 ℃。

5.31.3.3 气体流量(mL/min):载气(He)1.6,氢气 40,空气 400。

5.31.3.4 分流比:20：1。

5.31.3.5 进样体积:1.0 μL。

5.31.3.6 保留时间(min):正十八烷约 5.9,瓜叶菊素 I 约 16.2,茉酮菊素 I 约 19.1,除虫菊素 I 约 20.1,瓜叶菊素 II 约 30.1,茉酮菊素 II 约 35.3,除虫菊素 II 约 37.1。

注:计算除虫菊素质量分数时,目标物峰面积为除虫菊素 I、除虫菊素 II、瓜叶菊素 I、瓜叶菊素 II、茉酮菊素 I、茉酮菊素 II 6 个组分峰面积之和。

5.31.4 溶液的制备

称取含 0.05 g（精确至 0.000 1 g)除虫菊素的标样，置于 100 mL 容量瓶中，用移液管加入 5 mL 内标溶液，用异丙醇稀释至刻度，摇匀。

5.32 哒螨灵(pyridaben)

按 GB/T 28130 中"哒螨灵质量分数的测定"进行。

5.33 哒嗪硫磷(pyridaphenthione)

5.33.1 方法提要

试样用丙酮溶解，以邻苯二甲酸二己酯为内标物，使用 HP-5 毛细管柱和氢火焰离子化检测器，对试样中的哒嗪硫磷进行气相色谱分离，内标法定量。

5.33.2 试剂和溶液

5.33.2.1 丙酮。

5.33.2.2 内标物:邻苯二甲酸二己酯。

5.33.2.3 内标溶液:称取 2.6 g 邻苯二甲酸二己酯，置于 500 mL 容量瓶中，用丙酮溶解并稀释至刻度，摇匀。

5.33.2.4 哒嗪硫磷标样:已知质量分数，$\omega \geqslant 98.0\%$。

5.33.3 操作条件

5.33.3.1 色谱柱:30 m×0.32 mm(内径)HP-5 毛细管柱，膜厚 0.25 μm。

5.33.3.2 温度(℃):柱室 230，气化室 260，检测器室 270。

5.33.3.3 气体流量(mL/min):载气(N$_2$)1.5，氢气 30，空气 300。

5.33.3.4 分流比:60∶1。

5.33.3.5 进样体积:1.0 μL。

5.33.3.6 保留时间(min):邻苯二甲酸二己酯约 4.4，哒嗪硫磷约 5.9。

5.33.4 溶液的制备

称取 0.05 g(精确至 0.000 1 g)哒嗪硫磷标样，置于 25 mL 容量瓶中，用移液管加入 5 mL 内标溶液，用丙酮稀释至刻度，摇匀。

5.34 稻丰散(phenthoate)

5.34.1 方法提要

试样用丙酮溶解，以正十八烷为内标物，使用 HP-5 毛细管柱和氢火焰离子化检测器，对试样中的稻丰散进行气相色谱分离，内标法定量。

5.34.2 试剂和溶液

5.34.2.1 丙酮。

5.34.2.2 内标物:正十八烷。

5.34.2.3 内标溶液:称取 0.5 g 正十八烷，置于 500 mL 容量瓶中，用丙酮溶解并稀释至刻度，摇匀。

5.34.2.4 稻丰散标样:已知质量分数，$\omega \geqslant 98.0\%$。

5.34.3 操作条件

5.34.3.1 色谱柱:30 m×0.32 mm(内径)HP-5 毛细管柱，膜厚 0.25 μm。

5.34.3.2 温度(℃):柱室 160，气化室 230，检测器室 240。

5.34.3.3 气体流量(mL/min):载气(N$_2$)1.5，氢气 30，空气 300。

5.34.3.4 分流比:30∶1。

5.34.3.5 进样体积:1.0 μL。

5.34.3.6 保留时间(min):正十八烷约 3.1，稻丰散约 5.2。

5.34.4 溶液的制备

称取 0.02 g(精确至 0.000 01 g)稻丰散标样，置于 10 mL 容量瓶中，用移液管加入 5 mL 内标溶液，用丙酮稀释至刻度,摇匀。

5.35 稻瘟灵(isoprothiolane)

按 HG/T 3304 中"稻瘟灵质量分数的测定"进行。

5.36 滴滴涕(p,p'-DDT)

5.36.1 方法提要

试样用丙酮溶解,以邻苯二甲酸二戊酯为内标物,使用 DB-XLB 毛细管柱和氢火焰离子化检测器,对试样中的滴滴涕进行气相色谱分离,内标法定量。

5.36.2 试剂和溶液

5.36.2.1 丙酮。

5.36.2.2 内标物:邻苯二甲酸二戊酯。

5.36.2.3 内标溶液:称取 2.0 g 邻苯二甲酸二戊酯,置于 500 mL 容量瓶中,用丙酮溶解并稀释至刻度,摇匀。

5.36.2.4 滴滴涕标样:已知质量分数,$\omega \geqslant 98.0\%$。

5.36.3 操作条件

5.36.3.1 色谱柱:30 m×0.25 mm(内径)DB-XLB 毛细管柱,膜厚 0.25 μm。

5.36.3.2 温度(℃):柱室 220,气化室 250,检测器室 250。

5.36.3.3 气体流量(mL/min):载气(N₂)1.2,氢气 30,空气 300。

5.36.3.4 分流比:20:1。

5.36.3.5 进样体积:1.0 μL。

5.36.3.6 保留时间(min):邻苯二甲酸二戊酯约 7.1,o,p'-DDT 约 10.9,p,p'-DDT(滴滴涕)约 14.4。

5.36.4 溶液的制备

称取 0.05 g(精确至 0.000 1 g)滴滴涕标样,置于 25 mL 容量瓶中,用移液管加入 10 mL 内标溶液,用丙酮稀释至刻度,摇匀。

5.37 敌稗(propanil)

5.37.1 方法提要

试样用三氯甲烷溶解,以正二十烷为内标物,使用 HP-1 毛细管柱和氢火焰离子化检测器,对试样中的敌稗进行气相色谱分离,内标法定量。

5.37.2 试剂和溶液

5.37.2.1 三氯甲烷。

5.37.2.2 内标物:正二十烷。

5.37.2.3 内标溶液:称取 1.0 g 正二十烷,置于 500 mL 容量瓶中,用三氯甲烷溶解并稀释至刻度,摇匀。

5.37.2.4 敌稗标样:已知质量分数,$\omega \geqslant 98.0\%$。

5.37.3 操作条件

5.37.3.1 色谱柱:30 m×0.32 mm(内径)HP-1 毛细管柱,膜厚 0.25 μm。

5.37.3.2 温度(℃):柱室 190,气化室 250,检测器室 250。

5.37.3.3 气体流量(mL/min):载气(N₂)1.5,氢气 30,空气 300。

5.37.3.4 分流比:20:1。

5.37.3.5 进样体积:1.0 μL。

5.37.3.6 保留时间(min):敌稗约 3.6,正二十烷约 5.8。

5.37.4 溶液的制备

称取 0.015 g(精确至 0.000 01 g)敌稗标样,置于 10 mL 容量瓶中,用移液管加入 5 mL 内标溶液,用三氯甲烷稀释至刻度,摇匀。

5.38 敌草胺(napropamide)

5.38.1 方法提要

试样用丙酮溶解,以邻苯二甲酸二丁酯为内标物,使用 HP-5 毛细管柱和氢火焰离子化检测器,对试样中的敌草胺进行气相色谱分离,内标法定量。

5.38.2 试剂和溶液

5.38.2.1 丙酮。

5.38.2.2 内标物:邻苯二甲酸二丁酯。

5.38.2.3 内标溶液:称取 1.5 g 邻苯二甲酸二丁酯,置于 500 mL 容量瓶中,用丙酮溶解并稀释至刻度,摇匀。

5.38.2.4 敌草胺标样:已知质量分数,$\omega \geqslant 98.0\%$。

5.38.3 操作条件

5.38.3.1 色谱柱:30 m×0.32 mm(内径)HP-5 毛细管柱,膜厚 0.25 μm。

5.38.3.2 温度(℃):柱室 230,气化室 280,检测器室 300。

5.38.3.3 气体流量(mL/min):载气(N$_2$)1.5,氢气 30,空气 300。

5.38.3.4 分流比:30:1。

5.38.3.5 进样体积:1.0 μL。

5.38.3.6 保留时间(min):邻苯二甲酸二丁酯约 4.0,敌草胺约 6.0。

5.38.4 溶液的制备

称取 0.01 g(精确至 0.000 01 g)敌草胺标样,置于 10 mL 容量瓶中,用移液管加入 5 mL 内标溶液,用丙酮稀释至刻度,摇匀。

5.39 敌敌畏(dichlorvos)

5.39.1 方法提要

试样用丙酮溶解,以正十六烷为内标物,使用 DB-35 毛细管柱和氢火焰离子化检测器,对试样中的敌敌畏进行气相色谱分离,内标法定量。

5.39.2 试剂和溶液

5.39.2.1 丙酮。

5.39.2.2 内标物:正十六烷。

5.39.2.3 内标溶液:称取 1.2 g 正十六烷,置于 500 mL 容量瓶中,用丙酮溶解并稀释至刻度,摇匀。

5.39.2.4 敌敌畏标样:已知质量分数,$\omega \geqslant 98.0\%$。

5.39.3 操作条件

5.39.3.1 色谱柱:30 m×0.25 mm(内径)DB-35 毛细管柱,膜厚 0.25 μm。

5.39.3.2 温度(℃):柱室 140,气化室 230,检测器室 230。

5.39.3.3 气体流量(mL/min):载气(N$_2$)1.5,氢气 30,空气 300。

5.39.3.4 分流比:20:1。

5.39.3.5 进样体积:1.0 μL。

5.39.3.6 保留时间(min):敌敌畏约 3.0,正十六烷约 5.7。

5.39.4 溶液的制备

称取 0.05 g(精确至 0.000 1 g)敌敌畏标样,置于 25 mL 容量瓶中,用移液管加入 5 mL 内标溶液,用丙酮稀释至刻度,摇匀。

5.40 敌瘟磷(edifenphos)

5.40.1 方法提要

试样用丙酮溶解,以邻苯二甲酸二戊酯为内标物,使用 HP-5 毛细管柱和氢火焰离子化检测器,对试样中的敌瘟磷进行气相色谱分离,内标法定量。

5.40.2 试剂和溶液

5.40.2.1 丙酮。

5.40.2.2 内标物:邻苯二甲酸二戊酯。

5.40.2.3 内标溶液:称取 5.0 g 邻苯二甲酸二戊酯,置于 500 mL 容量瓶中,用丙酮溶解并稀释至刻度,摇匀。

5.40.2.4 敌瘟磷标样:已知质量分数,$\omega \geqslant 98.0\%$。

5.40.3 操作条件

5.40.3.1 色谱柱:30 m×0.32 mm(内径)HP-5 毛细管柱,膜厚 0.25 μm。

5.40.3.2 温度(℃):柱室 230,气化室 250,检测器室 250。

5.40.3.3 气体流量(mL/min):载气(N_2)2.0,氢气 30,空气 300。

5.40.3.4 分流比:20∶1。

5.40.3.5 进样体积:1.0 μL。

5.40.3.6 保留时间(min):邻苯二甲酸二戊酯约 3.3,敌瘟磷约 5.2。

5.40.4 溶液的制备

称取 0.05 g(精确至 0.000 1 g)敌瘟磷标样,置于 25 mL 容量瓶中,用移液管加入 5 mL 内标溶液,用丙酮稀释至刻度,摇匀。

5.41 地虫硫磷(fonofos)

5.41.1 方法提要

试样用丙酮溶解,以邻苯二甲酸二丁酯为内标物,使用 DB-5 毛细管柱和氢火焰离子化检测器,对试样中的地虫硫磷进行气相色谱分离,内标法定量。

5.41.2 试剂和溶液

5.41.2.1 丙酮。

5.41.2.2 内标物:邻苯二甲酸二丁酯。

5.41.2.3 内标溶液:称取 0.8 g 邻苯二甲酸二丁酯,置于 500 mL 容量瓶中,用丙酮溶解并稀释至刻度,摇匀。

5.41.2.4 地虫硫磷标样:已知质量分数,$\omega \geqslant 98.0\%$。

5.41.3 操作条件

5.41.3.1 色谱柱:30 m×0.32 mm(内径)DB-5 毛细管柱,膜厚 0.25 μm。

5.41.3.2 温度(℃):柱室 185,气化室 230,检测器室 270。

5.41.3.3 气体流量(mL/min):载气(N_2)1.0,氢气 30,空气 300。

5.41.3.4 分流比:20∶1。

5.41.3.5 进样体积:1.0 μL。

5.41.3.6 保留时间(min):地虫硫磷约 6.4,邻苯二甲酸二丁酯约 10.1。

5.41.4 溶液的制备

称取 0.01 g(精确至 0.000 01 g)地虫硫磷标样,置于 50 mL 容量瓶中,用移液管加入 5 mL 内标溶液,用丙酮稀释至刻度,摇匀。

5.42 丁草胺(butachlor)

5.42.1 方法提要

试样用丙酮溶解,以邻苯二甲酸二丁酯为内标物,使用 HP-5 毛细管柱和氢火焰离子化检测器,对试样中的丁草胺进行气相色谱分离,内标法定量。

5.42.2 试剂和溶液

5.42.2.1 丙酮。

5.42.2.2 内标物:邻苯二甲酸二丁酯。

5.42.2.3 内标溶液:称取 5.2 g 邻苯二甲酸二丁酯,置于 500 mL 容量瓶中,用丙酮溶解并稀释至刻度,摇匀。

5.42.2.4 丁草胺标样:已知质量分数,$\omega \geqslant 98.0\%$。

5.42.3 操作条件

5.42.3.1 色谱柱:30 m×0.32 mm(内径)HP-5 毛细管柱,膜厚 0.25 μm。

5.42.3.2 温度(℃):柱室 210,气化室 250,检测器室 270。

5.42.3.3 气体流量(mL/min):载气(N₂)1.5,氢气 30,空气 300。

5.42.3.4 分流比:50∶1。

5.42.3.5 进样体积:1.0 μL。

5.42.3.6 保留时间(min):邻苯二甲酸二丁酯约 4.6,丁草胺约 7.4。

5.42.4 溶液的制备

称取 0.1 g(精确至 0.000 1 g)丁草胺标样,置于 25 mL 容量瓶中,用移液管加入 10 mL 内标溶液,用丙酮稀释至刻度,摇匀。

5.43 丁子香酚(eugenol)
5.43.1 方法提要

试样用乙酸乙酯溶解,以联苯为内标物,使用 DB-FFAP 毛细管柱和氢火焰离子化检测器,对试样中的丁子香酚进行气相色谱分离,内标法定量。

5.43.2 试剂和溶液

5.43.2.1 乙酸乙酯。

5.43.2.2 内标物:联苯。

5.43.2.3 内标溶液:称取 0.5 g 联苯,置于 500 mL 容量瓶中,用乙酸乙酯溶解并稀释至刻度,摇匀。

5.43.2.4 丁子香酚标样:已知质量分数,$\omega \geqslant 98.0\%$。

5.43.3 操作条件

5.43.3.1 色谱柱:30 m×0.53 mm(内径)DB-FFAP 毛细管柱,膜厚 0.25 μm。

5.43.3.2 温度(℃):柱室 130,气化室 250,检测器室 250。

5.43.3.3 气体流量(mL/min):载气(N₂)1.5,氢气 30,空气 300。

5.43.3.4 分流比:10∶1。

5.43.3.5 进样体积:1.0 μL。

5.43.3.6 保留时间(min):联苯约 9.7,丁子香酚约 19.3。

5.43.4 溶液的制备

称取 0.01 g(精确至 0.000 01 g)丁子香酚标样,置于 50 mL 容量瓶中,用移液管加入 5 mL 内标溶液,用乙酸乙酯稀释至刻度,摇匀。

5.44 毒草胺(propachlor)
5.44.1 方法提要

试样用丙酮溶解,以邻苯二甲酸二丙酯为内标物,使用 HP-5 毛细管柱和氢火焰离子化检测器,对试样中的毒草胺进行气相色谱分离,内标法定量。

5.44.2 试剂和溶液

5.44.2.1 丙酮。

5.44.2.2 内标物:邻苯二甲酸二丙酯。

5.44.2.3 内标溶液:称取 2.0 g 邻苯二甲酸二丙酯,置于 500 mL 容量瓶中,用丙酮溶解并稀释至刻度,摇匀。

5.44.2.4 毒草胺标样:已知质量分数,$\omega \geqslant 98.0\%$。

5.44.3 操作条件

5.44.3.1 色谱柱:30 m×0.32 mm(内径)HP-5 毛细管柱,膜厚 0.25 μm。

5.44.3.2 温度(℃):柱室 180,气化室 200,检测器室 210。

5.44.3.3 气体流量(mL/min):载气(N₂)1.0,氢气 40,空气 400。

5.44.3.4 分流比:30∶1。

5.44.3.5 进样体积:1.0 μL。

5.44.3.6 保留时间(min):毒草胺约 5.4,邻苯二甲酸二丙酯约 8.0。

5.44.4 溶液的制备

称取 0.02 g(精确至 0.000 01 g)毒草胺标样,置于 50 mL 容量瓶中,用移液管加入 5 mL 内标溶液,用丙酮稀释至刻度,摇匀。

5.45 毒鼠强(tetramine)

5.45.1 方法提要

试样用丙酮溶解,以邻苯二甲酸二丁酯为内标物,使用 HP-5 毛细管柱和氢火焰离子化检测器,对试样中的毒鼠强进行气相色谱分离,内标法定量。

5.45.2 试剂和溶液

5.45.2.1 丙酮。

5.45.2.2 内标物:邻苯二甲酸二丁酯。

5.45.2.3 内标溶液:称取 0.3 g 邻苯二甲酸二丁酯,置于 500 mL 容量瓶中,用丙酮溶解并稀释至刻度,摇匀。

5.45.2.4 毒鼠强标样:已知质量分数,$\omega \geqslant 98.0\%$。

5.45.3 操作条件

5.45.3.1 色谱柱:30 m×0.25 mm(内径)HP-5 毛细管柱,膜厚 0.25 μm。

5.45.3.2 温度(℃):柱室 180,气化室 280,检测器室 280。

5.45.3.3 气体流量(mL/min):载气(N₂)1.0,氢气 40,空气 400。

5.45.3.4 分流比:10∶1。

5.45.3.5 进样体积:1.0 μL。

5.45.3.6 保留时间(min):毒鼠强约 6.3,邻苯二甲酸二丁酯约 12.5。

5.45.4 溶液的制备

称取 0.05 g(精确至 0.000 1 g)毒鼠强标样,置于 25 mL 容量瓶中,用移液管加入 5 mL 内标溶液,用丙酮稀释至刻度,摇匀。

5.46 毒死蜱(chlorpyrifos)

按 GB/T 19604 中"毒死蜱质量分数的测定"进行。

5.47 对二氯苯(p-dichlorobenzene)

5.47.1 方法提要

试样用丙酮溶解,以正十二烷为内标物,使用 HP-5 毛细管柱和氢火焰离子化检测器,对试样中的对二氯苯进行气相色谱分离,内标法定量。

5.47.2 试剂和溶液

5.47.2.1 丙酮。

5.47.2.2 内标物:正十二烷。

5.47.2.3 内标溶液:称取 2.8 g 正十二烷,置于 500 mL 容量瓶中,用丙酮溶解并稀释至刻度,摇匀。

5.47.2.4 对二氯苯标样:已知质量分数,$\omega \geqslant 98.0\%$。

5.47.3 操作条件

5.47.3.1 色谱柱:30 m×0.32 mm(内径)HP-5 毛细管柱,膜厚 0.25 μm。

5.47.3.2 温度(℃):柱室 120,气化室 200,检测器室 200。

5.47.3.3 气体流量(mL/min):载气(N₂)1.0,氢气 30,空气 300。

5.47.3.4 分流比:50:1。

5.47.3.5 进样体积:1.0 μL。

5.47.3.6 保留时间(min):对二氯苯约 3.5,正十二烷约 5.6。

5.47.4 溶液的制备

称取 0.05 g(精确至 0.000 1 g)对二氯苯标样,置于 25 mL 容量瓶中,用移液管加入 5 mL 内标溶液,用丙酮稀释至刻度,摇匀。

5.48 对硫磷(parathion)

5.48.1 方法提要

试样用丙酮溶解,以邻苯二甲酸二戊酯为内标物,使用 HP-5 毛细管柱和氢火焰离子化检测器,对试样中的对硫磷进行气相色谱分离,内标法定量。

5.48.2 试剂和溶液

5.48.2.1 丙酮。

5.48.2.2 内标物:邻苯二甲酸二戊酯。

5.48.2.3 内标溶液:称取 2.6 g 邻苯二甲酸二戊酯,置于 500 mL 容量瓶中,用丙酮溶解并稀释至刻度,摇匀。

5.48.2.4 对硫磷标样:已知质量分数,$\omega \geqslant 98.0\%$。

5.48.3 操作条件

5.48.3.1 色谱柱:30 m×0.32 mm(内径)HP-5 毛细管柱,膜厚 0.25 μm。

5.48.3.2 温度(℃):柱室 200,气化室 230,检测器室 250。

5.48.3.3 气体流量(mL/min):载气(N₂)1.5,氢气 40,空气 300。

5.48.3.4 分流比:60:1。

5.48.3.5 进样体积:1.0 μL。

5.48.3.6 保留时间(min):对硫磷约 4.5,邻苯二甲酸二戊酯约 6.7。

5.48.4 溶液的制备

称取 0.05 g(精确至 0.000 1 g)对硫磷标样,置于 25 mL 容量瓶中,用移液管加入 5 mL 内标溶液,用丙酮稀释至刻度,摇匀。

5.49 多效唑(paclobutrazol)

按 GB/T 22172 中"多效唑质量分数的测定"进行。

5.50 莪术醇(curcumol)

5.50.1 方法提要

试样用丙酮溶解,以正十八烷为内标物,使用 DB-1 毛细管柱和氢火焰离子化检测器,对试样中的莪术醇进行气相色谱分离,内标法定量。

5.50.2 试剂和溶液

5.50.2.1 丙酮。

5.50.2.2 内标物:正十八烷。

5.50.2.3 内标溶液:称取 0.6 g 正十八烷,置于 500 mL 容量瓶中,用丙酮溶解并稀释至刻度,摇匀。

5.50.2.4 莪术醇标样:已知质量分数,$\omega \geqslant 98.0\%$。

5.50.3 操作条件

5.50.3.1 色谱柱:30 m×0.32 mm(内径)DB-1 毛细管柱,膜厚 0.25 μm。

5.50.3.2 温度(℃):柱室 165,气化室 210,检测器室 220。

5.50.3.3 气体流量(mL/min):载气(N_2)1.0,氢气 30,空气 300。

5.50.3.4 分流比:10∶1。

5.50.3.5 进样体积:1.0 μL。

5.50.3.6 保留时间(min):莪术醇约 7.2,正十八烷约 13.1。

5.50.4 溶液的制备

称取 0.01 g(精确至 0.000 01 g)莪术醇标样,置于 50 mL 容量瓶中,用移液管加入 5 mL 内标溶液,用丙酮稀释至刻度,摇匀。

5.51 噁草酮(oxadiazon)

按 GB/T 22173 中"噁草酮质量分数的测定"进行。

5.52 噁霉灵(hymexazol)

5.52.1 方法提要

试样用乙酸乙酯溶解,以联苯为内标物,使用 DB-FFAP 毛细管柱和氢火焰离子化检测器,对试样中的噁霉灵进行气相色谱分离,内标法定量。

5.52.2 试剂和溶液

5.52.2.1 乙酸乙酯。

5.52.2.2 内标物:联苯。

5.52.2.3 内标溶液:称取 0.4 g 联苯,置于 500 mL 容量瓶中,用乙酸乙酯溶解并稀释至刻度,摇匀。

5.52.2.4 噁霉灵标样:已知质量分数,ω≥98.0%。

5.52.3 操作条件

5.52.3.1 色谱柱:30 m×0.53 mm(内径)DB-FFAP 毛细管柱,膜厚 0.25 μm。

5.52.3.2 温度(℃):柱室 160,气化室 230,检测器室 230。

5.52.3.3 气体流量(mL/min):载气(N_2)2.0,氢气 30,空气 300。

5.52.3.4 分流比:30∶1。

5.52.3.5 进样体积:1.0 μL。

5.52.3.6 保留时间(min):联苯约 3.7,噁霉灵约 7.4。

5.52.4 溶液的制备

称取 0.02 g(精确至 0.000 01 g)噁霉灵标样,置于 10 mL 容量瓶中,用移液管加入 5 mL 内标溶液,用乙酸乙酯稀释至刻度,摇匀。

5.53 噁唑菌酮(famoxadone)

5.53.1 方法提要

试样用丙酮溶解,以邻苯二甲酸二辛酯为内标物,使用 HP-5 毛细管柱和氢火焰离子化检测器,对试样中的噁唑菌酮进行气相色谱分离,内标法定量。

5.53.2 试剂和溶液

5.53.2.1 丙酮。

5.53.2.2 内标物:邻苯二甲酸二辛酯。

5.53.2.3 内标溶液:称取 4.0 g 邻苯二甲酸二辛酯,置于 500 mL 容量瓶中,用丙酮溶解并稀释至刻度,摇匀。

5.53.2.4 噁唑菌酮标样:已知质量分数,ω≥98.0%。

5.53.3 操作条件

5.53.3.1 色谱柱:30 m×0.32 mm(内径)HP-5 毛细管柱,膜厚 0.25 μm。

5.53.3.2 温度(℃):柱室 270,气化室 280,检测器室 300。

5.53.3.3 气体流量(mL/min):载气(N₂)2.0,氢气 30,空气 300。

5.53.3.4 分流比:20:1。

5.53.3.5 进样体积:1.0 μL。

5.53.3.6 保留时间(min):邻苯二甲酸二辛酯约 4.2,噁唑菌酮约 8.9。

5.53.4 溶液的制备

称取 0.05 g(精确至 0.000 1 g)噁唑菌酮标样,置于 25 mL 容量瓶中,用移液管加入 5 mL 内标溶液,用丙酮稀释至刻度,摇匀。

5.54 二化螟性诱剂:顺-9-十六碳烯醛[(Z)-9-hexadecenal]

5.54.1 方法提要

试样用乙酸乙酯溶解,以十六烷为内标物,使用 HP-5 毛细管柱和氢火焰离子化检测器,对试样中的顺-9-十六碳烯醛、顺-11-十六碳烯醛、顺-13-十八碳烯醛进行气相色谱分离,内标法定量。

注:顺-9-十六碳烯醛、顺-11-十六碳烯醛、顺-13-十八碳烯醛是二化螟性诱剂中有效成分,用同一方法进行测定。

5.54.2 试剂和溶液

5.54.2.1 乙酸乙酯。

5.54.2.2 内标物:正十六烷。

5.54.2.3 内标溶液:称取 0.5 g 正十六烷,置于 500 mL 容量瓶中,用乙酸乙酯溶解并稀释至刻度,摇匀。

5.54.2.4 顺-9-十六碳烯醛标样:已知质量分数,ω≥97.0%。

5.54.2.5 顺-11-十六碳烯醛标样:已知质量分数,ω≥97.0%。

5.54.2.6 顺-13-十八碳烯醛标样:已知质量分数,ω≥95.0%。

5.54.3 操作条件

5.54.3.1 色谱柱:30 m×0.32 mm(内径)DB-17 毛细管柱,膜厚 0.25 μm。

5.54.3.2 温度:柱室 160 ℃保持 38 min,以 30 ℃/min 升温至 200 ℃保持 10 min,以 30 ℃/min 升温至 240 ℃保持 5 min;气化室 250 ℃,检测器室 250 ℃。

5.54.3.3 气体流量(mL/min):载气(N₂)2.0,氢气 40,空气 300。

5.54.3.4 分流比:5:1。

5.54.3.5 进样体积:1.0 μL。

5.54.3.6 保留时间(min):正十六烷约 15.4,顺-9-十六碳烯醛约 31.8,顺-11-十六碳烯醛约 32.9,顺-13-十八碳烯醛约 45.3。

5.54.4 溶液的制备

5.54.4.1 标样溶液的制备

分别称取 0.01 g(精确至 0.000 01 g)顺-9-十六碳烯醛和顺-13-十八碳烯醛标样,置于 10 mL 容量瓶中,用乙酸乙酯稀释至刻度,摇匀,作为标样母液。

称取 0.01 g(精确至 0.000 01 g)顺-11-十六碳烯醛标样,置于 25 mL 容量瓶中,用移液管加入 1 mL 标样母液,再用移液管加入 5 mL 内标溶液,用乙酸乙酯稀释至刻度,摇匀,作为标样溶液。

5.54.4.2 挥散芯试样溶液的制备

称取 10 个试样(精确至 0.000 1 g),用剪刀剪开试样一端的封口,将药液倒入 50 mL 具塞锥形瓶中,轻轻敲打,尽可能地倒空药液,然后用剪刀将试样剪成 5 mm 长的小段,置于锥形瓶中;准确移取 20 mL 乙酸乙酯清洗剪刀,将洗液置于锥形瓶中,用移液管加入 5 mL 内标溶液,超声波振荡 5 min,冷却至室温,摇匀。

注:本方法适用于管状挥散芯试样。

5.55 二化螟性诱剂:顺-11-十六碳烯醛[(Z)-11-hexadecenal]

按 5.54 进行测定。

5.56 二化螟性诱剂:顺-13-十八碳烯醛[(Z)-13-octadecenal]

按 5.54 进行测定。

5.57 二甲戊灵(pendimethalin)

5.57.1 方法提要

试样用丙酮溶解,以邻苯二甲酸二丁酯为内标物,使用 HP-5 毛细管柱和氢火焰离子化检测器,对试样中的二甲戊灵进行气相色谱分离,内标法定量。

5.57.2 试剂和溶液

5.57.2.1 丙酮。

5.57.2.2 内标物:邻苯二甲酸二丁酯。

5.57.2.3 内标溶液:称取 4.0 g 邻苯二甲酸二丁酯,置于 500 mL 容量瓶中,用丙酮溶解并稀释至刻度,摇匀。

5.57.2.4 二甲戊灵标样:已知质量分数,$\omega \geqslant 98.0\%$。

5.57.3 操作条件

5.57.3.1 色谱柱:30 m×0.32 mm(内径)HP-5 毛细管柱,膜厚 0.25 μm。

5.57.3.2 温度(℃):柱室 200,气化室 250,检测器室 260。

5.57.3.3 气体流量(mL/min):载气(N$_2$)1.5,氢气 30,空气 300。

5.57.3.4 分流比:80:1。

5.57.3.5 进样体积:1.0 μL。

5.57.3.6 保留时间(min):邻苯二甲酸二丁酯约 4.0,二甲戊灵约 5.2。

5.57.4 溶液的制备

称取 0.1 g(精确至 0.000 1 g)二甲戊灵标样,置于 25 mL 容量瓶中,用移液管加入 10 mL 内标溶液,用丙酮稀释至刻度,摇匀。

5.58 二嗪磷(diazinon)

5.58.1 方法提要

试样用丙酮溶解,以邻苯二甲酸二丁酯为内标物,使用 HP-5 毛细管柱和氢火焰离子化检测器,对试样中的二嗪磷进行气相色谱分离,内标法定量。

5.58.2 试剂和溶液

5.58.2.1 丙酮。

5.58.2.2 内标物:邻苯二甲酸二丁酯。

5.58.2.3 内标溶液:称取 7.0 g 邻苯二甲酸二丁酯,置于 500 mL 容量瓶中,用丙酮溶解并稀释至刻度,摇匀。

5.58.2.4 二嗪磷标样:已知质量分数,$\omega \geqslant 98.0\%$。

5.58.3 操作条件

5.58.3.1 色谱柱:30 m×0.32 mm(内径)HP-5 毛细管柱,膜厚 0.25 μm。

5.58.3.2 温度(℃):柱室 180,气化室 230,检测器室 250。

5.58.3.3 气体流量(mL/min):载气(N$_2$)2.0,氢气 30,空气 300。

5.58.3.4 分流比:20:1。

5.58.3.5 进样体积:1.0 μL。

5.58.3.6 保留时间(min):二嗪磷约 4.5,邻苯二甲酸二丁酯约 7.3。

5.58.4 溶液的制备

称取 0.1 g(精确至 0.000 1 g)二嗪磷标样,置于 25 mL 容量瓶中,用移液管加入 5 mL 内标溶液,用丙酮稀释至刻度,摇匀。

5.59 二溴乙烷(ethylene dibromide)

5.59.1 方法提要

试样用丙酮溶解,以正庚烷为内标物,使用 HP-5 毛细管柱和氢火焰离子化检测器,对试样中的二溴乙烷进行气相色谱分离,内标法定量。

5.59.2 试剂和溶液

5.59.2.1 丙酮。

5.59.2.2 内标物:正庚烷。

5.59.2.3 内标溶液:称取 1.0 g 正庚烷,置于 500 mL 容量瓶中,用丙酮溶解并稀释至刻度,摇匀。

5.59.2.4 二溴乙烷标样:已知质量分数,$\omega \geqslant 98.0\%$。

5.59.3 操作条件

5.59.3.1 色谱柱:30 m×0.32 mm(内径)HP-5 毛细管柱,膜厚 0.25 μm。

5.59.3.2 温度(℃):柱室 50,气化室 210,检测器室 230。

5.59.3.3 气体流量(mL/min):载气(N_2)1.0,氢气 30,空气 300。

5.59.3.4 分流比:30∶1。

5.59.3.5 进样体积:1.0 μL。

5.59.3.6 保留时间(min):正庚烷约 4.7,二溴乙烷约 7.6。

5.59.4 溶液的制备

称取 0.05 g(精确至 0.000 1 g)二溴乙烷标样,置于 25 mL 容量瓶中,用移液管加入 5 mL 内标溶液,用丙酮稀释至刻度,摇匀。

5.60 粉唑醇(flutriafol)

5.60.1 方法提要

试样用丙酮溶解,以邻苯二甲酸二丁酯为内标物,使用 DB-5 毛细管柱和氢火焰离子化检测器,对试样中的粉唑醇进行气相色谱分离,内标法定量。

5.60.2 试剂和溶液

5.60.2.1 丙酮。

5.60.2.2 内标物:邻苯二甲酸二丁酯。

5.60.2.3 内标溶液:称取 4.5 g 邻苯二甲酸二丁酯,置于 500 mL 容量瓶中,用丙酮溶解并稀释至刻度,摇匀。

5.60.2.4 粉唑醇标样:已知质量分数,$\omega \geqslant 98.0\%$。

5.60.3 操作条件

5.60.3.1 色谱柱:30 m×0.32 mm(内径)DB-5 毛细管柱,膜厚 0.25 μm。

5.60.3.2 温度(℃):柱室 230,气化室 250,检测器室 300。

5.60.3.3 气体流量(mL/min):载气(N_2)1.5,氢气 30,空气 300。

5.60.3.4 分流比:15∶1。

5.60.3.5 进样体积:1.0 μL。

5.60.3.6 保留时间(min):邻苯二甲酸二丁酯约 3.5,粉唑醇约 4.4。

5.60.4 溶液的制备

称取 0.05 g(精确至 0.000 1 g)粉唑醇标样,置于 25 mL 容量瓶中,用移液管加入 5 mL 内标溶液,用丙酮稀释至刻度,摇匀。

5.61 氟吡菌酰胺(fluopyram)

5.61.1 方法提要

试样用丙酮溶解,以邻苯二甲酸二戊酯为内标物,使用 DB-5 毛细管柱和氢火焰离子化检测器,对试样中的氟吡菌酰胺进行气相色谱分离,内标法定量。

5.61.2 试剂和溶液

5.61.2.1 丙酮。

5.61.2.2 内标物:邻苯二甲酸二戊酯。

5.61.2.3 内标溶液:称取 3.3 g 邻苯二甲酸二戊酯,置于 500 mL 容量瓶中,用丙酮溶解并稀释至刻度,摇匀。

5.61.2.4 氟吡菌酰胺标样:已知质量分数,$\omega \geqslant 98.0\%$。

5.61.3 操作条件

5.61.3.1 色谱柱:30 m×0.32 mm(内径)DB-5 毛细管柱,膜厚 0.25 μm。

5.61.3.2 温度(℃):柱室 220,气化室 240,检测器室 300。

5.61.3.3 气体流量(mL/min):载气(N_2)1.5,氢气 30,空气 300。

5.61.3.4 分流比:15：1。

5.61.3.5 进样体积:1.0 μL。

5.61.3.6 保留时间(min):氟吡菌酰胺约 4.9,邻苯二甲酸二戊酯约 5.9。

5.61.4 溶液的制备

称取 0.05 g(精确至 0.000 1 g)氟吡菌酰胺标样,置于 25 mL 容量瓶中,用移液管加入 5 mL 内标溶液,用丙酮稀释至刻度,摇匀。

5.62 氟丙菊酯(acrinathrin)

5.62.1 氟丙菊酯总酯质量分数的测定

5.62.1.1 方法提要

试样用丙酮溶解,以正二十烷为内标物,使用 HP-5 毛细管柱和氢火焰离子化检测器,对试样中的氟丙菊酯总酯进行气相色谱分离,内标法定量。

5.62.1.2 试剂和溶液

5.62.1.2.1 丙酮。

5.62.1.2.2 内标物:正二十烷。

5.62.1.2.3 内标溶液:称取 1.2 g 正二十烷,置于 500 mL 容量瓶中,用丙酮溶解并稀释至刻度,摇匀。

5.62.1.2.4 氟丙菊酯标样:已知氟丙菊酯总酯质量分数,$\omega \geqslant 98.0\%$。

5.62.1.3 操作条件

5.62.1.3.1 色谱柱:30 m×0.32 mm(内径)HP-5 毛细管柱,膜厚 0.25 μm。

5.62.1.3.2 温度:柱室 200 ℃保持 1 min,以 25 ℃/min 升温至 280 ℃保持 3 min;气化室 260 ℃,检测器室 300 ℃。

5.62.1.3.3 气体流量(mL/min):载气(N_2)2.0,氢气 30,空气 300。

5.62.1.3.4 分流比:10：1。

5.62.1.3.5 进样体积:1.0 μL。

5.62.1.3.6 保留时间(min):正二十烷约 3.0,氟丙菊酯总酯约 5.3。

5.62.1.4 溶液的制备

称取 0.025 g(精确至 0.000 01 g)氟丙菊酯标样,置于 25 mL 容量瓶中,用移液管加入 5 mL 内标溶液,用丙酮稀释至刻度,摇匀。

5.62.2 氟丙菊酯比例的测定

5.62.2.1 方法提要

试样用流动相溶解,以正戊烷+四氢呋喃为流动相,使用以 Luna Silica 为填料的不锈钢柱和紫外检测器,在波长 235 nm 下对试样中氟丙菊酯进行正相高效液相色谱分离和测定。

5.62.2.2 试剂和溶液

5.62.2.2.1 正戊烷:色谱级。

5.62.2.2.2 四氢呋喃:色谱级。

5.62.2.3 操作条件

5.62.2.3.1 流动相:ψ(正戊烷:四氢呋喃)=98:2。

5.62.2.3.2 色谱柱:250 mm×4.6 mm(内径)不锈钢柱,内装 Luna Silica、5 μm 填充物。

5.62.2.3.3 流速:1.0 mL/min。

5.62.2.3.4 柱温:(30±2)℃。

5.62.2.3.5 检测波长:235 nm。

5.62.2.3.6 进样体积:10 μL。

5.62.2.3.7 保留时间:R-异构体约 4.6 min,氟丙菊酯约 6.6 min。

5.62.2.4 溶液的制备

称取含 0.02 g(精确至 0.000 1 g)氟丙菊酯的试样,置于 25 mL 容量瓶中,用流动相溶解并稀释至刻度,摇匀。

5.63 氟虫胺(sulfluramid)

5.63.1 方法提要

试样用丙酮溶解,以邻苯二甲酸二甲酯为内标物,使用 HP-5 毛细管柱和氢火焰离子化检测器,对试样中的氟虫胺进行气相色谱分离,内标法定量。

5.63.2 试剂和溶液

5.63.2.1 丙酮。

5.63.2.2 内标物:邻苯二甲酸二甲酯。

5.63.2.3 内标溶液:称取 1.5 g 邻苯二甲酸二甲酯,置于 500 mL 容量瓶中,用丙酮溶解并稀释至刻度,摇匀。

5.63.2.4 氟虫胺标样:已知质量分数,ω≥98.0%。

5.63.3 操作条件

5.63.3.1 色谱柱:30 m×0.32 mm(内径)HP-5 毛细管柱,膜厚 0.25 μm。

5.63.3.2 温度(℃):柱室 120 ℃保持 1 min,以 20 ℃/min 升温至 280 ℃保持 1 min;气化室 240 ℃,检测器室 300 ℃。

5.63.3.3 气体流量(mL/min):载气(N$_2$)2.0,氢气 30,空气 300。

5.63.3.4 分流比:10:1。

5.63.3.5 进样体积:1.0 μL。

5.63.3.6 保留时间(min):氟虫胺约 2.6,邻苯二甲酸二甲酯约 4.2。

5.63.4 溶液的制备

称取 0.03 g(精确至 0.000 01 g)氟虫胺标样,置于 25 mL 容量瓶中,用移液管加入 5 mL 内标溶液,用丙酮稀释至刻度,摇匀。

5.64 氟啶虫酰胺(flonicamid)

5.64.1 方法提要

试样用丙酮溶解,以邻苯二甲酸二丁酯为内标物,使用 DB-5 毛细管柱和氢火焰离子化检测器,对试样中的氟啶虫酰胺进行气相色谱分离,内标法定量。

5.64.2 试剂和溶液

5.64.2.1 丙酮。

5.64.2.2 内标物:邻苯二甲酸二丁酯。

5.64.2.3 内标溶液:称取 2.8 g 邻苯二甲酸二丁酯,置于 500 mL 容量瓶中,用丙酮溶解并稀释至刻度,摇匀。

5.64.2.4 氟啶虫酰胺标样:已知质量分数,$\omega \geqslant 98.0\%$。

5.64.3 操作条件

5.64.3.1 色谱柱:30 m×0.32 mm(内径)DB-5 毛细管柱,膜厚 0.25 μm。

5.64.3.2 温度(℃):柱室 185,气化室 240,检测器室 290。

5.64.3.3 气体流量(mL/min):载气(N_2)1.5,氢气 30,空气 300。

5.64.3.4 分流比:20:1。

5.64.3.5 进样体积:1.0 μL。

5.64.3.6 保留时间(min):氟啶虫酰胺约 3.6,邻苯二甲酸二丁酯约 9.9。

5.64.4 溶液的制备

称取 0.05 g(精确至 0.000 1 g)氟啶虫酰胺标样,置于 25 mL 容量瓶中,用移液管加入 5 mL 内标溶液,用丙酮稀释至刻度,摇匀。

5.65 氟硅唑(flusilazole)

按 NY/T 3774 中"氟硅唑质量分数的测定"进行。

5.66 氟环唑(epoxiconazole)

按 HG/T 5429 中"氟环唑质量分数的测定"进行。

5.67 氟菌唑(triflumizole)

5.67.1 方法提要

试样用丙酮溶解,以邻苯二甲酸二丁酯为内标物,使用 HP-5 毛细管柱和氢火焰离子化检测器,对试样中的氟菌唑进行气相色谱分离,内标法定量。

5.67.2 试剂和溶液

5.67.2.1 丙酮。

5.67.2.2 内标物:邻苯二甲酸二丁酯。

5.67.2.3 内标溶液:称取 4.0 g 邻苯二甲酸二丁酯,置于 500 mL 容量瓶中,用丙酮溶解并稀释至刻度,摇匀。

5.67.2.4 氟菌唑标样:已知质量分数,$\omega \geqslant 98.0\%$。

5.67.3 操作条件

5.67.3.1 色谱柱:30 m×0.32 mm(内径)HP-5 毛细管柱,膜厚 0.25 μm。

5.67.3.2 温度(℃):柱室 190,气化室 280,检测器室 280。

5.67.3.3 气体流量(mL/min):载气(N_2)2.0,氢气 30,空气 300。

5.67.3.4 分流比:20:1。

5.67.3.5 进样体积:1.0 μL。

5.67.3.6 保留时间(min):邻苯二甲酸二丁酯约 6.8,氟菌唑约 10.7。

5.67.4 溶液的制备

称取 0.05 g(精确至 0.000 1 g)氟菌唑标样,置于 25 mL 容量瓶中,用移液管加入 5 mL 内标溶液,用丙酮稀释至刻度,摇匀。

5.68 氟乐灵(trifluralin)

5.68.1 方法提要

试样用丙酮溶解,以邻苯二甲酸二丁酯为内标物,使用 DB-5 毛细管柱和氢火焰离子化检测器,对试样中的氟乐灵进行气相色谱分离,内标法定量。

5.68.2 试剂和溶液

5.68.2.1 丙酮。

5.68.2.2 内标物:邻苯二甲酸二丁酯。

5.68.2.3 内标溶液:称取 2.5 g 邻苯二甲酸二丁酯,置于 500 mL 容量瓶中,用丙酮溶解并稀释至刻度,摇匀。

5.68.2.4 氟乐灵标样:已知质量分数,$\omega \geqslant 98.0\%$。

5.68.3 操作条件

5.68.3.1 色谱柱:30 m×0.32 mm(内径)DB-5 毛细管柱,膜厚 0.25 μm。

5.68.3.2 温度(℃):柱室 180,气化室 200,检测器室 270。

5.68.3.3 气体流量(mL/min):载气(N_2)2.0,氢气 30,空气 300。

5.68.3.4 分流比:20∶1。

5.68.3.5 进样体积:1.0 μL。

5.68.3.6 保留时间(min):氟乐灵约 3.5,邻苯二甲酸二丁酯约 8.3。

5.68.4 溶液的制备

称取 0.025 g(精确至 0.000 01 g)氟乐灵标样,置于 25 mL 容量瓶中,用移液管加入 5 mL 内标溶液,用丙酮稀释至刻度,摇匀。

5.69 氟硫草定(dithiopyr)

5.69.1 方法提要

试样用丙酮溶解,以邻苯二甲酸二戊酯为内标物,使用 DB-5 毛细管柱和氢火焰离子化检测器,对试样中的氟硫草定进行气相色谱分离,内标法定量。

5.69.2 试剂和溶液

5.69.2.1 丙酮。

5.69.2.2 内标物:邻苯二甲酸二戊酯。

5.69.2.3 内标溶液:称取 3.0 g 邻苯二甲酸二戊酯,置于 500 mL 容量瓶中,用丙酮溶解并稀释至刻度,摇匀。

5.69.2.4 氟硫草定标样:已知质量分数,$\omega \geqslant 98.0\%$。

5.69.3 操作条件

5.69.3.1 色谱柱:30 m×0.32 mm(内径)DB-5 毛细管柱,膜厚 0.25 μm。

5.69.3.2 温度(℃):柱室 210,气化室 250,检测器室 300。

5.69.3.3 气体流量(mL/min):载气(N_2)2.0,氢气 30,空气 300。

5.69.3.4 分流比:15∶1。

5.69.3.5 进样体积:1.0 μL。

5.69.3.6 保留时间(min):氟硫草定约 3.6,邻苯二甲酸二戊酯约 6.3。

5.69.4 溶液的制备

称取 0.05 g(精确至 0.000 1 g)氟硫草定标样,置于 25 mL 容量瓶中,用移液管加入 5 mL 内标溶液,用丙酮稀释至刻度,摇匀。

5.70 氟酰胺(flutolanil)

5.70.1 方法提要

试样用丙酮溶解,以邻苯二甲酸二己酯为内标物,使用 DB-5 毛细管柱和氢火焰离子化检测器,对试样中的氟酰胺进行气相色谱分离,内标法定量。

5.70.2 试剂和溶液

5.70.2.1　丙酮。

5.70.2.2　内标物:邻苯二甲酸二己酯。

5.70.2.3　内标溶液:称取 4.0 g 邻苯二甲酸二己酯,置于 500 mL 容量瓶中,用丙酮溶解并稀释至刻度,摇匀。

5.70.2.4　氟酰胺标样:已知质量分数,$\omega \geqslant 98.0\%$。

5.70.3　操作条件

5.70.3.1　色谱柱:30 m×0.32 mm(内径)DB-5 毛细管柱,膜厚 0.25 μm。

5.70.3.2　温度(℃):柱室 200,气化室 290,检测器室 300。

5.70.3.3　气体流量(mL/min):载气(N_2)2.0,氢气 35,空气 330。

5.70.3.4　分流比:30∶1。

5.70.3.5　进样体积:1.0 μL。

5.70.3.6　保留时间(min):邻苯二甲酸二己酯约 8.6,氟酰胺约 14.2。

5.70.4　溶液的制备

称取 0.05 g(精确至 0.000 1 g)氟酰胺标样,置于 10 mL 容量瓶中,用移液管加入 5 mL 内标溶液,用丙酮稀释至刻度,摇匀。

5.71　氟乙酸钠(sodium fluoroacetate)

5.71.1　方法提要

试样用稀释溶剂溶解,以异戊醇为内标物,使用 PEG-20M 毛细管柱和氢火焰离子化检测器,对试样中的氟乙酸钠进行气相色谱分离,内标法定量。

5.71.2　试剂和溶液

5.71.2.1　甲醇。

5.71.2.2　浓盐酸。

5.71.2.3　内标物:异戊醇。

5.71.2.4　内标溶液:称取 2.5 g 异戊醇,置于 500 mL 容量瓶中,用稀释溶剂溶解并稀释至刻度,摇匀。

5.71.2.5　稀释溶剂:Ψ(浓盐酸∶甲醇)=1∶3。

5.71.2.6　氟乙酸钠标样:已知质量分数,$\omega \geqslant 98.0\%$。

5.71.3　操作条件

5.71.3.1　色谱柱:30 m×0.25 mm(内径)PEG-20M 毛细管柱,膜厚 0.25 μm。

5.71.3.2　温度(℃):柱室 80,气化室 220,检测器室 250。

5.71.3.3　气体流量(mL/min):载气(N_2)1.0,氢气 35,空气 350。

5.71.3.4　分流比:150∶1。

5.71.3.5　进样体积:1.0 μL。

5.71.3.6　保留时间(min):氟乙酸约 3.5,异戊醇约 5.0。

5.71.4　溶液的制备

称取 0.05 g(精确至 0.000 1 g)氟乙酸钠标样,置于 50 mL 容量瓶中,用移液管加入 5 mL 内标溶液,用稀释溶剂稀释至刻度,摇匀。

5.72　氟乙酰胺(fluoroacetamide)

5.72.1　方法提要

试样用丙酮溶解,以乙酰胺为内标物,使用 PEG-20M 毛细管柱和氢火焰离子化检测器,对试样中的氟乙酰胺进行气相色谱分离,内标法定量。

5.72.2　试剂和溶液

5.72.2.1　丙酮。

5.72.2.2　内标物:乙酰胺。

5.72.2.3　内标溶液:称取 3.8 g 乙酰胺,置于 500 mL 容量瓶中,用丙酮溶解并稀释至刻度,摇匀。

5.72.2.4　氟乙酰胺标样:已知质量分数,$\omega \geqslant 98.0\%$。

5.72.3　操作条件

5.72.3.1　色谱柱:30 m×0.25 mm(内径)PEG-20M 毛细管柱,膜厚 0.25 μm。

5.72.3.2　温度(℃):柱室 150,气化室 220,检测器室 250。

5.72.3.3　气体流量(mL/min):载气(N_2)1.0,氢气 35,空气 350。

5.72.3.4　分流比:150∶1。

5.72.3.5　进样体积:1.0 μL。

5.72.3.6　保留时间(min):氟乙酰胺约 5.5,乙酰胺约 6.8。

5.72.4　溶液的制备

称取 0.05 g(精确至 0.000 1 g)氟乙酰胺标样,置于 50 mL 容量瓶中,用移液管加入 10 mL 内标溶液,用丙酮稀释至刻度,摇匀。

5.73　氟唑环菌胺(sedaxane)

5.73.1　方法提要

试样用三氯甲烷溶解,以正二十八烷为内标物,使用 DB-5 毛细管柱和氢火焰离子化检测器,对试样中的氟唑环菌胺进行气相色谱分离,内标法定量。

5.73.2　试剂和溶液

5.73.2.1　三氯甲烷。

5.73.2.2　内标物:正二十八烷。

5.73.2.3　内标溶液:称取 2.0 g 正二十八烷,置于 500 mL 容量瓶中,用三氯甲烷溶解并稀释至刻度,摇匀。

5.73.2.4　氟唑环菌胺标样:已知质量分数,$\omega \geqslant 98.0\%$。

5.73.3　操作条件

5.73.3.1　色谱柱:30 m×0.32 mm(内径)DB-5 毛细管柱,膜厚 0.25 μm。

5.73.3.2　温度(℃):柱室 200,气化室 300,检测器室 300。

5.73.3.3　气体流量(mL/min):载气(N_2)2.0,氢气 30,空气 300。

5.73.3.4　分流比:20∶1。

5.73.3.5　进样体积:1.0 μL。

5.73.3.6　保留时间(min):氟唑环菌胺顺式体($SS+RR$)约 5.1,氟唑环菌胺反式体($SR+RS$)约 5.5,正二十八烷约 7.0。

　　注:计算氟唑环菌胺质量分数时,目标物峰面积为顺式体、反式体两个峰面积之和。

5.73.4　溶液的制备

称取 0.05 g(精确至 0.000 1 g)氟唑环菌胺标样,置于 10 mL 容量瓶中,用移液管加入 5 mL 内标溶液,用三氯甲烷稀释至刻度,摇匀。

5.74　氟唑菌苯胺(penflufen)

5.74.1　方法提要

试样用三氯甲烷溶解,以磷酸三苯酯为内标物,使用 DB-5 毛细管柱和氢火焰离子化检测器,对试样中的氟唑菌苯胺进行气相色谱分离,内标法定量。

5.74.2　试剂和溶液

5.74.2.1　三氯甲烷。

5.74.2.2　内标物:磷酸三苯酯。

5.74.2.3 内标溶液:称取 2.5 g 磷酸三苯酯,置于 500 mL 容量瓶中,用三氯甲烷溶解并稀释至刻度,摇匀。

5.74.2.4 氟唑菌苯胺标样:已知质量分数,$\omega \geqslant 98.0\%$。

5.74.3 操作条件

5.74.3.1 色谱柱:30 m×0.32 mm(内径)DB-5 毛细管柱,膜厚 0.25 μm。

5.74.3.2 温度(℃):柱室 230,气化室 260,检测器室 280。

5.74.3.3 气体流量(mL/min):载气(N_2)1.5,氢气 30,空气 300。

5.74.3.4 分流比:30:1。

5.74.3.5 进样体积:1.0 μL。

5.74.3.6 保留时间(min):氟唑菌苯胺约 5.3,磷酸三苯酯约 6.6。

5.74.4 溶液的制备

称取 0.02 g(精确至 0.000 01 g)氟唑菌苯胺标样,置于 10 mL 容量瓶中,用移液管加入 5 mL 内标溶液,用三氯甲烷稀释至刻度,摇匀。

5.75 腐霉利(procymidone)

按 NY/T 3999 中"腐霉利质量分数的测定"进行。

5.76 富右旋反式炔丙菊酯(rich-d-t-prallethrin)

按 NY/T 4007 中"炔丙菊酯质量分数的测定、右旋反式体比例的测定"进行。

5.77 富右旋反式烯丙菊酯(rich-d-transallethrin)

按 GB/T 34153 中"烯丙菊酯质量分数的测定、右旋体比例的测定"进行,以右旋反式体计算异构体比例。

5.78 甘氟(glyftor)

5.78.1 方法提要

试样用丙酮溶解,以异戊醇为内标物,使用 DB-1701 毛细管柱和氢火焰离子化检测器,对试样中的甘氟Ⅰ和甘氟Ⅱ进行气相色谱分离,内标法定量。

注:甘氟是由 70%～80%的 1,3-二氟-2-丙醇(甘氟Ⅰ)和 20%～30%的 1-氯-3-氟-2-丙醇(甘氟Ⅱ)2 个成分组成的混合物,甘氟含量为 2 个组分之和。

5.78.2 试剂和溶液

5.78.2.1 丙酮。

5.78.2.2 内标物:异戊醇。

5.78.2.3 内标溶液:称取 7.5 g 异戊醇,置于 500 mL 容量瓶中,用丙酮溶解并稀释至刻度,摇匀。

5.78.2.4 甘氟Ⅰ标样:已知质量分数,$\omega \geqslant 98.0\%$。

5.78.2.5 甘氟Ⅱ标样:已知质量分数,$\omega \geqslant 98.0\%$。

5.78.3 操作条件

5.78.3.1 色谱柱:30 m×0.25 mm(内径)DB-1701 毛细管柱,膜厚 0.25 μm。

5.78.3.2 温度(℃):柱室 50,气化室 250,检测器室 250。

5.78.3.3 气体流量(mL/min):载气(N_2)1.0,氢气 40,空气 400。

5.78.3.4 分流比:50:1。

5.78.3.5 进样体积:1.0 μL。

5.78.3.6 保留时间(min):甘氟Ⅰ约 5.5,异戊醇约 7.2,甘氟Ⅱ约 13.8。

5.78.4 溶液的制备

称取 0.15 g(精确至 0.000 1 g)甘氟Ⅰ标样、0.05 g(精确至 0.000 1 g)甘氟Ⅱ标样,置于同一 50 mL 容量瓶中,用移液管加入 5 mL 内标溶液,用丙酮稀释至刻度,摇匀。

5.79 高效氯氟氰菊酯(lambda-cyhalothrin)

按 GB/T 20695 中"高效氯氟氰菊酯质量分数的测定"进行。

5.80 硅丰环

5.80.1 方法提要

试样用二氯甲烷溶解,以邻苯二甲酸二丁酯为内标物,使用 DB-5 毛细管柱和氢火焰离子化检测器,对试样中的硅丰环进行气相色谱分离,内标法定量。

5.80.2 试剂和溶液

5.80.2.1 二氯甲烷。

5.80.2.2 内标物:邻苯二甲酸二丁酯。

5.80.2.3 内标溶液:称取 2.0 g 邻苯二甲酸二丁酯,置于 500 mL 容量瓶中,用二氯甲烷溶解并稀释至刻度,摇匀。

5.80.2.4 硅丰环标样:已知质量分数,$\omega \geq 98.0\%$。

5.80.3 操作条件

5.80.3.1 色谱柱:30 m×0.32 mm(内径)DB-5 毛细管柱,膜厚 0.25 μm。

5.80.3.2 温度(℃):柱室 190,气化室 260,检测器室 260。

5.80.3.3 气体流量(mL/min):载气(N$_2$)1.5,氢气 30,空气 300。

5.80.3.4 分流比:50∶1。

5.80.3.5 进样体积:1.0 μL。

5.80.3.6 保留时间(min):硅丰环约 5.6,邻苯二甲酸二丁酯约 6.6。

5.80.4 溶液的制备

称取 0.05 g(精确至 0.000 1 g)硅丰环标样,置于 10 mL 容量瓶中,用移液管加入 5 mL 内标溶液,用二氯甲烷稀释至刻度,摇匀。

5.81 硅噻菌胺(silthiopham)

5.81.1 方法提要

试样用丙酮溶解,以邻苯二甲酸二戊酯为内标物,使用 DB-5 毛细管柱和氢火焰离子化检测器,对试样中的硅噻菌胺进行气相色谱分离,内标法定量。

5.81.2 试剂和溶液

5.81.2.1 丙酮。

5.81.2.2 内标物:邻苯二甲酸二戊酯。

5.81.2.3 内标溶液:称取 2.5 g 邻苯二甲酸二戊酯,置于 500 mL 容量瓶中,用丙酮溶解并稀释至刻度,摇匀。

5.81.2.4 硅噻菌胺标样:已知质量分数,$\omega \geq 98.0\%$。

5.81.3 操作条件

5.81.3.1 色谱柱:30 m×0.32 mm(内径)DB-5 毛细管柱,膜厚 0.25 μm。

5.81.3.2 温度(℃):柱室 215,气化室 250,检测器室 260。

5.81.3.3 气体流量(mL/min):载气(N$_2$)2.0,氢气 30,空气 300。

5.81.3.4 分流比:20∶1。

5.81.3.5 进样体积:1.0 μL。

5.81.3.6 保留时间(min):硅噻菌胺约 2.6,邻苯二甲酸二戊酯约 4.7。

5.81.4 溶液的制备

称取 0.05 g(精确至 0.000 1 g)硅噻菌胺标样,置于 10 mL 容量瓶中,用移液管加入 5 mL 内标溶液,用丙酮稀释至刻度,摇匀。

5.82 禾草丹(thiobencarb)

按 HG/T 2213 中"禾草丹质量分数的测定"进行。

5.83 禾草敌(molinate)

5.83.1 方法提要

试样用丙酮溶解,以邻苯二甲酸二丁酯为内标物,使用 DB-5 毛细管柱和氢火焰离子化检测器,对试样中的禾草敌进行气相色谱分离,内标法定量。

5.83.2 试剂和溶液

5.83.2.1 丙酮。

5.83.2.2 内标物:邻苯二甲酸二丁酯。

5.83.2.3 内标溶液:称取 2.5 g 邻苯二甲酸二丁酯,置于 500 mL 容量瓶中,用丙酮溶解并稀释至刻度,摇匀。

5.83.2.4 禾草敌标样:已知质量分数,$\omega \geqslant 98.0\%$。

5.83.3 操作条件

5.83.3.1 色谱柱:30 m×0.32 mm(内径)DB-5 毛细管柱,膜厚 0.25 μm。

5.83.3.2 温度(℃):柱室 200,气化室 250,检测器室 270。

5.83.3.3 气体流量(mL/min):载气(N₂)1.5,氢气 30,空气 300。

5.83.3.4 分流比:20:1。

5.83.3.5 进样体积:1.0 μL。

5.83.3.6 保留时间(min):禾草敌约 2.4,邻苯二甲酸二丁酯约 5.4。

5.83.4 溶液的制备

称取 0.05 g(精确至 0.000 1 g)禾草敌标样,置于 50 mL 容量瓶中,用移液管加入 10 mL 内标溶液,用丙酮稀释至刻度,摇匀。

5.84 禾草灵(diclofop-methyl)

5.84.1 方法提要

试样用丙酮溶解,以邻苯二甲酸二戊酯为内标物,使用 HP-5 毛细管柱和氢火焰离子化检测器,对试样中的禾草灵进行气相色谱分离,内标法定量。

5.84.2 试剂和溶液

5.84.2.1 丙酮。

5.84.2.2 内标物:邻苯二甲酸二戊酯。

5.84.2.3 内标溶液:称取 2.5 g 邻苯二甲酸二戊酯,置于 500 mL 容量瓶中,用丙酮溶解并稀释至刻度,摇匀。

5.84.2.4 禾草灵标样:已知质量分数,$\omega \geqslant 98.0\%$。

5.84.3 操作条件

5.84.3.1 色谱柱:30 m×0.32 mm(内径)HP-5 毛细管柱,膜厚 0.25 μm。

5.84.3.2 温度(℃):柱室 230,气化室 260,检测器室 280。

5.84.3.3 气体流量(mL/min):载气(N₂)1.5,氢气 30,空气 300。

5.84.3.4 分流比:30:1。

5.84.3.5 进样体积:1.0 μL。

5.84.3.6 保留时间(min):邻苯二甲酸二戊酯约 4.2,禾草灵约 7.3。

5.84.4 溶液的制备

称取 0.025 g(精确至 0.000 01 g)禾草灵标样,置于 50 mL 容量瓶中,用移液管加入 5 mL 内标溶液,用丙酮稀释至刻度,摇匀。

5.85 己唑醇(hexaconazole)

按 NY/T 4005 中"己唑醇质量分数的测定"进行。

5.86 甲拌磷(phorate)

5.86.1 方法提要

试样用丙酮溶解,以邻苯二甲酸二丁酯为内标物,使用 DB-5 毛细管柱和氢火焰离子化检测器,对试样中的甲拌磷进行气相色谱分离,内标法定量。

5.86.2 试剂和溶液

5.86.2.1 丙酮。

5.86.2.2 内标物:邻苯二甲酸二丁酯。

5.86.2.3 内标溶液:称取 2.5 g 邻苯二甲酸二丁酯,置于 500 mL 容量瓶中,用丙酮溶解并稀释至刻度,摇匀。

5.86.2.4 甲拌磷标样:已知质量分数,$\omega \geq 98.0\%$。

5.86.3 操作条件

5.86.3.1 色谱柱:30 m×0.32 mm(内径)DB-5 毛细管柱,膜厚 0.25 μm。

5.86.3.2 温度(℃):柱室 200,气化室 230,检测器室 270。

5.86.3.3 气体流量(mL/min):载气(N_2)1.5,氢气 30,空气 300。

5.86.3.4 分流比:20∶1。

5.86.3.5 进样体积:1.0 μL。

5.86.3.6 保留时间(min):甲拌磷约 3.0,邻苯二甲酸二丁酯约 5.4。

5.86.4 溶液的制备

称取 0.05 g(精确至 0.000 1 g)甲拌磷标样,置于 25 mL 容量瓶中,用移液管加入 5 mL 内标溶液,用丙酮稀释至刻度,摇匀。

5.87 甲草胺(alachlor)

5.87.1 方法提要

试样用丙酮溶解,以邻苯二甲酸二丁酯为内标物,使用 DB-5 毛细管柱和氢火焰离子化检测器,对试样中的甲草胺进行气相色谱分离,内标法定量。

5.87.2 试剂和溶液

5.87.2.1 丙酮。

5.87.2.2 内标物:邻苯二甲酸二丁酯。

5.87.2.3 内标溶液:称取 2.5 g 邻苯二甲酸二丁酯,置于 500 mL 容量瓶中,用丙酮溶解并稀释至刻度,摇匀。

5.87.2.4 甲草胺标样:已知质量分数,$\omega \geq 98.0\%$。

5.87.3 操作条件

5.87.3.1 色谱柱:30 m×0.32 mm(内径)DB-5 毛细管柱,膜厚 0.25 μm。

5.87.3.2 温度(℃):柱室 180,气化室 250,检测器室 270。

5.87.3.3 气体流量(mL/min):载气(N_2)2.0,氢气 50,空气 400。

5.87.3.4 分流比:20∶1。

5.87.3.5 进样体积:1.0 μL。

5.87.3.6 保留时间(min):甲草胺约 7.1,邻苯二甲酸二丁酯约 8.3。

5.87.4 溶液的制备

称取 0.025 g(精确至 0.000 01 g)甲草胺标样,置于 25 mL 容量瓶中,用移液管加入 5 mL 内标溶液,用丙酮稀释至刻度,摇匀。

5.88 甲基对硫磷(parathion-methyl)

5.88.1 方法提要

试样用丙酮溶解,以邻苯二甲酸二丁酯为内标物,使用 DB-5 毛细管柱和氢火焰离子化检测器,对试样中的甲基对硫磷进行气相色谱分离,内标法定量。

5.88.2 试剂和溶液

5.88.2.1 丙酮。

5.88.2.2 内标物:邻苯二甲酸二丁酯。

5.88.2.3 内标溶液:称取 2.5 g 邻苯二甲酸二丁酯,置于 500 mL 容量瓶中,用丙酮溶解并稀释至刻度,摇匀。

5.88.2.4 甲基对硫磷标样:已知质量分数,$\omega \geqslant 98.0\%$。

5.88.3 操作条件

5.88.3.1 色谱柱:30 m×0.32 mm(内径)DB-5 毛细管柱,膜厚 0.25 μm。

5.88.3.2 温度(℃):柱室 180,气化室 230,检测器室 250。

5.88.3.3 气体流量(mL/min):载气(N₂)1.5,氢气 30,空气 300。

5.88.3.4 分流比:20∶1。

5.88.3.5 进样体积:1.0 μL。

5.88.3.6 保留时间(min):甲基对硫磷约 8.2,邻苯二甲酸二丁酯约 10.0。

5.88.4 溶液的制备

称取 0.05 g(精确至 0.000 1 g)甲基对硫磷标样,置于 25 mL 容量瓶中,用移液管加入 5 mL 内标溶液,用丙酮稀释至刻度,摇匀。

5.89 甲基立枯磷(tolclofos-methyl)

5.89.1 方法提要

试样用丙酮溶解,以邻苯二甲酸二戊酯为内标物,使用 DB-5 毛细管柱和氢火焰离子化检测器,对试样中的甲基立枯磷进行气相色谱分离,内标法定量。

5.89.2 试剂和溶液

5.89.2.1 丙酮。

5.89.2.2 内标物:邻苯二甲酸二戊酯。

5.89.2.3 内标溶液:称取 2.5 g 邻苯二甲酸二戊酯,置于 500 mL 容量瓶中,用丙酮溶解并稀释至刻度,摇匀。

5.89.2.4 甲基立枯磷标样:已知质量分数,$\omega \geqslant 98.0\%$。

5.89.3 操作条件

5.89.3.1 色谱柱:30 m×0.32 mm(内径)DB-5 毛细管柱,膜厚 0.25 μm。

5.89.3.2 温度(℃):柱室 185,气化室 250,检测器室 250。

5.89.3.3 气体流量(mL/min):载气(N₂)2.0,氢气 30,空气 300。

5.89.3.4 分流比:25∶1。

5.89.3.5 进样体积:1.0 μL。

5.89.3.6 保留时间(min):甲基立枯磷约 5.7,邻苯二甲酸二戊酯约 12.5。

5.89.4 溶液的制备

称取 0.05 g(精确至 0.000 1 g)甲基立枯磷标样,置于 10 mL 容量瓶中,用移液管加入 5 mL 内标溶液,用丙酮稀释至刻度,摇匀。

5.90 甲基硫环磷(phosfolan-methyl)

5.90.1 方法提要

试样用丙酮溶解,以邻苯二甲酸二戊酯为内标物,使用 HP-5 毛细管柱和氢火焰离子化检测器,对试样中的甲基硫环磷进行气相色谱分离,内标法定量。

5.90.2　试剂和溶液

5.90.2.1　丙酮。

5.90.2.2　内标物:邻苯二甲酸二戊酯。

5.90.2.3　内标溶液:称取 2.0 g 邻苯二甲酸二戊酯,置于 500 mL 容量瓶中,用丙酮溶解并稀释至刻度,摇匀。

5.90.2.4　甲基硫环磷标样:已知质量分数,$\omega \geqslant 98.0\%$。

5.90.3　操作条件

5.90.3.1　色谱柱:30 m×0.32 mm(内径)HP-5 毛细管柱,膜厚 0.25 μm。

5.90.3.2　温度(℃):柱室 200,气化室 260,检测器室 290。

5.90.3.3　气体流量(mL/min):载气(N_2)2.0,氢气 30,空气 300。

5.90.3.4　分流比:10∶1。

5.90.3.5　进样体积:1.0 μL。

5.90.3.6　保留时间(min):甲基硫环磷约 5.2,邻苯二甲酸二戊酯约 7.8。

5.90.4　溶液的制备

称取 0.05 g(精确至 0.000 1 g)甲基硫环磷标样,置于 10 mL 容量瓶中,用移液管加入 5 mL 内标溶液,用丙酮稀释至刻度,摇匀。

5.91　甲基嘧啶磷(pirimiphos-methyl)

5.91.1　方法提要

试样用丙酮溶解,以 4,4′-二甲氧基二苯甲酮为内标物,使用 DB-1 毛细管柱和氢火焰离子化检测器,对试样中的甲基嘧啶磷进行气相色谱分离,内标法定量。

注:本方法参照 CIPAC 239/TC/M。

5.91.2　试剂和溶液

5.91.2.1　丙酮。

5.91.2.2　内标物:4,4′-二甲氧基二苯甲酮。

5.91.2.3　内标溶液:称取 1.0 g 4,4′-二甲氧基二苯甲酮,置于 500 mL 容量瓶中,用丙酮溶解并稀释至刻度,摇匀。

5.91.2.4　甲基嘧啶磷标样:已知质量分数,$\omega \geqslant 98.0\%$。

5.91.3　操作条件

5.91.3.1　色谱柱:15 m×0.25 mm(内径)DB-1 毛细管柱,膜厚 0.25 μm。

5.91.3.2　温度(℃):柱室 60 ℃保持 0 min,以 25 ℃/min 升温至 100 ℃保持 0 min,以 40 ℃/min 升温至 280 ℃保持 1 min;气化室 170 ℃,检测器室 310 ℃。

5.91.3.3　气体流量(mL/min):载气(N_2)2.0,氢气 30,空气 300。

5.91.3.4　分流比:100∶1。

5.91.3.5　进样体积:1.0 μL。

5.91.3.6　保留时间(min):甲基嘧啶磷约 4.8,4,4′-二甲氧基二苯甲酮约 5.4。

5.91.4　溶液的制备

称取 0.05 g(精确至 0.000 1 g)甲基嘧啶磷标样,置于 25 mL 容量瓶中,用移液管加入 10 mL 内标溶液,用丙酮稀释至刻度,摇匀。

5.92　甲基异柳磷(isofenphos-methyl)

5.92.1　方法提要

试样用丙酮溶解，以邻苯二甲酸二丁酯为内标物，使用 DB-5 毛细管柱和氢火焰离子化检测器，对试样中的甲基异柳磷进行气相色谱分离，内标法定量。

5.92.2　试剂和溶液

5.92.2.1　丙酮。

5.92.2.2　内标物：邻苯二甲酸二丁酯。

5.92.2.3　内标溶液：称取 2.5 g 邻苯二甲酸二丁酯，置于 500 mL 容量瓶中，用丙酮溶解并稀释至刻度，摇匀。

5.92.2.4　甲基异柳磷标样：已知质量分数，$\omega \geqslant 98.0\%$。

5.92.3　操作条件

5.92.3.1　色谱柱：30 m×0.32 mm(内径)DB-5 毛细管柱，膜厚 0.25 μm。

5.92.3.2　温度(℃)：柱室 210，气化室 240，检测器室 270。

5.92.3.3　气体流量(mL/min)：载气(N_2)1.5，氢气 30，空气 300。

5.92.3.4　分流比：50∶1。

5.92.3.5　进样体积：1.0 μL。

5.92.3.6　保留时间(min)：邻苯二甲酸二丁酯约 4.1，甲基异柳磷约 5.1。

5.92.4　溶液的制备

称取 0.05 g(精确至 0.000 1 g)甲基异柳磷标样，置于 25 mL 容量瓶中，用移液管加入 5 mL 内标溶液，用丙酮稀释至刻度，摇匀。

5.93　甲氰菊酯(fenpropathrin)

按 HG/T 2844 中"甲氰菊酯质量分数的测定"进行。

5.94　甲霜灵(metalaxyl)

按 HG/T 2206 中"甲霜灵质量分数的测定"进行。

5.95　甲氧苄氟菊酯(metofluthrin)

5.95.1　方法提要

试样用丙酮溶解，以邻苯二甲酸二异丁酯为内标物，使用 DB-5 毛细管柱和氢火焰离子化检测器，对试样中的甲氧苄氟菊酯进行气相色谱分离，内标法定量。

5.95.2　试剂和溶液

5.95.2.1　丙酮。

5.95.2.2　内标物：邻苯二甲酸二异丁酯。

5.95.2.3　内标溶液：称取 2.5 g 邻苯二甲酸二异丁酯，置于 500 mL 容量瓶中，用丙酮溶解并稀释至刻度，摇匀。

5.95.2.4　甲氧苄氟菊酯标样：已知质量分数，$\omega \geqslant 98.0\%$。

5.95.3　操作条件

5.95.3.1　色谱柱：30 m×0.32 mm(内径)DB-5 毛细管柱，膜厚 0.25 μm。

5.95.3.2　温度(℃)：柱室 195，气化室 240，检测器室 240。

5.95.3.3　气体流量(mL/min)：载气(N_2)1.0，氢气 30，空气 300。

5.95.3.4　分流比：50∶1。

5.95.3.5　进样体积：1.0 μL。

5.95.3.6　保留时间(min)：邻苯二甲酸二异丁酯约 5.9，甲氧苄氟菊酯(含 4 个非对映体)约 7.4、7.9、8.0、8.1。

注：计算甲氧苄氟菊酯质量分数时，目标物峰面积为保留时间 7.4 min、7.9 min、8.0 min、8.1 min 四个峰面积之和。

5.95.4 溶液的制备

称取 0.05 g(精确至 0.000 1 g)甲氧苄氟菊酯标样,置于 10 mL 容量瓶中,用移液管加入 5 mL 内标溶液,用丙酮稀释至刻度,摇匀。

5.96 腈苯唑(fenbuconazole)

5.96.1 方法提要

试样用丙酮溶解,以邻苯二甲酸二环己酯为内标物,使用 HP-5 毛细管柱和氢火焰离子化检测器,对试样中的腈苯唑进行气相色谱分离,内标法定量。

5.96.2 试剂和溶液

5.96.2.1 丙酮。

5.96.2.2 内标物:邻苯二甲酸二环己酯。

5.96.2.3 内标溶液:称取 4.0 g 邻苯二甲酸二环己酯,置于 500 mL 容量瓶中,用丙酮溶解并稀释至刻度,摇匀。

5.96.2.4 腈苯唑标样:已知质量分数,$\omega \geqslant 98.0\%$。

5.96.3 操作条件

5.96.3.1 色谱柱:30 m×0.32 mm(内径)HP-5 毛细管柱,膜厚 0.25 μm。

5.96.3.2 温度(℃):柱室 240,气化室 280,检测器室 300。

5.96.3.3 气体流量(mL/min):载气(N_2)4.0,氢气 30,空气 300。

5.96.3.4 分流比:30∶1。

5.96.3.5 进样体积:1.0 μL。

5.96.3.6 保留时间(min):邻苯二甲酸二环己酯约 3.7,腈苯唑约 6.6。

5.96.4 溶液的制备

称取 0.05 g(精确至 0.000 1 g)腈苯唑标样,置于 10 mL 容量瓶中,用移液管加入 5 mL 内标溶液,用丙酮稀释至刻度,摇匀。

5.97 精噁唑禾草灵(fenoxaprop-P-ethyl)

按 GB/T 22616 中"精噁唑禾草灵质量分数的测定"进行。

5.98 精喹禾灵(quizalofop-P-ethyl)

按 NY/T 3594 中"精喹禾灵质量分数的测定"进行。

5.99 精异丙甲草胺(s-metolachlor)

按 HG/T 5425 中"精异丙甲草胺质量分数的测定"进行。

5.100 菌核净(dimetachlone)

5.100.1 方法提要

试样用丙酮溶解,以癸二酸二丁酯为内标物,使用 HP-5 毛细管柱和氢火焰离子化检测器,对试样中的菌核净进行气相色谱分离,内标法定量。

5.100.2 试剂和溶液

5.100.2.1 丙酮。

5.100.2.2 内标物:癸二酸二丁酯。

5.100.2.3 内标溶液:称取 3.5 g 癸二酸二丁酯,置于 500 mL 容量瓶中,用丙酮溶解并稀释至刻度,摇匀。

5.100.2.4 菌核净标样:已知质量分数,$\omega \geqslant 98.0\%$。

5.100.3 操作条件

5.100.3.1 色谱柱:30 m×0.32 mm(内径)HP-5 毛细管柱,膜厚 0.25 μm。

5.100.3.2 温度(℃):柱室 210,气化室 260,检测器室 290。

5.100.3.3 气体流量(mL/min):载气(N₂)1.5,氢气 30,空气 300。

5.100.3.4 分流比:30:1。

5.100.3.5 进样体积:1.0 μL。

5.100.3.6 保留时间(min):菌核净约 5.2,癸二酸二丁酯约 7.2。

5.100.4 溶液的制备

称取 0.05 g(精确至 0.000 1 g)菌核净标样,置于 10 mL 容量瓶中,用移液管加入 5 mL 内标溶液,用丙酮稀释至刻度,摇匀。

5.101 抗倒酯(trinexapac-ethyl)

5.101.1 方法提要

试样用丙酮溶解,以邻苯二甲酸二戊酯为内标物,使用 DB-17 毛细管柱和氢火焰离子化检测器,对试样中的抗倒酯进行气相色谱分离,内标法定量。

5.101.2 试剂和溶液

5.101.2.1 丙酮。

5.101.2.2 内标物:邻苯二甲酸二戊酯。

5.101.2.3 内标溶液:称取 3.5 g 邻苯二甲酸二戊酯,置于 500 mL 容量瓶中,用丙酮溶解并稀释至刻度,摇匀。

5.101.2.4 抗倒酯标样:已知质量分数,ω≥98.0%。

5.101.3 操作条件

5.101.3.1 色谱柱:30 m×0.32 mm(内径)DB-17 毛细管柱,膜厚 0.25 μm。

5.101.3.2 温度(℃):柱室 230,气化室 260,检测器室 260。

5.101.3.3 气体流量(mL/min):载气(N₂)1.5,氢气 30,空气 300。

5.101.3.4 分流比:50:1。

5.101.3.5 进样体积:1.0 μL。

5.101.3.6 保留时间(min):抗倒酯约 4.1,邻苯二甲酸二戊酯约 5.3。

5.101.4 溶液的制备

称取 0.05 g(精确至 0.000 1 g)抗倒酯标样,置于 10 mL 容量瓶中,用移液管加入 5 mL 内标溶液,用丙酮稀释至刻度,摇匀。

5.102 抗蚜威(pirimicarb)

5.102.1 方法提要

试样用丙酮溶解,以邻苯二甲酸二丁酯为内标物,使用 HP-5 毛细管柱和氢火焰离子化检测器,对试样中的抗蚜威进行气相色谱分离,内标法定量。

5.102.2 试剂和溶液

5.102.2.1 丙酮。

5.102.2.2 内标物:邻苯二甲酸二丁酯。

5.102.2.3 内标溶液:称取 0.9 g 邻苯二甲酸二丁酯,置于 500 mL 容量瓶中,用丙酮溶解并稀释至刻度,摇匀。

5.102.2.4 抗蚜威标样:已知质量分数,ω≥98.0%。

5.102.3 操作条件

5.102.3.1 色谱柱:30 m×0.25 mm(内径)HP-5 毛细管柱,膜厚 0.25 μm。

5.102.3.2 温度(℃):柱室 210,气化室 250,检测器室 250。

5.102.3.3 气体流量(mL/min):载气(N₂)1.0,氢气 30,空气 300。

5.102.3.4 分流比:20:1。

5.102.3.5 进样体积:1.0 μL。

5.102.3.6 保留时间(min):抗蚜威约 4.7,邻苯二甲酸二丁酯约 6.0。

5.102.4 溶液的制备

称取 0.025 g(精确至 0.000 01 g)抗蚜威标样,置于 25 mL 容量瓶中,用移液管加入 10 mL 内标溶液,用丙酮稀释至刻度,摇匀。

5.103 克草胺(ethachlor)

5.103.1 方法提要

试样用丙酮溶解,以邻苯二甲酸二丁酯为内标物,使用 HP-5 毛细管柱和氢火焰离子化检测器,对试样中的克草胺进行气相色谱分离,内标法定量。

5.103.2 试剂和溶液

5.103.2.1 丙酮。

5.103.2.2 内标物:邻苯二甲酸二丁酯。

5.103.2.3 内标溶液:称取 4.3 g 邻苯二甲酸二丁酯,置于 500 mL 容量瓶中,用丙酮溶解并稀释至刻度,摇匀。

5.103.2.4 克草胺标样:已知质量分数,ω≥98.0%。

5.103.3 操作条件

5.103.3.1 色谱柱:30 m×0.32 mm(内径)HP-5 毛细管柱,膜厚 0.25 μm。

5.103.3.2 温度(℃):柱室 210,气化室 280,检测器室 280。

5.103.3.3 气体流量(mL/min):载气(N_2)1.0,氢气 40,空气 400。

5.103.3.4 分流比:50∶1。

5.103.3.5 进样体积:1.0 μL。

5.103.3.6 保留时间(min):克草胺约 4.4,邻苯二甲酸二丁酯约 5.8。

5.103.4 溶液的制备

称取 0.05 g(精确至 0.000 1 g)克草胺标样,置于 10 mL 容量瓶中,用移液管加入 5 mL 内标溶液,用丙酮稀释至刻度,摇匀。

5.104 克菌丹(captan)

5.104.1 方法提要

试样用丙酮溶解,以邻苯二甲酸二戊酯为内标物,使用 HP-5 毛细管柱和氢火焰离子化检测器,对试样中的克菌丹进行气相色谱分离,内标法定量。

5.104.2 试剂和溶液

5.104.2.1 丙酮。

5.104.2.2 内标物:邻苯二甲酸二戊酯。

5.104.2.3 内标溶液:称取 0.5 g 邻苯二甲酸二戊酯,置于 500 mL 容量瓶中,用丙酮溶解并稀释至刻度,摇匀。

5.104.2.4 克菌丹标样:已知质量分数,ω≥98.0%。

5.104.3 操作条件

5.104.3.1 色谱柱:30 m×0.25 mm(内径)HP-5 毛细管柱,膜厚 0.25 μm。

5.104.3.2 温度(℃):柱室 220,气化室 280,检测器室 290。

5.104.3.3 气体流量(mL/min):载气(N_2)1.0,氢气 30,空气 300。

5.104.3.4 分流比:20∶1。

5.104.3.5 进样体积:1.0 μL。

5.104.3.6 保留时间(min):克菌丹约 6.5,邻苯二甲酸二戊酯约 7.3。

5.104.4 溶液的制备

称取 0.025 g(精确至 0.000 01 g)克菌丹标样,置于 25 mL 容量瓶中,用移液管加入 10 mL 内标溶液,用丙酮稀释至刻度,摇匀。

5.105 苦参碱(matrine)

按 HG/T 5446 中"苦参碱质量分数的测定"进行。

5.106 矿物油(petroleum oil)

按 GB/T 35108 中"矿物油质量分数的测定"进行。

5.107 喹禾灵(quizalofop-ethyl)

按 HG/T 3759 中"喹禾灵质量分数的测定"进行。

5.108 喹硫磷(quinalphos)

5.108.1 方法提要

试样用丙酮溶解,以邻苯二甲酸二丁酯为内标物,使用 HP-5 毛细管柱和氢火焰离子化检测器,对试样中的喹硫磷进行气相色谱分离,内标法定量。

5.108.2 试剂和溶液

5.108.2.1 丙酮。

5.108.2.2 内标物:邻苯二甲酸二丁酯。

5.108.2.3 内标溶液:称取 6.0 g 邻苯二甲酸二丁酯,置于 500 mL 容量瓶中,用丙酮溶解并稀释至刻度,摇匀。

5.108.2.4 喹硫磷标样:已知质量分数,$\omega \geqslant 98.0\%$。

5.108.3 操作条件

5.108.3.1 色谱柱:30 m×0.32 mm(内径)HP-5 毛细管柱,膜厚 0.25 μm。

5.108.3.2 温度(℃):柱室 220,气化室 260,检测器室 270。

5.108.3.3 气体流量(mL/min):载气(N_2)1.2,氢气 30,空气 300。

5.108.3.4 分流比:60∶1。

5.108.3.5 进样体积:1.0 μL。

5.108.3.6 保留时间(min):邻苯二甲酸二丁酯约 3.4,喹硫磷约 4.5。

5.108.4 溶液的制备

称取 0.1 g(精确至 0.000 1 g)喹硫磷标样,置于 25 mL 容量瓶中,用移液管加入 5 mL 内标溶液,用丙酮稀释至刻度,摇匀。

5.109 喹螨醚(fenazaquin)

5.109.1 方法提要

试样用三氯甲烷溶解,以磷酸三苯酯为内标物,使用 HP-5 毛细管柱和氢火焰离子化检测器,对试样中的喹螨醚进行气相色谱分离,内标法定量。

5.109.2 试剂和溶液

5.109.2.1 三氯甲烷。

5.109.2.2 内标物:磷酸三苯酯。

5.109.2.3 内标溶液:称取 5.0 g 磷酸三苯酯,置于 500 mL 容量瓶中,用三氯甲烷溶解并稀释至刻度,摇匀。

5.109.2.4 喹螨醚标样:已知质量分数,$\omega \geqslant 98.0\%$。

5.109.3 操作条件

5.109.3.1 色谱柱:30 m×0.32 mm(内径)HP-5 毛细管柱,膜厚 0.25 μm。

5.109.3.2 温度(℃):柱室 240,气化室 260,检测器室 270。

5.109.3.3 气体流量(mL/min):载气(N_2)1.5,氢气 30,空气 300。

5.109.3.4 分流比:50∶1。

5.109.3.5 进样体积:1.0 μL。

5.109.3.6 保留时间(min):磷酸三苯酯约 5.4,喹螨醚约 6.8。

5.109.4 溶液的制备

称取 0.05 g(精确至 0.000 1 g)喹螨醚标样,置于 25 mL 容量瓶中,用移液管加入 5 mL 内标溶液,用三氯甲烷稀释至刻度,摇匀。

5.110 乐果(dimethoate)

5.110.1 方法提要

试样用丙酮溶解,以邻苯二甲酸二丁酯为内标物,使用 DB-5 毛细管柱和氢火焰离子化检测器,对试样中的乐果进行气相色谱分离,内标法定量。

5.110.2 试剂和溶液

5.110.2.1 丙酮。

5.110.2.2 内标物:邻苯二甲酸二丁酯。

5.110.2.3 内标溶液:称取 1.5 g 邻苯二甲酸二丁酯,置于 500 mL 容量瓶中,用丙酮溶解并稀释至刻度,摇匀。

5.110.2.4 乐果标样:已知质量分数,$\omega \geqslant 98.0\%$。

5.110.3 操作条件

5.110.3.1 色谱柱:30 m×0.32 mm(内径)DB-5 毛细管柱,膜厚 0.25 μm。

5.110.3.2 温度(℃):柱室 200,气化室 230,检测器室 270。

5.110.3.3 气体流量(mL/min):载气(N_2)1.5,氢气 30,空气 300。

5.110.3.4 分流比:50∶1。

5.110.3.5 进样体积:1.0 μL。

5.110.3.6 保留时间(min):乐果约 3.3,邻苯二甲酸二丁酯约 5.3。

5.110.4 溶液的制备

称取 0.05 g(精确至 0.000 1 g)乐果标样,置于 10 mL 容量瓶中,用移液管加入 5 mL 内标溶液,用丙酮稀释至刻度,摇匀。

5.111 联苯菊酯(bifenthrin)

按 GB/T 22619 中"联苯菊酯质量分数的测定"进行。

5.112 联苯三唑醇(bitertanol)

5.112.1 方法提要

试样用二甲基乙酰胺溶解,以邻苯二甲酸二(2-乙基己基)酯为内标物,使用 SE-54 毛细管柱和氢火焰离子化检测器,对试样中的联苯三唑醇进行气相色谱分离,内标法定量。

注:本方法参照 CIPAC 386/TC/M。

5.112.2 试剂和溶液

5.112.2.1 二甲基乙酰胺。

5.112.2.2 内标物:邻苯二甲酸二(2-乙基己基)酯。

5.112.2.3 内标溶液:称取 5.0 g 邻苯二甲酸二(2-乙基己基)酯,置于 500 mL 容量瓶中,用二甲基乙酰胺溶解并稀释至刻度,摇匀。

5.112.2.4 联苯三唑醇标样:已知质量分数,$\omega \geqslant 98.0\%$。

5.112.3 操作条件

5.112.3.1 色谱柱:25 m×0.32 mm(内径)SE-54 毛细管柱,膜厚 0.5 μm。

5.112.3.2 温度(℃):柱室 270,气化室 280,检测器室 300。

5.112.3.3 气体流量(mL/min):载气(N₂)1.5,氢气 30,空气 300。

5.112.3.4 分流比:60∶1。

5.112.3.5 进样体积:1.0 μL。

5.112.3.6 保留时间(min):邻苯二甲酸二(2-乙基己基)酯约 5.7,联苯三唑醇非对映体 A(SR+RS)约 7.9,联苯三唑醇非对映体 B(SS+RR)约 8.1。

注:计算联苯三唑醇质量分数时,目标物峰面积为非对映体 A、非对映体 B 两个峰面积之和。

5.112.4 溶液的制备

称取 0.1 g(精确至 0.000 1 g)联苯三唑醇标样,置于 50 mL 容量瓶中,用移液管加入 10 mL 内标溶液,用二甲基乙酰胺稀释至刻度,摇匀。

5.113 硫丹(endosulfan)

按 GB 20685 中"硫丹质量分数的测定"进行。

5.114 硫环磷(phosfolan)

5.114.1 方法提要

试样用丙酮溶解,以邻苯二甲酸二戊酯为内标物,使用 DB-17 毛细管柱和氢火焰离子化检测器,对试样中的硫环磷进行气相色谱分离,内标法定量。

5.114.2 试剂和溶液

5.114.2.1 丙酮。

5.114.2.2 内标物:邻苯二甲酸二戊酯。

5.114.2.3 内标溶液:称取 2.2 g 邻苯二甲酸二戊酯,置于 500 mL 容量瓶中,用丙酮溶解并稀释至刻度,摇匀。

5.114.2.4 硫环磷标样:已知质量分数,ω≥98.0%。

5.114.3 操作条件

5.114.3.1 色谱柱:30 m×0.32 mm(内径)DB-17 毛细管柱,膜厚 0.25 μm。

5.114.3.2 温度(℃):柱室 230,气化室 280,检测器室 290。

5.114.3.3 气体流量(mL/min):载气(N₂)2.0,氢气 30,空气 300。

5.114.3.4 分流比:20∶1。

5.114.3.5 进样体积:1.0 μL。

5.114.3.6 保留时间(min):邻苯二甲酸二戊酯约 4.2,硫环磷约 7.7。

5.114.4 溶液的制备

称取 0.05 g(精确至 0.000 1 g)硫环磷标样,置于 25 mL 容量瓶中,用移液管加入 5 mL 内标溶液,用丙酮稀释至刻度,摇匀。

5.115 硫线磷(cadusafos)

5.115.1 方法提要

试样用丙酮溶解,以正十八烷为内标物,使用 HP-5 毛细管柱和氢火焰离子化检测器,对试样中的硫线磷进行气相色谱分离,内标法定量。

5.115.2 试剂和溶液

5.115.2.1 丙酮。

5.115.2.2 内标物:正十八烷。

5.115.2.3 内标溶液:称取 2.4 g 正十八烷,置于 500 mL 容量瓶中,用丙酮溶解并稀释至刻度,摇匀。

5.115.2.4 硫线磷标样:已知质量分数,ω≥98.0%。

5.115.3 操作条件

5.115.3.1 色谱柱:30 m×0.32 mm(内径)HP-5 毛细管柱,膜厚 0.25 μm。

5.115.3.2 温度(℃):柱室 180,气化室 260,检测器室 270。

5.115.3.3 气体流量(mL/min):载气(N₂)1.5,氢气 30,空气 300。

5.115.3.4 分流比:50∶1。

5.115.3.5 进样体积:1.0 μL。

5.115.3.6 保留时间(min):硫线磷约 4.5,正十八烷约 5.9。

5.115.4 溶液的制备

称取 0.05 g(精确至 0.000 1 g)硫线磷标样,置于 10 mL 容量瓶中,用移液管加入 5 mL 内标溶液,用丙酮稀释至刻度,摇匀。

5.116 林丹(gamma-BHC)

5.116.1 方法提要

试样用丙酮溶解,以磷酸三丁酯为内标物,使用 DB-1701 毛细管柱和氢火焰离子化检测器,对试样中的林丹进行气相色谱分离,内标法定量。

5.116.2 试剂和溶液

5.116.2.1 丙酮。

5.116.2.2 内标物:磷酸三丁酯。

5.116.2.3 内标溶液:称取 2.7 g 磷酸三丁酯,置于 500 mL 容量瓶中,用丙酮溶解并稀释至刻度,摇匀。

5.116.2.4 林丹标样:已知质量分数,ω≥98.0%。

5.116.3 操作条件

5.116.3.1 色谱柱:30 m×0.25 mm(内径)DB-1701 毛细管柱,膜厚 0.25 μm。

5.116.3.2 温度(℃):柱室 180,气化室 250,检测器室 280。

5.116.3.3 气体流量(mL/min):载气(N₂)1.0,氢气 45,空气 450。

5.116.3.4 分流比:30∶1。

5.116.3.5 进样体积:1.0 μL。

5.116.3.6 保留时间(min):磷酸三丁酯约 5.7,林丹约 10.3。

注:本方法也可用于 α-六六六、β-六六六、δ-六六六的含量测定,保留时间分别为 7.9 min、13.5 min、13.8 min。

5.116.4 溶液的制备

称取 0.05 g(精确至 0.000 1 g)林丹标样,置于 25 mL 容量瓶中,用移液管加入 5 mL 内标溶液,用丙酮稀释至刻度,摇匀。

5.117 绿盲蝽性信息素:4-氧代-反-2-己烯醛[(2E)-4-oxo-2-hexenal]

5.117.1 方法提要

试样用二氯甲烷溶解,以正十二烷为内标物,使用 DB-17 毛细管柱和氢火焰离子化检测器,对试样中的 4-氧代-反-2-己烯醛、丁酸-反-2-己烯酯进行气相色谱分离,内标法定量。

注:4-氧代-反-2-己烯醛、丁酸-反-2-己烯酯是绿盲蝽性信息素中有效成分,用同一方法进行测定。

5.117.2 试剂和溶液

5.117.2.1 二氯甲烷。

5.117.2.2 内标物:正十二烷。

5.117.2.3 内标溶液:称取 0.8 g 正十二烷,置于 500 mL 容量瓶中,用二氯甲烷溶解并稀释至刻度,摇匀。

5.117.2.4 4-氧代-反-2-己烯醛标样:已知质量分数,ω≥80.0%。

5.117.2.5 丁酸-反-2-己烯酯标样:已知质量分数,ω≥98.0%。

5.117.3 操作条件

5.117.3.1 色谱柱:30 m×0.32 mm(内径)DB-17 毛细管柱,膜厚 0.25 μm。

5.117.3.2 温度:柱室 70 ℃保持 11 min,以 20 ℃/min 升温至 100 ℃保持 3 min,以 40 ℃/min 升温至 270 ℃保持 11 min;气化室 250 ℃,检测器室 260 ℃。

5.117.3.3 气体流量(mL/min):载气(N₂)2.0,氢气 30,空气 300。

5.117.3.4 分流比:20:1。

5.117.3.5 进样体积:1.0 μL。

5.117.3.6 保留时间(min):4-氧代-反-2-己烯醛约 8.4,正十二烷约 10.2,丁酸-反-2-己烯酯约 14.8。

5.117.4 溶液的制备

5.117.4.1 标样溶液的制备

称取 0.08 g(精确至 0.000 1 g)4-氧代-反-2-己烯醛标样和 0.06 g(精确至 0.000 1 g)丁酸-反-2-己烯酯标样,置于同一 10 mL 容量瓶中,用二氯甲烷稀释至刻度,摇匀;用移液管移取 2 mL 上述溶液,置于 10 mL容量瓶中,用移液管加入 5 mL 内标溶液,用二氯甲烷稀释至刻度,摇匀。

5.117.4.2 挥散芯试样溶液的制备

称取 1 个试样(精确至 0.000 1 g),用剪刀剪开试样一端的封口,将药液倒入 25 mL 具塞锥形瓶中,轻轻敲打尽可能倒空药液,然后用剪刀将试样剪成 5 mm 长的小段,置于锥形瓶中;准确移取 5 mL 二氯甲烷清洗剪刀,将洗液置于锥形瓶中,用移液管加入 5 mL 内标溶液,超声波振荡 5 min,冷却至室温,摇匀。

注:本方法适用于管状挥散芯试样。

5.118 绿盲蝽性信息素:丁酸-反-2-己烯酯[(2E)-2-hexen-1-y1 butyrate]

按 5.117 进行测定。

5.119 氯苯胺灵(chlorpropham)

5.119.1 方法提要

试样用丙酮溶解,以邻苯二甲酸二丁酯为内标物,使用 HP-5 毛细管柱和氢火焰离子化检测器,对试样中的氯苯胺灵进行气相色谱分离,内标法定量。

5.119.2 试剂和溶液

5.119.2.1 丙酮。

5.119.2.2 内标物:邻苯二甲酸二丁酯。

5.119.2.3 内标溶液:称取 0.9 g 邻苯二甲酸二丁酯,置于 500 mL 容量瓶中,用丙酮溶解并稀释至刻度,摇匀。

5.119.2.4 氯苯胺灵标样:已知质量分数,ω≥98.0%。

5.119.3 操作条件

5.119.3.1 色谱柱:30 m×0.25 mm(内径)HP-5 毛细管柱,膜厚 0.25 μm。

5.119.3.2 温度(℃):柱室 210,气化室 230,检测器室 250。

5.119.3.3 气体流量(mL/min):载气(N₂)1.0,氢气 30,空气 300。

5.119.3.4 分流比:20:1。

5.119.3.5 进样体积:1.0 μL。

5.119.3.6 保留时间(min):氯苯胺灵约 3.3,邻苯二甲酸二丁酯约 6.3。

5.119.4 溶液的制备

称取 0.025 g(精确至 0.000 01 g)氯苯胺灵标样,置于 25 mL 容量瓶中,用移液管加入 10 mL 内标溶液,用丙酮稀释至刻度,摇匀。

5.120 氯氟吡氧乙酸异辛酯(fluroxypyr-meptyl)

按 GB/T 35672 中"氯氟吡氧乙酸异辛酯质量分数的测定"进行。

5.121 氯氟醚菊酯(meperfluthrin)

按 HG/T 4575 中"氯氟醚菊酯质量分数的测定"进行。

5.122 氯氟氰菊酯(cyhalothrin)

5.122.1 方法提要

试样用丙酮溶解,以邻苯二甲酸二环己酯为内标物,使用 HP-5 毛细管柱和氢火焰离子化检测器,对试样中的氯氟氰菊酯进行气相色谱分离,内标法定量。

5.122.2 试剂和溶液

5.122.2.1 丙酮。

5.122.2.2 三氟乙酸。

5.122.2.3 内标物:邻苯二甲酸二环己酯。

5.122.2.4 内标溶液:称取 4.0 g 邻苯二甲酸二环己酯,置于 500 mL 容量瓶中,加入 2 mL 三氟乙酸,用丙酮溶解并稀释至刻度,摇匀。

注:加入三氟乙酸可阻止溶液中氯氟氰菊酯差向异构化。

5.122.2.5 氯氟氰菊酯标样:已知质量分数,$\omega \geq 98.0\%$。

5.122.3 操作条件

5.122.3.1 色谱柱:30 m×0.32 mm(内径)HP-5 毛细管柱,膜厚 0.25 μm。

5.122.3.2 温度(℃):柱室 230,气化室 280,检测器室 280。

5.122.3.3 气体流量(mL/min):载气(N_2)2.0,氢气 30,空气 300。

5.122.3.4 分流比:50:1。

5.122.3.5 进样体积:1.0 μL。

5.122.3.6 保留时间(min):邻苯二甲酸二环己酯约 7.7,氯氟氰菊酯低效体约 8.9,氯氟氰菊酯高效体约 9.6。

注:计算氯氟氰菊酯质量分数时,目标物峰面积为低效体、高效体两个峰面积之和。

5.122.4 溶液的制备

称取 0.05 g(精确至 0.000 1 g)氯氟氰菊酯标样,置于 10 mL 容量瓶中,用移液管加入 5 mL 内标溶液,用丙酮稀释至刻度,摇匀。

5.123 氯化苦(chloropicrin)

5.123.1 方法提要

试样直接进样,使用 DB-1 毛细管柱和氢火焰离子化检测器,对试样中的氯化苦进行气相色谱分离,峰面积归一化法定量。

注:因为氯化苦剧毒、易挥发,且只有 1 个登记产品含量 99.5%,所以采用峰面积归一化法进行测定。

5.123.2 操作条件

5.123.2.1 色谱柱:30 m×0.32 mm(内径)DB-1 毛细管柱,膜厚 0.25 μm。

5.123.2.2 温度(℃):柱室 50,气化室 160,检测器室 200。

5.123.2.3 气体流量(mL/min):载气(N_2)1.5,氢气 30,空气 300。

5.123.2.4 分流比:20:1。

5.123.2.5 进样体积:0.2 μL。

5.123.2.6 保留时间(min):氯化苦约 6.6。

5.123.3 测定

在上述色谱操作条件下,待仪器稳定后,连续注入数针试样,直至相邻两针氯化苦峰面积相对变化小于 1.2% 时,重复进样 2 次进行测定。

5.123.4 计算

试样中氯化苦的质量分数按公式(6)计算。

$$\omega_3 = \frac{A_L}{\sum A_i} \times 100 \qquad\qquad\cdots\cdots\cdots\cdots\cdots\cdots (6)$$

式中：

ω_3 ——试样中氯化苦的质量分数，以百分数（%）表示；

A_L ——试样中氯化苦的峰面积；

$\sum A_i$ ——试样中各组分峰面积之和。

5.124 氯烯炔菊酯（chlorempenthrin）

5.124.1 方法提要

试样用丙酮溶解，以正十八烷为内标物，使用 HP-5 毛细管柱和氢火焰离子化检测器，对试样中的氯烯炔菊酯进行气相色谱分离，内标法定量。

5.124.2 试剂和溶液

5.124.2.1 丙酮。

5.124.2.2 内标物：正十八烷。

5.124.2.3 内标溶液：称取 1.5 g 正十八烷，置于 500 mL 容量瓶中，用丙酮溶解并稀释至刻度，摇匀。

5.124.2.4 氯烯炔菊酯标样：已知质量分数，$\omega \geqslant 98.0\%$。

5.124.3 操作条件

5.124.3.1 色谱柱：30 m×0.32 mm（内径）HP-5 毛细管柱，膜厚 0.25 μm。

5.124.3.2 温度（℃）：柱室 160，气化室 190，检测器室 190。

5.124.3.3 气体流量（mL/min）：载气（N_2）2.0，氢气 30，空气 300。

5.124.3.4 分流比：10∶1。

5.124.3.5 进样体积：1.0 μL。

5.124.3.6 保留时间（min）：正十八烷约 10.5，氯烯炔菊酯约 14.3。

5.124.4 溶液的制备

称取 0.025 g（精确至 0.000 01 g）氯烯炔菊酯标样，置于 25 mL 容量瓶中，用移液管加入 5 mL 内标溶液，用丙酮稀释至刻度，摇匀。

5.125 马拉硫磷（malathion）

5.125.1 方法提要

试样用丙酮溶解，以邻苯二甲酸二丙酯为内标物，使用 DB-1 毛细管柱和氢火焰离子化检测器，对试样中的马拉硫磷进行气相色谱分离，内标法定量。

5.125.2 试剂和溶液

5.125.2.1 丙酮。

5.125.2.2 内标物：邻苯二甲酸二丙酯。

5.125.2.3 内标溶液：称取 2.0 g 邻苯二甲酸二丙酯，置于 500 mL 容量瓶中，用丙酮溶解并稀释至刻度，摇匀。

5.125.2.4 马拉硫磷标样：已知质量分数，$\omega \geqslant 98.0\%$。

5.125.3 操作条件

5.125.3.1 色谱柱：30 m×0.32 mm（内径）DB-1 毛细管柱，膜厚 0.25 μm。

5.125.3.2 温度（℃）：柱室 190，气化室 230，检测器室 280。

5.125.3.3 气体流量（mL/min）：载气（N_2）1.0，氢气 40，空气 400。

5.125.3.4 分流比：30∶1。

5.125.3.5 进样体积：1.0 μL。

5.125.3.6 保留时间（min）：邻苯二甲酸二丙酯约 6.0，马拉硫磷约 9.8。

5.125.4 溶液的制备

称取 0.05 g（精确至 0.000 1 g）马拉硫磷标样，置于 25 mL 容量瓶中，用移液管加入 5 mL 内标溶液，用丙酮稀释至刻度,摇匀。

5.126 咪鲜胺(prochloraz)

按 GB/T 39671 中"咪鲜胺质量分数的测定"进行。

5.127 醚菊酯(etofenprox)

5.127.1 方法提要

试样用丙酮溶解,以邻苯二甲酸二环己酯为内标物,使用 DB-210 毛细管柱和氢火焰离子化检测器,对试样中的醚菊酯进行气相色谱分离,内标法定量。

注:本方法参照 CIPAC 471/TC/M。

5.127.2 试剂和溶液

5.127.2.1 丙酮。

5.127.2.2 甲醇。

5.127.2.3 内标物:邻苯二甲酸二环己酯。

5.127.2.4 内标溶液:称取 5.0 g 邻苯二甲酸二环己酯,置于 500 mL 容量瓶中,用丙酮溶解并稀释至刻度,摇匀。

5.127.2.5 醚菊酯标样:已知质量分数,$\omega \geq 98.0\%$。

5.127.3 操作条件

5.127.3.1 色谱柱:30 m×0.25 mm(内径)DB-210 毛细管柱,膜厚 0.25 μm。

5.127.3.2 温度(℃):柱室 230 ℃,气化室 290 ℃,检测器室 290 ℃。

5.127.3.3 气体流量(mL/min):载气(N_2)1.2,氢气 30,空气 300。

5.127.3.4 分流比:30∶1。

5.127.3.5 进样体积:1.0 μL。

5.127.3.6 保留时间(min):邻苯二甲酸二环己酯约 9.0,醚菊酯约 10.0。

5.127.4 溶液的制备

称取 0.06 g(精确至 0.000 1 g)醚菊酯标样,置于 50 mL 容量瓶中,加入 1 mL 甲醇,用移液管加入 5 mL 内标溶液,用丙酮稀释至刻度,摇匀。

5.128 嘧菌酯(azoxystrobin)

按 GB/T 32341 中"嘧菌酯质量分数的测定"进行。

5.129 嘧霉胺(pyrimethanil)

按 GB/T 29385 中"嘧霉胺质量分数的测定"进行。

5.130 灭菌唑(triticonazole)

5.130.1 方法提要

试样用丙酮溶解,以邻苯二甲酸二辛酯为内标物,使用 HP-5 毛细管柱和氢火焰离子化检测器,对试样中的灭菌唑进行气相色谱分离,内标法定量。

5.130.2 试剂和溶液

5.130.2.1 丙酮。

5.130.2.2 内标物:邻苯二甲酸二辛酯。

5.130.2.3 内标溶液:称取 5.0 g 邻苯二甲酸二辛酯,置于 500 mL 容量瓶中,用丙酮溶解并稀释至刻度,摇匀。

5.130.2.4 灭菌唑标样:已知质量分数,$\omega \geq 98.0\%$。

5.130.3 操作条件

5.130.3.1 色谱柱:30 m×0.32 mm(内径)HP-5 毛细管柱,膜厚 0.25 μm。

5.130.3.2 温度(℃):柱室 230,气化室 250,检测器室 270。

5.130.3.3 气体流量(mL/min):载气(N₂)2.0,氢气30,空气300。

5.130.3.4 分流比:30∶1。

5.130.3.5 进样体积:1.0 μL。

5.130.3.6 保留时间(min):灭菌唑约5.1,邻苯二甲酸二辛酯约8.1。

5.130.4 溶液的制备

称取0.05 g(精确至0.000 1 g)灭菌唑标样,置于50 mL容量瓶中,用移液管加入5 mL内标溶液,用丙酮稀释至刻度,摇匀。

5.131 灭线磷(ethoprophos)

按GB 20681中"灭线磷质量分数的测定"进行。

5.132 内吸磷(demeton)

5.132.1 方法提要

试样用丙酮溶解,以邻苯二甲酸二丁酯为内标物,使用Rtx-1701毛细管柱和氢火焰离子化检测器,对试样中的内吸磷进行气相色谱分离,内标法定量。

5.132.2 试剂和溶液

5.132.2.1 丙酮。

5.132.2.2 内标物:邻苯二甲酸二丁酯。

5.132.2.3 内标溶液:称取0.5 g邻苯二甲酸二丁酯,置于500 mL容量瓶中,用丙酮溶解并稀释至刻度,摇匀。

5.132.2.4 内吸磷标样:已知质量分数,ω≥95.0%。

5.132.3 操作条件

5.132.3.1 色谱柱:30 m×0.32 mm(内径)Rtx-1701毛细管柱,膜厚0.25 μm。

5.132.3.2 温度:柱室80 ℃保持1.5 min,以25 ℃/min升温至230 ℃保持5 min;气化室260 ℃,检测器室280 ℃。

5.132.3.3 气体流量(mL/min):载气(N₂)1.0,氢气30,空气300。

5.132.3.4 分流比:10∶1。

5.132.3.5 进样体积:1.0 μL。

5.132.3.6 保留时间(min):内吸磷-O约6.4,内吸磷-S约7.1,邻苯二甲酸二丁酯约7.9。

注:计算内吸磷质量分数时,目标物峰面积为内吸磷-O、内吸磷-S两个峰面积之和。

5.132.4 溶液的制备

称取0.015 g(精确至0.000 01 g)内吸磷标样,置于50 mL容量瓶中,用移液管加入5 mL内标溶液,用丙酮稀释至刻度,摇匀。

5.133 扑草净(prometryn)

按GB/T 24754中"扑草净质量分数的测定"进行。

5.134 七氟甲醚菊酯

5.134.1 方法提要

试样用丙酮溶解,以邻苯二甲酸二丁酯为内标物,使用Rtx-5毛细管柱和氢火焰离子化检测器,对试样中的七氟甲醚菊酯进行气相色谱分离,内标法定量。

5.134.2 试剂和溶液

5.134.2.1 丙酮。

5.134.2.2 内标物:邻苯二甲酸二丁酯。

5.134.2.3 内标溶液:称取0.4 g邻苯二甲酸二丁酯,置于500 mL容量瓶中,用丙酮溶解并稀释至刻度,摇匀。

5.134.2.4 七氟甲醚菊酯标样:已知质量分数,$\omega \geqslant 98.0\%$。

5.134.3 操作条件

5.134.3.1 色谱柱:30 m×0.25 mm(内径)Rtx-5 毛细管柱,膜厚 0.25 μm。

5.134.3.2 温度(℃):柱室 180,气化室 240,检测器室 240。

5.134.3.3 气体流量(mL/min):载气(N_2)1.0,氢气 30,空气 300。

5.134.3.4 分流比:10∶1。

5.134.3.5 进样体积:1.0 μL。

5.134.3.6 保留时间(min):七氟甲醚菊酯约 8.4,邻苯二甲酸二丁酯约 9.7。

5.134.4 溶液的制备

称取 0.01 g(精确至 0.000 01 g)七氟甲醚菊酯标样,置于 50 mL 容量瓶中,用移液管加入 10 mL 内标溶液,用丙酮稀释至刻度,摇匀。

5.135 羟哌酯(icaridin)

5.135.1 方法提要

试样用异丙醇溶解,以邻苯二甲酸二甲酯为内标物,使用 DB-5 毛细管柱和氢火焰离子化检测器,对试样中的羟哌酯进行气相色谱分离,内标法定量。

注:本方法参照 CIPAC 740/TC/(M)。

5.135.2 试剂和溶液

5.135.2.1 异丙醇。

5.135.2.2 内标物:邻苯二甲酸二甲酯。

5.135.2.3 内标溶液:称取 5.0 g 邻苯二甲酸二甲酯,置于 500 mL 容量瓶中,用异丙醇溶解并稀释至刻度,摇匀。

5.135.2.4 羟哌酯标样:已知质量分数,$\omega \geqslant 98.0\%$。

5.135.3 操作条件

5.135.3.1 色谱柱:30 m×0.25 mm(内径)DB-5 毛细管柱,膜厚 0.25 μm。

5.135.3.2 温度:柱室 150 ℃保持 2 min,以 10 ℃/min升温至 330 ℃保持 3 min;气化室 240 ℃,检测器室 330 ℃。

5.135.3.3 气体流量(mL/min):载气(He)1.5,氢气 30,空气 300。

5.135.3.4 分流比:25∶1。

5.135.3.5 进样体积:1.0 μL。

5.135.3.6 保留时间(min):邻苯二甲酸二甲酯约 3.0,羟哌酯约 4.5。

5.135.4 溶液的制备

称取 0.1 g(精确至 0.000 1 g)羟哌酯标样,置于 20 mL 容量瓶中,用移液管加入 10 mL 内标溶液,用异丙醇稀释至刻度,摇匀。

5.136 嗪草酮(metribuzin)

5.136.1 方法提要

试样用丙酮溶解,以邻苯二甲酸二丁酯为内标物,使用 HP-1 毛细管柱和氢火焰离子化检测器,对试样中的嗪草酮进行气相色谱分离,内标法定量。

5.136.2 试剂和溶液

5.136.2.1 丙酮。

5.136.2.2 内标物:邻苯二甲酸二丁酯。

5.136.2.3 内标溶液:称取 0.9 g 邻苯二甲酸二丁酯,置于 500 mL 容量瓶中,用丙酮溶解并稀释至刻度,摇匀。

5.136.2.4 嗪草酮标样:已知质量分数,$\omega \geqslant 98.0\%$。

5.136.3 操作条件

5.136.3.1 色谱柱:30 m×0.25 mm(内径)HP-1 毛细管柱,膜厚 0.25 μm。

5.136.3.2 温度(℃):柱室 240,气化室 280,检测器室 290。

5.136.3.3 气体流量(mL/min):载气(N_2)1.0,氢气 30,空气 300。

5.136.3.4 分流比:20∶1。

5.136.3.5 进样体积:1.0 μL。

5.136.3.6 保留时间(min):嗪草酮约 6.6,邻苯二甲酸二丁酯约 7.9。

5.136.4 溶液的制备

称取 0.025 g(精确至 0.000 01 g)嗪草酮标样,置于 25 mL 容量瓶中,用移液管加入 10 mL 内标溶液,用丙酮稀释至刻度,摇匀。

5.137 氰戊菊酯(fenvalerate)

5.137.1 方法提要

试样用乙酸乙酯溶解,以邻苯二甲酸二环己酯为内标物,使用 DB-1 毛细管柱和氢火焰离子化检测器,对试样中的氰戊菊酯进行气相色谱分离,内标法定量。也可按 5.7.1 进行测定。

5.137.2 试剂和溶液

5.137.2.1 乙酸乙酯。

5.137.2.2 内标物:邻苯二甲酸二环己酯。

5.137.2.3 内标溶液:称取 4.4 g 邻苯二甲酸二环己酯,置于 500 mL 容量瓶中,用乙酸乙酯溶解并稀释至刻度,摇匀。

5.137.2.4 氰戊菊酯标样:已知质量分数,$\omega \geqslant 98.0\%$。

5.137.3 操作条件

5.137.3.1 色谱柱:30 m×0.25 mm(内径)DB-1 毛细管柱,膜厚 0.25 μm。

5.137.3.2 温度(℃):柱室 300,气化室 300,检测器室 320。

5.137.3.3 气体流量(mL/min):载气(N_2)1.2,氢气 40,空气 400。

5.137.3.4 分流比:50∶1。

5.137.3.5 进样体积:1.0 μL。

5.137.3.6 保留时间(min):邻苯二甲酸二环己酯约 2.2,氰戊菊酯非对映体 A($SR+RS$)约 3.3,氰戊菊酯非对映体 B($SS+RR$)约 3.4。

注:计算氰戊菊酯含量时,目标物峰面积为非对映体 A、非对映体 B 两个峰面积之和。

5.137.4 溶液的制备

称取 0.05 g(精确至 0.000 1 g)氰戊菊酯标样,置于 25 mL 容量瓶中,用移液管加入 5 mL 内标溶液,用乙酸乙酯稀释至刻度,摇匀。

5.138 氰烯菌酯(phenamacril)

5.138.1 方法提要

试样用丙酮溶解,以邻苯二甲酸二丁酯为内标物,使用 Rtx-5 毛细管柱和氢火焰离子化检测器,对试样中的氰烯菌酯进行气相色谱分离,内标法定量。

5.138.2 试剂和溶液

5.138.2.1 丙酮。

5.138.2.2 内标物:邻苯二甲酸二丁酯。

5.138.2.3 内标溶液:称取 5.0 g 邻苯二甲酸二丁酯,置于 500 mL 容量瓶中,用丙酮溶解并稀释至刻度,摇匀。

5.138.2.4　氰烯菌酯标样:已知质量分数,ω≥98.0%。

5.138.3　操作条件

5.138.3.1　色谱柱:30 m×0.25 mm(内径)Rtx-5 毛细管柱,膜厚 0.25 μm。

5.138.3.2　温度(℃):柱室 230,气化室 260,检测器室 280。

5.138.3.3　气体流量(mL/min):载气(N₂)1.0,氢气 30,空气 300。

5.138.3.4　分流比:50∶1。

5.138.3.5　进样体积:1.0 μL。

5.138.3.6　保留时间(min):邻苯二甲酸二丁酯约 4.1,氰烯菌酯约 5.1。

5.138.4　溶液的制备

称取 0.05 g(精确至 0.000 1 g)氰烯菌酯标样,置于 25 mL 容量瓶中,用移液管加入 5 mL 内标溶液,用丙酮稀释至刻度,摇匀。

5.139　驱蚊酯(ethyl butylacetylaminopropionate)

5.139.1　方法提要

试样用丙酮溶解,以磷酸三丁酯为内标物,使用 Rtx-5 毛细管柱和氢火焰离子化检测器,对试样中的驱蚊酯进行气相色谱分离,内标法定量。

5.139.2　试剂和溶液

5.139.2.1　丙酮。

5.139.2.2　内标物:磷酸三丁酯。

5.139.2.3　内标溶液:称取 5.0 g 磷酸三丁酯,置于 500 mL 容量瓶中,用丙酮溶解并稀释至刻度,摇匀。

5.139.2.4　驱蚊酯标样:已知质量分数,ω≥98.0%。

5.139.3　操作条件

5.139.3.1　色谱柱:30 m×0.25 mm(内径)Rtx-5 毛细管柱,膜厚 0.25 μm。

5.139.3.2　温度(℃):柱室 170,气化室 230,检测器室 230。

5.139.3.3　气体流量(mL/min):载气(N₂)1.2,氢气 30,空气 300。

5.139.3.4　分流比:30∶1。

5.139.3.5　进样体积:1.0 μL。

5.139.3.6　保留时间(min):驱蚊酯约 5.8,磷酸三丁酯约 6.5。

5.139.4　溶液的制备

称取 0.05 g(精确至 0.000 1 g)驱蚊酯标样,置于 25 mL 容量瓶中,用移液管加入 5 mL 内标溶液,用丙酮稀释至刻度,摇匀。

5.140　炔苯酰草胺(propyzamide)

5.140.1　方法提要

试样用丙酮溶解,以邻苯二甲酸二丁酯为内标物,使用 Rtx-5 毛细管柱和氢火焰离子化检测器,对试样中的炔苯酰草胺进行气相色谱分离,内标法定量。

5.140.2　试剂和溶液

5.140.2.1　丙酮。

5.140.2.2　内标物:邻苯二甲酸二丁酯。

5.140.2.3　内标溶液:称取 4.0 g 邻苯二甲酸二丁酯,置于 500 mL 容量瓶中,用丙酮溶解并稀释至刻度,摇匀。

5.140.2.4　炔苯酰草胺标样:已知质量分数,ω≥98.0%。

5.140.3　操作条件

5.140.3.1　色谱柱:30 m×0.25 mm(内径)Rtx-5 毛细管柱,膜厚 0.25 μm。

5.140.3.2 温度(℃):柱室 185,气化室 250,检测器室 260。

5.140.3.3 气体流量(mL/min):载气(N₂)1.0,氢气 30,空气 300。

5.140.3.4 分流比:50:1。

5.140.3.5 进样体积:1.0 μL。

5.140.3.6 保留时间(min):炔苯酰草胺约 5.0,邻苯二甲酸二丁酯约 6.0。

5.140.4 溶液的制备

称取 0.05 g(精确至 0.000 1 g)炔苯酰草胺标样,置于 10 mL 容量瓶中,用移液管加入 5 mL 内标溶液,用丙酮稀释至刻度,摇匀。

5.141 炔丙菊酯(prallethrin)

按 NY/T 4007 中"炔丙菊酯质量分数的测定"进行。

5.142 炔螨特(propargite)

按 HG/T 3765 中"炔螨特质量分数的测定"进行。

5.143 炔咪菊酯(imiprothrin)

5.143.1 方法提要

试样用丙酮溶解,以邻苯二甲酸二戊酯为内标物,使用 HP-5 毛细管柱和氢火焰离子化检测器,对试样中的炔咪菊酯进行气相色谱分离,内标法定量。

5.143.2 试剂和溶液

5.143.2.1 丙酮。

5.143.2.2 内标物:邻苯二甲酸二戊酯。

5.143.2.3 内标溶液:称取 0.3 g 邻苯二甲酸二戊酯,置于 500 mL 容量瓶中,用丙酮溶解并稀释至刻度,摇匀。

5.143.2.4 炔咪菊酯标样:已知质量分数,ω≥98.0%。

5.143.3 操作条件

5.143.3.1 色谱柱:30 m×0.32 mm(内径)HP-5 毛细管柱,膜厚 0.25 μm。

5.143.3.2 温度(℃):柱室 210,气化室 250,检测器室 260。

5.143.3.3 气体流量(mL/min):载气(N₂)2.0,氢气 30,空气 400。

5.143.3.4 分流比:10:1。

5.143.3.5 进样体积:1.0 μL。

5.143.3.6 保留时间(min):邻苯二甲酸二戊酯约 6.1,炔咪菊酯顺式体约 9.2,炔咪菊酯反式体约 9.6。

注:计算炔咪菊酯含量时,目标物峰面积为顺式体、反式体两个峰面积之和。

5.143.4 溶液的制备

称取 0.01 g(精确至 0.000 01 g)炔咪菊酯标样,置于 50 mL 容量瓶中,用移液管加入 10 mL 内标溶液,用丙酮稀释至刻度,摇匀。

5.144 噻呋酰胺(thifluzamide)

按 NY/T 4013 中"噻呋酰胺质量分数的测定"进行。

5.145 噻螨酮(hexythiazox)

5.145.1 方法提要

试样用丙酮溶解,以磷酸三苯酯为内标物,使用 Rtx-5 毛细管柱和氢火焰离子化检测器,对试样中的噻螨酮进行气相色谱分离,内标法定量。

5.145.2 试剂和溶液

5.145.2.1 丙酮。

5.145.2.2 内标物:磷酸三苯酯。

5.145.2.3 内标溶液：称取 3.0 g 磷酸三苯酯，置于 500 mL 容量瓶中，用丙酮溶解并稀释至刻度，摇匀。

5.145.2.4 噻螨酮标样：已知质量分数，$\omega \geqslant 98.0\%$。

5.145.3 操作条件

5.145.3.1 色谱柱：30 m×0.25 mm（内径）Rtx-5 毛细管柱，膜厚 0.25 μm。

5.145.3.2 温度（℃）：柱室 240，气化室 270，检测器室 270。

5.145.3.3 气体流量（mL/min）：载气（N_2）1.0，氢气 30，空气 300。

5.145.3.4 分流比：20∶1。

5.145.3.5 进样体积：1.0 μL。

5.145.3.6 保留时间（min）：噻螨酮约 5.2，磷酸三苯酯约 8.5。

5.145.4 溶液的制备

称取 0.05 g（精确至 0.000 1 g）噻螨酮标样，置于 50 mL 容量瓶中，用移液管加入 5 mL 内标溶液，用丙酮稀释至刻度，摇匀。

5.146 噻嗪酮（buprofezin）

按 GB/T 24756 中"噻嗪酮质量分数的测定"进行。

5.147 三氟甲吡醚（pyridalyl）

5.147.1 方法提要

试样用丙酮溶解，以正辛醇为内标物，使用 HP-5 毛细管柱和氢火焰离子化检测器，对试样中的三氟甲吡醚进行气相色谱分离，内标法定量。

5.147.2 试剂和溶液

5.147.2.1 丙酮。

5.147.2.2 内标物：正辛醇。

5.147.2.3 内标溶液：称取 4.0 g 正辛醇，置于 500 mL 容量瓶中，用丙酮溶解并稀释至刻度，摇匀。

5.147.2.4 三氟甲吡醚标样：已知质量分数，$\omega \geqslant 98.0\%$。

5.147.3 操作条件

5.147.3.1 色谱柱：30 m×0.32 mm（内径）HP-5 毛细管柱，膜厚 0.25 μm。

5.147.3.2 温度（℃）：柱室 260，气化室 260，检测器室 300。

5.147.3.3 气体流量（mL/min）：载气（N_2）1.5，氢气 30，空气 300。

5.147.3.4 分流比：10∶1。

5.147.3.5 进样体积：1.0 μL。

5.147.3.6 保留时间（min）：正辛醇约 5.0，三氟甲吡醚约 6.7。

5.147.4 溶液的制备

称取 0.1 g（精确至 0.000 1 g）三氟甲吡醚标样，置于 50 mL 容量瓶中，用移液管加入 5 mL 内标溶液，用丙酮稀释至刻度，摇匀。

5.148 三环唑（tricyclazole）

按 GB/T 39651 中"三环唑质量分数的测定"进行。

5.149 三氯杀虫酯（plifenate）

5.149.1 方法提要

试样用丙酮溶解，以邻苯二甲酸二丁酯为内标物，使用 DB-WAX 毛细管柱和氢火焰离子化检测器，对试样中的三氯杀虫酯进行气相色谱分离，内标法定量。

5.149.2 试剂和溶液

5.149.2.1 丙酮。

5.149.2.2 内标物：邻苯二甲酸二丁酯。

5.149.2.3 内标溶液：称取 1.5 g 邻苯二甲酸二丁酯，置于 500 mL 容量瓶中，用丙酮溶解并稀释至刻度，摇匀。

5.149.2.4 三氯杀虫酯标样：已知质量分数，$\omega \geqslant 98.0\%$。

5.149.3 操作条件

5.149.3.1 色谱柱：30 m×0.25 mm（内径）DB-WAX 毛细管柱，膜厚 0.25 μm。

5.149.3.2 温度（℃）：柱室 210，气化室 230，检测器室 230。

5.149.3.3 气体流量（mL/min）：载气（N_2）1.0，氢气 40，空气 400。

5.149.3.4 分流比：20∶1。

5.149.3.5 进样体积：1.0 μL。

5.149.3.6 保留时间（min）：三氯杀虫酯约 11.2，邻苯二甲酸二丁酯约 12.3。

5.149.4 溶液的制备

称取 0.05 g（精确至 0.000 1 g）三氯杀虫酯标样，置于 25 mL 容量瓶中，用移液管加入 5 mL 内标溶液，用丙酮稀释至刻度，摇匀。

5.150 三十烷醇（triacontanol）

5.150.1 方法提要

试样用三氯甲烷溶解，以二十八烷醇为内标物，使用 HP-5 毛细管柱和氢火焰离子化检测器，对试样中的三十烷醇进行气相色谱分离，内标法定量。

5.150.2 试剂和溶液

5.150.2.1 三氯甲烷。

5.150.2.2 内标物：二十八烷醇。

5.150.2.3 内标溶液：称取 1.0 g 二十八烷醇，置于 500 mL 容量瓶中，用三氯甲烷溶解并稀释至刻度，摇匀。

5.150.2.4 三十烷醇标样：已知质量分数，$\omega \geqslant 98.0\%$。

5.150.3 操作条件

5.150.3.1 色谱柱：30 m×0.32 mm（内径）HP-5 毛细管柱，膜厚 0.25 μm。

5.150.3.2 温度（℃）：柱室 280，气化室 300，检测器室 300。

5.150.3.3 气体流量（mL/min）：载气（N_2）2.3，氢气 30，空气 300。

5.150.3.4 分流比：5∶1。

5.150.3.5 进样体积：1.0 μL。

5.150.3.6 保留时间（min）：三十烷醇约 5.2，二十八烷醇约 7.7。

5.150.4 溶液的制备

称取 0.01 g（精确至 0.000 01 g）三十烷醇标样，置于 25 mL 容量瓶中，用移液管加入 5 mL 内标溶液，用三氯甲烷稀释至刻度，摇匀。

5.151 三唑醇（triadimenol）

5.151.1 方法提要

试样用丙酮溶解，以邻苯二甲酸二(2-乙基己基)酯为内标物，使用 DB-1 毛细管柱和氢火焰离子化检测器，对试样中的三唑醇进行气相色谱分离，内标法定量。

注：本方法参照 CIPAC 398/TC/M。

5.151.2 试剂和溶液

5.151.2.1 丙酮。

5.151.2.2 内标物：邻苯二甲酸二(2-乙基己基)酯。

5.151.2.3 内标溶液：称取 10.0 g 邻苯二甲酸二(2-乙基己基)酯，置于 500 mL 容量瓶中，用丙酮溶解并稀释至刻度,摇匀。

5.151.2.4 三唑醇标样:已知质量分数,$\omega \geqslant 98.0\%$。

5.151.3 操作条件

5.151.3.1 色谱柱:30 m×0.53 mm(内径)DB-1 毛细管柱,膜厚 1 μm。

5.151.3.2 温度:柱室 80 ℃保持 2 min,以 10 ℃/min 升温至 280 ℃保持 2 min;气化室 80 ℃,检测器室 300 ℃。

5.151.3.3 气体流量(mL/min):载气(He)5.0,氢气 30,空气 300。

5.151.3.4 进样体积:1.0 μL。

5.151.3.5 保留时间(min):三唑醇(含一对非对映体)约 18.2 min、18.3 min,邻苯二甲酸二(2-乙基己基)酯约 22.0。

注:计算三唑醇质量分数时,目标物峰面积为保留时间 18.2 min、18.3 min 两个峰面积之和。

5.151.4 溶液的制备

称取 0.2 g(精确至 0.000 1 g)三唑醇标样,置于 20 mL 容量瓶中,用移液管加入 10 mL 内标溶液,用丙酮稀释至刻度,摇匀。

5.152 三唑磷(triazophos)

5.152.1 方法提要

试样用丙酮溶解,以邻苯二甲酸二戊酯为内标物,使用 AB-5 毛细管柱和氢火焰离子化检测器,对试样中的三唑磷进行气相色谱分离,内标法定量。

5.152.2 试剂和溶液

5.152.2.1 丙酮。

5.152.2.2 内标物:邻苯二甲酸二戊酯。

5.152.2.3 内标溶液:称取 2.8 g 邻苯二甲酸二戊酯,置于 500 mL 容量瓶中,用丙酮溶解并稀释至刻度,摇匀。

5.152.2.4 三唑磷标样:已知质量分数,$\omega \geqslant 98.0\%$。

5.152.3 操作条件

5.152.3.1 色谱柱:30 m×0.25 mm(内径)AB-5 毛细管柱,膜厚 0.25 μm。

5.152.3.2 温度(℃):柱室 240,气化室 280,检测器室 280。

5.152.3.3 气体流量(mL/min):载气(N₂)1.0,氢气 40,空气 400。

5.152.3.4 分流比:30∶1。

5.152.3.5 进样体积:1.0 μL。

5.152.3.6 保留时间(min):邻苯二甲酸二戊酯约 5.0,三唑磷约 7.1。

5.152.4 溶液的制备

称取 0.05 g(精确至 0.000 1 g)三唑磷标样,置于 25 mL 容量瓶中,用移液管加入 5 mL 内标溶液,用丙酮稀释至刻度,摇匀。

5.153 三唑酮(triadimefon)

按 HG/T 3293 中"三唑酮质量分数的测定"进行。

5.154 杀虫脒(chlordimeform)

5.154.1 方法提要

试样用丙酮溶解,以邻苯二甲酸二丁酯为内标物,使用 HP-5 毛细管柱和氢火焰离子化检测器,对试样中的杀虫脒进行气相色谱分离,内标法定量。

5.154.2 试剂和溶液

5.154.2.1 丙酮。

5.154.2.2 内标物:邻苯二甲酸二丁酯。

5.154.2.3 内标溶液:称取 1.1 g 邻苯二甲酸二丁酯,置于 500 mL 容量瓶中,用丙酮溶解并稀释至刻度,摇匀。

5.154.2.4 杀虫脒标样:已知质量分数,$\omega \geqslant 98.0\%$。

5.154.3 操作条件

5.154.3.1 色谱柱:30 m×0.25 mm(内径)HP-5 毛细管柱,膜厚 0.25 μm。

5.154.3.2 温度(℃):柱室 220,气化室 230,检测器室 250。

5.154.3.3 气体流量(mL/min):载气(N₂)1.0,氢气 30,空气 300。

5.154.3.4 分流比:20∶1。

5.154.3.5 进样体积:1.0 μL。

5.154.3.6 保留时间(min):杀虫脒约 3.0,邻苯二甲酸二丁酯约 5.0。

5.154.4 溶液的制备

称取 0.025 g(精确至 0.000 01 g)杀虫脒标样,置于 25 mL 容量瓶中,用移液管加入 10 mL 内标溶液,用丙酮稀释至刻度,摇匀。

5.155 杀螟硫磷(fenitrothion)

按 GB/T 13649 中"杀螟硫磷质量分数的测定"进行。

5.156 杀扑磷(methidathion)

5.156.1 方法提要

试样用丙酮溶解,以邻苯二甲酸二己酯为内标物,使用 HP-1 毛细管柱和氢火焰离子化检测器,对试样中的杀扑磷进行气相色谱分离,内标法定量。

5.156.2 试剂和溶液

5.156.2.1 丙酮。

5.156.2.2 内标物:邻苯二甲酸二己酯。

5.156.2.3 内标溶液:称取 0.4 g 邻苯二甲酸二己酯,置于 500 mL 容量瓶中,用丙酮溶解并稀释至刻度,摇匀。

5.156.2.4 杀扑磷标样:已知质量分数,$\omega \geqslant 98.0\%$。

5.156.3 操作条件

5.156.3.1 色谱柱:30 m×0.25 mm(内径)HP-1 毛细管柱,膜厚 0.25 μm。

5.156.3.2 温度:柱室 120 ℃保持 2 min,以 25 ℃/min 升温至 220 ℃保持 12 min,以 50 ℃/min 升温至 300 ℃保持 5 min;气化室 300 ℃,检测器室 310 ℃。

5.156.3.3 气体流量(mL/min):载气(N₂)1.5,氢气 40,空气 400。

5.156.3.4 分流比:10∶1。

5.156.3.5 进样体积:1.0 μL。

5.156.3.6 保留时间(min):杀扑磷约 8.5,邻苯二甲酸二己酯约 11.6。

5.156.4 溶液的制备

称取 0.02 g(精确至 0.000 01 g)杀扑磷标样,置于 10 mL 容量瓶中,用移液管加入 5 mL 内标溶液,用丙酮稀释至刻度,摇匀。

5.157 生物烯丙菊酯(bioallethrin)

按 GB/T 34153 中"烯丙菊酯质量分数的测定、右旋体比例的测定"进行,以右旋反式体计算异构体比例。

5.158 十三吗啉(tridemorph)

5.158.1 方法提要

试样用丙酮溶解,以邻苯二甲酸二环己酯为内标物,使用 Rtx-1 毛细管柱和氢火焰离子化检测器,对试样中的十三吗啉进行气相色谱分离,内标法定量。

注:十三吗啉是由 $C_{11} \sim C_{14}$ 烷基同系物组成的混合物,主要为 C_{13} 烷基同系物。

5.158.2 试剂和溶液

5.158.2.1 丙酮。

5.158.2.2 内标物:邻苯二甲酸二环己酯。

5.158.2.3 内标溶液:称取 2.0 g 邻苯二甲酸二环己酯,置于 500 mL 容量瓶中,用丙酮溶解并稀释至刻度,摇匀。

5.158.2.4 十三吗啉标样:已知质量分数,$\omega \geqslant 98.0\%$。

5.158.3 操作条件

5.158.3.1 色谱柱:30 m×0.25 mm(内径)Rtx-1 毛细管柱,膜厚 0.25 μm。

5.158.3.2 温度:柱室 120 ℃保持 2 min,以 20 ℃/min 升温至 280 ℃保持 2 min;气化室 280 ℃,检测器室 300 ℃。

5.158.3.3 气体流量(mL/min):载气(N_2)2.0,氢气 40,空气 400。

5.158.3.4 分流比:20:1。

5.158.3.5 进样体积:1.0 μL。

5.158.3.6 保留时间(min):十三吗啉 6.8~8.5,邻苯二甲酸二环己酯约 10.7。

5.158.4 溶液的制备

称取 0.05 g(精确至 0.000 1 g)十三吗啉标样,置于 25 mL 容量瓶中,用移液管加入 10 mL 内标溶液,用丙酮稀释至刻度,摇匀。

5.159 双甲脒(amitraz)

5.159.1 方法提要

试样用丙酮溶解,以邻苯二甲酸二正辛酯为内标物,使用 Rtx-1 毛细管柱和氢火焰离子化检测器,对试样中的双甲脒进行气相色谱分离,内标法定量。

5.159.2 试剂和溶液

5.159.2.1 丙酮。

5.159.2.2 内标物:邻苯二甲酸二正辛酯。

5.159.2.3 内标溶液:称取 2.0 g 邻苯二甲酸二正辛酯,置于 500 mL 容量瓶中,用丙酮溶解并稀释至刻度,摇匀。

5.159.2.4 双甲脒标样:已知质量分数,$\omega \geqslant 98.0\%$。

5.159.3 操作条件

5.159.3.1 色谱柱:30 m×0.25 mm(内径)Rtx-1 毛细管柱,膜厚 0.25 μm。

5.159.3.2 温度(℃):柱室 240,气化室 280,检测器室 300。

5.159.3.3 气体流量(mL/min):载气(N_2)2.0,氢气 40,空气 400。

5.159.3.4 分流比:20:1。

5.159.3.5 进样体积:1.0 μL。

5.159.3.6 保留时间(min):双甲脒约 6.1,邻苯二甲酸二正辛酯约 8.3。

5.159.4 溶液的制备

称取 0.04 g(精确至 0.000 01 g)双甲脒标样,置于 25 mL 容量瓶中,用移液管加入 10 mL 内标溶液,用丙酮稀释至刻度,摇匀。

5.160 水胺硫磷(isocarbophos)

5.160.1 方法提要

试样用丙酮溶解,以癸二酸二丁酯为内标物,使用 Rtx-1 毛细管柱和氢火焰离子化检测器,对试样中的水胺硫磷进行气相色谱分离,内标法定量。

5.160.2 试剂和溶液

5.160.2.1 丙酮。

5.160.2.2 内标物:癸二酸二丁酯。

5.160.2.3 内标溶液:称取 6.0 g 癸二酸二丁酯,置于 500 mL 容量瓶中,用丙酮溶解并稀释至刻度,摇匀。

5.160.2.4 水胺硫磷标样:已知质量分数,$\omega \geqslant 98.0\%$。

5.160.3 操作条件

5.160.3.1 色谱柱:30 m×0.25 mm(内径)Rtx-1 毛细管柱,膜厚 0.25 μm。

5.160.3.2 温度(℃):柱室 200,气化室 270,检测器室 300。

5.160.3.3 气体流量(mL/min):载气(N_2)1.0,氢气 40,空气 400。

5.160.3.4 分流比:50∶1。

5.160.3.5 进样体积:1.0 μL。

5.160.3.6 保留时间(min):水胺硫磷约 6.0,癸二酸二丁酯约 10.0。

5.160.4 溶液的制备

称取 0.1 g(精确至 0.000 1 g)水胺硫磷标样,置于 25 mL 容量瓶中,用移液管加入 5 mL 内标溶液,用丙酮稀释至刻度,摇匀。

5.161 顺式氯氰菊酯(alpha-cypermethrin)

5.161.1 方法提要

试样用四氢呋喃溶解,以邻苯二甲酸二辛酯为内标物,使用 DB-1 毛细管柱和氢火焰离子化检测器,对试样中的顺式氯氰菊酯进行气相色谱分离,内标法定量。

注:本方法参照 CIPAC 454/TC/(M)。

5.161.2 试剂和溶液

5.161.2.1 四氢呋喃。

5.161.2.2 水:超纯水或新蒸二次蒸馏水。

5.161.2.3 柠檬酸。

5.161.2.4 内标物:邻苯二甲酸二辛酯。

5.161.2.5 内标溶液:称取 5.0 g 邻苯二甲酸二辛酯,置于 500 mL 容量瓶中,用四氢呋喃溶解并稀释至刻度,摇匀。

5.161.2.6 柠檬酸溶液:称取 25 g 柠檬酸,置于 500 mL 容量瓶中,用水溶解并稀释至刻度,摇匀。

5.161.2.7 顺式氯氰菊酯标样:已知质量分数,$\omega \geqslant 98.0\%$。

5.161.3 操作条件

5.161.3.1 色谱柱:30 m×0.25 mm(内径)DB-1 毛细管柱,膜厚 0.25 μm。

5.161.3.2 温度(℃):柱室 230,气化室 260,检测器室 300。

5.161.3.3 气体流量(mL/min):载气(He)0.8,氢气 30,空气 300。

5.161.3.4 分流比:75∶1。

5.161.3.5 进样体积:1.0 μL。

5.161.3.6 保留时间(min):邻苯二甲酸二辛酯约 14.0,顺式氯氰菊酯低效体约 27.0,顺式氯氰菊酯约 29.0。

5.161.4 溶液的制备

称取 0.1 g(精确至 0.000 1 g)顺式氯氰菊酯标样,置于 100 mL 容量瓶中,加入 70 mL 四氢呋喃,振荡使其溶解,用移液管加入 10 mL 内标溶液,用量筒加入 10 mL 柠檬酸溶液,用四氢呋喃稀释至刻度,摇匀。

注:加入柠檬酸可阻止溶液中顺式氯氰菊酯差向异构化。

5.162 四氟苯菊酯(transfluthrin)

按 HG/T 5442 中"四氟苯菊酯质量分数的测定"进行。

5.163 四氟甲醚菊酯(dimefluthrin)

5.163.1 方法提要

试样用丙酮溶解,以邻苯二甲酸二丁酯为内标物,使用 HP-5 毛细管柱和氢火焰离子化检测器,对试样中的四氟甲醚菊酯进行气相色谱分离,内标法定量。

5.163.2 试剂和溶液

5.163.2.1 丙酮。

5.163.2.2 内标物:邻苯二甲酸二丁酯。

5.163.2.3 内标溶液:称取 1.7 g 邻苯二甲酸二丁酯,置于 500 mL 容量瓶中,用丙酮溶解并稀释至刻度,摇匀。

5.163.2.4 四氟甲醚菊酯标样:已知质量分数,$\omega \geq 98.0\%$。

5.163.3 操作条件

5.163.3.1 色谱柱:30 m×0.32 mm(内径)HP-5 毛细管柱,膜厚 0.25 μm。

5.163.3.2 温度(℃):柱室 200,气化室 260,检测器室 280。

5.163.3.3 气体流量(mL/min):载气(N_2)2.0,氢气 30,空气 300。

5.163.3.4 分流比:10∶1。

5.163.3.5 进样体积:1.0 μL。

5.163.3.6 保留时间(min):邻苯二甲酸二丁酯约 3.8,四氟甲醚菊酯约 4.9。

5.163.4 溶液的制备

称取 0.02 g(精确至 0.000 01 g)四氟甲醚菊酯标样,置于 50 mL 容量瓶中,用移液管加入 10 mL 内标溶液,用丙酮稀释至刻度,摇匀。

5.164 四氟醚菊酯(tetramethylfluthrin)

5.164.1 方法提要

试样用正己烷溶解,以邻苯二甲酸二丁酯为内标物,使用 HP-5 毛细管柱和氢火焰离子化检测器,对试样中的四氟醚菊酯进行气相色谱分离,内标法定量。

5.164.2 试剂和溶液

5.164.2.1 正己烷。

5.164.2.2 内标物:邻苯二甲酸二丁酯。

5.164.2.3 内标溶液:称取 5.0 g 邻苯二甲酸二丁酯,置于 500 mL 容量瓶中,用正己烷溶解并稀释至刻度,摇匀。

5.164.2.4 四氟醚菊酯标样:已知质量分数,$\omega \geq 98.0\%$。

5.164.3 操作条件

5.164.3.1 色谱柱:30 m×0.32 mm(内径)HP-5 毛细管柱,膜厚 0.25 μm。

5.164.3.2 温度(℃):柱室 190,气化室 260,检测器室 280。

5.164.3.3 气体流量(mL/min):载气(N_2)1.0,氢气 30,空气 300。

5.164.3.4 分流比:20∶1。

5.164.3.5 进样体积:1.0 μL。

5.164.3.6 保留时间(min):四氟醚菊酯约 8.0,邻苯二甲酸二丁酯约 10.2。

5.164.4 溶液的制备

称取 0.05 g(精确至 0.000 1 g)四氟醚菊酯标样,置于 25 mL 容量瓶中,用移液管加入 5 mL 内标溶液,用正己烷稀释至刻度,摇匀。

5.165 四聚乙醛(metaldehyde)

5.165.1 方法提要

试样用三氯甲烷溶解,以正十二烷为内标物,使用 HP-5 毛细管柱和氢火焰离子化检测器,对试样中的四聚乙醛进行气相色谱分离,内标法定量。

5.165.2 试剂和溶液

5.165.2.1 三氯甲烷。

5.165.2.2 内标物:正十二烷。

5.165.2.3 内标溶液:称取 1.8 g 正十二烷,置于 500 mL 容量瓶中,用三氯甲烷溶解并稀释至刻度,摇匀。

5.165.2.4 四聚乙醛标样:已知质量分数,$\omega \geqslant 98.0\%$。

5.165.3 操作条件

5.165.3.1 色谱柱:30 m×0.32 mm(内径)HP-5 毛细管柱,膜厚 0.25 μm。

5.165.3.2 温度(℃):柱室 120,气化室 150,检测器室 270。

5.165.3.3 气体流量(mL/min):载气(N₂)1.0,氢气 30,空气 300。

5.165.3.4 分流比:20:1。

5.165.3.5 进样体积:1.0 μL。

5.165.3.6 保留时间(min):四聚乙醛约 3.8,正十二烷约 5.9。

5.165.4 溶液的制备

称取 0.05 g(精确至 0.000 1 g)四聚乙醛标样,置于 25 mL 容量瓶中,用移液管加入 5 mL 内标溶液,用三氯甲烷稀释至刻度,摇匀。

5.166 四溴菊酯(tralomethrin)

5.166.1 方法提要

试样用丙酮溶解,以邻苯二甲酸二辛酯为内标物,使用 HP-5 毛细管柱和氢火焰离子化检测器,对试样中的四溴菊酯进行气相色谱分离,内标法定量。

5.166.2 试剂和溶液

5.166.2.1 丙酮。

5.166.2.2 内标物:邻苯二甲酸二辛酯。

5.166.2.3 内标溶液:称取 2.5 g 邻苯二甲酸二辛酯,置于 500 mL 容量瓶中,用丙酮溶解并稀释至刻度,摇匀。

5.166.2.4 四溴菊酯标样:已知质量分数,$\omega \geqslant 98.0\%$。

5.166.3 操作条件

5.166.3.1 色谱柱:30 m×0.32 mm(内径)HP-5 毛细管柱,膜厚 0.25 μm。

5.166.3.2 温度(℃):柱室 270,气化室 280,检测器室 300。

5.166.3.3 气体流量(mL/min):载气(N₂)2.0,氢气 30,空气 300。

5.166.3.4 分流比:10:1。

5.166.3.5 进样体积:1.0 μL。

5.166.3.6 保留时间(min):邻苯二甲酸二辛酯约 4.0,四溴菊酯约 7.5。

5.166.4 溶液的制备

称取 0.1 g(精确至 0.000 1 g)四溴菊酯标样,置于 50 mL 容量瓶中,用移液管加入 5 mL 内标溶液,用丙酮稀释至刻度,摇匀。

5.167 速灭威(metolcarb)

5.167.1 方法提要

试样用丙酮溶解,以邻苯二甲酸二乙酯为内标物,使用 HP-5 毛细管柱和氢火焰离子化检测器,对试样中的速灭威进行气相色谱分离,内标法定量。

5.167.2 试剂和溶液

5.167.2.1 丙酮。

5.167.2.2 内标物:邻苯二甲酸二乙酯。

5.167.2.3 内标溶液:称取 2.0 g 邻苯二甲酸二乙酯,置于 500 mL 容量瓶中,用丙酮溶解并稀释至刻度,摇匀。

5.167.2.4 速灭威标样:已知质量分数,$\omega \geqslant 98.0\%$。

5.167.3 操作条件

5.167.3.1 色谱柱:30 m×0.25 mm(内径)HP-5 毛细管柱,膜厚 0.25 μm。

5.167.3.2 温度(℃):柱室 150,气化室 160,检测器室 160。

5.167.3.3 气体流量(mL/min):载气(N_2)1.0,氢气 40,空气 400。

5.167.3.4 分流比:30∶1。

5.167.3.5 进样体积:1.0 μL。

5.167.3.6 保留时间(min):速灭威约 6.0,邻苯二甲酸二乙酯约 9.4。

5.167.4 溶液的制备

称取 0.05 g(精确至 0.000 1 g)速灭威标样,置于 25 mL 容量瓶中,用移液管加入 10 mL 内标溶液,用丙酮稀释至刻度,摇匀。

5.168 特丁津(terbuthylazine)

5.168.1 方法提要

试样用丙酮溶解,以邻苯二甲酸二丁酯为内标物,使用 HP-5 毛细管柱和氢火焰离子化检测器,对试样中的特丁津进行气相色谱分离,内标法定量。

5.168.2 试剂和溶液

5.168.2.1 丙酮。

5.168.2.2 内标物:邻苯二甲酸二丁酯。

5.168.2.3 内标溶液:称取 0.9 g 邻苯二甲酸二丁酯,置于 500 mL 容量瓶中,用丙酮溶解并稀释至刻度,摇匀。

5.168.2.4 特丁津标样:已知质量分数,$\omega \geqslant 98.0\%$。

5.168.3 操作条件

5.168.3.1 色谱柱:30 m×0.25 mm(内径)HP-5 毛细管柱,膜厚 0.25 μm。

5.168.3.2 温度(℃):柱室 210,气化室 250,检测器室 270。

5.168.3.3 气体流量(mL/min):载气(N_2)1.0,氢气 30,空气 300。

5.168.3.4 分流比:20∶1。

5.168.3.5 进样体积:1.0 μL。

5.168.3.6 保留时间(min):特丁津约 4.3,邻苯二甲酸二丁酯约 6.3。

5.168.4 溶液的制备

称取 0.025 g(精确至 0.000 01 g)特丁津标样,置于 25 mL 容量瓶中,用移液管加入 10 mL 内标溶液,用丙酮稀释至刻度,摇匀。

5.169 特丁净(terbutryn)

5.169.1 方法提要

试样用丙酮溶解,以邻苯二甲酸二戊酯为内标物,使用 HP-5 毛细管柱和氢火焰离子化检测器,对试样中的特丁净进行气相色谱分离,内标法定量。

5.169.2 试剂和溶液

5.169.2.1 丙酮。

5.169.2.2 内标物:邻苯二甲酸二戊酯。

5.169.2.3 内标溶液:称取 0.8 g 邻苯二甲酸二戊酯,置于 500 mL 容量瓶中,用丙酮溶解并稀释至刻度,摇匀。

5.169.2.4 特丁净标样:已知质量分数,ω≥98.0%。

5.169.3 操作条件

5.169.3.1 色谱柱:30 m×0.25 mm(内径)HP-5 毛细管柱,膜厚 0.25 μm。

5.169.3.2 温度(℃):柱室 230,气化室 280,检测器室 280。

5.169.3.3 气体流量(mL/min):载气(N_2)1.0,氢气 30,空气 300。

5.169.3.4 分流比:20∶1。

5.169.3.5 进样体积:1.0 μL。

5.169.3.6 保留时间(min):特丁净约 3.8,邻苯二甲酸二戊酯约 5.7。

5.169.4 溶液的制备

称取 0.025 g(精确至 0.000 01 g)特丁净标样,置于 25 mL 容量瓶中,用移液管加入 10 mL 内标溶液,用丙酮稀释至刻度,摇匀。

5.170 特丁硫磷(terbufos)

5.170.1 方法提要

试样用丙酮溶解,以邻苯二甲酸二丁酯为内标物,使用 Rtx-1 毛细管柱和氢火焰离子化检测器,对试样中的特丁硫磷进行气相色谱分离,内标法定量。

5.170.2 试剂和溶液

5.170.2.1 丙酮。

5.170.2.2 内标物:邻苯二甲酸二丁酯。

5.170.2.3 内标溶液:称取 2.0 g 邻苯二甲酸二丁酯,置于 500 mL 容量瓶中,用丙酮溶解并稀释至刻度,摇匀。

5.170.2.4 特丁硫磷标样:已知质量分数,ω≥98.0%。

5.170.3 操作条件

5.170.3.1 色谱柱:30 m×0.25 mm(内径)Rtx-1 毛细管柱,膜厚 0.25 μm。

5.170.3.2 温度(℃):柱室 200,气化室 240,检测器室 240。

5.170.3.3 气体流量(mL/min):载气(N_2)1.0,氢气 40,空气 400。

5.170.3.4 分流比:20∶1。

5.170.3.5 进样体积:1.0 μL。

5.170.3.6 保留时间(min):特丁硫磷约 4.0,邻苯二甲酸二丁酯约 5.8。

5.170.4 溶液的制备

称取 0.06 g(精确至 0.000 1 g)特丁硫磷标样,置于 25 mL 容量瓶中,用移液管加入 10 mL 内标溶液,用丙酮稀释至刻度,摇匀。

5.171 萜烯醇

5.171.1 方法提要

试样用甲醇溶解,以正辛醇为内标物,使用 HP-INNOWAX 毛细管柱和氢火焰离子化检测器,对试样中的萜烯醇进行气相色谱分离,内标法定量。

5.171.2　试剂和溶液

5.171.2.1　甲醇。

5.171.2.2　内标物:正辛醇。

5.171.2.3　内标溶液:称取 3.8 g 正辛醇,置于 500 mL 容量瓶中,用甲醇溶解并稀释至刻度,摇匀。

5.171.2.4　萜烯醇标样:已知质量分数,$\omega \geqslant 98.0\%$。

5.171.3　操作条件

5.171.3.1　色谱柱:30 m×0.25 mm(内径)HP-INNOWAX 毛细管柱,膜厚 0.25 μm。

5.171.3.2　温度(℃):柱室 150,气化室 250,检测器室 250。

5.171.3.3　气体流量(mL/min):载气(N_2)1.2,氢气 30,空气 300。

5.171.3.4　分流比:10∶1。

5.171.3.5　进样体积:1.0 μL。

5.171.3.6　保留时间(min):正辛醇约 5.3,萜烯醇约 7.1。

5.171.4　溶液的制备

称取 0.05 g(精确至 0.000 1 g)萜烯醇标样,置于 25 mL 容量瓶中,用移液管加入 5 mL 内标溶液,用甲醇稀释至刻度,摇匀。

5.172　土菌灵(etridiazole)

5.172.1　方法提要

试样用丙酮溶解,以邻苯二甲酸二乙酯为内标物,使用 HP-5 毛细管柱和氢火焰离子化检测器,对试样中的土菌灵进行气相色谱分离,内标法定量。

5.172.2　试剂和溶液

5.172.2.1　丙酮。

5.172.2.2　内标物:邻苯二甲酸二乙酯。

5.172.2.3　内标溶液:称取 2.6 g 邻苯二甲酸二乙酯,置于 500 mL 容量瓶中,用丙酮溶解并稀释至刻度,摇匀。

5.172.2.4　土菌灵标样:已知质量分数,$\omega \geqslant 98.0\%$。

5.172.3　操作条件

5.172.3.1　色谱柱:30 m×0.32 mm(内径)HP-5 毛细管柱,膜厚 0.25 μm。

5.172.3.2　温度(℃):柱室 150,气化室 250,检测器室 250。

5.172.3.3　气体流量(mL/min):载气(N_2)2.0,氢气 30,空气 300。

5.172.3.4　分流比:10∶1。

5.172.3.5　进样体积:1.0 μL。

5.172.3.6　保留时间(min):土菌灵约 3.3,邻苯二甲酸二乙酯约 5.2。

5.172.4　溶液的制备

称取 0.1 g(精确至 0.000 1 g)土菌灵标样,置于 50 mL 容量瓶中,用移液管加入 5 mL 内标溶液,用丙酮稀释至刻度,摇匀。

5.173　萎锈灵(carboxin)

5.173.1　方法提要

试样用丙酮溶解,以邻苯二甲酸二戊酯为内标物,使用 HP-5 毛细管柱和氢火焰离子化检测器,对试样中的萎锈灵进行气相色谱分离,内标法定量。

5.173.2　试剂和溶液

5.173.2.1　丙酮。

5.173.2.2 内标物:邻苯二甲酸二戊酯。

5.173.2.3 内标溶液:称取 4.2 g 邻苯二甲酸二戊酯,置于 500 mL 容量瓶中,用丙酮溶解并稀释至刻度,摇匀。

5.173.2.4 萎锈灵标样:已知质量分数,$\omega \geqslant 98.0\%$。

5.173.3 操作条件

5.173.3.1 色谱柱:30 m×0.32 mm(内径)HP-5 毛细管柱,膜厚 0.25 μm。

5.173.3.2 温度(℃):柱室 220,气化室 250,检测器室 250。

5.173.3.3 气体流量(mL/min):载气(N_2)1.2,氢气 30,空气 300。

5.173.3.4 分流比:20∶1。

5.173.3.5 进样体积:1.0 μL。

5.173.3.6 保留时间(min):邻苯二甲酸二戊酯约 5.2,萎锈灵约 6.0。

5.173.4 溶液的制备

称取 0.05 g(精确至 0.000 1 g)萎锈灵标样,置于 25 mL 容量瓶中,用移液管加入 5 mL 内标溶液,用丙酮稀释至刻度,摇匀。

5.174 五氯硝基苯(quintozene)

5.174.1 方法提要

试样用丙酮溶解,以邻苯二甲酸二丁酯为内标物,使用 Rtx-1 毛细管柱和氢火焰离子化检测器,对试样中的五氯硝基苯进行气相色谱分离,内标法定量。

5.174.2 试剂和溶液

5.174.2.1 丙酮。

5.174.2.2 内标物:邻苯二甲酸二丁酯。

5.174.2.3 内标溶液:称取 2.0 g 邻苯二甲酸二丁酯,置于 500 mL 容量瓶中,用丙酮溶解并稀释至刻度,摇匀。

5.174.2.4 五氯硝基苯标样:已知质量分数,$\omega \geqslant 98.0\%$。

5.174.3 操作条件

5.174.3.1 色谱柱:30 m×0.25 mm(内径)Rtx-1 毛细管柱,膜厚 0.25 μm。

5.174.3.2 温度(℃):柱室 160,气化室 200,检测器室 200。

5.174.3.3 气体流量(mL/min):载气(N_2)2.0,氢气 40,空气 400。

5.174.3.4 分流比:20∶1。

5.174.3.5 进样体积:1.0 μL。

5.174.3.6 保留时间(min):五氯硝基苯约 7.2,邻苯二甲酸二丁酯约 14.2。

5.174.4 溶液的制备

称取 0.06 g(精确至 0.000 1 g)五氯硝基苯标样,置于 25 mL 容量瓶中,用移液管加入 10 mL 内标溶液,用丙酮稀释至刻度,摇匀。

5.175 戊唑醇(tebuconazole)

按 GB/T 22602 中"戊唑醇质量分数的测定"进行。

5.176 西草净(simetryn)

5.176.1 方法提要

试样用丙酮溶解,以邻苯二甲酸二丁酯为内标物,使用 DB-5 毛细管柱和氢火焰离子化检测器,对试样中的西草净进行气相色谱分离,内标法定量。

5.176.2 试剂和溶液

5.176.2.1 丙酮。

5.176.2.2 内标物:邻苯二甲酸二丁酯。

5.176.2.3 内标溶液:称取 1.5 g 邻苯二甲酸二丁酯,置于 500 mL 容量瓶中,用丙酮溶解并稀释至刻度,摇匀。

5.176.2.4 西草净标样:已知质量分数,$\omega \geqslant 98.0\%$。

5.176.3 操作条件

5.176.3.1 色谱柱:30 m×0.32 mm(内径)DB-5 毛细管柱,膜厚 0.25 μm。

5.176.3.2 温度(℃):柱室 220,气化室 250,检测器室 270。

5.176.3.3 气体流量(mL/min):载气(N_2)1.0,氢气 40,空气 300。

5.176.3.4 分流比:20∶1。

5.176.3.5 进样体积:1.0 μL。

5.176.3.6 保留时间(min):西草净约 6.7,邻苯二甲酸二丁酯约 7.2。

5.176.4 溶液的制备

称取 0.025 g(精确至 0.000 01 g)西草净标样,置于 50 mL 容量瓶中,用移液管加入 5 mL 内标溶液,用丙酮稀释至刻度,摇匀。

5.177 西玛津(simazine)

5.177.1 方法提要

试样用丙酮溶解,以邻苯二甲酸二乙酯为内标物,使用 DB-5 毛细管柱和氢火焰离子化检测器,对试样中的西玛津进行气相色谱分离,内标法定量。

5.177.2 试剂和溶液

5.177.2.1 丙酮。

5.177.2.2 内标物:邻苯二甲酸二乙酯。

5.177.2.3 内标溶液:称取 1.0 g 邻苯二甲酸二乙酯,置于 500 mL 容量瓶中,用丙酮溶解并稀释至刻度,摇匀。

5.177.2.4 西玛津标样:已知质量分数,$\omega \geqslant 98.0\%$。

5.177.3 操作条件

5.177.3.1 色谱柱:30 m×0.32 mm(内径)DB-5 毛细管柱,膜厚 0.25 μm。

5.177.3.2 温度(℃):柱室 165,气化室 260,检测器室 270。

5.177.3.3 气体流量(mL/min):载气(N_2)1.0,氢气 35,空气 350。

5.177.3.4 分流比:20∶1。

5.177.3.5 进样体积:1.0 μL。

5.177.3.6 保留时间(min):邻苯二甲酸二乙酯约 6.0,西玛津约 9.8。

5.177.4 溶液的制备

称取 0.025 g(精确至 0.000 01 g)西玛津标样,置于 50 mL 容量瓶中,用移液管加入 5 mL 内标溶液,用丙酮稀释至刻度,摇匀。

5.178 烯丙苯噻唑(probenazole)

5.178.1 方法提要

试样用丙酮溶解,以邻苯二甲酸二烯丙酯为内标物,使用 HP-5 毛细管柱和氢火焰离子化检测器,对试样中的烯丙苯噻唑进行气相色谱分离,内标法定量。

5.178.2 试剂和溶液

5.178.2.1 丙酮。

5.178.2.2 内标物:邻苯二甲酸二烯丙酯。

5.178.2.3 内标溶液:称取 3.1 g 邻苯二甲酸二烯丙酯,置于 500 mL 容量瓶中,用丙酮溶解并稀释至刻度,摇匀。

5.178.2.4 烯丙苯噻唑标样:已知质量分数,$\omega \geqslant 98.0\%$。

5.178.3 操作条件

5.178.3.1 色谱柱:30 m×0.32 mm(内径)HP-5 毛细管柱,膜厚 0.25 μm。

5.178.3.2 温度(℃):柱室 180,气化室 200,检测器室 230。

5.178.3.3 气体流量(mL/min):载气(N_2)1.5,氢气 30,空气 300。

5.178.3.4 分流比:30∶1。

5.178.3.5 进样体积:1.0 μL。

5.178.3.6 保留时间(min):邻苯二甲酸二烯丙酯约 5.9,烯丙苯噻唑约 11.5。

5.178.4 溶液的制备

称取 0.05 g(精确至 0.000 1 g)烯丙苯噻唑标样,置于 25 mL 容量瓶中,用移液管加入 5 mL 内标溶液,用丙酮稀释至刻度,摇匀。

5.179 烯丙菊酯(allethrin)

按 GB/T 34153 中"烯丙菊酯质量分数的测定"进行。

5.180 烯效唑(uniconazole)

5.180.1 方法提要

试样用丙酮溶解,以邻苯二甲酸二丁酯为内标物,使用 HP-5 毛细管柱和氢火焰离子化检测器,对试样中的烯效唑进行气相色谱分离,内标法定量。

5.180.2 试剂和溶液

5.180.2.1 丙酮。

5.180.2.2 内标物:邻苯二甲酸二丁酯。

5.180.2.3 内标溶液:称取 5.0 g 邻苯二甲酸二丁酯,置于 500 mL 容量瓶中,用丙酮溶解并稀释至刻度,摇匀。

5.180.2.4 烯效唑标样:已知质量分数,$\omega \geqslant 98.0\%$。

5.180.3 操作条件

5.180.3.1 色谱柱:30 m×0.32 mm(内径)HP-5 毛细管柱,膜厚 0.25 μm。

5.180.3.2 温度(℃):柱室 200,气化室 270,检测器室 270。

5.180.3.3 气体流量(mL/min):载气(N_2)1.5,氢气 30,空气 300。

5.180.3.4 分流比:30∶1。

5.180.3.5 进样体积:1.0 μL。

5.180.3.6 保留时间(min):邻苯二甲酸二丁酯约 3.1,烯效唑约 6.1。

5.180.4 溶液的制备

称取 0.05 g(精确至 0.000 1 g)烯效唑标样,置于 25 mL 容量瓶中,用移液管加入 5 mL 内标溶液,用丙酮稀释至刻度,摇匀。

5.181 香芹酚(carvacrol)

5.181.1 方法提要

试样用丙酮溶解,以邻苯二甲酸二乙酯为内标物,使用 DB-5 毛细管柱和氢火焰离子化检测器,对试样中的香芹酚进行气相色谱分离,内标法定量。

5.181.2 试剂和溶液

5.181.2.1 丙酮。

5.181.2.2 内标物:邻苯二甲酸二乙酯。

5.181.2.3 内标溶液:称取 7.0 g 邻苯二甲酸二乙酯,置于 500 mL 容量瓶中,用丙酮溶解并稀释至刻度,摇匀。

5.181.2.4 香芹酚标样:已知质量分数,$\omega \geq 98.0\%$。

5.181.3　操作条件

5.181.3.1 色谱柱:30 m×0.32 mm(内径)DB-5 毛细管柱,膜厚 0.25 μm。

5.181.3.2 温度(℃):柱室 125,气化室 250,检测器室 280。

5.181.3.3 气体流量(mL/min):载气(N₂)1.5,氢气 30,空气 300。

5.181.3.4 分流比:30∶1。

5.181.3.5 进样体积:1.0 μL。

5.181.3.6 保留时间(min):香芹酚约 3.1,邻苯二甲酸二乙酯约 11.4。

5.181.4　溶液的制备

称取 0.05 g(精确至 0.000 1 g)香芹酚标样,置于 25 mL 容量瓶中,用移液管加入 5 mL 内标溶液,用丙酮稀释至刻度,摇匀。

5.182　硝虫硫磷(xiaochongliulin)

5.182.1　方法提要

试样用丙酮溶解,以邻苯二甲酸二丁酯为内标物,使用 DB-5 毛细管柱和氢火焰离子化检测器,对试样中的硝虫硫磷进行气相色谱分离,内标法定量。

5.182.2　试剂和溶液

5.182.2.1 丙酮。

5.182.2.2 内标物:邻苯二甲酸二丁酯。

5.182.2.3 内标溶液:称取 2.0 g 邻苯二甲酸二丁酯,置于 500 mL 容量瓶中,用丙酮溶解并稀释至刻度,摇匀。

5.182.2.4 硝虫硫磷标样:已知质量分数,$\omega \geq 98.0\%$。

5.182.3　操作条件

5.182.3.1 色谱柱:30 m×0.32 mm(内径)DB-5 毛细管柱,膜厚 0.25 μm。

5.182.3.2 温度(℃):柱室 200,气化室 250,检测器室 270。

5.182.3.3 气体流量(mL/min):载气(N₂)1.0,氢气 30,空气 300。

5.182.3.4 分流比:50∶1。

5.182.3.5 进样体积:1.0 μL。

5.182.3.6 保留时间(min):邻苯二甲酸二丁酯约 4.1,硝虫硫磷约 6.1。

5.182.4　溶液的制备

称取 0.05 g(精确至 0.000 1 g)硝虫硫磷标样,置于 25 mL 容量瓶中,用移液管加入 5 mL 内标溶液,用丙酮稀释至刻度,摇匀。

5.183　斜纹夜蛾性信息素:顺 9 反 11-十四碳烯乙酸酯[(Z,E)-9,11-tetradecadienyl acetate]

5.183.1　方法提要

试样用丙酮溶解,以正十六烷为内标物,使用 HP-5 毛细管柱和氢火焰离子化检测器,对试样中的顺 9 反 11-十四碳烯乙酸酯、顺 9 反 12-十四碳烯乙酸酯进行气相色谱分离,内标法定量。

注:顺 9 反 11-十四碳烯乙酸酯、顺 9 反 12-十四碳烯乙酸酯是斜纹夜蛾性信息素中有效成分,用同一方法进行测定。

5.183.2　试剂和溶液

5.183.2.1 丙酮。

5.183.2.2 内标物:正十六烷。

5.183.2.3 内标溶液:称取 0.8 g 正十六烷,置于 500 mL 容量瓶中,用丙酮溶解并稀释至刻度,摇匀。

5.183.2.4 顺 9 反 11-十四碳烯乙酸酯标样:已知质量分数,$\omega \geq 95.0\%$。

5.183.2.5 顺9反12-十四碳烯乙酸酯标样:已知质量分数,ω≥96.0%。

5.183.3 操作条件

5.183.3.1 色谱柱:30 m×0.32 mm(内径)HP-5 毛细管柱,膜厚 0.25 μm。

5.183.3.2 温度(℃):柱室 170,气化室 220,检测器室 220。

5.183.3.3 气体流量(mL/min):载气(N_2)1.5,氢气 30,空气 300。

5.183.3.4 分流比:20∶1。

5.183.3.5 进样体积:1.0 μL。

5.183.3.6 保留时间(min):正十六烷约 4.6,顺9反12-十四碳烯乙酸酯约 9.1,顺9反11-十四碳烯乙酸酯约 10.3。

5.183.4 溶液的制备

5.183.4.1 标样溶液的制备

称取 0.01 g(精确至 0.000 01 g)顺9反12-十四碳烯乙酸酯标样,置于 10 mL 容量瓶中,用丙酮稀释至刻度,摇匀,作为顺9反12-十四碳烯乙酸酯标样母液。

称取 0.01 g(精确至 0.000 01 g)顺9反11-十四碳烯乙酸酯标样,置于 10 mL 容量瓶中,用移液管加入 1 mL 顺9反12-十四碳烯乙酸酯标样母液,再用移液管加入 5 mL 内标溶液,用丙酮稀释至刻度,摇匀,作为标样溶液。

5.183.4.2 挥散芯试样溶液的制备

称取 4 个试样(精确至 0.000 1 g),用剪刀剪开试样一端的封口,将药液倒入 25 mL 具塞锥形瓶中,轻轻敲打尽可能倒空药液,然后用剪刀将试样剪成 5 mm 长的小段,置于锥形瓶中;准确移取 5 mL 丙酮清洗剪刀,将洗液置于锥形瓶中,用移液管加入 5 mL 内标溶液,超声波振荡 5 min,冷却至室温,摇匀。

注:本方法适用于管状挥散芯试样。

5.184 斜纹夜蛾性信息素:顺9反12-十四碳烯乙酸酯[(Z,E)-9,12-tetradecadienyl acetate]

按 5.183 进行测定。

5.185 缬霉威(iprovalicarb)

5.185.1 方法提要

试样用丙酮溶解,以邻苯二甲酸二环己酯为内标物,使用 HP-5 毛细管柱和氢火焰离子化检测器,对试样中的缬霉威进行气相色谱分离,内标法定量。

5.185.2 试剂和溶液

5.185.2.1 丙酮。

5.185.2.2 内标物:邻苯二甲酸二环己酯。

5.185.2.3 内标溶液:称取 5.0 g 邻苯二甲酸二环己酯,置于 500 mL 容量瓶中,用丙酮溶解并稀释至刻度,摇匀。

5.185.2.4 缬霉威标样:已知质量分数,ω≥98.0%。

5.185.3 操作条件

5.185.3.1 色谱柱:30 m×0.32 mm(内径)HP-5 毛细管柱,膜厚 0.25 μm。

5.185.3.2 温度(℃):柱室 250,气化室 270,检测器室 270。

5.185.3.3 气体流量(mL/min):载气(N_2)1.5,氢气 30,空气 300。

5.185.3.4 分流比:50∶1。

5.185.3.5 进样体积:1.0 μL。

5.185.3.6 保留时间(min):缬霉威(含一对非对映体 SR+SS)约 3.2、3.3,邻苯二甲酸二环己酯约 5.9。

注:计算缬霉威质量分数时,目标物峰面积为保留时间 3.2 min、3.3 min 两个峰面积之和。

5.185.4 溶液的制备

称取 0.05 g(精确至 0.000 1 g)缬霉威标样,置于 25 mL 容量瓶中,用移液管加入 5 mL 内标溶液,用丙酮稀释至刻度,摇匀。

5.186 辛菌胺

按 GB/T 34158 中"辛菌胺和辛菌胺乙酸盐质量分数的测定"进行。

5.187 辛菌胺乙酸盐

按 GB/T 34158 中"辛菌胺和辛菌胺乙酸盐质量分数的测定"进行。

5.188 辛酰溴苯腈(bromoxynil octanoate)

按 HG/T 4466 中"辛酰溴苯腈质量分数的测定"进行。

5.189 溴苯腈(bromoxynil)

5.189.1 方法提要

试样用丙酮溶解,以苯甲酸苄酯为内标物,使用 DB-5 毛细管柱和氢火焰离子化检测器,对试样中的溴苯腈进行气相色谱分离,内标法定量。

5.189.2 试剂和溶液

5.189.2.1 丙酮。

5.189.2.2 内标物:苯甲酸苄酯。

5.189.2.3 内标溶液:称取 0.8 g 苯甲酸苄酯,置于 500 mL 容量瓶中,用丙酮溶解并稀释至刻度,摇匀。

5.189.2.4 溴苯腈标样:已知质量分数,$\omega \geqslant 98.0\%$。

5.189.3 操作条件

5.189.3.1 色谱柱:30 m×0.53 mm(内径)DB-5 毛细管柱,膜厚 0.25 μm。

5.189.3.2 温度(℃):柱室 250,气化室 270,检测器室 270。

5.189.3.3 气体流量(mL/min):载气(N_2)2.0,氢气 40,空气 350。

5.189.3.4 分流比:20:1。

5.189.3.5 进样体积:1.0 μL。

5.189.3.6 保留时间(min):溴苯腈约 4.5,苯甲酸苄酯约 4.9。

5.189.4 溶液的制备

称取 0.05 g(精确至 0.000 1 g)溴苯腈标样,置于 50 mL 容量瓶中,用移液管加入 10 mL 内标溶液,用丙酮稀释至刻度,摇匀。

5.190 溴螨酯(bromopropylate)

5.190.1 方法提要

试样用丙酮溶解,以磷酸三苯酯为内标物,使用 DB-5 毛细管柱和氢火焰离子化检测器,对试样中的溴螨酯进行气相色谱分离,内标法定量。

5.190.2 试剂和溶液

5.190.2.1 丙酮。

5.190.2.2 内标物:磷酸三苯酯。

5.190.2.3 内标溶液:称取 3.2 g 磷酸三苯酯,置于 500 mL 容量瓶中,用丙酮溶解并稀释至刻度,摇匀。

5.190.2.4 溴螨酯标样:已知质量分数,$\omega \geqslant 98.0\%$。

5.190.3 操作条件

5.190.3.1 色谱柱:30 m×0.32 mm(内径)DB-5 毛细管柱,膜厚 0.25 μm。

5.190.3.2 温度(℃):柱室 230,气化室 250,检测器室 250。

5.190.3.3 气体流量(mL/min):载气(N_2)1.0,氢气 30,空气 300。

5.190.3.4 分流比:50:1。

5.190.3.5 进样体积:1.0 μL。

5.190.3.6 保留时间(min):磷酸三苯酯约 5.5,溴螨酯约 6.6。

5.190.4 溶液的制备

称取 0.05 g(精确至 0.000 1 g)溴螨酯标样,置于 25 mL 容量瓶中,用移液管加入 5 mL 内标溶液,用丙酮稀释至刻度,摇匀。

5.191 亚胺硫磷(phosmet)

5.191.1 方法提要

试样用丙酮溶解,以正二十四烷为内标物,使用 HP-5 毛细管柱和氢火焰离子化检测器,对试样中的亚胺硫磷进行气相色谱分离,内标法定量。

5.191.2 试剂和溶液

5.191.2.1 丙酮。

5.191.2.2 内标物:正二十四烷。

5.191.2.3 内标溶液:称取 1.0 g 正二十四烷,置于 500 mL 容量瓶中,用丙酮溶解并稀释至刻度,摇匀。

5.191.2.4 亚胺硫磷标样:已知质量分数,ω≥98.0%。

5.191.3 操作条件

5.191.3.1 色谱柱:30 m×0.32 mm(内径)HP-5 毛细管柱,膜厚 0.25 μm。

5.191.3.2 温度(℃):柱室 250,气化室 280,检测器室 280。

5.191.3.3 气体流量(mL/min):载气(N₂)1.5,氢气 30,空气 400。

5.191.3.4 分流比:30∶1。

5.191.3.5 进样体积:1.0 μL。

5.191.3.6 保留时间(min):正二十四烷约 4.5,亚胺硫磷约 5.7。

5.191.4 溶液的制备

称取 0.05 g(精确至 0.000 1 g)亚胺硫磷标样,置于 25 mL 容量瓶中,用移液管加入 10 mL 内标溶液,用丙酮稀释至刻度,摇匀。

5.192 烟碱(nicotine)

5.192.1 方法提要

试样用无水乙醇溶解,以正十四烷为内标物,使用 HP-1 毛细管柱和氢火焰离子化检测器,对试样中的烟碱进行气相色谱分离,内标法定量。

5.192.2 试剂和溶液

5.192.2.1 无水乙醇。

5.192.2.2 内标物:正十四烷。

5.192.2.3 内标溶液:称取 3.0 g 正十四烷,置于 500 mL 容量瓶中,用无水乙醇溶解并稀释至刻度,摇匀。

5.192.2.4 烟碱标样:已知质量分数,ω≥98.0%。

5.192.3 操作条件

5.192.3.1 色谱柱:30 m×0.32 mm(内径)HP-1 毛细管柱,膜厚 0.25 μm。

5.192.3.2 温度(℃):柱室 140,气化室 250,检测器室 250。

5.192.3.3 气体流量(mL/min):载气(N₂)1.5,氢气 35,空气 400。

5.192.3.4 分流比:30∶1。

5.192.3.5 进样体积:1.0 μL。

5.192.3.6 保留时间(min):烟碱约 5.3,正十四烷约 6.1。

5.192.4 溶液的制备

称取 0.03 g(精确至 0.000 01 g)烟碱标样,置于 25 mL 容量瓶中,用移液管加入 5 mL 内标溶液,用无水乙醇稀释至刻度,摇匀。

5.193 野麦畏(triallate)

5.193.1 方法提要

试样用丙酮溶解,以正十七烷为内标物,使用 HP-5 毛细管柱和氢火焰离子化检测器,对试样中的野麦畏进行气相色谱分离,内标法定量。

5.193.2 试剂和溶液

5.193.2.1 丙酮。

5.193.2.2 内标物:正十七烷。

5.193.2.3 内标溶液:称取 2.5 g 正十七烷,置于 500 mL 容量瓶中,用丙酮溶解并稀释至刻度,摇匀。

5.193.2.4 野麦畏标样:已知质量分数,$\omega \geqslant 98.0\%$。

5.193.3 操作条件

5.193.3.1 色谱柱:30 m×0.32 mm(内径)HP-5 毛细管柱,膜厚 0.25 μm。

5.193.3.2 温度(℃):柱室 190,气化室 250,检测器室 250。

5.193.3.3 气体流量(mL/min):载气(N_2)1.5,氢气 30,空气 400。

5.193.3.4 分流比:30∶1。

5.193.3.5 进样体积:1.0 μL。

5.193.3.6 保留时间(min):正十七烷约 4.1,野麦畏约 6.0。

5.193.4 溶液的制备

称取 0.05 g(精确至 0.000 1 g)野麦畏标样,置于 25 mL 容量瓶中,用移液管加入 5 mL 内标溶液,用丙酮稀释至刻度,摇匀。

5.194 乙草胺(acetochlor)

按 GB/T 20691 中"乙草胺质量分数的测定"进行。

5.195 乙霉威(diethofencarb)

5.195.1 方法提要

试样用丙酮溶解,以正二十二烷为内标物,使用 HP-5 毛细管柱和氢火焰离子化检测器,对试样中的乙霉威进行气相色谱分离,内标法定量。

5.195.2 试剂和溶液

5.195.2.1 丙酮。

5.195.2.2 内标物:正二十二烷。

5.195.2.3 内标溶液:称取 1.3 g 正二十二烷,置于 500 mL 容量瓶中,用丙酮溶解并稀释至刻度,摇匀。

5.195.2.4 乙霉威标样:已知质量分数,$\omega \geqslant 98.0\%$。

5.195.3 操作条件

5.195.3.1 色谱柱:30 m×0.32 mm(内径)HP-5 毛细管柱,膜厚 0.25 μm。

5.195.3.2 温度(℃):柱室 230,气化室 250,检测器室 250。

5.195.3.3 气体流量(mL/min):载气(N_2)1.5,氢气 35,空气 400。

5.195.3.4 分流比:30∶1。

5.195.3.5 进样体积:1.0 μL。

5.195.3.6 保留时间(min):乙霉威约 3.6,正二十二烷约 5.3。

5.195.4 溶液的制备

称取 0.05 g(精确至 0.000 1 g)乙霉威标样,置于 25 mL 容量瓶中,用移液管加入 10 mL 内标溶液,用丙酮稀释至刻度,摇匀。

5.196 乙嘧酚(ethirimol)

5.196.1 方法提要

试样用丙酮溶解,以邻苯二甲酸二辛酯为内标物,使用 DB-17 毛细管柱和氢火焰离子化检测器,对试样中的乙嘧酚进行气相色谱分离,内标法定量。

5.196.2 试剂和溶液

5.196.2.1 丙酮。

5.196.2.2 内标物:邻苯二甲酸二辛酯。

5.196.2.3 内标溶液:称取 2.0 g 邻苯二甲酸二辛酯,置于 500 mL 容量瓶中,用丙酮溶解并稀释至刻度,摇匀。

5.196.2.4 乙嘧酚标样:已知质量分数,$\omega \geqslant 98.0\%$。

5.196.3 操作条件

5.196.3.1 色谱柱:30 m×0.32 mm(内径)DB-17 毛细管柱,膜厚 0.25 μm。

5.196.3.2 温度(℃):柱室 280,气化室 300,检测器室 300。

5.196.3.3 气体流量(mL/min):载气(N_2)1.2,氢气 40,空气 350。

5.196.3.4 分流比:30∶1。

5.196.3.5 进样体积:1.0 μL。

5.196.3.6 保留时间(min):乙嘧酚约 3.7,邻苯二甲酸二辛酯约 5.2。

5.196.4 溶液的制备

称取 0.05 g(精确至 0.000 1 g)乙嘧酚标样,置于 25 mL 容量瓶中,用移液管加入 5 mL 内标溶液,用丙酮稀释至刻度,摇匀。

5.197 乙嘧酚磺酸酯(bupirimate)

5.197.1 方法提要

试样用丙酮溶解,以邻苯二甲酸二戊酯为内标物,使用 DB-5 毛细管柱和氢火焰离子化检测器,对试样中的乙嘧酚磺酸酯进行气相色谱分离,内标法定量。

5.197.2 试剂和溶液

5.197.2.1 丙酮。

5.197.2.2 内标物:邻苯二甲酸二戊酯。

5.197.2.3 内标溶液:称取 3.0 g 邻苯二甲酸二戊酯,置于 500 mL 容量瓶中,用丙酮溶解并稀释至刻度,摇匀。

5.197.2.4 乙嘧酚磺酸酯标样:已知质量分数,$\omega \geqslant 98.0\%$。

5.197.3 操作条件

5.197.3.1 色谱柱:30 m×0.32 mm(内径)DB-5 毛细管柱,膜厚 0.25 μm。

5.197.3.2 温度(℃):柱室 220,气化室 260,检测器室 270。

5.197.3.3 气体流量(mL/min):载气(N_2)1.0,氢气 35,空气 350。

5.197.3.4 分流比:20∶1。

5.197.3.5 进样体积:1.0 μL。

5.197.3.6 保留时间(min):邻苯二甲酸二戊酯约 5.5,乙嘧酚磺酸酯约 6.5。

5.197.4 溶液的制备

称取 0.05 g(精确至 0.000 1 g)乙嘧酚磺酸酯标样,置于 50 mL 容量瓶中,用移液管加入 5 mL 内标溶液,用丙酮稀释至刻度,摇匀。

5.198 乙蒜素(ethylicin)

5.198.1 方法提要

试样用丙酮溶解,以正十四烷为内标物,使用 HP-5 毛细管柱和氢火焰离子化检测器,对试样中的乙蒜素进行气相色谱分离,内标法定量。

5.198.2 试剂和溶液

5.198.2.1 丙酮。

5.198.2.2 内标物:正十四烷。

5.198.2.3 内标溶液:称取 2.0 g 正十四烷,置于 500 mL 容量瓶中,用丙酮溶解并稀释至刻度,摇匀。

5.198.2.4 乙蒜素标样:已知质量分数,$\omega \geqslant 98.0\%$。

5.198.3 操作条件

5.198.3.1 色谱柱:30 m×0.32 mm(内径)HP-5 毛细管柱,膜厚 0.25 μm。

5.198.3.2 温度(℃):柱室 130,气化室 220,检测器室 220。

5.198.3.3 气体流量(mL/min):载气(N_2)1.5,氢气 35,空气 400。

5.198.3.4 分流比:30∶1。

5.198.3.5 进样体积:1.0 μL。

5.198.3.6 保留时间(min):乙蒜素约 4.2,正十四烷约 7.7。

5.198.4 溶液的制备

称取 0.05 g(精确至 0.000 1 g)乙蒜素标样,置于 25 mL 容量瓶中,用移液管加入 5 mL 内标溶液,用丙酮稀释至刻度,摇匀。

5.199 乙羧氟草醚(fluoroglycofen-ethyl)

按 GB/T 28129 中"乙羧氟草醚质量分数的测定"进行。

5.200 乙氧氟草醚(oxyfluorfen)

按 HG/T 5124 中"乙氧氟草醚质量分数的测定"进行。

5.201 异丙草胺(propisochlor)

按 HG/T 3885 中"异丙草胺质量分数的测定"进行。

5.202 异丙甲草胺(metolachlor)

按 GB/T 35667 中"异丙甲草胺质量分数的测定"进行。

5.203 异丙威(isoprocarb)

5.203.1 方法提要

试样用丙酮溶解,以邻苯二甲酸二乙酯为内标物,使用 Rtx-1 毛细管柱和氢火焰离子化检测器,对试样中的异丙威进行气相色谱分离,内标法定量。

5.203.2 试剂和溶液

5.203.2.1 丙酮。

5.203.2.2 内标物:邻苯二甲酸二乙酯。

5.203.2.3 内标溶液:称取 2.0 g 邻苯二甲酸二乙酯,置于 500 mL 容量瓶中,用丙酮溶解并稀释至刻度,摇匀。

5.203.2.4 异丙威标样:已知质量分数,$\omega \geqslant 98.0\%$。

5.203.3 操作条件

5.203.3.1 色谱柱:30 m×0.25 mm(内径)Rtx-1 毛细管柱,膜厚 0.25 μm。

5.203.3.2 温度(℃):柱室 135,气化室 200,检测器室 250。

5.203.3.3 气体流量(mL/min):载气(N_2)2.0,氢气 40,空气 400。

5.203.3.4 分流比:20∶1。

5.203.3.5 进样体积:1.0 μL。

5.203.3.6 保留时间(min):异丙威约 6.1,邻苯二甲酸二乙酯约 7.6。

5.203.4 溶液的制备

称取 0.03 g(精确至 0.000 01 g)异丙威标样,置于 25 mL 容量瓶中,用移液管加入 10 mL 内标溶液,用丙酮稀释至刻度,摇匀。

5.204 异稻瘟净(iprobenfos)

5.204.1 方法提要

试样用丙酮溶解,以邻苯二甲酸二丁酯为内标物,使用 Rtx-1 毛细管柱和氢火焰离子化检测器,对试样中的异稻瘟净进行气相色谱分离,内标法定量。

5.204.2 试剂和溶液

5.204.2.1 丙酮。

5.204.2.2 内标物:邻苯二甲酸二丁酯。

5.204.2.3 内标溶液:称取 2.0 g 邻苯二甲酸二丁酯,置于 500 mL 容量瓶中,用丙酮溶解并稀释至刻度,摇匀。

5.204.2.4 异稻瘟净标样:已知质量分数,$\omega \geq 98.0\%$。

5.204.3 操作条件

5.204.3.1 色谱柱:30 m×0.25 mm(内径)Rtx-1 毛细管柱,膜厚 0.25 μm。

5.204.3.2 温度(℃):柱室 180,气化室 250,检测器室 280。

5.204.3.3 气体流量(mL/min):载气(N_2)2.0,氢气 40,空气 400。

5.204.3.4 分流比:40∶1。

5.204.3.5 进样体积:1.0 μL。

5.204.3.6 保留时间(min):异稻瘟净约 4.7,邻苯二甲酸二丁酯约 6.7。

5.204.4 溶液的制备

称取 0.06 g(精确至 0.000 1 g)异稻瘟净标样,置于 25 mL 容量瓶中,用移液管加入 10 mL 内标溶液,用丙酮稀释至刻度,摇匀。

5.205 异硫氰酸烯丙酯(allyl isothiocyanate)

5.205.1 方法提要

试样用丙酮溶解,以正癸烷为内标物,使用 HP-5 毛细管柱和氢火焰离子化检测器,对试样中的异硫氰酸烯丙酯进行气相色谱分离,内标法定量。

5.205.2 试剂和溶液

5.205.2.1 丙酮。

5.205.2.2 内标物:正癸烷。

5.205.2.3 内标溶液:称取 1.5 g 正癸烷,置于 500 mL 容量瓶中,用丙酮溶解并稀释至刻度,摇匀。

5.205.2.4 异硫氰酸烯丙酯标样:已知质量分数,$\omega \geq 98.0\%$。

5.205.3 操作条件

5.205.3.1 色谱柱:30 m×0.32 mm(内径)HP-5 毛细管柱,膜厚 0.25 μm。

5.205.3.2 温度(℃):柱室 70,气化室 180,检测器室 180。

5.205.3.3 气体流量(mL/min):载气(N_2)1.5,氢气 35,空气 400。

5.205.3.4 分流比:30∶1。

5.205.3.5 进样体积:1.0 μL。

5.205.3.6 保留时间(min):异硫氰酸烯丙酯约 4.7,正癸烷约 8.2。

5.205.4 溶液的制备

称取 0.03 g(精确至 0.000 01 g)异硫氰酸烯丙酯标样,置于 10 mL 容量瓶中,用移液管加入 5 mL 内标溶液,用丙酮稀释至刻度,摇匀。

5.206 抑霉唑(imazalil)

5.206.1 方法提要

试样用丙酮溶解,以苯甲酸-2-萘酯为内标物,使用 DB-5 毛细管柱和氢火焰离子化检测器,对试样中的抑霉唑进行气相色谱分离,内标法定量。

5.206.2 试剂和溶液

5.206.2.1 丙酮。

5.206.2.2 内标物:苯甲酸-2-萘酯。

5.206.2.3 内标溶液:称取 5.0 g 苯甲酸-2-萘酯,置于 500 mL 容量瓶中,用丙酮溶解并稀释至刻度,摇匀。

5.206.2.4 抑霉唑标样:已知质量分数,$\omega \geqslant 98.0\%$。

5.206.3 操作条件

5.206.3.1 色谱柱:30 m×0.53 mm(内径)DB-5 毛细管柱,膜厚 1.5 μm。

5.206.3.2 温度(℃):柱室 225,气化室 280,检测器室 280。

5.206.3.3 气体流量(mL/min):载气(N_2)3.5,氢气 30,空气 350。

5.206.3.4 分流比:30∶1。

5.206.3.5 进样体积:1.0 μL。

5.206.3.6 保留时间(min):抑霉唑约 7.9,苯甲酸-2-萘酯约 10.6。

5.206.4 溶液的制备

称取 0.05 g(精确至 0.000 1 g)抑霉唑标样,置于 50 mL 容量瓶中,用移液管加入 5 mL 内标溶液,用丙酮稀释至刻度,摇匀。

5.207 蝇毒磷(coumaphos)

5.207.1 方法提要

试样用丙酮溶解,以邻苯二甲酸二环己酯为内标物,使用 HP-5 毛细管柱和氢火焰离子化检测器,对试样中的蝇毒磷进行气相色谱分离,内标法定量。

5.207.2 试剂和溶液

5.207.2.1 丙酮。

5.207.2.2 内标物:邻苯二甲酸二环己酯。

5.207.2.3 内标溶液:称取 0.5 g 邻苯二甲酸二环己酯,置于 500 mL 容量瓶中,用丙酮溶解并稀释至刻度,摇匀。

5.207.2.4 蝇毒磷标样:已知质量分数,$\omega \geqslant 98.0\%$。

5.207.3 操作条件

5.207.3.1 色谱柱:30 m×0.32 mm(内径)HP-5 毛细管柱,膜厚 0.25 μm。

5.207.3.2 温度(℃):柱室 270,气化室 290,检测器室 290。

5.207.3.3 气体流量(mL/min):载气(N_2)1.5,氢气 35,空气 300。

5.207.3.4 分流比:30∶1。

5.207.3.5 进样体积:1.0 μL。

5.207.3.6 保留时间(min):邻苯二甲酸二环己酯约 3.9,蝇毒磷约 5.5。

5.207.4 溶液的制备

称取 0.01 g(精确至 0.000 01 g)蝇毒磷标样,置于 10 mL 容量瓶中,用移液管加入 5 mL 内标溶液,用丙酮稀释至刻度,摇匀。

5.208 莠灭净(ametryn)

5.208.1 方法提要

试样用丙酮溶解,以邻苯二甲酸二戊酯为内标物,使用 HP-5 毛细管柱和氢火焰离子化检测器,对试样中的莠灭净进行气相色谱分离,内标法定量。

5.208.2　试剂和溶液

5.208.2.1　丙酮。

5.208.2.2　内标物:邻苯二甲酸二戊酯。

5.208.2.3　内标溶液:称取 1.8 g 邻苯二甲酸二戊酯,置于 500 mL 容量瓶中,用丙酮溶解并稀释至刻度,摇匀。

5.208.2.4　莠灭净标样:已知质量分数,ω≥98.0%。

5.208.3　操作条件

5.208.3.1　色谱柱:30 m×0.32 mm(内径)HP-5 毛细管柱,膜厚 0.25 μm。

5.208.3.2　温度(℃):柱室 210,气化室 260,检测器室 280。

5.208.3.3　气体流量(mL/min):载气(N₂)1.4,氢气 35,空气 350。

5.208.3.4　分流比:20∶1。

5.208.3.5　进样体积:1.0 μL。

5.208.3.6　保留时间(min):莠灭净约 3.3,邻苯二甲酸二戊酯约 5.8。

5.208.4　溶液的制备

称取 0.05 g(精确至 0.000 1 g)莠灭净标样,置于 25 mL 容量瓶中,用移液管加入 10 mL 内标溶液,用丙酮稀释至刻度,摇匀。

5.209　莠去津(atrazine)

按 GB/T 22606 中"莠去津质量分数的测定"进行。

5.210　右旋胺菊酯(d-tetramethrin)

按 HG/T 4925 中"胺菊酯质量分数的测定、右旋体比例的测定"进行。

5.211　右旋苯醚菊酯(d-phenothrin)

按 NY/T 3572 中"苯醚菊酯质量分数的测定、右旋体比例的测定"进行。

5.212　右旋苯醚氰菊酯(d-cyphenothrin)

按 NY/T 4092 中"苯醚氰菊酯质量分数的测定、右旋体比例的测定"进行。

5.213　右旋苄呋菊酯(d-resmethrin)

5.213.1　苄呋菊酯质量分数的测定

5.213.1.1　方法提要

试样用丙酮溶解,以邻苯二甲酸二戊酯为内标物,使用 HP-5 毛细管柱和氢火焰离子化检测器,对试样中的苄呋菊酯进行气相色谱分离,内标法定量。

5.213.1.2　试剂和溶液

5.213.1.2.1　丙酮。

5.213.1.2.2　内标物:邻苯二甲酸二戊酯。

5.213.1.2.3　内标溶液:称取 5.0 g 邻苯二甲酸二戊酯,置于 500 mL 容量瓶中,用丙酮溶解并稀释至刻度,摇匀。

5.213.1.2.4　苄呋菊酯标样:已知质量分数,ω≥98.0%。

5.213.1.3　操作条件

5.213.1.3.1　色谱柱:30 m×0.32 mm(内径)HP-5 毛细管柱,膜厚 0.25 μm。

5.213.1.3.2　温度(℃):柱室 200,气化室 280,检测器室 290。

5.213.1.3.3　气体流量(mL/min):载气(N₂)2.0,氢气 30,空气 300。

5.213.1.3.4　分流比:20∶1。

5.213.1.3.5　进样体积:1.0 μL。

5.213.1.3.6　保留时间(min):邻苯二甲酸二戊酯约 7.3,苄呋菊酯顺式体约 15.8,苄呋菊酯反式体约 16.5。

注:计算苄呋菊酯质量分数时,目标物峰面积为顺式体、反式体两个峰面积之和。

5.213.1.4 溶液的制备

称取 0.05 g(精确至 0.000 1 g)苄呋菊酯标样,置于 50 mL 容量瓶中,用移液管加入 5 mL 内标溶液,用丙酮稀释至刻度,摇匀。

5.213.2 右旋体比例的测定

称取含 0.4 g(精确至 0.000 1 g)右旋苄呋菊酯的试样,按 NY/T 4092 中"右旋体比例的测定"进行。

5.214 右旋反式氯丙炔菊酯

5.214.1 氯丙炔菊酯质量分数的测定

5.214.1.1 方法提要

试样用丙酮溶解,以邻苯二甲酸二戊酯为内标物,使用 HP-5 毛细管柱和氢火焰离子化检测器,对试样中的氯丙炔菊酯进行气相色谱分离,内标法定量。

5.214.1.2 试剂和溶液

5.214.1.2.1 丙酮。

5.214.1.2.2 内标物:邻苯二甲酸二戊酯。

5.214.1.2.3 内标溶液:称取 0.5 g 邻苯二甲酸二戊酯,置于 500 mL 容量瓶中,用丙酮溶解并稀释至刻度,摇匀。

5.214.1.2.4 右旋反式氯丙炔菊酯标样:已知氯丙炔菊酯质量分数,$\omega \geq 95.0\%$。

5.214.1.3 操作条件

5.214.1.3.1 色谱柱:30 m×0.32 mm(内径)HP-5 毛细管柱,膜厚 0.25 μm。

5.214.1.3.2 温度(℃):柱室 210,气化室 260,检测器室 280。

5.214.1.3.3 气体流量(mL/min):载气(N₂)1.4,氢气 35,空气 400。

5.214.1.3.4 分流比:10∶1。

5.214.1.3.5 进样体积:1.0 μL。

5.214.1.3.6 保留时间(min):邻苯二甲酸二戊酯约 11.0,氯丙炔菊酯反式体约 16.4。

5.214.1.4 溶液的制备

称取 0.01 g(精确至 0.000 01 g)右旋反式氯丙炔菊酯标样,置于 10 mL 容量瓶中,用移液管加入 5 mL内标溶液,用丙酮稀释至刻度,摇匀。

5.214.2 右旋反式体比例的测定

称取含 0.4 g(精确至 0.000 1 g)右旋反式氯丙炔菊酯的试样,按 5.76.2 进行测定。

5.215 右旋反式烯丙菊酯(d-transallethrin)

按 GB/T 34153 中"烯丙菊酯质量分数的测定、右旋体比例的测定"进行,以右旋反式体计算异构体比例。

5.216 右旋烯丙菊酯(d-allethrin)

按 GB/T 34153 中"烯丙菊酯质量分数的测定、右旋体比例的测定"进行。

5.217 右旋烯炔菊酯(empenthrin)

5.217.1 烯炔菊酯质量分数的测定

5.217.1.1 方法提要

试样用丙酮溶解,以邻苯二甲酸二戊酯为内标物,使用 DB-1701 毛细管柱和氢火焰离子化检测器,对试样中的烯炔菊酯进行气相色谱分离,内标法定量。

5.217.1.2 试剂和溶液

5.217.1.2.1 丙酮。

5.217.1.2.2 内标物:邻苯二甲酸二戊酯。

5.217.1.2.3 内标溶液:称取 3.0 g 邻苯二甲酸二戊酯,置于 500 mL 容量瓶中,用丙酮溶解并稀释至刻度,摇匀。

5.217.1.2.4 烯炔菊酯标样:已知质量分数,$\omega \geqslant 95.0\%$。

5.217.1.3 操作条件

5.217.1.3.1 色谱柱:30 m×0.32 mm(内径)DB-1701 毛细管柱,膜厚 0.25 μm。

5.217.1.3.2 温度(℃):柱室 150 ℃保持 10 min,以 10 ℃/min 升温至 270 ℃保持 10 min;气化室 260 ℃,检测器室 280 ℃。

5.217.1.3.3 气体流量(mL/min):载气(N_2)1.5,氢气 35,空气 400。

5.217.1.3.4 分流比:20∶1。

5.217.1.3.5 进样体积:1.0 μL。

5.217.1.3.6 保留时间(min):烯炔菊酯约 13.2、13.4、13.6,邻苯二甲酸二戊酯约 20.0。

注:计算烯炔菊酯质量分数时,目标物峰面积为 13.2 min、13.4 min、13.6 min 三个峰面积之和。

5.217.1.4 溶液的制备

5.217.1.4.1 标样溶液的制备

称取 0.03 g(精确至 0.000 01 g)烯炔菊酯标样,置于 25 mL 容量瓶中,用移液管加入 5 mL 内标物溶液,用丙酮稀释至刻度,摇匀。

5.217.1.4.2 试样溶液的制备

5.217.1.4.2.1 防虫罩

称取 1 m² 防虫罩试样(精确至 0.000 1 g),用剪刀将其剪成细小碎片,置于 500 mL 具塞锥形瓶中,用 20 mL 丙酮清洗剪刀,将洗液置于锥形瓶中,加入 200 mL 丙酮,超声波振荡 30 min。将溶液转移至 500 mL 圆底烧瓶中,浓缩至近干,用移液管加入 5 mL 内标溶液,准确加入 20 mL 丙酮,摇匀。

5.217.1.4.2.2 防蛀片剂

称取一片试样(精确至 0.000 1 g),用剪刀将其剪成细小碎片,置于 50 mL 容量瓶中,准确移取 30 mL 丙酮清洗剪刀,将洗液置于容量瓶中,超声波振荡 30 min,冷却至室温,用丙酮稀释至刻度。用移液管移取一定体积上述溶液(不同规格产品移取体积不同,应含烯炔菊酯约 0.03 g),置于 25 mL 容量瓶中,用移液管加入 5 mL 内标物溶液,用丙酮稀释至刻度,摇匀。

5.217.2 右旋体比例的测定

称取含 0.4 g(精确至 0.000 1 g)右旋烯炔菊酯的试样,按 NY/T 4092 中"右旋体比例的测定"进行。

5.218 诱虫烯(muscalure)

5.218.1 方法提要

试样用丙酮溶解,以邻苯二甲酸二戊酯为内标物,使用 DB-1 毛细管柱和氢火焰离子化检测器,对试样中的诱虫烯进行气相色谱分离,内标法定量。

5.218.2 试剂和溶液

5.218.2.1 丙酮。

5.218.2.2 内标物:邻苯二甲酸二戊酯。

5.218.2.3 内标溶液:称取 2.0 g 邻苯二甲酸二戊酯,置于 500 mL 容量瓶中,用丙酮溶解并稀释至刻度,摇匀。

5.218.2.4 诱虫烯标样:已知质量分数,$\omega \geqslant 87.0\%$。

5.218.3 操作条件

5.218.3.1 色谱柱:30 m×0.32 mm(内径)DB-1 毛细管柱,膜厚 0.25 μm。

5.218.3.2 温度(℃):柱室 190,气化室 290,检测器室 300。

5.218.3.3　气体流量(mL/min):载气(N_2)2.0,氢气35,空气400。

5.218.3.4　分流比:10:1。

5.218.3.5　进样体积:1.0 μL。

5.218.3.6　保留时间(min):邻苯二甲酸二戊酯约23.2,诱虫烯约40.3,诱虫烯异构体(E体)约41.4。

5.218.4　溶液的制备

称取0.02 g(精确至0.000 01 g)诱虫烯标样,置于25 mL容量瓶中,用移液管加入5 mL内标溶液,用丙酮稀释至刻度,摇匀。

5.219　甾烯醇(β-sitosterol)

5.219.1　方法提要

试样用丙酮溶解,以胆固醇为内标物,使用DB-1毛细管柱和氢火焰离子化检测器,对试样中的甾烯醇进行气相色谱分离,内标法定量。

5.219.2　试剂和溶液

5.219.2.1　丙酮。

5.219.2.2　内标物:胆固醇。

5.219.2.3　内标溶液:称取2.0 g胆固醇,置于500 mL容量瓶中,用丙酮溶解并稀释至刻度,摇匀。

5.219.2.4　甾烯醇标样:已知质量分数,ω≥90.0%。

5.219.3　操作条件

5.219.3.1　色谱柱:30 m×0.32 mm(内径)DB-1毛细管柱,膜厚0.25 μm。

5.219.3.2　温度(℃):柱室180 ℃保持1 min,以10 ℃/min升温至270 ℃保持15 min;气化室290 ℃,检测器室300 ℃。

5.219.3.3　气体流量(mL/min):载气(N_2)2.0,氢气30,空气300。

5.219.3.4　分流比:10:1。

5.219.3.5　进样体积:1.0 μL。

5.219.3.6　保留时间(min):胆固醇约14.2,甾烯醇约17.4。

5.219.4　溶液的制备

称取0.02 g(精确至0.000 01 g)甾烯醇标样,置于25 mL容量瓶中,用移液管加入5 mL内标溶液,用丙酮稀释至刻度,摇匀。

5.220　樟脑(camphor)

5.220.1　方法提要

试样用丙酮溶解,以水杨酸甲酯为内标物,使用HP-5毛细管柱和氢火焰离子化检测器,对试样中的樟脑进行气相色谱分离,内标法定量。

5.220.2　试剂和溶液

5.220.2.1　丙酮。

5.220.2.2　内标物:水杨酸甲酯。

5.220.2.3　内标溶液:称取5.0 g水杨酸甲酯,置于500 mL容量瓶中,用丙酮溶解并稀释至刻度,摇匀。

5.220.2.4　樟脑标样:已知质量分数,ω≥98.0%。

5.220.3　操作条件

5.220.3.1　色谱柱:30 m×0.32 mm(内径)HP-5毛细管柱,膜厚0.25 μm。

5.220.3.2　温度(℃):柱室110,气化室200,检测器室210。

5.220.3.3　气体流量(mL/min):载气(N_2)1.0,氢气30,空气300。

5.220.3.4　分流比:30:1。

5.220.3.5　进样体积:1.0 μL。

5.220.3.6 保留时间(min):樟脑约 7.1,水杨酸甲酯约 8.6。

5.220.4 溶液的制备

称取 0.03 g(精确至 0.000 01 g)樟脑标样,置于 25 mL 容量瓶中,用移液管加入 5 mL 内标物溶液,用丙酮稀释至刻度,摇匀。

5.221 治螟磷(sulfotep)

按 GB/T 19604 中"治螟磷质量分数的测定"进行。

5.222 仲丁灵(butralin)

5.222.1 方法提要

试样用丙酮溶解,以邻苯二甲酸二丁酯为内标物,使用 HP-5 毛细管柱和氢火焰离子化检测器,对试样中的仲丁灵进行气相色谱分离,内标法定量。

5.222.2 试剂和溶液

5.222.2.1 丙酮。

5.222.2.2 内标物:邻苯二甲酸二丁酯。

5.222.2.3 内标溶液:称取 5.0 g 邻苯二甲酸二丁酯,置于 500 mL 容量瓶中,用丙酮溶解并稀释至刻度,摇匀。

5.222.2.4 仲丁灵标样:已知质量分数,$\omega \geqslant 98.0\%$。

5.222.3 操作条件

5.222.3.1 色谱柱:30 m×0.32 mm(内径)HP-5 毛细管柱,膜厚 0.25 μm。

5.222.3.2 温度(℃):柱室 220,气化室 250,检测器室 260。

5.222.3.3 气体流量(mL/min):载气(N_2)1.0,氢气 30,空气 300。

5.222.3.4 分流比:30∶1。

5.222.3.5 进样体积:1.0 μL。

5.222.3.6 保留时间(min):邻苯二甲酸二丁酯约 5.2,仲丁灵约 6.0。

5.222.4 溶液的制备

称取 0.05 g(精确至 0.000 1 g)仲丁灵标样,置于 25 mL 容量瓶中,用移液管加入 5 mL 内标溶液,用丙酮稀释至刻度,摇匀。

5.223 仲丁威(fenobucarb)

5.223.1 方法提要

试样用丙酮溶解,以邻苯二甲酸二烯丙酯为内标物,使用 Rtx-1 毛细管柱和氢火焰离子化检测器,对试样中的仲丁威进行气相色谱分离,内标法定量。

5.223.2 试剂和溶液

5.223.2.1 丙酮。

5.223.2.2 内标物:邻苯二甲酸二烯丙酯。

5.223.2.3 内标溶液:称取 2.0 g 邻苯二甲酸二烯丙酯,置于 500 mL 容量瓶中,用丙酮溶解并稀释至刻度,摇匀。

5.223.2.4 仲丁威标样:已知质量分数,$\omega \geqslant 98.0\%$。

5.223.3 操作条件

5.223.3.1 色谱柱:30 m×0.25 mm(内径)Rtx-1 毛细管柱,膜厚 0.25 μm。

5.223.3.2 温度(℃):柱室 160,气化室 170,检测器室 200。

5.223.3.3 气体流量(mL/min):载气(N_2)2.0,氢气 40,空气 400。

5.223.3.4 分流比:40∶1。

5.223.3.5 进样体积:1.0 μL。

5.223.3.6 保留时间(min)：仲丁威约 4.8,邻苯二甲酸二烯丙酯约 7.5。

5.223.4 溶液的制备

称取 0.04 g(精确至 0.000 01 g)仲丁威标样,置于 25 mL 容量瓶中,用移液管加入 10 mL 内标溶液,用丙酮稀释至刻度,摇匀。

5.224 唑草酮(carfentrazone-ethyl)

5.224.1 方法提要

试样用丙酮溶解,以邻苯二甲酸二异辛酯为内标物,使用 DB-1701 毛细管柱和氢火焰离子化检测器,对试样中的唑草酮进行气相色谱分离,内标法定量。

5.224.2 试剂和溶液

5.224.2.1 丙酮。

5.224.2.2 内标物:邻苯二甲酸二异辛酯。

5.224.2.3 内标溶液:称取 2.4 g 邻苯二甲酸二异辛酯,置于 500 mL 容量瓶中,用丙酮溶解并稀释至刻度,摇匀。

5.224.2.4 唑草酮标样:已知质量分数,$\omega \geqslant 98.0\%$。

5.224.3 操作条件

5.224.3.1 色谱柱:30 m×0.32 mm(内径)DB-1701 毛细管柱,膜厚 0.25 μm。

5.224.3.2 温度(℃):柱室 250,气化室 260,检测器室 270。

5.224.3.3 气体流量(mL/min):载气(N₂)2.0,氢气 30,空气 300。

5.224.3.4 分流比:20∶1。

5.224.3.5 进样体积:1.0 μL。

5.224.3.6 保留时间(min):唑草酮约 4.8,邻苯二甲酸二异辛酯约 5.7。

5.224.4 溶液的制备

称取 0.05 g(精确至 0.000 1 g)唑草酮标样,置于 25 mL 容量瓶中,用移液管加入 5 mL 内标溶液,用丙酮稀释至刻度,摇匀。

参 考 文 献

[1] CIPAC 32＋33＋345/TK/(M) PYRETHRUM＋PIPERONYL BUTOXIDE＋MGK264 TECHNI-CAL CONCENTRATES
[2] CIPAC 79/TC/M2 FENTHION TECHNICAL
[3] CIPAC 239/TC/M PIRIMIPHOS-METHYL TECHNICAL
[4] CIPAC 386/TC/M BITERTANOL TECHNICAL
[5] CIPAC 398/TC/M TRIADIMENOL TECHNICAL
[6] CIPAC 454/TC/(M) ALPHA-CYPERMETHRIN TECHNICAL
[7] CIPAC 471/TC/M ETOFENPROX TECHNICAL
[8] CIPAC 481/TC/(M) ESFENVALERTE TECHNICAL
[9] CIPAC 740/TC/(M) ICARIDIN TECHNICAL
[10] CIPAC 750/TC/M S-BIOALLETHRIN TECHNICAL
[11] CIPAC 751/TC/M ESBIOTHRIN TECHNICAL
[12] CIPAC 767/VP/(M) 1-METHYLCYCLOPROPENE VAPOUR RELEASING PRODUCT

ICS 65.020.01
CCS B 16

中华人民共和国农业行业标准

NY/T 4449—2023

蔬菜地防虫网应用技术规程

Technical code of practice for application of insect-proof
net in vegetable fields

2023-12-22 发布

2024-05-01 实施

中华人民共和国农业农村部 发布

前　言

本文件按照GB/T 1.1—2020《标准化工作导则　第1部分：标准化文件的结构和起草规则》的规定起草。

请注意本文件的某些内容可能涉及专利。本文件的发布机构不承担识别专利的责任。

本文件由农业农村部种植业管理司提出并归口。

本文件起草单位：中国热带农业科学院热带生物技术研究所、中国农业科学院蔬菜花卉研究所、全国农业技术推广服务中心、海南大学三亚南繁研究院、海南省植物保护总站、三亚市热带农业科学研究院、江苏省连云港市植物保护植物检疫站、中国热带农业科学院环境与植物保护研究所、三亚中国农业科学院国家南繁研究院。

本文件主要起草人：陈燕羽、谢文、罗劲梅、李萍、吴少英、李涛、周阳、孔令军、孔祥义、陈俊谕、高建明、吴乾兴、王建赟、吴明月。

蔬菜地防虫网应用技术规程

1 范围

本文件规定了蔬菜地防虫网的应用方式、选网、安装、种植准备和维护等要求。

本文件适用于蔬菜地防虫网的应用。

2 规范性引用文件

本文件没有规范性引用文件。

3 术语和定义

下列术语和定义适用于本文件。

3.1

防虫网 insect-proof net

采用聚乙烯等材料经拉丝编织而成的具有不同孔径、网孔为正方孔或长方孔的网状织物，具有阻隔害虫和防止网内益虫逃出的功能。

3.2

目数 mesh count

每25.4 mm(1 inch)长度的网丝上一行连续数出的网孔数目。目数分经目和纬目，经目为经丝（纵向分布、排列的网丝）的目数，纬目为纬丝（横向分布、排列的网丝）的目数。

3.3

孔径 mesh diameter

单个网孔的最长边长。

4 应用方式

4.1 骨架覆盖

a) 全覆盖：在设施等骨架的顶部和四周全覆盖防虫网。

b) 局部覆盖：在设施等骨架的顶部覆盖塑料薄膜，四周覆盖防虫网；或在玻璃、阳光板温室的天窗、侧窗、风机、水幕、出入口安装防虫网，在日光温室、塑料拱棚的上下通风口、出入口安装防虫网。

4.2 漂浮覆盖

宜应用在速生叶菜类等矮生蔬菜种植中，不用骨架支撑在垄面和四周直接铺盖防虫网，网四周用土压严盖实、网面保持宽松预留蔬菜生长空间。

5 选网

5.1 总则

根据不同地区、用途、季节、气候和主要防治害虫的大小和生物学特性，以及蔬菜作物对温湿度的适应性，选用适宜的防虫网。指标参数包括材料、颜色、丝径、孔径、目数等。

5.2 材料

防虫网的生产材料包括聚乙烯、聚丙烯、尼龙网、不锈钢等，蔬菜生产宜选用聚乙烯防虫网。

5.3 颜色

蔬菜生产宜选用白色防虫网，育苗或避蚜为主宜选用银灰色防虫网。

5.4 丝径

防虫网丝径一般为 0.10 mm～0.18 mm，常规丝径为 0.16 mm。在同等条件下，丝径粗的防虫网不易变形、使用寿命长、抗风能力强，丝径细的防虫网通风透光性好，因地制宜选用适宜的丝径。

5.5 孔径

按公式（1）计算。

$$w = \frac{l}{n} - d \quad \cdots\cdots\cdots\cdots\cdots\cdots\cdots\cdots\cdots\cdots\cdots\cdots\cdots\cdots\cdots\cdots\cdots\cdots\cdots\cdots\cdots\cdots \quad (1)$$

式中：

w ——孔径的数值，单位为毫米（mm）；
l ——1 英尺长度，25.4 毫米（mm）；
n ——目数的数值，单位为目（个）；
d ——丝径的数值，单位为毫米（mm）。

注： 长方孔防虫网的经目、纬目不同，取最小目数；正方孔防虫网的经目、纬目相同，取任一目数。

5.6 目数

根据当地系统监测害虫发生情况，宜结合发生优势种群选用防虫网目数。防治部分蔬菜重要害虫的防虫网（丝径 0.16 mm）的适宜目数及孔径参见附录 A，其他丝径的防虫网按本文件规定计算不同目数的孔径后，宜对照附录 A 的成虫体宽和防治适宜孔径选用对应丝径防虫网的适宜目数。

6 安装

6.1 安装适期

设施等高骨架覆盖宜在蔬菜种植前安装防虫网，低矮骨架覆盖、漂浮覆盖宜在蔬菜种植后覆网。

6.2 安装方法

防虫网与周边覆盖物叠压、卡紧并拢，安装后平整无褶皱且无缝隙。顶部防虫网或塑料薄膜外部宜用压膜卡、压膜带加固，四周防虫网用卡簧固定在边柱的卡槽中并向下延伸 0.5 m～1 m 入土。按起垄方向，在棚顶骨架加用塑钢线支撑顶部防虫网或塑料薄膜。

7 种植准备

种植前，清除杂草、清洁田园、深翻土壤 30 cm 并晾晒 5 d～7 d。根据病虫害的发生情况进行网内消毒，选用金龟子绿僵菌、球孢白僵菌颗粒剂等药剂处理土壤，防治地下害虫和蓟马蛹等；选用木霉菌、芽孢杆菌等菌剂处理土壤，防治土传病害；选用高效低毒的对路药剂对网上和地面进行 1 次～2 次喷雾或在温室、塑料拱棚等设施内部进行高温闷棚消毒，消杀害虫、虫卵、病菌。

8 维护

适时使用清水清洗、冲刷、清洁防虫网，及时修补破损的防虫网，更换严重变形的防虫网。阶段性使用的防虫网，用完可拆卸、清洗、晾干、叠收和避光保存。

附 录 A
（资料性）
防治部分蔬菜重要害虫的防虫网适宜目数及孔径

防治部分蔬菜重要害虫的防虫网适宜目数及孔径见表 A.1。

表 A.1 防治部分蔬菜重要害虫的防虫网适宜目数及孔径

害虫类别	害虫名称	成虫体长，mm	成虫体宽，mm	适宜目数，目	适宜孔径，mm	主要危害蔬菜种类
蓟马类	瓜蓟马 *Thrips palmi*	0.80～1.00	0.16～0.22	80	0.16	茄子、辣椒、番茄、黄瓜、丝瓜、南瓜、苦瓜、甜瓜、菠菜、茼蒿、毛节瓜、豇豆、玉米、黄秋葵等
	茶黄蓟马 *Scirtothrips dorsalis*	0.80～0.90				
	黄蓟马 *Thrips flavus*	1.00～1.10				
	西花蓟马 *Frankliniella occidentalis*	1.20～1.30	0.18～0.25	80	0.16	辣椒、黄瓜、青瓜、毛节瓜、茄子、苦瓜、南瓜、豇豆、冬瓜、水瓜、豌豆、四季豆、黄秋葵、番茄、胡萝卜、洋葱等
	花蓟马 *Frankliniella intonsa*	1.30～1.40				
	烟蓟马 *Thrips Tabaci*	1.20～1.40	0.17～0.25	80	0.16	葱、大葱、洋葱、韭菜等
	豆大蓟马 *Megalurothrips usitatus*	1.40～1.60	0.48～0.69	40～60	0.26～0.48	豇豆、四季豆、菜豆、豌豆、蚕豆、扁豆、四棱豆等
粉虱类	温室白粉虱 *Trialeurodes vaporariorum*	1.00～1.50	0.45～0.65	45～50	0.35～0.40	茄子、辣椒、番茄、黄瓜、南瓜、甜瓜、菜豆、豇豆、甘蓝、花椰菜等
	烟粉虱 *Bemisia tabaci*	0.85～0.91	0.30～0.50	55～60	0.26～0.30	茄子、辣椒、番茄、黄瓜、南瓜、甜瓜、菜豆、豇豆、甘蓝、花椰菜等
蚜虫类	瓜蚜 *Aphis gossypii*	1.20～1.90	0.35～0.48	50～55	0.30～0.35	黄瓜、南瓜、西葫芦、辣椒、茄子、洋葱、芦笋等
	菜蚜 *Lipaphis erysimi*	1.80～2.60	0.56～2.20	40～45	0.40～0.48	芹菜、菠菜、萝卜、甘蓝、白菜、辣椒、茄子等
潜叶蝇类	南美斑潜蝇 *Liriomyza huidobrensis*	1.30～2.10	0.60～0.72	35～40	0.48～0.57	芹菜、生菜、菠菜、莴笋、黄瓜、蚕豆等
	三叶草斑潜蝇 *Liriomyza trifolii*	1.60～2.30	0.60～0.75	35～40	0.48～0.57	番茄、茄子、马铃薯、豌豆、菜豆、甘蓝、白菜、茼蒿、黄瓜、花椰菜、辣椒等
	番茄斑潜蝇 *Liriomyza bryoniae*	2.00～2.50	0.65～0.78	35～40	0.48～0.57	芥菜、白菜、油菜、番茄、甘蓝、花椰菜、萝卜等
	葱斑潜蝇 *Liriomyza chinensis*	2.00～2.50	0.65～0.78	35～40	0.48～0.57	大葱、韭菜、洋葱、大蒜等
	美洲斑潜蝇 *Liriomyza sativae*	1.30～1.80	0.72～0.75	30～40	0.48～0.69	菜豆、豇豆、黄瓜、西葫芦、番茄等

表 A.1 （续）

害虫类别	害虫名称	成虫体长,mm	成虫体宽,mm	适宜目数,目	适宜孔径,mm	主要危害蔬菜种类
潜叶蝇类	豌豆彩潜蝇 *Chromatomyia horticola*	1.80～2.70	0.75～0.78	30～40	0.48～0.69	莴苣、生菜、豌豆、油菜、花椰菜、茼蒿等
	菠菜潜叶蝇 *Pegomya exilis*	4.00～6.10	1.51～2.28	25～30	0.69～0.86	菠菜、甜菜、萝卜等
跳甲类	黄条跳甲 *Phyllotreta* sp.	1.80～3.00	1.2～2.10	30～35	0.57～0.69	甘蓝、花椰菜、白菜、萝卜、芥菜、油菜等
守瓜类	黑足黄守瓜 *Aulacophora nigripennis*	5.50～7.00	1.50～2.50	25～30	0.69～0.86	苦瓜、丝瓜、黄瓜等瓜类
	黄足黄守瓜 *Aulacophora femoralis*	7.50～9.00	1.82～3.45	25～30	0.69～0.86	黄瓜、丝瓜、苦瓜、豇豆、菜豆、茄子等
实蝇类	瓜实蝇 *Dacus cucurbitae*	8.00～9.00	2.20～3.50	20～25	0.86～1.11	苦瓜、节瓜、冬瓜、黄瓜等
鳞翅目类	番茄潜叶蛾 *Tuta absoluta*	5.00～7.00	2.00～4.10	20～25	0.86～1.11	番茄、茄子、马铃薯等
	小菜蛾 *Plutella xylostella*	6.00～7.00	2.00～4.30	20～25	0.86～1.11	甘蓝、花椰菜、大白菜、萝卜、菜薹、芥菜、油菜等
	菜螟 *Hellula undalis*	6.00～7.00	2.00～4.30	20～25	0.86～1.11	白菜、甘蓝、芥菜、萝卜、菠菜等
	甜菜夜蛾 *Spodoptera exigua*	8.00～9.00	2.20～4.40	20～25	0.86～1.11	大葱、甘蓝、茄子、辣椒、豇豆、芹菜、胡萝卜等
	瓜绢螟 *Diaphania indica*	10.00～11.00	2.40～4.60	20～25	0.86～1.11	黄瓜、丝瓜、苦瓜、节瓜、西葫芦等
	豇豆荚螟 *Maruca testulalis*	10.00～13.00	2.40～5.00	20～25	0.86～1.11	豇豆、菜豆、扁豆等
	棉铃虫 *Helicoverpa armigera*	14.00～15.00	3.20～5.50	20～25	0.86～1.11	番茄、辣椒、西葫芦、菜豆、豌豆、甘蓝、大葱、韭菜等
	烟青虫 *Helicoverpa assulta*	14.00～15.00	3.20～5.50	20～25	0.86～1.11	辣椒、苋菜、豌豆、甘蓝、南瓜、洋葱、扁豆等
	斜纹夜蛾 *Spodoptera litura*	14.00～20.00	3.20～6.60	20～25	0.86～1.11	甘蓝、青菜、大白菜、茄子、辣椒、番茄、菜豆、豇豆等
	菜粉蝶 *Pieris rapae*	15.00～20.00	3.30～6.80	20～25	0.86～1.11	甘蓝、芥蓝、花椰菜、青花菜、大白菜、萝卜等
	甘蓝夜蛾 *Mamestra brassicae*	15.00～25.00	3.20～7.00	20～25	0.86～1.11	甘蓝、白菜、油菜、萝卜、菠菜、甜菜、甜椒、番茄、胡萝卜等

注：表中害虫尺寸为参考值,具体应根据当地害虫成虫的生长情况确定。

ICS 65.100
CCS G 23

中华人民共和国农业行业标准

NY/T 4451—2023

纳米农药产品质量标准编写规范

Rules for drafting of specifications for nano-pesticides product

2023-12-22 发布

2024-05-01 实施

中华人民共和国农业农村部 发布

前　言

本文件按照 GB/T 1.1—2020《标准化工作导则　第 1 部分：标准化文件的结构和起草规则》的规定起草。

请注意本文件的某些内容可能涉及专利。本文件的发布机构不承担识别专利的责任。

本文件由农业农村部种植业管理司提出。

本文件由全国农药标准化技术委员会（SAC/TC 133）归口。

本文件起草单位：中国农业科学院植物保护研究所、农业农村部农药检定所、南京善思生态科技有限公司、中国农业科学院农业环境与可持续发展研究所、北京工业大学、沈阳沈化院测试技术有限公司、深圳诺普信农化股份有限公司、浙江新安化工集团股份有限公司、河南好年景生物发展有限公司、惠州市银农科技股份有限公司。

本文件主要起草人：曹立冬、张芳、黄啟良、陶传江、侯春青、段丽芳、崔海信、张子勇、姜宜飞、赵鹏跃、曹冲、吴进龙、石凯威、郑丽、梁冰、王芳、陈根良、徐博、廖联安、崔博、李广泽、叶世胜、黄桂珍、冉刚超、王爱臣。

纳米农药产品质量标准编写规范

1 范围

本文件规定了纳米农药产品标准的结构、起草表述规则和编写规则，并给出了有关表述样式。

本文件适用于纳米农药产品标准的编写。

2 规范性引用文件

下列文件中的内容通过文中的规范性引用而构成本文件必不可少的条款。其中，注日期的引用文件，仅该日期对应的版本适用于本文件；不注日期的引用文件，其最新版本（包括所有的修改单）适用于本文件。

GB/T 1.1—2020 标准化工作导则 第1部分：标准化文件的结构和起草规则

GB/T 1600—2021 农药水分测定方法

GB/T 1601 农药 pH 值的测定方法

GB/T 1603 农药乳液稳定性测定方法

GB/T 1604 商品农药验收规则

GB/T 1605 商品农药采样方法

GB 3796 农药包装通则

GB 4838 农药乳油包装

GB/T 5451 农药可湿性粉剂润湿性测定方法

GB/T 14825—2006 农药悬浮率测定方法

GB/T 19136—2021 农药热储稳定性测定方法

GB/T 19137—2003 农药低温稳定性测定方法

GB/T 20001.10—2014 标准编写规则 第10部分：产品标准

GB/T 28135 农药酸（碱）度测定方法 指示剂法

GB/T 28137 农药持久起泡性测定方法

GB/T 30360 颗粒状农药粉尘测定方法

GB/T 31737 农药倾倒性测定方法

GB/T 32775 农药分散性测定方法

GB/T 33031 农药水分散粒剂耐磨性测定方法

3 术语和定义

下列术语和定义适用于本文件。

3.1

纳米农药 nano-pesticide

通过纳米制备技术，使农药有效成分在制剂或/和使用分散体系中的平均粒径以纳米尺度分散状态稳定存在的农药。

3.2

纳米乳剂 nano-emulsion

在表面活性剂等功能助剂作用下，将不溶于水的农药有效成分分散成平均粒径以纳米尺度（1 nm～100 nm）增溶于水中形成的乳状液体制剂。

3.3

纳米悬浮剂 nano-suspension concentrate

利用纳米制备技术,使农药有效成分及固体配方组分以平均粒径为纳米尺度(1 nm～300 nm)的固体微粒或微囊分散在水中形成的悬浮液体制剂。

3.4

纳米水分散粒剂 nano-water dispersible granule

利用纳米制备技术,制备成在水中可崩解的粒状制剂,在用水稀释使用时,农药有效成分及固体配方组分以纳米尺度(1 nm～300 nm)的固体微粒稳定存在。

3.5

Z-均粒径 Z-average particle diameter

(动态光散射)调和光强加权算术平均值。

3.6

D_{50}

(激光衍射)体积累积分布百分数达到50%时所对应的粒径值。

3.7

D_{90}

(激光衍射)体积累积分布百分数达到90%时所对应的粒径值。

3.8

多分散指数 polydispersity index(PDI)

(动态光散射)用于描述粒度分布的无量纲量。

4 结构与编排要求

4.1 纳米农药产品标准一般情况下应针对每种纳米农药制剂产品编制一项单独的标准。

4.2 纳米农药产品标准的构成要素、要素内容的确定方法、编排格式应符合 GB/T 1.1—2020、GB/T 20001.10—2014 和本文件第 5 章的规定。

4.3 纳米农药产品标准中的要素一般应采用表1规定的典型编排。

表 1 纳米农药产品标准要素的典型编排

要素类型		要素的编排	GB/T 1.1—2020 的条款	GB/T 20001.10—2014 的编排	具体标准中的条款	要素允许的表达形式
资料性概述要素	必备要素	封面	8.1			文字
	可选要素	目次	8.2			文字(自动生成的内容)
	必备要素	前言	8.3			条文 注、脚注
	可选要素	引言	8.4	6.1		条文、图表、注、脚注
规范性一般要素	必备要素	标准名称		6.2		文字
	必备要素	范围	8.5	6.3	1	条文、图表、注、脚注
	可选/必备要素	规范性引用文件ª	8.6		2	文件清单(规范性引用) 注、脚注
规范性技术要素	可选/必备要素	术语和定义ª	8.7		3	条文、图表、注、脚注
	必备要素	技术要求		6.5	4	
	必备要素	取样		6.6	5.2	
	必备要素	试验方法		6.7	5	
	必备要素	检验规则		6.8	6	
	必备要素	验收和质量保证期			7	
	必备要素	标志、标签、包装和储运		6.9	8	
	可选要素	规范性附录				条文、图表、注、脚注

表 1（续）

要素类型		要素的编排	GB/T 1.1—2020 的条款	GB/T 20001.10—2014 的编排	具体标准中的条款	要素允许的表达形式
资料性补充要素	必备要素	资料性附录				条文、图表、注、脚注
	可选要素	参考文献	8.13			文件清单（规范性引用）脚注
^a 章编号和标题的设置是必备的,要素内容的有无根据具体情况选择。						

5 编写要求

5.1 封面

封面应给出标示标准的信息,包括:标准的名称、英文译名、层次(国家标准应为"中华人民共和国国家标准",行业标准应为"中华人民共和国农业行业标准"等)、标志、编号、国际标准分类号、中国标准分类号、发布日期、实施日期、发布部门等。

5.2 目次

按标准内容依次列出前言、引言、章、带标题的条、附录(在圆括号内标明其性质)及对应的页码。

5.3 前言

前言应视情况依次给出下列内容:

a) 标准所依据的起草规则,给出 GB/T 1.1 的版本号和名称。

b) 标准代替的全部或部分其他文件说明。给出被代替的标准(含修改单)或其他文件的编号和名称,列出与前一版本相比的主要技术变化。

c) 有关专利的说明。

d) 标准的提出或归口信息。

e) 标准的起草单位和主要起草人。

f) 标准所代替标准的历次版本发布情况。

5.4 引言

如果需要,可给出标准技术内容的特殊信息或说明,以及编制该标准的原因。

5.5 标准名称

标准名称应由几个尽可能短的要素组成,其顺序由一般到特殊,通常不多于下述 3 种:

a) 引导要素(可选);

b) 主体要素(必备),为农药名称和具体剂型;

c) 补充要素(可选)。

示例:

示例1:××××纳米乳剂;

示例2:××××纳米悬浮剂;

示例3:××××纳米水分散粒剂。

5.6 范围

范围应明确界定标准化对象和所涉及的各个方面,指明标准的使用界限,表述形式一般为:

——"本文件规定了……。"

——"本文件描述了……。"

——"本文件适用于……。"

5.7 规范性引用文件

5.7.1 规范性引用文件这一章应列出文件中规范性引用的文件,由引导语和文件清单构成,设置为文件的第 2 章,不分条。

5.7.2 规范性引用文件由以下引导语构成:"下列文件中的内容通过文中的规范性引用而构成本文件必不可少的条款。其中,注日期的引用文件,仅该日期对应的版本适用于本文件;不注日期的引用文件,其最新版本(包括所有的修改单)适用于本文件。"

5.7.3 如果不存在规范性引用文件,应在章标题下给出以下说明:"本文件没有规范性引用文件。"

5.7.4 引用的文件应为国家标准、行业标准、地方标准(仅适用于地方标准化文件的起草)、团体标准(需满足一定的条件)、其他机构或组织的标准化文件(需满足一定的条件),并按标准代号首字母顺序由小到大排列。

5.7.5 当引用完整标准,且接受其将来所有改变时,采用不注日期引用;当引用标准的某一条款时,采用注日期引用。

5.7.6 当有适用的基础通用标准或方法标准时,尽可能采用引用的方式,不重复表述。

5.8 术语和定义

5.8.1 术语和定义这一章由引导语和文件清单构成,设置为文件的第 3 章,术语条目应分别由下列适当的引导语引出:
——"下列术语和定义适用于本文件。"(如果仅该要素界定的术语和定义适用时);
——"……界定的术语和定义适用于本文件。"(如果仅其他文件的术语和定义适用时);
——"……界定的以及下列术语和定义适用于本文件。"(如果其他文件以及该要素界定的术语和定义适用时)。

5.8.2 如果没有需要界定的术语和定义,应在章标题给出以下说明:"本文件没有需要界定的术语和定义。"

5.8.3 对不进行定义其含义会引起误解或对技术内容的理解产生困惑、歧义时,才有必要将这些术语一一列出并进行定义。

5.9 技术要求

5.9.1 一般要求

技术要求为产品标准的必备要素,应包括:纳米农药产品的外观和技术指标。

5.9.2 纳米乳剂技术指标

……纳米乳剂应符合表 2 的要求。

表 2 ……纳米乳剂技术指标

项 目[a]			指 标
……(有效成分 1 通用名)质量分数,%			标明含量＋允许波动范围
或……(有效成分 1 通用名)质量浓度[b](20 ℃),g/L			标明浓度＋允许波动范围
……(有效成分 2 通用名)质量分数,%			标明含量＋允许波动范围
或……(有效成分 2 通用名)质量浓度[b](20 ℃),g/L			标明浓度＋允许波动范围
……(离子名称)质量分数,%			≥
……(其他限制性组分通用名)质量分数,%			标明含量＋允许波动范围
……(相关杂质名称)质量分数,%			≤
酸度(以 H_2SO_4 计),%			≤
或碱度(以 NaOH 计),%			≤
或 pH			规定范围
粒径[c,d],nm	Z-均粒径	稀释前	≤100
		稀释 20 倍,静置 5 h	
		稀释 200 倍,静置 5 h	
	D_{50}	稀释前	≤100
		稀释 20 倍,静置 5 h	
		稀释 200 倍,静置 5 h	
	D_{90}	稀释前	≤300
		稀释 20 倍,静置 5 h	
		稀释 200 倍,静置 5 h	

表 2（续）

项 目[a]		指 标
乳液稳定性[d]	稀释 20 倍	在量筒中无浮油(膏)、沉油和沉淀析出
	稀释 200 倍	
持久起泡性(1 min 后泡沫量),mL		≤
低温稳定性		冷储后,离心管底部离析物的体积不超过 0.3 mL,粒径仍应符合本文件要求
热储稳定性		热储后,……(有效成分 1 通用名)、……(有效成分 2 通用名)质量分数应不低于热储前测得质量分数的 95%,……(其他限制性组分通用名)质量分数、……(相关杂质名称)质量分数、酸碱度或 pH、粒径和乳液稳定性等仍应符合本文件的要求

_a 所列项目不是详尽无疑的,也不是任何纳米乳剂产品标准必须包括的,可根据不同农药产品的具体情况加以增减。
_b 当以质量分数和以质量浓度表示的结果不能同时满足本文件要求时,按质量分数的结果判定产品是否合格。
_c Z-均粒径通过动态光散射法测定,且 PDI 需满足≤0.3;通过激光衍射法测定的 D₅₀ 和 D₉₀ 需同时满足上述粒径要求。
_d 稀释 20 倍适用于低容量喷雾,稀释 200 倍适用于常量喷雾。

5.9.3 纳米悬浮剂技术指标

……纳米悬浮剂应符合表 3 的要求。

表 3 ……纳米悬浮剂技术指标

项 目[a]			指 标
……(有效成分 1 通用名)质量分数,%			标明含量＋允许波动范围
或……(有效成分 1 通用名)质量浓度[b](20 ℃),g/L			标明浓度＋允许波动范围
……(有效成分 2 通用名)质量分数,%			标明含量＋允许波动范围
或……(有效成分 2 通用名)质量浓度[b](20 ℃),g/L			标明浓度＋允许波动范围
……(离子名称)质量分数,%			≥
……(其他限制性组分通用名)质量分数,%			标明含量＋允许波动范围
……(相关杂质名称)质量分数,%			≤
酸度(以 H₂SO₄计),%			≤
或碱度(以 NaOH 计),%			≤
或 pH			规定范围
粒径[c,d],nm	Z-均粒径	稀释前	≤300
		稀释 20 倍,静置 5 h	
		稀释 200 倍,静置 5 h	
	D₅₀	稀释前	≤300
		稀释 20 倍,静置 5 h	
		稀释 200 倍,静置 5 h	
	D₉₀	稀释前	≤600
		稀释 20 倍,静置 5 h	
		稀释 200 倍,静置 5 h	
悬浮率[d],%	稀释 20 倍,静置 5 h		≥85
	稀释 200 倍,静置 5 h		
倾倒性	倾倒后残余物,%		≤
	洗涤后残余物,%		≤
持久起泡性(1 min 后泡沫量),mL			≤
低温稳定性			冷储后悬浮率、粒径仍应符合本文件的要求
热储稳定性			热储后,……(有效成分 1 通用名)、……(有效成分 2 通用名)质量分数应不低于热储前测得质量分数的 95%,……(其他限制性组分通用名)质量分数、……(相关杂质名称)质量分数、酸碱度或 pH、粒径、悬浮率和倾倒性等仍应符合本文件的要求

表 3（续）

项　目[a]	指　标
[a] 列项目不是详尽无遗的,也不是任何纳米悬浮剂产品标准必须包括的,可根据不同农药产品的具体情况加以增减。	
[b] 当以质量分数和以质量浓度表示的结果不能同时满足本文件要求时,按质量分数的结果判定产品是否合格。	
[c] Z-均粒径通过动态光散射方法测定,且 PDI 需满足≤0.3;通过激光衍射法测定的 D_{50} 和 D_{90} 需同时满足上述粒径要求。	
[d] 稀释 20 倍适用于低容量喷雾,稀释 200 倍适用于常量喷雾。	

5.9.4 纳米水分散粒剂技术指标

……纳米水分散粒剂应符合表 4 的要求。

表 4 ……纳米水分散粒剂技术指标

项　目[a]			指　标
……(有效成分 1 通用名)质量分数,%			标明含量＋允许波动范围
……(有效成分 2 通用名)质量分数,%			标明含量＋允许波动范围
……(离子名称)质量分数,%			≥
……(其他限制性组分通用名)质量分数,%			标明含量＋允许波动范围
……(相关杂质名称)质量分数,%			≤
水分,%			≤
酸度(以 H_2SO_4 计),%			≤
或碱度(以 NaOH 计),%			≤
或 pH			规定范围
粒径[b,c],nm	Z-均粒径	稀释 20 倍,静置 5 h	≤300
		稀释 200 倍,静置 5 h	
	D_{50}	稀释 20 倍,静置 5 h	≤300
		稀释 200 倍,静置 5 h	
	D_{90}	稀释 20 倍,静置 5 h	≤600
		稀释 200 倍,静置 5 h	
悬浮率[c],%	稀释 20 倍,静置 5 h		≥85
	稀释 200 倍,静置 5 h		
润湿时间,s			≤
分散性,%			≥
持久起泡性(1 min 后泡沫量),mL			≤
粉尘,mg			≤
耐磨性,%			≥
热储稳定性			热储后,……(有效成分 1 通用名)、……(有效成分 2 通用名)质量分数应不低于热储前测得质量分数的 95%,……(其他限制性组分通用名)质量分数、……(相关杂质名称)质量分数、酸碱度或 pH、粒径、悬浮率、润湿时间、分散性、粉尘和耐磨性等仍应符合本文件的要求
[a] 所列项目不是详尽无疑的,也不是任何纳米水分散粒剂产品标准必须包括的,可根据不同农药产品的具体情况加以增减。			
[b] Z-均粒径通过动态光散射方法测定,且 PDI 需满足≤0.3;通过激光衍射法测定的 D_{50} 和 D_{90} 需同时满足上述粒径要求。			
[c] 稀释 20 倍适用于低容量喷雾,稀释 200 倍适用于常量喷雾。			

5.10　试验方法

5.10.1　通则

5.10.1.1　对于每项技术要求应有对应的试验方法。

5.10.1.2　应首先引用现有适用的试验方法。

5.10.1.3　对于没有现成的试验方法,可以建立新的试验方法,但方法需经过验证。

5.10.1.4 试验方法的内容通常包括方法提要、试剂或材料、仪器、试样的制备和保存、测定步骤和结果的表述(包括计算方法以及试验方法的准确度和测量不确定度)。

5.10.1.5 如果试验方法涉及危险的物品、仪器或过程,应包括警示用语。

5.10.2 取样

取样一般规定取样的条件和方法,以及样品保存方法,位于试验方法一章的起始部分。

纳米农药产品的取样按 GB/T 1605 的规定执行,用随机数表法确定取样的包装件;最终取样量依据纳米农药产品的剂型确定。

5.10.3 鉴别试验

当用规定的试验方法对有效成分鉴别有疑问时,至少要用另外一种有效的方法进行鉴别。如果采用高效液相色谱法、气相色谱法或离子色谱法鉴别,建议作如下表述:

高效液相色谱法(气相色谱法或离子色谱法)——本鉴别试验可与……(有效成分通用名或离子名称)质量分数的测定同时进行。在相同的色谱操作条件下,试样溶液中某色谱峰的保留时间与标样溶液中……(有效成分通用名或离子名称)色谱峰的保留时间,其相对差应在 1.5% 以内。

对本文件中没有的试验方法,应写明试验条件和操作步骤。

5.10.4 外观

采用目测法测定。

5.10.5 有效成分质量分数(质量浓度)

按所采用的具体方法编写。

5.10.6 ……(离子名称)质量分数

按所采用的具体方法编写。

5.10.7 其他限制性组分质量分数

按所采用的具体方法编写。

5.10.8 相关杂质质量分数

按所采用的具体方法编写。

5.10.9 水分

按 GB/T 1600—2021 中 4.3 的规定执行。

5.10.10 酸度(碱度)或 pH

酸(碱)度的测定按 GB/T 28135 的规定执行;pH 的测定按 GB/T 1601 的规定执行。

5.10.11 粒径

采用动态光散射法或激光衍射法,对试样和按规定倍数稀释后的试样药液分别进行粒径测定。按所采用的具体方法编写。

5.10.12 乳液稳定性试验

称取适量试样,分别用标准硬水稀释 20 倍和 200 倍,按 GB/T 1603 的规定执行。

5.10.13 持久起泡性

按 GB/T 28137 的规定执行。

5.10.14 悬浮率

称取适量纳米悬浮剂或纳米水分散粒剂,分别按 GB/T 14825—2006 中 4.2 或 4.3 的规定执行,稀释倍数为 20 倍或 200 倍,静置时间为 5 h。

5.10.15 倾倒性

按 GB/T 31737 的规定执行。

5.10.16 粉尘

按 GB/T 30360 的规定执行。

5.10.17 耐磨性

按 GB/T 33031 的规定执行。

5.10.18 分散性

按 GB/T 32775 的规定执行。

5.10.19 润湿时间

按 GB/T 5451 的规定执行。

5.10.20 低温稳定性试验

纳米乳剂、纳米悬浮剂分别按 GB/T 19137—2003 中 2.1、2.2 的规定执行。

5.10.21 热储稳定性试验

按 GB/T 19136—2021 中 4.4.1 的规定执行。热储时,样品应密封储存,热储前后质量变化率应不大于 1.0%。

5.11 检验规则

规定检验的类型、检验项目、组批规则以及判定规则。

5.12 验收和质量保证期

应规定纳米农药产品的验收和质量保证期。

纳米农药产品的验收按照 GB/T 1604 的规定执行。

5.13 标志、标签、包装和储运

5.13.1 纳米乳剂应符合 GB 4838 的规定,纳米悬浮剂、纳米水分散粒剂应符合 GB 3796 的规定。并应适当规定包装的材质、规格等要求。

5.13.2 应规定包装、储存和运输的技术要求,防止因包装、储存和运输不当引起危险、毒害或环境污染,又可以保护产品。

5.14 附录

5.14.1 对于未在正文中列出的其他试验方法可作为规范性附录列出,对产品理化性质等资料性文字可作为资料性附录列出。

5.14.2 在标准正文中应提及附录的方式:对规范性附录一般表述为"按附录 A 的规定""应符号附录 B 的规定"等;对于资料性附录一般表述为"见附录 B""可按附录 D"等。

5.14.3 按条文中提及附录的先后顺序编排附录的顺序,以附录 A、附录 B、附录 C……进行排列。

5.14.4 附录由附录编号、附录性质(在括号内表述)、附录标题和附录条文等部分组成。附录中的章、条、公式、图表等均以附录编号进行编号,如 A.1、表 A.1、图 A.1、公式(A.1)等。

5.15 参考文献

5.15.1 参考文献位于附录后,用来列出文件中资料性引用的文件清单,以及其他信息资源清单,以供参阅。

5.15.2 清单中列出该文件中资料性引用的每个文件。每个列出的参考文献或信息资源前应在方括号内给出序号。

5.15.3 列出的国际文件、国外文件不必给出中文译名。

附录

中华人民共和国农业农村部公告
第 651 号

　　《农作物种质资源库操作技术规程　种质圃》等 96 项标准业经专家审定通过,现批准发布为中华人民共和国农业行业标准,自 2023 年 6 月 1 日起实施。标准编号和名称见附件。该批标准文本由中国农业出版社出版,可于发布之日起 2 个月后在中国农产品质量安全网(http://www.aqsc.org)查阅。

　　特此公告。

　　附件:《农作物种质资源库操作技术规程　种质圃》等 96 项农业行业标准目录

农业农村部

2023 年 2 月 17 日

附件

《农作物种质资源库操作技术规程　种质圃》等96项农业行业标准目录

序号	标准号	标准名称	代替标准号
1	NY/T 4263—2023	农作物种质资源库操作技术规程　种质圃	
2	NY/T 4264—2023	香露兜　种苗	
3	NY/T 1991—2023	食用植物油料与产品　名词术语	NY/T 1991—2011
4	NY/T 4265—2023	樱桃番茄	
5	NY/T 4266—2023	草果	
6	NY/T 706—2023	加工用芥菜	NY/T 706—2003
7	NY/T 4267—2023	刺梨汁	
8	NY/T 873—2023	菠萝汁	NY/T 873—2004
9	NY/T 705—2023	葡萄干	NY/T 705—2003
10	NY/T 1049—2023	绿色食品　薯芋类蔬菜	NY/T 1049—2015
11	NY/T 1324—2023	绿色食品　芥菜类蔬菜	NY/T 1324—2015
12	NY/T 1325—2023	绿色食品　芽苗类蔬菜	NY/T 1325—2015
13	NY/T 1326—2023	绿色食品　多年生蔬菜	NY/T 1326—2015
14	NY/T 1405—2023	绿色食品　水生蔬菜	NY/T 1405—2015
15	NY/T 2984—2023	绿色食品　淀粉类蔬菜粉	NY/T 2984—2016
16	NY/T 418—2023	绿色食品　玉米及其制品	NY/T 418—2014
17	NY/T 895—2023	绿色食品　高粱及高粱米	NY/T 895—2015
18	NY/T 749—2023	绿色食品　食用菌	NY/T 749—2018
19	NY/T 437—2023	绿色食品　酱腌菜	NY/T 437—2012
20	NY/T 2799—2023	绿色食品　畜肉	NY/T 2799—2015
21	NY/T 274—2023	绿色食品　葡萄酒	NY/T 274—2014
22	NY/T 2109—2023	绿色食品　鱼类休闲食品	NY/T 2109—2011
23	NY/T 4268—2023	绿色食品　冲调类方便食品	
24	NY/T 392—2023	绿色食品　食品添加剂使用准则	NY/T 392—2013
25	NY/T 471—2023	绿色食品　饲料及饲料添加剂使用准则	NY/T 471—2018
26	NY/T 116—2023	饲料原料　稻谷	NY/T 116—1989
27	NY/T 130—2023	饲料原料　大豆饼	NY/T 130—1989
28	NY/T 211—2023	饲料原料　小麦次粉	NY/T 211—1992
29	NY/T 216—2023	饲料原料　亚麻籽饼	NY/T 216—1992
30	NY/T 4269—2023	饲料原料　膨化大豆	
31	NY/T 4270—2023	畜禽肉分割技术规程　鹅肉	
32	NY/T 4271—2023	畜禽屠宰操作规程　鹿	
33	NY/T 4272—2023	畜禽屠宰良好操作规范　兔	
34	NY/T 4273—2023	肉类热收缩包装技术规范	
35	NY/T 3357—2023	畜禽屠宰加工设备　猪悬挂输送设备	NY/T 3357—2018
36	NY/T 3376—2023	畜禽屠宰加工设备　牛悬挂输送设备	NY/T 3376—2018
37	NY/T 4274—2023	畜禽屠宰加工设备　羊悬挂输送设备	
38	NY/T 4275—2023	糌粑生产技术规范	
39	NY/T 4276—2023	留胚米加工技术规范	

（续）

序号	标准号	标准名称	代替标准号
40	NY/T 4277—2023	剁椒加工技术规程	
41	NY/T 4278—2023	马铃薯馒头加工技术规范	
42	NY/T 4279—2023	洁蛋生产技术规程	
43	NY/T 4280—2023	食用蛋粉生产加工技术规程	
44	NY/T 4281—2023	畜禽骨肽加工技术规程	
45	NY/T 4282—2023	腊肠加工技术规范	
46	NY/T 4283—2023	花生加工适宜性评价技术规范	
47	NY/T 4284—2023	香菇采后储运技术规范	
48	NY/T 4285—2023	生鲜果品冷链物流技术规范	
49	NY/T 4286—2023	散粮集装箱保质运输技术规范	
50	NY/T 4287—2023	稻谷低温储存与保鲜流通技术规范	
51	NY/T 4288—2023	苹果生产全程质量控制技术规范	
52	NY/T 4289—2023	芒果良好农业规范	
53	NY/T 4290—2023	生牛乳中 β-内酰胺类兽药残留控制技术规范	
54	NY/T 4291—2023	生乳中铅的控制技术规范	
55	NY/T 4292—2023	生牛乳中体细胞数控制技术规范	
56	NY/T 4293—2023	奶牛养殖场乳中病原微生物风险评估技术规范	
57	NY/T 4294—2023	挤压膨化固态宠物(犬、猫)饲料生产质量控制技术规范	
58	NY/T 4295—2023	退化草地改良技术规范　高寒草地	
59	NY/T 4296—2023	特种胶园生产技术规范	
60	NY/T 4297—2023	沼肥施用技术规范　设施蔬菜	
61	NY/T 4298—2023	气候智慧型农业　小麦-水稻生产技术规范	
62	NY/T 4299—2023	气候智慧型农业　小麦-玉米生产技术规范	
63	NY/T 4300—2023	气候智慧型农业　作物生产固碳减排监测与核算规范	
64	NY/T 4301—2023	热带作物病虫害监测技术规程　橡胶树六点始叶螨	
65	NY/T 4302—2023	动物疫病诊断实验室档案管理规范	
66	NY/T 537—2023	猪传染性胸膜肺炎诊断技术	NY/T 537—2002
67	NY/T 540—2023	鸡病毒性关节炎诊断技术	NY/T 540—2002
68	NY/T 545—2023	猪痢疾诊断技术	NY/T 545—2002
69	NY/T 554—2023	鸭甲型病毒性肝炎 1 型和 3 型诊断技术	NY/T 554—2002
70	NY/T 4303—2023	动物盖塔病毒感染诊断技术	
71	NY/T 4304—2023	牦牛常见寄生虫病防治技术规范	
72	NY/T 4305—2023	植物油中 2,6-二甲氧基-4-乙烯基苯酚的测定　高效液相色谱法	
73	NY/T 4306—2023	木瓜、菠萝蛋白酶活性的测定　紫外分光光度法	
74	NY/T 4307—2023	葛根中黄酮类化合物的测定　高效液相色谱-串联质谱法	
75	NY/T 4308—2023	肉用青年种公牛后裔测定技术规范	
76	NY/T 4309—2023	羊毛纤维卷曲性能试验方法	
77	NY/T 4310—2023	饲料中吡啶甲酸铬的测定　高效液相色谱法	
78	SC/T 9441—2023	水产养殖环境(水体、底泥)中孔雀石绿、结晶紫及其代谢物残留量的测定　液相色谱-串联质谱法	
79	NY/T 4311—2023	动物骨中多糖含量的测定　液相色谱法	
80	NY/T 1121.9—2023	土壤检测　第9部分:土壤有效钼的测定	NY/T 1121.9—2012

（续）

序号	标准号	标准名称	代替标准号
81	NY/T 1121.14—2023	土壤检测　第14部分:土壤有效硫的测定	NY/T 1121.14—2006
82	NY/T 4312—2023	保护地连作障碍土壤治理　强还原处理法	
83	NY/T 4313—2023	沼液中砷、镉、铅、铬、铜、锌元素含量的测定　微波消解-电感耦合等离子体质谱法	
84	NY/T 4314—2023	设施农业用地遥感监测技术规范	
85	NY/T 4315—2023	秸秆捆烧锅炉清洁供暖工程设计规范	
86	NY/T 4316—2023	分体式温室太阳能储放热利用设施设计规范	
87	NY/T 4317—2023	温室热气联供系统设计规范	
88	NY/T 682—2023	畜禽场场区设计技术规范	NY/T 682—2003
89	NY/T 4318—2023	兔屠宰与分割车间设计规范	
90	NY/T 4319—2023	洗消中心建设规范	
91	NY/T 4320—2023	水产品产地批发市场建设规范	
92	NY/T 4321—2023	多层立体规模化猪场建设规范	
93	NY/T 4322—2023	县域年度耕地质量等级变更调查评价技术规程	
94	NY/T 4323—2023	闲置宅基地复垦技术规范	
95	NY/T 4324—2023	渔业信息资源分类与编码	
96	NY/T 4325—2023	农业农村地理信息服务接口要求	

中华人民共和国农业农村部公告
第 664 号

《畜禽品种（配套系）　澳洲白羊种羊》等74项标准业经专家审定通过，现批准发布为中华人民共和国农业行业标准，自2023年8月1日起实施。标准编号和名称见附件。该批标准文本由中国农业出版社出版，可于发布之日起2个月后在中国农产品质量安全网（http://www.aqsc.org）查阅。

特此公告。

附件：《畜禽品种（配套系）　澳洲白羊种羊》等74项农业行业标准目录

农业农村部
2023 年 4 月 11 日

附件

《畜禽品种(配套系) 澳洲白羊种羊》等74项农业行业标准目录

序号	标准号	标准名称	代替标准号
1	NY/T 4326—2023	畜禽品种(配套系) 澳洲白羊种羊	
2	SC/T 1168—2023	鳊	
3	SC/T 1169—2023	西太公鱼	
4	SC/T 1170—2023	梭鲈	
5	SC/T 1171—2023	斑鳜	
6	SC/T 1172—2023	黑脊倒刺鲃	
7	NY/T 4327—2023	茭白生产全程质量控制技术规范	
8	NY/T 4328—2023	牛蛙生产全程质量控制技术规范	
9	NY/T 4329—2023	叶酸生物营养强化鸡蛋生产技术规程	
10	SC/T 1135.8—2023	稻渔综合种养技术规范 第8部分:稻鲤(平原型)	
11	SC/T 1174—2023	乌鳢人工繁育技术规范	
12	SC/T 4018—2023	海水养殖围栏术语、分类与标记	
13	SC/T 6106—2023	鱼类养殖精准投饲系统通用技术要求	
14	SC/T 9443—2023	放流鱼类物理标记技术规程	
15	NY/T 4330—2023	辣椒制品分类及术语	
16	NY/T 4331—2023	加工用辣椒原料通用要求	
17	NY/T 4332—2023	木薯粉加工技术规范	
18	NY/T 4333—2023	脱水黄花菜加工技术规范	
19	NY/T 4334—2023	速冻西蓝花加工技术规程	
20	NY/T 4335—2023	根茎类蔬菜加工预处理技术规范	
21	NY/T 4336—2023	脱水双孢蘑菇产品分级与检验规程	
22	NY/T 4337—2023	果蔬汁(浆)及其饮料超高压加工技术规范	
23	NY/T 4338—2023	苜蓿干草调制技术规范	
24	SC/T 3058—2023	金枪鱼冷藏、冻藏操作规程	
25	SC/T 3059—2023	海捕虾船上冷藏、冻藏操作规程	
26	SC/T 3061—2023	冻虾加工技术规程	
27	NY/T 4339—2023	铁生物营养强化小麦	
28	NY/T 4340—2023	锌生物营养强化小麦	
29	NY/T 4341—2023	叶酸生物营养强化玉米	
30	NY/T 4342—2023	叶酸生物营养强化鸡蛋	
31	NY/T 4343—2023	黑果枸杞等级规格	
32	NY/T 4344—2023	羊肚菌等级规格	
33	NY/T 4345—2023	猴头菇干品等级规格	
34	NY/T 4346—2023	榆黄蘑等级规格	
35	NY/T 2316—2023	苹果品质评价技术规范	NY/T 2316—2013
36	NY/T 129—2023	饲料原料 棉籽饼	NY/T 129—1989
37	NY/T 4347—2023	饲料添加剂 丁酸梭菌	
38	NY/T 4348—2023	混合型饲料添加剂 抗氧化剂通用要求	
39	SC/T 2001—2023	卤虫卵	SC/T 2001—2006

（续）

序号	标准号	标准名称	代替标准号
40	NY/T 4349—2023	耕地投入品安全性监测评价通则	
41	NY/T 4350—2023	大米中2-乙酰基-1-吡咯啉的测定 气相色谱-串联质谱法	
42	NY/T 4351—2023	大蒜及其制品中水溶性有机硫化合物的测定 液相色谱-串联质谱法	
43	NY/T 4352—2023	浆果类水果中花青苷的测定 高效液相色谱法	
44	NY/T 4353—2023	蔬菜中甲基硒代半胱氨酸、硒代蛋氨酸和硒代半胱氨酸的测定 液相色谱-串联质谱法	
45	NY/T 1676—2023	食用菌中粗多糖的测定 分光光度法	NY/T 1676—2008
46	NY/T 4354—2023	禽蛋中卵磷脂的测定 高效液相色谱法	
47	NY/T 4355—2023	农产品及其制品中嘌呤的测定 高效液相色谱法	
48	NY/T 4356—2023	植物源性食品中甜菜碱的测定 高效液相色谱法	
49	NY/T 4357—2023	植物源性食品中叶绿素的测定 高效液相色谱法	
50	NY/T 4358—2023	植物源性食品中抗性淀粉的测定 分光光度法	
51	NY/T 4359—2023	饲料中16种多环芳烃的测定 气相色谱-质谱法	
52	NY/T 4360—2023	饲料中链霉素、双氢链霉素和卡那霉素的测定 液相色谱-串联质谱法	
53	NY/T 4361—2023	饲料添加剂 α-半乳糖苷酶活力的测定 分光光度法	
54	NY/T 4362—2023	饲料添加剂 角蛋白酶活力的测定 分光光度法	
55	NY/T 4363—2023	畜禽固体粪污中铜、锌、砷、铬、镉、铅、汞的测定 电感耦合等离子体质谱法	
56	NY/T 4364—2023	畜禽固体粪污中139种药物残留的测定 液相色谱-高分辨质谱法	
57	SC/T 3060—2023	鳕鱼品种的鉴定 实时荧光PCR法	
58	SC/T 9444—2023	水产养殖水体中氨氮的测定 气相分子吸收光谱法	
59	NY/T 4365—2023	蓖麻收获机 作业质量	
60	NY/T 4366—2023	撒肥机 作业质量	
61	NY/T 4367—2023	自走式植保机械 封闭驾驶室 质量评价技术规范	
62	NY/T 4368—2023	设施种植园区 水肥一体化灌溉系统设计规范	
63	NY/T 4369—2023	水肥一体机性能测试方法	
64	NY/T 4370—2023	农业遥感术语 种植业	
65	NY/T 4371—2023	大豆供需平衡表编制规范	
66	NY/T 4372—2023	食用油籽和食用植物油供需平衡表编制规范	
67	NY/T 4373—2023	面向主粮作物农情遥感监测田间植株样品采集与测量	
68	NY/T 4374—2023	农业机械远程服务与管理平台技术要求	
69	NY/T 4375—2023	一体化土壤水分自动监测仪技术要求	
70	NY/T 4376—2023	农业农村遥感监测数据库规范	
71	NY/T 4377—2023	农业遥感调查通用技术 农作物雹灾监测技术规范	
72	NY/T 4378—2023	农业遥感调查通用技术 农作物干旱监测技术规范	
73	NY/T 4379—2023	农业遥感调查通用技术 农作物倒伏监测技术规范	
74	NY/T 4380.1—2023	农业遥感调查通用技术 农作物估产监测技术规范 第1部分：马铃薯	

中华人民共和国农业农村部公告
第 738 号

农业农村部批准《羊草干草》等 85 项中华人民共和国农业行业标准，自 2024 年 5 月 1 日起实施。标准编号和名称见附件。该批标准文本由中国农业出版社出版，可于发布之日起 2 个月后在农业农村部农产品质量安全中心网(http://www.aqsc.agri.cn)查阅。

现予公告。

附件：《羊草干草》等 85 项农业行业标准目录

农业农村部
2023 年 12 月 22 日

附件

《羊草干草》等 85 项农业行业标准目录

序号	标准号	标准名称	代替标准号
1	NY/T 4381—2023	羊草干草	
2	NY/T 4382—2023	加工用红枣	
3	NY/T 4383—2023	氨氯吡啶酸原药	
4	NY/T 4384—2023	氨氯吡啶酸可溶液剂	
5	NY/T 4385—2023	苯醚甲环唑原药	HG/T 4460—2012
6	NY/T 4386—2023	苯醚甲环唑乳油	HG/T 4461—2012
7	NY/T 4387—2023	苯醚甲环唑微乳剂	HG/T 4462—2012
8	NY/T 4388—2023	苯醚甲环唑水分散粒剂	HG/T 4463—2012
9	NY/T 4389—2023	丙炔氟草胺原药	
10	NY/T 4390—2023	丙炔氟草胺可湿性粉剂	
11	NY/T 4391—2023	代森联原药	
12	NY/T 4392—2023	代森联水分散粒剂	
13	NY/T 4393—2023	代森联可湿性粉剂	
14	NY/T 4394—2023	代森锰锌·霜脲氰可湿性粉剂	HG/T 3884—2006
15	NY/T 4395—2023	氟虫腈原药	
16	NY/T 4396—2023	氟虫腈悬浮剂	
17	NY/T 4397—2023	氟虫腈种子处理悬浮剂	
18	NY/T 4398—2023	氟啶虫酰胺原药	
19	NY/T 4399—2023	氟啶虫酰胺悬浮剂	
20	NY/T 4400—2023	氟啶虫酰胺水分散粒剂	
21	NY/T 4401—2023	甲哌鎓原药	HG/T 2856—1997
22	NY/T 4402—2023	甲哌鎓可溶液剂	HG/T 2857—1997
23	NY/T 4403—2023	抗倒酯原药	
24	NY/T 4404—2023	抗倒酯微乳剂	
25	NY/T 4405—2023	萘乙酸（萘乙酸钠）原药	
26	NY/T 4406—2023	萘乙酸钠可溶液剂	
27	NY/T 4407—2023	苏云金杆菌母药	HG/T 3616—1999
28	NY/T 4408—2023	苏云金杆菌悬浮剂	HG/T 3618—1999
29	NY/T 4409—2023	苏云金杆菌可湿性粉剂	HG/T 3617—1999
30	NY/T 4410—2023	抑霉唑原药	
31	NY/T 4411—2023	抑霉唑乳油	
32	NY/T 4412—2023	抑霉唑水乳剂	
33	NY/T 4413—2023	噁唑菌酮原药	
34	NY/T 4414—2023	右旋反式氯丙炔菊酯原药	
35	NY/T 4415—2023	单氰胺可溶液剂	
36	SC/T 2123—2023	冷冻卤虫	
37	SC/T 4033—2023	超高分子量聚乙烯钓线通用技术规范	
38	SC/T 5005—2023	渔用聚乙烯单丝及超高分子量聚乙烯纤维	SC/T 5005—2014
39	NY/T 394—2023	绿色食品 肥料使用准则	NY/T 394—2021

附录

（续）

序号	标准号	标准名称	代替标准号
40	NY/T 4416—2023	芒果品质评价技术规范	
41	NY/T 4417—2023	大蒜营养品质评价技术规范	
42	NY/T 4418—2023	农药桶混助剂沉积性能评价方法	
43	NY/T 4419—2023	农药桶混助剂的润湿性评价方法及推荐用量	
44	NY/T 4420—2023	农作物生产水足迹评价技术规范	
45	NY/T 4421—2023	秸秆还田联合整地机　作业质量	
46	NY/T 3213—2023	植保无人驾驶航空器　质量评价技术规范	NY/T 3213—2018
47	SC/T 9446—2023	海水鱼类增殖放流效果评估技术规范	
48	NY/T 572—2023	兔出血症诊断技术	NY/T 572—2016、 NY/T 2960—2016
49	NY/T 574—2023	地方流行性牛白血病诊断技术	NY/T 574—2002
50	NY/T 4422—2023	牛蜘蛛腿综合征检测　PCR法	
51	NY/T 4423—2023	饲料原料　酸价的测定	
52	NY/T 4424—2023	饲料原料　过氧化值的测定	
53	NY/T 4425—2023	饲料中米诺地尔的测定	
54	NY/T 4426—2023	饲料中二硝托胺的测定	农业部783号 公告—5—2006
55	NY/T 4427—2023	饲料近红外光谱测定应用指南	
56	NY/T 4428—2023	肥料增效剂　氢醌(HQ)含量的测定	
57	NY/T 4429—2023	肥料增效剂　苯基磷酰二胺(PPD)含量的测定	
58	NY/T 4430—2023	香石竹斑驳病毒的检测　荧光定量PCR法	
59	NY/T 4431—2023	薏苡仁中多种酯类物质的测定　高效液相色谱法	
60	NY/T 4432—2023	农药产品中有效成分含量测定通用分析方法　气相色谱法	
61	NY/T 4433—2023	农田土壤中镉的测定　固体进样电热蒸发原子吸收光谱法	
62	NY/T 4434—2023	土壤调理剂中汞的测定　催化热解-金汞齐富集原子吸收光谱法	
63	NY/T 4435—2023	土壤中铜、锌、铅、铬和砷含量的测定　能量色散X射线荧光光谱法	
64	NY/T 1236—2023	种羊生产性能测定技术规范	NY/T 1236—2006
65	NY/T 4436—2023	动物冠状病毒通用RT-PCR检测方法	
66	NY/T 4437—2023	畜肉中龙胆紫的测定　液相色谱-串联质谱法	
67	NY/T 4438—2023	畜禽肉中9种生物胺的测定　液相色谱-串联质谱法	
68	NY/T 4439—2023	奶及奶制品中乳铁蛋白的测定　高效液相色谱法	
69	NY/T 4440—2023	畜禽液体粪污中四环素类、磺胺类和喹诺酮类药物残留量的测定　液相色谱-串联质谱法	
70	SC/T 9112—2023	海洋牧场监测技术规范	
71	SC/T 9447—2023	水产养殖环境(水体、底泥)中丁香酚的测定　气相色谱-串联质谱法	
72	SC/T 7002.7—2023	渔船用电子设备环境试验条件和方法　第7部分:交变盐雾(Kb)	SC/T 7002.7—1992
73	SC/T 7002.11—2023	渔船用电子设备环境试验条件和方法　第11部分:倾斜　摇摆	SC/T 7002.11—1992
74	NY/T 4441—2023	农业生产水足迹　术语	
75	NY/T 4442—2023	肥料和土壤调理剂　分类与编码	
76	NY/T 4443—2023	种牛术语	
77	NY/T 4444—2023	畜禽屠宰加工设备　术语	
78	NY/T 4445—2023	畜禽屠宰用印色用品要求	

（续）

序号	标准号	标准名称	代替标准号
79	NY/T 4446—2023	鲜切农产品包装标识技术要求	
80	NY/T 4447—2023	肉类气调包装技术规范	
81	NY/T 4448—2023	马匹道路运输管理规范	
82	NY/T 1668—2023	农业野生植物原生境保护点建设技术规范	NY/T 1668—2008
83	NY/T 4449—2023	蔬菜地防虫网应用技术规程	
84	NY/T 4450—2023	动物饲养场选址生物安全风险评估技术	
85	NY/T 4451—2023	纳米农药产品质量标准编写规范	